仪器分析

（第三版）

主　编　李丽华　吴　同
副主编　周　原　何　平　陈思羽
刘文娟　任晓棠　程　昊
丁　巍　吴光瑜　李　芳

华中科技大学出版社
中国·武汉

内 容 提 要

全书共分12章，内容包括原子光谱、分子光谱、波谱分析、电化学分析、色谱分析及其他分析技术。

本书可作为普通高等学校应用化学、化学工程与工艺、材料科学与工程、材料化学、生物工程、制药工程、环境科学、环境工程、食品科学与工程、轻化工程、化学等专业仪器分析课程的教材，也可供分析测试工作者和自学者参考。

图书在版编目(CIP)数据

仪器分析/李丽华，吴同主编. —3版. —武汉：华中科技大学出版社，2024.1
ISBN 978-7-5772-0526-7

Ⅰ.①仪… Ⅱ.①李… ②吴… Ⅲ.①仪器分析 Ⅳ.①O657

中国国家版本馆CIP数据核字(2024)第038483号

仪器分析(第三版) 李丽华 吴 同 主编
Yiqi Fenxi(Di-san Ban)

策划编辑：王新华
责任编辑：王新华
封面设计：原色设计
责任校对：朱 霞
责任监印：周治超
出版发行：华中科技大学出版社(中国·武汉) 电话：(027)81321913
武汉市东湖新技术开发区华工科技园 邮编：430223
录 排：华中科技大学惠友文印中心
印 刷：武汉开心印印刷有限公司
开 本：787mm×1092mm 1/16
印 张：22.25
字 数：579千字
版 次：2024年1月第3版第1次印刷
定 价：58.00元

第三版前言

分析化学的目的是采用各种方法和手段，获取分析对象的定性、定量以及结构信息。仪器分析和化学分析是分析化学的两个分支。随着科学技术的发展，仪器分析应用日益普遍，大多数分析任务依赖仪器分析手段来完成。习近平总书记在中共二十大报告中，总结新时代十年的伟大变革时提到“基础研究和原始创新不断加强，一些关键核心技术实现突破，战略性新兴产业发展壮大，载人航天、探月探火、深海深地探测、超级计算机、卫星导航、量子信息、核电技术、大飞机制造、生物医药等取得重大成果，进入创新型国家行列。”这些成就的取得都离不开仪器分析的贡献，仪器分析的设备和方法在这些领域中得到大量应用。事实上，目前仪器分析已发展成分析化学的主体。同时，学生的学习习惯也发生了巨大转变，对数字化教材的需求日益迫切。在新形势下，我们进行了本书的修订工作。

本次修订时，保持教材原有整体框架和布局，例如，本书的编写尽量避免繁杂的理论推导，力争做到简单明了，突出工科特色。每章的编写结构遵循“概述—原理—仪器—方法—应用”的原则，章后附学习小结和习题等。在此基础上，针对第二版中存在的不足之处进行了修改，并注重贯彻落实党的二十大精神，在知识内容上引入课程思政元素，增加了思政育人案例、仪器分析先进技术等内容。读者通过扫描书中的二维码可查看拓展资源，如课程思政案例、先进仪器设备介绍、科研案例等。

本书由李丽华、吴同主编。参加本次修订工作的有辽宁石油化工大学李丽华、宜宾学院吴同、湖南工程学院周原、西南科技大学何平、石河子大学陈思羽、南华大学刘文娟、辽宁科技学院任晓棠、广西科技大学程昊、辽宁石油化工大学丁巍和李芳、南京林业大学吴光瑜。统稿和审定工作由李丽华完成。

在本书的编写过程中，编者参阅了大量相关书籍和资料，并将主要参考文献列于各章后，在此向有关作者表示深深的谢意。华中科技大学出版社的编辑们为本书的出版做了大量细致的编辑工作，在此致以衷心的感谢。

尽管我们对第一版、第二版教材进行了认真的修改和补充，但仍难免有不当之处，敬请广大读者批评指正，以便我们不断完善、提高。

本书主编 E-mail：llh72@163.com。

编　者

2023 年 12 月

第二版前言

随着科学技术的发展，仪器分析的应用日益普遍。仪器分析是分析化学的一个分支，另一个分支是化学分析。仪器分析的内容包括两部分：第一部分是基于待测物质的化学和物理性质，对物质进行定性和定量分析的方法；第二部分是对复杂物质进行分析前分离的技术。随着科学技术的迅猛发展，各学科互相渗透、互相交叉，使得仪器分析逐渐成为分析化学的主要组成部分。

本书是针对普通工科院校应用化学、化学工程与工艺、材料科学与工程、生物工程、制药工程、环境科学、环境工程、食品科学与工程、轻化工程等专业编写的，定位为专业基础课或选修课。

根据普通工科院校学生的特点，本书的编写突出了仪器分析方法的实用性，使学生学完该课程后，对仪器分析的各类方法和基本原理有比较全面的了解，能够在各自的研究领域里选择和使用仪器分析方法。

本书按照原子光谱、分子光谱、波谱分析、电化学分析、色谱分析及其他分析技术的顺序编写。全书共分 12 章，理论教学时数约为 80 学时。编写时尽可能避免繁杂的理论推导，力争做到简单明了。每章的编写结构遵循“概述—原理—仪器—方法—应用”的原则，章后附学习小结和习题。有的章后附有阅读材料，阅读材料是与本章内容相关，开阔学生视野和提高学生学习兴趣的题材；学习小结是本章的主要知识点。全书既保持了仪器分析课程内容的系统性，又突出了仪器分析发展的新颖性。

本书由李丽华、杨红兵主编。参加本书编写的有辽宁石油化工大学李丽华，石河子大学杨红兵，湖南工程学院周原，西南科技大学张廷红、何平，南华大学刘文娟，宜宾学院吴同，湖南科技大学吴湘江，昆明学院涂渝娇，山东科技大学唐尧基，陕西理工学院田光辉，辽宁科技学院任晓棠。统稿由李丽华完成。本书由昆明理工大学周梅村、华中科技大学朱丽华主审。

在本书的编写过程中，编者参阅了大量相关书籍和资料，并将主要参考书目列于各章后，在此向有关作者表示深深的谢意。华中科技大学出版社的编辑们为本书的出版做了大量细致的编辑工作，在此对他们致以衷心的感谢。

由于编者的水平有限，书中不足之处在所难免，恳请读者批评指正。

本书主编 E-mail：llh72@163.com。

编　者

2014 年 3 月

第一版前言

分析化学正在发展为一门建立在化学、物理学、数学、计算机科学、精密仪器制造科学等学科基础上的综合性的边缘科学。美国著名分析化学家 Kowalski BR 认为："分析化学已由单纯的提供数据，上升到从分析数据中获取有用的信息和知识，成为生产和科研中实际问题的解决者。分析化学是一门信息科学。"

分析化学由化学分析和仪器分析组成。仪器分析的内容包括两部分：第一部分是基于待测物质的化学和物理性质，对物质进行定性和定量分析的方法；第二部分是对复杂物质进行分析前分离的技术。随着科学技术的迅猛发展，各学科互相渗透、互相交叉，使得仪器分析已经逐渐成为分析化学的主要组成部分。

本书是针对普通工科院校化学工程与工艺、制药工程、生物工程、材料科学与工程、环境科学、环境工程、食品科学与工程、轻化工程、应用化学等专业编写的。本书定位在技术基础课或选修课，介于基础课与专业课之间。

根据普通工科院校学生的特点，本书的编写突出了仪器分析方法的实用性，使学生学完该课程后，对仪器分析的各类方法和基本原理有比较全面的了解，能够在各自的研究领域里选择和使用仪器分析方法。

本书按照原子光谱、分子光谱、波谱分析、电化学分析、色谱分析及其他分析技术的顺序编写。全书共分 12 章，理论教学约为 60 学时。编写时尽可能避免繁杂的理论推导，力争做到简单明了。每章的编写结构遵循"概述—原理—仪器—方法—应用"的思路，章后附阅读材料、学习小结和习题。阅读材料是与本章内容相关，扩展学生视野和提高学习兴趣的题材，学习小结是本章的主要知识点，习题是让学生加深理解本章内容，学会应用的具体实例。全书既保持了仪器分析课程内容的系统性，又突出了仪器分析发展的新颖性。

本书由周梅村主编。参加本书编写的有昆明理工大学周梅村（第 1、7、8 章）、吴正宇（第 7 章）、纳海莺（第 8 章），湖南工程学院周原（第 2、3 章），西南科技大学何平（第 5、12 章）、张廷红（第 9 章）、熊小莉（第 5 章），辽宁石油化工大学李丽华（第 4 章），石河子大学杨红兵（第 6 章），南华大学刘文娟（第 10 章），湖南科技大学吴湘江（第 2 章），山东科技大学崔志芳（第 11 章）。书中谱图的计算机处理由吴正宇完成，书稿校对由纳海莺完成，统稿由周梅村完成。本书由华中科技大学博士生导师朱丽华教授主审。

在本书的编写过程中，编者参阅了大量相关书籍和资料，并将主要参考书目列于各章后，在此向有关作者表示深深的谢意。华中科技大学出版社的编辑们为本书的出版做了大量细致的编辑工作，硕士研究生于连松、卢艳民参与了部分章节的文字校对工作，在此对他们致以衷心的感谢。

由于编者的水平有限，书中的缺点和错误在所难免，恳请读者批评指正。

本书主编 E-mail：zmc@kmust. edu. cn，zmckm@126. com。

编　者

2008 年 1 月

目 录

第1章 绪 论
Preface

1.1 仪器分析方法的发展状况

化学是一门中心的、实用的和创造性的科学，是一门试图了解物质的性质和变化的科学。物质的性质是由物质的组成和结构决定的，获取物质组成和结构信息的科学是分析化学。由分析化学得到物质的有关信息，对于科学技术的发展，如生命科学、环境科学、材料科学、信息科学及能源科学等，是不可缺少的，这正是人们常说的“分析化学是科学技术的眼睛”的原因所在。

分析化学在化学发展成为一门科学的过程中起着关键作用，“人类有科技就有化学，化学从分析化学开始”。分析化学主要关注研究对象中包含的物质种类及其相互关系，即物质由什么组成，具有什么结构，物质的量是多少，分子与分子如何作用，结构与功能的信息关联等。分析化学由化学分析（又称湿化学分析）和仪器分析组成，化学分析是以测量物质的化学反应为基础的分析方法；仪器分析是以测量物质的物理或物理化学性质为基础的分析方法。仪器分析的内容包括两部分：第一部分是基于待测物质的化学和物理性质，对物质进行定性和定量分析的方法；第二部分是对复杂物质进行分析前的分离技术。

分析化学的发展，如从16世纪算起已历500年。期间经历了从化学分析到仪器分析的重大飞跃，现在也许正在向芯片分析过渡。在20世纪，分析化学的发展经历了三次巨大的变革。第一次变革发生在20世纪初，由于物理化学的发展，建立了溶液中四大平衡理论，即酸碱平衡、沉淀溶解平衡、氧化还原平衡、配位反应平衡，为分析化学提供了理论基础，使分析化学从一门分析技术发展成为一门科学，这是分析化学与物理化学结合的阶段，这个阶段分析化学以化学分析为主导。第二次变革发生在20世纪40年代到60年代，物理学、电子学、半导体材料及原子能工业的发展，使得仪器分析方法迅速发展，这是分析化学与物理学、电子学结合的阶段。从20世纪70年代末至今，随着信息时代的到来和计算机应用技术的飞速发展，新仪器、新方法层出不穷，仪器分析成为分析化学的主体，仪器分析正向着更高的灵敏度和选择性，更高的自动化和智能化，更高的准确度和更快的分析速度方向发展，分析化学经历第三次变革，发展为一门建立在化学、物理学、数学、计算机科学、精密仪器制造科学等学科基础上的综合性科学，分析化学发展到分析科学阶段。

仪器分析形成和发展的过程可以概括为20世纪50年代仪器化，20世纪60年代电子化，20世纪70年代计算机化，20世纪80年代智能化，20世纪90年代信息化。21世纪必将是仪器分析的仿生化和进一步信息智能化时代。表1-1列出部分与仪器分析发展相关的诺贝尔奖获奖情况。

表1-1 部分与仪器分析发展相关的诺贝尔奖获奖情况

编号	年份	获奖者	获奖项目
1	1901年	Wilhelm Conrad Rontgen	首次发现了X射线的存在

续表

编号	年 份	获 奖 者	获 奖 项 目
2	1907年	Albert Abraham Michelson	首先制造了光学精密仪器及对天体所做的光谱研究
3	1914年	Max von Laue	发现结晶体X射线的衍射现象
4	1915年	Sir William Henry Bragg 及 William Lawrence Bragg	共同采用X射线技术对晶体结构进行分析
5	1917年	Charles Glover Barkla	发现各种元素X射线辐射的差异
6	1922年	Francis William Aston	发明了质谱技术,可以用来测定同位素
7	1923年	Fritz Pregl	发明了有机物质的微量分析
8	1924年	Karl Manne Georg Siegbahn	在X射线的仪器方面的发现及研究
9	1930年	Sir Chandrasekhara Venkata Raman	发现了拉曼效应
10	1939年	Ernest Orlando Lawrence	发明并发展了回旋加速器
11	1944年	Isidor Isaac Rabi	用共振方法记录了原子核的磁性
12	1948年	Arne Wilhelm Kaurin Tiselius	采用电泳及吸附分析法发现了血浆蛋白质的性质
13	1952年	Felix Bloch 及 Edward Mills Purcell	发展了核磁共振的精细测量方法
14	1952年	Archer John Porter Martin 及 Richard Laurence Millington Synge	发明了分配色谱法
15	1953年	Frits Zernike	发明了相差显微镜
16	1959年	Jaroslav Heyrovsky	首先发展了极谱法
17	1979年	Allan M. Cormack 及 Godfrey N. Hounsfield	发明了计算机控制扫描层析诊断法(CT)
18	1981年	Kai M. Siegbahn	发展了高分辨电子光谱法
19	1981年	Nicolaas Bloembergen 及 Arthur L. Schawlow	发展了激光光谱学
20	1982年	Aaron Klug	对晶体电子显微镜的发展
21	1986年	Gerd Binnig 及 Heinrich Rohrer	扫描隧道显微镜的创造
22	1991年	Richard R. Ernst	对高分辨核磁共振方法的发展
23	1996年	Sir Harold W. Kroto, Richard E. Smalley 及 Robert F. Curl Jr.	用质谱仪观测到激光轰击下产生的C_{60}
24	2002年	John B. Fenn, Koichi Tanaka 及 Kurt Wüthrich	发明了对生物大分子进行确认和结构分析的方法——质谱分析法和核磁共振测定溶液中生物大分子三维结构
25	2006年	Roger D. Kornberg	真核转录的分子基础研究
26	2014年	Eric Betzig, Stefan W. Hell 及 William E. Moerner	发明了超分辨率荧光显微镜
27	2017年	Jacques Dubochet, Joachim Frank 及 Richard Henderson	发展了冷冻电子显微镜技术,测定溶液中生物分子的高分辨结构

1.2　仪器分析方法的基本内容及分类

仪器分析的内容丰富，发展迅速是不争的事实。仪器分析是分析化学的一部分，同样面临着“门类繁多，方法千差万别，对象五花八门”的问题，但它总是朝着方法更灵敏、更有选择性和专一性，获取的数据更准确、更快速，涉及的时空尺度更广阔，得到的信息更多维，测定的系统、环境更微小，所用的样品更微量等方向发展。每一种完整的、具体的仪器分析方法都涉及两个内容：测定对象和测定方法。因此，理论基础、成熟技术、研究对象构成仪器分析的三要素，三者相互促进，共同发展。了解和熟悉仪器分析方法的分类对学习仪器分析是非常必要的。依据分析方法的特征可将仪器分析分为光学分析法、电分析化学法、色谱分析法和其他分析技术，详见表1-2。

表1-2　仪器分析方法分类与物质性质的关系

分　类	性质特征	分析方法	
		原子光谱分析法	分子光谱分析法
光学分析法	辐射的发射	原子发射光谱分析法、原子荧光光谱分析法、X荧光光谱分析法等	分子发光(荧光、磷光、化学发光)光谱分析法、电子能谱等
	辐射的吸收	原子吸收光谱分析法、X射线吸收光谱分析法	紫外-可见吸收光谱分析法、红外吸收光谱分析法、核磁共振波谱分析法、电子自旋共振波谱分析法
	辐射的衍射	X射线衍射分析法	电子衍射分析法
	辐射的散射		拉曼光谱分析法、浊度分析法
	辐射的转动		旋光色散分析法、偏振分析法、圆二色性分析法
	辐射的折射	折射分析法、干涉分析法	
电分析化学法	电　位	电位分析法、电位滴定分析法、计时电位法	
	电　流	伏安分析法、极谱分析法、计时电流法	
	电　阻	电导分析法	
	电　量	库仑分析法	
色谱分析法	两相间的分配	气相色谱分析法、液相色谱分析法、毛细管电泳、薄层色谱、超临界流体色谱、离子色谱	
其他分析技术	质荷比	质谱分析法	
	热性质	热重量分析法、差热分析法	
	核性质	中子活化分析	

1.2.1　光学分析法

光学分析法是根据物质与光波相互作用产生的辐射信号的变化来进行分析的一类仪器分析

法。通常根据辐射信号变化是否与能级跃迁有关将光学分析法分为光谱法和非光谱法两类。

光谱法依据物质与光波相互作用后,引起能级跃迁产生辐射信号变化进行分析。测量辐射波长可以进行物质的定性分析,测量辐射强度可以进行物质的定量分析。从辐射作用的本质将光谱法分为原子光谱和分子光谱两类。从辐射能量传递的方式上又将光谱法分为发射光谱、吸收光谱、荧光光谱、拉曼光谱等。

非光谱法依据物质与光波相互作用后,不涉及能级跃迁的辐射信号变化进行分析。如折射、反射、衍射、色散、散射、干涉及偏振等。

光学分析法是常用的一类仪器分析方法,它正向着联用、原位(in situ)、在体(in vivo)、实时(real time)、在线(on line)的多元多参数的检测方向迈进。本书按辐射作用的本质首先介绍原子光谱,如原子发射光谱、原子吸收光谱等,然后介绍分子光谱,如紫外-可见吸收光谱、分子发光光谱、红外吸收光谱等。

1.2.2　电分析化学法

电分析化学法是根据物质在溶液中的电化学性质及其变化来进行分析的方法。依据测量的参数,电分析化学法可分为电位分析、伏安分析、极谱分析、库仑分析、电导分析等。电化学生物传感器、化学修饰电极、超微电极等是电分析化学十分活跃的研究领域。

1.2.3　色谱分析法

色谱分析法是根据物质在两相(固定相和流动相)间的分配差异进行混合物分离的分析方法,特别适合于结构和性质十分相似的化合物的快速高效分离分析。色谱分析法根据流动相和固定相的使用可分为气相色谱、液相色谱、薄层色谱、纸色谱、离子色谱等。复杂样品组成-结构-功能的多模式多柱色谱以及联用技术的多维分析是色谱分析法研究的焦点。

1.2.4　其他分析技术

质谱分析法是根据离子或分子离子的质量与电荷的比值(质荷比)来进行分析的,质谱与色谱技术、光谱技术、生物技术的联用成为分析仪器自动化、微型化、特征化、传感化和仿生化的趋势。

热分析法是通过测定物质的质量、体积、热导或反应热与温度之间的变化关系来进行分析的方法。热分析法可用于成分分析、热力学分析和化学反应机理研究。

本书将材料分析和表面分析中常用的电子显微镜和电子探针、X射线光谱分析、电子能谱分析、扫描探针显微镜归入第12章中介绍。

1.3　仪器分析方法的特点及主要性能指标

1.3.1　仪器分析方法的特点

仪器分析方法与化学分析方法相比有如下特点。

(1) 操作简便。随着仪器制造技术的发展,仪器的操作越来越简单方便。待测样品处理好后,通过按钮操作就可以完成分析任务。

(2) 分析速度快。一般的样品分析需要几分钟到几十分钟。计算机和仪器联用技术使复杂样品的分析时间大大缩短。

(3) 自动化、智能化、网络化、人性化。绝大多数仪器是将待测组分的物理性质或浓度变化转换成电性能(如电流、电位、电阻、电容、电导等)。计算机作为分析仪器的一个组成部分，按预先设定的参数，将采集到的电信号处理成人们读得懂的图像显示，实现了自动化、智能化、人性化操作。网络化平台的建立，实现了仪器分析数据的远程处理与信息反馈，使资源共享。网络分析实验室将会在更大程度上改变仪器分析的状况。

(4) 重现性好。仪器分析的自动化、智能化程度越高，人为的干扰因素越少，分析结果的重现性就越好。

(5) 灵敏度高。仪器分析中的待测组分是痕量或超痕量的，要求仪器具有较高的灵敏度。现代仪器制造技术正向着满足更高灵敏度的方向迈进。

(6) 检出限低。仪器分析的检出限一般在 $10^{-9} \sim 10^{-8}$ 的数量级，甚至更低。

(7) 准确度不够高。仪器分析的相对误差通常在5%左右，比化学分析的相对误差(≤0.2%)大得多。这样的准确度看似不够高，但对于痕量或超痕量组分的分析，已完全满足要求。

仪器分析方法的上述特点，是相对而言的。在进行仪器分析前，时常要用化学方法对样品进行预处理。仪器分析中用的标准物需要用化学分析的方法来标定，因此，化学方法和仪器方法是相辅相成的，在选择分析方法时，要根据具体分析对象合理选择。

1.3.2　仪器分析方法的主要性能指标

1. 选择性

分析方法的选择性(selectivity)是指该方法不受样品中所含其他物质干扰的程度。

2. 灵敏度

灵敏度(sensitivity)是指待测组分浓度(或质量)改变一个单位时所引起的信号变化。

3. 精密度

精密度(precision)是指用同样方法平行测量得到的分析数据间相互接近的程度。它代表随机误差的大小，通常用相对标准偏差(relative standard deviation，记为RSD)来表示，其计算式为

$$\mathrm{RSD} = \frac{S}{\bar{x}} \times 100\% \tag{1-1}$$

式中：S 代表标准偏差(standard deviation)；x_i 代表测量值；$\bar{x}$ 代表平行测定的平均值；n 代表测量次数。相关计算式为

$$S = \sqrt{\frac{\sum_{i=1}^{n}(x_i - \bar{x})^2}{n-1}}$$

$$\bar{x} = \frac{\sum_{i=1}^{n} x_i}{n} \tag{1-2}$$

4. 准确度

准确度(accuracy)是指测定结果与真实值接近的程度。常用相对误差(relative error)表示，见式(1-3)。真实值是无法知晓的，实际工作中，在消除系统误差的前提下，多次平行测量的算术平均值可视为相对真实值。一种分析方法的准确度，常用加标回收率(recovery)衡量。

$$相对误差 = \frac{测量值 - 真实值}{真实值} \times 100\% = \frac{x_i - \mu}{\mu} \times 100\% \tag{1-3}$$

5. 检出限

检出限(detection limit)又称检测下限,是指待测组分能被仪器检测出的最小量。它与仪器的噪声信号直接相联系,也就是说,待测组分被检出的最小信号要大于噪声信号。

6. 分辨率

分辨率(resolution)是指仪器分辨干扰信号和待测组分信号的能力,不同的仪器类型有不同的分辨率定义。

7. 标准曲线

标准曲线又称工作曲线,是指用已知量的标准物质,经过和待测样品同样的处理,配成一系列浓度不同的标准溶液。在相同的分析条件下,测定其响应信号值 S。以 S 为纵坐标,以标准物质浓度 c 或 a(a 是浓度 c 或含量的非线性函数)为横坐标绘制 S-c 或 S-a 曲线。有线性响应关系的仪器分析方法(如原子吸收光谱分析法、紫外-可见吸收光谱分析法等),标准曲线见图 1-1。有非线性响应关系的仪器分析方法(如电位法),标准曲线见图 1-2。

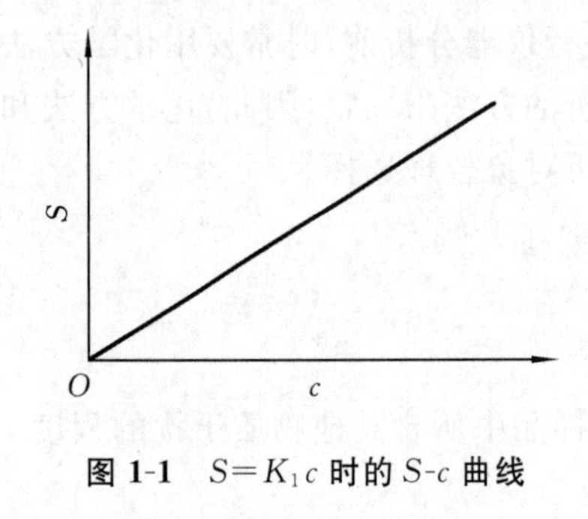

图 1-1　$S=K_1c$ **时的** S-c **曲线**

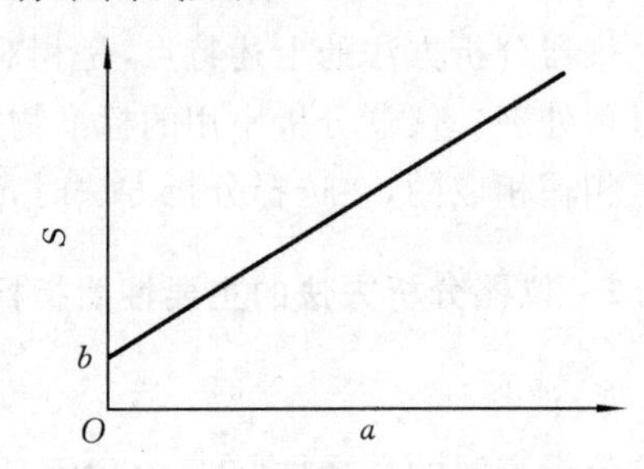

图 1-2　$S=b+K_2a$ **时的** S-a **曲线**

1.4　仪器分析方法的校正

仪器分析方法的定量基础为

$$S = f(c) \tag{1-4}$$

当 $f(c)$ 为线性响应关系时,式(1-4)改写成

$$S = K_1 c \tag{1-5}$$

当 $f(c)$ 为非线性响应关系时,式(1-4)改写成

$$S = b + K_2 a \tag{1-6}$$

式中:S 为测得的响应信号值;c 为待测组分的浓度(或含量);K_1、K_2 和 b 与选择的测定条件有关;a 是浓度(或含量)的非线性函数。

在定量分析时,除重量法和库仑法外,所用的分析方法都需要进行校正,即需要建立待测组分的浓度(或含量)与分析信号间的真正关系。仪器分析中最常用的校正方法有三种:标准曲线法、标准加入法和内标法。根据仪器和分析对象的条件选择适当的校正方法,以保证分析结果的准确度。

1.4.1　标准曲线法

标准曲线法又称工作曲线法和外标法(external standard method)。首先绘制相应的 S-c

标准曲线，然后在相同条件下测定试样的响应信号值。有线性响应关系时，可从标准曲线（如图1-1）上找到待测组分对应的含量。对于非线性响应关系，可从标准曲线（如图1-2）上找到待测组分的含量与分析信号间的函数关系，再通过计算求出待测组分的含量。

标准曲线法适用范围较广，是常用的仪器分析校正方法，也是常用的仪器分析定量方法。使用标准曲线法时，待测组分的含量应在标准曲线线性范围之内。

1.4.2　标准加入法

标准加入法又称添加法和增量法，是将已知量的标准物质加入一定量的待测试样中，测定标准物质量和待测组分量之和的总响应信号值 S（或函数），作 S（或函数）与添加量的关系曲线，外推求出试样中待测组分的含量，见图1-3。标准加入法中 S-c 曲线的形式有两种：一种是曲线通过原点（如图1-1），说明试样中不含加入的标准物质；另一种是曲线不通过原点（如图1-3），说明试样中含有加入的标准物质，外推曲线求出试样中待测组分的含量。

为了减小试样中基体效应带来的影响，使用标准加入法时，标准物质的量应与待测组分的量相匹配，基体的组成也应尽可能与试样一致。常用标准加入法来减小或消除基体效应的影响。

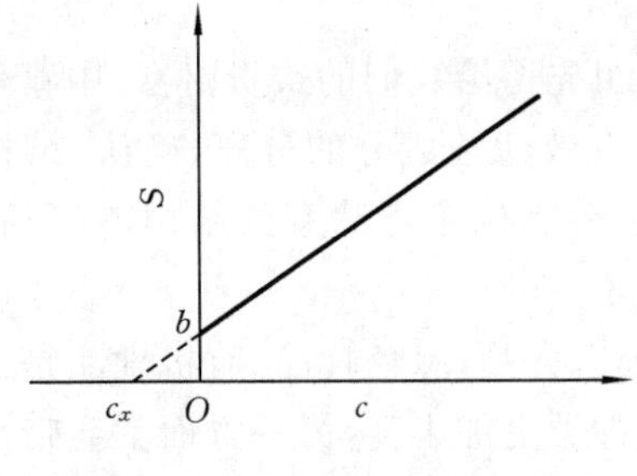

图1-3　标准加入法的 S-c 曲线

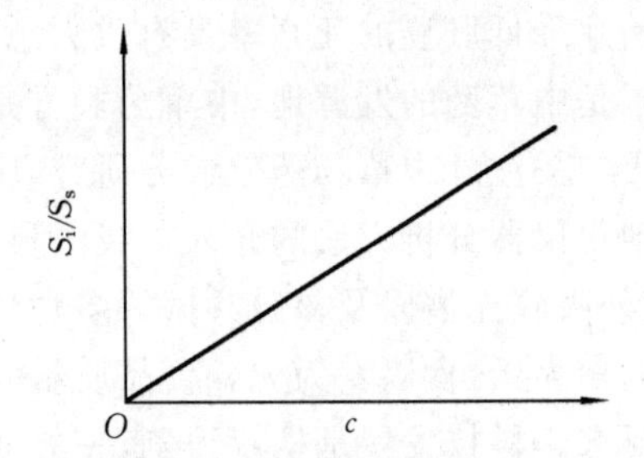

图1-4　内标法校正曲线 S_i/S_s-c

1.4.3　内标法

内标法（internal standard method）是在一系列已知量的待测试样中加入固定量的纯物质作为内标物，根据待测试样和内标物响应信号的比值（或函数）S_i/S_s 与待测试样浓度（或含量）c 的关系作图，得到 S_i/S_s-c 校正曲线，见图1-4。实际分析时，通过待测组分与内标物的响应信号比值（或函数）在 S_i/S_s-c 标准曲线上得到相应的待测组分浓度（或含量）。

内标法是通过测量待测组分与内标物响应信号的相对值来进行定量的，当操作条件变化引起误差时，会同时反映在待测组分和内标物上，使误差得以抵消，得到比较准确的结果。在仪器操作参数较多的分析方法中，为了获得准确的数据，经常采用内标法。

1.5　仪器分析方法在科技工作中的作用

仪器分析不仅对化学本身的发展起着重大推动作用，而且在国民经济建设、科学技术发展、生命科学和环境保护等方面都起着重要的作用。科学技术和社会生产的进步，给分析化学特别是仪器分析提出了更高、更严峻的挑战。21世纪是生命科学和信息科学的时代，它的四大领域（生命、信息、环境、资源）、五大危机（人口、粮食、能源、健康与环境）以及与国家安全相关的高技术中一些问题的解决都离不开分析化学的发展。仪器分析方法渗透在人们的衣食住行及健康中。

例如:与人类遗传和健康息息相关的,从 20 世纪 90 年代开始,为期 15 年的人类基因组测序计划(HUGP),被认为是像人类登月一样的伟大工程。当该工程面临困难进展缓慢时,是分析化学家对分析方法进行重大革新,96 道阵列毛细管电泳测序技术起到关键的作用,使原定 2005 年完成的计划提前到 2001 年完成。2001 年公布了人类基因组的全部序列,包括 30 亿碱基的序列、10 万基因的结构,这些数据对认识生命本质有重大作用。有人说是分析化学家挽救了人类基因组测序计划。人类基因组测序计划的完成标志着后基因时代(post-genome era)的到来,即研究基因组的功能活动,研究蛋白质组成与功能的关系及其活动规律。因此,21 世纪人类面临对生命本质认识的挑战,这同样是分析化学研究的热点和瓶颈所在。

2002 年诺贝尔化学奖授予美国科学家约翰 · 芬恩(John B. Fenn)、日本科学家田中耕一(Koichi Tanaka)与瑞士科学家库尔特 · 维特里希(Kurt Wüthrich),表彰他们对生物大分子进行识别和结构分析、生物大分子质谱技术新方法和利用核磁共振技术测定溶液中生物大分子三维结构的方法的里程碑式贡献,以及对蛋白质组学研究的深远影响。

仪器分析技术的进步,也极大地保护了人们的健康。例如,借助一些仪器分析手段,人们现在能够测定血液中浓度低至 ng/mL 级的甲胎蛋白,这可用于原发性肝癌的早期诊断。这对于及早治疗降低肝癌的死亡率具有重大意义。

中国是中草药的发源地,中草药验方是中华民族祖先留给我们的宝贵财富,中草药越来越受到世界的关注。中草药药效成分研究,中药复方中有效活性成分的分离、确认、结构测定等均需要现代仪器分析方法的介入。我国科学家屠呦呦等为确定青蒿素的结构,就用到高分辨质谱、红外吸收光谱以及核磁共振等多种仪器分析手段。

民以食为天,食以安为先。食品质量安全中,无公害食品、绿色食品、有机食品是人们日趋迫切的要求。科技发展是柄双刃剑,一方面使食品的种类更加丰富,另一方面就会带来食品安全问题。由于重金属、农药等的残留,滥用食品防腐剂和添加剂等导致的中毒事件常见报端,保障食品质量安全刻不容缓。2008 年爆发“三聚氰胺事件”后,我国制定了国家标准《原料乳与乳制品中三聚氰胺检测方法》。标准规定原料乳、乳制品以及含乳制品中三聚氰胺检测应该使用高效液相色谱法、液相色谱-质谱/质谱法或者气相色谱-质谱联用法。2022 年,我国发布了新版的《生活饮用水卫生标准》。新标准中共规定了 97 项检验指标,这些指标的检验大多需要依赖仪器分析方法。

近年来,我国在深海探测以及载人航天领域取得了举世瞩目的成就。这里也有我国仪器分析领域科学家的贡献。例如:“深海勇士”号载人潜水器就搭载了我国自行研制的多种高性能传感探测设备;“天宫”空间站用于站内微量挥发性有机物在线监测的双通道气相色谱仪是由我国分析化学家关亚风等研制的。

我国分析化学工作者在深海探测与载人航天领域的贡献

综上所述,仪器分析在科学技术发展和国民经济建设中起到非常重要的作用,掌握和了解一些仪器分析的基本原理和方法对理工科学生是十分必要的。

参考文献

[1]　(美)Breslow R. 化学的今天和明天[M]. 华彤文,译. 北京:科学出版社,1998.

[2]　庄乾坤,刘虎威,陈洪渊. 分析化学学科前沿与展望[M]. 北京:科学出版社,2012.

[3]　汪尔康. 21 世纪的分析化学[M]. 北京：科学出版社，1999.

[4]　汪尔康. 分析化学新进展[M]. 北京：科学出版社，2002.

[5]　吕贤如. 如何看当前食品安全[N]. 光明日报，2007-02-06.

[6]　中华人民共和国国家质量监督检验检疫总局，中国国家标准化管理委员会. GB/T 22388—2008 原料乳与乳制品中三聚氰胺检测方法[S]. 北京：中国标准出版社，2008.

[7]　中国国家市场监督管理总局，中国国家标准化管理委员会. GB 5749—2022 生活饮用水卫生标准[S]. 北京：中国标准出版社，2022.

第 2 章　原子发射光谱分析法
Atomic Emission Spectrometry, AES

2.1　原子发射光谱分析法概述

原子发射光谱分析法是通过物质和光的相互作用产生出特征光谱，并根据特征光谱的波长和强度来测定物质中元素组成和含量的分析方法。

2.1.1　光学分析法概要

生活中人们可以看见各种不同的光，如红光、蓝光等，太阳光透过眼镜镜片或三棱镜之后，能变成多种颜色的光，这是人们能用眼睛看见的光，事实上还有很多人眼不能看见的光，如紫外光、红外光等。物质由不断运动着的分子和原子组成，物质的内部运动可以以辐射或吸收能量的形式表现出来，这种形式就是电磁辐射(electromagnetic radiation)。实验证明，光是一种电磁辐射(或电磁波)。

光学分析(optical analysis)就是根据物质发射和吸收电磁波以及物质与电磁波的相互作用来进行分析的，是在分子和原子的光谱学基础上建立起来的分析方法，是通过研究电磁波的不同辐射形式与物质间的相互作用来对物质进行分析的。

2.1.2　电磁辐射的性质

电磁辐射具有波动性和微粒性，即波粒二象性。各种电磁辐射都属于光谱，按其波长和测定的方法可以分为不同的区域，见表 2-1。

表 2-1　电磁波谱分区

波谱区	波长范围	光子能量/eV	能级跃迁类型
γ 射线区	<0.005 nm	$>2.5\times10^{3}$	原子核能级
X 射线区	0.005～10 nm	$2.5\times10^{5}\sim1.2\times10^{2}$	内层电子能级
远紫外光区	10～200 nm	$1.2\times10^{2}\sim6.2$	
近紫外光区	200～400 nm	6.2～3.1	原子的电子能级或分子的成键电子能级
可见光区	400～780 nm	3.1～1.7	
近红外光区	0.78～2.5 μm	1.7～0.5	分子振动能级
中红外光区	2.5～50 μm	0.5～0.025	
远红外光区	50～1 000 μm	$2.5\times10^{-2}\sim1.2\times10^{-4}$	分子转动能级
微波区	0.1～100 cm	$1.2\times10^{-4}\sim1.2\times10^{-7}$	
射频区	1～1 000 m	$1.2\times10^{-6}\sim1.2\times10^{-9}$	电子自旋能级或核自旋能级

1. 电磁辐射的波动性

根据经典物理学的观点，电磁辐射是在空间传播着的交变电场和磁场，又称为电磁波。它具有一定的频率、强度和速度，电磁波为正弦波(波长、频率、速度、振幅)。与其他波(如声波)

不同，电磁波不需要传播介质，可在真空中以光速传播。它可以与物质中带电荷和磁矩的质点作用，和物质之间发生能量的交换，光谱分析就是基于这种能量的交换而建立的。

电磁波可以用频率(ν)、波长(λ)和波数(σ)等参数来表征。

不同的电磁波具有不同的波长(λ)和频率(ν)。电磁辐射在不同的介质中传播速度是不同的，只有在真空中所有电磁辐射的传播速度才相同，都等于光速 c。真空中波长和频率的关系为

$$\lambda = \frac{c}{\nu} \tag{2-1}$$

$$c = \lambda\nu = 2.997\ 92 \times 10^{10}\ \text{cm/s}$$

光谱分析中，波长的单位常用 nm(纳米)或 μm(微米)表示。

$$1\ \text{m} = 10^6\ \mu\text{m} = 10^9\ \text{nm} = 10^{10}\ \text{Å}$$

频率常用赫兹(Hz，s^{-1})表示；波长的倒数为波数(σ)，是 1 cm 长度内波的数目，单位为 cm^{-1}。当波长以 cm 为单位时，两者的关系为

$$\sigma = \frac{1}{\lambda} \tag{2-2}$$

电磁辐射的波动性表现为电磁辐射的散射、折射、反射、衍射、干涉和偏振等现象，这在普通物理学中已经进行了介绍。

2. *电磁辐射的微粒性*

光的干涉、衍射等现象可以用光的波动性来解释，但还有一些现象，如光电效应等，则必须用光的粒子性来解释。事实上，根据量子力学理论，电磁辐射是在空间高速运动的光量子(光子)流。光的粒子性表现为光的能量不是均匀连续分布在它传播的空间，而是集中在光子的微粒上，可以用每个光子所具有的能量(E)来表征，单位为 eV 或 J，$1\ \text{eV} = 1.60 \times 10^{-19}\ \text{J}$。

光子的能量(E)与光波的频率(ν)的关系为

$$E = h\nu = \frac{hc}{\lambda} \tag{2-3}$$

式中：h 为普朗克(Planck)常量，其值为 $6.626 \times 10^{-34}\ \text{J} \cdot \text{s}$ 或 $4.136 \times 10^{-15}\ \text{eV} \cdot \text{s}$。从式(2-3)可以看出，波长越长，光子的能量就越小，反之则能量越大。

2.1.3　原子光谱和分子光谱

任何物质的原子、分子都有其确定的能量，它们能存在于一定的不连续能态上，对原子而言，有电子围绕带正电荷的原子核运动的电子能态，而分子除了电子能态外，还存在原子间相对位移引起的振动和转动能态。不论物质是以原子还是分子形式存在，当其改变能态时，它吸收或发射的能量应完全等于两个能级之间的能量差，这时物质从一种能态跃迁到另一种能态，产生辐射的波长(λ)和频率(ν)与两能级之间的能量差(ΔE)的关系可表示为

$$\Delta E = E_1 - E_0 = h\nu = \frac{hc}{\lambda} \tag{2-4}$$

式中：E_1 是较高能态的能量，称为激发态(excited state)；E_0 是较低能态的能量，称为基态(ground state)。在室温下，物质一般处于基态。

根据光谱产生的机理，光谱可以分为原子光谱(atomic spectrum)和分子光谱(molecular spectrum)。由原子能级跃迁产生的光谱称为原子光谱，由分子能级跃迁产生的光谱称为分子光谱。

1. 原子光谱

当物质的原子吸收外界的能量后,其原子的外层电子产生由基态向激发态的能级的跃迁,但由于处于激发态的电子不稳定,又会在很短的时间返回基态,这两种形式均称为电子的跃迁,都会产生光谱。产生的这种光谱既取决于物质的外层电子的运动状态,也取决于外层电子间的相互作用。

原子光谱简史

(1) 核外电子的运动状态。核外电子在原子中存在的运动状态,可以用四个量子数来描述:主量子数 n、角量子数 l、磁量子数 m 和自旋量子数 m_s。主量子数 n 决定电子的能量和电子离核的远近;角量子数 l 决定电子角动量的大小及原子轨道的形状,在多电子原子中也影响电子的能量;磁量子数 m 决定磁场中原子轨道在空间的伸展方向不同时电子运动角动量分量的大小;自旋量子数 m_s决定电子自旋的方向。

用四个量子数可以描述出核外单个电子的运动状态。根据能量最低原理、保利不相容原理和洪特规则,可以写出基态原子的核外电子的排布。原子内层电子排布已经饱和,比较稳定。物质吸收外界能量后,较容易发生跃迁的一般是外层电子,即价电子,内层电子的跃迁可以产生 X 射线光谱。

(2) 光谱项(spectral term)。对于有多个价电子的原子,它的每一个价电子都可能跃迁而产生光谱。同时各个价电子之间还存在相互作用,这些作用主要有原子轨道运动之间的相互作用、电子自旋运动之间的相互作用、轨道运动与自旋运动之间的相互作用等。因此,原子的核外电子排布并不能准确地表征原子的能量状态,原子的能量状态需要用以 n、L、S、J 四个量子数为参数的光谱项来表征。

n 为主量子数;L 为总角量子数,它是外层价电子角量子数 l 的矢量和,即

$$L = \sum l_i \tag{2-5}$$

两个价电子耦合所得的总角量子数 L 与单个价电子的角量子数 l_1、l_2的关系为

$$L = (l_1 + l_2),(l_1 + l_2 - 1),(l_1 + l_2 - 2),\cdots,|l_1 - l_2| \tag{2-6}$$

L 的值可取 0,1,2,3,…,相应的谱项符号为 S,P,D,F,…,若价电子数为 3 时,应先把 2 个价电子的角量子数的矢量和求出后,再与第三个价电子求出其矢量和,就是 3 个价电子的总角量子数,其谱项符号为 F。

S 为总自旋量子数,各价电子自旋与自旋之间的作用是比较强的,多个价电子总自旋量子数是单个价电子自旋量子数 m_s的矢量和,即

$$S = \sum m_{s,i} \tag{2-7}$$

S 的值可取 0,±1/2,±1,±3/2,…。

J 为内量子数,是由于轨道运动与自旋运动的相互作用即轨道磁矩与自旋量子数的相互影响而得出的,它是原子中各个价电子组合得到的总角量子数 L 与总自旋量子数 S 的矢量和,即

$$J = L + S \tag{2-8}$$

J 的求法同 L,当 $L \geqslant S$ 时,J 可取 $2S+1$ 个数值;当 $L < S$ 时,J 可取 $2L+1$ 个数值。

在 n、L、S、J 四个量子数中,n、L、S 确定之后,原子的能级也就基本确定了。所以,根据 n、L、S 三个量子数就可以得出描述原子能级的光谱项,即

$$n^{2S+1}L$$

$2S+1$ 称为光谱项的多重性。如前所述,当 $L \geqslant S$ 时,$2S+1$ 就是内量子数 J 可取值的数

目，也就是同一光谱项中包含的 J 值不同、能量相近的能量状态数。习惯上，将多重性为 1、2、3 的光谱项分别称为单重态、双重态和三重态。将 J 值不同的光谱项称为光谱支项，可表示为

$$n^{2S+1}L_J$$

在磁场作用下，同一光谱支项会分裂成 $2J+1$ 个不同的支能级。外磁场消失，分裂支能级也消失，这种现象称为能级简并。$2J+1$ 为能级简并度。原子在这些状态上具有相同的概率分布，所以在对某一状态的原子进行统计时，就必须考虑这种简并引起的概率权重——统计权重。统计权重用符号 g 表示，在数值上等于该能级的简并度。

当用光谱项符号 $3^2S_{1/2}$ 表示钠原子的能级时，表示钠原子的电子处于 $n=3, L=0, S=1/2, J=1/2$ 的能级状态，这是钠原子的基本光谱项，$3^2P_{3/2}$ 和 $3^2P_{1/2}$ 是钠原子两个激发态的光谱项符号。

由于一条谱线是原子的价电子在两个能级之间跃迁产生的，故原子的能级可用两个光谱项符号表示。例如，钠原子的双线可表示为

$$\text{Na } 588.996\text{ nm } 3^2S_{1/2} \rightarrow 3^2P_{3/2}$$

$$\text{Na } 589.593\text{ nm } 3^2S_{1/2} \rightarrow 3^2P_{1/2}$$

钠原子和锌原子的基态和第一电子激发态的光谱项见表 2-2。

表 2-2　钠原子和锌原子的基态和第一电子激发态的光谱项

原　子	价电子组态	n	L	S	光谱项	J	光谱支项	多重性	简并度
Na	$3s^1$（基态）	3	0	$\frac{1}{2}$	3^2S	$\frac{1}{2}$	$3^2S_{1/2}$	双	2
	$3p^1$（激发态）	3	1	$\frac{1}{2}$	3^2P	$\frac{1}{2}$	$3^2P_{1/2}$	双	2
						$\frac{3}{2}$	$3^2P_{3/2}$		4
Zn	$4s^2$（基态）	4	0	0	4^1S	0	4^1S_0	单	1
	$4s^14p^1$（激发态）	4	1	1	4^3P	2	4^3P_2	三	5
						1	4^3P_1		3
						0	4^3P_0		1
				0	4^1P	1	4^1P_1	单	3

(3) 能级图。原子光谱是原子的价电子在两个能级之间跃迁而产生的。原子的能级通常用光谱项符号表示，如 $n^{2S+1}L_J$，把原子中所有可能存在状态的光谱项——能级及能级跃迁用图解的形式表示出来，称为能级图。图 2-1 是钠原子和镁离子的能级图。通常用纵坐标表示能量 E，基态原子的能量 $E=0$；用横坐标表示实际存在的光谱项。一般将低能级光谱项符号写在前，高能级光谱项符号写在后。

原子的各能级都有确定的能量，两能级的能量差具有确定的数值。不同能级之间跃迁产生的原子光谱是波长确定、相互分隔的谱线，所以原子光谱称为线光谱。

(4) 光谱选择定则。根据量子力学的原理，电子的跃迁不能在任意两个能级之间进行，必须遵循一定的"选择定则"，这个定则的内容如下。

① $\Delta n=0$ 或任意正整数。

② $\Delta L=\pm 1$ 跃迁只允许在 S 项和 P 项，P 项和 S 项或 D 项之间，D 项和 P 项或 F 项之间等。

③ $\Delta S=0$，即单重项只能跃迁到单重项，三重项只能跃迁到三重项等。

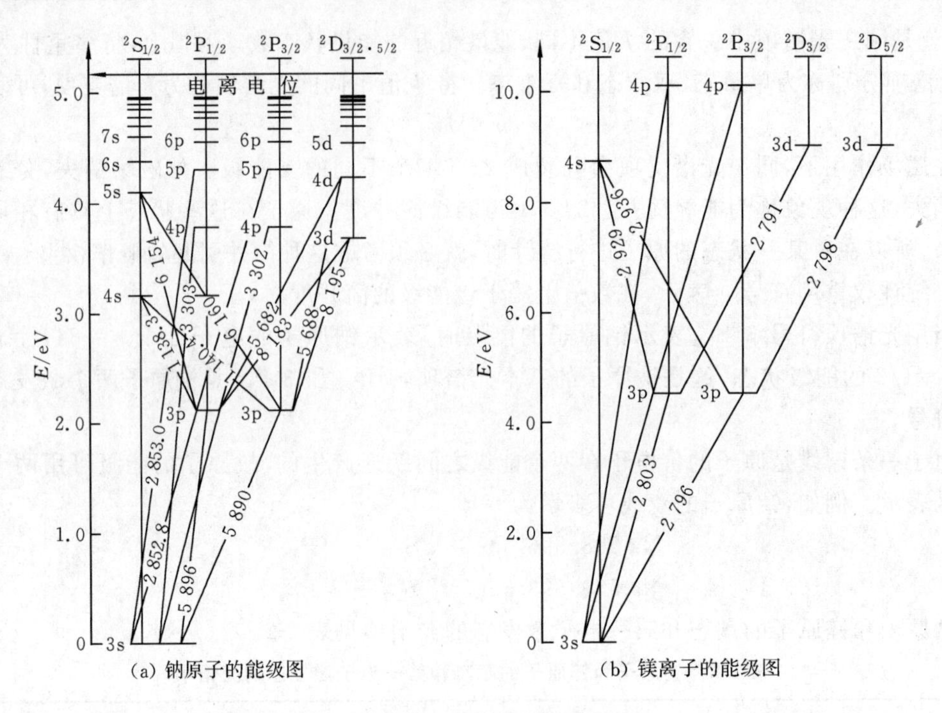

(a) 钠原子的能级图　　　　(b) 镁离子的能级图

图 2-1　钠原子和镁离子的能级图

④ $\Delta J=0,\pm1$。但当 $J=0$ 时,$\Delta J=0$ 的跃迁是禁阻的。

也有个别例外的情况,这种不符合光谱选择定则的谱线称为禁戒跃迁线。该谱线一般很少产生,谱线的强度也很弱。

(5) 原子光谱。物质的原子光谱根据其获得的方式不同可以分为发射光谱、吸收光谱和荧光光谱。

① 原子发射光谱(AES)。在通常温度下,物质的气态原子绝大部分处于基态。向基态原子提供一定的能量(如热能、电能等),可将其激发到较高的能级上,使之处于激发态。但是处于激发态的原子很不稳定,一般约在 10^{-8} s 内跃迁返回基态或较低能态而发射出特征谱线,产生发射光谱。以辐射能对辐射频率或波长作图可得到发射光谱图,如图 2-2 所示。

② 原子吸收光谱(AAS)。当光辐射通过基态原子蒸气时,原子蒸气选择性地吸收一定频率的光辐射,原子由基态跃迁到较高能态。原子这种选择性的吸收将产生具有原子特征的吸收光谱。本书第 3 章将作详细介绍。

③原子荧光光谱(AFS)。物质的气态原子吸收光辐射后,由基态跃迁到激发态。激发态原子通过辐射跃迁回到基态或较低能态产生的二次光辐射称为原子荧光,形成的光谱称为原子荧光光谱。本书第 3 章将作简要介绍。

2. 分子光谱

(1) 分子能级。即使是最简单的双原子分子的光谱,都要比原子光谱复杂得多。这是由于分子所具有的可能能级数目比原子的能级数目要多得多。分子光谱产生于分子能级的跃迁。分子中不但存在成键电子跃迁所确定的电子能级,而且还存在着由原子在其平衡位置相对振动所确定的振动能级,以及由分子绕轴旋转所确定的转动能级。这些能级都是量子化的。其中电子能级之间的能量差别最大,ΔE 一般为 1～20 eV;振动能级之间的能量差别次之,ΔE 一般为 0.05～1 eV;转动能级之间的能量差别最小,ΔE 一般小于 0.05 eV。每个电子能级中

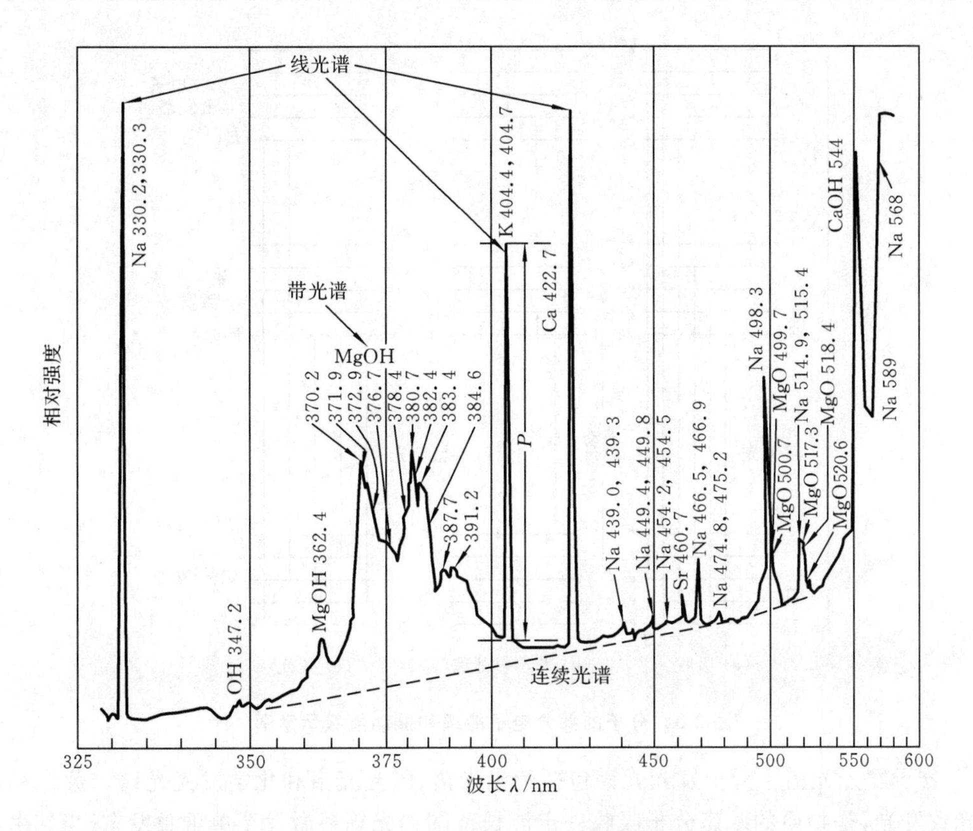

图 2-2　H_2-O_2 火焰中海水的发射光谱图

都存在着几个可能的振动能级，每个振动能级中又存在着若干可能的转动能级。分子的总能量 $E_{分子}$ 可以表示为

$$E_{分子} = E_{电子} + E_{振动} + E_{转动} \tag{2-9}$$

式中：$E_{电子}$ 为分子的电子能量；$E_{振动}$ 为分子中各原子振动产生的振动能量；$E_{转动}$ 为分子围绕它的重心转动的转动能量，如图 2-3 所示。

(2) 分子吸收光谱和分子发光光谱。根据光谱产生的机理不同，分子光谱也分为分子吸收光谱和分子发光光谱。

① 分子吸收光谱。分子对辐射能的选择性吸收使其由基态或较低能级跃迁到较高能级产生的分子光谱称为分子吸收光谱。根据跃迁的类型不同又可分为电子光谱、振动光谱和转动光谱。

分子在电子能级间跃迁产生电子光谱。这种跃迁伴随着振动能级和转动能级的跃迁，由于振动能级 ΔE 很小，而转动能级 ΔE 更小，因此，电子光谱中谱线间的波长差别甚微，用一般的单色器(monochromator)很难将相邻的谱线分开，其光谱的特征是在一定波长范围内按一定强度分布的谱带，即所谓的带光谱。电子光谱的波长在紫外光区和可见光区，也称为紫外-可见吸收光谱。本书第 4 章将作详细介绍。

分子在振动能级间跃迁产生振动光谱。振动跃迁伴随着分子的转动跃迁。振动光谱一般在近红外和中红外吸收光谱区，通常所说的红外吸收光谱指的是中红外吸收光谱区。本书第 6 章将作详细介绍。

分子在不同的转动能级间跃迁产生转动光谱。转动光谱位于远红外光区和微波区，也称为远红外吸收光谱和微波。

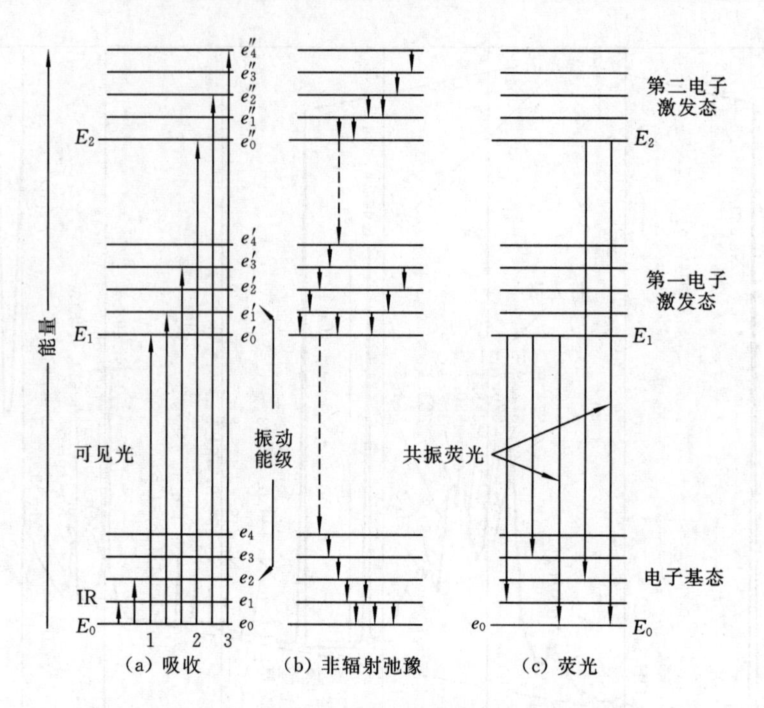

图 2-3　分子的部分电子能级和振动能级示意图

② 分子发光光谱。分子发光光谱包括荧光光谱、磷光光谱和化学发光光谱。荧光和磷光都是光致发光,是物质的基态分子吸收一定波长范围的光辐射激发至单重激发态,当其由激发态回到基态时产生的二次辐射。荧光产生于单重激发态向基态跃迁,而磷光是单重激发态先过渡到三重激发态,然后由三重激发态向基态跃迁而产生的。化学发光是化学反应物或反应产物受反应释放的化学能激发而产生的光辐射。发光光谱为发光强度与波长之间的关系曲线。本书第 5 章将作详细介绍。

③拉曼光谱(Raman spectrum)。拉曼散射是入射光子与溶液中试样分子间的非弹性碰撞,发生能量交换,产生了与入射光频率不同的散射光。这种散射光谱称为拉曼光谱。拉曼散射光的频率与物质分子的振动能级跃迁相对应。本书第 6 章的阅读材料中将作一些介绍。

2.2　原子发射光谱分析法的基本原理

原子发射光谱分析法是根据待测物质的气态原子或离子受激发后所发射的特征光谱的波长及其强度来测定物质中元素组成和含量的分析方法。

原子发射光谱分析法是一种成分分析方法,可对约 70 种元素(金属元素及磷、硅、砷、碳、硼等非金属元素)进行分析。这种方法常用于定性、半定量和定量分析。

在一般情况下,原子发射光谱法用于 1%以下含量的组分测定,检出限可达 10^{-6} g/mL,精密度为±10%左右,线性范围约 2 个数量级。但如采用电感耦合等离子体(ICP)作为光源(power),则可使某些元素的检出限降低至 10^{-10}～10^{-9} g/mL,精密度达到±1%以下,线性范围可延长至 7 个数量级。这种方法可有效地用于测量高、中、低含量的元素。

原子发射光谱分析法的一般分析步骤如下。

(1) 在激发光源中,将被测定物质蒸发、解离、电离、激发,产生光辐射。

(2) 将被测定物质发射的复合光经分光装置色散成光谱。

(3) 通过检测器(detector)检测被测定物质中元素光谱线的波长和强度,进行光谱定性和定量分析。

2.2.1 原子发射光谱的产生

不同物质由不同元素的原子所组成,而原子都包含着一个结构紧密的原子核,核外围绕着不断运动的电子。每个电子处在一定的能级上,具有一定的能量。在正常情况下,原子处于稳定的具有最低能量的基态。当受到外界能量(如热能、电能等)的作用时,原子由于与高速运动的气态粒子和电子相互碰撞而获得了能量,使原子中价电子从基态跃迁到较高能级的激发态,同时还可能电离并进一步被激发,这种使原子中的一个价电子从基态跃迁到激发态所需的能量称为激发电位,原子光谱中每一条谱线的产生各有其相应的激发电位。处于各种激发态的原子或离子是很不稳定的,在 10^{-8} s 时间内,按照光谱选择定则,以光辐射形式释放出能量,又跃迁到较低能级或基态,就会产生原子发射光谱。

原子发射光谱线的波长反映的是单个光子的辐射能量,它取决于跃迁前、后两能级的能量差,即

$$\lambda=\frac{hc}{E_2-E_1}=\frac{hc}{\Delta E}$$

原子光谱是由原子价电子在不同能级间的跃迁而产生的。不同的元素其原子结构不同,原子的能级状态不同,因此,原子发射谱线的波长也不同。每种元素都有其特征光谱,这是光谱定性分析的依据,光谱分析就是通过识别这些元素的特征光谱来鉴别元素的存在的。一般所称的"光谱分析",就是指原子发射光谱分析。根据国际纯粹与应用化学联合会(IUPAC)的规定,激发态与激发态之间的跃迁形成的光谱线称为非共振线,由激发态向基态跃迁所发射的谱线称为共振线。共振线具有最小的激发电位,因此最容易被激发,为该元素最强的谱线。离子也可能被激发,其价电子跃迁也发射光谱,在光谱学中,原子发射的谱线称为原子线,离子发射的谱线称为离子线。由于离子和原子具有不同的能级,所以离子发射的光谱与原子发射的光谱不一样。每一条离子线都有其激发电位。这些离子线的激发电位大小与电离电位高低无关。

在原子谱线表中,罗马数Ⅰ表示中性原子发射光谱的谱线,Ⅱ表示一次电离离子发射的谱线,Ⅲ表示二次电离离子发射的谱线,以此类推。例如,MgⅠ 285.21 nm 为原子线,MgⅡ 280.27 nm 为一次电离离子线。

2.2.2 谱线的强度

设 i、j 两能级之间的跃迁所产生的谱线强度以 I_{ij} 表示,则

$$I_{ij} = N_i A_{ij} h\nu_{ij} \tag{2-10}$$

式中:N_i 为单位体积内处于高能级 i 的原子数;A_{ij} 为 i、j 两能级间的跃迁概率;h 为普朗克常量;ν_{ij} 为发射谱线的频率。

若激发是处于热力学平衡的状态下,分配在激发态和基态的原子数目分别为 N_j、N_0,应遵循统计力学中玻尔兹曼(Boltzmann)分布定律。

$$N_j = N_0 \frac{g_j}{g_0} e^{\frac{E_j-E_0}{kT}} \tag{2-11}$$

式中:N_j为单位体积内处于激发态的原子数;N_0为单位体积内处于基态的原子数;g_j、g_0分别为激发态和基态的统计权重;E_j、E_0分别为激发态和基态的能量;k为玻尔兹曼常数;T为热力学温度。

2.2.3 影响谱线强度的因素

1. 统计权重

谱线强度与激发态和基态的统计权重之比成正比。$g=2J+1$,J为原子的总角动量量子数。在光谱分析中,g常用来计算元素多重线的强度比。当只是由于J值不同的高能级向同一低能级跃迁形成多重线时,其谱线强度比就等于高能级的g值之比。例如,钠双线强度比的计算为

Na I 588.996 nm(D_2) $g_2=4$, $A_2=6.22\times10^7\ s^{-1}$

Na I 589.593 nm(D_2) $g_1=2$, $A_2=6.18\times10^7\ s^{-1}$

由于双重线的波长、激发电位和跃迁概率很相近,原子数N等都相同,则谱线强度比

$$\frac{I_{588.996}}{I_{589.593}}=\frac{g_2}{g_1}=2 \tag{2-12}$$

无论光源温度如何变化,它们的辐射强度比总是等于统计权重之比。此计算值与实验值极为相近。

2. 跃迁概率

谱线强度与跃迁概率成正比。跃迁概率是一个原子在单位时间内两个能级之间跃迁的概率,可通过实验数据计算。

3. 激发电位

谱线强度与激发电位成负指数关系。在温度一定时,激发电位越高,处于该能量状态的原子数越少,谱线强度越小。激发电位最低的共振线通常是强度最大的谱线。

4. 激发温度

温度升高,谱线强度增大。但温度升高,电离的原子数目也会增多,而相应的原子数减少,致使原子谱线强度减弱,离子的谱线强度增大。因此,不同元素的不同谱线各有其最佳激发温度,在此温度下谱线的强度最大,而激发温度与所使用的光源和工作条件有关。

5. 基态原子数

谱线强度与基态原子数成正比。在一定的条件下,基态原子数与试样中该元素浓度成正比。因此,在一定的条件下谱线强度与被测元素浓度成正比,这是光谱定量分析的依据。

2.2.4 谱线的自吸和自蚀

在实际工作中,发射光谱是通过物质的蒸发、激发、跃迁和射出弧层而得到的。首先,物质在光源中蒸发形成气体,由于运动粒子发生相互碰撞和激发,使气体中产生大量的分子、原子、离子、电子等粒子,这种电离的气体在宏观上是中性的,称为等离子体。在一般光源中,等离子体是在弧焰中产生的,弧焰具有一定的厚度,如图 2-4 所示。弧焰中心的温度最高,边缘的温度较低。由弧焰中心发射出来的辐射光,必须通过整个弧焰才能射出,由于弧层边缘的温度较低,因而弧层边缘处于基态的同类原子较多。这些低能态的同类原子能吸收高能态原子发射出来的光而产生吸收光谱。原子在高温时被激发,发射某一波长的谱线,而处于低温状态的同类原子又能吸收这一波长的辐射,这种现象称为自吸现象。如图 2-5 所示。

弧层越厚,弧焰中被测元素的原子浓度越大,则自吸现象越严重。

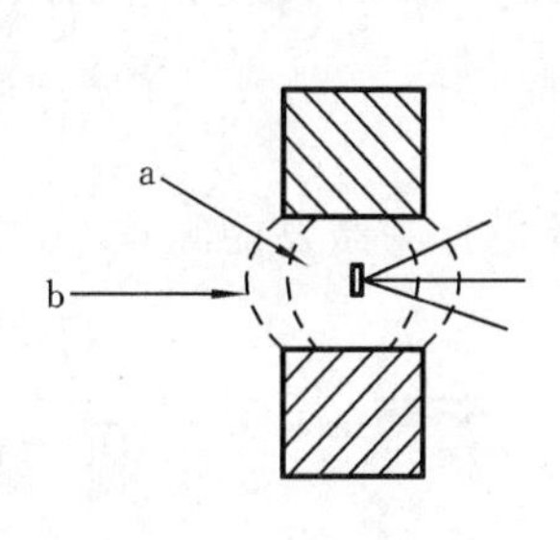

图 2-4　弧焰结构

a—弧焰中心；b—弧焰边缘

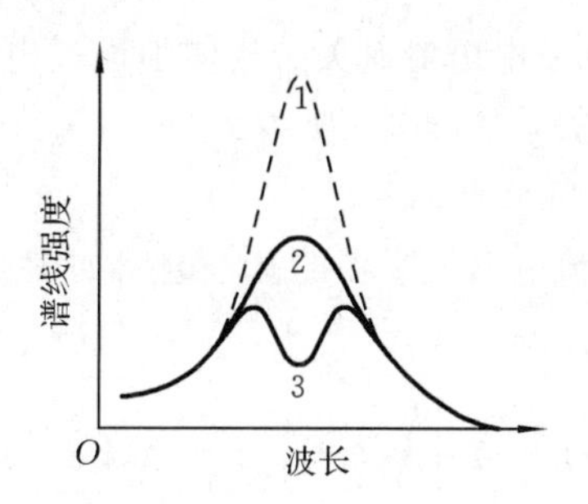

图 2-5　谱线自吸与自蚀

1—无自吸；2—自吸；3—自蚀

当原子浓度较小时，谱线不呈现自吸现象；原子浓度增大，谱线产生自吸现象，使其强度减小。由于发射谱线的宽度比吸收谱线的宽度大，所以，谱线中心的吸收程度要比边缘部分大，因而使谱线出现“边强中弱”的现象。当自吸现象非常严重时，谱线中心的辐射将完全被吸收，这种现象称为自蚀现象。如图 2-5 所示。

共振线是原子由激发态跃迁至基态而产生的。由于这种跃迁及激发所需要的能量最低，所以基态原子对共振线的吸收也最严重。当原子浓度很大时，共振线呈现自蚀现象。

由于自吸现象会严重影响谱线强度，所以在光谱定量分析中这是一个必须注意的问题。

2.3　原子发射光谱仪器

原子发射光谱分析法所用的仪器设备主要由三部分组成：光源、分光仪和检测器。

2.3.1　光源

光源的作用是提供试样蒸发、解离、原子化、激发、跃迁产生光辐射的能量，并产生辐射信号。光源对光谱分析的检出限、精密度和准确度都有很大的影响。对光源的要求是：激发能力强，灵敏度高，稳定性好，结构简单，操作方便，使用安全。目前常用的光源有直流电弧、交流电弧、电火花及等离子体。

在电光源中，两个电极之间是空气（或其他气体）。放电在有气体的电极之间发生。由于在常压下，空气中几乎没有电子或离子，不能导电，所以要借助于外界的力量，才能使气体产生离子变成导体。使气体电离的方法有：紫外线照射、电子轰击、电子或离子对中性原子碰撞以及金属灼热时发射电子等。当气体电离后，还需在电极间加以足够的电压，才能维持放电。通常，当电极间的电压增大，电流也随之增大，当电极间的电压增大到某一定值时，电流突然增大到差不多只受外电路中电阻限制的状态，即电极间的电阻突然变得很小，这种现象称为击穿。当电极间的气体被击穿后，即使没有外界电离作用，也会继续保持电离，使放电持续，这种放电称为自持放电。光谱分析用的电光源（电弧和电火花），都属于自持放电类型。

使电极间击穿而发生自持放电的最小电压称为击穿电压。要使空气中通过电流，必须有很高的电压，如在 101.325 kPa 压力下，若使 1 mm 的间隙中发生放电，必须具有 3 300 V 的电压。

如果电极间采用低压（220 V）供电，为了使电极间持续地放电，必须采用其他方法使电极间的气体电离。通常使用一个小功率的高频振荡放电器使气体电离，称为引燃。

自持放电发生后，为了维持放电所必需的电压，称为燃烧电压。燃烧电压总是小于击穿电压,并和放电电流有关。气体中通过电流时,电极间的电压和电流的关系不遵循欧姆定律,其相应的关系如图 2-6 所示。

1. 直流电弧

直流电弧发生器的基本电路如图 2-7 所示,它利用直流电作为激发能源。

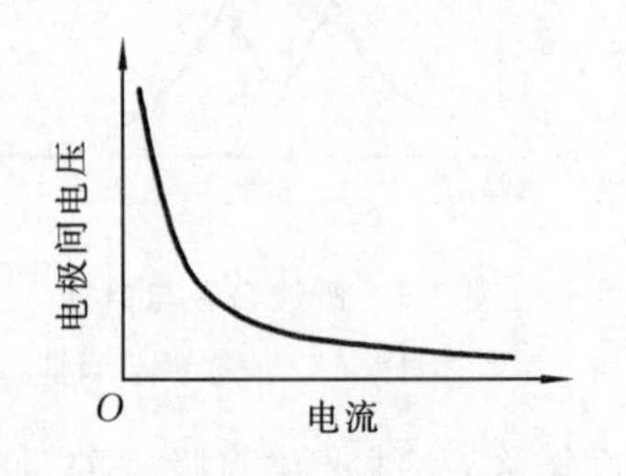

图 2-6 电极间电压和电流曲线

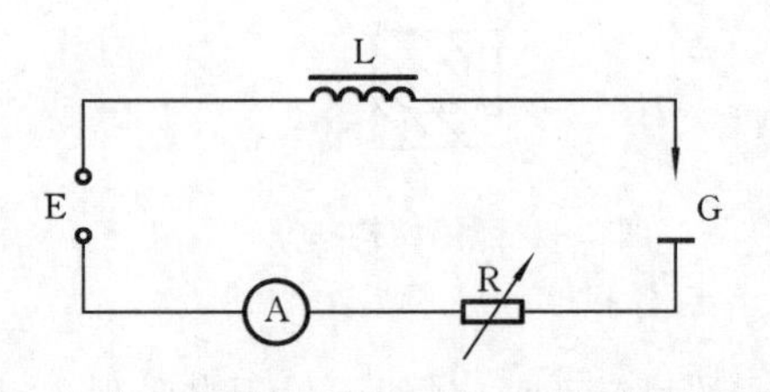

图 2-7 直流电弧发生器

R—可变电阻; L—电感; G—分析间隙; E—电源

在一定电压下,两电极间依靠等离子体导电产生的弧光放电称为电弧。直流电弧常用的电压为 150～380 V,电流为 5～30 A。可变电阻 R(称为镇流电阻)用以稳定和调节电流的大小,电感 L(有铁芯)用来减小电流的波动,G 为分析间隙(放电间隙)。分析间隙一般以两个碳电极作为阴、阳两极。由于直流电不能击穿两电极,因此直流电弧引燃常采用高频引燃装置,或者使上、下两电极接触短路,这时电极尖端被烧热,随后使两电极慢慢拉开至相距 4～6 mm,电弧即被引燃。此时阴极产生热电子发射,电子在电场作用下高速通过分析间隙奔向阳极。直流电弧工作时,阴极释放出来的电子不断轰击阳极,使其表面上出现一个炽热的斑点,这个斑点称为阳极斑。阳极斑的温度较高,有利于试样的蒸发。因此,一般将试样置于阳极炭棒凹孔中。在直流电弧中,弧焰温度取决于弧隙中气体的电离电位,一般为 4 000～7 000 K,这个温度尚难以激发电离电位高的元素。电极头的温度较弧焰的温度低,且与电流大小有关,一般阳极可达 3 800 ℃,阴极则在 3 000 ℃以下。

直流电弧的最大优点是电极头温度高(与其他光源比较),蒸发能力强;缺点是放电不稳定,且弧层较厚,自吸现象严重,故不适宜用于高含量定量分析,但可很好地应用于矿物和难挥发试样等的定性、半定量分析。

2. 交流电弧

交流电弧有高压电弧和低压电弧两类。前者工作电压达 2 000～4 000 V,可以利用高电压将弧隙击穿而燃烧,但由于装置复杂,高压操作不安全,已很少使用。目前低压交流电弧应用较多,其工作电压低,设备简单,操作安全。低压交流电弧发生器的基本电路如图 2-8 所示。

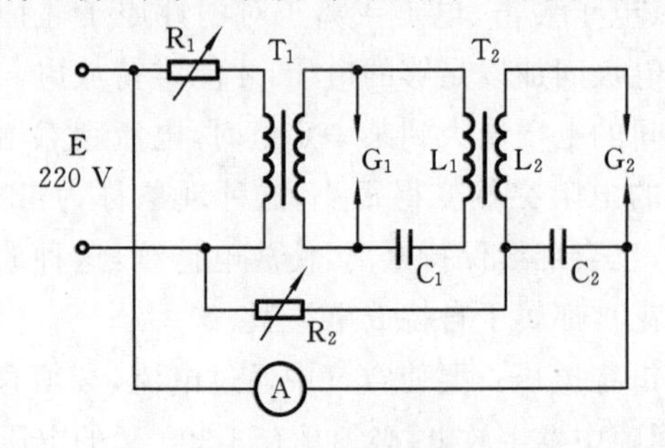

图 2-8 低压交流电弧发生器

T_1,T_2—变压器; C_1,C_2—电容; R_1,R_2—可变电阻; L_1,L_2—电感; G_1—放电盘; G_2—分析间隙; E—电源

电源 E 的工作电压一般为 110～220 V,可产生频率为 50 Hz 的交流电,由于交流电压随时间周期性变化,因此,低压交流电弧不能像直流电弧那样依靠两个电极接触引燃并持续放电,而必须采用高频高压引燃装置,使其在每半个交流周期内引燃一次,以维持电弧不熄灭。所以发生器由高频高压引燃电路和低压电弧电

路组成。电源接通后，普通交流电由变压器 T_1 升压到 2.5～3 kV，经 L_1-C_1-G_1 高频振荡电路和变压器 T_2，使交流电频率高达 10^5 Hz，电压升到 10 kV，通过 C_2-L_2-G_2 高频电压电路使分析间隙的空气电离，形成等离子气体导电通道，引燃电弧，这一过程称为分析间隙被击穿。同时，低压交流电经 R_2-L_2-G_2 低频低压电弧电路在分析间隙 G_2 产生电弧放电，随着分析间隙电流增大，电压出现明显的降低，当电压降至低于维持放电所需电压时，电弧即熄灭。此后每半个交流周期内都以相同步骤反复进行。这种高频高压引火、低频低压燃弧的装置就是普通的交流电弧。

交流电弧是介于直流电弧和电火花之间的一种光源，与直流电弧相比，交流电弧的电极头温度稍低一些，其蒸发能力稍差，但弧焰温度可达 4 000～8 000 K，激发能力较强。由于有控制放电装置，故电弧较稳定，定量分析的精密度较高。这种电源常用于金属、合金中低含量元素的定量分析。

3. 高压火花

高压火花发生器的线路如图 2-9 所示。电源 E 由可变电阻 R 适当降压后，经变压器 T 产生 10～25 kV 的高压，然后通过扼流线圈 D 向电容器 C 充电。当电容器 C 上的充电电压达到分析间隙 G 的击穿电压时，就通过电感 L 向分析间隙 G 放电，产生具有振荡特性的火花放电。放电完后又重新充电、放电，反复进行。

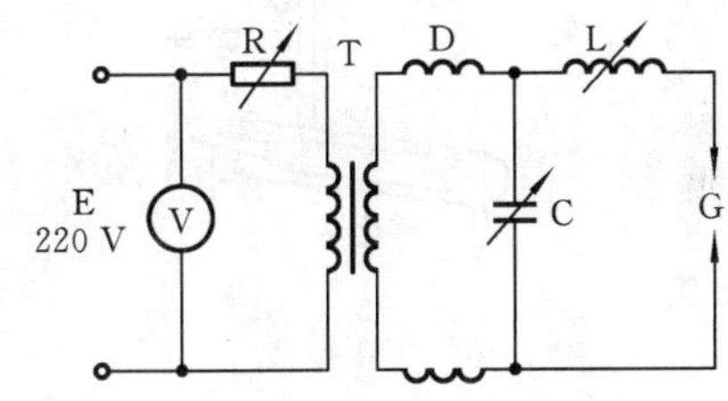

图 2-9　高压火花发生器

R—可变电阻；T—变压器；D—扼流线圈；C—电容器；L—电感；G—分析间隙

由于高压火花放电时间极短，故在这一瞬间内通过分析间隙的电流密度很大(高达 10 000～50 000 A/cm^2)，因此弧焰瞬间温度很高，可达 10 000 K 以上，故激发能量大，可激发电离电位高的元素。由于电火花是以间隙方式进行工作的，每次放电后的间隙时间较长，平均电流密度并不高，所以电极头温度较低，且弧焰半径较小，因而试样的蒸发能力较差。另外，这种光源的缺点是灵敏度较差，背景大，不宜作痕量元素分析，主要用于易熔金属、合金试样的分析及高含量元素的定量分析。

4. 等离子体

等离子体是一种电离度大于 0.1%的电离气体，由离子、原子和分子所组成，其中正离子浓度和负离子浓度基本相等，整体呈现电中性。

最常用的等离子体光源是直流等离子体(direct current plasma，DCP，又称直流等离子焰)、电感耦合等离子体(inductively coupled plasma，ICP)等，如图 2-10 和图 2-11 所示。

(1) 直流等离子焰(DCP)。经惰性气体压缩的大电流直流电弧放电，可获得一股高速喷射的等离子“火焰”。这股等离子“火焰”称为直流等离子焰。

一般的直流电弧在电流增加时，弧柱随之增大，电流密度和有效能量几乎没有增加，所以弧温不能提高。直流等离子焰形成时，惰性气体由冷却的喷口喷出，使弧柱外围的温度降低，弧柱收缩，电流密度和有效能量增加，所以激发温度有明显的提高。这种低温气流使弧柱收缩的现象，称为热箍缩效应。另外，在等离子焰放电时，带电粒子沿着一定的方向运动，产生电流，形成磁场，从而导致弧柱收缩，提高了等离子焰的温度和能量，这种电磁作用引起的弧柱收缩的现象，称为磁箍缩效应。总之，直流等离子焰比直流电弧温度高的原因主要是放电时的热箍缩效应和磁箍缩效应使等离子体受到压缩。此外，等离子焰的稳定性也比直流电弧强。

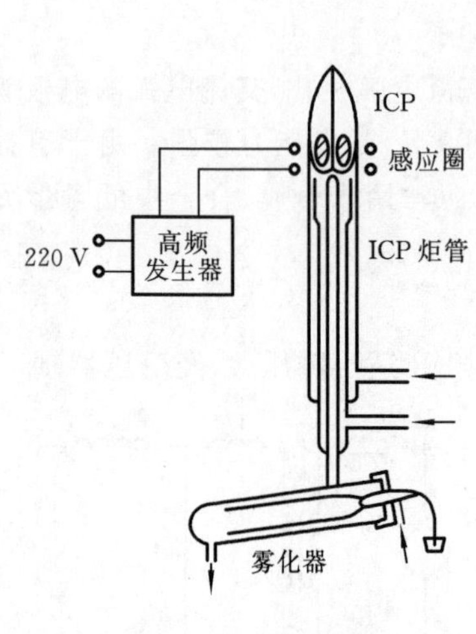

图 2-10　ICP 光源

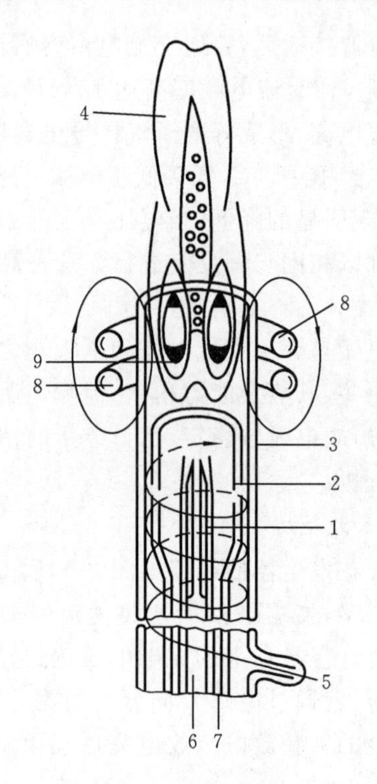

图 2-11　ICP 形成原理

1—内层管；2—中层管；3—外层管；4—ICP；5—冷却气；6—载气；7—辅助气；8—感应圈；9—感应区

直流等离子焰不仅可以采用粉末进样，而且可以采用溶液进样。弧焰呈蓝色，它的温度(5 000 ～10 000 K)比直流电弧高。这种等离子焰，对难激发元素具有较低的检出限。直流等离子焰的温度不仅受工作气体和电流的影响，而且与气体流量、喷样速度有关。Ar 或其他惰性气体喷焰的温度，比 N_2 或空气喷焰的温度高。等离子焰的激发温度随着电流的增加而升高，虽可使谱线强度增加，但背景也随之增大，因而不能改善线背比，不利于元素检出限的提高。气体流量和喷样速度对谱线强度的影响也很大，而且对原子线和离子线的影响各不相同。

(2) 电感耦合等离子体(ICP)。电感耦合等离子体的形成过程其实就是工作气体在高频磁场下的电离过程。在高频磁场和电流作用下等离子体形成电感耦合等离子炬，它是应用较广的一种等离子光源。

① ICP 装置。电感耦合等离子炬的装置，由高频发生器、进样系统(包括供气系统)和等离子炬管三部分组成。

在有气体的石英管外套装一个高频感应线圈，感应线圈与高频发生器连接。当高频电流通过线圈时，在管的内、外形成强烈的振荡磁场。管内磁力线沿轴线方向，管外磁力线成椭圆闭合回路。一旦管内气体开始电离(如用点火器)，电子和离子则受到高频磁场加速，产生碰撞电离，电子和离子急剧增加，此时在气体中感应产生涡流。这个高频感应电流，产生大量的热能，又促进气体电离，维持气体的高温，从而形成等离子炬。为了使所形成的等离子炬稳定，通常采用三层同轴炬管，等离子气沿着外管内壁的切线方向引入，迫使等离子体收缩(离开管壁大约 1 mm)，并在其中心形成低气压区。这样一来，不仅能提高等离子体的温度(电流密度增大)，而且能冷却炬管内壁，从而保证等离子炬具有良好的稳定性。

等离子炬管分为三层。最外层通 Ar 作为冷却气，沿切线方向引入，并螺旋上升，其作用有三：第一，将等离子体吹离外层石英管的内壁，可保护石英管不被烧毁；第二，是利用离心作用，在炬管中心产生低气压通道，以利于进样；第三，这部分 Ar 流同时也参与放电过程。中层管通入辅助气体 Ar，用于点燃等离子体。内层石英管内径为 1～2 mm，以 Ar 为载气，把经过雾化器的试样溶液以气溶胶形式引入等离子体中。

用 Ar 做工作气体的优点：Ar 为单原子惰性气体，不与试样组分形成难解离的稳定化合物，也不像分子那样因解离而消耗能量，有良好的激发性能，本身光谱简单。

② ICP 的形状结构。不同频率的电流所形成的等离子炬具有不同的形状。

在低频（约 5 MHz）时形成的等离子炬，其形状如水滴，试样微粒只能环绕等离子炬表面通过，对试样的蒸发、激发不利。

在高频（约 30 MHz）时形成的等离子炬，其形状似圆环，试样微粒可以沿着等离子炬轴心通过，对试样的蒸发、激发极为有利。这种具有中心通道的等离子炬，正是发射光谱分析的优良的激发光源。

电感耦合等离子炬具有许多与常规光源不同的特性，使它成为发射光谱分析中具有竞争能力的激发光源。

电感耦合等离子炬具有环状结构。电感耦合等离子炬的外观与火焰相似，但它的结构与火焰截然不同。由于等离子气体和辅助气体都从切线方向引入，因此高温气体形成旋转的环流。同时，由于高频感应电流的趋肤效应，涡流在圆形回路的外周流动。这样，电感耦合等离子炬就必然具有环状的结构。这种环状的结构造成一个电学屏蔽的中心通道。这个通道具有较低的气压、较低的温度、较小的阻力，使试样容易进入炬焰，并有利于蒸发、解离、激发、电离以及观测。

环状结构可以分为若干个区域，各区域的温度不同，性状不同，辐射也不同。

（ⅰ）焰心区。在感应线圈区域内，有白色不透明的焰心，高频电流形成的涡流区，温度最高达 10 000 K，电子密度高。它发射很强的连续光谱，光谱分析应避开这个区域。试样气溶胶在此区域被预热、蒸发，又称为预热区。

（ⅱ）内焰区。在感应圈上 10～20 mm 处，有淡蓝色半透明的炬焰，温度为 6 000 ～8 000 K。试样在此原子化、激发，然后发射很强的原子线和离子线。这是光谱分析所利用的区域，称为测光区。测光时，在感应线圈上的高度称为观测高度。

（ⅲ）尾焰区。在内焰区上方，有无色透明的炬焰，温度低于 6 000 K，只能发射激发电位较低的谱线。

③ ICP 的分析性能。高频电流具有趋肤效应，ICP 中高频感应电流绝大部分流经导体外围，越接近导体表面，电流密度就越大。

涡流主要集中在等离子体的表面层内，形成环状结构，造成一个环形加热区。环形加热区的中心是一个进样中心通道，气溶胶能顺利进入等离子体内，使得等离子炬有很高的稳定性。

试样气溶胶在高温焰心区经历较长时间的加热，在测光区平均停留时间长。这样的高温与长的平均停留时间使样品充分原子化，并有效地消除了化学的干扰。高温焰心区周围是加热区，用热传导与辐射方式间接加热，使组分的改变对 ICP 影响较小，加之溶液进样少，因此，基体效应弱。试样不会扩散到 ICP 周围而形成自吸的冷蒸气层。

④ ICP 具有的特点。

（ⅰ）检出限低。

(ⅱ) 稳定性好,精密度、准确度高。

(ⅲ) 自吸效应、基体效应弱。

(ⅳ) 选择合适的观测高度,光谱背景小。

⑤ ICP的局限性。对非金属测定灵敏度低,仪器价格高,维护费用较高。

2.3.2 光谱仪

光谱仪是用来将光源发射的不同波长的光色散成按一定顺序排列的光谱或单色光,并且进行记录和检测的仪器。光谱仪的种类很多,但基本结构类似,主要由五个部件组成:①进口狭缝;②准直装置,即能使光束成平行光线传播的透镜或反射镜;③色散装置,能使不同波长的光以不同的角度进行辐射的装置,目前用得最多的是棱镜和光栅;④聚焦透镜或凹面反射镜,使每个单色光束在单色器的出口曲面上成像;⑤出口狭缝。常用的光谱仪有棱镜摄谱仪、光栅摄谱仪和光电直读光谱仪。

1. 棱镜摄谱仪

棱镜摄谱仪是以棱镜为色散元件并用照相法记录光谱的光谱仪,它是利用光的折射现象进行分光的。棱镜摄谱仪主要由照明系统、准光系统、色散系统(棱镜)及投影系统(暗箱)组成,如图2-12所示。

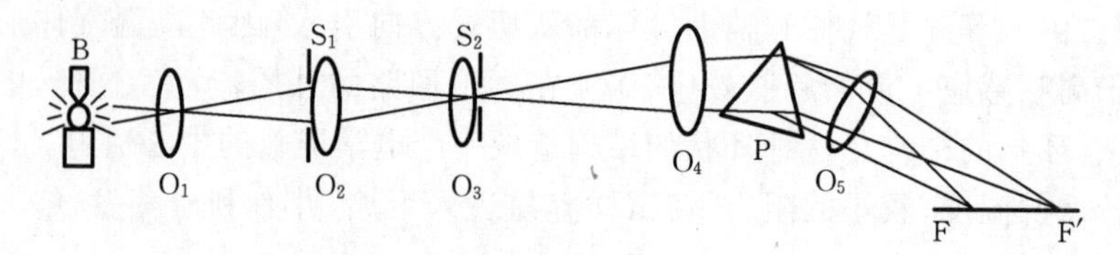

图2-12 棱镜摄谱仪光路示意图

B—光源;O_1,O_2,O_3—三透镜照明系统;O_4—准直反射镜;

O_5—成像物镜;S_1—遮光板;S_2—狭缝;P—色散棱镜;FF′—感光板

(1) 照明系统。该系统一般由透镜组成,有单透镜及三透镜两类照明系统,其主要作用是使光源发射的光均匀而有效地照射到入射狭缝S_2上,使感光板上所得到的光谱线黑度均匀。

(2) 准光系统。该系统由狭缝S_2和准直反射镜O_4组成,其主要作用是使不平行的复合光变成平行光投射到色散棱镜上。

(3) 色散系统。该系统可以由一个或多个棱镜组成。经过准直反射镜O_4后所得到的平行光束,通过棱镜P时,由于棱镜对不同波长的光的折射率不同,因而产生色散现象,如图2-13和图2-14所示。

棱镜的色散原理由科希(Cauchy)经验公式表示为

$$n = A + \frac{B}{\lambda^2} + \frac{C}{\lambda^4} \tag{2-13}$$

式中:n为折射率;λ为波长;A、B、C为常数。式(2-13)表明,棱镜是利用光的二次折射原理进行色散的,因此波长越短的光,折射率越大,当复合光通过棱镜时,不同波长的光就会因折射率不同而被色散为光谱。

(4) 投影系统。包括暗箱物镜O_5和感光板F′。其作用是将经过色散后的单色光束,聚焦而形成按波长顺序排列的狭缝像——光谱。

棱镜摄谱仪的光学特性常从色散率、分辨率和聚光本领三个方面进行考虑。

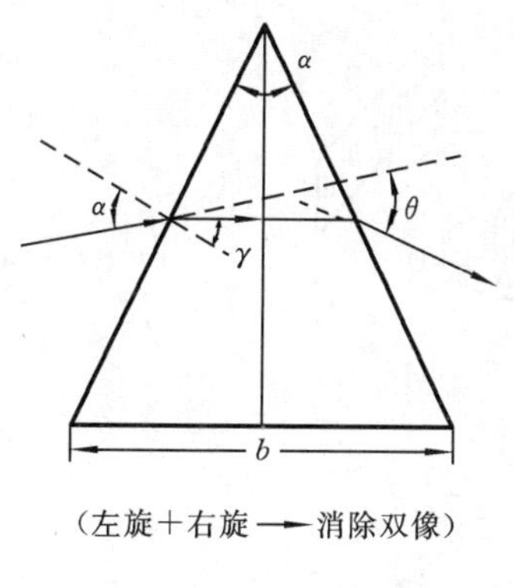

（左旋＋右旋 —→ 消除双像）

图 2-13　Cornu **棱镜**

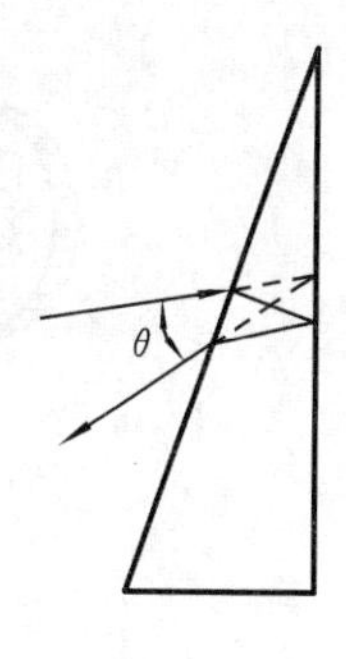

（镀膜反射）

图 2-14　Littrow **棱镜**

① 色散率(dispersive power)。色散率是指将不同波长的光分散开的能力。色散率又可以分别以线色散率或角色散率表示。线色散率指两条波长相差为 $\Delta\lambda$ 的谱线在焦面上的距离，角色散率指两条波长相差为 $\Delta\lambda$ 的光线分开的角度。

一般规律是：线色散率与棱镜材料本身的色散率成正比。对可见光，玻璃材料的棱镜色散率较大，而对紫外光，石英材料的棱镜色散率较大；同一棱镜，对短波长的光的色散能力比对长波长的光的色散能力大。线色散率与棱镜顶角 α 及棱镜数目 m 成正比，即 m 越多，色散率越大，但成本也大，由于设计及结构上的困难，最多用 3 个；α 越大，色散率越大，但 α 过大，聚光本领减弱，甚至产生反射，一般 α 值取 60°左右为宜。

② 分辨率。分辨率是指摄谱仪的光学系统能够正确分辨出紧邻两条谱线的能力。常用两条可以分辨开的光谱线波长的平均值 $\bar{\lambda}$ 与其波长差 $\Delta\lambda$ 的比值来表示，即 $R=\bar{\lambda}/\Delta\lambda$。对于中型石英摄谱仪，常以能否分开 Fe 310.066 6 nm、Fe 310.030 4 nm 和 Fe 309.997 1 nm 三条谱线来判断分辨率的好坏。

$$R=\frac{\bar{\lambda}}{\Delta\lambda}=\frac{310.0}{0.034}\approx 9\,000$$

即当仪器的分辨率大于 9 000 时，才能清楚地分开 Fe 310.0 nm 附近的三条谱线。

在实际工作中，仪器的分辨率还与照明情况、谱线宽度、狭缝宽度、感光板性能等条件有关。

③ 聚光本领。聚光本领是指摄谱仪的光学系统传递辐射的能力。聚光本领与线色散率及分辨率之间有矛盾，当棱镜数目 m 增多，棱镜顶角 α 增大时，聚光本领减弱，因此大型分光仪的聚光本领比中型分光仪的弱。

使用时，对这三个光学特性必须相互兼顾，针对不同的实验要求进行选择。

2. 光栅摄谱仪

光栅摄谱仪的光学系统与棱镜摄谱仪基本一致，只是色散系统是应用衍射光栅作为色散元件，利用光的衍射现象进行分光的。图 2-15 是国产 WSP-1 型平面反射光栅摄谱仪的光路图。

试样在光源激发后发射的光，经过三透镜照明系统由狭缝 S_2 经平面反射镜 P 折向凹面反射镜 M 下方的准直反射镜 Q_1，经准直反射镜反射以平行光束射到光栅 G 色散后，再经凹面反射镜 M 上方的成像物镜将光谱聚焦于感光板 F 上。旋转光栅转台 D 可改变光栅的入射角和衍射角，得到所需要波长范围的光谱。

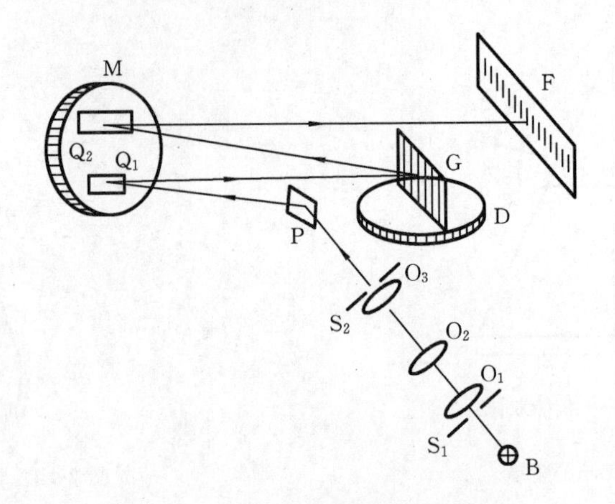

图 2-15 平面反射光栅摄谱仪光路图

B—光源；S_1—遮光板；O_1,O_2,O_3—三透镜照明系统；S_2—狭缝；P—反射镜；
Q_1—准直反射镜；Q_2—成像物镜；M—凹面反射镜；G—光栅；D—光栅转台；F—感光板

光栅分透射光栅和反射光栅两类。近代光谱仪主要采用反射光栅作为色散元件。反射光栅是在光学玻璃或金属高抛光表面上，准确地刻制出许多等宽、等距、平行的具有反射面的刻痕。反射光栅又分为平面反射光栅和凹面反射光栅，凹面反射光栅具有色散和聚焦两种作用。每毫米含有 300～2 000 条刻线的光栅可用于紫外和可见光区；对于红外光区，因光谱仪最广泛使用的波长范围是 5～15 μm，用每毫米含有 100 条刻线的光栅即可。

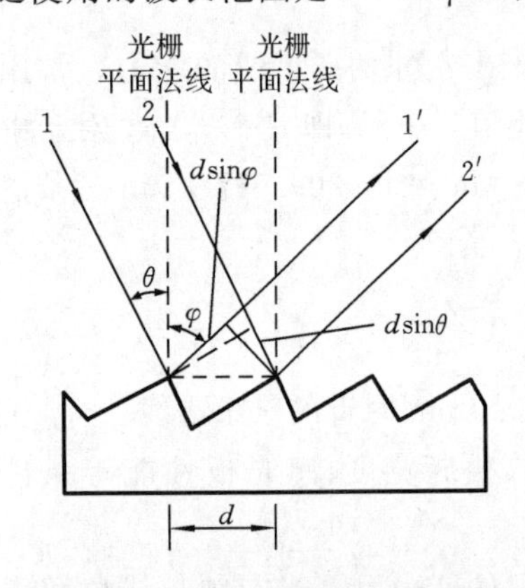

图 2-16 平面反射光栅色散原理

光栅的色散原理是光在每条刻痕的小反射面上的衍射和衍射光的干涉作用，如图 2-16 所示。

一束均匀的平行光射到平行光栅上，光波在光栅每条刻痕的小反射面上产生衍射光，各条刻痕与同一波长的衍射光方向一致，它们经物镜聚合，并在焦平面上发生干涉。衍射光相互干涉的结果是使光程差与入射光波长成整数倍的光波相互加强，得到亮条纹，即该波长单色光的谱线。

图 2-16 中，d 为光栅常数，即两条刻线之间的距离。对于同一刻痕面积，d 越小，光栅刻痕密度越大，线条越多。

光栅的光学特性常从色散率、分辨率和闪耀光栅三个方面进行考虑。

(1) 色散率：光栅色散率常用线色散率(linear dispersion)$\mathrm{d}l/\mathrm{d}\lambda$(mm/nm)和倒线色散率(reciprocal of linear dispersion)$\mathrm{d}\lambda/\mathrm{d}l$(nm/mm)表示。其中，线色散率 $\mathrm{d}l/\mathrm{d}\lambda$ 表示具有单位波长差的两条谱线在焦平面上分开的距离。

(2) 分辨率：对光栅来说，其分辨率可表示为

$$R=\frac{\lambda}{\Delta\lambda}=nN$$

式中：n 为衍射的级次；N 为受照射的刻线数。因此，刻痕面积越大，级次越高，光栅的分辨率就越大。

(3) 闪耀光栅：普通光栅色散后的衍射能量在不同的波长及不同的光谱级次中的分布是不均匀的。无色散作用的零级光谱能量最大。为克服这种缺陷，近代光栅采用了定向闪耀的办法，将光栅刻痕刻成一定形状，使光栅每一刻痕的小反射面与光栅平面成一定角度，可使衍

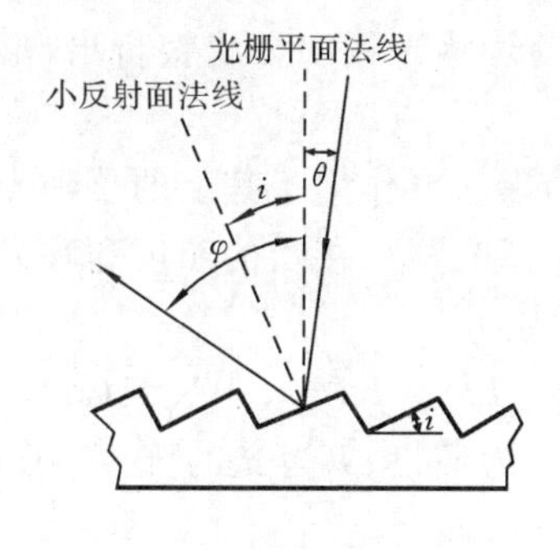

图 2-17　平面闪耀光栅

射光的能量集中在所需要的光谱级次和一定的波长范围内，这种光栅称为闪耀光栅或强度定向光栅，如图 2-17 所示。

图 2-17 中，闪耀光栅刻痕的小反射面与光栅平面的夹角 i 称为闪耀角。闪耀角所对应的辐射能量最大的波长称为闪耀波长。光栅的闪耀波长由闪耀角来决定，记为 λ_i。闪耀波长 λ_i 是光栅光谱仪的重要光学特性参数。闪耀波长附近的波长范围内的谱线强度都能得到加强，而越偏离闪耀波长的谱线强度越弱。因此，光栅适用的光谱范围是有限的，与光栅的一级闪耀波长 $\lambda_i(1)$ 和光谱级次有关，其近似计算式为

$$\lambda_K = \frac{\lambda_i(1)}{K \pm 0.5} \tag{2-14}$$

式中：λ_K 为第 K 级光谱闪耀范围的上限与下限适用波长。

例如：WPG-100 型平面光栅摄谱仪备有两块光栅，一级闪耀波长 $\lambda_i(1)$ 分别为 360 nm 和 540 nm，根据式(2-14)计算，此摄谱仪两块光栅一级光谱的适用范围分别为 240～720 nm 和 360～1 080 nm。

2.3.3　检测器

在原子发射光谱法中，常用的检测方法有目视法、摄谱法和光电法。

1. 目视法

用眼睛来观测光谱谱线强度的方法称为目视法(看谱法)。这种方法仅适用于可见光波段。常用的仪器为看谱镜。看谱镜是一种小型的光谱仪，专门用于钢铁及有色金属的半定量分析。

2. 摄谱法

摄谱法是用感光板记录光谱的方法。将光谱感光板置于摄谱仪焦面上，接受被分析试样的光谱作用而感光，再经过显影、定影等过程后，制得光谱底片(其上有许多黑度不同的光谱线)，然后用映谱仪观察谱线位置及大致强度，进行光谱定性及半定量分析，再用测微光度计测量谱线的黑度，进行光谱定量分析。

因此，在发射光谱分析中需要一些相应的观测设备以便于对获得的光谱图进行检测，如映谱仪、测微光度计等。

(1) 映谱仪(光谱投影仪)。映谱仪是可以将光谱图谱线放大 20 倍左右的投影仪器。图 2-18是 WTY 型映谱仪的光路图。

通过映谱仪放大，可以观察确定谱线的波长位置和大致强度以提供试样的定性和半定量信息。

(2) 测微光度计(黑度计)。测微光度计是用来精确测量感光板上记录的谱线黑度，通过与标准谱线比较谱线黑度的强弱来进行光谱定量分析的仪器。

实际测量时，摄谱仪将色散后的元素光谱记录在感光板上。感光板可以同时记录一定波长范围内的所有元素的光谱，并能长期保存。感光板上谱线的质量直接影响光谱定量分析的测量结果，因此必须了解和掌握感光板的基本性质。

感光板主要由玻璃片基和感光层组成。感光层又称为乳剂，它由感光物质卤化银、明胶和增感剂等物质组成。最常用的卤化银为 AgBr。摄谱时，元素发射出的光谱使感光板感光，然

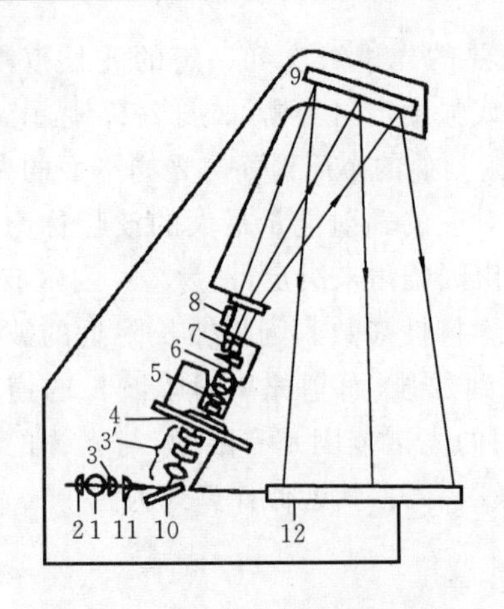

图 2-18　WTY 型映谱仪光路图

1—光源；2—球面反射镜；3—聚光镜；3′—聚光镜组；4—光谱底板；5—透镜；6—投影物镜组；7—棱镜；8—调节透镜；9—平面反射镜；10—反射镜；11—隔热玻璃；12—投影屏

后在暗室中显影、定影，感光板中金属银析出，形成黑色的光谱线。

感光板上谱线的黑度与作用于其上的总曝光量有关。曝光量等于感光层所接受的照度和曝光时间的乘积，其表达式为

$$H = Et = KIt \tag{2-15}$$

式中：H 为曝光量；E 为照度；I 为光的强度；t 为时间。

感光板上的谱线黑度，一般用测微光度计测量。设测量用光源强度为 I_0，通过感光板上没有谱线部分的光强为 i_0，通过谱线部分的光强为 i，如图 2-19 所示，则透过率 T 为

$$T = \frac{i}{i_0} \tag{2-16}$$

黑度 S 定义为透过率倒数的对数，故

$$S \xlongequal{\text{def}} \lg \frac{1}{T} = \lg \frac{i_0}{i} \tag{2-17}$$

从式(2-17)可看出，光谱分析中所谓的黑度实际上相当于分光光度法中的吸光度 A。感光板上感光层的黑度 S 与曝光量 H 之间的关系极为复杂，很难用简单的数学公式表达，通常用图解法表示，若以黑度 S 为纵坐标，曝光量 H 的对数为横坐标，得到的 S-$\lg H$ 关系曲线称为乳剂特性曲线，如图 2-20 所示。

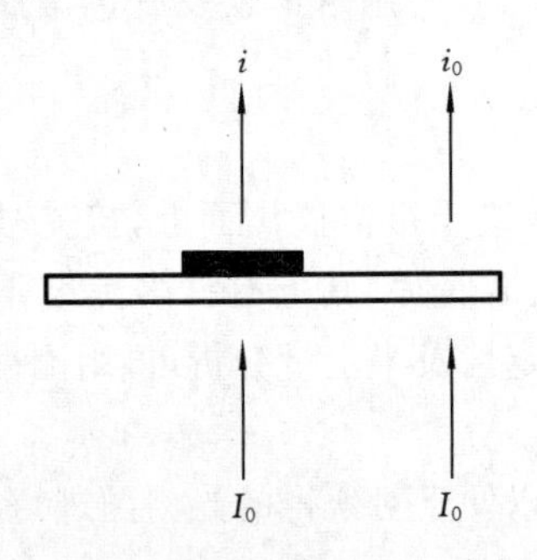

图 2-19　谱线黑度的测量

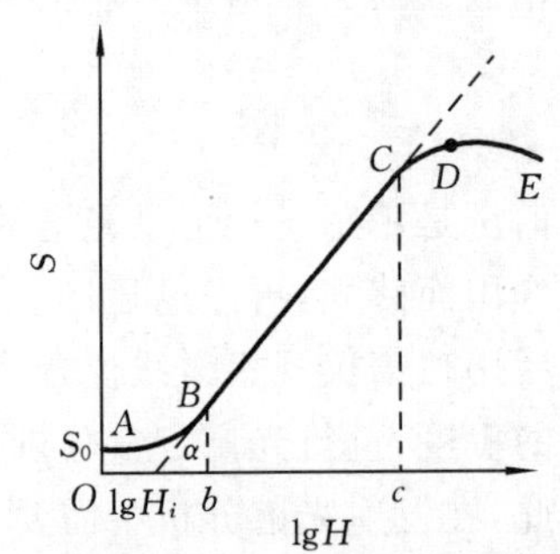

图 2-20　乳剂特性曲线

从图 2-20 可以看出，曲线分为四部分。AB 部分为曝光不足部分，斜率增加缓慢，黑度低；CD 部分为曝光过量部分，斜率逐渐减小；DE 部分随曝光量增大，黑度反而降低，为负感光部分。以上三部分黑度与曝光量的关系是很复杂的。只有 BC 部分的斜率固定，为正常曝光部分，黑度与曝光量的对数呈线性关系，增长率(直线部分的斜率)是常数，用 γ 表示，称为乳剂的反衬度，它表示当曝光量改变时黑度变化的速率。在光谱定量分析中，利用 S-$\lg H$ 曲线中表示正常曝光的部分来确定曝光量和定量分析的线性范围。这部分 S 和 $\lg H$ 的关系可用直线方程表示。从图 2-20 可知

$$\gamma = \tan\alpha = \frac{S}{\lg H - \lg H_i} \tag{2-18}$$

$$S = \gamma(\lg H - \lg H_i) \tag{2-19}$$

令
$$i = \gamma \lg H_i \tag{2-20}$$
则
$$S = \gamma \lg H - i \tag{2-21}$$

直线 BC 的延长线在横坐标上的截距为 $\lg H_i$，H_i 称为感光板的惰延量，它决定感光板的灵敏度，它是感光板上未曝光的乳剂经显影液作用后产生的黑度。bc 是直线 BC 在横坐标上的投影，称为乳剂的展度，在定量分析时，它决定感光板正常曝光量对数值的范围，以此确定元素定量分析的含量范围。

因为感光板正常曝光区的黑度一般在 0.4～2.0 之间，所以反衬度越高，展度越小；反衬度越低，展度越大。

反衬度高对提高分析准确度有利；而展度大则有利于扩大分析含量的范围。

定量分析用的感光板，γ 值应在 1 左右。光谱定量分析常选用反衬度较高的紫外Ⅰ型感光板，定性分析则选用灵敏度较高的紫外Ⅱ型感光板。

3. 光电法

原子发射光谱定量分析中除上述摄谱法外，还有一种光电直读光谱仪。光电直读光谱仪是利用光电测量的方法直接测定谱线强度的光谱仪，其基本构造原理如图 2-21 所示。

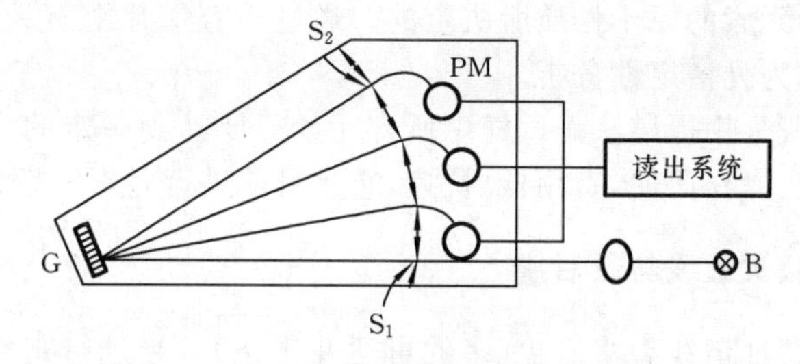

图 2-21　光电直读光谱仪示意图

B—光源；S_1—入射狭缝；G—凹面光栅；S_2—出射狭缝；PM—光电倍增管

光电直读光谱仪与摄谱仪不同的是光谱信号记录系统不是感光板，而是由出射狭缝、光电倍增管及读出系统组成的光电测量记录系统。光电倍增管将光信号转换成电信号，产生的阳极电流向积分电路中的积分电容充电，在积分时间 t 内电容器累积的电量为 Q，电容器的充电电压 U 表示为

$$U = \frac{Q}{C} \tag{2-22}$$

$$U = \int_0^t \frac{i\mathrm{d}t}{C} \tag{2-23}$$

式中：C 为积分电容器的电容量；i 为光电倍增管输出的光电流。当入射光的光谱成分不变时，光电流 i 与入射光强度 I 成正比，即

$$i = KI + i_0 \tag{2-24}$$

式中：K 为比例系数；i_0 为光电倍增管的暗电流。将式(2-24)代入式(2-23)中，并令 $i_0=0$，得

$$U = K\int_0^t \frac{I}{C}\mathrm{d}t \tag{2-25}$$

$$U = K\frac{It}{C} \tag{2-26}$$

式(2-26)中电容器的电容量 C 为恒定的，因此 K 与 C 之比为常数，令其为 k，则

$$U = kIt \tag{2-27}$$

由式(2-27)可知,当积分时间一定时,积分电容器的充电电压与谱线强度成正比。

由于ICP光源的广泛应用,光电直读光谱仪已经得到普遍使用。光电直读光谱仪的工作原理是:发射光谱由入射狭缝投射到凹面光栅G上,光栅将光色散、聚焦在焦面上,在焦面上安装了若干个出射狭缝和光电倍增管,构成若干个通道。光电转换后经过计算机处理、记录,在荧光屏显示或打印出数据。全部过程都是按计算机程序进行的。在分析测定各元素含量时,将各元素的标准曲线输入计算机,可同时测定多种元素的含量。

光电直读光谱仪的优点是:可与计算机联用直接处理结果,分析速度快,准确度高,相对标准偏差约为1%;由于光电倍增管对信号放大能力强,电子电路系统对于强弱差别很大的电信号都能方便准确地处理,因此浓度测量线性范围宽,可在同一分析条件下对试样中含量差别很大的不同元素同时进行测定。光电直读光谱仪的不足是仪器昂贵,维护费用高。

2.4　光谱定性方法

由于各种元素的原子结构不同,在光源的激发作用下,试样中每种元素都发射自己的特征光谱,其波长是由每种元素的原子性质所决定的。通过检查谱片上有无特征光谱的出现来确定该元素是否存在,称为光谱定性分析。

光谱定性分析一般采用摄谱法。试样中所含元素只要达到一定的含量,都可以有谱线摄谱在感光板上。摄谱法操作简便,费用低,快速,它是目前进行元素定性检出的较好的方法。

2.4.1　元素的分析线、灵敏线与最后线

每种元素发射的特征谱线有多有少(多的可达几千条)。当进行定性分析时,只需检出几条谱线即可。

(1) 分析线(analytical line)。进行分析时所使用的谱线称为分析线。如果只见到某元素的一条谱线,不可断定该元素确实存在于试样中,因为有可能是其他元素谱线的干扰。

(2) 灵敏线(sensitive line)。要检出某元素是否存在,必须有两条以上不受干扰的最后线与灵敏线。灵敏线是元素激发电位较低、最容易激发、强度较大的谱线,多是共振线。元素谱线的强度是随试样中该元素的含量减少而降低的。

(3) 最后线(final line)。最后线是指当样品中某元素的含量逐渐减少时,最后仍能观察到的几条谱线。它也是该元素的最灵敏线。例如:质量分数为10%的Cd溶液的光谱中,可以出现14条Cd谱线;当Cd的质量分数为0.1%时,出现10条光谱线;当Cd的质量分数为0.001%时,仅出现1条光谱线(226.5 nm),因此这条谱线就是Cd的最后线。

各元素灵敏线的波长,可在《光谱波长表》中查到。其中,应用广泛的是冶金工业部科技情报产品标准研究所编译的《光谱线波长表》(中国工业出版社,1971年)。

2.4.2　光谱分析方法

1. 铁光谱比较法

铁光谱比较法是目前最通用的方法,它采用铁的光谱作为波长的标尺,来判断其他元素的谱线。

铁光谱作标尺有如下特点。

(1) 谱线多,在210～660 nm范围内有几千条谱线。

(2) 谱线间距离都很近,谱线在上述波长范围内均匀分布。对每一条谱线的波长,都已进

行了精确的测量。在实验室中，由标准光谱图对照进行分析。

标准光谱图是在相同条件下，在铁光谱上方准确地绘出 68 种元素的逐条谱线并放大 20 倍的图片。铁光谱比较法实际上是与标准光谱图进行比较，因此又称为标准光谱图比较法，如图 2-22 所示。

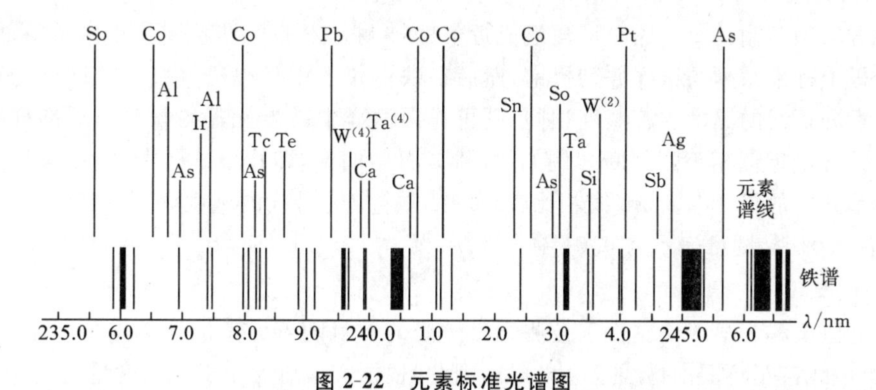

图 2-22　元素标准光谱图

在进行分析时，将试样与纯铁在完全相同的条件下并列并且紧挨着摄谱，摄得的谱片置于映谱仪(放大仪)上；谱片也放大 20 倍，再与标准光谱图进行比较。

比较时，首先须将谱片上的铁谱与标准光谱图上的铁谱对准，然后检查试样中的元素谱线。若试样中的元素谱线与标准图谱中标明的某一元素谱线出现的波长位置相同，即为该元素的谱线。铁谱线比较法可同时进行多元素定性鉴定。

2. 标准试样光谱比较法

将要检出元素的纯物质和纯化合物与试样并列摄谱于同一感光板上，在映谱仪上检查试样光谱与纯物质光谱。若两者谱线出现在同一波长位置上，即可说明某一元素的某条谱线存在。此方法适应于只定性分析少数几种指定元素，且这几种元素的纯物质又容易得到，分析谱线比较方便的情况。

摄制定性分析光谱时，应注意工作条件的选择。

(1) 选用中型摄谱仪。因为中型摄谱仪的色散率较为适中，可将待测元素一次摄谱，便于检出。对于光谱线复杂、谱线干扰严重的试样，如稀土元素等，可采用大型摄谱仪。

(2) 采用直流电弧。因为直流电弧的阳极斑温度高，有利于试样蒸发，可得到较高的灵敏度。

(3) 电流控制应先用小电流，使易挥发的元素先蒸发；后用大电流，使试样蒸发完全。这样，保证易挥发和难挥发元素都能很好地被检出。

(4) 采用较小的狭缝，以 5～7 μm 的狭缝为宜，有利于提高分辨率，减少谱线重叠干扰和降低光谱背景。

另外，还应摄取空炭棒的光谱，以检查炭棒的纯度和加工过程的沾污情况。摄谱时，应选用灵敏度高的光谱Ⅱ感光板。

光谱定性分析具有简便、快速、准确、多元素同时测定和试样损耗少等优点。

2.5　光谱定量方法

2.5.1　光谱半定量分析

光谱半定量分析可以给出试样中某元素的大致含量。若分析任务对准确度要求不高，多采用光谱半定量分析。例如:钢材与合金的分类、矿产品位的大致估计等,特别是分析大批样品时,采用光谱半定量分析,尤为简单和快速。光谱半定量分析常采用比较黑度法和谱线呈现法。

1. 比较黑度法

这种方法须配制一个基体与试样组成近似的被测元素的标准系列。在相同条件下,在同一块感光板上标准系列与试样并列摄谱,然后在映谱仪上用目视法直接比较试样与标准系列中被测元素分析线的黑度。若黑度相同,则可作出试样中被测元素的含量与标准样品中某一个被测元素含量近似相等的判断。例如:分析矿石中的铅,即找出试样中灵敏线(283.3 nm),再与标准系列中的铅 283.3 nm 线相比较,如果试样中的铅线的黑度介于 0.01%~0.05%之间,并接近 0.01%,则可表示为 0.01% ~ 0.05%。

2. 谱线呈现法

这种方法又称为显线法。由于被测元素谱线的数目随着元素的含量增加而增加,含量大时,其次灵敏线甚至更弱的谱线也会出现。因此,根据实验可绘制出元素含量与谱线出现的数目关系表,然后就可以根据某一谱线是否出现来估计试样中该元素的大致含量。此法的优点是可以事先制备好谱线表,以后就不需要每次配制标样了,方法简便、快速。谱线呈现法的准确度同样受到试样的组成和分析条件等多因素的影响。

2.5.2 光谱定量分析

1. 光谱定量分析的关系式

光谱定量分析主要是根据谱线强度与被测元素浓度的关系来进行的。当温度一定时,谱线强度 I 与被测元素浓度 c 成正比,即

$$I = ac \tag{2-28}$$

当考虑到谱线自吸时,有如下关系式:

$$I = ac^b \tag{2-29}$$

式(2-28)为光谱定量分析的基本关系式。此公式由赛伯(Schiebe)和罗马金(Lomakin B. A.)先后独立提出,故称为赛伯-罗马金公式。式中:b 为自吸系数。b 随浓度 c 减小而减小,当浓度很小且谱线强度不大,无自吸时,$b=1$,因此,在定量分析中,选择合适的分析线是十分重要的。a 值受试样组成、形态及光源、蒸发、激发等工作条件的影响。将公式取对数,可得

$$\lg I = \lg a + b\lg c \tag{2-30}$$

$\lg I$ 与 $\lg c$ 的关系曲线如图 2-23 所示。在一定浓度范围内,$\lg I$ 与 $\lg c$ 呈线性关系。当浓度较高时,谱线产生自吸,由于 $b<1$,曲线发生弯曲。因此,只有在一定的条件下,$\lg I$ 与 $\lg c$ 才能呈线性关系,这种测定方法称为绝对强度法。

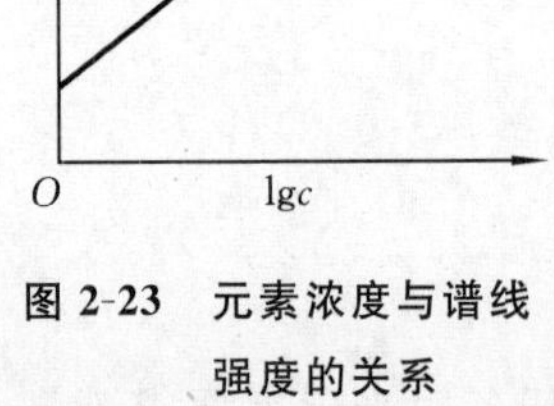

图 2-23 元素浓度与谱线强度的关系

由于 a 值在实验中很难保持为常数,故通常不采用谱线的绝对强度来进行光谱定量分析,而是采用内标法(internal standard method)。

2. 内标法

采用内标法可以减小前述因素对谱线强度的影响,提高光谱定量分析的准确度。内标法是通过测量谱线相对强度来进行定量分析的方法。其具体做法是:在分析元素的谱线中选一根谱

线，称为分析线；再在基体元素（或加入定量的其他元素）的谱线中选一根谱线，作为内标线(internal standard line)；这两条线组成分析线对，然后根据分析线对的相对强度与被分析元素含量的关系式进行定量分析。

此法可在很大程度上消除光源放电不稳定等因素带来的影响，因为尽管光源变化对分析线的绝对强度有较大的影响，但对分析线和内标线的影响基本是一致的，所以对其相对影响不大，可得到较准确的结果，这就是内标法的优点。

设分析线强度为 I，内标线强度为 I_0，被测元素浓度与内标元素浓度分别为 c 和 c_0，分析线和内标线的自吸系数分别为 b 和 b_0，则

$$I = ac^b \tag{2-31}$$

$$I_0 = a_0 c_0^{b_0} \tag{2-32}$$

分析线与内标线强度之比 R 称为相对强度，有

$$R = \frac{I}{I_0} = \frac{ac^b}{a_0 c_0^{b_0}} \tag{2-33}$$

式中：内标元素浓度 c_0 为常数，实验条件一定时，$A=\frac{a}{a_0 c_0^{b_0}}$ 为常数，则

$$R = \frac{I}{I_0} = Ac^b \tag{2-34}$$

取对数，得

$$\lg R = b\lg c + \lg A \tag{2-35}$$

式(2-34)为内标法光谱定量分析的基本关系式。以 $\lg R$ 对 $\lg c$ 作图所得到的曲线与图 2-23 中的关系曲线相同。因此，只要测出分析线对谱线的相对强度 R，便可以从相应的工作曲线上求得试样中待测元素的含量。

应用内标法时，对内标元素和分析线对的选择是很重要的，选择时应注意：金属光谱分析中的内标元素一般采用基体元素。如钢铁分析中，内标元素是铁。但在矿石光谱分析中，由于组分变化很大，又因为基体元素的蒸发行为与待测元素多不相同，故一般不用基体元素作内标，而是加入定量的其他元素。

加入的内标元素应符合下列几个条件。

(1) 内标元素与被测元素在光源作用下应有相近的蒸发性质。

(2) 内标元素若是外加的，必须是试样中不含或含量极少可以忽略的。

(3) 分析线对选择需匹配，两条原子线或两条离子线。

(4) 分析线对两条谱线的激发电位相近。若内标元素与被测元素的电离电位相近，分析线对激发电位也相近，这样的分析线对称为“均匀线对”。

(5) 分析线对波长应尽可能接近。分析线对两条谱线应没有自吸或自吸很小，并不受其他谱线的干扰。

(6) 内标元素含量一定。

在实际工作中，用摄谱法进行光谱定量分析时，测得的是感光板上谱线的黑度 S 而不是谱线强度 I。当分析线对的谱线所产生的黑度均落在乳剂特性曲线的直线部分时，对于分析线和内标线，分别有

$$S_1 = g_1 \lg H_1 - i_1 \tag{2-36}$$

$$S_2 = g_2 \lg H_2 - i_2 \tag{2-37}$$

因分析线对所在部位乳剂特征基本相同，故

$$g_1 = g_2 = g \tag{2-38}$$

$$i_1 = i_2 = i \tag{2-39}$$

由于曝光量与谱线强度成正比，因此

$$S_1 = g\lg I_1 - i \tag{2-40}$$

$$S_2 = g\lg I_2 - i \tag{2-41}$$

黑度差 $\Delta S = S_1 - S_2 = g(\lg I_1 - \lg I_2) = g\lg \frac{I_1}{I_2} = g\lg R$，故

$$\Delta S = gb\lg c + g\lg A \tag{2-42}$$

式(2-41)为摄谱法定量分析内标法的基本关系式。

分析线对的黑度值都落在乳剂特征曲线的直线部分，分析线与内标线黑度差 ΔS 与被测元素浓度的对数 $\lg c$ 呈线性关系。

3. *定量分析方法*

(1) 校准曲线法——三标准试样法。在确定的分析条件下，用三个或三个以上含有不同浓度被测元素的标准样品与试样在相同的条件下激发光谱，以分析线强度 I(或内标分析线对黑度比 S 或 ΔS 或 $\lg S$)对浓度 c(或 $\lg c$)作校准曲线，如图 2-24 所示。再由校准曲线求得试样被测元素含量。

这是一种最基本的定量方法，也是应用较广泛的一种方法。实际工作中，每一标准试样及分析试样都应摄谱多次(一般为三次)，然后取其平均值。

(2) 标准加入法。当测定低含量元素时，若找不到合适的基体来配制标准试样，一般采用标准加入法。

设试样中被测元素含量为 c_x，在几份试样中分别加入不同浓度(c_0、$2c_0$、$3c_0$……)的被测元素；在同一实验条件下，激发光谱，然后测量试样与不同加入量样品分析线对的强度比 R。当被测元素浓度较低时，自吸系数 $b=1$，分析线对强度 R 正比于 c，R-c 图为一直线，将直线外推，与横坐标相交的截距的绝对值即为试样中待测元素含量 c_x，如图 2-25 所示。

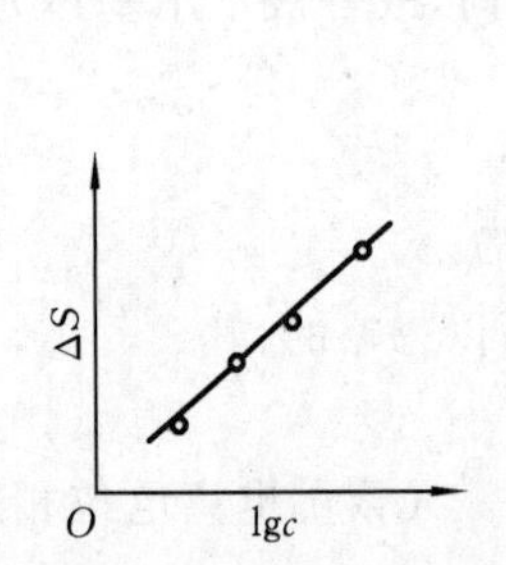

图 2-24　摄谱分析三标准试样法工作曲线

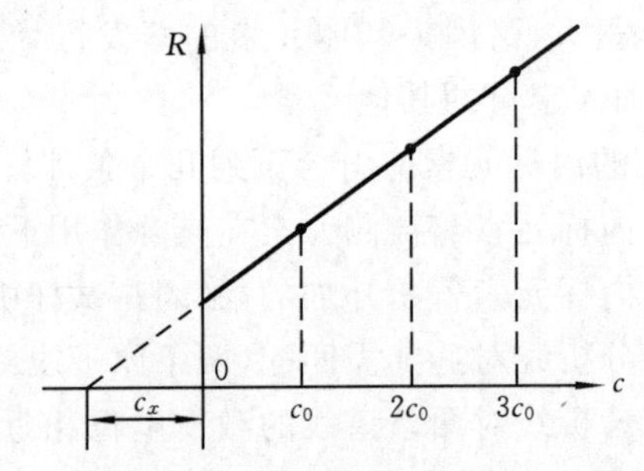

图 2-25　标准加入法

(3) 光电直读法。ICP 光源稳定性好，可以不用摄谱法而采用光电直读光谱仪直接得到测定结果。

4. *光谱背景及其消除方法*

光谱背景是指在线状光谱上，叠加着由于一些波长范围较宽的连续光谱和分子带状光谱等所造成的谱线强度(摄谱法为黑度)。

(1) 光谱背景来源。

① 分子辐射。在光源作用下，试样与空气作用生成的氧化物、氮化物等分子发射的带状

光谱会形成背景。如电弧光源中,空气中的 N_2 和炭电极挥发的 C 能形成稳定的碳氮化合物,在 350～420 nm 处产生 CN 光谱,干扰了许多元素的灵敏线。而 SiO_2、Al_2O_3 等化合物解离能很高,在电弧高温中发射分子光谱。

② 连续辐射。在经典光源中炽热的电极头,或蒸发过程中被带到弧焰中去的固体质点等炽热的固体发射连续光谱。

③ 谱线的扩散。分析线附近有其他元素的强扩散性谱线(即谱线宽度较大),如 Zn、Sb、Pb、Bi、Mg 等金属元素含量较高时,会有很强的扩散线。

④ 电子与离子复合过程。放电间隙中,离子和电子复合成中性原子时,也会产生连续背景。由电子通过荷电粒子(主要是重粒子)库仑场时受到加速或减速引起的连续辐射,这两种连续背景都随电子密度的增大而增大,是造成 ICP 光源连续背景辐射的重要原因,火花光源中这种背景也较强。

⑤ 光谱仪器中的杂散光。杂散光也造成不同程度的背景。杂散光是指由于光谱仪光学系统对辐射的散射,使其通过非预定途径而直接达到检测器的任何所不希望的辐射。

(2) 背景的消除。

① 摄谱法。测出背景的黑度 S_B,然后测出以被测元素谱线黑度为分析线与背景相加的黑度 S_{L+B}。由乳剂特征曲线查出 $\lg I_{L+B}$ 与 $\lg I_B$,再计算出 I_{L+B} 与 I_B,两者相减,即可得出 I_L,同样方法可得出内标线谱线强度 I_{IS}。注意:背景的扣除不能用黑度直接相减,必须用谱线强度相减。

② 光电直读光谱仪。由于光电直读光谱仪检测器将谱线强度积分的同时也将背景积分,因此需要扣除背景。ICP 光电直读光谱仪中都带有自动校正背景的装置。

5. 光谱定量分析工作条件的选择

(1) 光谱仪。对于谱线不太复杂的试样一般采用中型光谱仪,但对谱线复杂的元素(如稀土元素等)则需选用色散率大的大型光谱仪。

(2) 光源。可根据被测元素的含量、元素的特征及分析要求等选择合适的光源。

(3) 狭缝。在定量分析中,为了减少由乳剂不均匀所引入的误差,宜使用较宽的狭缝,狭缝宽度一般可达 20 μm 。

(4) 内标元素和内标线。对于金属分析,一般采用基体元素作内标元素。如钢铁分析中,内标元素选用铁。对于矿石分析,由于组分变化大,基体元素的蒸发行为与待测元素多不相同,所以一般不用基体元素作内标,而是加入定量的其他元素。

(5) 光谱缓冲剂。试样组分影响弧焰温度,弧焰温度又直接影响待测元素的谱线强度。这种由于其他元素存在而影响待测元素谱线强度的作用称为第三元素的影响。对于成分复杂的样品,第三元素的影响往往非常显著,并引起较大的分析误差。为了减少试样成分对弧焰温度的影响,使弧焰温度稳定,试样中可加入一种或几种辅助物质,用来抵偿试样组成变化的影响,这种物质称为光谱缓冲剂。

常用的缓冲剂有碱金属盐类用做挥发元素的缓冲剂、碱土金属盐类用做中等挥发元素的缓冲剂。炭粉也是缓冲剂常见的组分。

此外,缓冲剂还可以稀释试样,这样可减少试样与标样在组成及性质上的差别。在矿石光谱分析中,缓冲剂的作用是不可忽视的。

(6) 光谱载体。进行光谱定量分析时,在样品中加入的一些有利于分析的高纯度物质称为光谱载体。它们多为一些金属氧化物、盐类、炭粉等。载体的作用主要是增加谱线强度,提高分析的灵敏度,并且提高准确度和消除干扰等。

① 控制试样中的蒸发行为。通过化学反应,使试样中被分析元素从难挥发性化合物(主要是氧化物)转化为低沸点、易挥发的化合物,使其提前蒸发,提高分析的灵敏度。

载体量大可控制电极温度,从而控制试样中元素的蒸发行为,并可改变基体效应。基体效应是指试样组成和结构对谱线强度的影响,或称为元素间的影响。

② 稳定与控制电弧温度。电弧温度由电弧中电离电位低的元素控制,可选择适当的载体,以稳定与控制电弧温度,从而得到对被测元素有利的激发条件。

③ 电弧等离子区中大量载体原子蒸气的存在,阻碍了被测元素在等离子区中的自由运动范围,增加了它们在电弧中的停留时间,并提高谱线强度。

④ 稳定电弧,减少直流电弧的漂移,提高分析的准确度。

2.6 光谱分析的应用和特点

光谱分析利用元素的特征谱线可以准确地对周期表上 70 余种元素进行定性、半定量和定量分析,更适合于痕量元素及稀有元素的分析,而且在很多情况下可以不经分离直接进行测定,一次分析可以在一个试样中同时测定多种元素。因此,这种方法广泛应用于材料科学、环境科学、生命科学及原子能工业、半导体工业的超纯材料分析。对于地质普查、找矿,可以用光谱半定量或定量分析方法进行大量试样的分析,提供可靠的资料;对于冶金行业,光谱分析不仅可以用于成品分析,还可以用于控制冶炼的炉前快速分析,如当金属还处于熔炼过程中时,可以根据分析结果来调整钢水的成分。随着等离子体光源的应用和光电直读法的普及,各种类型的 ICP-AES 商品仪器的相继出现,使 ICP-AES 分析技术已经成为现代环境测试技术的一个重要组成部分,发射光谱分析的应用得到更大的拓展。

废水中的重金属元素曾采用极谱法、原子吸收法或其他化学分析法进行测定,但这些方法都不能做到同时测定多种元素。对于共存离子的干扰问题,极谱法需要加入支持电解质,原子吸收法需要加入干扰抑制剂消除。采用 ICP-AES 法同时测定废水中的 Cd、Cr、Cu、Ni、Pb 和 Zn 等 6 种元素,不需要化学分离,操作简便、快速,被测元素之间无明显干扰,方法灵敏,检出限可达 1~50 μg/kg。

纯铜中有 Pb、Sn、Fe、Ni、Mn、Cr、Al 和 Zn 等十余种杂质元素,可以将金属铜转化为氧化铜,以石墨粉和氟化铜为缓冲剂,采用直流电弧阳极激发,内标线均为 Cu 285.9 nm,同时上机进行测定。以分析线对的黑度差为纵坐标,以相应的待测元素含量的对数值为横坐标绘制工作曲线,从工作曲线上查出各杂质元素的含量。

煤燃烧时经燃烧炉排放的砷、硒等易挥发元素会对大气产生较严重的污染。因煤的成分复杂,且砷、硒的含量较低,试样的分析测试较困难。采用氢化物进行 ICP-AES 测定,结果能满足环境分析要求。

在分析测试领域,原子发射光谱分析法具有如下突出的特点。

(1) 灵敏度高。该方法适用于低含量元素的测定,对于电弧和火花光谱分析,大多数元素的检出限为 0.1~1 μg/g;对于 ICP 光谱分析,大多数元素的检出限为 10^{-5}~10^{-3} μg/mL。

(2) 选择性好。由于每一种元素都有其特定的光谱谱线,总有可供选用的分析线,只要选择好合适的工作条件,便可进行光谱分析。

(3) 分析效率高。该方法可以不经分离直接进行测定,试样用量少,可同时进行多元素分析。

(4) 精密度好，线性范围宽。用电弧和电火花作光源，分析的精密度在±10%左右，线性范围约为 2 个数量级；而用 ICP 光电直读光谱法，精密度可达±1%左右，线性范围可达 6 个数量级，可有效地应用于高、中、低含量的元素分析。

原子发射光谱分析法的局限性是不能用于分析有机物及大部分非金属元素，只适用于元素分析，不能确定元素存在的化合物状态和结构，另外光谱仪器价格也比较高，特别是 ICP 光谱仪器运转费较高，制约了方法的普及。

2.7　火焰光度分析

火焰光度(flame photometry)分析是利用火焰作为原子的激发光源，应用光电检测系统对被激发的元素所发射的辐射强度进行检测，它是一种简化的发射光谱分析法，仍属于发射光谱分析的范畴。

用火焰作为激发光源，由于其温度较低，所以激发能量小。但火焰燃烧时较为稳定，因此，该法具有谱线简单、重现性好等优点，主要用于碱金属和碱土金属等激发电位较低的元素的测定。

标准曲线法测定饮用水中的钠含量——火焰原子发射光谱法

火焰分光光度计主要由光源(火焰)、单色器及检测系统三部分组成，如图 2-26 所示。光源包括供气系统、喷雾器和燃烧器三部分，其作用是将被测试液雾化，并与燃烧气混合后，在燃烧器上燃烧使被测元素在火焰中受到激发而产生光谱。常用的燃烧气体是空气-丙烷和空气-乙炔，其火焰温度分别约为 1 900 ℃和 2 300 ℃。分光系统一般用棱镜或光栅作单色器。检测系统一般用光电管或光电倍增管，经放大器放大，由检流计、记录仪或显示器记录读数。

火焰光度法定量分析的依据是：$I=ac^b$。由于火焰燃烧较为稳定，参数 a 是一个常数，一般试液浓度很低，自吸现象可以忽略，$b=1$，于是有

$$I = ac \tag{2-43}$$

火焰光度法通常采用的定量方法有标准曲线法、标准加入法和内标法。

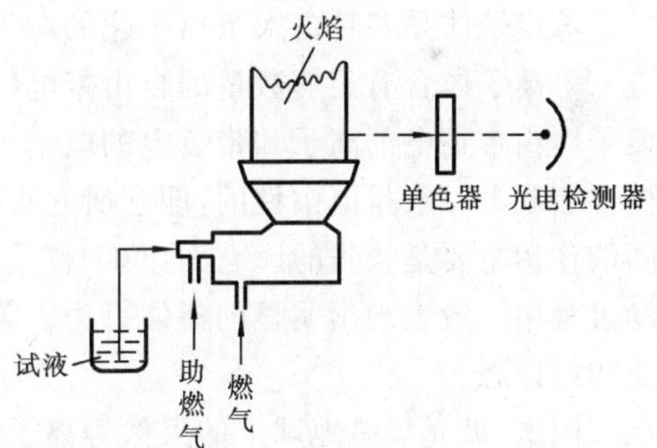

图 2-26　火焰分光光度计示意图

火焰光度法的特点如下。

(1) 快速：试样溶液于数分钟内可完成测定。

(2) 准确：火焰光源稳定性高，干扰少，误差为 2%～5%，可用于微量分析和常量分析。

(3) 灵敏：分析碱金属与碱土金属，绝对灵敏度可达 1.0×10^{-7}～1.0×10^{-5} g。

(4) 设备简单：被测试样易被火焰激发，产生的谱线较简单，且均在可见光区，故使谱线分离和测量的设备简单。

(5) 应用范围窄：主要用于碱金属和部分碱土金属的测定。

火焰光度法同样存在各种干扰因素，如供气压力，试样导入量、有机溶剂和无机酸的影响，以及金属元素间的相互作用等。

元素的电离和自吸收可导致校正曲线弯曲，线性范围缩小。如钾在高浓度时自吸收严重，使校正曲线向横坐标方向弯曲；在低浓度时则由于电离增加，辐射增强，校正曲线向纵坐标方

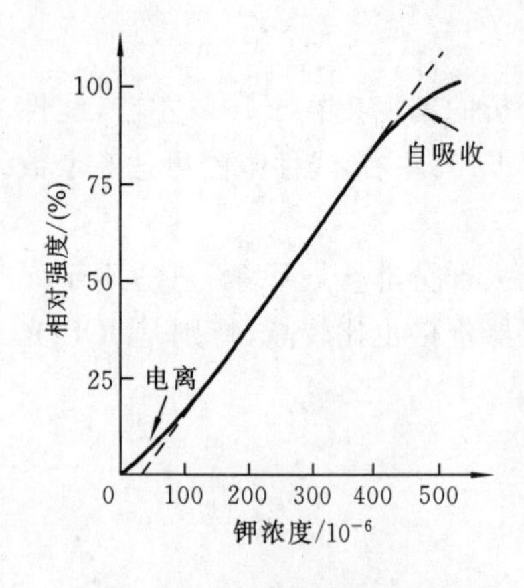

图 2-27　电离和自吸收对钾校正曲线的影响

向弯曲。如图 2-27 所示。

某些干扰因素的消除方法同原子吸收法。金属离子间的相互作用可以通过下述方法予以消除。

(1) 阳离子的干扰。第二阳离子的存在可使待测阳离子的电离作用降低而导致以元素形式存在居多,结果发射强度增大,这种现象称为阳离子增强效应。如测定钙时有钾存在,钾可抑制钙的电离,干扰钙的测定。消除这种干扰的办法是在标准溶液及试样中加入本身易电离的金属(如铯和锂)。

(2) 阴离子的干扰。草酸根、磷酸根和硫酸根可与某些阳离子在火焰温度下形成仅能缓慢蒸发的化合物而抑制原子激发,导致待测元素发射强度降低。消除这种干扰的办法是用释放剂。释放剂的作用是同干扰阴离子牢固结合,使待测阳离子的激发行为不受干扰,或与待测阳离子形成更稳定而易挥发的配合物。应尽量避免使用磷酸、硫酸、草酸作为火焰光度法的试剂。

此外,应避免环境污染测试系统。使用的器皿应为塑料制品,以防止玻璃器皿中金属溶出干扰测定。

2.8　微波等离子体原子发射光谱

1. 等离子体的概念

等离子体是一种由大量离子化的粒子组成并呈现电中性的热力学体系。

等离子体含有足够数量的自由带电粒子,有较大的电导率,其运动主要受电磁力支配。等离子体由带正电的离子和带负电的电子,也可能还有一些中性的原子和分子所组成。等离子体在宏观上一般是电中性的,即它所含有的正电荷和负电荷几乎处处相等。由于带电粒子之间的作用主要是长程的库仑力,每个粒子都同时和周围很多粒子发生作用,因此等离子体在运动过程中一般表现出明显的集体行为。等离子体的性质不同于固体、液体和气体,常被称为物质的第四态。

闪电、极光等是地球上的天然等离子体的辐射现象。电弧、日光灯中发光的电离气体,以及实验室中的高温电离气体等是人造的等离子体。

在地球以外,如围绕地球的电离层、太阳及其他恒星、太阳风、很多种星际物质,都是等离子体。天然的等离子体在地球上虽不多见,但在宇宙间却是物质存在的主要形式,它占宇宙间物质总量的绝大部分。

2. 微波的概念

微波与无线电波一样是一种电磁波,微波是指频率为 300～300 000 MHz 的电磁波,比一般的无线电波频率高,通常也称为"超高频电磁波"。

微波加热原理:根据物质对微波的吸收程度,可将物质材料分为导体、绝缘体和介质。微波不能进入导体内部,只能在其表面反射。绝缘体可透过微波而对微波吸收很少。介质可透过并吸收微波,介质通常由极性分子组成。介质分子在微波场中其极性分子取向将与电场方向一致。当电场发生变化时,极性分子也随之变化。一方面由于极性分子的变化滞后于电场的变化，因而产生了扭曲效应而转化为热能，另一方面介质分子在电场的作用下两极排列，电场振荡，迫使两极分子旋转、移动，当加速的离子相遇，碰撞、摩擦时就转化为热能。即微波加热机理是通过极化机制和离子传导机制进行加热。

3. 微波等离子体炬(MPT)

采用微波电场加速电子，电子激发、电离中性气体，从而产生等离子体，该类等离子体被称为微波等离子体。

微波等离子体炬是原子发射光谱分析法中的一种激发源。它能够在温和的条件下[较小的功率(<100 W)和较小的等离子体气体流速(<1.0 L/min)]获得包括高电离电位的He在内的多种气体的常压等离子体，同时具有很好的样品承受能力，可测定包括卤素等ICP测不好的非金属元素在内的周期表中几乎所有元素，因而显示出了较高的性能价格比。

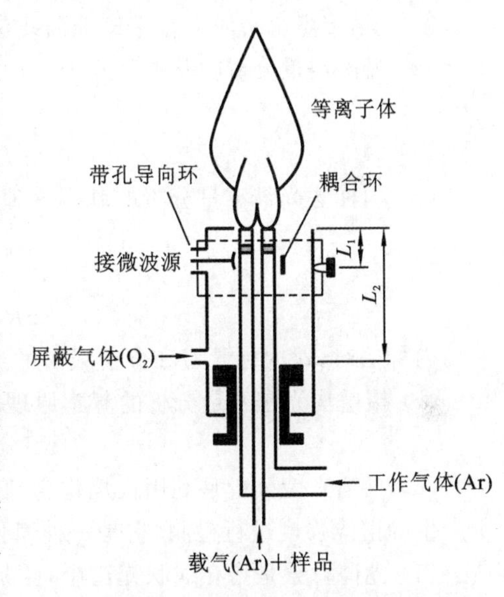

图 2-28 MPT 炬管结构示意图

由于焰炬温度高，具有中央通道，有载气引入该通道的待测液体试样经脱溶剂、熔融、蒸发、解离等过程，形成气态原子，各组成原子吸收能量后发生激发，跃迁到激发态，处于激发态上的原子不稳定，以发射特征辐射(谱线)的形式重新释放能量后回到基态。根据各元素气态原子所发射的特征辐射的波长和强度即可进行物质组成的定性和定量分析。

在波长扫描工作方式下，可测出标准溶液中各元素的强度值，以及待测试样中相应元素的同一谱线的强度值。把两者进行比较，可大致算出样品中各元素的含量。依次可进行物质组成的半定量分析。

微波等离子体原子发射光谱仪，主要由溶液进样系统(含样品、载气源、雾化系统、去溶系统等部分)、等离子体光源、分光系统(主要含单色仪)和光谱信号检测系统组成。其特征在于，等离子体光源是微波等离子体炬光源，由三个同轴圆管构成的炬管及微波源构成，同轴圆管包括引入样品和载气的内管，引入工作气的中管及外管，微波传输线接头的内导体和外导体分别短接在中管和外管外壁上；溶液进样系统含有去溶系统，去溶系统由加热汽化后水冷凝单元和浓硫酸吸收单元构成。

学习小结

1. 本章基本要求

(1) 掌握原子发射光谱产生的基本原理。

(2) 掌握光谱的定性、半定量分析和定量分析方法。

(3) 了解原子发射光谱分析仪器的结构、工作原理。

(4) 了解影响原子发射光谱强度的因素及在实际应用中如何消除光谱背景的知识。

2. 重要内容回顾

(1) 各种元素产生的原子线和离子线是元素的特征谱线，在实际应用时又分为分析线、灵敏线和最后线等，根据这些特征谱线的波长和强度可以进行光谱定性和定量分析。

(2) 原子发射光谱分析仪器通常由激发光源、光谱仪和检测器等组成,各种激发光源、光谱仪的性能和应用范围有一定差异,应用时可根据试样的特性、分析要求选择适合的激发光源和光谱仪。

(3) 原子发射光谱分析试样时根据产生谱线的波长来进行定性分析,根据产生谱线的强度来进行半定量分析和定量分析。

① 光谱定性分析时常采用铁光谱比较法和标准试样光谱比较法。

② 光谱定量分析时常采用校准曲线法和内标法。

(a) 光谱定量分析的基本公式为

$$I = ac^{b}$$

$$\lg I = \lg a + b\lg c$$

(b) 内标法光谱定量分析的基本原理为

$$R = \frac{I}{I_0} = Ac^{b}$$

$$\lg R = b\lg c + \lg A$$

应用内标法时,对内标元素和分析线对的选择很重要。

(c) 摄谱法光谱定量分析的基本原理为

$$\Delta S = gb\lg c + g\lg A$$

(d) 火焰光度分析是利用火焰作为原子的激发光源,应用光电检测系统对被激发的元素所产生的谱线强度进行检测,它是一种简化的发射光谱分析法。

(4) 光谱背景是指在线状光谱上,叠加着由于一些波长范围较宽的连续光谱和分子带状光谱等所产生的谱线强度(摄谱法为黑度)。为避免光谱背景的影响,必须选择好分析时的条件。

习　题

扫码做题

1. 内量子数 J 的来源是什么?
2. 简述原子发射光谱定性分析的基本原理、光谱定性分析方法的种类及各自的适用范围。
3. 简述原子发射光谱定量分析的基本原理、光谱定量分析方法的种类及各自的适用范围。
4. 解释下列名词并注意它们之间的区别。
   (1) 分析线、共振线、灵敏线、最后线、原子线、离子线。(2)自吸、自蚀。
5. 什么是内标线和分析线对?光谱定量分析为什么用内标法?简述其原理,并说明如何选择内标元素与内标线,写出内标法的基本关系式。
6. 简述几种常用光源的工作原理,比较它们的特性以及使用范围,并阐述具备这些特性的原因。
7. 什么是 ICP 光源的环状结构?简述 ICP 的优、缺点。
8. 在下列情况下,应选择什么激发光源?
   (1) 对某经济作物植物体进行元素的定性全分析。
   (2) 炼钢厂炉前 12 种元素定量分析。
   (3) 铁矿石定量全分析。
   (4) 头发各元素定量分析。
   (5) 水源调查 6 种元素定量分析。
9. 计算波长为 900 pm 的单色 X 射线的频率和波数。

10. 光谱仪由哪几部分组成？各部分的主要作用是什么？
11. 光谱定性分析时，为什么要同时摄取铁光谱？
12. 简述平面光栅的色散原理。
13. 光谱用感光板的基本组成是什么？如何形成光谱线？
14. 什么是乳剂特性曲线？
15. 什么是光谱背景？光谱背景的来源及其消除方法有哪些？
16. 简述火焰光度法的基本原理，并说明其应用范围。
17. 测定钢铁中锰的含量时，测得分析线对黑度值 $S_{Mn}=134$，$S_{Fe}=130$，已知感光板的 $\gamma=2.0$，求此分析线对的强度比。
18. 进行一批合金中 Pb 的光谱分析，以 Mg 作为内标元素，实验测得数据如下表：

溶液编号	黑度值		Pb 的质量浓度/(mg/mL)
	Mg	Pb	
1	7.3	17.5	0.151
2	8.7	18.5	0.201
3	7.3	11.0	0.301
4	10.3	12.0	0.402
5	11.6	10.4	0.900
A	8.8	15.5	
B	9.2	12.5	
C	10.7	12.2	

请根据上述数据：

(1) 绘制工作曲线；

(2) 求溶液 A、B、C 的质量浓度。

19. 用高压火花光源分析一未知合金试样，所得谱线图与铁光谱图对照，得到下列波长数据(λ/nm)。试通过查阅《CRC 化学与物理手册》中的波长表，分析指出该合金中存在哪些元素？它的基体元素是什么？

236.706	266.039	288.958	324.754	332.513
251.612	270.170	294.920	327.396	334.502
252.852	270.574	296.116	327.926	334.557
255.796	277.983	307.399(内标)	328.233	343.823
256.799	278.142	317.933	330.259	396.153
259.373	283.307	318.020	330.294	403.076
261.020	288.158	322.129	330.628	481.053

参考文献

[1]　金泽祥，林守麟．原子光谱分析[M]．武汉：中国地质大学出版社，1992.

[2] 张新祥.仪器分析教程[M].北京:北京大学出版社,2021.
[3] 朱明华,胡坪.仪器分析[M].4版.北京:高等教育出版社,2008.
[4] 华中师范大学,陕西师范大学,东北师范大学,等.分析化学:下册[M].4版.北京:高等教育出版社,2018.
[5] 武汉大学.分析化学:下册[M].6版.北京:高等教育出版社,2018.
[6] 寿曼立.仪器分析(二):发射光谱分析[M].北京:地质出版社,1985.
[7] 徐秋心.实用发射光谱分析[M].成都:四川科学技术出版社,1993.
[8] 江祖成,田笠卿,冯永来,等.现代原子发射光谱分析[M].北京:科学出版社,1999.
[9] 金钦汉,周建光,曹彦波,等.微波等离子体炬(MPT)光谱仪的研制[J].现代科学仪器,2002(4):3-11.
[10] 魏凤文,高新红.仰望量子群星:20世纪量子力学发展史[M].杭州:浙江教育出版社,2016.
[11] 杜振霞,杨屹,苏萍,等.在仪器分析课程教学中融入课程思政案例的探讨[J].化学教育,2022,43(4):39-42.
[12] 卢士香,齐美玲,张慧敏,等.仪器分析实验[M].北京:北京理工大学出版社,2017.
[13] 常晓歌,胡寅瑞,江利.火焰原子发射光谱法测定生活饮用水中的钠[J].海峡预防医学杂志,2021,27(4):72-74.

第3章　原子吸收光谱分析法
Atomic Absorption Spectrometry, AAS

3.1　原子吸收光谱分析法概述

原子吸收光谱分析法又称原子吸收分光光度分析法，是基于试样中待测元素的基态原子蒸气对同种元素发射的特征谱线进行吸收，依据吸收程度来测定试样中该元素含量的一种方法。该方法是20世纪50年代后期才逐渐发展起来的，随着商品仪器的出现与不断完善，现已成为分析实验室中金属元素测定的基本方法之一。

早在1802年，伍朗斯顿(Wollaston W. H.)就发现太阳连续光谱中存在一些暗线，但其产生原因长期不明。直到1860年本生(Bunsen R.)和克希荷夫(Kirchhoff G.)才指出："太阳光谱中的暗线是太阳外围较冷蒸气圈中钠原子蒸气对太阳连续光谱吸收的结果。"尽管对原子吸收现象的观察已有很长时间，但原子吸收光谱分析法作为一种分析方法还是从1955年澳大利亚物理学家瓦尔什(Walsh A.)发表了他的著名论文《原子吸收光谱在化学分析中的应用》以后才开始的，这篇论文奠定了原子吸收光谱分析法的理论基础。随后，1959年里沃夫(L' vov)发表了非火焰原子吸收光谱法的研究论文，提出石墨原子化器，使得原子吸收光谱分析法的灵敏度得到较大提高。1965年威尔斯(Willis J. B.)将氧化亚氮-乙炔火焰成功用于火焰原子吸收分光光度法中，使测定元素由近30种增加到70种之多，扩大了火焰原子光谱法的应用范围。20世纪70年代以来，背景扣除、波长调制、连续光源、原子捕集、脉冲进样、流动注射在线分离、氢化物原子化、"间接"原子吸收等方法与技术的发展与应用，使原子吸收分析技术日臻完善，近年来，利用连续光源、中阶梯光栅、光导摄像管及二极管阵列多元素分析检测器，又设计出可进行多元素同时测定的原子吸收分光光度计，这使原子吸收光谱分析法的面貌发生了变化，同时，也为原子吸收光谱分析法开辟了新的广阔的应用领域。

原子吸收光谱分析法是分析化学发展史上发展最快的方法之一。该方法具有灵敏度高、选择性好、抗干扰能力强、重现性好、测定元素范围广、仪器简单、操作方便等许多优点，现已被广泛应用于机械、冶金、地质、化工、农业、食品、轻工、医药、卫生防疫、环境监测、材料科学等各个领域。

原子吸收光谱分析法也有其局限性。例如：测定每一种元素都需要使用同种元素金属制作的空心阴极灯，这不利于进行多种元素的同时测定；对难熔元素(如铈、镨、钕、镧、铌、钨、锆、铀、硼等)的分析能力低；对共振线处于真空紫外光区的非金属元素(如卤素、硫、磷等)不能直接测定，只能用间接法测定；非火焰法虽然灵敏度高，但准确度和精密度不够理想。这些均有待进一步改进和提高。

我国的原子吸收光谱仪研发生产情况

为了实现原子吸收分析，要有可供气态原子吸收的特征辐射，该辐射要靠光源来发射，原子吸收分析的光源一般用空心阴极灯；要将试样中待测元素转变为气态原子，这一过程称为原子化，需要借助于原子化器来实现；此外，还需要使用分光系统和检测系统，将分析线与非分析线的辐射分开并测量吸收信号的强度。根据所得吸收信号强度的大小便可进行物质的定量分析。

3.2　原子吸收光谱分析的基本原理

3.2.1　共振线与吸收线

一个原子可具有多种能态,在正常状态下,原子处在最低能态,即基态。基态原子受到外界能量激发,其价电子可能跃迁到不同能态,因此有不同的激发态。电子吸收一定的能量,从基态跃迁到能量最低的第一激发态时,由于激发态不稳定,电子会在很短的时间内跃迁返回基态,并以光的形式辐射出同样的能量,这种谱线称为共振发射线。使电子从基态跃迁到第一激发态所产生的吸收谱线称为共振吸收线。共振发射线和共振吸收线都简称为共振线。

根据 $\Delta E=h\nu$ 可知,由于各种元素的原子结构及其价电子排布不同,核外电子从基态受激发而跃迁到其第一激发态所需能量不同,同样,再跃迁回基态时所发射的共振线也就不同,因此这种共振线就是元素的特征谱线。由于第一激发态与基态之间跃迁所需能量最低,最容易发生,因此,对大多数元素来说,共振线就是元素的灵敏线。原子吸收分析就是利用处于基态的待测原子蒸气对从光源辐射的共振线的吸收来进行的。

3.2.2　基态原子数与激发态原子数的分布

在进行原子吸收测定时,试液应在高温下挥发并解离成原子蒸气,其中部分基态原子可能进一步被激发成激发态原子。按照热力学理论,在热平衡状态时,基态原子与激发态原子的分布符合玻尔兹曼分布定律,即

$$N_j = N_0 \frac{g_j}{g_0} e^{-\frac{E_j - E_0}{kT}} \tag{3-1}$$

式中:N_j 和 N_0 分别表示单位体积内激发态和基态原子的原子数;g_j 和 g_0 分别为原子激发态和基态的统计权重(表示能级的简并度,即相同能量能级的数目);E_j 和 E_0 分别为激发态和基态的能量;k 为玻尔兹曼常数(1.38×10^{-23} J/K);T 为热力学温度。

对共振线来说,电子从基态($E_0=0$)跃迁到激发态,于是式(3-1)可写为

$$N_j = N_0 \frac{g_j}{g_0} e^{-\frac{E_j}{kT}} = N_0 \frac{g_j}{g_0} e^{-\frac{h\nu}{kT}} \tag{3-2}$$

在原子光谱中,对一定波长的谱线,g_j、g_0 和 E_j 均为已知。若知道火焰的温度,就可以计算出 N_j/N_0 的值。表 3-1 列出了某些元素共振线的 N_j/N_0 值。

表 3-1　某些元素共振线的 N_j/N_0 值

元素	谱线波长 λ/nm	E_j/eV	g_j/g_0	N_j/N_0		
				2 000 K	2 500 K	3 000 K
Cs	852.11	1.455	2	4.31×10^{-4}	2.33×10^{-3}	7.19×10^{-3}
K	766.49	1.617	2	1.68×10^{-4}	1.10×10^{-3}	3.84×10^{-3}
Na	589.0	2.104	2	0.99×10^{-5}	1.14×10^{-4}	5.83×10^{-4}
Ba	553.56	2.239	3	6.83×10^{-6}	3.19×10^{-5}	5.19×10^{-4}
Ca	422.67	2.932	3	1.22×10^{-7}	3.67×10^{-6}	3.55×10^{-5}
Cu	324.75	3.817	2	4.82×10^{-10}	4.04×10^{-8}	6.65×10^{-7}
Mg	285.21	4.346	3	3.35×10^{-11}	5.20×10^{-9}	1.50×10^{-7}
Zn	213.86	5.795	3	7.45×10^{-15}	6.22×10^{-12}	5.50×10^{-10}

从式(3-2)及表 3-1 的数据可知，温度越高，N_j/N_0的值越大。在同一温度下，电子跃迁的能级 E_j越小，共振线的波长越长，N_j/N_0的值也越大。由于常用的火焰温度一般低于 3 000 K，大多数共振线的波长小于 600 nm，因此，大多数元素的 N_j/N_0的值很小，即原子蒸气中激发态原子数远小于基态原子数，也就是说，火焰中基态原子数占绝对多数，激发态原子数 N_j可忽略不计，即可用基态原子数 N_0代表吸收辐射的原子总数。

3.2.3 谱线轮廓及变宽

若将一束不同频率的光(强度为 I_0)通过原子蒸气时(如图 3-1 所示)，一部分光被吸收，透过光的强度 I_ν与原子蒸气宽度 L 有关；若原子蒸气中原子密度一定，则透过光强度与原子蒸气宽度 L 成正比，符合光吸收定律，有

$$I_\nu = I_0 e^{-K_\nu L} \tag{3-3}$$

$$A = \lg \frac{I_0}{I_\nu} = 0.434 K_\nu L \tag{3-4}$$

式中：K_ν为原子蒸气中基态原子对频率为 ν 的光的吸收系数。由于基态原子对光的吸收有选择性，即原子对不同频率的光的吸收不尽相同，因此，透射光的强度 I_ν随光的频率ν 而变化，其变化规律如图 3-2 所示。由图可知：在频率 ν_0处，透射的光最少，即吸收最大，也就是说，在特征频率 ν_0处吸收线的强度最大，ν_0称为谱线的中心频率或峰值频率。

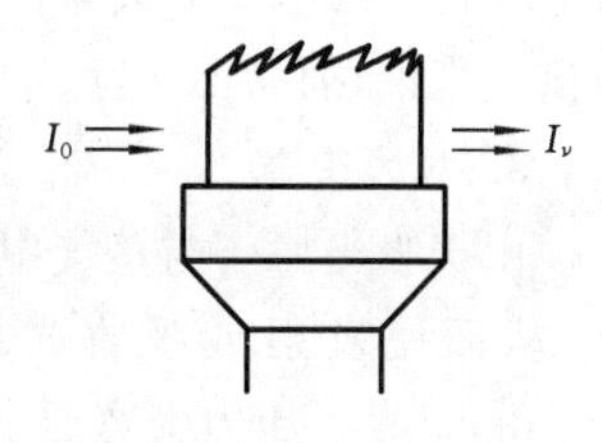

图 3-1　原子吸收示意图

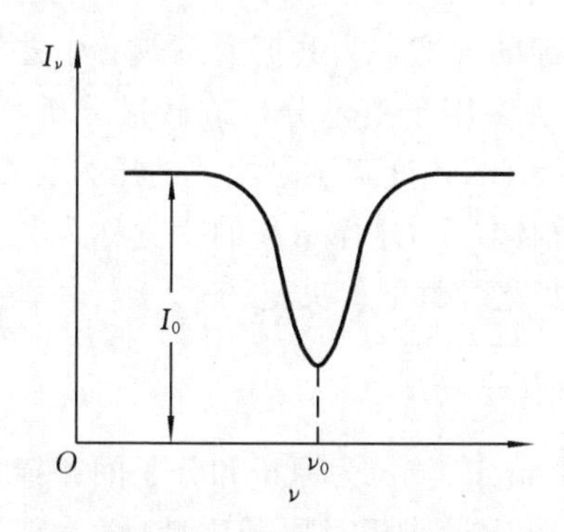

图 3-2　透射光强度 I_ν与频率ν 关系

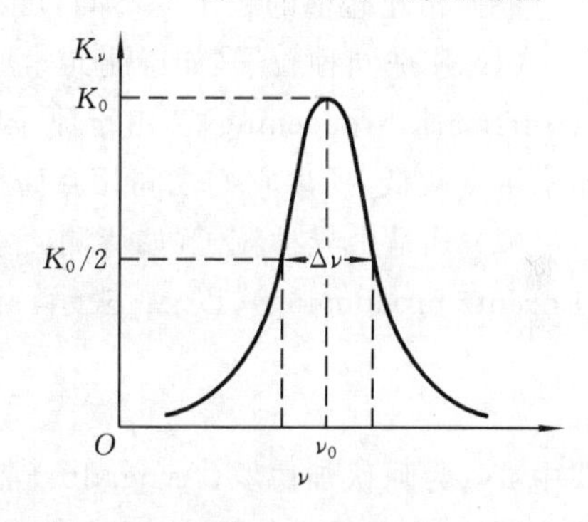

图 3-3　吸收线轮廓

若在各种频率ν 下测定吸收系数 K_ν，并以 K_ν对ν 作图得一曲线，称为吸收曲线(如图 3-3 所示)。其中，曲线极大值相对应的频率 ν_0称为中心频率，中心频率处的 K_0称为峰值吸收系数。在峰值吸收系数一半($K_0/2$)处吸收线呈现的宽度称为半宽度，以 $\Delta\nu$ 表示。吸收曲线的形状就是谱线的轮廓。ν_0和 $\Delta\nu$ 是表征谱线轮廓的两个重要参数，前者取决于原子能级的分布特征(不同能级间的能量差)，后者除谱线本身具有的自然宽度外，还受多种因素的影响。下面讨论几种较为重要的谱线变宽因素。

1. 自然宽度 $\Delta\nu_N$

没有外界影响的情况下，谱线仍有一定宽度，该宽度称为自然宽度(natural width)，以 $\Delta\nu_N$表示，其大小与激发态原子的平均寿命 $\Delta\tau$ 成反比，平均寿命越长，谱线宽度越窄。不同谱线有不同的自然宽度。对于多数元素的共振线而言，其宽度一般小于 10^{-5} nm，与其他谱线变宽效应相比，其值较小，可忽略不计。

2. 多普勒变宽 $\Delta\nu_D$

由于原子在空间无规则热运动而引起的变宽,称为多普勒变宽(Doppler broadening),也称为热变宽。由多普勒光学效应可知:在原子吸收分析中,处于无规则热运动状态的发光粒子,有的向着检测器运动,在检测器看来,其频率较静止的发光粒子大(波长短);有的背离检测器运动,在检测器看来,其频率较静止的发光粒子小(波长长)。因此,检测器接受到很多频率稍有不同的光,从而谱线发生变宽。这种频率的分布和气体中原子热运动的速度分布相同,具有近似的高斯曲线分布(正态分布)。谱线的多普勒变宽 $\Delta\nu_D$ 可表示为

$$\Delta\nu_D = \frac{2\nu_0}{c}\sqrt{\frac{2\ln 2RT}{M}} = 7.16\times10^{-7}\nu_0\sqrt{\frac{T}{M}} \tag{3-5}$$

式中:R 为摩尔气体常数;c 为光速;M 为吸光质点的相对原子质量;T 为热力学温度;ν_0 为谱线中心频率。

由式(3-5)可知:多普勒变宽与温度的平方根成正比,与待测元素的相对原子质量的平方根成反比,因此,待测元素的相对原子质量 M 越小,温度 T 越高,多普勒变宽 $\Delta\nu_D$ 越大。对多数谱线来说,通常 $\Delta\nu_D$ 为 $10^{-4}\sim10^{-3}$ nm,是谱线变宽的主要因素。

3. 压力变宽

由于吸光原子与蒸气中其他粒子(分子、原子、离子和电子等)间的相互碰撞,引起能级变化,从而使发射或吸收光的频率改变,由此产生的谱线变宽统称为压力变宽(pressure broadening)。压力变宽通常随压力增大而增大。

根据相互碰撞的粒子的不同,可将压力变宽分为两类。

(1) 凡是同种粒子(如待测元素原子间)碰撞引起的变宽称为共振变宽或赫尔兹马克变宽(Holtzmark broadening)。由于原子吸收光谱分析法多用于痕量分析或微量分析,待测元素原子浓度较低,所以它们之间相互碰撞的概率较小,因此,该变宽不是主要的压力变宽。

(2) 凡是由异种粒子(如待测元素原子与火焰气体粒子)碰撞引起的变宽称为劳伦兹变宽(Lorentz broadening),以 $\Delta\nu_L$ 表示。谱线的劳伦兹变宽可由下式决定:

$$\Delta\nu_L = 2N_A\sigma^2 p\sqrt{\frac{2}{\pi RT}\left(\frac{1}{A}+\frac{1}{M}\right)} \tag{3-6}$$

式中:N_A 为阿伏加德罗(Avogadro)常数(6.02×10^{23} mol^{-1});σ^2 为原子和分子间碰撞的有效截面面积;p 为外界气体压力;A 为外界气体的相对分子质量或相对原子质量;M 为待测元素原子的相对原子质量;R 为摩尔气体常数;T 为热力学温度。

劳伦兹宽度与温度的平方根成反比,这与多普勒宽度相反,但它显著地随气体压力的增大而增大。在原子蒸气中,由于火焰中外来气体的压力较大,劳伦兹变宽占有重要地位,劳伦兹宽度与多普勒宽度处于同一数量级,为 $10^{-4}\sim10^{-3}$ nm,也是谱线变宽的主要因素。

在空心阴极灯中,由于气体压力很低,一般仅为 266.6～1 333 Pa,劳伦兹变宽产生的影响不大;另外,在采用无火焰原子化器时,其他元素的粒子浓度很低,$\Delta\nu_D$ 将是主要影响因素。

谱线变宽除受上述因素影响外,还受自吸变宽和场致变宽的影响。自吸变宽是由自吸现象引起的,空心阴极灯发射的共振线被灯内同种基态原子所吸收产生自吸现象,从而使谱线变宽。灯电流越大,自吸变宽越严重,因此应尽量使用小的灯电流进行工作。场致变宽是由外界电场或磁场作用引起原子能级分裂而产生的,包括由外部电场或带电粒子形成的电场所产生的斯塔克(Stark)变宽,以及由磁场产生的塞曼(Zeeman)变宽。由于在原子吸收光谱仪周围不存在强大的电场或磁场,所以这两种场致变宽可以忽略不计。

3.2.4　原子吸收与原子浓度的关系

1. 积分吸收

积分吸收(integrated absorption)是指在原子吸收分析中原子蒸气所吸收的全部能量，即图 3-3 中吸收线下面所包括的整个面积。根据经典的爱因斯坦理论可知：积分吸收与原子蒸气中吸收辐射的原子数成正比，数学表达式为

$$\int K_\nu \mathrm{d}\nu = \frac{\pi e^2}{mc} f N_0 \tag{3-7}$$

式中：e 为电子电荷；m 为电子质量；c 为光速；N_0为单位体积内基态原子数，即基态原子的浓度；f 为振子强度，即每个原子能够吸收或发射特定频率光的平均电子数，f 与能级间跃迁概率有关，它反映了谱线的强度，在一定条件下对一定的元素可视为定值。

在一定条件下，$\frac{\pi e^2}{mc}f$ 项为一常数，并设为 K'，则

$$\int K_\nu \mathrm{d}\nu = K' N_0 \tag{3-8}$$

式(3-8)说明：在一定条件下，积分吸收与基态原子数 N_0呈简单的线性关系，这是原子吸收光谱分析法的重要理论依据。

若能测定积分吸收，则可求出 N_0。然而在实际工作中，要测量出半宽度只有 0.001～0.005 nm的原子吸收线的积分吸收值，所需单色器的分辨率(设波长为 500 nm)为

$$R = \frac{500}{0.001} = 5 \times 10^5$$

显然，这是一般仪器难以达到的。如果用连续光谱作光源，所产生的吸收值将是微不足道的，仪器也不可能提供如此高的信噪比！因此，尽管原子吸收现象早在 18 世纪就被发现，但一直未能成功用于分析应用。直到 1955 年，澳大利亚物理学家瓦尔什提出以锐线光源(sharp line resource)为激发光源，用峰值吸收(peak absorption)的测量来代替积分吸收的测量，从此，积分吸收难以测量的困难才得以间接解决。

2. 峰值吸收

1955 年，瓦尔什提出在温度不太高的稳定火焰条件下，峰值吸收系数与火焰中待测元素的自由原子浓度也存在线性关系。

峰值吸收系数是积分吸收和吸收线半宽度的函数。从吸收线轮廓(如图 3-3 所示)可以看出：若半宽度 $\Delta\nu$ 较小，吸收线两边会向中心频率靠近，因而峰值吸收系数 K_0越大，即 K_0与 $\Delta\nu$ 成反比；若 K_0增大，则积分面积也增大，可见 K_0与积分吸收成正比。于是，可写出

$$\frac{K_0}{2} = \frac{b}{\Delta\nu}\int K_\nu \mathrm{d}\nu \tag{3-9}$$

式中：K_0为峰值吸收系数；b 为常数，其值取决于谱线变宽因素。当多普勒变宽是唯一变宽因素时，b 为$\sqrt{\frac{\ln 2}{\pi}}$；当劳伦兹变宽是唯一变宽因素时，b 为$\frac{1}{2\sqrt{\pi}}$。实际上，谱线变宽因素不是唯一的，往往是以某一因素为主，另一因素为次，所以 b 介于两者之间。

将积分吸收式(3-7)代入峰值吸收式(3-9)，同时考虑到 $N_0 \approx N$，有

$$K_0 = \frac{2b\pi e^2}{\Delta\nu\, mc} f N_0 = \frac{2b\pi e^2}{\Delta\nu\, mc} f N \tag{3-10}$$

可见,峰值吸收系数与原子浓度成正比,只要能测出 K_0,就可得到 N_0或 N。

瓦尔什提出用锐线光源测量峰值吸收系数,从而解决了原子吸收的实用测量问题。锐线光源是发射线半宽度远小于吸收线半宽度的光源(一般为吸收线半宽度的 1/10～1/5),并且发射线与吸收线的中心频率 ν_0(或波长 λ_0)完全一致,也就是说,锐线光源发射的辐射为被测元素的共振线。

在一般原子吸收测量条件下,原子吸收轮廓取决于多普勒宽度(热变宽),则峰值吸收系数为

$$K_0 = \frac{2}{\Delta\nu_D}\sqrt{\frac{\ln 2}{\pi}}\frac{\pi e^2}{mc}fN \tag{3-11}$$

对于峰值吸收,由式(3-4)可得

$$A = \lg\frac{I_0}{I_\nu} = 0.434K_0L \tag{3-12}$$

将式(3-11)代入式(3-12),得到

$$A = 0.434 \times \frac{2}{\Delta\nu_D}\sqrt{\frac{\ln 2}{\pi}}\frac{\pi e^2}{mc}fLN \tag{3-13}$$

在一定的实验条件下,试样中待测元素的浓度 c 与原子化器中基态原子的浓度 N_0或原子的浓度 N 有恒定的比例关系,式(3-13)的其他参数又都是常数,因此,可改写为

$$A = Kc \tag{3-14}$$

式中:K 为常数。

由式(3-14)表明,在一定实验条件下,吸光度 A 与待测元素的浓度 c 成正比,所以通过测定溶液的吸光度就可以求出待测元素的含量。这就是原子吸收光谱法定量分析的基础。

3.3　原子吸收分光光度计

进行原子吸收分析的仪器是原子吸收分光光度计。目前,国内外商品化的原子吸收分光光度计的种类繁多、型号各异,但基本构造原理却是相似的,都是由光源、原子化器、分光系统和检测系统四个主要部分组成(如图 3-4 所示),下面分别进行介绍。

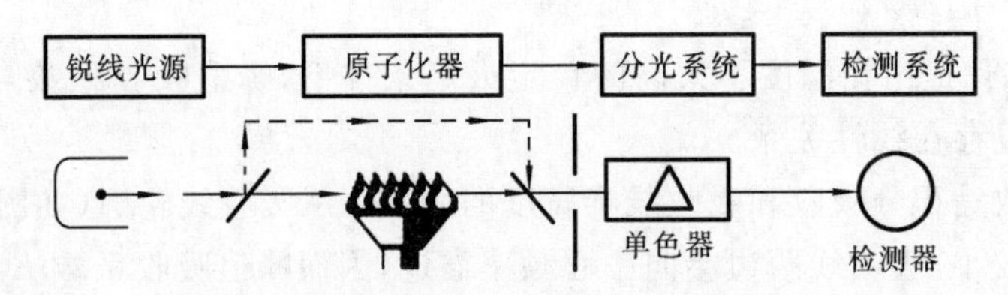

图 3-4　原子吸收分光光度计的结构原理图

3.3.1　光源

光源的作用是给出待测元素的特征辐射。原子吸收对光源有如下要求。

(1) 发射线的波长范围必须足够窄,即发射线的半宽度明显小于吸收线的半宽度,以保证峰值吸收系数的测量。这样的光源称为锐线光源。

(2) 辐射的强度要足够大,以保证有足够的信噪比。

(3) 辐射光强度要稳定且背景小,使用寿命长等。

目前使用的光源有空心阴极灯(hollow cathode lamp, HCL)、无极放电灯和蒸气放电灯

等,其中空心阴极灯是符合上述要求且应用最广的光源。

空心阴极灯是一种气体放电管,其基本结构如图3-5所示。它由一个空心圆筒形阴极(内径为2～5 mm,深约10 mm)和一个阳极构成。空心阴极一般用待测元素的纯金属制成,也可用其合金,或用铜、铁、镍等金属制成阴极衬套,衬管的空穴内再衬入或熔入所需金属。阳极为钨棒,上面装有钛丝或钽片作吸气剂,以吸收灯内少量杂质气体(如氢气、氧气、二氧化碳等)。两电极密封于充有低压惰性气体的带有石英窗的玻璃壳内。

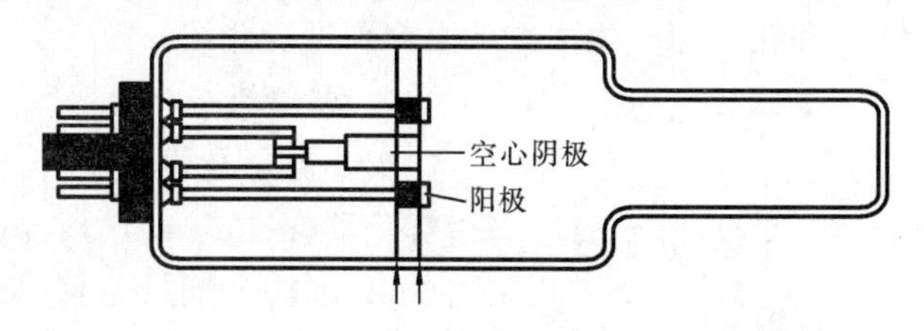

图3-5　空心阴极灯

由于受宇宙射线等外界电离源的作用,空心阴极灯中总是存在极少量的带电粒子。当两电极间施加适当电压(通常是300～500 V)时,管内气体中存在的极少量阳离子向阴极运动,并轰击阴极表面,使阴极表面的电子获得外加能量而逸出。逸出的电子在电场作用下,向阳极做加速运动,在运动过程中与内充气体原子发生非弹性碰撞,产生能量交换,使惰性气体原子电离产生二次电子和正离子。在电场作用下,这些质量较大、速度较快的正离子向阴极运动并轰击阴极表面,不但将阴极表面的电子击出,而且还使阴极表面的原子获得能量从晶格能的束缚中逸出而进入空间,这种现象称为阴极溅射。溅射出来的阴极元素的原子,在阴极区再与电子、惰性气体原子、离子等发生碰撞并被激发,于是阴极内便出现了阴极物质和内充惰性气体的光谱。

空心阴极灯发射的光谱主要是阴极元素的光谱,因此用不同的待测元素作阴极材料,可制成各相应待测元素的空心阴极灯。若阴极物质只含一种元素,可制成单元素空心阴极灯;若阴极物质含多种元素,则可制成多元素空心阴极灯。多元素空心阴极灯的发光强度一般较单元素空心阴极灯弱。为避免发生光谱干扰,制灯时一般选择的是纯度较高的阴极材料和选择适当的内充气体(常为高纯氖或氩气),以使阴极元素的共振线附近不含内充气体或杂质元素的强谱线。在电场作用下,充氖气的空心阴极灯发射出橙红色光,充氩气的空心阴极灯发射出淡紫色光,便于调整外光路。

空心阴极灯的光强度与灯的工作电流大小有关。增大灯电流,虽能增强共振发射线的强度,但往往也会发生一些不良现象,如:使阴极溅射增强,产生密度较大的电子云,灯本身发生自蚀现象;加快内充气体的“消耗”而缩短寿命;阴极温度过高,使阴极物质熔化;放电不正常,使灯光强度不稳定等。如果工作电流过低,又会使灯光强度减弱,导致稳定性、信噪比下降。因此,使用空心阴极灯时必须选择适当的灯电流。最适宜的灯电流随阴极元素和灯的设计而不同。

空心阴极灯在使用前一定要预热,使灯的发射强度达到稳定,预热时间长短视灯的类型和元素而定,一般在5～20 min范围内。

空心阴极灯是性能优良的锐线光源。只有一个操作参数(灯电流),发射的谱线稳定性好,强度高而宽度窄,并且容易更换。

3.3.2 原子化器

将试样中待测元素转化为基态原子的过程称为原子化过程,能完成这个转化的装置称为原子化器。待测元素的原子化是整个原子吸收分析中最困难和最关键的环节,原子化效率的高低直接影响到测定的灵敏度,原子化效率的稳定性则直接决定了测定的精密度。原子化过程是一个复杂的过程,常用的原子化方法有火焰原子化法(flame atomization)、无火焰原子化法(flameless atomization)和化学原子化法。下面分别进行介绍。

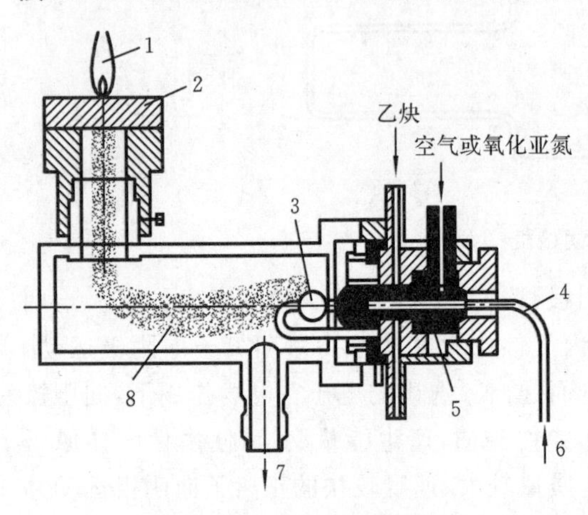

图 3-6 预混合型原子化器

1—火焰;2—燃烧器;3—撞击球;4—毛细管;5—雾化器;6—试液;7—废液;8—预混合室

1. 火焰原子化器

火焰原子化器实际上是喷雾燃烧器,它是由雾化器(nebulizer)、预混合室(雾化室)、燃烧器(burner)、火焰(flame)及气体供应等部分组成的。按照火焰的燃气和助燃气的混合方式与进样方式不同,火焰原子化器可分为全消耗型(total consumption burner)和预混合型(premix burner)两类。试液直接喷入火焰的为全消耗型燃烧器,又称为紊流燃烧器(turbulent flow burner);预混合型原子化器是采用雾化器将试液雾化形成雾滴,这些雾滴在雾化室中与气体(燃气与助燃气)均匀混合,除去大液滴后,再进入燃烧器形成火焰,最后,试液在火焰中产生原子蒸气。预混合型原子化器又称为层流燃烧器(laminar flow burner),是目前应用最广的原子化器,如图 3-6 所示。

(1) 雾化器。雾化器是原子化器的关键部分,其作用是将试液雾化。原子化过程中,一般要求雾化器喷雾稳定,产生的雾珠要尽量细小而均匀,并且雾化效率要高。目前的商品仪器多采用气动同轴型雾化器,该雾化器由一根吸样毛细管和一只同轴的喷嘴组成,在喷嘴与吸样毛细管之间形成的环形间隙中,由于高压助燃气(空气、氧、氧化亚氮等)以高速通过,形成负压区,从而将试液沿毛细管吸入,并被高速气流分散成雾滴。为了减小雾滴的粒度,在雾化器前几毫米处放置一撞击球,喷出的雾滴经节流管后碰在撞击球上,进一步分散成更细小的雾滴。雾化器的雾化效率一般在10%左右。雾化效率除与试液的表面张力及黏度等物理性质有关外,还与助燃气的压力、气体导管和毛细管孔径的相对大小及撞击球的位置等有关。增加助燃气流速,可使雾滴变小;但气压增加过大,虽可提高单位时间试液的用量,但也会使雾化效率降低。故应根据仪器条件和试液的具体情况来确定助燃气条件。

(2) 预混合室。试液雾化后进入预混合室(也称为雾化室,简称雾室),其作用是使雾珠进一步细化并得到一个平稳的火焰环境。雾室一般做成圆筒状,内壁具有一定锥度,下面开有一个废液管。原子化过程中,对预混合室的要求是:能使雾滴与燃气充分混合,“记忆”效应(前测组分对后测组分测定的影响)小,噪声低和废液排出快。由于雾化器产生的雾珠有大有小,在雾室中,较大的雾珠由于重力作用重新在室内凝结成大溶珠,沿内壁流入废液管排出;小雾珠与燃气在雾室内均匀混合,减少了它们进入火焰时引起的火焰扰动。

(3) 燃烧器。被雾化的试液进入燃烧器,在火焰高温和火焰气氛的作用下,经历干燥、熔融、蒸发、解离和原子化等过程，产生大量的基态原子和少量激发态原子、离子和分子。

为防止在高温下变形，燃烧器一般用不锈钢制成。燃烧器所用的喷灯有孔型和长狭缝型两种。在预混合型燃烧器中，一般采用吸收光程较长的长狭缝型喷灯，这种喷灯灯头金属边缘宽，散热较快，不需要水冷却。燃烧狭缝的缝宽与缝长可根据使用的火焰性质来决定，火焰燃烧速度快的，使用较窄的燃烧狭缝，反之，对于燃烧速度慢的火焰，可以使用较宽的燃烧狭缝。如：使用空气-乙炔火焰，缝长为 10～11 cm，缝宽为 0.5～0.6 mm；氧化亚氮-乙炔火焰采用的缝长为 5 cm，缝宽为 0.46 mm。此外，还有三缝燃烧器，多用于空气-乙炔火焰中。与单缝式比较，三缝燃烧器由于增加了火焰宽度，易于对光，避免了光源光束没有全部通过火焰而引起工作曲线弯曲的现象，降低了火焰噪声，提高了一些元素的灵敏度，减少了缝口堵塞等，但气体消耗量较大，装置也较复杂。

(4) 火焰。原子吸收分析测定的是基态原子对特征谱线的吸收情况，因此，对火焰的基本要求是：温度要足够高，要使化合物完全解离为游离的基态原子，但原子又不进一步激发或电离；火焰燃烧要稳定；本身的背景吸收和发射要少。

火焰提供了试液脱水、汽化、热分解和原子化等过程中所需要的能量，因此其性质很重要。火焰的燃烧特性可从燃烧速度、火焰温度和火焰的燃气与助燃气比例（燃助比）等方面加以描述。燃烧速度是指由着火点向可燃烧混合气其他点传播的速度，它影响火焰的安全使用和燃烧稳定性。要使火焰稳定而安全地燃烧，应使可燃混合气体的供应速度大于燃烧速度。但供气速度过大，会使火焰离开燃烧器，变得不稳定，甚至吹灭火焰；供气速度过小，将会引起回火。火焰中燃气和助燃气的种类不同，火焰的燃烧速度不同，火焰的最高温度也不同，如表 3-2 所示。

表 3-2　几种火焰的温度及燃烧速度

火焰类型	化学反应	最高温度/℃	燃烧速度/(cm/s)
丙烷-空气	$C_3H_8+5O_2 \longrightarrow 3CO_2+4H_2O$	1 925	82
氢气-空气	$H_2+1/2O_2 \longrightarrow H_2O$	2 050	320
乙炔-空气	$C_2H_2+5/2O_2 \longrightarrow 2CO_2+H_2O$	2 300	160
乙炔-氧化亚氮	$C_2H_2+5N_2O \longrightarrow 2CO_2+H_2O+5N_2$	2 955	180
氢气-氧气	$H_2+1/2O_2 \longrightarrow H_2O$	2 700	900
乙炔-氧气	$C_2H_2+5/2O_2 \longrightarrow 2CO_2+H_2O$	3 060	1 130

对于同一类型的火焰，根据燃助比的不同可分为化学计量火焰、富燃火焰和贫燃火焰三种类型。化学计量火焰的燃助比中燃气与助燃气的燃烧反应计量关系相近，该火焰蓝色透明、层次清楚、温度高、稳定，火焰本身不具有氧化还原性，又称为中性火焰，可用于 35 种以上元素的测定。富燃火焰是指燃助比大于化学计量的火焰，该火焰因燃气增加使火焰中碳原子浓度增高，火焰呈亮黄色，层次模糊，火焰还原性较强，又称为还原性火焰，适用于 Al、Cr、Mo、Ti、V、W 等易氧化而形成难解离氧化物的元素测定。贫燃火焰是指燃助比小于化学计量的火焰，该火焰呈蓝色，温度较低，并具有明显的氧化性，多用于碱土金属和 Ag、Au、Cu、Co、Pb 等不易氧化的元素测定。

由于火焰并非整个都处于热力学平衡状态，因此在火焰的不同区域温度并不相同。预混合型原子化器产生的是层流火焰(laminar flame)，各反应区明显，其结构分为预热区、第一燃烧区、中间薄层区和第二燃烧区等四个区域。混合气体离开燃烧器的缝口即进入预热区,被加热至点燃温度,开始燃烧,试液雾滴在此被干燥。在第一燃烧区,燃气和助燃气进行复杂的反应,温度上升,但燃烧尚不充分,火焰气体的半分解产物很多,温度还未达到最高,此区为一条蓝色的光带,干燥的固体微粒在此熔化和蒸发。中间薄层区的范围很窄,燃烧完全,温度最高,化合物在此或被高温解离,或被还原性物质还原,此处产生了大量的基态自由原子,是产生基态原子的主要区域,也是原子吸收分析的主要观测区。第二燃烧区是火焰的外层,由于该区在火焰最外面,周围空气扩散进入火焰,火焰温度下降,部分原子在此可能电离,也可能重新结合为分子。

在原子吸收分析中,常用的火焰有氢气-空气、丙烷-空气、乙炔-空气、乙炔-氧化亚氮等。采用氢气作燃气的火焰温度不太高(约 2 000 ℃),但氢火焰具有相当低的发射背景和吸收背景,适用于共振线位于紫外光区的元素(如 As、Se 等)分析。丙烷-空气火焰温度更低(约 1 900 ℃),干扰效应大,仅适用于易挥发和解离的元素,如碱金属和 Cd、Cu、Pb、Au、Ag、Hg、Zn 等的测定。乙炔-空气火焰用途最广,该火焰燃烧稳定,重现性好,噪声低,温度高,最高温度约 2 300 ℃,对大多数元素有足够高的灵敏度;但该火焰对波长小于 230 nm 的辐射有明显吸收,特别是富燃火焰,由于未燃烧炭粒的存在,使火焰的发射和自吸收增强,噪声增大;另外,该火焰对易形成难熔氧化物的 B、Be、Y、Sc、Ti、Zr、Hf、V、Nb、Ta、W、Th、U 以及稀土等元素,原子化效率较低。乙炔-氧化亚氮是另一应用较多的火焰,由于燃烧过程中,氧化亚氮分解出氧和氮并释放出大量热,乙炔则借助其中的氧燃烧,火焰温度高(约 3 000 ℃);另外,火焰中除含 C、CO、OH 等半分解产物外,还有 CN 及 NH 等成分,因而具有强还原性,可使许多解离能较高的难解离元素(如 Al、B、Be、Ti、V、W、Ta、Zr 等)氧化物原子化,可测 70 多种元素,大大扩展了火焰法的应用范围。在实际工作中,对乙炔-氧化亚氮火焰的使用及燃助比和对燃烧器高度等火焰条件的调节,比普通乙炔-空气火焰要求严格,且对分析结果影响大;另外,该火焰须通过乙炔-空气火焰,将空气与氧化亚氮进行切换点燃,此操作中应严格遵守操作规程,以防发生回火爆炸。

2. 无火焰原子化器

虽然火焰原子化器操作简便,但雾化效率低,原子化效率也低。此外,基态气态原子在火焰吸收区停留时间很短(约 10^{-4} s),同时原子蒸气在火焰中被大量气体稀释,因此火焰法的灵敏度提高受到限制。无火焰原子化器(non-flame atomizer)是利用电热、阴极溅射、高频感应或激光等方法使试样中待测元素原子化的。下面简要介绍应用最广的电热高温石墨炉原子化器(graphite furnace atomizer, GFA)。

石墨炉原子化器的形式多种多样,但其基本原理都是利用大电流(400～600 A,10～15 V)通过高阻值的石墨器皿(如石墨管)时所产生的高温(3 000 ℃),使置于其中的少量溶液或固体样品蒸发和原子化。图 3-7 为一石墨管原子化器示意图,该装置实为石墨电阻加热器,两端开口的石墨管固定在两个电极之间,安装时使其长轴与光束通路重合;管中央上方为进样口,用微量进样器从可卸式窗及进样口将试样注入石墨管内。为了防止试样及石墨管氧化,需在石墨管内、外部不断通入惰性气体(氮或氩)加以保护。

石墨炉原子化法采用直接进样和程序升温的方式,样品需经过干燥、灰化、原子化、除残四个过程,如图 3-8 所示。通过设置适当的电流和加热时间,达到渐进升温的目的。干燥的目的是脱除试样的溶剂,以避免试样在灰化和原子化阶段发生暴沸和飞溅。干燥时,通常以小电流工作,温度控制在稍高于溶剂沸点(如除水时,控温为 105 ℃),干燥时间为 10～20 s。灰化的

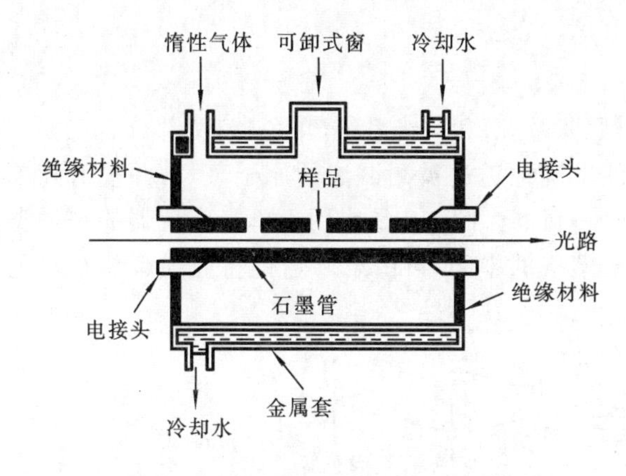

图 3-7　高温石墨管原子化器示意图

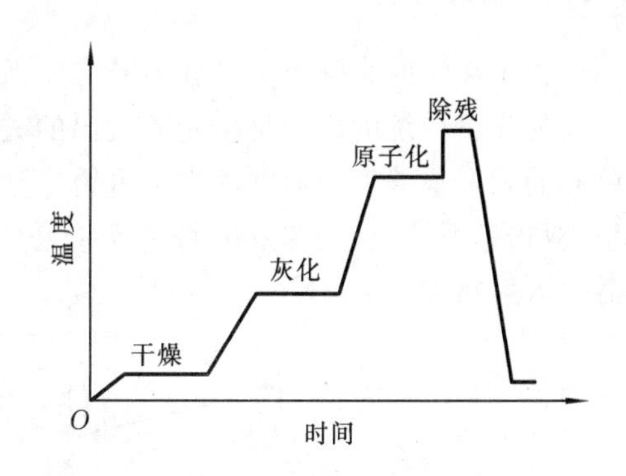

图 3-8　石墨炉升温示意图

作用是在较高温度（350～1 200 ℃）下除去易挥发的有机物和低沸点无机物，以减少基体组分对待测元素的干扰及光散射或分子吸收引起的背景吸收，灰化时间为 10～20 s。原子化的温度随待测元素而异，一般为 2 400～3 000 ℃，时间为 5～8 s；在原子化过程中，应停止载气通过，延长基态原子在石墨管中的停留时间，以提高该方法的灵敏度。除残的作用是将温度升至最大允许值，以去除石墨管中的残余物，消除由此产生的记忆效应；除残温度应高于原子化温度，为 2 500～3 200 ℃，时间为 3～5 s。

石墨炉原子吸收光谱分析法的优点是：试样几乎可以完全原子化，原子化效率几乎达到 100%；试样用量少（液体几微升，固体几毫克），对于较黏稠的样品（如生物体体液）和固体均适用；基态原子在吸收区停留的时间长，因此方法的检出限低、灵敏度高。但由于共存化合物的干扰大及背景吸收等原因，结果的重现性不如火焰法高。若仪器选配了采用微型泵和微机程序控制的自动进样装置，可有效减免手工操作过程中取样体积和注入位置的误差，使测量精度得到提高。

3. 化学原子化法

化学原子化法又称为低温原子化法，是将一些元素的化合物在低温下与强还原剂反应，使样品溶液中的待测元素以气态原子或化合物的形式与反应液分离，然后送入吸收池（absorption cell）中或在低温下加热进行原子化的方法。常用的方法有氢化物原子化法（hydride atomization）和冷原子化法（cold-vapour atomization）。

氢化物原子化法主要用来测定 As、Bi、Ge、Pb、Sb、Se、Sn 和 Te 等元素。这些元素在酸性介质中与强还原剂硼氢化钠（或钾）反应生成气态氢化物。以砷为例，其反应为

$$AsCl_3 + 4NaBH_4 + HCl + 8H_2O = AsH_3\uparrow + 4NaCl + 4HBO_2 + 13H_2\uparrow$$

待反应完成后，将反应产生的砷化氢（AsH_3）气体用氩气或氮气送入原子化器中，由于氢化物不稳定，发生分解，产生自由原子，完成原子化过程，即可进行测定。

氢化物原子化法的基体干扰和化学干扰少，选择性好，另外由于还原转化为氢化物时的效率高，且氢化物生成过程本身是个分离过程，因而本法的灵敏度比火焰法高 1～3 个数量级。

冷原子化法是将试液中汞离子用 $SnCl_2$ 或盐酸羟胺还原为金属汞，然后用氮气将汞蒸气吹入具有石英窗的气体吸收管中进行原子吸收测量。本法的灵敏度和准确度都较高，是测定微量和痕量汞的好方法。现有专门的测汞仪出售。

3.3.3　光学系统

原子吸收的光学系统可分为外光路系统(照明系统)和分光系统(单色器)两部分。

外光路系统的作用是使光源发出的共振线准确地透过被测试液的原子蒸气,并投射到单色器的入射狭缝上。通常用光学透镜来达到这一目的。图 3-9 是应用于单光束仪器的一种类型(双透镜系统)。光源发出的射线成像在原子蒸气的中间,再由第二透镜将光线聚焦在单色器的入射狭缝上。

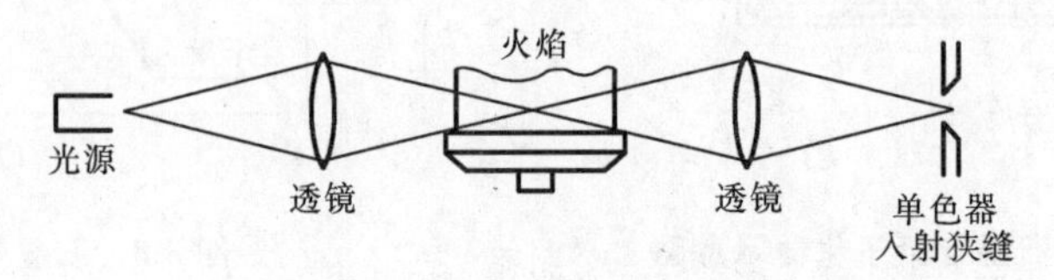

图 3-9　单光束外光路系统

分光系统的作用是把待测元素的共振线与其他干扰谱线分离开来,只让待测元素的共振线通过。分光系统(单色器)主要由色散元件(光栅或棱镜)、反射镜、狭缝等组成。图 3-10 是一种分光系统(单光束型)的示意图。由入射狭缝 S_1 投射出来的被待测试液的原子蒸气吸收后的透射光,经反射镜 M、色散元件光栅 G、出射狭缝 S_2,最后照射到光电检测器 PM (photometer)上,以备光电转换。

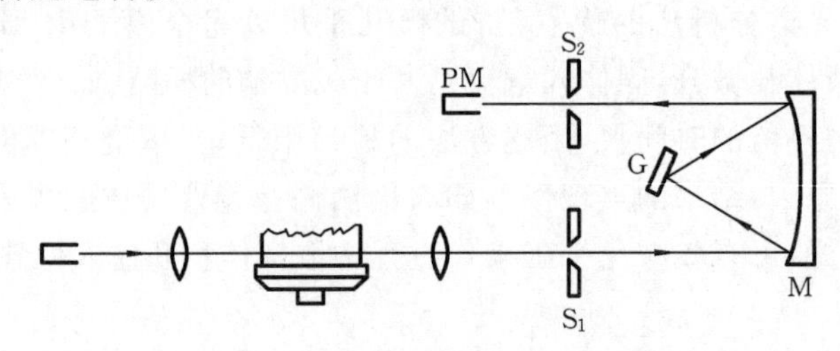

图 3-10　一种分光系统示意图

G—光栅;M—反射镜;S_1—入射狭缝;S_2—出射狭缝;PM—光电检测器

原子吸收法要求单色器有一定的分辨率和集光本领,这可通过选用适当的光谱通带来满足。光谱通带是通过单色器出射狭缝的光束的波长宽度,即光电检测器 PM 所接受到的光的波长范围,用 W 表示,它等于光栅的倒线色散率 D 与出射狭缝宽度 S 的乘积,即

$$W = DS \tag{3-15}$$

式中:W 为单色器的通带宽度,nm;D 为光栅的倒线色散率,nm/mm;S 为狭缝宽度,mm。

由于仪器中单色器采用的光栅一定,其倒线色散率 D 也为定值,因此单色器的分辨率和集光本领取决于狭缝宽度。调宽狭缝,使光谱通带加宽,单色器的集光本领加强,出射光强度增加;但同时出射光包含的波长范围也相应加宽,使光谱干扰与背景干扰增加,单色器的分辨率降低,导致测得的吸收值偏低,工作曲线弯曲,产生误差。反之,调窄狭缝,光谱通带变窄,实际分辨率提高,但出射光强度降低,相应地要求提高光源的工作电流或增加检测器增益,此时会产生谱线变宽和噪声增加的不利影响。实际工作中,应根据测定的需要调节合适的狭缝宽度。例如,对碱金属及碱土金属,由于待测元素共振线附近干扰及连续背景很小,应采用较大的狭缝宽度;对于过渡及稀土等具有复杂光谱或有连续背景的元素,宜采用较小的狭缝宽度,以减少非吸收谱线的干扰,得到线性好的工作曲线。

3.3.4　检测系统

检测系统包括光电转换器、检波放大器和信号显示与读数装置。检测系统的作用是将待测光信号转换成电信号，经过检波放大、数据处理后显示结果。

常用的光电转换元件有光电池、光电管和光电倍增管(photomultiplier tube,PMT)等。在原子吸收分光光度计中，通常使用光电倍增管作检测器，光电倍增管是一种具有多级电流放大作用的真空光电管，它可以将经过原子蒸气吸收和单色器分光后的微弱光信号转变成电信号，其放大倍数可达 10^6～10^8 倍，其结构如图 3-11 所示。光电倍增管的外壳由玻璃或石英制成，内部抽成真空，内有一个阳极和一个阴极，在阳极和阴极之间装有数个倍增极(又称为打拿极)，阴极和倍增极上涂有光敏物质，阴极和阳极之间从外面加上直流电压(1 000 V左右)，外加电压通过一系列电阻依次均匀地分配在各倍增极上。

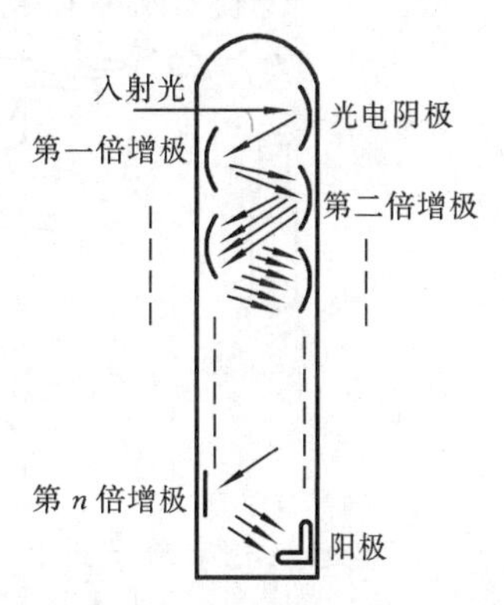

图 3-11　光电倍增管的工作原理

当光照射到阴极上时，光敏物质就发射出电子，光电子受第一倍增极和阴极之间的电场加速，打在第一倍增极上，轰击出几倍的二次电子，这些二次电子受电场加速，打在第二倍增极上，轰击出更多的二次电子，以此类推，这样引起电子发生雪崩似的放大，最后到达阳极已是多次倍增后的电子，其数值为阴极上发出电子的 10^6～10^8 倍。这样，光电倍增管不仅把光转换成电，而且把电流放大了许多倍，通过阳极输出。

光电倍增管适用的波长范围取决于涂敷阴极的光敏材料。为了使光电倍增管输出信号具有高度稳定性，必须使负高压电源电压稳定，一般要求电压能达到 0.01%～0.05%的稳定度。在使用上，应注意光电倍增管的疲劳现象。由于疲劳程度随辐照光强和外加电压的增大而加大，因此，要设法遮挡非信号光，并尽可能不要使用过高的增益，以保持光电倍增管的良好工作特性。

检波放大器的作用是将光电倍增管输出的电压信号进行放大。由于原子吸收测量中处理的信号波形接近方波，因此多采用同步检波放大器，以改善信噪比。由于蒸气吸收后的光强度并不直接与浓度呈线性关系，因此信号须经对数变换器进行变换处理后，才能提供给显示装置。

在显示装置里，信号可以转换成吸光度或透光率，也可以转换成浓度用数字显示器显示出来，还可以用记录仪记录吸收峰的峰高或峰面积。现代一些高级原子吸收分光光度计中还设有自动调零、自动校准、积分读数、曲线校正等装置，并可用微机绘制校准工作曲线以及高速处理大量测定数据等。

3.3.5　原子吸收分光光度计的类型

原子吸收分光光度计按光束形式可分为单光束和双光束两类；按波道数分类，有单道、双道和多道原子吸收分光光度计。目前普遍使用的是单道单光束和单道双光束原子吸收分光光度计。

1. 单道单光束原子吸收分光光度计

单道单光束原子吸收分光光度计只有一个单色器，外光路只有一束光，其结构原理如图 3-12 所示。这类仪器结构简单，共振线在外光路损失少，灵敏度较高，因而应用广泛。但该类仪器不能消除光源强度变化而引起的基线漂移(零漂),因此,实际测量中要求对空心阴极灯进行充分预热,并经常校正仪器的零点吸收。

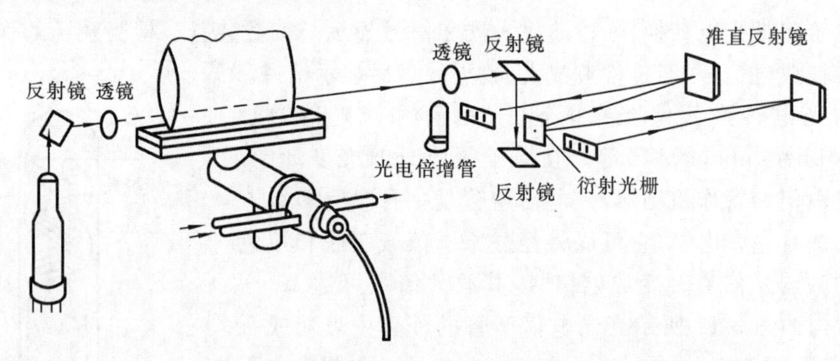

图 3-12　单道单光束原子吸收分光光度计结构原理图

2. 单道双光束原子吸收分光光度计

单道双光束原子吸收分光光度计中有一个单色器,外光路有两束光,其光学系统原理如图3-13所示。光源发射的辐射被旋转切光器分为性质完全相同的两束光:试样光束通过火焰,参比光束不通过火焰;然后用半透半反射镜使试样光束及参比光束交替通过单色器而射至检测系统,在检测系统中将所得脉冲信号分离为参比信号 I_r 及试样信号 I,这样就可检测出两束光的强度之比 I/I_r。由于光源的任何漂移都可由参比光束的作用而得到补偿,因此该类仪器可消除光源和检测器不稳定而引起的基线漂移现象,准确度和灵敏度都高,但它仍不能消除原子化不稳定和火焰背景的影响,并且仪器的光学系统复杂,价格也较高。

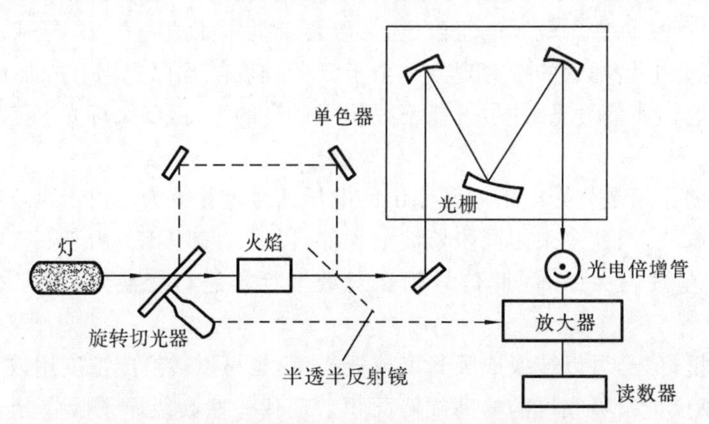

图 3-13　单道双光束原子吸收分光光度计结构原理图

3.3.6　原子吸收分光光度计与紫外-可见分光光度计构造原理的比较

原子吸收光谱分析法和紫外-可见分光光度法的基本原理类似,都是利用物质对辐射的吸收来进行分析的方法,都遵循朗伯-比尔定律,但它们的吸光物质状态不同。紫外-可见分光光度法测量的是溶液中分子(或离子)对光的吸收,一般为宽带吸收,带宽从几纳米到几十纳米,使用的是连续光源(如钨灯、氘灯);而原子吸收光谱分析法测量的是气态基态原子对光的吸收,该吸收为窄带线状吸收,其带宽仅有 10^{-3} nm 数量级,使用的光源必须是锐线光源(如空心阴极灯等)。原子吸收分光光度计由光源、原子化器、分光系统、检测系统构成(如图3-14所示),构造上和紫外-可见分光光度计十分相似,原子化器相当于分光光度计中的吸收池。但由于原子吸收与分子吸收的本质差别，决定了原子吸收分光光度计具有不同于一般分光光度计的一些特点，其主要区别是：第一，采用锐线光源而不是连续光源，以使峰值吸收系数得以测量；第二，将分光系统安排在原子化器与检测系统之间，以避免来自原子化器的辐射直接照射检测器，否则会使检测器饱和而无法正常工作；第三，采用调制式工作方式，以区分光源辐射（原子吸收减弱后的光强度）和火焰的辐射（原子化器中火焰的发射背景）。图 3-14 为紫外-可见分光光度计的光路和原子吸收分光光度计的光路比较示意图。

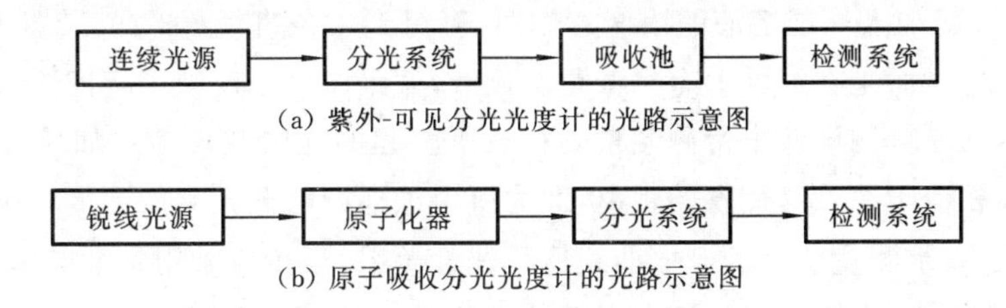

图 3-14　紫外-可见分光光度计与原子吸收分光光度计光路比较示意图

3.4　定量分析方法

3.4.1　标准曲线法

标准曲线法是原子吸收分析中的常规分析方法。

这种方法的步骤如下：首先配制一组浓度合适的标准溶液（一般 5～7 个），在相同的实验条件下，以空白溶液调整零吸收，再按照浓度由低到高的顺序，依次喷入火焰，分别测定各种浓度标准溶液的吸光度。以测得的吸光度 A 为纵坐标，待测元素的含量或浓度为横坐标作图，绘制 A-c 关系曲线（标准曲线）。在同一条件下，喷入待测试液，根据测得的吸光度 A_x 值，在标准曲线上查出试样中待测元素相应的含量或浓度值。

为了保证测定结果的准确度，标准试样的组成应尽可能接近待测试样的组成。在标准曲线法中，要求标准曲线必须是线性的。但是，在实际测试过程中，由于喷雾效率、雾粒分布、火焰状态、波长漂移以及各种其他干扰因素的影响，标准曲线有时在高浓度区向下弯曲，不成线性，故每次测定前必须用标准溶液对标准曲线进行检查和校正。

标准曲线法简便、快速，适合对大批量组成简单的试样进行分析。

3.4.2　标准加入法

在一般情况下，待测试液的确切组成是未知的，这样欲配制与待测试液组成相似的标准溶液就很难进行。在这种情况下，应该采用标准加入法进行定量分析。

这种方法的步骤如下：取相同体积的试液两份，置于两个完全相同的容量瓶 A 和 B 中，另取一定量的标准溶液加入容量瓶 B，然后将两份溶液稀释到相应刻度值，分别测出 A、B 溶液的吸光度。若试液的待测组分浓度为 c_x，标准溶液的浓度为 c_s，A 液的吸光度为 A_x，B 液的吸光度为 A，则根据朗伯-比尔定律有

$$A_x = kc_x$$
$$A = k(c_s + c_x)$$

所以
$$c_x = \frac{A_x c_s}{A - A_x} \tag{3-16}$$

在实际工作中,采用的是作图法,又称为直线外推法。取若干份(至少四份)相同体积的试样溶液,放入相同容积的容量瓶中,从第二份开始依次按比例加入不同量的待测元素的标准溶液,用溶剂定容(设原试液中待测元素的浓度为 c_x,加入标准溶液后浓度分别为 c_x、c_x+c_s、c_x+2c_s、c_x+3c_s、c_x+4c_s等),摇匀后在相同测定条件下测定各溶液的吸光度(A_x、A_1、A_2、A_3、A_4等),以吸光度 A 对加入标准溶液的浓度 c_s 作图,可得到一条直线(如 2.5.2 中图 2-25 所示)。该直线不通过原点,而是在纵轴上有一截距。显然,截距的大小反映了标准溶液加入量为零时溶液的吸光度,即原待测试液中待测元素的存在所引起的光吸收效应。如果外推直线使之与横坐标相交,则相应于原点与交点的距离,即为所求试样中待测元素的浓度 c_x。

标准加入法要求测量所得的 A-c_s 曲线应呈线性关系,最少应采用 4 个点作外推曲线,并且曲线的斜率不能太小,否则易产生较大误差。另外,标准加入法能消除基体效应和某些化学干扰的影响,但不能消除背景吸收的影响,因此,在测定时应该首先进行背景校正,否则将得到偏高的结果。

3.5 干扰的类型及其抑制方法

原子吸收光谱分析法由于使用了锐线光源,被认为是一种选择性好、干扰少甚至无干扰的分析方法。但在实际工作中,由于工作条件、分析对象的多样性和复杂性,在某些情况下,干扰还是存在的,有时甚至还很严重。因此,必须了解可能产生干扰的原因及其抑制方法,以便采取措施使干扰对测定的影响最小。

原子吸收光谱分析法中的干扰一般分为四类:物理干扰、化学干扰、电离干扰和光谱干扰。下面分别进行讨论。

3.5.1 物理干扰

物理干扰(physical interference)是指试样中共存物质的物理性质的变化对试样在提取、雾化、蒸发和原子化过程中的干扰效应。物理干扰是非选择性干扰,对试样中各元素的影响基本相同。

在火焰原子吸收中,试样溶液的性质发生任何变化,都直接或间接地影响原子化效率。例如:溶液黏度发生变化时,影响试样喷入火焰的速率,进而影响雾量和雾化效率;毛细管内径和长度以及空气流量同样影响试样喷入火焰的速率;表面张力会影响雾滴大小及分布;溶剂蒸气压影响蒸发速度和凝聚损失,等等。上述因素最终都影响到进入火焰中的待测元素原子数量,从而影响吸光度测定。此外,当试样中存在大量基体元素时,总含盐量增加,它们在火焰中蒸发解离时,不仅要消耗大量热量,而且在蒸发过程中,有可能包裹待测元素,延缓待测元素蒸发,因而对原子化效率产生影响。

物理干扰一般为负干扰,最终影响进入火焰中的待测元素的原子数量。配制与被测试样组成相似的标准溶液,是消除物理干扰最常用的方法。当被测元素在试液中浓度较高时,可以用稀释溶液的方法来降低或消除物理干扰。在不知道试样组成或无法匹配试样时,可采用标准加入法或稀释法来减小和消除物理干扰。

3.5.2 化学干扰

化学干扰(chemical interference)是指试样溶液转化为自由基态原子的过程中,待测元素与其他组分之间发生化学作用而引起的干扰效应。这种效应可以是增强原子吸收信号的正效应,也可以是降低原子吸收信号的负效应。化学干扰主要影响待测元素的熔融、蒸发、解离以及原子化过程,是一种选择性干扰,它不仅取决于待测元素与共存元素的性质,还和火焰类型、火焰温度、火焰状态、观察部位、雾滴大小等因素有关。

化学干扰是原子吸收光谱分析法的主要干扰来源,其产生的原因是多方面的。典型的化学干扰是待测元素与共存物质作用生成难挥发的化合物,致使参与吸收的基态原子数减少。例如:在火焰中容易生成难挥发或难解离氧化物的元素有 Al、B、Fe、Si、Ti 等,试样中存在硫酸盐、磷酸盐等对钙的测定化学干扰较大。在石墨炉原子化器中,B、La、Mo、W、Zr 等元素易生成难解离的碳化物,不能实现有效原子化,另外,待测元素还可能与试样基体中的卤素形成易挥发的化合物,在灰化阶段损失掉,因而均使测定结果产生负误差。

在火焰及石墨炉原子化过程中,化学干扰的机理很复杂,消除或抑制其干扰应根据具体情况的不同而采取相应的措施。

(1) 提高火焰温度。火焰温度直接影响着样品的熔融、蒸发和解离过程。许多在低温火焰中出现的干扰在高温火焰中可以部分或完全消除。

(2) 加入释放剂。加入一种过量的金属元素,与干扰元素形成更稳定或更难挥发的化合物,使待测元素被释放出来,加入的这种物质称为释放剂。常用的释放剂有氯化镧和氯化锶等。例如:磷酸盐干扰钙的测定,当加入 La 或 Sr 后,La、Sr 与磷酸根离子结合而将 Ca 释放出来,从而消除了磷酸盐对钙的干扰。

(3) 加入保护剂。加入一种试剂使待测元素不与干扰元素生成难挥发的化合物,可保护待测元素不受干扰,这种试剂称为保护剂。保护剂一般是有机配位剂,用得最多的是 EDTA 和 8-羟基喹啉。应该指出,使用有机配位剂是有利的,因为有机配合物容易解离而使待测元素更易原子化。例如:为了消除磷酸盐对钙的干扰,加入 EDTA 使 Ca 转化为 EDTA-Ca 配合物,后者在火焰中易于原子化,这样可消除磷酸盐的干扰。同样,在铅盐溶液中加入 EDTA,可消除磷酸盐、碳酸盐、硫酸盐、氟离子、碘离子对铅测定的干扰。加入 8-羟基喹啉,可消除铝对镁、铍的干扰。加入氟化物,使 Ti、Zr、Hf、Ta 转变为含氧氟化合物,能比氧化物更有效地原子化,可使这些元素的测定灵敏度提高。

(4) 加入缓冲剂。在试样和标准溶液中加入一种过量的干扰元素,使干扰影响不再变化,进而抑制或消除干扰元素对测定结果的影响,这种干扰物质称为缓冲剂。如在用乙炔-氧化亚氮火焰测 Ti 时,可在试样和标准溶液中均加入质量分数为 2×10^{-4} 以上的铝,使铝对钛的干扰趋于稳定。

(5) 化学分离法。应用化学方法将干扰组分与待测元素分离,不仅可以消除基体元素的干扰,还可以富集待测元素。常用的化学分离法有沉淀法、离子交换法、溶剂萃取法等。

此外,还可用标准加入法来消除与浓度无关的化学干扰。

3.5.3 电离干扰

某些易电离的元素在原子化过程中发生电离,使参与吸收的基态原子数减少,引起原子吸收信号降低,这种干扰称为电离干扰(ionization interference)。

元素在火焰中的电离度与火焰温度和该元素的电离电位有密切关系。火焰温度越高,待测元素的电离电位越低,则电离度越大,电离干扰越严重。因此,电离干扰主要发生于电离电位≤6 eV 的元素,如碱金属元素、铝、钙、锶及钡等。另外,电离度随金属元素总浓度的增加而减小,故工作曲线向纵轴弯曲。

提高火焰中离子的浓度、降低电离度是消除电离干扰的最基本途径。最常用的方法是加入 K、Rb、Cs 等易电离元素的化合物作为消电离剂,因为这些元素在火焰中可以强烈电离,将有效抑制试样中其他自由原子的电离作用,从而达到消除电离干扰的目的。例如:由于 Ca 的电离电位为 6.1 eV,而 K 的电离电位为 4.3 eV,因此测 Ca 时的电离干扰,可通过加入过量的 KCl 溶液进行消除。通过选择火焰的种类、燃助比和火焰的部位及提高试样喷入火焰的速率等方法,控制待测元素原子化的温度,也可消除电离干扰。此外,标准加入法也可在一定程度上消除某些电离干扰。

3.5.4 光谱干扰

光谱干扰(spectral interference)主要产生于光源和原子化器。

1. 与光源有关的光谱干扰

这类干扰是指光源在单色器的光谱通带内存在与分析线相邻的其他谱线。

(1) 与分析线相邻的是待测元素的谱线。这种情况常见于多谱线元素(如 Fe、Co、Ni)。例如:在镍空心阴极灯的发射线中,分析线 232.0 nm 附近还有多条发射线(如 231.6 nm),而这些谱线又不被镍元素吸收,故将导致测定灵敏度下降,工作曲线弯曲。这类干扰可借助于调节狭缝宽度的办法来控制。

(2) 与分析线相邻的是非待测元素的谱线。若此谱线为该元素的非吸收线,则会使测定的灵敏度下降;但若为该元素的吸收线,则当试液中含有该元素时,就会使试液产生假吸收,使待测元素的吸光度增加,产生正误差。这种误差主要是空心阴极灯的阴极材料不纯引起的,且常见于多元素空心阴极灯。避免这种干扰的方法是选用合适的单元素空心阴极灯。

(3) 灯内连续背景发射的谱线。空心阴极灯中有连续背景发射,不仅使测定灵敏度降低,工作曲线弯曲,而且当试样中共存元素的吸收线处于连续背景的发射区时,可能产生假吸收。灯内连续背景发射是由于灯制作不良,或长期不用引起的。若遇到这种情况,可将空心阴极灯反接,并接通大电流,以纯化灯内气体。经过这样处理后,情况可能改善,否则应更换空心阴极灯。

2. 光谱线重叠干扰

光谱线重叠干扰主要是由于共存元素吸收线与待测元素分析线十分接近乃至重叠而引起的。一般谱线重叠的可能性较小,但并不能完全排除这种干扰存在的可能性。例如:被测元素铁的分析线为 271.903 nm,而共存元素 Pt 的共振线为 271.904 nm;又如被测 Si 的共振线为 250.689 nm,共存元素 V 的共振线为 250.690 nm 等。这些谱线就很容易发生重叠干扰。此时,可选择灵敏度较低的其他谱线而避开干扰,也可用分离共存元素的方法加以解决。

3. 与原子化器有关的干扰

此类干扰主要来自原子化器和背景吸收。

(1) 原子化器的发射。原子化器的发射是指来自火焰本身或原子蒸气中待测元素的发射。当仪器采用机械切光器调制或光源的电源调制方式进行工作时,这一影响可得到消除,但有时可能增加信号的噪声,此时可适当增加灯电流,提高光源发射强度,以改善信噪比。

(2) 背景吸收(分子吸收)。背景吸收(background absorption)是指原子化环境中由于背景吸收引起的干扰，包括分子吸收和光散射所引起的光谱干扰。

分子吸收是指在原子化过程中产生的分子对光辐射的吸收，分子吸收有多种来源，例如：火焰中OH、CH、CO等基团或分子，试样的盐或酸分子，低温火焰中的金属卤化物、氧化物、氢氧化物及部分硫酸盐和磷酸盐等分子对光的吸收。分子吸收是带状光谱，会在一定波长范围内形成干扰。例如：碱金属卤化物在紫外光区有吸收；不同无机酸会产生不同的影响，在波长小于250 nm时，H_2SO_4和H_3PO_4有很强的吸收带，而HNO_3和HCl的吸收很小。因此，原子吸收分析中多用HNO_3和HCl配制溶液。光散射是指原子化过程中形成的烟雾或固体微粒处于光路中，使共振线发生散射而产生的假吸收。在原子吸收分析时，分子吸收和光散射的后果是相同的，均产生表观吸收，使测定结果偏高。

在原子吸收光谱分析中，校正背景的方法有仪器调零吸收法、邻近线校正背景法、氘灯校正背景法和塞曼效应(Zeeman effect)校正背景法。目前，原子吸收分光光度计一般配有氘灯校正背景装置。其校正原理是：先用锐线光源测定分析线的原子吸收和背景吸收的总吸光度，再用氘灯(紫外光区)或碘钨灯、氙弧灯(可见光区)在同一波长测定背景吸收(这时原子吸收可以忽略不计)，计算两次吸光度之差，即可使背景吸收得到校正。氘灯校正背景装置简单，可校正吸光度为0.5以内的背景干扰，但只能在氘灯辐射较强的波长范围(190～350 nm)内应用，且只有在背景吸收不是很大时，才能较完全地扣除背景。图3-15表示了应用氘灯背景校正器的单光束型原子吸收分光光度计的背景自动校正工作原理。

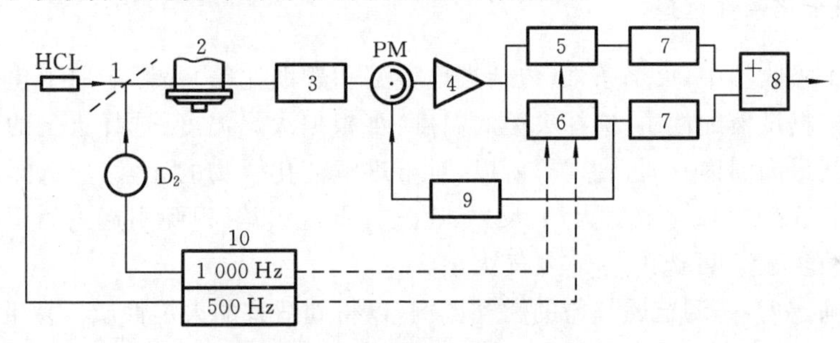

图3-15　背景自动校正工作原理

HCL—空心阴极灯；D_2—氘灯；PM—检测器；1—切光器；2—燃烧器；3—单色器；4—前置放大器；5—500 Hz同步检波器；6—1 000 Hz同步检波器；7—对数变换器；8—减法器；9—负高压电源；10—灯电源

现在，较先进的原子吸收分光光度计采用塞曼效应校正背景，波长范围在190～900 nm，背景校正的准确度很高，可校正吸光度高达1.7的背景，但仪器昂贵。

3.6　测定条件的选择

在原子吸收光谱分析中，测定的灵敏度、准确度和干扰消除情况等，与测定条件的选择有很大的关系，因此，必须予以充分重视。

3.6.1　分析线选择

通常选择元素的共振线作为分析线。因为共振线往往也是元素的最灵敏吸收线，这样可使吸收强度大，测定的灵敏度高。但并非任何情况下都作这样的选择，有时应选择灵敏度较低的非共振线作分析线。例如：As、Hg、Se等元素的共振线位于200 nm以下，火焰组分对其有明显吸收,故用火焰法测定时,不宜选用这些元素的共振线。当待测组分浓度较高时,吸收信号过大,可选用次灵敏线作为分析线,这样避免了操作可能引起的误差,同时可扩大浓度测量范围。

3.6.2 狭缝宽度选择

狭缝宽度影响光谱通带宽度与检测器接受的能量。在原子吸收光谱分析中,光谱重叠的概率小,因此测定时可以使用较宽的狭缝,以增加光强,提高信噪比,改善稳定性和检出限。但是,对谱线较多的元素(如过渡金属、稀土金属),应使用较小的缝宽,以便提高仪器的分辨率,改善线性范围,提高灵敏度。

3.6.3 灯电流选择

空心阴极灯的发射特性取决于灯电流的大小,空心阴极灯一般需要预热 10～30 min 才能达到稳定输出。灯电流过小,放电不稳定,故光谱输出不稳定,且光谱输出强度小;灯电流过大,发射谱线变宽,导致灵敏度下降,校正曲线弯曲,灯寿命缩短。通常,商品空心阴极灯都标有允许使用的最大工作电流,但并不是工作电流越大越好,其确定的基本原则是:在保证稳定和合适的辐射强度输出的前提下,尽量选用最低的工作电流。

3.6.4 火焰原子化条件选择

在火焰原子吸收法中,火焰条件(包括火焰类型和燃助比等)是影响原子化效率的主要因素。通常需要根据试液的性质,选择火焰的温度;再根据火焰温度,选择火焰的组成。因为组成不同的火焰其最高温度有明显差异,所以,对于难解离化合物的元素,应选择温度较高的乙炔-空气火焰,甚至乙炔-氧化亚氮火焰;反之,应选择低温火焰,以免引起电离干扰。对分析线在 220 nm 以下的元素,可选用空气-氢气火焰。

火焰类型确定后,需调节燃气与助燃气比例,以得到适宜的火焰性质。易生成难解离氧化物或氢氧化物的元素,用富燃火焰,营造还原环境;过渡金属或氧化物不稳定的元素,宜用化学计量火焰或贫燃火焰。当然,应通过实验确定具体的燃助比。

由于在火焰区内,自由原子的空间分布不均匀,且随火焰条件而变化,因此,应调节燃烧器高度,以使来自空心阴极灯的光束从自由原子浓度最大的火焰区域通过,以获得高灵敏度。为适应高浓度测定,燃烧头的转角也是可调的。当燃烧头调节到适宜高度,燃烧头的狭缝严格与发射光束平行,则可获得最高灵敏度。

3.6.5 石墨炉原子化条件选择

在石墨炉原子化法中,合理选择干燥、灰化、原子化及除残温度与时间是十分重要的。干燥应在稍低于溶剂沸点的温度下进行,以防止试液飞溅。灰化的目的是除去基体和局外组分,在保证被测元素没有损失的前提下应尽可能使用较高的灰化温度。原子化温度应选择达到最大吸收信号的最低温度。原子化时间的选择,应以保证完全原子化为准。原子化阶段停止通保护气,以延长自由原子在石墨炉内的平均停留时间。除残的目的是为了消除残留物产生的记忆效应,除残温度应高于原子化温度。

对于进样量要注意,进样量过小,吸收信号弱,不便于测量;进样量过大,在火焰原子化法中,对火焰产生冷却效应,在石墨炉原子化法中,会增加除残的难度。在实际工作中,应测定吸光度随进样量的变化，达到最满意的吸光度的进样量，即为应选择的进样量。在石墨炉原子化法中，一般液体进样量为 1～50 μL，固体进样量为 0.1～10 mg。

3.7　原子吸收光谱分析法的灵敏度及检出限

在原子吸收光谱分析中，灵敏度(S)和检出限(D)是评价分析方法与分析仪器的两个重要指标。灵敏度可以检验仪器是否处于正常状态，检出限表示一个给定分析方法的测定下限，即在适当置信度下能够检出的试样最小浓度(或含量)。

3.7.1　灵敏度

如果浓度 c 或质量 m 发生很小的变化而引起吸收值很大的改变，就可认为这种方法是灵敏的。根据国际纯粹与应用化学联合会(IUPAC)规定，灵敏度 S 的定义是分析标准函数 $x=f(c)$ 的一次导数，用 $S=\mathrm{d}x/\mathrm{d}c$ 表示。由此可见，灵敏度 S 是标准曲线的斜率，S 值越大，灵敏度越高。在原子吸收光谱分析中，其表达式为

$$S=\frac{\mathrm{d}A}{\mathrm{d}c} \tag{3-17}$$

或

$$S=\frac{\mathrm{d}A}{\mathrm{d}m} \tag{3-18}$$

即当待测元素的浓度 c 或质量 m 改变一个单位时，吸光度 A 的变化量。

在火焰原子化法中，常用特征浓度 c_c(characteristic concentration)来表征仪器对某一元素在一定条件下的分析灵敏度。所谓特征浓度是指能产生 1%净吸收或 0.004 4 吸光度值时溶液中待测元素的质量浓度或质量分数，以 μg/mL 或(μg/mL)/(1%)表示。1%净吸收相当于吸光度 0.004 4，即

$$A=\lg\frac{I_0}{I}=\lg\frac{100}{99}=0.0044$$

因此，元素的特征浓度 c_c 的计算公式为

$$c_c=\frac{\rho_s\times 0.0044}{A} \tag{3-19}$$

式中：ρ_s 为试液的质量浓度，μg/mL；A 为试液的吸光度。显然，c_c 越小，元素测定的灵敏度越高。

在石墨炉原子化法中，常用特征质量 m_c(characteristic mass)来表征仪器对某一元素在一定条件下的分析灵敏度。所谓特征质量是指产生 1%净吸收或 0.004 4 吸光度值时所对应的待测元素质量，以 g 或 g/(1%)表示，其计算公式为

$$m_c=\frac{\rho_s V\times 0.0044}{A} \tag{3-20}$$

式中：ρ_s 为试液的质量浓度，μg/mL；V 为试液进样体积，mL；A 为试液的吸光度。同样，m_c 越小，元素测定的灵敏度越高。

3.7.2　检出限

检出限是指能以适当的置信度检测的待测元素的最低浓度或最小质量。在原子吸收法中，检出限(D)表示被测元素能产生的信号为空白值的标准偏差三倍(3σ)时元素的质量浓度

或质量分数,单位用 μg/mL 或 μg/g 表示。由朗伯-比尔定律和检出限的定义,得

$$A = Kc, \quad 3\sigma = KD$$

因此,原子吸收法的相对检出限 (μg/mL)为

$$D = \frac{\rho_s \times 3\sigma}{A} \tag{3-21}$$

同理,原子吸收法的绝对检出限(μg)为

$$D_c = \frac{m \times 3\sigma}{A} \tag{3-22}$$

或

$$D_m = \frac{\rho_s V \times 3\sigma}{A} \tag{3-23}$$

式中:D_c为火焰原子化法检出限,μg/mL;D_m为石墨炉原子化法检出限,μg;m 为被测物质的质量,g;ρ_s为试液的质量浓度,μg/mL;V 为进样体积,mL;A 为试液的吸光度;σ 为用空白溶液或接近空白的标准溶液进行 10 次以上吸光度测定所计算得到的标准偏差。

可见,分析方法的检出限与灵敏度、空白值的标准偏差密切相关,灵敏度越高,空白值及其波动越小,则方法的检出限越低。检出限不但与影响灵敏度的各种因素有关,还与仪器的噪声及稳定性或重现性有关,因此,检出限更能反映仪器的性能质量指标。只有具有较高灵敏度和较好稳定性时,才有低的检出限。

3.8 原子吸收光谱分析法的应用

原子吸收光谱分析法具有测定灵敏度高、选择性好、抗干扰性能强、稳定性好、适用范围广等特点,现已广泛应用在矿物、金属、陶瓷、水泥、化工产品、土壤、食品、血液、生物体、环境污染物等试样中的金属元素的测定。图 3-16 为周期表中能用原子吸收光谱分析法分析的元素,其中元素符号下面的数字为分析线的波长(nm),最下排的数字表示火焰的类型(0:冷原子化法;

Li 670.8 1,2	Be 234.9 1+,3											B 249.7 3					
Na 589.0 589.6 1,2	Mg 285.2 1+											Al 309.3 1+,3	Si 251.6 1+,3				
K 766.5 1+,2	Ca 422.7 1	Sc 391.2 3	Ti 364.3 3	V 318.4 3	Cr 357.9 1+	Mn 279.5 1,2	Fe 248.3 1	Co 240.7 1	Ni 232.0 1,2	Cu 324.8 1,2	Zn 213.9 2	Ga 287.4 1	Ge 265.2 3	As 193.7 1	Se 196.0 1		
Rb 780.0 1,2	Sr 460.7 1+	Y 410.2 3	Zr 360.1 3	Nb 358.0 3	Mo 313.3 1+		Ru 349.9 1	Rh 343.5 1,2	Pd 244.8 247.6 1,2	Ag 328.1 2	Cd 228.8 2	In 303.9 1,2	Sn 286.3 224.6 1	Sb 217.6 1,2	Te 196.0 1		
Cs 852.1 1	Ba 553.6 1+,3	La 392.8 3	Hf 307.2 3	Ta 271.5 3	W 255.1 3	Re 346.0 3		Ir 264.0 1	Pt 265.9 1,2	Au 242.8 1+,2	Hg 185.0 253.7 0,1,2	Tl 377.6 276.8 1,2	Pb 217.0 283.3 1,2	Bi 223.1 306.7 1,2			
					Pr 495.1 3	Nd 463.4 3		Sm 429.7 3	Eu 459.4 3	Gd 368.4 3	Tb 432.6 3	Dy 421.2 3	Ho 410.3 3	Er 400.8 3	Tm 410.6 3	Yb 398.8 3	Lu 331.2 3
						U 351.4 3											

图 3-16 周期表中能用原子吸收光谱分析法分析的元素

1:空气-乙炔火焰;1+:富燃空气-乙炔火焰;2:空气-丙烷或天然气火焰;3:乙炔-氧化亚氮火焰),大部分元素可用石墨炉原子化法进行分析。

目前,原子吸收法主要有直接原子吸收法和间接原子吸收法两大类,直接法可用来测定周期表中70多种元素,间接法可用来测定阴离子和有机化合物。

3.8.1 直接原子吸收法

直接原子吸收法是利用特定的波长直接测定目标元素的含量的方法,已广泛应用于各行业各类产品中微量元素和痕量元素的分析,有些已被定为国家标准分析法,还有的被定为仲裁分析法。现举例说明它的应用。

(1) 地质冶金方面:包括矿物、岩石、冶金以及合金中的成分分析和杂质元素的分析等。

(2) 农业方面:包括粮食、种子、土壤、农药、肥料、蔬菜、饲料等中微量元素的分析。

(3) 食品安全方面:包括肉类、水产、酒类、茶叶、奶制品等食品中金属元素的分析。

(4) 轻化工方面:包括化学试剂、玻璃、塑料、橡胶、油漆、石油原油及其制品等中金属元素含量的分析。

(5) 环境监测方面:包括空气、飘尘、雨水、河水、废水、污水、土壤中各类金属污染物的测定。

(6) 生命科学领域:包括血液、尿液、毛发和组织等中微量元素的测定。

(7) 卫生防疫方面:包括医药卫生、临床分析、疾控分析、人体生化指标分析、代谢物分析、药品分析等样品中微量元素的测定。

3.8.2 间接原子吸收法

从理论上讲,凡能有效地转化为自由基态原子,并能获得稳定的共振辐射光源的元素,都可以用原子吸收光谱分析法测定,但是,在目前的技术条件下,很多元素不能用常规原子吸收法直接测定,另外,有机化合物也不能用原子吸收法直接测定。

为了弥补直接原子吸收法的不足,扩大该方法的应用范围,许多分析工作者致力于间接原子吸收光谱分析的研究。所谓间接原子吸收法,就是在进行原子吸收测定之前,利用某些特定的金属离子与被测元素或化合物间的化学反应,使某些不能直接进行原子吸收测定或灵敏度低的被测物质与易于原子吸收测定的元素进行定量反应,最后通过测定易于原子吸收测定的元素的吸收,间接求出被测物质的含量。下述情况一般可考虑采用间接法:①共振线位于远紫外光区的元素,如氟、氯、溴、碘、硫、磷、碳、砷、硒、汞等;②直接法测定时灵敏度低的元素,如硼、铍、锗、铪、镧、镥、铌、钕、镨、铼、钐、钽、钨、锆等;③不能用直接法测定的阴离子和有机化合物,如 F^-、Cl^-、ClO_3^-、ClO_4^-、SO_4^{2-}、NO_3^-、CN^-,醇、醛、酮、酸、酯、胺及酚,维生素 B_{12}、五氯代苯酚、葡萄糖、核糖核酸酶等。

按照间接原子吸收光谱分析所利用的化学机理的不同,间接原子吸收法可分为五大类。

1. 利用干扰效应的间接原子吸收法

某些元素在原子化器中能与干扰元素作用,使其原子吸收信号受到抑制或增强,在干扰元素的一定浓度范围内,吸收信号被抑制或增强的程度与干扰元素浓度之间呈线性关系,因此,可以通过测定某元素原子吸收信号的大小来间接定量测定干扰元素。

例如:在富燃乙炔-空气火焰中,少量铝盐对25 μg铁的原子吸收有增强效应,通过测定铁含量可间接测定铝含量。又如:在煤气-空气火焰中,氟可使镁的285.2 nm的吸收信号受到抑制,当镁为10 μg/mL时,通过测定镁原子吸收信号被抑制的程度,可间接测定氟。

2. 利用沉淀反应的间接原子吸收法

被测组分与可测元素生成沉淀,测定沉淀溶解液中或滤液中过量的可测元素,可间接确定被测组分的含量。例如:硫的测定,先将样品中硫转化为SO_4^{2-}的形式存在于溶液中,然后用定量的钡盐与其作用生成硫酸钡沉淀,过滤沉淀,测定滤液中过量的钡。或者将过滤的沉淀洗涤后,再溶解于氨性的EDTA溶液中,用原子吸收法测定溶液中钡的含量。又如:利用氯化物与硝酸银反应生成氯化银沉淀,然后测定沉淀中银的原子吸收,从而可以间接测定氯离子。

3. 利用杂多酸"化学放大效应"的间接原子吸收法

钼酸盐能与多种元素形成杂多化合物,如与磷、锗、砷、硅等生成二元杂多酸;钼酸盐与磷酸盐又可与铊、钒、铌、钽、钛、铈、铀等生成三元杂多酸。它们被有机溶剂萃取后,利用原子吸收光谱测定其中的钼,可间接求出上述各元素的相应含量。

这类反应的特点是:在杂多酸中钼与被测元素的物质的量之比很大,这样用原子吸收测定钼而间接定量测定被测元素可以大大提高测定灵敏度。例如:磷钼杂多酸的组成为$H_3PO_4 \cdot 12MoO_3$,其中,钼与磷的物质的量之比为12∶1,这样通过测定钼间接推算磷的含量,就可使测定磷的灵敏度大大提高。

4. 利用配位反应的间接原子吸收法

一些阴离子和有机化合物能与金属离子生成配合物(包括螯合物和离子缔合物),通过选择性萃取,测定有机相中的金属元素,可以间接确定阴离子或有机化合物的含量。

例如:8-羟基喹啉与铜盐形成可萃取配合物,用原子吸收法测定萃取液中的铜,可间接测定8-羟基喹啉。又如:硫氰酸根与吡啶、二价铜离子生成$Cu_2(py)_2(SCN)_2$,氯仿萃取后用原子吸收法测定铜,可间接定量测定硫氰酸根。

5. 利用氧化还原反应的间接原子吸收法

利用氧化还原反应,使被测物质与易于用原子吸收法测定的元素产生等物质的量的较高或较低氧化态的金属离子,该离子与其他物质形成配合物被萃取,或者直接被萃取,最后测定有机相中的金属,可间接求出被测物质的含量。

例如:碘化物能将六价铬还原到三价铬,过量的六价铬在3 mol/L HCl溶液中可被甲基异丁酮萃取,用原子吸收法测定水相中三价铬或有机相六价铬,可间接定量测定碘化物。又如:植物中糖的测定,可在碱性溶液中,用糖还原二价铜生成不溶性的氧化亚铜,分离后,用原子吸收法测定溶液中未反应的铜,可以推算出植物中的糖含量。

3.9 原子荧光光谱法

深入开展环境污染防治

原子荧光光谱法(atomic fluorescence spectrometry,AFS)是20世纪60年代中期以后发展起来的一种新的痕量分析技术。该方法是通过测量待测元素的原子蒸气在特定频率辐射能激发下所产生的荧光强度来测定元素含量的一种仪器分析方法。

3.9.1 原子荧光光谱法的基本原理

1. 原子荧光光谱的产生

气态自由原子吸收了特征波长的辐射后,原子的价电子跃迁到较高能级,接着又以辐射形式去活化，跃迁返回基态或较低能级，同时发射出与原激发辐射波长相同或不同的辐射即为原子荧光。原子荧光是光致发光，当激发光源停止照射后，荧光发射过程立即停止。

2. 原子荧光的类型

原子荧光可分为共振荧光、非共振荧光与敏化荧光三种类型，原子荧光产生的过程如图 3-17所示。

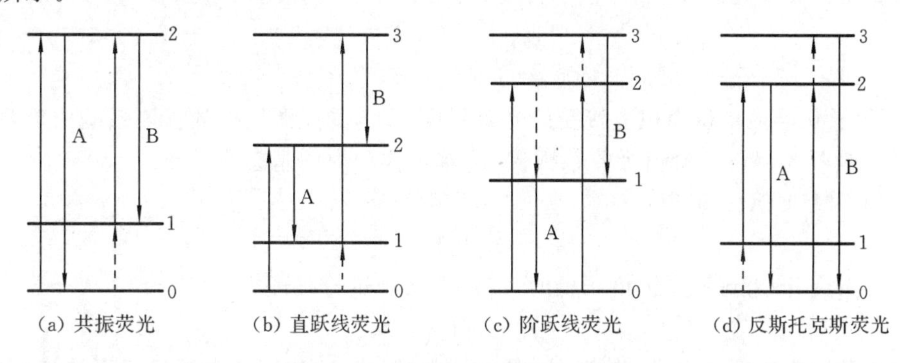

图 3-17 原子荧光产生的过程

(1) 共振荧光。气态自由原子吸收共振线被激发后，再发射出与原激发辐射波长相同的辐射即为共振荧光，其特点是激发线与荧光线的高低能级相同，其产生过程如图 3-17(a)中 A 所示。

若原子受激发处于亚稳态，再吸收辐射进一步激发，然后发射相同波长的共振荧光，此种原子荧光称为热助共振荧光，如图 3-17(a)中 B 所示。

(2) 非共振荧光。当荧光与激发光的波长不相同时，产生非共振荧光。非共振荧光包括直跃线荧光、阶跃线荧光、反斯托克斯(anti-Stokes)荧光，它们的发生过程分别如图 3-17(b)、图 3-17(c)、图 3-17(d)所示。

① 直跃线荧光。直跃线荧光是激发态原子直接跃迁到高于基态的亚稳态时所发射的荧光，如图 3-17(b)所示。由于荧光的能级间隔小于激发线的能级间隔，所以荧光的波长大于激发线的波长。例如，铅原子吸收 283.31 nm 的光，而发射 405.78 nm 的荧光。通常，把荧光线的波长大于激发线的波长的荧光称为斯托克斯荧光；反之，称为反斯托克斯荧光。直跃线荧光为斯托克斯(Stokes)荧光。

② 阶跃线荧光。阶跃线荧光是激发态原子先以非辐射形式去活化回到较低激发态，再以辐射形式去活化回到基态而发射的荧光；或者是原子受辐射激发到中间能态，再经热激发到高能态，然后通过辐射方式去活化回到低能态而发射的荧光。前一种阶跃线荧光(A)又称为正常阶跃线荧光，后一种阶跃线荧光(B)又称为热助阶跃线荧光。阶跃线荧光的产生如图 3-17(c)所示。

③ 反斯托克斯荧光。当自由原子跃迁至某一能级，其获得的能量一部分由光源激发能供给，另一部分由热能供给，然后返回低能级所发射的荧光为反斯托克斯荧光。其荧光能大于激发能，荧光波长小于激发线波长。其发生过程如图 3-17 (d)所示。

(3) 敏化荧光。受光激发的原子与另一种原子碰撞时，把激发能传递给另一个原子使其激发，后者再以辐射形式去激发而发射荧光即为敏化荧光。由于火焰原子化器中的原子浓度很低，主要以非辐射方式去活化，因此观察不到敏化原子荧光。

在上述各类原子荧光中，共振荧光强度最大，最为常用。

3. 原子荧光测量的基本关系式

原子荧光强度 I_F 与基态原子对某一频率激发光的吸收强度 I_A 成正比,用公式表示为

$$I_F = \phi I_A \tag{3-24}$$

式中:ϕ 为荧光量子效率,它表示发射荧光光量子数与吸收激发光量子数之比。

若在稳定的激发光源照射下,忽略自吸,则基态原子对光的吸收强度 I_A 可用吸收定律表示为

$$I_A = I_0 A(1 - e^{-\varepsilon l N}) \tag{3-25}$$

式中:I_0 为原子化器内单位面积上接受的光源强度;A 为受光源照射的检测系统中观察到的有效面积;l 为吸收光程;ε 为峰值吸收系数;N 为单位体积内的基态原子数。

由式(3-24)和式(3-25)得

$$I_F = \phi I_0 A(1 - e^{-\varepsilon l N}) \tag{3-26}$$

将上式括号内展开,考虑原子浓度很低时,忽略高次项进行整理后,可得

$$I_F = \phi I_0 A \varepsilon l N \tag{3-27}$$

当仪器及操作条件一定时,除 N 外,其他为常数,而 N 与试样中被测元素浓度 c 成正比,这样可得

$$I_F = Kc \tag{3-28}$$

式(3-28)为原子荧光定量分析的理论基础。

4. 量子效率与荧光淬灭

受光激发的原子,可能发射共振荧光,也可能发射非共振荧光,还可能无辐射跃迁至低能级,所以量子效率一般小于1。

当激发态原子以非辐射方式去活化,例如受激原子与其他粒子碰撞,把一部分能量变成热运动或其他形式的能量,发生无辐射的去激发过程,导致原子荧光量子效率降低,荧光强度减小。这种现象称为荧光淬灭。

3.9.2 原子荧光光度计

原子荧光光度计分为非色散型和色散型两类,它们的结构基本相似,只是单色器不同。两类仪器的光路图分别如图3-18(a)和图3-18(b)所示。原子荧光光度计与原子吸收分光光度计相似,但光源与其他部件不在一条直线上,而是成90°角,以避免激发光源发射的辐射对原子荧光检测信号的影响。

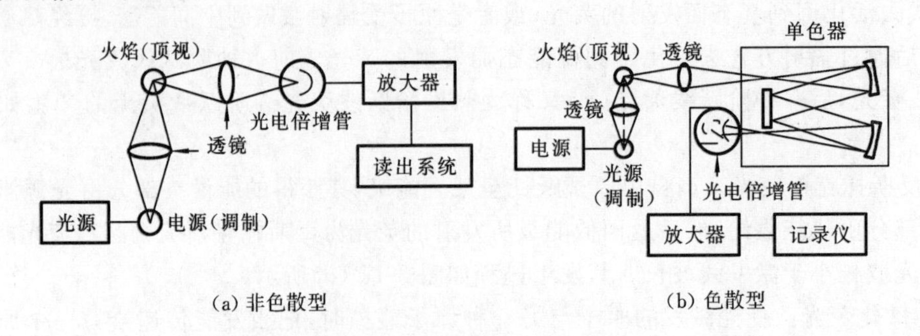

图3-18　原子荧光光度计示意图

(1) 激发光源。可用连续光源或锐线光源。连续光源稳定,操作简便,寿命长,能用于多元素同时分析,但检出限较高;常用的连续光源是氙灯。锐线光源辐射强度高,稳定,可得到更

低的检出限;常用的锐线光源有高强度空心阴极灯、无极放电灯、激光等。

(2) 原子化器。原子荧光光度计对原子化器的要求与原子吸收分光光度计基本相同。

(3) 光学系统。光学系统的作用是充分利用激发光源的能量和接收有用的荧光信号,减少和除去杂散光。色散系统对分辨能力要求不高,但要求有较大的集光本领,常用的色散元件是光栅。非色散型仪器的滤光器用来分离分析线和邻近谱线,降低背景。非色散型仪器的优点是照明立体角大,光谱通带宽,集光本领大,荧光信号强度大,仪器结构简单,操作方便。缺点是散射光的影响大。

(4) 检测器。常用光电倍增管做检测器。色散型原子荧光光度计用光电倍增管。非色散型的多采用日盲光电倍增管,它的光阴极由 Cs-Te 材料制成,对 160～280 nm 波长的辐射有很高的灵敏度,但对大于 320 nm 波长的辐射不灵敏。检测器与激发光束成直角配置,以避免激发光源对检测原子荧光信号的影响。

3.9.3 定量分析方法及应用

1. 定量分析方法

由式(3-28)知,荧光强度与待测元素的浓度成正比,故可采用标准曲线法进行定量分析,即作 I_F-c 标准曲线,用内插法求出元素的含量。在某些情况下,也可采用标准加入法进行定量分析。

2. 干扰及消除

原子荧光的主要干扰是荧光猝灭。这种干扰可采用减少溶液中其他干扰离子浓度的方法加以避免。其他干扰因素(如光谱干扰、化学干扰、物理干扰等)与原子吸收光谱分析法相似。

在原子荧光法中由于光源强度比荧光强度高几个数量级,因此散射光可产生较大的正干扰。减少散射干扰,主要是减少散射微粒。采用预混火焰、增高火焰观测高度和火焰温度,或使用易挥发性溶剂等,均可以减少散射微粒。也可采用扣除散射光背景的方法消除其干扰。

3. 应用

原子荧光光谱法具有谱线简单、灵敏度高、检出限低、线性范围宽、能进行多元素同时测定等优点,适用于砷、铋、镉、锗、汞、铅、锑、硒、锡、碲、锌等 11 种元素的日常痕量分析,已广泛应用于地质、冶金、环境监测、食品安全、水质分析、农产品检验、化妆品检验、医药卫生、卫生防疫、技术监督等领域。目前,原子荧光光谱仪作为原子吸收分光光度计的补充,已成为上述领域的各类样品中元素分析的有效方法。但在测定复杂基体的试样及高含量样品时,由于存在荧光猝灭及散射光等干扰,给实际分析带来一定困难。原子荧光光谱法一般用于定量分析,很少用于定性分析。

学习小结

原子荧光光谱法在我国的发展

1. 本章基本要求

(1) 掌握原子吸收光谱分析法的基本原理、谱线轮廓和谱线宽度的概念。

(2) 掌握原子吸收光谱定量分析方法。

(3) 了解原子吸收分光光度计的基本原理和组成。

(4) 了解光谱分析干扰及消除的方法。

(5) 了解原子荧光光谱法的基本原理、基本仪器装置以及定量分析方法。

2. 重要内容回顾

(1) 原子吸收光谱分析法是基于试样中待测元素的基态原子蒸气对同种元素发射的特征谱线进行吸收,依据吸收程度来测定试样中该元素含量的一种方法。

(2) 谱线轮廓说明谱线具有一定的频率范围和形状,谱线轮廓受多种因素影响,包括原子本身性质和外界因素,谱线变宽因素有自然宽度、多普勒变宽、压力变宽、自吸变宽和场致变宽等。

(3) 基态原子数(N_0)与激发态原子数(N_j)的关系符合玻尔兹曼方程,即

$$N_j = N_0 \frac{g_j}{g_0} e^{-\frac{E_j - E_0}{kT}}$$

(4) 积分吸收与基态原子数 N_0 呈简单的线性关系,即

$$\int K_\nu d\nu = kN_0$$

(5) 峰值吸收系数与试样中待测元素含量的有关关系式为

$$A = 0.434K_0L$$

$$A = 0.434 \times \frac{2}{\Delta\nu_D}\sqrt{\frac{\ln 2}{\pi}}\frac{\pi e^2}{mc}fLN = 0.434 \times \frac{2}{\Delta\nu_D}\sqrt{\frac{\ln 2}{\pi}}K'LN$$

$$A = Kc$$

(6) 原子吸收分光光度计主要由光源、原子化器、分光系统和检测系统等部分组成。本章主要介绍了各部件的结构和工作原理。其中,光源主要是锐线光源,原子化方法包括火焰原子化法、无火焰原子化法和化学原子化法。

(7) 原子吸收光谱分析法尽管干扰较少,但在实际工作中,干扰还是存在的,有时甚至还很严重。本章主要介绍了物理干扰、化学干扰、电离干扰和光谱干扰的产生原因及其抑制方法。

(8) 原子吸收光谱定量分析常采用校准曲线法和标准加入法。元素的特征浓度(c_c)、特征质量(m_c)和检出限(D)是评价分析方法与分析仪器的重要指标。

$$c_c = \frac{\rho_s \times 0.0044}{A} \quad [(\mu g/mL)/(1\%)]$$

$$m_c = \frac{\rho_s V \times 0.0044}{A} \quad [g/(1\%)]$$

$$D = \frac{\rho_s \times 3\sigma}{A} \quad (\mu g/mL)$$

$$D_m = \frac{\rho_s V \times 3\sigma}{A} \quad (\mu g)$$

习　题

1. 计算 2 000 K 和 3 000 K 时 Cu 324.75 nm 线的多普勒变宽。
2. 何谓共振线?在原子吸收光谱分析法中为什么常选择共振线作为分析线?
3. 何为锐线光源?为什么原子吸收光谱分析法中必须使用锐线光源?

4. 原子吸收分光光度计由哪几部分组成？各部分的作用是什么？
5. 原子吸收光谱分析对光源的基本要求是什么？简述空心阴极灯的工作原理和特点。
6. 影响火焰原子化器效率的因素有哪些？
7. 在火焰原子吸收法中为什么要调节燃气和助燃气的比例？
8. 石墨炉原子化法有什么特点？为什么它比火焰原子化法具有更高的绝对灵敏度？
9. 原子吸收分光光度计与紫外-可见分光光度计比较有何异同？
10. 简述原子吸收光谱中背景吸收的产生及消除背景吸收的方法。
11. 简述原子荧光光谱产生的原因及类型。
12. 试从原理、仪器和应用等方面比较原子发射光谱分析法、原子吸收光谱分析法与原子荧光光谱法的异同点。
13. 某原子吸收分光光度计的倒线色散率为2.0 nm/mm，狭缝宽度为0.05 mm、0.10 mm、0.20 mm、2.00 mm四档可调，欲将K 404.4 nm和K 404.7 nm线分开，需要的狭缝宽度为多少？
14. 配制浓度为3.0 μg/mL的钙溶液，测得其透光率为48%，计算钙的特征浓度。
15. 用标准加入法测定试样溶液中Ca^{2+}的浓度，标准溶液浓度为1.0 μg/mL Ca^{2+}，首先将20.0 mL试样溶液直接稀释至25.0 mL，测得吸光度为0.080；再将20.0 mL试样溶液加2.0 mL标准溶液稀释至25.0 mL，测得吸光度为0.185，求试样溶液中Ca^{2+}的浓度。
16. 现拟用原子吸收法测定炭灰中的微量Si，为了选择适宜的分析条件，进行了初步试验，当Si浓度为5.0 μg/mL时，测得Si 251.61 nm、251.43 nm和251.92 nm的吸光度分别为0.44、0.044和0.022。
    (1) 应选择哪一条谱线测量为宜？为什么？
    (2) 若仪器倒线色散率为2.0 nm/mm，应选用多大的狭缝宽度进行测量？相应的通带宽度是多少？

参考文献

[1] 金泽祥，林守麟. 原子光谱分析[M]. 武汉：中国地质大学出版社，1992.
[2] 邓勃，何华焜. 原子吸收光谱分析[M]. 北京：化学工业出版社，2004.
[3] 邓勃. 应用原子吸收与原子荧光光谱分析[M]. 北京：化学工业出版社，2003.
[4] 张新祥，李美仙，李娜，等. 仪器分析教程[M]. 3版. 北京：北京大学出版社，2022.
[5] 朱明华，胡坪. 仪器分析[M]. 4版. 北京：高等教育出版社，2008.
[6] 刘志广，张华，李亚明. 仪器分析[M]. 2版. 大连：大连理工大学出版社，2007.
[7] 华东理工大学，胡坪，王氢. 仪器分析[M]. 5版. 北京：高等教育出版社，2019.
[8] 董慧茹. 仪器分析[M]. 4版. 北京：化学工业出版社，2022.
[9] 刘立行. 仪器分析[M]. 2版. 北京：中国石化出版社，2008.

第4章　紫外-可见吸收光谱分析法
Ultraviolet-Visible Spectrophotometry, UV-VIS

紫外-可见分光光度法的发展史

4.1　紫外-可见吸收光谱分析法概述

4.1.1　紫外-可见吸收光谱分析法的分类

紫外-可见吸收光谱是由成键原子的分子轨道中电子跃迁产生的，分子的紫外线吸收和可见光吸收的光谱区域依赖于分子的电子结构。紫外-可见吸收光谱分析法按测量光的单色程度分为分光光度法和比色法。

紫外线的发现与应用

分光光度法是指应用波长范围很窄的光与被测物质作用而建立的分析方法。按照所用光的波长范围不同，又可分为紫外分光光度法和可见分光光度法两种，合称为紫外-可见分光光度法。紫外-可见光区又可分为100～200 nm的远紫外光区、200～400 nm的近紫外光区、400～800 nm的可见光区。其中，远紫外光区的光能被大气吸收，所以在远紫外光区的测量必须在真空条件下操作，因此也称为真空紫外光区，不易利用。近紫外光区对结构研究很重要，它又称为石英区。可见光区则是指其电磁辐射能被人的眼睛所感觉到的区域。

比色法是指应用单色性较差的光与被测物质作用而建立的分析方法，适用于可见光区。光的波长范围可借用所呈现的颜色来表征，光的相对强度可由颜色的深浅来区别，所以称为比色法，其中以人的眼睛作为检测器的可见光吸收方法称为目视比色法，以光电转换器件作为检测器的方法称为光电比色法。

4.1.2　光的选择吸收与物质颜色的关系

不同物质的分子能选择性地强烈吸收某一个或数个波带的光波，而对其他光波很少吸收或不吸收。有色物质本身所呈现的颜色与其所选择的光波的颜色成互补色，光的互补关系见表4-1。

表4-1　光的互补关系

物质外观颜色	吸收光	
	吸收光的颜色	波长范围/nm
黄绿色	紫色	400～450
黄色	蓝色	450～480
橙色	绿蓝色	480～490
红色	蓝绿色	490～500
红紫色	绿色	500～560
紫色	黄绿色	560～580
蓝色	黄色	580～610
绿蓝色	橙色	610～650
蓝绿色	红色	650～780

4.1.3　紫外-可见吸收光谱分析法的特点

紫外-可见吸收光谱分析法是在仪器分析中应用最广泛的分析方法之一，其优点如下。

(1) 具有较高的灵敏度，适用于微量组分的测定。

(2) 通常所测试液的浓度下限达 $10^{-6} \sim 10^{-5}$ mol/L。

(3) 吸光光度法测定的相对误差一般为 2%～5%。

(4) 测定迅速，仪器操作简单，价格低，应用广泛。

(5) 几乎所有的无机物质和许多有机物质的微量成分都能用此法进行测定。

(6) 还常用于化学平衡等的研究。

4.2　光吸收定律

4.2.1　朗伯定律和比尔定律

朗伯(Lambert)定律和比尔(Beer)定律是说明物质对单色光吸收的强弱与吸光物质的浓度(c)和液层厚度(b)之间关系的定律，是光吸收的基本定律(law of absorption)，是紫外-可见分光光度法定量分析的理论基础。

朗伯定律说明物质对单色光吸收的强弱与液层厚度(b)间的关系。比尔定律说明物质对单色光吸收的强弱与物质的浓度(c)间的关系。

朗伯-比尔定律可简述如下。

当一束平行的单色光通过含有均匀的吸光物质的吸收池(或气体、固体)时，光的一部分被溶液吸收，一部分透过溶液，一部分被吸收池表面反射。

设入射光强度为 I_0，吸收光强度为 I_a，透过光强度为 I_t，反射光强度为 I_r，则它们之间的关系应为

$$I_0 = I_a + I_t + I_r \tag{4-1}$$

若吸收池的质量和厚度都相同，则 I_r 基本不变，在具体测定操作时 I_r 的影响可互相抵消(与吸光物质的 c 及 b 无关)，式(4-1)可简化为

$$I_0 = I_a + I_t \tag{4-2}$$

实验证明：当一束强度为 I_0 的单色光通过浓度为 c、液层厚度为 b 的溶液时，一部分光被溶液中的吸光物质吸收后透过光的强度为 I_t，则它们之间的关系为

$$-\lg \frac{I_t}{I_0} = Kbc \tag{4-3}$$

式中：I_t/I_0 称为透光率(transmittance)，常用 T 表示；$-\lg(I_t/I_0)$ 称为吸光度(absorbance)，用 A 表示；K 为吸光系数，则

$$A = -\lg T = Kbc \tag{4-4}$$

式(4-4)即为朗伯-比尔定律的数学表达式。

4.2.2　吸收定律及吸光度的加和性

1. 吸收定律

吸收定律俗称朗伯-比尔定律，其成立条件是：待测物为均一的稀溶液、气体等；无溶质、溶

剂及悬浊物引起的散射;入射光为单色平行光。它定量地说明物质对光选择吸收程度与物质浓度及液层厚度之间的关系,是紫外-可见分光光度法、红外吸收光谱法及原子吸收光谱分析法定量分析的理论基础。

朗伯-比尔定律表述为:当一束单色光通过物质溶液时,溶液的吸光度与溶液的浓度、液层厚度的乘积成正比。其数学表达式由式(4-4)改写为

$$A = -\lg \frac{I_t}{I_0} = -\lg T = \varepsilon bc \tag{4-5}$$

式中:ε 为样品的摩尔吸光系数,L/(mol·cm);c 为样品溶液物质的量浓度,mol/L;b 为样品池光程,cm。

在紫外-可见吸收光谱中,吸收带的强度常用 λ_{max} 处的摩尔吸光系数的最大值 ε_{max} 表示,通常 $\varepsilon > 7\ 000$ L/(mol·cm)为强吸收带,$\varepsilon < 100$ L/(mol·cm)为弱吸收带。

2. 吸光度的加和性

设某一波长(λ)的辐射通过几个相同厚度的不同溶液 $c_1, c_2, \cdots, c_n$,其透射光强度分别为 $I_1, I_2, \cdots, I_n$,根据吸光度定义,这一吸光系统的总吸光度为 $A = \lg(I_0/I_t)$,而各溶液的吸光度分别为 $A_1, A_2, \cdots, A_n$,则

$$\begin{aligned} A_1 + A_2 + \cdots + A_n &= \lg \frac{I_0}{I_1} + \lg \frac{I_1}{I_2} + \cdots + \lg \frac{I_{n-1}}{I_n} \\ &= \lg \frac{I_0 I_1 \cdots I_{n-1}}{I_1 I_2 \cdots I_n} \\ &= \lg \frac{I_0}{I_n} \end{aligned}$$

吸光度的总和为

$$A = \lg \frac{I_0}{I_n} = A_1 + A_2 + \cdots + A_n \tag{4-6}$$

即几个相同厚度溶液的吸光度等于各分层吸光度之和。

如果溶液中同时含有 n 种吸光物质,只要各组分之间无相互作用(不因共存而改变本身的吸光特性),则

$$A = \varepsilon_1 c_1 b + \varepsilon_2 c_2 b + \cdots + \varepsilon_n c_n b = A_1 + A_2 + \cdots + A_n \tag{4-7}$$

应用:①进行光度分析时,试剂或溶剂有吸收,可由所测的总吸光度 A 中扣除,即以试剂或溶剂为空白的依据;②测定多组分混合物;③校正干扰。

4.2.3 偏离朗伯-比尔定律的原因

根据朗伯-比尔定律,A 与 c 的关系应是一条通过原点的直线,称为标准曲线。但事实上往往发生偏离直线的现象而引起误差,尤其是在高浓度时。导致偏离朗伯-比尔定律的主要因素如下。

1. 吸收定律本身的局限性

事实上,朗伯-比尔定律对适用对象有限制,只有在稀溶液中才能成立。由于在高浓度时(通常 $c > 0.01$ mol/L),吸收质点之间的平均距离缩小到一定程度,邻近质点彼此的电荷分布都会相互影响,此影响能改变它们对特定辐射的吸收能力,相互影响程度取决于 c,因此,此现象可导致 A 与 c 的线性关系发生偏差。

此外,$\varepsilon = \varepsilon_{真} n/(n^2+2)^2$,$n$ 为折射率,只有当 $c < 0.01$ mol/L(低浓度)时,n 基本不变,才

能用 ε 代替 $\varepsilon_{真}$。

2. 化学因素

溶液中的溶质可因 c 的改变而有解离、缔合、配位以及与溶剂间的作用等原因而发生偏离朗伯-比尔定律的现象。

例如：在水溶液中，Cr(Ⅵ)的两种离子存在如下平衡：

$$Cr_2O_7^{2-} + H_2O \rightleftharpoons 2CrO_4^{2-} + 2H^+$$

$Cr_2O_7^{2-}$、CrO_4^{2-} 有不同的 A 值，溶液的 A 值是两种离子的 A 值之和。由于随着溶液浓度的改变（稀释）或改变溶液的 pH 值，$[Cr_2O_7^{2-}]/[CrO_4^{2-}]$ 会发生变化，使 $c_{总}$ 与 $A_{总}$ 的关系偏离直线。

由化学因素引起的偏离直线的情况，有时可以通过控制溶液条件设法消除。如在强酸性溶液中测定 $Cr_2O_7^{2-}$ 或在强碱性溶液中测定 CrO_4^{2-} 都可以避免偏离现象。

3. 仪器因素（非单色光的影响）

仪器性能会影响光源稳定性、入射光的单色性等。

(1) 入射光的非单色性。由于吸光物质对不同 λ 的光的吸收能力不同（ε 不同），会导致正或负的偏差。

设由 λ_1 和 λ_2 两种波长组成的入射光，将朗伯-比尔定律应用于该波长。

在 λ_1 处，有

$$A_1 = \lg \frac{I_{0,1}}{I_1} = \varepsilon_1 bc \tag{4-8}$$

同理，在 λ_2 处，有

$$A_2 = \lg \frac{I_{0,2}}{I_2} = \varepsilon_2 bc \tag{4-9}$$

综合式(4-8)、式(4-9)，得

$$A = \lg \frac{I_{0,1} + I_{0,2}}{I_1 + I_2} = \lg \frac{I_{0,1} + I_{0,2}}{I_{0,1} 10^{-\varepsilon_1 bc} + I_{0,2} 10^{-\varepsilon_2 bc}} \tag{4-10}$$

当 $\lambda_1 = \lambda_2$ 时，或者说当 $\varepsilon_1 = \varepsilon_2$ 时，有 $A = \varepsilon_1 bc$，符合朗伯-比尔定律；当 $\lambda_1 \neq \lambda_2$ 时，或者说当 $\varepsilon_1 \neq \varepsilon_2$ 时，则吸光度与浓度是非线性的。两者差别越大，则偏离朗伯-比尔定律的程度越大。当 $\varepsilon_1 > \varepsilon_2$ 时，测得的吸光度比在“单色光” λ_1 处测得的低，产生负偏离；反之，当 $\varepsilon_1 < \varepsilon_2$ 时，则产生正偏离。

(2) 谱带宽度与狭缝宽度。“单色光”仅是理想情况，经分光元件色散所得的“单色光”实际上是有一定波长范围的光谱带（谱带宽度）。单色光的“纯度”与狭缝宽度有关，狭缝越窄，它所包含的波长范围越小，单色性越好。

4. 其他光学因素

(1) 散射和反射。混浊溶液由于散射光和反射光而偏离朗伯-比尔定律。

(2) 非平行光。

4.3　化合物电子光谱的产生

紫外-可见吸收光谱起源于分子中电子能级的变化，各种化合物的紫外-可见吸收光谱的特征也就是分子中电子在各种能级间跃迁的规律的体现。

4.3.1 跃迁类型

有机化合物的基态价电子包括成键 σ 电子、成键 π 电子和非键电子(以 n 表示)。分子的空轨道包括 σ^* 反键轨道和 π^* 反键轨道,分子跃迁类型如图 4-1 所示。

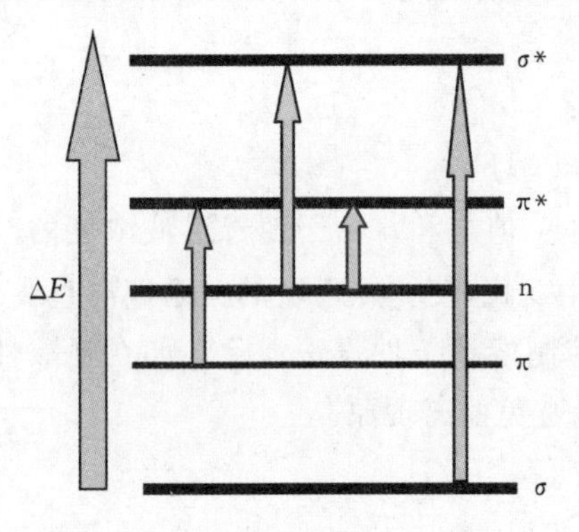

图 4-1 分子的跃迁类型

从图 4-1 中可见,各种能级的能量高低顺序是:$\sigma<\pi<n<\pi^*<\sigma^*$。几种可能的跃迁类型是:$n\rightarrow\pi^*$,$\pi\rightarrow\pi^*$,$n\rightarrow\sigma^*$,$\sigma\rightarrow\sigma^*$。

1. $\sigma\rightarrow\sigma^*$ 跃迁

$\sigma\rightarrow\sigma^*$ 跃迁需要的能量较高,一般发生在真空紫外光区。饱和烃中的C—H单键、C—C单键属于这类跃迁,例如:乙烷的最大吸收波长 λ_{max} 为 135 nm。

2. $n\rightarrow\sigma^*$ 跃迁

电子从 n 轨道跃迁到 σ^* 轨道,称为 $n\rightarrow\sigma^*$ 跃迁。$n\rightarrow\sigma^*$ 跃迁需要的能量比 $\sigma\rightarrow\sigma^*$ 小,相应的吸收峰波长在 200 nm 附近。当饱和碳氢化合物中的氢被含有 n 电子的 S、O、N、P、卤素等杂原子取代时,将发生 $n\rightarrow\sigma^*$ 跃迁。$n\rightarrow\sigma^*$ 跃迁需要的能量主要与含有未成键电子的杂原子的电负性和非成键轨道是否重叠有关,如$(CH_3)_2S$ 和 $(CH_3)_2O$ 分子,S 元素的电负性比 O 元素的电负性小,S 上的电子受原子核的束缚力比 O 上的电子受原子核的束缚力要小,电子跃迁相对容易,因此$(CH_3)_2S$ 的 $n\rightarrow\sigma^*$ 跃迁的吸收带的最大吸收波长 λ_{max} 比$(CH_3)_2O$ 的长。在 CH_3Cl、CH_3Br 和 CH_3I 中其最大吸收波长随着杂原子电负性的减弱依次增加。$n\rightarrow\sigma^*$ 跃迁的摩尔吸光系数较小。

3. $\pi\rightarrow\pi^*$ 跃迁

有机化合物中含有 π 电子的基团,会发生 $\pi\rightarrow\pi^*$ 的跃迁。它需要的能量低于 $\sigma\rightarrow\sigma^*$ 的跃迁,吸收峰一般处于近紫外光区,在 200 nm 左右,其特征是摩尔吸光系数大,一般 $\varepsilon_{max}\geqslant 10^4$ L/(mol · cm),为强吸收带,例如:乙烯(蒸气)的最大吸收波长 λ_{max} 为 162 nm。孤立多烯烃的吸收光谱具有加和性,即吸收峰位与单个乙烯基的接近,而 ε 值却是各个孤立单烯的加和值。例如:1-戊烯的 λ_{max} 为 184 nm,ε 值为 10^4 L/(mol · cm)。1,5-己二烯的 λ_{max} 为 185 nm,ε 值约为2×10^4 L/(mol · cm)。

4. $n\rightarrow\pi^*$ 跃迁

在由杂原子直接构成 π 键的基团中,如 C═O 及 C═N 等,杂原子上的 n 电子能跃迁到 π^* 轨道而发生 $n\rightarrow\pi^*$ 跃迁。在所研究的跃迁中,$n\rightarrow\pi^*$ 跃迁能量最小,λ_{max}最长,一般处于近紫外及可见光区。其特点是谱带强度弱,摩尔吸光系数小,通常小于 100 L/(mol · cm),属于禁阻跃迁。例如:乙醛在 170 nm、180 nm 及 290 nm 处有三个吸收峰,分别对应于 $\pi\rightarrow\pi^*$,$n\rightarrow\sigma^*$ 及 $n\rightarrow\pi^*$ 跃迁。

5. 电荷迁移跃迁

电荷迁移跃迁(charge transfer transition)是指用电磁辐射照射化合物时,电子从给予体(配位体)向与接受体(金属离子)相联系的轨道上跃迁。因此,电荷迁移跃迁实质是一个内氧化还原的过程,而相应的吸收光谱称为电荷迁移吸收光谱。

例如:某些取代芳烃可产生这种分子内电荷迁移跃迁吸收带。电荷迁移跃迁吸收带的谱带较宽，吸收强度较大，最大吸收波长处的摩尔吸光系数ε_{max}可大于10^4 L/(mol·cm)。

6. 吸收带的类型

根据电子跃迁的类型一般将有机化合物紫外光谱吸收带分成K吸收带、R吸收带、B吸收带和E吸收带四种，称之为吸收带的类型(type of absorption band)。

(1) K吸收带。在共轭非封闭系统中由$\pi\rightarrow\pi^*$跃迁产生的吸收带称为K带(从德文Konjugation得名，含意是共轭作用)，其特征$\varepsilon_{max}>10^4$ L/(mol·cm)为强带。具有共轭双键结构的分子出现K吸收带，如1,3-丁二烯 ($CH_2=CH-CH=CH_2$) 有K带，$\lambda_{max}=217$ nm，$\varepsilon_{max}=21\ 000$ L/(mol·cm)。在芳环上有发色基团取代时，例如：苯乙烯、苯甲醛或者乙酰苯等，也都会出现K吸收带。

(2) R吸收带。由$n\rightarrow\pi^*$跃迁产生的吸收带为R带(从德文Radikal得名，含意是基团)，只有分子中同时存在杂原子(具有非成键电子n)和双键π电子时才可能产生，例如：C=O、N=N、N=O、C=S等，都存在杂原子上的非成键电子向π^*反键轨道跃迁。

(3) B吸收带。B吸收带又称为苯吸收带，是芳香族化合物和杂环芳香族化合物的特征谱带，它是由$\pi\rightarrow\pi^*$跃迁产生的，由德文Benzenoid(苯的)得名。苯的B吸收带在230～270 nm的紫外范围内是一个宽峰，是由跃迁概率较小的禁阻跃迁产生的，属弱吸收带($\varepsilon_{max}\approx200$ L/(mol·cm))。

(4) E吸收带。在封闭共轭系统(如芳香族化合物和杂环芳香族化合物)中由$\pi\rightarrow\pi^*$跃迁产生的吸收带称为E带(ethyleneic band)。E吸收带是跃迁概率较大或中等的允许跃迁产生的，E吸收带类似于B吸收带也是芳香结构的特征谱带。其中E_1吸收带$\varepsilon_{max}>10^4$ L/(mol·cm)，而E_2吸收带$\varepsilon_{max}\approx10^3$ L/(mol·cm)。

4.3.2 常用术语

1. 生色团

从广义来说，所谓生色团(chromophore)，是指分子中可以吸收光子而产生电子跃迁的原子基团。即凡含有π键的基团都称为生色团或发色团。但是，通常将能吸收紫外、可见光的原子团或结构系统定义为生色团。

简单的生色团由双键或三键系统组成，例如：乙烯基、羰基、亚硝基、偶氮基(—N=N—)、乙炔基、氰基(—C≡N)等。

2. 助色团

助色团(auxochrome)是指带有非成键电子对的基团，如—OH、—OR、—NHR、—SH、—Cl、—Br、—I等，它们本身不能吸收波长大于200 nm的光，但是当它们与生色团相连时，会发生n-π共轭效应，使π电子的活动性增大，能量升高，即π成键轨道及π^*反键轨道的能级均有提高，但前者比后者提高得更大，使实现$\pi\rightarrow\pi^*$跃迁的能量减小，吸收峰红移。例如：氯乙烯的λ_{max}为185 nm，1,1-二氯乙烯的λ_{max}为192 nm，三氯乙烯的λ_{max}为195 nm。乙烯基与助色团相连时，$\pi\rightarrow\pi^*$跃迁吸收峰红移规律是：—Cl(+5 nm)、—OR(+30 nm)、$—NR_2$(+40 nm)、—SR (+45 nm)。

3. 红移与蓝移

某些有机化合物经取代反应引入含有未共享电子对的基团(如—OH、—OR、$—NH_2$、—SH、—Cl、—Br、—SR、$—NR_2$)之后，吸收峰的波长将向长波方向移动，这种效应称为红移

(red shift)效应。这种会使某化合物的最大吸收波长向长波方向移动的基团称为向红基团。在某些生色团(如羰基)的碳原子一端引入一些取代基之后,吸收峰的波长会向短波方向移动,这种效应称为蓝移(又称为紫移)(blue shift)效应。这些会使某化合物的最大吸收波长向短波方向移动的基团(如—CH_3、—CH_2CH_3、—$OCOCH_3$)称为向蓝基团。

4.3.3 有机化合物的电子光谱

有机化合物的紫外-可见吸收光谱取决于有机化合物分子的结构。

1. 饱和烃及其取代衍生物

饱和烃类分子中只含有 σ 键,因此只能产生 $\sigma \to \sigma^*$ 跃迁,即 σ 电子从成键轨道(σ)跃迁到反键轨道(σ^*)。饱和烃的最大吸收峰波长一般小于 150 nm,已超出紫外-可见分光光度计的测量范围。

饱和烃的取代衍生物(如卤代烃),其卤素原子上存在 n 电子,可产生 $n \to \sigma^*$ 的跃迁。$n \to \sigma^*$ 跃迁的能量低于 $\sigma \to \sigma^*$ 跃迁。例如:CH_3Cl、CH_3Br 和 CH_3I 的 $n \to \sigma^*$ 跃迁分别出现在 173 nm、204 nm 和 258 nm 处。这些数据不仅说明氯、溴和碘原子被引入甲烷后,其相应的吸收波长发生了红移,而且显示了助色团的助色作用。

直接用紫外吸收光谱分析烷烃和卤代烃的实用价值不大,它们是测定紫外和(或)可见吸收光谱的良好溶剂。

2. 不饱和烃及共轭烯烃

在不饱和烃类分子中,除含有 σ 键外,还含有 π 键,它们可以产生 $\sigma \to \sigma^*$ 和 $\pi \to \pi^*$ 两种跃迁。$\pi \to \pi^*$ 跃迁的能量小于 $\sigma \to \sigma^*$ 跃迁。例如:在乙烯分子中,$\pi \to \pi^*$ 跃迁最大吸收波长为 180 nm。

在不饱和烃类分子中,当有两个以上的双键共轭时,随着共轭系统的延长,$\pi \to \pi^*$ 跃迁的吸收带将明显向长波方向移动,吸收强度也随之增强。

3. 羰基化合物

羰基化合物含有 >C=O基团。>C=O基团主要可产生 $\pi \to \pi^*$、$n \to \sigma^*$、$n \to \pi^*$ 三个吸收带,由 $n \to \pi^*$ 跃迁产生的吸收带落于近紫外或紫外光区。醛、酮、羧酸及羧酸的衍生物(如酯、酰胺等),都含有羰基。由于醛、酮与羧酸及羧酸的衍生物在结构上的差异,因此它们 $n \to \pi^*$ 吸收带的光区稍有不同。

羧酸及羧酸的衍生物虽然也有 $n \to \pi^*$ 吸收带,但是,羧酸及羧酸衍生物的羰基上的碳原子直接连有含未共用电子对的助色团,如—OH、—Cl、—OR等,这些助色团上的 n 电子与羰基双键的 π 电子产生 n-π 共轭,导致 π^* 轨道的能级有所提高,但这种共轭作用并不能改变 n 轨道的能级,因此,实现 $n \to \pi^*$ 跃迁所需的能量变大,使 $n \to \pi^*$ 吸收带蓝移至 210 nm 左右。

4. 苯及其衍生物

苯有三个吸收带,它们都是由 $\pi \to \pi^*$ 跃迁引起的。E_1 带出现在 180 nm(ε_{max} = 60 000 L/(mol · cm)),E_2 带出现在 204 nm(ε_{max} = 8 000 L/(mol · cm)),B 带出现在 255 nm(ε_{max} = 200 L/(mol · cm))。在气态或非极性溶剂中,苯及其许多同系物的 B 谱带有许多精细结构,这是由于振动跃迁在基态电子跃迁上的叠加而引起的。在极性溶剂中,这些精细结构消失。

当苯环上有取代基时,苯的三个特征谱带都会发生显著的变化,其中影响较大的是 E_2 带和 B 谱带。

5. 稠环芳烃及杂环化合物

稠环芳烃(如萘、蒽、芘等)均显示苯的三个吸收带。与苯相比较,这三个吸收带均发生红移,且强度增加。随着苯环数目的增多,吸收波长红移增大,吸收强度也相应增加。

当芳环上的CH基团被N原子取代后,则相应的氮杂环化合物(如吡啶、喹啉)的吸收光谱,与相应的碳环化合物极为相似,即吡啶与苯相似,喹啉与萘相似。此外,由于引入含有n电子的N原子,这类杂环化合物还可能产生 $n\rightarrow\pi^*$ 吸收带。

4.3.4 无机化合物的电子光谱

产生无机化合物电子光谱的电子跃迁形式,一般分为两大类:电荷迁移跃迁和配位场跃迁。

1. 电荷迁移跃迁

无机配合物由电荷迁移跃迁可产生电荷迁移吸收光谱。

在配合物的中心离子和配位体中,当一个电子由配体的轨道跃迁到与中心离子相关的轨道上时,可产生电荷迁移吸收光谱。

不少过渡金属离子与含生色团的试剂反应所生成的配合物以及许多水合无机离子,均可产生电荷迁移跃迁。

此外,一些具有 d^{10} 电子结构的过渡金属元素形成的卤化物及硫化物,如AgBr、HgS等,也是由于这类跃迁而产生颜色的。

电荷迁移吸收光谱出现的波长位置,取决于电子给予体(donator)和电子接受体(accepter)相应电子轨道的能量差。

2. 配位场跃迁

配位场跃迁(ligand field transition)包括 $d\rightarrow d$ 跃迁和 $f\rightarrow f$ 跃迁。元素周期表中第四、五周期的过渡金属元素分别含有3d和4d轨道,镧系和锕系元素分别含有4f和5f轨道。在配体的存在下,过渡金属元素五个能量相等的d轨道和镧系、锕系元素七个能量相等的f轨道发生能级分裂,分裂成几组能量不同的d轨道和f轨道。当这些元素的离子吸收光能后,低能态的d电子或f电子可以分别跃迁至高能态的d轨道或f轨道,这两类跃迁分别称为 $d\rightarrow d$ 跃迁和 $f\rightarrow f$ 跃迁。由于这两类跃迁必须在配体的配位场作用下才可能发生,因此又称为配位场跃迁。相应的光谱称为配位场吸收光谱。配位场吸收光谱通常位于可见光区,强度弱,摩尔吸光系数为0.1~100 L/(mol·cm),对于定量分析应用不多,多用于配合物研究。

4.3.5 影响电子光谱的因素

分子结构、溶剂的极性和温度等因素都会影响电子光谱,使吸收带红移或蓝移、强度增强或减弱、精细结构出现或消失。

1. 共轭效应

由于形成大π键所引起的效应称为共轭效应。凡是能增强 π-π 共轭效应的基团均能使吸收带向长波方向移动,发生红移。而 n-π 共轭效应,使R带向短波方向移动,发生蓝移。

2. 空间障碍效应

分子中形成共轭系统的各生色团及助色团都处于同一个平面上时,共轭效应增强,吸收带的峰值及摩尔吸光系数均最大。若因某些结构因素影响共轭系统共处于一个平面时,共轭效应减弱,λ_{max} 及 ε_{max} 值均降低;若空间障碍十分严重,使共轭系统破坏,则化合物的吸收光谱近似地等于所含生色团光谱的加合。

3. 溶剂效应

溶剂效应是指溶剂极性对紫外吸收光谱的影响。溶剂极性不仅影响吸收带的峰位,也影响吸收强度及精细结构。

随着溶剂极性的增大,$n \rightarrow \pi^*$(R 带)跃迁产生的峰位发生蓝移。因为具有孤电子对的分子能与极性溶剂形成氢键,致使 $n \rightarrow \pi^*$ 跃迁的同时还必须破坏氢键,所以,吸收光子的能量为 $n \rightarrow \pi^*$ 跃迁能量与氢键能量之和,在吸收光谱上表现为 R 带的蓝移。

随着溶剂极性的增强,$\pi \rightarrow \pi^*$(K 带)的峰位发生红移。极性溶剂的偶极子会和溶质分子偶极子相互吸引,使 π 电子的活动性减小,导致 π 成键轨道及 π^* 反键轨道的能级均有所下降。由于反键 π^* 键的极性大于成键 π 键,与极性溶剂偶极子的作用较强,所以,π^* 轨道能级下降的幅度要大于 π 轨道,致使 $\pi \rightarrow \pi^*$ 跃迁的能量变小。

此外,溶剂极性也影响吸收光谱的精细结构。气态物质的吸收光谱是由孤立的分子给出的,光谱的精细结构(即振动光谱及转动光谱)能呈现出来;在溶液中,物质分子被溶剂化,溶剂化限制了分子的转动,使转动光谱消失;如果溶液极性强,则分子振动也受到牵制,振动光谱也会消失,在吸收光谱上表现为精细结构的消失。

在选择测定电子吸收光谱曲线的溶剂时,应注意以下几点。

(1) 尽量选用低极性溶剂。

(2) 使用的溶剂要能很好地溶解被测物,形成的溶液具有良好的化学和光学稳定性。

(3) 溶剂在样品的吸收光谱区无明显吸收。常用的溶剂有正己烷、环己烷、乙醇、甲醇、1,4-二氧六环及水等。测定非极性化合物,尤其是芳香族化合物时多用环己烷作溶剂,测定极性化合物时多用甲醇或乙醇作溶剂。

4.4 紫外-可见分光光度计

4.4.1 紫外-可见分光光度计的分类

目前,市场上销售的紫外-可见分光光度计类型较多,主要有以下几种类型。

按使用波长范围分为可见分光光度计(400～780 nm)和紫外-可见分光光度计(200～1 000 nm);按光路分为单光束式和双光束式;按单位时间内通过溶液的波长数又分为单波长和双波长分光光度计。

也可以将它们归纳为三种类型,即单光束分光光度计、双光束分光光度计和双波长分光光度计。

4.4.2 紫外-可见分光光度计的组成及其结构原理

各种型号的紫外-可见分光光度计,就其基本结构来说,都是由五部分组成的(如图 4-2 所示),即光源、单色器、吸收池、检测器、信号指示系统。

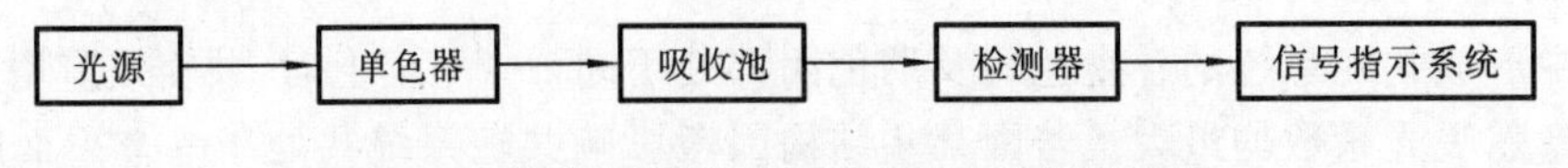

图 4-2　紫外-可见分光光度计基本结构示意图

1. 光源

光源指的是发光物体。理想的光源应能提供连续辐射，也就是说它的光谱应包括所用的光谱区内所有波长的光，光的强度必须足够大，并且在整个光谱区内其强度不应随波长有明显变化。实际上，这种理想的光源并不存在，所有光源的光强都随波长改变而改变。分光光度计中常用的光源有热辐射光源和气体放电光源两类。热辐射光源用于可见光区，如钨灯和卤钨灯；气体放电光源多用于紫外光区，如氢灯和氘灯。

（1）钨灯和卤钨灯。

钨灯的使用范围是340～2 500 nm。钨灯是利用电能将灯丝加热至白炽而发光，它的光谱分布与灯丝的工作温度有关。灯丝温度为2 000 K时，可见光区能量仅占1%，其他部分为红外光。灯丝温度为3 000 K时，可见光区能量增至15%。钨灯的工作温度一般为2 400～2 800 K，虽然提高灯丝温度有利于光谱向短波长方向移动，但随着灯丝温度的提高，将导致钨丝蒸发速度上升，钨灯的寿命急剧缩短。例如：抽真空的钨灯，当灯丝温度从2 400 K提高到3 000 K时，钨丝蒸发速度提高7 600倍，寿命将从1 000 h下降到不足1 h。为了降低钨丝的蒸发速度，提高钨灯的寿命，常往灯泡里充入一些不活泼的气体（如氦、氩、氪、氙等）。

卤钨灯是在钨灯中加入适量的卤素或卤化物（如碘钨灯加入纯碘，溴钨灯加入溴化氢）而成，并且多改用石英或高硅氧玻璃制作的灯泡。卤钨灯具有比普通钨灯高得多的发光效率和长得多的寿命，因此，不少分光光度计已采用卤钨灯代替普通钨灯作为可见光区及近红外光区的光源。

（2）气体放电灯。

气体放电灯多用做紫外光区的光源。它们可在160～375 nm范围内产生连续辐射光源。气体放电灯在接通电路时就会放电发光。它们的发光过程是：自由电子的运动在外电场的作用下被加速，被加速的电子穿越气体时就会与气体分子发生碰撞，结果引起气体分子或原子中的电子能级、振动能级、转动能级的激发，当受激发的分子或原子返回基态时就发光。经常使用的是氢灯和氘灯，两者的光谱分布相似，但氘灯的光强度比相同功率的氢灯要大3～5倍。

2. 单色器

单色器是一种用来把来自光源的混合光分解为单色光并能随意改变波长的装置，它是分光光度计的心脏部分。它主要分为入口狭缝、出口狭缝、色散元件和准直反射镜等部分，其中色散元件是关键性部分。入口狭缝起着限制杂散光进入的作用；色散元件起着把混合光分解为各个单色光的作用，它可以是棱镜也可以是光栅；准直反射镜起着把来自狭缝的光束转化为平行光，并把来自色散元件的平行光束聚焦于出口狭缝上而形成光谱像的作用；出口狭缝起着把额定波长光射出单色器的作用。转动棱镜和光栅的波长盘，可以改变单色器出来光束的波长，改变进、出口狭缝的宽度，可以改变出射光束的带宽和单色器的纯度。

3. 吸收池

吸收池是盛装试液并决定液层厚度的器件。常用的吸收池材料有石英和玻璃两种，石英池可用于紫外、可见及近红外光区，普通硅酸盐玻璃池只能用于350 nm～2 μm的光谱区。常见吸收池为长方形，光程为0.5～10 cm。从用途上看有液体池、气体池、微量池及流动池。

4. 检测器

在分光光度计中，为了把通过试样溶液与参比溶液的光强度的比值表示出来，需要一些设备对光强度加以检测并把光强度以电信号显示出来，这种光电转换设备称为检测器。常用的检测器有光电池、光电管和光电倍增管等，它们通过光电效应将照射到检测器上的光信号转变成电信号。对检测器的要求是：在测定的光谱范围内具有高的灵敏度；对辐射能量的响应时间短,信号关系好;对不同波长的辐射响应均相同,且可靠;噪声水平低,稳定性好等。

硒光电池对光的敏感范围为 300～800 nm,其中对 500～600 nm 最为灵敏,而对紫外光及红外光都不响应。这种光电池的特点是能产生可直接推动微安表的光电流,由于容易出现疲劳效应,只能用于低档的分光光度计中。

光电管在紫外-可见分光光度计中应用较为广泛。它的结构是:一个金属半圆柱体为阴极,一个镍环或镍片为阳极,其内表面涂有一层光敏物质。此物质多为碱金属或碱金属氧化物,受光照射时可以放出光电子。阴极上的光敏材料不同,光谱的灵敏区也不同。光电管可分为蓝敏和红敏两种,前者在镍阴极表面上沉积锑和铯,可用波长范围为 210～625 nm;后者是在阴极表面上沉积银和氧化铯,可用波长范围为 625～1 000 nm。与光电池比较,它具有灵敏度较高、光敏范围宽、不易疲劳等优点。

光电倍增管比普通光电管更灵敏,因此可使用较窄的单色器狭缝,从而对光谱的精细结构有较好的分辨能力。

5. 信号指示系统

常用的信号指示装置有直流检测器、电位调节指零装置以及数字显示或自动记录装置等。

新型紫外-可见分光光度计信号指示系统大多采用微型计算机,它既可用于仪器自动控制,实现自动分析,又可进行数据处理,记录样品的吸收曲线,大大提高了仪器的灵敏度和稳定性。

4.4.3 紫外-可见分光光度计简介

紫外-可见分光光度计仪器技术新进展

1. 单光束分光光度计

单光束分光光度计是最简单的光度计。其光路示意图如图 4-3 所示,一束经过单色器的光,轮流通过参比溶液和样品溶液,以进行光强度测量。早期的分光光度计都是单光束的。例如:国产的 721 型、125 型、751 型,日本岛津 QV50 型,英国 SP500 型等。这种分光光度计的特点是结构简单,价格低,主要适于做定量分析。其缺点是测量结果受电源的波动影响较大,容易给定量结果带来较大的误差。此外,这种仪器操作麻烦,不适于作定性分析。

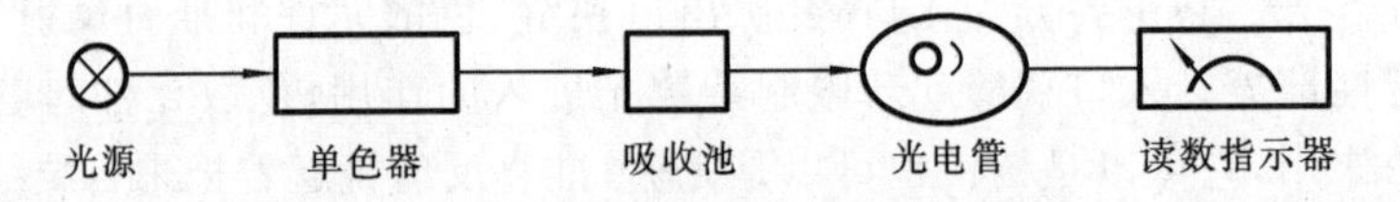

图 4-3 单光束分光光度计光路示意图

2. 双光束分光光度计

此类仪器一般能自动记录吸收光谱曲线,其特点是:能连续改变波长,自动地比较样品及参比溶液的透光强度;能消除单光束分光光度计所不能克服的缺点,即光源波动、检测器及放大器的不规则特性的影响。对于必须在较宽的波长范围内获得很复杂的吸收光谱曲线的分析来说,此类仪器极为合适。双光束分光光度计光路如图 4-4 所示。经过单色器的光一分为二,一束通过参比溶液,另一束通过样品溶液,一次测量即可得到样品溶液的吸光度。这类仪器有国产的 710 型、730 型、740 型,英国 SP700 型,日立 220 系列及日本岛津 UV210 等。

3. 双波长分光光度计

双波长分光光度计与单波长分光光度计的主要区别在于采用双单色器,以同时得到两束波长不同的单色辐射,其光路如图 4-5 所示。

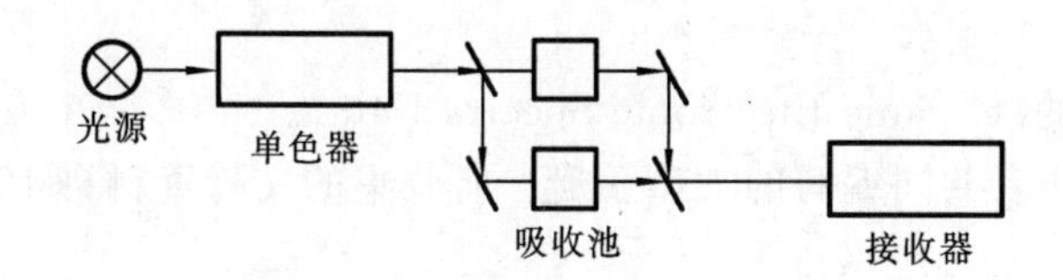

图 4-4 双光束分光光度计光路示意图

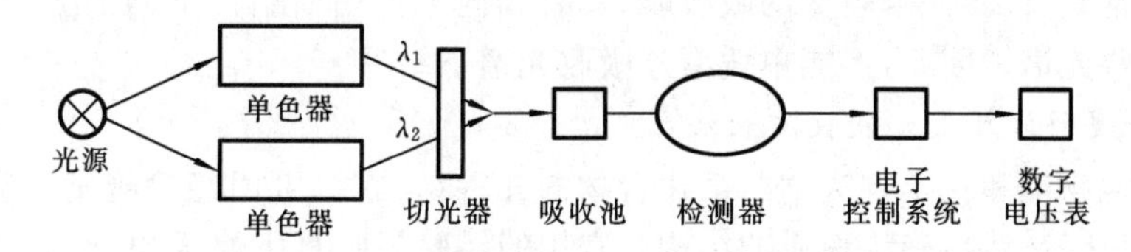

图 4-5 双波长分光光度计光路示意图

由同一光源发出的光被分成两束,分别经过两个单色器,从而可以同时得到两个不同波长(λ_1和λ_2)的单色光。它们交替地照射同一溶液,然后经过光电倍增管和电子控制系统。这样得到的信号是两波长吸光度之差ΔA,$\Delta A=A_{\lambda_1}-A_{\lambda_2}$。

4.5 紫外-可见分光光度法的应用

紫外-可见吸收光谱不仅可以用来对物质进行定性分析及结构分析,而且可以进行定量分析及测定某些化合物的物理化学数据(如相对分子质量、配合物的配合比及稳定常数和电离常数等)。

4.5.1 紫外-可见分光光度法的定性分析

紫外-可见分光光度法对无机元素的定性分析应用得很少,无机元素的定性方法主要是用发射光谱法或化学分析法。在有机化合物的定性鉴定和结构分析中,由于紫外-可见光谱较简单,特征性不强,因此该法的应用受到一定的限制。它适用于不饱和有机化合物,尤其是共轭系统的鉴定,以此推断未知物的骨架结构,再配合红外吸收光谱、核磁共振波谱、质谱等进行结构鉴定及分析。它是一种好的辅助方法。

定性分析方法有两种:一种是比较吸收光谱法;另一种方法是用经验规则计算最大吸收波长,然后与实测值比较。

1. 比较吸收光谱法

两个试样若是同一化合物,其吸收光谱应完全一致。在鉴定时,为了消除溶剂效应,应将试样和标准样品以相同浓度配制在相同溶剂中,在相同条件下分别测定其吸收光谱,比较两光谱图是否一致。为了进一步确证,可再用其他溶剂分别测定,如吸收光谱仍然一致,则进一步肯定两者为同一物质。

也可将样品吸收光谱与标准光谱图相比较,这时制样条件及测定条件应与标准光谱图给出的条件尽量一致,目前常用的标准光谱图及电子光谱数据表如下。

(1) 1978年出版的《Sadtler Standard Spectra(Ultraviolet)》。

此谱图集共收集了46 000种化合物的紫外光谱。

(2) 1951年出版的《Ultraviolet Spectra of Aromatic Compounds》。

此谱图集共收集了579种芳香化合物的紫外光谱。

(3) 1976年出版的《Handbook of Ultraviolet and Visible Absorption Spectra of Organic

Compounds》。

(4) 1987 年出版的《Organic Electronic Spectra Data》。

这是一套由许多作者共同编写的大型手册。所收集的文献资料自 1946 年开始,目前还在继续编写。

值得注意的是,紫外吸收光谱相同的两种化合物,有时是结构不同的两种化合物,因为紫外吸收光谱通常只有 2～3 个较宽的吸收峰,具有相同生色团而结构不同的分子,有时会产生相同的紫外吸收光谱。因此,不能单凭紫外吸收光谱下结论。

2. 用经验规则计算最大吸收波长法

当采用其他物理和化学方法判断某化合物的几种结构时,可用经验规则计算最大吸收波长,并与实测值比较,然后确认物质的结构。常用的经验规则是伍德沃德-菲泽尔(Woodward-Fieser)经验规则和斯科特(Scott)经验规则。

(1) 计算共轭二烯、三烯和四烯以及 α,β-不饱和羰基化合物的 $\pi\rightarrow\pi^*$ 跃迁的最大吸收波长 λ_{max},可用伍德沃德-菲泽尔经验规则,如表 4-2 和表 4-3 所示,基值测定时溶剂为乙醇。

计算时以母体生色团的最大吸收波长 λ_{max} 为基数,再加上连接在母体 π 电子系统上的不同取代助色团的修正值。通常,同一化合物的计算值和实验值比较接近,约相差 5 nm 或更小。

双烯合成(选自百度百科)

(2) 计算苯甲酸、苯甲醛或苯甲酸酯等芳香族羰基的衍生物 ($R—C_6H_4—COX$) 的 λ_{max},可用斯科特经验规则,它类似于伍德沃德-菲泽尔规则,如表 4-4 所示,基值测定时溶剂为乙醇。

表 4-2　计算共轭二烯 λ_{max} 的伍德沃德-菲泽尔规则

生色团		λ_{max}/nm	助色团	λ_{max} 增加值/nm
			每扩展一个共轭双键	30
二烯	—C═C—C═C—	217	共轭系统上环外双键	5
			—R (烷基)	5
异环二烯		214	$—OCOCH_3$	0
			—O—R	6
			—Cl 或 —Br	17(稠环 5)
同环二烯		253	—SR	30
			$—NR_2$	60

表 4-3　计算 α,β-不饱和羰基化合物 λ_{max} 的规则

生色团		λ_{max}/nm	溶剂	溶剂校正值/nm
	X= —R(烷基)	215	环己烷	11
C═C— C═C—C═O (δ γ β α, X)	X= —H	207		
	X* = —OH 或 —OR	193	乙醚	7
		215	二氧六环	5
			氯仿	1
		202	水	−8

续表

助色团	λ_{max}增加值/nm						助色团	λ_{max}增加值/nm
	α	β	γ	δ	$\delta+1$	$\delta+2$		
—R（烷基）	10	12	18	18	18	18	$—NR_2$	95
—Cl	15	12	12	12				
—Br	25	30	25	25			每扩展一个共轭双键	30
—OH	35	30	30	50				
—OR	35	30	17	31			环外双键	5
—SR		85						
—OCOR	6	6	6	6			同环共轭双烯	39

* 指 α,β-不饱和酸酯，共轭系统内有五节或七节环内双键时，λ_{max}为 198 nm。

表 4-4　计算芳香族羰基衍生物（$R—C_6H_4—COX$）λ_{max}的规则

母体	λ_{max}/nm	苯环上取代基	λ_{max}增加值/nm		
			邻位	间位	对位
		—R（烷基），环残余	3	3	10
X= —R（烷基）	246	—OH，—OR	7	7	25
COX, R		$—O^-$	11	20	78
		—Cl	0	0	10
X= —H	250	—Br	2	2	15
		$—NH_2$	13	13	58
X= —OH，—OR	230	$—NHCOCH_3$	20	20	45
		$—NR_2$	20	20	85

3. 各种类型化合物的波长计算示例

例 4.1

解

基值	253 nm
环外双键	5 nm
烷基取代基（3×5 nm）	15 nm
	273 nm

例 4.2

CH_3

解

基值	253 nm
烷基取代（4×5 nm）	20 nm
环外双键	5 nm
共轭系统延长	30 nm
	308 nm

例 4.3

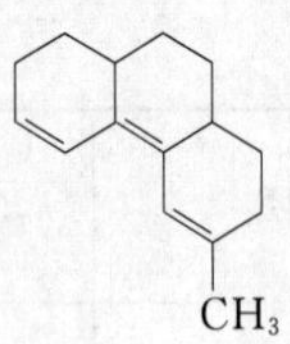

解

基值	214 nm
烷基取代(5×5 nm)	25 nm
共轭系统延长	30 nm
环外双键(2×5 nm)	10 nm
	279 nm

例 4.4

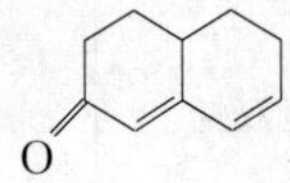

解

基值	215 nm
取代基 β(1×12 nm)	12 nm
取代基 δ(1×18 nm)	18 nm
环外双键(1×5 nm)	5 nm
共轭系统延长(1×30 nm)	30 nm
	280 nm

例 4.5

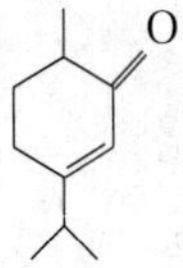

解

基值	215 nm
取代基 β(2×12 nm)	24 nm
	239 nm

例 4.6

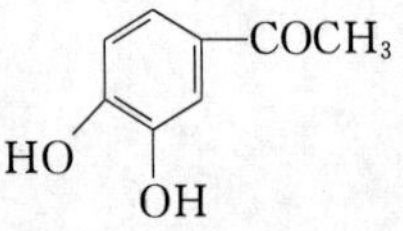

解

母体	246 nm
间位 —OH	7 nm
对位 —OH	25 nm
	278 nm

例 4.7

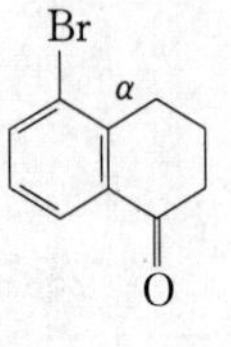

解

母体	246 nm
邻位环残余(α)	3 nm
间位 —Br	2 nm
	251 nm

4.5.2　紫外-可见分光光度法的定量分析

紫外-可见分光光度法定量分析的依据是朗伯-比尔定律，即物质在一定波长处的吸光度与它的浓度呈线性关系。因此，通过测定溶液对一定波长入射光的吸光度，就可求出溶液中物质的浓度和含量。下面介绍几种常用的测定方法。

1. 单组分定量分析方法

(1) 校准曲线法。单组分是指试样中只含有一种组分，或者在混合物中待测组分的吸收峰并不位于其他共存物质的吸收波长处。在这两种情况下，通常均应选择在待测物质的吸收峰波长处进行定量测定。这是因为在此波长处测定的灵敏度高，并且在吸收峰处吸光度随波长的变化较小，波长略有偏移，对测定结果影响不太大。如果一个物质有几个吸收峰，可选择吸光度最大的一个波长进行定量分析。如果在最大吸收峰处其他组分也有一定吸收，则须选择在其他吸收峰进行定量分析，且以选择波长较长的吸收峰为宜，因为在一般情况下，在较短波长处其他组分的干扰较多，而在较长波长处，无色物质干扰较小或不干扰。

在建立一个方法时，首先要确定符合朗伯-比尔定律的浓度范围，即线性范围，定量测定一般在线性范围内进行。具体做法是：配制一系列不同含量的标准溶液，以不含被测组分的空白溶液为参比，在相同条件下测定标准溶液的吸光度，绘制吸光度(A)-浓度(c)曲线。这种曲线就是校准曲线。在相同条件下测定未知试样的吸光度，从校准曲线上就可以找到与之对应的未知试样的浓度。

(2) 标准比较法。在相同条件下测定试样溶液和某一浓度的标准溶液的吸光度 A_x 和 A_s，由标准溶液的浓度 c_s 可计算出试样中被测物的浓度 c_x。

$$A_s = Kc_s$$

$$A_x = Kc_x$$

$$c_x = c_s \frac{A_x}{A_s} \tag{4-11}$$

这种方法比较简单，但是只有在测定的浓度范围内溶液完全遵守朗伯-比尔定律，并且 c_s 和 c_x 很接近时，才能得到较为准确的结果。

2. 多组分定量分析方法

(1) 联立方程法。根据吸光度具有加和性的特点，在同一试样中可以测定两个以上组分。假设试样中含有 x、y 两种组分，在一定条件下将它们转化为有色化合物，分别绘制其吸收光谱，会出现三种情况，如图 4-6 所示。图 4-6(a)的情况是两组分互不干扰，可分别在 λ_1 和 λ_2 处测量溶液的吸光度。图 4-6(b)的情况是组分 x 对组分 y 的光度测定有干扰，但组分 y 对 x 无干扰。这时可以先在 λ_1 处测量溶液的吸光度 A_{λ_1}，并求得 x 组分的浓度。然后再在 λ_2 处测量溶液的吸光度 $A_{\lambda_2}^{x+y}$ 和纯组分 x 的 $\varepsilon_{\lambda_2}^{x}$、纯组分 y 的 $\varepsilon_{\lambda_2}^{y}$ 值，根据吸光度的加和性原则，得出吸光度的计算式为

$$A_{\lambda_2}^{x+y} = \varepsilon_{\lambda_2}^{x} bc_x + \varepsilon_{\lambda_2}^{y} bc_y \tag{4-12}$$

由式(4-12)即可求得组分 y 的浓度 c_y。

图 4-6(c)表明两个组分彼此互相干扰，这时首先在 λ_1 处测定混合物吸光度 $A_{\lambda_1}^{x+y}$ 和纯组分 x 的 $\varepsilon_{\lambda_1}^{x}$、纯组分 y 的 $\varepsilon_{\lambda_1}^{y}$ 值。然后在 λ_2 处测量混合物吸光度 $A_{\lambda_2}^{x+y}$ 和纯组分 x 的 $\varepsilon_{\lambda_2}^{x}$ 值、纯组分 y 的 $\varepsilon_{\lambda_2}^{y}$ 值。根据吸光度的加和性原则，可列出

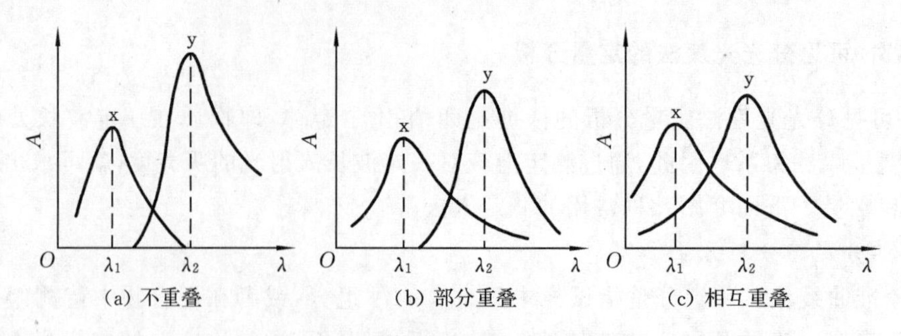

图 4-6　混合物的紫外吸收光谱

$$A_{\lambda_1}^{x+y} = \varepsilon_{\lambda_1}^{x} bc_x + \varepsilon_{\lambda_1}^{y} bc_y \tag{4-13a}$$

$$A_{\lambda_2}^{x+y} = \varepsilon_{\lambda_2}^{x} bc_x + \varepsilon_{\lambda_2}^{y} bc_y \tag{4-13b}$$

式中:$\varepsilon_{\lambda_1}^{x}$、$\varepsilon_{\lambda_1}^{y}$、$\varepsilon_{\lambda_2}^{x}$ 和 $\varepsilon_{\lambda_2}^{y}$ 均由已知浓度 x 和 y 的纯溶液测得。试液的 $A_{\lambda_1}^{x+y}$ 和 $A_{\lambda_2}^{x+y}$ 由实验测得,c_x 和 c_y 值便可通过联立方程求得。

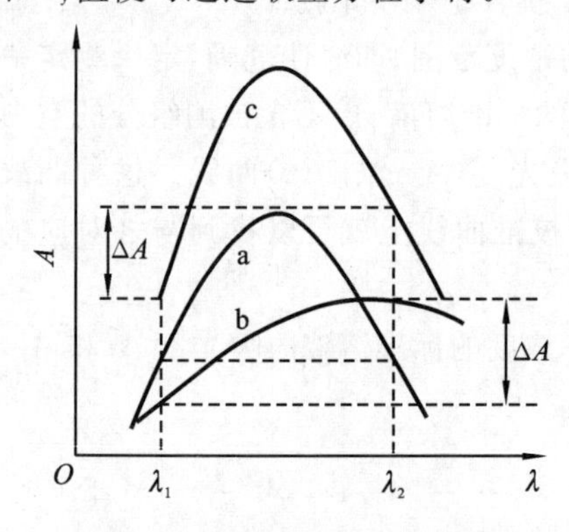

图 4-7　双波长法测定示意图

a,b—组分 a、b 的吸收曲线;

c—两组分混合后的吸收曲线

(2) 双波长分光光度法。当混合物的吸收曲线重叠时,如图 4-7 所示,可利用双波长法来测定。

具体做法:将 a 视为干扰组分,现要测定 b 组分。相关步骤如下。

① 分别绘制各自的吸收曲线。

② 画一平行于横轴的直线分别交于 a 组分曲线上两点,并与 b 组分曲线相交。

③ 以交于 a 组分曲线上一点所对应的波长 λ_1 为参比波长,另一点对应的为测量波长 λ_2,并对混合液进行测量,得

$$A_1 = A_{1a} + A_{1b} + A_{1s} \tag{4-14a}$$

$$A_2 = A_{2a} + A_{2b} + A_{2s} \tag{4-14b}$$

若两波长处的背景吸收相同,即 $A_{1s} = A_{2s}$,两式相减,得

$$\Delta A = (A_{2a} - A_{1a}) + (A_{2b} - A_{1b})$$

由于 a 组分在两波长处的吸光度相等,因此

$$\Delta A = A_{2b} - A_{1b} = (\varepsilon_{2b} - \varepsilon_{1b})bc_b$$

可见,吸光度差 ΔA 与待测物浓度成正比,从中可求出 c_b。同理,可求出 c_a。此法称为等吸收点法。

情况同上,但其中一干扰组分 b 在测量波长范围内无吸收峰时,或者说没有等吸收点时可采用系数倍率法。

具体做法:同前法,由式(4-14)可得

$$A_1 = A_{1a} + A_{1b} \tag{4-15a}$$

$$A_2 = A_{2a} + A_{2b} \tag{4-15b}$$

两式分别乘以常数 k_1、k_2 并相减,得

$$\begin{aligned} S &= k_2(A_{2a} + A_{2b}) - k_1(A_{1a} + A_{1b}) \\ &= (k_2A_{2b} - k_1A_{1b}) + (k_2A_{2a} - k_1A_{1a}) \end{aligned} \tag{4-16}$$

调节信号放大器,使之满足 $k_2/k_1 = A_{1b}/A_{2b}$,则

$$S = k_2 A_{2a} - k_1 A_{1a} = (k_2 \varepsilon_2 - k_1 \varepsilon_1) b c_a \tag{4-17}$$

因此，差示信号 S 只与 c_a 有关，从而求出 c_a。同样，可求出 c_b。

(3) 差示分光光度法。吸光度 A 在 0.2～0.8 范围内误差最小。超出此范围，如高浓度或低浓度溶液，其吸光度测定误差较大。尤其是高浓度溶液，更适合用差示法。一般分光光度法测定选用试剂空白或溶液空白作为参比，差示法则选用一已知浓度的溶液作为参比。该法的实质相当于透光率标度放大。

设：待测溶液浓度为 c_x，标准溶液浓度为 c_s（$c_s < c_x$）。则

$$A_x = \varepsilon b c_x$$

$$A_s = \varepsilon b c_s$$

$$\Delta A = A_x - A_s = \varepsilon b (c_x - c_s) = \varepsilon b \Delta c \tag{4-18}$$

测得的吸光度相当于普通法（吸光度 A 在 0.2～0.8 的正常范围内）中待测溶液与标准溶液的吸光度之差 ΔA。

差示法标尺扩展原理如图 4-8 所示。普通法：c_s 的 $T=10\%$，c_x 的 $T=5\%$。

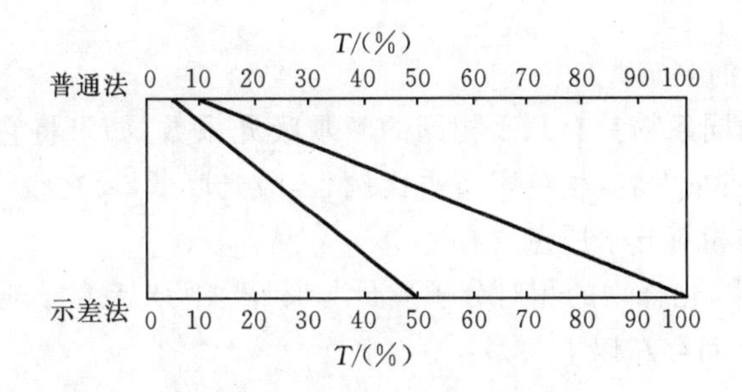

图 4-8　差示法标尺扩展原理

差示法（高吸光度法）：c_s 做参比，调节 $T=100\%$，则 c_x 的 $T=50\%$，标尺扩展 10 倍。

(4) 导数光谱法。导数光谱是解决干扰物质与被测物光谱重叠，消除胶体等散射影响和背景吸收，提高光谱分辨率的一种数据处理技术。根据朗伯-比尔定律：

$$I = I_0 e^{-\varepsilon bc}$$

对波长 λ 求一阶导数，得

$$\frac{dI}{d\lambda} = \frac{dI_0}{d\lambda} e^{-\varepsilon bc} - \frac{d\varepsilon}{d\lambda} I_0 bc\, e^{-\varepsilon bc} \tag{4-19}$$

通过仪器自动控制狭缝或通过放大的自动电路调节，使 I_0 在整个波长范围内保持恒定，即使 $dI_0/d\lambda=0$，则

$$\frac{dI}{d\lambda} = - Ibc \frac{d\varepsilon}{d\lambda} \tag{4-20}$$

这时，导数信号与浓度成正比，测定的灵敏度与 $d\varepsilon/d\lambda$ 有关。

同样可得到信号的 2 阶，3 阶，…，n 阶导数也与浓度成正比。

图 4-9 为物质的吸收光谱和它的 1～4 阶导数光谱图。从图 4-9 可知，随着导数阶数的增加，峰形越来越尖锐，因而导数光谱法的分辨率越高。

导数光谱峰高测量方法有三种，如图 4-10 所示。

① 正切法：测量相邻峰（极大或极小）切线中点至相邻峰切线（极小或极大）的距离 d。

② 峰谷法：测量两相邻峰值（极大或极小）间的距离 p_1 或 p_2。

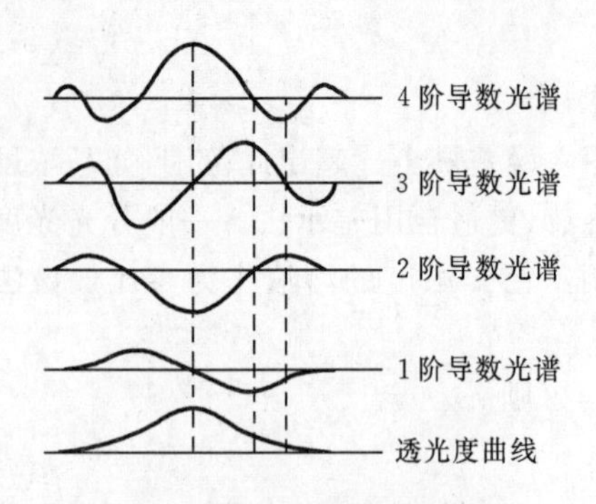

图 4-9 物质的吸收光谱及 1～4 阶导数光谱

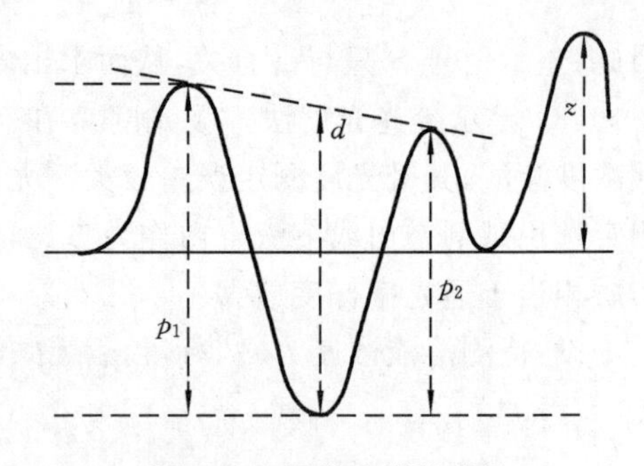

图 4-10 导数光谱的求值

d—正切法；p_1、p_2—峰谷法；z—峰零法

③ 峰零法：测量极值峰至零线间的距离 z。

3. 其他方面应用

紫外-可见分光光度法还可以用于测定某些化学和物理常数，如化合物相对分子质量及氢键强度的测定。

(1) 相对分子质量的测定。

含有相同生色团的同系物具有几乎相同的摩尔吸光系数，如果将它们取相同质量配成相同体积的溶液，则分子质量大者，生色团所占比例小，吸光度低，反之吸光度大。可根据这个原则来测定有机化合物的相对分子质量。

根据朗伯-比尔定律，化合物的相对分子质量与其摩尔吸光系数 ε、吸光度 A、质量 m、液层厚度 b 及溶液体积 V 之间存在以下关系：

$$M_r = \varepsilon mb/(VA) \tag{4-21}$$

对于在紫外-可见光区无吸收的化合物。可通过与生色团的衍生化反应，使之转变成有吸收的化合物。由于衍生物与生色团的 ε 相近，根据式(4-21)，也可求出其相对分子质量。

(2) 氢键强度的测定。

由 4.3 节中 4.3.5 所述可知，$n\to\pi^*$ 吸收带随着溶剂极性的增加蓝移。在极性溶剂中，分子间形成了氢键，实现 $n\to\pi^*$ 跃迁时，氢键也随之断裂；此时，物质吸收的光能，一部分用以实现 $n\to\pi^*$ 跃迁，另一部分用以破坏氢键的键能。而在非极性溶剂中，不可能形成分子间氢键，吸收的光能仅为了实现 $n\to\pi^*$ 跃迁，故所吸收的光波的能量较低，波长较长。由此可见只要测定同一化合物在不同极性溶剂中的 $n\to\pi^*$ 跃迁吸收带，就能计算其在极性溶剂中氢键的强度。

测定原理如下：氢键强度为 E_H，在极性溶剂中吸收带对应的能量为 E_p，在非极性溶剂中吸收带对应的能量为 E_n，则

$$E_H = E_p - E_n = N_A hc(1/\lambda_p - 1/\lambda_n) \tag{4-22}$$

式中：N_A 为阿伏加德罗常数；h 为普朗克常数；c 为光速。

例如，在极性溶剂水中，丙酮的 $n\to\pi^*$ 吸收带为 264.5 nm，其相应能量等于 452.96 kJ/mol；在非极性溶剂己烷中为 279 nm，其相应能量为 429.40 kJ/mol。所以丙酮在水中形成氢键的强度为(452.96－429.40) kJ/mol＝23.56 kJ/mol。

学习小结

1. 本章基本要求

(1) 理解有机化合物分子的电子跃迁类型及跃迁所产生的吸收带及其特征。

(2) 掌握光吸收定律及其用于紫外-可见光谱的条件。

(3) 掌握紫外-可见吸收光谱分析法用于共轭系统有机化合物的研究。

(4) 掌握紫外-可见吸收光谱分析法用于单组分系统和多组分系统的定量测定。

2. 重要内容回顾

(1) 紫外-可见吸收光谱分析法及特点。

分子的紫外-可见吸收光谱分析法是利用物质的分子对紫外-可见光谱区辐射的吸收来进行分析的一种仪器分析方法。分子在此区域的吸收与其电子结构紧密相关，这种分子吸收光谱产生于价电子和分子轨道上的电子能级间的跃迁，故属于电子光谱，在电子能级发生跃迁的同时也必定伴随振动-转动能级的变化，所以此光谱是带状光谱。

紫外-可见吸收光谱分析法灵敏度高、准确度高，仪器测定简单快速。

(2) 朗伯-比尔定律。

朗伯-比尔定律是比色和定量分析的理论基础。其数学表达式为

$$A=-\lg T=Kbc$$

(3) 电子跃迁类型。

紫外-可见光区的主要跃迁类型是：$n\rightarrow\pi^*$、$\pi\rightarrow\pi^*$、$n\rightarrow\sigma^*$、$\sigma\rightarrow\sigma^*$。

(4) 紫外-可见分光光度计。

紫外-可见分光光度计有单光束的、双光束的和双波长的三种。它们的基本结构由五部分组成，即光源、单色器、吸收池、检测器和信号指示系统。

(5) 吸收带类型。

① K吸收带：在共轭非封闭系统中由 $\pi\rightarrow\pi^*$ 跃迁产生的吸收带，为强带。

② R吸收带：由 $n\rightarrow\pi^*$ 跃迁产生的吸收带，为弱带。

③ B吸收带：芳香族化合物和杂环芳香族化合物的特征谱带，是由 $\pi\rightarrow\pi^*$ 跃迁产生的吸收带，为弱带。

④ E吸收带：在封闭共轭系统中由 $\pi\rightarrow\pi^*$ 跃迁产生的吸收带，为中等的允许跃迁带。

(6) 常用术语。

① 生色团：在近紫外和可见光区有特征吸收的基团。生色团的特征是具有 π 电子。

② 助色团。助色团的结构特征是具有 n 非成键电子的基团，即含有杂原子的基团(如 $—NH_2$、$—NR_2$、—OH、—OR、—SR、—Cl、$—SO_3H$、—COOH等)。

③ 红移和蓝移。某些有机化合物经取代反应引入含有未共享电子对的基团(如—OH、—OR、—SH、$—NH_2$、—Cl、—Br、—SR、$—NR_2$)之后，吸收波长向长波方向移动，称为红移。在某些生色团(如羰基)的碳原子一端引入一些取代基之后，吸收峰的波长会向短波方向移动，称为蓝移。

(7) 利用伍德沃德-菲泽尔规则、斯科特规则等估算有机化合物的紫外吸收光谱的最大吸收波长。

(8) 紫外-可见光谱的定量分析方法。

习　题

1. 试说明紫外吸收光谱产生的原理。
2. 试说明有机化合物的紫外吸收光谱的电子跃迁的类型及吸收带类型。
3. 下列两个化合物,说明它们的紫外光谱有何异同。

(a) 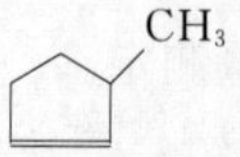 CH_3　　(b) 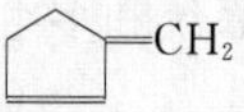 $=CH_2$

4. 将下列化合物按最大吸收波长的大小排列,并说明理由(只考虑 $\pi\rightarrow\pi^*$ 跃迁)。

(a) $H_2C=CH-CH=CH-CH_3$

(b) $H_2C=CH-CH=CH-CH=CH-CH_3$

(c) $H_2C=CH-CH_2-CH_2-CH=CH-CH_3$

5. 根据伍德沃德-菲泽尔规则计算下列共轭烯烃的最大吸收波长。

(a) 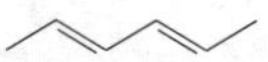　(b) 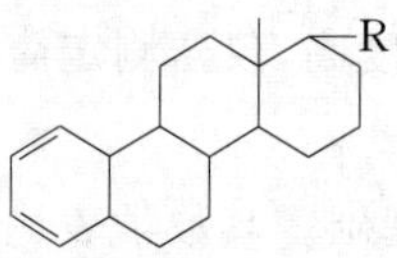 R　(c) 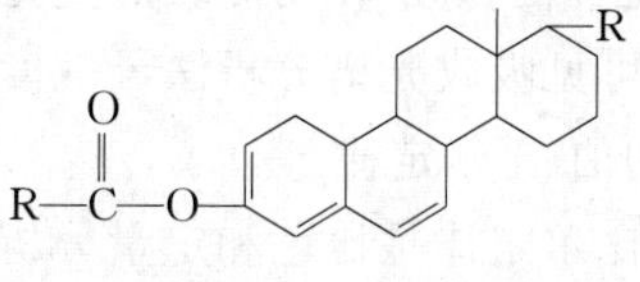 R—C(=O)—O　R

(d) 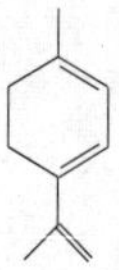　(e) 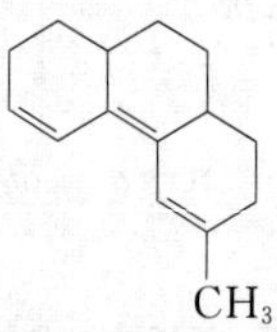 CH_3　(f) 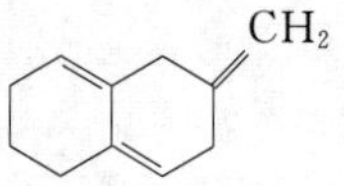 CH_2

6. 以下五种类型的电子能级跃迁,需要能量最大的是哪种?

$\sigma\rightarrow\sigma^*$、$n\rightarrow\sigma^*$、$n\rightarrow\pi^*$、$\pi\rightarrow\pi^*$、$\pi\rightarrow\sigma^*$。

7. 物质的颜色是由于选择性地吸收了白光中的某些波长的光所致。硫酸铜溶液呈现蓝色是由于它吸收白光中什么颜色的光?
8. 某有色溶液置于 1 cm 吸收池中时测得吸光度为 0.30,则入射光强度减弱了多少?若置于 3 cm 吸收池中,入射光强度又减弱了多少?
9. 称取 97.3 mg 2,4-二甲基-1,3-戊二烯,溶于 100 mL 乙醇中,取其 1 mL 稀释至 100 mL,在 231 nm 波长下用 1 cm 吸收池测得吸光度为 1.02,求该化合物的摩尔吸光系数。
10. 用分光光度法分析含有 Cr 和 Mn 的合金。称取试样 0.246 g,用酸溶解并稀释至 250.00 mL。准确移取该溶液 50.00 mL,在催化剂 Ag^+ 的存在下用 $K_2S_2O_8$ 将 Cr 和 Mn 转化为 $Cr_2O_7^{2-}$ 和 MnO_4^-,并将它稀释至 100.00 mL。用 1 cm 吸收池,在波长 440 nm、545 nm 处测得吸光度分别为 0.932 和 0.778。已知 440 nm 处 $\varepsilon_{Cr_2O_7^{2-}}$ 为 369 L/(mol·cm),$\varepsilon_{MnO_4^-}$ 为 95 L/(mol·cm),545 nm 处 $\varepsilon_{Cr_2O_7^{2-}}$ 为 11 L/(mol·cm),$\varepsilon_{MnO_4^-}$ 为 2 350 L/(mol·cm),试计算合金试样中 Mn 和 Cr 的浓度和质量分数。

参考文献

[1] 刘志广,张华,李亚明. 仪器分析[M]. 大连:大连理工大学出版社,2004.

[2] 刘立行. 仪器分析[M]. 2 版. 北京:中国石化出版社,2007.

[3] 董惠茹. 仪器分析[M]. 2 版. 北京:化学工业出版社,2010.

[4]　北京大学化学系仪器分析教学组. 仪器分析教程[M]. 北京:北京大学出版社,1997.
[5]　赵藻藩,周性尧,张悟铭,等. 仪器分析[M]. 北京:高等教育出版社,1990.
[6]　刘志广. 仪器分析学习指导与综合练习[M]. 北京:高等教育出版社,2005.
[7]　朱明华,胡坪. 仪器分析[M]. 4 版. 北京:高等教育出版社,2008.
[8]　武汉大学化学系. 仪器分析[M]. 北京:高等教育出版社,2001.

第5章　分子发光光谱法
Molecular Luminescence Spectrometry, MLS

5.1　分子发光光谱法概述

分子发光包括分子荧光（molecular fluorescence）、分子磷光（molecular phosphorescence）、化学发光(chemiluminescence)等。分子荧光和分子磷光都属于光致发光，两者的根本区别是：荧光是由激发单重态(S_1)的最低振动能级至基态(S_0)各振动能级间跃迁产生的；磷光是由激发三重态(T_1)的最低振动能级至基态各振动能级间跃迁产生的。荧光辐射的波长比磷光短；荧光的寿命(10^{-9}～10^{-7} s)比磷光(10^{-4}～10 s)短。

化学发光是由化学反应提供激发能，激发产物分子或其他共存分子产生的光辐射。它与荧光、磷光的主要区别是激发能不同，而它们的光谱是十分相似的。化学发光的最大特点是灵敏度高，对气体和痕量金属离子的检出限都可达 ng/mL 级。

5.2　分子荧光和分子磷光光谱法

5.2.1　基本原理

1. 荧光和磷光的产生

荧光和磷光的产生涉及光子的吸收和再发射两个过程。

(1) 激发过程。分子吸收辐射使电子从基态能级跃迁到激发态能级，同时伴随着振动能级和转动能级的跃迁。在分子能级跃迁的过程中，电子的自旋状态也可能发生改变。应用于分析化学中的荧光和磷光物质几乎都涉及 $\pi\rightarrow\pi^*$ 跃迁的吸收过程，它们都含有偶数电子。根据 Pauli 不相容原理，在同一轨道上的两个电子的自旋方向要彼此相反，即基态分子的电子是自旋成对的，净自旋为零，这种电子都配对的分子电子能态称为单重态(singlet state)，具有抗磁性。当分子吸收能量后，在跃迁过程中不发生电子自旋方向的变化，这时分子处于激发的单重态；如果在跃迁过程中还伴随着电子自旋方向的改变，这时分子便有两个自旋不配对的电子，分子处于激发三重态(triplet state)，具有顺磁性，如图 5-1 所示。

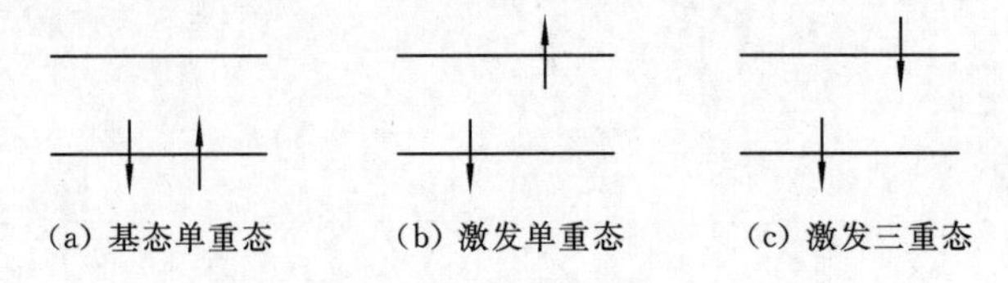

图 5-1　单重态及激发三重态示意图

(2) 发射过程。处于激发态的分子是不稳定的，通常以辐射跃迁或无辐射跃迁方式返回到基态，这就是激发态分子的失活(deactivation)。辐射跃迁的去活化过程，发生光子的发射，即产生荧光和磷光；无辐射跃迁的去活化过程则是以热的形式失去其多余的能量，它包括振动弛豫、内转换、系间跨越及外转换等过程。如图 5-2 所示，S_0、S_1、S_2 分别表示分子的基态、第一和第二激发单重态；T_1、T_2 分别表示第一和第二激发三重态。

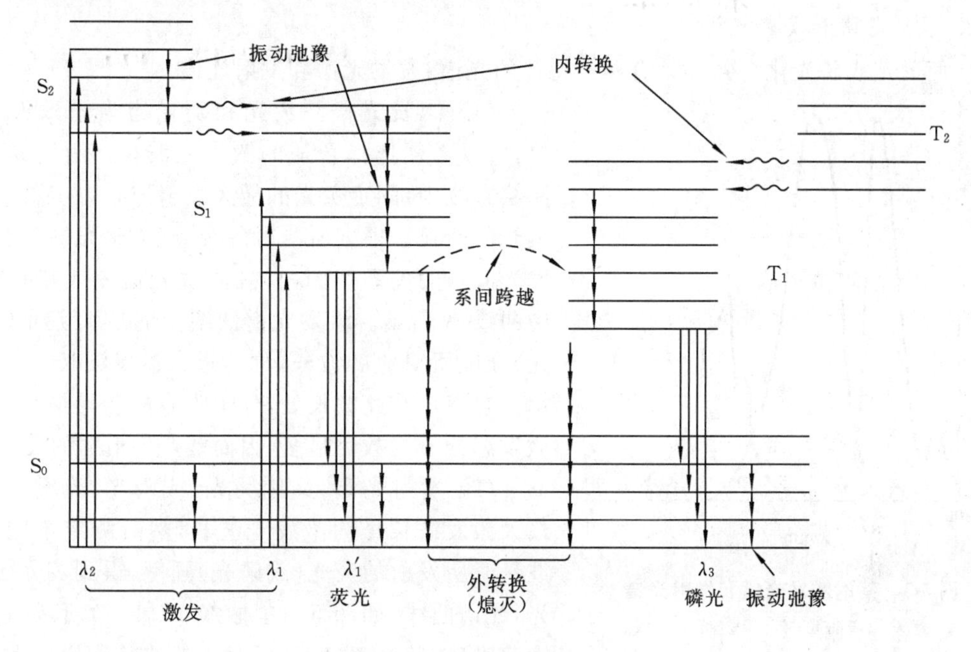

图 5-2　荧光和磷光能级图

① 振动弛豫(vibration relaxation，VR)。振动弛豫即由于分子间的碰撞，振动激发态分子由同一电子能级中的较高振动能级转移至较低振动能级的无辐射跃迁过程。发生振动弛豫的时间约为 10^{-12} s。

② 内转换(internal conversion，IC)。内转换指在相同多重态的两个电子能级间，电子由高能级转移至低能级的无辐射跃迁过程。当两个电子能级非常靠近以致其能级有重叠时，内转换很容易发生。两个激发单重态或两个激发三重态之间能量差较小，并且它们的振动能级有重叠，显然这两种能态之间易发生内转换。

③ 荧光发射。激发态分子经过振动弛豫降到激发单重态的最低振动能级后，如果是以发射光量子跃迁到基态的各个不同振动能级，又经振动弛豫回到最低基态时就会发射荧光。从荧光发射过程明显地看到：荧光从激发单重态的最低振动能级开始发射，与分子被激发至哪一个能级无关；荧光发射前、后都有振动弛豫过程。因此，荧光发射的能量比分子所吸收的辐射能量低。所以溶液中分子的荧光光谱的波长与它的吸收光谱波长比较，荧光的波长要长一些。

④ 系间跨越(intersystem crossing，ISC)。系间跨越是指不同多重态间的无辐射跃迁，同时伴随着受激电子自旋状态的改变，如 $S_1 \rightarrow T_1$。在含有重原子(如溴或碘)的分子中，系间跨越最常见。这是因为在原子序数较高的原子中，电子的自旋和轨道运动间的相互作用变大，原子核附近产生了强的磁场，有利于电子自旋的改变。所以，含重原子的化合物的荧光很弱或不能发生荧光。

⑤ 外转换(external conversion，EC)。外转换是指激发分子通过与溶剂或其他溶质分子间的相互作用使能量转换，而使荧光或磷光强度减弱甚至消失的过程。

⑥ 磷光发射。第一激发单重态的分子有可能通过系间跨越到达第一电子激发三重态，再通过振动弛豫转至该激发三重态的最低振动能级，然后以无辐射形式失去能量跃迁回基态而

发射磷光。激发三重态的平均寿命为 $10^{-4}\sim10$ s,因此,磷光在光照停止后仍可维持一段时间。

2. 激发光谱和发射光谱

任何荧光或磷光化合物都具有两种特征的光谱:激发光谱和发射光谱。

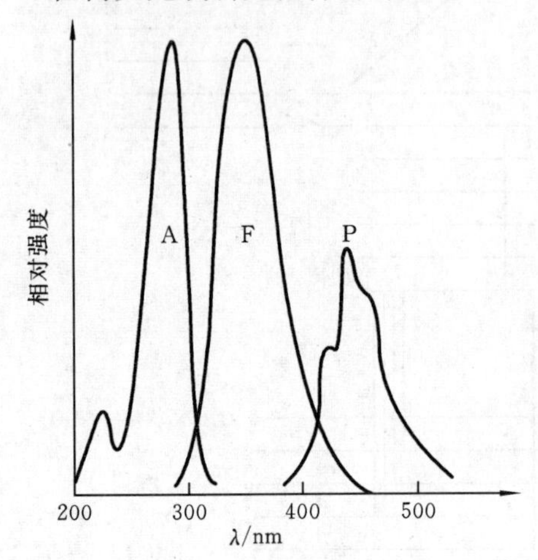

图 5-3　萘的激发光谱和发射光谱

A—激发光谱曲线; F—荧光光谱曲线;
P—磷光光谱曲线

(1) 激发光谱。荧光和磷光均为光致发光现象,所以必须选择合适的激发光波长。激发光谱的测绘方法为:固定荧光的最大发射波长,然后改变激发光的波长。根据所测得的荧光(或磷光)强度与激发光波长的关系作图,得到激发光谱曲线,如图 5-3 中曲线 A 所示。激发光谱曲线上的最大荧光(或磷光)强度所对应的波长,称为最大激发波长,用 λ_{ex} 表示。它表示在此波长处,分子吸收的能量最大,处于激发态分子的数目最多,因而能产生最强的荧光。

(2) 发射光谱,又称荧光(或磷光)光谱。选择最大激发波长作为激发光波长,然后测定不同发射波长时所发射的荧光(或磷光)强度,得到荧光(或磷光)光谱曲线,如图 5-3 中曲线 F(或 P)所示。其最大荧光(或磷光)强度处所对应的波长称为最大发射波长,用 λ_{em} 表示。

溶液荧光光谱通常有以下几个特征。

① 斯托克斯(Stokes)位移。在溶液荧光光谱中,所观察到的荧光的波长总是大于激发光的波长,即 $\lambda_{em}>\lambda_{ex}$。这主要是由于发射荧光之前的振动弛豫和内转换过程损失了一定的能量(这也是产生斯托克斯位移的主要原因)。

② 荧光发射光谱的形状与激发波长无关。由于荧光发射发生于第一电子激发态的最低振动能级,而与荧光体被激发至哪一个电子态无关,所以荧光光谱的形状与激发波长无关。

③ 与激发光谱大致呈镜像对称关系。一般情况下,基态和第一电子激发单重态中振动能级的分布情况是相似的,所以荧光光谱同激发光谱的第一谱带大致呈镜像对称关系。

3. 荧光强度及影响因素

物质分子吸收辐射后,能否发生荧光取决于分子的结构。荧光强度的大小不但与物质的分子结构有关,也与环境因素有关。

(1) 荧光量子产率(Φ),又称为荧光效率,通常表述为

$$\Phi=\frac{\text{发射荧光的分子数}}{\text{激发态的分子数}}=\frac{\text{发射的光子数}}{\text{吸收的光子数}}$$

它表示物质发射荧光的能力,Φ 越大,发射的荧光越强。由前面已经提到的荧光产生的过程中可以明显地看出,物质分子的荧光量子产率必然由激发态分子的活化过程的各个相对速率决定。若用数学式来表达这些关系,可得

$$\Phi=\frac{k_f}{k_f+\sum k_i} \tag{5-1}$$

式中:k_f 为荧光发射的速率常数;$\sum k_i$ 为其他无辐射跃迁速率常数的总和。显然,凡是能使 k_f

升高而其他 k_i 值降低的因素都可使荧光增强;反之,荧光就减弱。k_f 的大小主要取决于化学结构;其他 k_i 值则受环境的强烈影响,也受化学结构的轻微影响。

磷光的量子产率与此类似。

(2) 荧光与分子结构的关系。

① 跃迁类型。实验证明,$\pi \to \pi^*$ 跃迁是产生荧光的主要跃迁类型,所以绝大多数能产生荧光的物质含有芳香环或杂环。

② 共轭效应。增加系统的共轭度,荧光效率一般也将增大,并使荧光波长向长波方向移动。共轭效应使荧光增强,主要是由于增大荧光物质的摩尔吸光系数,π 电子更容易被激发,产生更多的激发态分子,使荧光增强。

③ 刚性平面结构。荧光效率高的物质,其分子多是平面构型,且具有一定的刚性。例如:荧光素和酚酞结构十分相似,荧光素呈平面构型,是强荧光物质,而酚酞没有氧桥,其分子不易保持平面构型,不是荧光物质。又如芴和联苯,芴在强碱溶液中的荧光效率接近 1,而联苯仅为 0.20,这主要是由于芴中引入亚甲基,使芴刚性增强。再有萘和维生素 A 都有 5 个共轭双键,萘是平面刚性结构,维生素 A 为非刚性结构,因而萘的荧光强度是维生素 A 的 5 倍。

一般来说,分子结构刚性增强,共平面性增加,荧光增强。这主要是由于增加了 π 电子的共轭度,同时减少了分子的内转换和系间跨越过程以及分子内部的振动等非辐射跃迁的能量损失,增强了荧光效率。

④ 取代基效应。芳烃和杂环化合物的荧光光谱和荧光强度常随取代基而改变。表 5-1 列出了部分基团对苯的荧光效率和荧光波长的影响。一般来说,给电子取代基(如—OH、—NH_2、—OR、—NR_2 等)能增强荧光,这是由于产生了 n-π 共轭作用,增强了 π 电子的共轭程度,导致荧光增强,荧光波长红移。而吸电子取代基(如—NO_2、—COOH、$\rangle$C=O、卤素离子

表 5-1　苯及其衍生物的荧光(乙醇溶液)

化合物	分子式	荧光波长/nm	相对荧光强度
苯	C_6H_6	270～310	10
甲苯	$C_6H_5CH_3$	270～320	17
丙苯	$C_6H_5C_3H_7$	270～320	10
氟苯	C_6H_5F	270～320	7
氯苯	C_6H_5Cl	275～345	7
溴苯	C_6H_5Br	290～380	5
碘苯	C_6H_5I	—	0
苯酚	C_6H_5OH	285～365	18
酚氧离子	$C_6H_5O^-$	310～400	10
苯甲醚	$C_6H_5OCH_3$	285～345	20
苯胺	$C_6H_5NH_2$	310～405	20
苯胺离子	$C_6H_5NH_3^+$	—	0
苯甲酸	C_6H_5COOH	310～390	3
苯甲氰	C_6H_5CN	280～360	20
硝基苯	$C_6H_5NO_2$	—	0

等)使荧光减弱。这类取代基也都含有π电子，然而其π电子的电子云不与芳环上π电子共平面，不能扩大π电子共轭程度，反而使 $S_1 \rightarrow T_1$ 系间跨越增强，导致荧光减弱，磷光增强。例如：苯胺和苯酚的荧光比苯的荧光强，而硝基苯则为非荧光物质。

卤素取代基随卤素相对原子质量的增加，其荧光效率下降，磷光增强。这是由于在卤素重原子中能级交叉现象比较严重，使分子中电子自旋轨道耦合作用加强，使 $S_1 \rightarrow T_1$ 系间跨越明显增强，这种效应称为重原子效应。

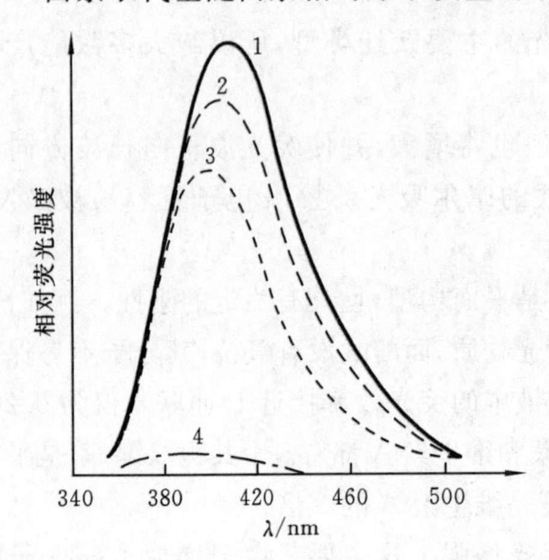

图 5-4　8-羟基喹啉在不同溶剂中的荧光光谱

(浓度 1×10^{-3} mol/L，24 ℃)

1—乙腈；2—丙酮；3—氯仿；4—四氯化碳

(3) 环境因素对荧光光谱和荧光强度的影响。

① 溶剂的影响。一般来说，许多共轭芳香族化合物的荧光强度随溶剂极性的增加而增大，且发射峰向长波方向移动。8-羟基喹啉在四氯化碳、氯仿、丙酮和乙腈四种不同极性溶剂中的荧光光谱如图 5-4 所示。这是由于 $n \rightarrow \pi^*$ 跃迁的能量在极性溶剂中增大，而 $\pi \rightarrow \pi^*$ 跃迁的能量降低，从而导致荧光增强，荧光峰红移。在含有重原子的溶剂(如碘乙烷和四氯化碳)中，与将这些成分引入荧光物质中所产生的效应相似，导致荧光减弱，磷光增强。

② 温度的影响。温度对于溶液的荧光强度有着显著的影响。通常，随着温度的降低，荧光物质溶液的荧光量子产率和荧光强度将增大。例如：荧光素钠的乙醇溶液，在 0 ℃以下温度每降低 10 ℃，荧光量子产率约增加 3%，冷却至－80 ℃时，荧光量子产率接近 100%。

③ pH 值的影响。假如荧光物质是一种弱酸或弱碱，溶液的 pH 值改变将对荧光强度产生很大的影响。大多数含有酸性或碱性基团的芳香族化合物的荧光光谱，对于溶剂的 pH 值和氢键能力是非常敏感的。表 5-1 中苯酚和苯胺的数据也说明了这种效应。其主要原因是系统的 pH 值变化影响了荧光基团的电荷状态。当 pH 值改变时，配位比也可能改变，从而影响金属离子-有机配位体荧光配合物的荧光发射。因此，在荧光分析中要注意控制溶液的 pH 值。

④ 荧光的熄灭。它是指荧光物质分子与溶剂分子或其他溶质分子的相互作用引起荧光强度减小的现象。这些引起荧光强度减小的物质称为熄灭剂。

引起溶液中荧光熄灭的原因很多，机理也较复杂。下面讨论导致荧光熄灭的主要类型。

(ⅰ) 碰撞熄灭。碰撞熄灭是荧光熄灭的主要原因。它是指处于激发单重态的荧光分子 M^* 与熄灭剂 Q 相互碰撞后，激发态分子以无辐射跃迁的方式返回基态，产生熄灭作用。这一过程可以表示为

$$M + h\nu \longrightarrow M^* \quad (激发)$$

$$M^* \xrightarrow{k_1} M + h\nu' \quad (发生荧光)$$

$$M^* + Q \xrightarrow{k_2} M + Q^* + 热 \quad (熄灭)$$

式中：k_1、k_2 为相应的反应速率常数。显然，荧光熄灭的程度取决于 k_1 和 k_2 的相对大小及熄灭剂的浓度。

此外，不难理解，碰撞熄灭将随温度的升高而增加，随溶液黏度的减小而增大。

(ⅱ) 能量转移。它是指处于激发单重态的荧光分子 M^* 与熄灭剂相互作用后，发生能量转移，使熄灭剂得到激发，其反应为

$$M^* + Q \longrightarrow M + Q^* \quad (熄灭)$$

(ⅲ) 氧的熄灭。溶液中的溶解氧常对荧光产生熄灭作用。这可能是由于顺磁性的氧分子与处于单重激发态的荧光物质分子相互作用，促进形成顺磁性的三重态荧光分子，即加速系间跨越所致。

(ⅳ) 自熄灭和自吸收。当荧光物质浓度较大时，常会发生自熄灭现象，这可能是由于激发态分子之间的碰撞引起能量损失。假如荧光物质的吸收光谱和发射光谱有较大的重叠，由荧光物质发射的荧光有一部分可能被其自身的基态分子吸收，这种现象称为自吸收。

(4) 荧光强度和溶液浓度的关系。荧光强度 I_f 正比于吸收激发光强 I_a 与荧光效率 Φ，则

$$I_f = \Phi I_a \tag{5-2}$$

又根据朗伯-比尔定律，得

$$I_a = I_0 - I_t = I_0(1 - 10^{-\varepsilon bc}) \tag{5-3}$$

式中：I_0 和 I_t 分别为入射光强和透射光强。将式(5-3)代入式(5-2)得

$$I_f = \Phi I_0(1 - 10^{-\varepsilon bc}) \tag{5-4}$$

展开式(5-4)，在 $\varepsilon bc \leqslant 0.05$ 的条件下得

$$I_f = 2.303\Phi I_0 \varepsilon bc \tag{5-5}$$

当入射光强度 I_0 和 b 一定时，Φ 和 ε 也是常数，得

$$I_f = Kc \tag{5-6}$$

由此可见，在低浓度时，荧光强度与荧光物质的浓度呈线性关系，且增大入射光的强度可以增大荧光的强度。在高浓度时，由于荧光熄灭和自吸收等原因，荧光强度与溶液的浓度不呈线性关系。

5.2.2 荧光和磷光分析仪器

荧光和磷光分析仪器与大多数光谱分析仪器一样，主要由光源、单色器(滤光片或光栅)、样品池、检测器和放大显示系统组成。不同的是荧光和磷光分析仪器需要两个独立的波长选择系统，一个用于激发，一个用于发射。

1. 荧光分光光度计

图 5-5 为荧光分光光度计示意图。由光源发出的光，经第一单色器(激发单色器)后，得到所需要的激发光波长。设其强度为 I_0，通过样品池后，由于一部分光被荧光物质所吸收，故其透射强度减为 I。荧光物质被激发后，将向四面八方发射荧光，但为了消除入射光及散射光的影响，荧光的测量应在与激发光呈直角的方向上进行。仪器中的第二单色器称为发射单色器，它的作用是消除溶液中可能共存的其他光线的干扰，以获得所需要的荧光。

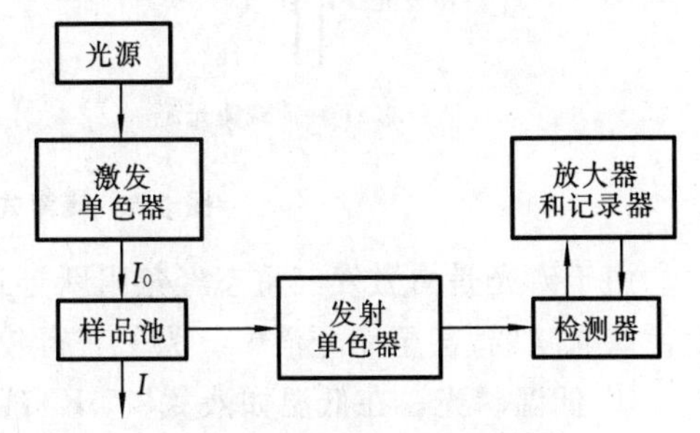

图 5-5　荧光分光光度计示意图

(1) 光源。理想的光源应具有强度大、波长范围较宽、在整个波段内强度一致等特点。常用高压汞灯和氙弧灯。

高压汞灯发射不连续光谱，在荧光分析中常用 365 nm、405 nm、436 nm 三条谱线。

氙弧灯是连续光源,发射光束强度大,可用于 200～700 nm 波长范围。在 200～400 nm 波段内,光谱强度几乎相等。但氙弧灯功率大,一般为 500～1 000 W,因而热效应大,稳定性较差。

高功率连续可调染料激光光源是一种新型荧光激发光源,激光的单色性好,强度大。脉冲激光的光照时间短,并可避免荧光物质的分解。近年来激光光源应用日益普遍。

(2) 单色器。荧光分光光度计有两个单色器:激发单色器和发射单色器。荧光分光光度计中常用光栅作为色散元件,且均带有可调狭缝,以供选择合适的通带。

(3) 样品池。荧光分析用样品池需用弱荧光材料、不吸收紫外光的石英池,其形状为方形或长方形。样品池四面都经抛光处理,以减少散射光的干扰。

(4) 检测器。荧光的强度比较弱,所以要求检测器有较高的灵敏度。光电荧光分光光度计用光电池或光电管,但一般较精密的荧光分光光度计均采用光电倍增管作为检测器。

2. 磷光计

在荧光光度计上配上磷光附件,即可用于磷光测定。磷光附件主要如下。

(1) 液槽。为了实现在低温下测量磷光,需将样品溶液放置在盛液氮的石英杜瓦瓶内。

(2) 磷光镜。有些物质能同时产生荧光和磷光,为了能在荧光发射的情况下测定磷光,通常必须在激发单色器与液槽之间以及在液槽和发射单色器之间各装一个磷光镜(斩波片),并由一个同步电动机带动,如图 5-6 所示。现以转盘式磷光镜为例说明其工作原理。当两个磷光镜调节为同相时,荧光和磷光一起进入发射单色器,测到的是荧光和磷光的总强度;当两个磷光镜调节为异相时,激发光被挡住,此时,由于荧光寿命短,立即消失,而磷光的寿命长,所以测到的仅是磷光信号。利用磷光镜,不仅可以分别测出荧光和磷光,而且可以通过调节两个磷光镜的转速,测出不同寿命的荧光。这种具有时间分辨功能的装置,是磷光计的一个特点。

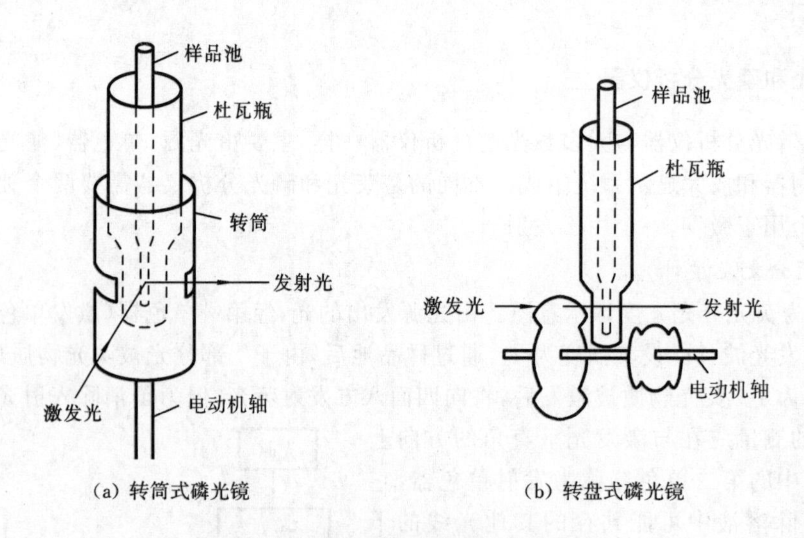

图 5-6　转筒式磷光镜和转盘式磷光镜

由于磷光是由激发三重态经禁阻跃迁返回基态,很容易受其他辐射或无辐射跃迁的干扰而使磷光减弱,甚至完全消失。为了获得较强的磷光,宜采取下列措施。

① 低温磷光。在低温如液氮(77 K)甚至液氦(4 K)的冷冻下,使样品冷冻为刚性玻璃体。这时振动耦合和碰撞等无辐射去活化作用降到最低限度,磷光增强。

② 固体磷光。在室温条件下,测量吸附在固体基质(如滤纸、硅胶等)上的待测物质所发

射的磷光，称为固体磷光法。这样可以减少激发三重态的碰撞熄灭等无辐射跃迁的去活化作用，获得较强的磷光。

③ 分子缔合物的形成。在试液中，表面活性剂与待测物质形成胶束缔合物后，可增加其刚性，减少激发三重态的内转化及碰撞熄灭等无辐射跃迁的去活化作用，增加激发三重态的稳定性，获得较强的磷光。

④ 重原子效应。如前所述，在含有重原子的溶剂中，待测物质的荧光减弱，磷光得到加强。

5.3　化学发光分析法

5.3.1　概述

化学发光又称为冷光(cold light)，它是在没有任何光、热或电场等激发的情况下，由化学反应而产生的光辐射。生命系统中也有化学发光，称为生物发光(bioluminescence)，如萤火虫、某些细菌或真菌、原生动物、蠕虫以及甲壳动物等所发射的光。化学发光分析(chemiluminescence analysis)就是利用化学反应所产生的发光现象进行分析的方法。它是近30多年来发展起来的一种新型、高灵敏度的痕量分析方法。在环境科学、生命科学及临床医学上得到越来越广泛的应用。

化学发光具有以下几个特点。

(1) 极高的灵敏度。荧光虫素(LH_2)(luciferin)、荧光素酶(luciferase)和三磷酸腺苷(ATP)的化学反应可测定 2×10^{-17} mol/L 的 ATP，可检测出一个细菌中的 ATP 含量。

(2) 仪器装置比较简单。不需要复杂的分光和光强度测量装置，一般只需要干涉滤光片和光电倍增管即可进行光强度的测量。

(3) 分析速度快。一次分析在 1 min 之内就可完成，适宜自动连续测定。

(4) 定量线性范围宽。化学发光反应的发光强度和反应物的浓度在几个数量级的范围内呈良好的线性关系。

5.3.2　化学发光分析的基本原理

化学发光是基于化学反应所提供的足够能量，使其中一种产物的分子的电子被激发成激发态，当其返回基态时发射一定波长的光。化学发光可表示为

$$A+B \longrightarrow C^* + D$$

$$C^* \longrightarrow C + h\nu$$

化学发光包括吸收化学能和发光两个过程。为此，它应具备以下条件。

(1) 化学发光反应必须能提供足够的化学能，以引起电子激发。

(2) 要有有利的化学反应机理，以使所产生的化学能用于不断地产生激发态分子。

(3) 激发态分子能以辐射跃迁的方式返回基态，而不是以热的形式消耗能量。

化学发光反应的化学发光效率 Φ_{Cl}，取决于生成激发态产物分子的化学激发效率 Φ_r 和激发态分子的发光效率 Φ_f 这两个因素。可表示为

$$\Phi_{Cl}=\frac{\text{发射光子数}}{\text{参加反应的分子数}}=\Phi_r\Phi_f$$

化学发光的发光强度 I_{Cl} 以单位时间内发射的光子数来表示，它等于化学发光效率 Φ_{Cl} 与单位时间内起反应的被测物浓度 c_A 的变化(以微分表示)的乘积，即

$$I_{Cl}(t)=\Phi_{Cl}\frac{dc_A}{dt} \tag{5-7}$$

通常，在发光分析中，被分析物的浓度与发光试剂相比要小很多，故发光试剂浓度可认为是一常数，因此发光反应可视为一级动力学反应，此时反应速率可表示为 $\frac{dc_A}{dt}=kc_A$，式中 k 为反应速率常数。由此可得：在合适的条件下，t 时刻的化学发光强度与该时刻的分析物浓度成正比，可以用于定量分析，也可以利用总发光强度 S 与被分析浓度的关系进行定量分析，此时，将式(5-7)积分，可得

$$S=\int_{t_1}^{t_2}I_{Cl}dt=\Phi_{Cl}\int_{t_1}^{t_2}\frac{dc_A}{dt}dt=\Phi_{Cl}c_A \tag{5-8}$$

如果取 $t_1=0$，t_2 为反应结束时的时间，则整个反应产生的总发光强度与分析物的浓度呈线性关系。

5.3.3　化学发光反应的类型

1. 气相化学发光

主要有 O_3、NO 和 SO_2、S、CO 的化学发光反应，应用于检测空气中的 O_3、NO、NO_2、H_2S、SO_2 和 CO_2 等。

火焰化学发光也属于气相化学发光范畴。在 300～400 ℃的火焰中，热辐射是很小的，某些物质可以从火焰的化学反应中吸收化学能而被激发，从而产生火焰化学发光。火焰化学发光现象多用于硫、磷、氮和卤素的测定。

表 5-2 给出了某些物质的气相化学发光反应或包含气体反应物的化学反应。

表 5-2　某些物质的气相化学发光分析

被测物	发光反应或系统	光谱波长范围	λ_{max}	灵敏度
O_3	O_3＋罗丹明＋没食子酸＋乙醇			
O_3	O_3＋罗丹明(吸附于硅胶上)			
O_3	$C_2H_4+O_3\longrightarrow C_2H_4O_3^*\longrightarrow C_2H_4O_3+h\nu$；$C_2H_4O_3^*\downarrow CH_2O+HCOOH$	300～500 nm	435 nm	0.003 μg/mL
NO	$NO+O_3\longrightarrow NO_2^*+O_2$；$NO_2^*\downarrow NO_2+h\nu$	600～875 nm		1 ng/mL
NO_2	先用炭覆盖的金属还原为 NO，再与 O_3 反应			
NO	$NO+O\longrightarrow NO_2^*+h\nu$	400～1 400 nm		0.001 μg/mL
CO	$CO+O\longrightarrow CO_2^*+h\nu$	300～500 nm		1 ng/mL

续表

被测物	发光反应或系统	光谱波长范围	λ_{max}	灵敏度
SO_2	$SO_2+O+O \longrightarrow SO_2^*+O_2$ $\downarrow$ $SO_2+h\nu$	190～230 nm	200 nm	0.001 μg/mL
NO NO_2	$NO+H \longrightarrow HNO^* \rightarrow HNO+h\nu$ $NO_2+H \longrightarrow NO+OH$	660～770 nm	690 nm	0.15 μg/mL
含硫化合物（SO_2、H_2S、CH_3SH、CH_3SCH_3等） SO_2+H_2S	含硫化合物$\xrightarrow{\text{富氢火焰}}$S $S+S \longrightarrow S_2^* \longrightarrow S_2+h\nu$ a. 反应同上，测硫总量 b. 氧气通过135 ℃的银管，除去H_2S后，用上述反应测SO_2的含量	350～460 nm	394 nm	0.2 ng/mL

2. 液相化学发光

液相化学发光反应在痕量分析中十分重要。常用于化学发光分析的发光物质有鲁米诺、光泽精、洛粉碱、没食子酸、过氧草酸盐等，其中鲁米诺是最常用的发光试剂，其化学名称为3-氨基苯二甲酰肼，在碱性水溶液、二甲基亚砜或二甲基甲酰胺等极性有机溶剂中能被某些氧化剂氧化，产生最大辐射波长为425 nm（水溶液）或485 nm（二甲基亚砜溶液）的光，化学发光效率为0.01～0.05。

H_2O_2、ClO^-、I_2、$K_3[Fe(CN)_6]$、MnO_4^-、Cu^{2+}等都能作氧化剂，据此建立了这些氧化剂的化学发光分析法（见表5-3）。

表5-3 鲁米诺化学发光系统的部分应用

被测物	其他反应试剂	灵敏度
H_2O_2	$[Co(NH_2)(NO_3)_2]Cl$	2 ng/mL
ClO^-	H_2O_2	1 ng/mL
I_2		1 ng/mL
Br_2		1 ng/mL
MnO_4^-	$(CH_3)_2SO$-特丁基醇	
O_2		5 ng/mL
S^{2-}	I_2	0.01 ng/mL
Co(Ⅱ)	H_2O_2	0.06 ng/mL
Cu(Ⅱ)	H_2O_2	0.002～0.1 ng/mL
Cr(Ⅲ)	H_2O_2	0.2 ng/mL
Fe(Ⅱ)	H_2O_2	0.01 ng/mL
Mn(Ⅱ)		0.5 ng/mL

续表

被测物	其他反应试剂	灵敏度
Hg(Ⅱ)	H_2O_2	
Ag(Ⅰ)	H_2O_2-Cu^{2+}-CN^-	1 ng/mL
Os(Ⅳ、Ⅴ、Ⅲ)	H_2O_2	0.2 ng/mL
Ru(Ⅲ、Ⅳ)	H_2O_2或 KIO_4	0.4 ng/mL
氨基酸	H_2O_2-Cu(Ⅱ)	$10^{-12}\sim10^{-9}$ mol/L
中药天麻素	$KMnO_4$	
$\cdot O_2^-$		
SOD	$\cdot O_2^-$	
葡萄糖	H_2O_2-铁氰酸盐	
胆甾醇	O_2/H_2O_2	0.5×10^{-6} mol/L

鲁米诺被 H_2O_2氧化的反应很慢,但许多金属离子在适当的反应条件下能增大这一发光反应的速率,在一定的浓度范围内,发光强度与金属离子浓度呈良好的线性关系,故可用于痕量金属离子的测定。这些方法的灵敏度都非常高,但由于至少有 30 种金属离子会催化或抑制该反应,会使方法的选择性不好,限制了这些方法在实际工作中的应用。

鲁米诺及其衍生物的发光反应还可以应用于有机物、药物、生物体液中的低含量激素、新陈代谢产物的测定(如表 5-3 所示)。例如:机体中的超氧阴离子 $\cdot O_2^-$,能直接与鲁米诺作用产生化学发光而被检测,灵敏度高,仪器设备简单,便于推广。机体中的超氧化物歧化酶(SOD)能促使 $\cdot O_2^-$ 歧化为 O_2 和 H_2O_2,故 SOD 对 $\cdot O_2^-$ 有清除作用,SOD 的存在使鲁米诺-$\cdot O_2^-$ 系统的化学发光受到抑制,可间接测定 SOD。

5.3.4 化学发光的测量仪器

气相化学发光反应主要用于某些气体的检测,目前已有各种专用的监测仪,本书不予进一步讨论。下面主要讨论液相化学发光反应的检测。

在液相化学发光分析中,当试样与有关试剂混合后,化学发光反应立即发生,且发光信号瞬间即消失。因此,如果不在混合过程中立即测定,就会造成光信号的损失。由于化学发光反应的这一特点,样品与试剂混合方式的重复性就成为影响分析结果精密度的主要因素。目前,按照进样方式,可将化学发光仪分为分离取样式和流动注射式两类。

1. 分离取样式化学发光仪

分离取样式化学发光仪是一种在静态下测量化学发光信号的装置。它利用移液管或注射器将试剂与样品加入反应室中,靠搅动或注射时的冲击作用使其混合均匀,然后根据发光峰面积的积分值或峰高进行定量测定。

分离取样式仪器具有设备简单、造价低、体积小和灵敏等优点,还可记录化学发光反应的全过程,特别适用于反应动力学研究。但这类仪器存在两个严重缺点:一是手工加样速度较慢,不利于分析过程的自动化,且每次测试完毕后,要排除池中废液并仔细清洗反应池,否则会产生记忆效应;二是加样的重复性不好控制,从而影响测试结果的精密度。

2. 流动注射式化学发光仪

流动注射式化学发光仪是流动注射分析在化学发光分析中的一个应用。化学发光法、原子吸收光度法和电分析化学法的许多间隙操作式的方法,都可以在流动注射分析中快速、准确而自动地进行。流动注射分析是基于把一定体积的液体试样注射到一个运动着的、无空气间隔的、由适当液体组成的连续载流中,被注入的试样形成一个带,然后被载流带到检测器中,再连续地记录其光强、吸光度、电极电位等物理参数。在化学发光分析中,被检测的光信号只是整个发光动力学曲线的一部分,以峰高来进行定量分析。

在发光分析中,要根据不同的反应速率,选择试样准确进到检测器的时间,以使发光峰值的出现时间与混合组分进入检测器的时间恰好吻合。目前,用流动注射式化学发光仪进行化学发光分析,得到比用分离取样式化学发光仪进行化学发光分析更高的灵敏度与更好的精密度。

5.4　分子发光光谱法的应用

由于被分析物中能产生荧光和磷光的化合物数量有限,并且许多化合物发射的波长相差较小,故荧光和磷光法很少用于定性分析。

光致发光可以定量分析如下三类物质:试样本身发光;试样本身不发光,但与一个荧光或磷光的试剂反应而转化为发光物;试样本身既不发光又不能转化为发光物质,但能与一个发光物质反应生成一不发光的产物。

荧光分析的校正方法一般采用外标法和标准加入法。值得注意的是,在定量测定上述三类物质时,它们的具体操作不尽相同。

在分光光度法中,由于被检测的信号为 $A=\lg(I_0/I_t)$,即当试样浓度很低时,检测器所检测的是两个较大的信号(I_0及 I_t)的微小差别,这是难以达到准确测量的。然而在荧光光度法中,被检测的是叠加在很小背景值上的荧光强度,从理论上讲,它是容易进行高灵敏度、高准确度测量的,与分光光度法相比较,荧光光度法的灵敏度要高 2～4 个数量级,常用于分析 10^{-8}～10^{-5} mol/L 范围的物质。

5.4.1　荧光分析法的应用

荧光分析法具有灵敏度高、选择性好、工作曲线线性范围宽等优点,且能提供分子的激发光谱、荧光光谱、荧光寿命、荧光效率及荧光强度等诸多信息。因此,它不但已成为一种重要的痕量分析技术,还能从不同角度为研究分子结构提供信息,使其在生物化学和药物学方面的研究中发挥重大作用。

1. 无机化合物的分析

无机化合物能直接产生荧光并用于测定的很少,但与有机试剂形成配合物后进行荧光测定的元素目前已达到 60 多种。其中铝、铍、镓、硒、钙、镁及某些稀土元素常用荧光法测定。

(1) 直接荧光法。利用金属离子或非金属离子与有机试剂生成能发荧光的配合物,通过测量配合物的荧光强度进行定量分析。

(2) 荧光熄灭法。有些无机离子不能形成荧光配合物,但它可以从金属离子与有机试剂生成的荧光配合物中夺取金属离子或与有机试剂形成更稳定的配合物,使荧光配合物的荧光强度减小,测量荧光强度减小的程度可以确定该无机离子的含量。荧光熄灭法广泛地应用于测定阴离子。

某些无机化合物的荧光测定法如表 5-4 所示。

表 5-4　某些无机化合物的荧光测定法

离　子	试　剂	λ_{ex}/nm	λ_{em}/nm	检出限/(μg/mL)	干　扰
Al^{3+}	石榴茜素 R	470	500	0.007	Be、Co、Cr、Cu、F^-、NO_3^-、Ni、PO_4^{3-}、Th、Zr
F^-	石榴茜素 R-Al 配合物(熄灭)	470	500	0.001	Be、Co、Cr、Cu、Fe、Ni、PO_4^{3-}、Th、Zr
$B_4O_7^{2-}$	二苯乙醇酮	370	450	0.04	Be、Sb
Cd^{2+}	2-(邻羟基苯)-间氮杂氧茚	365	蓝色	2	NH_3
Li^+	8-羟基喹啉	370	580	0.2	Mg
Sn^{4+}	黄酮醇	400	470	0.008	F^-、PO_4^{3-}、Zr
Zn^{2+}	二苯乙醇酮	—	绿色	10	Be、B、Sb、显色离子

2. 有机化合物的分析

(1) 脂肪族有机化合物的分析。在脂肪族有机化合物中,本身会产生荧光的并不多,如醇、醛、酮、有机酸及糖类等。但可以利用它们与某种有机试剂作用后生成会产生荧光的化合物,通过测量荧光化合物的荧光强度来进行定量分析。例如:甘油三酯是生理化验的一个项目。人体血浆中甘油三酯含量的增高被认为是心脏动脉疾病的一个标志。测定时,首先将其水解为甘油,再氧化为甲醛,甲醛与乙酰丙酮及氨反应生成会发荧光的 3,5-二乙酰基-1,4-二氢卢剔啶,其激发峰在 405 nm,发射峰在 505 nm,测定浓度范围为 400～4 000 μg/mL。

具有高度共轭系统的脂肪族化合物(如维生素 A、胡萝卜素等)本身能产生荧光,可直接测定。例如:血液中维生素 A,可用环已烷萃取后,以 345 nm 光为激发光,测量 490 nm 波长处的荧光强度,可以测定其含量。

(2) 芳香族有机化合物的分析。芳香族化合物具有共轭的不饱和系统,多能产生荧光,可直接测定。例如:3,4-苯并芘是强致癌芳烃之一。在 H_2SO_4 介质中用 520 nm 激发光测定 545 nm波长处的荧光强度,可测定其在大气及水中的含量。

此外,药物中的胺类、甾体类、抗生素、维生素、氨基酸、蛋白质、酶等大多具有荧光,可用荧光法测定。

在研究生物活性物质与核酸的作用及蛋白质的结构和机能方面,荧光分析法是重要的手段之一。某些有机化合物的荧光测定法如表 5-5 所示。

表 5-5　某些有机化合物的荧光测定法

测定物质	试　剂	λ_{ex}/nm	λ_{em}/nm	测定范围	检出限
丙三醇	三磷酸腺苷等	365	460	—	0.46 μg/mL
甲醛	乙酰丙酮	412	510	0.005～0.97	—
草酸	间苯二酚等	365	460	0.08～0.44	—
甘油三酯	乙酰丙酮等	405	505	400～4 000	—
糠醛和戊糖	蒽酮	465	505	1.5～15	—
葡萄糖	5-羟基-1-萘满酮	365	532	0～20	—

续表

测定物质	试　　剂	λ_{ex}/nm	λ_{em}/nm	测定范围	检出限
邻苯二酸	间苯二酚	紫外	绿黄色	50～5 000	—
阿脲(四氧嘧啶)	1,2-苯二胺	365	485	—	血液中 1.4×10^{-2} μg/mL
维生素 A	无水乙醇	345	490	0～2.0	—
蛋白质	曙红 Y	紫外	540	$6\times10^{-5}\sim6\times10^{-3}$	—
肾上腺素	乙二胺	420	525	0.001～0.02	—
胍基丁胺	邻苯二醛	365	470	0.05～5	—

激光、计算机和电子学等一些新的成就和新的科学技术的引入,促进了诸如同步荧光、导数荧光、时间分辨荧光、相分辨荧光、荧光偏振、荧光免疫、低温荧光、固体表面荧光等诸多新方法以及荧光反应速率法、三维荧光光谱技术和荧光光纤传感器等的发展,加速了各式各样新型的荧光分析仪器的问世,使荧光分析法不断朝着高效、痕量、微观和自动化的方向发展,其灵敏度、准确度和选择性日益提高。如今,荧光分析法已经发展成为一种重要而有效的光谱分析技术。

5.4.2 磷光分析法的应用

荧光探针技术

由于能产生磷光的物质很少,加上测量时需在液氮低温下进行,因此在应用上磷光分析远不及荧光分析普遍。但是通常具有弱荧光的物质能发射较强的磷光,如含有重原子(氯或硫)的稠环芳烃常常能发射较强的磷光,而不存在重原子的这些化合物则发射的荧光强于磷光,故在分析对象上,磷光分析法与荧光分析法互相补充,成为痕量有机分析的重要手段。磷光分析已用于测定稠环芳烃(如表 5-6 所示)和石油产物,农药、生物碱和植物生长激素的分析,药物分析和临床分析等。另外,磷光分析技术已应用于细胞生物学和生物化学的研究领域。例如:用磷光分析法检验某些生物活性物质,通过其磷光特性以研究蛋白质的构象,利用磷光以表征细胞核的组分等。

表 5-6　某些稠环芳烃室温磷光分析

化　合　物	λ_{ex}/nm	λ_{em}/nm	重原子	检出限/ng
吖啶	360	640	$Pb(Ac)_2$	0.4
苯并(a)芘	395	698	$Pb(Ac)_2$	0.5
苯并(e)芘	335	545	CsI	0.01
2,3-苯并芴	343	505	NaI	0.028
咔唑	296	415	CsI	0.005
1,2,3,4-二苯并蒽	295	567	CsI	0.08
1,2,5,6-二苯并蒽	305	555	NaI	0.005
13H-二苯并(a,i)咔唑	295	475	NaI	0.002
萤蒽	365	545	$Pb(Ac)_2$	0.05
芴	270	428	CsI	0.2
1-萘酚	310	530	NaI	0.03
芘	343	595	$Pb(Ac)_2$	0.1

5.4.3 化学发光分析法的应用

化学发光分析法最显著的特点是灵敏度高,又能进行快速连续的分析,已广泛地应用于环境监测、生物学及医学分析的各个领域。

学习小结

1. 本章基本要求

(1) 掌握分子荧光光谱法和分子磷光光谱法以及化学发光分析法的基本定义。

(2) 了解会对荧光、磷光及化学发光强度产生影响的各类因素。

(3) 了解测定分子荧光和分子磷光以及化学发光的三类光谱仪的基本组成及各部件所起的作用。

(4) 掌握三种分析方法的应用。

2. 重要内容回顾

(1) 分子激发的本质是,处于基态的分子吸收一定的能量(光能、电能、热能、化学能、生物能等)后,其价电子从能量较低的成键轨道跃迁到能量较高的反键轨道上去。由于激发态不是稳定状态,在短时间内会以各类跃迁的方式返回稳定的基态。若在这个过程中有光子的辐射产生,这就是“发光”现象。分子荧光和分子磷光均属于光致发光,两者在本质上的区别是:由激发单重态(S_1)最低振动能级至基态(S_0)各振动能级的跃迁产生的是荧光;而由激发三重态(T_1)的最低振动能级至基态各振动能级间跃迁产生的是磷光。与荧光辐射的波长相比,磷光辐射的波长较长;与荧光的寿命($10^{-9}\sim10^{-7}$ s)相比,磷光的寿命($10^{-4}\sim10$ s)也较长。

(2) 绘制荧光(磷光)化合物的激发光谱曲线,需在光源强度不变的条件下,在荧光(磷光)最大发射波长(λ_{em})一定时,改变激发光的波长,测定不同激发光的波长荧光强度的变化值,图中横坐标为激发光波长,纵坐标为荧光强度。而绘制荧光(磷光)发射光谱曲线,则需保持荧光(磷光)的最大激发波长(λ_{ex})不变,仅记录不同发射波长处的荧光(磷光)强度,图中横坐标为发射(扫描)光的波长,纵坐标为荧光强度。

(3) 荧光量子产率又称荧光效率(Φ),是指处于激发态的光子中发射荧光而回到基态的光子数与吸收能量达到激发态的光子数的比值。其数值由辐射跃迁和无辐射跃迁相对速率的大小来决定。若辐射跃迁的相对速率较大,则发射的荧光强度较大。荧光主要是由 $\pi\rightarrow\pi^*$ 跃迁产生的,当体系的共轭程度增加时,荧光效率随之增大,同时荧光波长会向长波方向移动;当分子结构刚性增强时,共平面性随之增加,荧光随之增强;吸电子基团的加入会导致荧光的减弱;此外,环境因素,如溶剂、温度、pH 值等对荧光强度也有影响。

(4) 当溶液浓度较低时,在 λ_{ex} 和 λ_{em} 保持不变的条件下荧光(磷光)的强度 $I_f(I_p)$ 可表示为

$$I_f(I_p)=Kc$$

由此可知,当发光物质的浓度较低时($\varepsilon bc\leqslant0.05$),在一定条件下,其荧光(磷光)强度与荧光(磷光)的浓度成正比,这就是荧光(磷光)定量分析的依据。

(5) 荧光分光光度计由光源、单色器、样品池和检测器等部分组成。

(6) 这种由化学反应提供激发能,使产物分子或其他共存分子产生电子激发而发光的现象称为化学发光。虽然化学发光与荧光、磷光的激发能是不同的,但三者的光谱是十分相似的。灵敏度高,对气体和痕量金属离子的检出限都可达 μg/mL 级是化学发光最突出的特点。

习　题

1. 简述分子荧光、分子磷光及化学发光产生的过程，并列出三者的相同点和不同点。
2. 简述绘制荧光(磷光)的激发光谱和发射光谱的条件和步骤，并说明两者的异同点。
3. 简述溶液荧光光谱的几个特征。
4. 比较分子荧光的发射波长与激发波长的大小，并说明原因。
5. 简述荧光(磷光)定量分析的基本原理，并写出相应的数学表达式，说明式中各物理量的意义以及影响荧光强度的因素。
6. 下列四种化合物具有较强荧光的是哪一种？为什么？

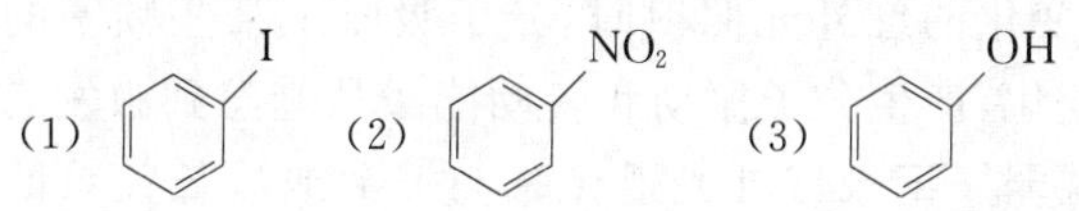

7. 简述分子荧光分析法比紫外-可见分光光度法灵敏度高、检测限低的主要原因。
8. 简述荧光计与紫外-可见分光光度计在结构上的相同点和不同点，并指出荧光计与磷光计在结构上的主要差别。
9. 简述化学发光分析法的特点，阐述发生化学发光的化学反应必须具备的主要条件。
10. 简述荧光分析法、磷光分析法和化学分析法的特点，并举例说明它们的应用领域。
11. 核黄素的吸收光谱(实线)和荧光光谱(虚线)如图 5-7 所示。进行荧光分析时，选择的激发波长和发射波长各为多少？

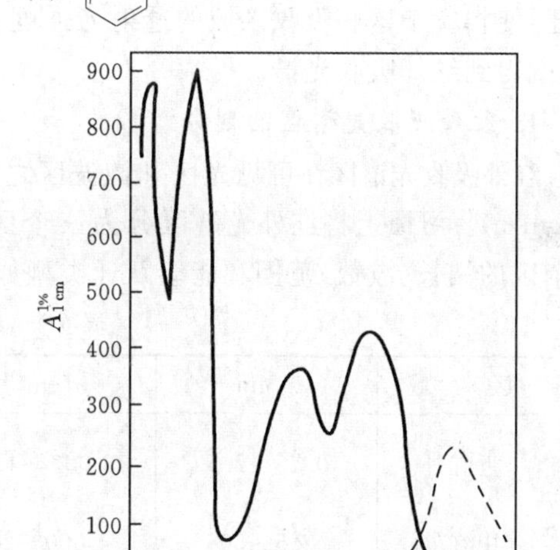

图 5-7　水中核黄素的吸收光谱和荧光光谱

参 考 文 献

[1]　孙凤霞.仪器分析[M].2 版.北京:化学工业出版社,2011.
[2]　张晓敏.仪器分析[M].杭州:浙江大学出版社,2012.
[3]　刘志广.仪器分析[M].北京:高等教育出版社,2007.
[4]　刘宇.仪器分析[M].天津:天津大学出版社,2010.
[5]　武汉大学.分析化学:下册[M].5 版.北京:高等教育出版社,2007.
[6]　陈国珍.荧光分析法[M].3 版.北京:科学出版社,2006.

第6章 红外吸收光谱分析法
Infrared Absorption Spectroscopy, IR

6.1 红外吸收光谱分析法概述

红外吸收光谱分析法简称为红外光谱法。它是依据物质对红外辐射的特征吸收建立起来的一种光谱分析方法。当样品受到频率连续变化的红外光照射时，分子吸收了某些频率的辐射，并由其振动或转动运动引起偶极矩的净变化，产生分子振动和转动能级从基态到激发态的跃迁，使相应于这些吸收区域的透射光强度减弱。记录红外光透光率与波数或波长关系的曲线，就得到红外吸收光谱。

1. 红外吸收光谱区的划分

红外吸收光谱区在可见光区和微波区之间，其波长范围大致为 0.75～1 000 μm (12 800～10 cm^{-1})。习惯上将红外光谱区分为三个区：近红外光谱区、中红外光谱区、远红外光谱区。三个区的波长(波数)范围和能级跃迁类型如表 6-1 所示。

表 6-1 红外吸收光谱区

区 域	λ/μm	σ/cm^{-1}	能级跃迁类型
近红外	0.75～2.5	13 000～4 000	O－H、N－H 及 C－H 键伸缩振动的倍频吸收
中红外	2.5～50	4 000～200	分子振动、转动
远红外	50～1 000	200～10	分子骨架振动、转动

2. 红外吸收光谱的特点及红外吸收光谱的发展状况

紫外、可见吸收光谱是电子-振-转光谱，常用于研究不饱和有机化合物，特别是具有共轭系统的有机化合物。红外吸收光谱具有波长长和能量低的特点，物质分子吸收红外光后，只能引起振动和转动能级的跃迁，不会引起电子能级跃迁，所以，红外吸收光谱又称为振动-转动光谱。红外吸收光谱主要研究在振动-转动中伴随有偶极矩变化的化合物，除单原子和同核分子(如 Ne、He、O_2、H_2等)之外，几乎所有的有机化合物在红外光区都有吸收。红外吸收带的波长位置与吸收谱带的强度反映了分子结构的特点，可以用来鉴定未知物的结构组成或确定其化学基团，因而红外吸收光谱最重要和最广泛的用途是对有机化合物进行结构分析；而吸收谱带的吸收强度与分子组成或其化学基团的含量有关，可以进行定量分析和纯度鉴定。红外吸收光谱分析对气体、液体、固体试样都适用，具有用量少、分析速度快、不破坏试样等特点。红外吸收光谱分析法与紫外吸收光谱分析法、质谱法和核磁共振波谱法一起，被称为四大谱学方法，已成为有机化合物结构分析的重要手段。

19 世纪初，人们通过实验证实了红外光的存在。20 世纪初，人们进一步系统地了解了不同官能团具有不同红外吸收频率这一事实。1947 年以后出现了自动记录式红外吸收光谱仪。1960 年出现了光栅代替棱镜作色散元件的第二代红外吸收光谱仪，但它仍是色散型的仪器，分辨率、灵敏度还不够高，扫描速度慢。随着计算机科学的进步，1970 年以后出现了傅里叶变换红外吸收光谱仪。基于光相干性原理而设计的干涉型傅里叶变换红外吸收光谱仪，解决了光栅型仪器固有的弱点，使仪器的性能得到极大的提高。近年来，用可调激光作为红外光源代替单色器，成功研制了激光红外吸收光谱仪，扩大了应用范围，它具有更高的分辨率、更高的灵敏度，这是第四代仪器。现在红外吸收光谱仪还与其他仪器（如气相色谱、高效液相色谱）联用，更加扩大了应用范围。利用计算机存储及检索光谱，并和 AI 软件相结合，分析更为方便、快捷。因此，红外吸收光谱已成为现代分析化学和结构化学不可缺少的重要工具。

3. 红外吸收光谱图的表示方法

红外吸收光谱中，可用波长 λ、频率 ν 和波数 σ 来表示吸收谱带的位置。由于分子振动的频率数值较大（数量级一般为 10^{13}），使用起来不方便，通常选用波长 $\lambda(\mu m)$ 或波数 $\sigma(cm^{-1})$ 来表示，它们之间的关系为

$$\sigma(cm^{-1}) = \frac{10^4}{\lambda(\mu m)} \tag{6-1}$$

$$E = h\nu = hc\sigma \tag{6-2}$$

能量与波数成正比，因此，常用波数作为红外吸收光谱图的横轴标度。红外吸收光谱图的纵坐标表示红外吸收的强弱，常用透光率（T）表示，T-σ 图上吸收曲线的峰尖向下，聚苯乙烯的红外吸收光谱图如图 6-1 所示。

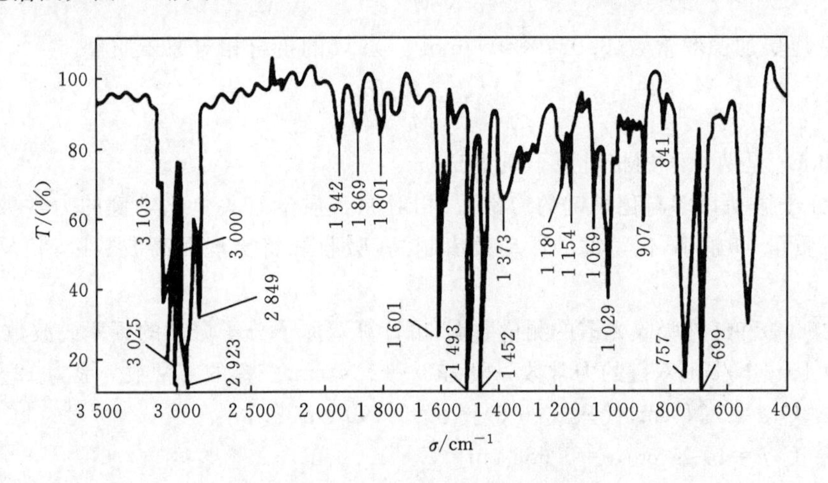

图 6-1　聚苯乙烯的红外吸收光谱图

6.2　红外吸收光谱分析的基本原理

红外吸收光谱分析法是通过研究物质结构与红外吸收之间的关系，进而实现对未知试样的定性鉴定和定量测定的一种分析方法。红外吸收光谱用吸收峰谱带的位置和强度来表征。吸收峰出现的位置由振动能级差决定，吸收峰的个数与分子振动自由度的数目有关，吸收峰的强度则主要取决于分子振动和转动过程中偶极矩的变化以及能级的跃迁概率。

6.2.1　分子振动的形式及振动光谱

1. 双原子分子的振动

（1）谐振子振动。最简单双原子分子的振动，可用一个弹簧两端连接质量为 m_1 与 m_2 的两

个小球的谐振子来模拟,化学键的强度可用弹簧的力常数 k 表示。原子在平衡位置附近的伸缩振动,可近似看成一个简谐振动。量子力学证明,分子振动的总能量为

$$E_{振} = (\upsilon + \frac{1}{2})h\nu \tag{6-3}$$

式中:$\upsilon=0,1,2,\cdots$,称为振动量子数;ν 为振动频率。

根据虎克(Hooke)定律,分子简谐振动的频率计算公式为

$$\nu = \frac{1}{2\pi}\sqrt{\frac{k}{\mu}} \tag{6-4}$$

用波数 $\sigma(cm^{-1})$ 表示,式(6-4)可改写成

$$\sigma = \frac{1}{2\pi c}\sqrt{\frac{k}{\mu}} \tag{6-5}$$

式中:k 是化学键的力常数,单位为 N/cm,c 为光速,其值为 2.998×10^{10} cm/S。

$\mu=\frac{m_1 m_2}{m_1+m_2}$,$\mu$ 为原子质量单位(u,1 u=1.66×10^{-24} g)。

根据小球的质量和相对原子质量之间的关系,式(6-5)可写成

$$\sigma = \frac{N_A^{1/2}}{2\pi c}\sqrt{\frac{k}{M}} = 1303\sqrt{\frac{k}{M}} \tag{6-6}$$

式中:N_A 是阿伏加德罗常数(6.022×10^{23} mol $^{-1}$);M 的折合相对原子质量。

$$M=\frac{M_1 M_2}{M_1+M_2}$$

式中:M_1 和 M_2 是两原子的相对原子质量。

可见,分子振动频率与化学键的力常数、相对原子质量有关。化学键的力常数 k 越大,折合相对原子质量 M 越小,化学键的振动频率越高,吸收峰将出现在高波数区;相反,则出现在低波数区。

根据式(6-6)和红外吸收光谱的测量数据,可计算双原子分子振动的频率或波数。单键的力常数一般为 4~6 N/cm,双键的力常数一般为 8~12 N/cm,三键的力常数一般为 12~18 N/cm。

对于C—C,k=5 N/cm,代入式(6-6)得 σ=1 190 cm^{-1};

对于C═C,k=10 N/cm,σ=1 683 cm^{-1};

对于C≡C,k=15 N/cm,σ=2 062 cm^{-1}。

从式(6-6)计算出的结果与实验测定值基本相符。

对于具有相同化学键的基团来说,振动频率取决于原子质量,如C—C、C—N、C—O键的力常数相近,原子折合质量不同,其大小顺序为C—C<C—N<C—O,故这三种键的基频振动峰分别出现在 1 430 cm^{-1}、1 330 cm^{-1}和 1 280 cm^{-1}左右。

通常情况下,分子大多处于基态振动,一般极性分子吸收红外光主要属于基态(υ=0)到第一激发态(υ=1)之间的跃迁,即 $\Delta\upsilon=1$,其能量的变化为

$$\Delta E = \Delta\upsilon h\nu = h\nu \tag{6-7}$$

吸收光子的能量 $h\nu_a$ 必须恰好等于该能量差,即红外辐射的能量与分子中振动能级跃迁所需能量相当时才能产生吸收光谱,分子才能吸收红外辐射而跃迁至激发态。因此 $\nu_a=\nu$,即基频谱带的频率与分子振动频率相等。

分子振动必须伴随偶极矩的变化才能产生红外跃迁,红外跃迁是偶极矩诱导的。分子由于构成它的原子的电负性不同,而显示不同的极性,通常用分子的偶极矩来描述分子极性的大

小。当极性分子处在电磁辐射的电场中时，具有一定的固有振动频率。当辐射频率与固有频率相匹配时，分子才与辐射相互作用由原来的基态振动能级跃迁到较高的振动能级。因此，并非所有的振动都会产生红外吸收，只有偶极矩变化的振动才能引起可观测的红外吸收光谱。

非极性的同核双原子分子振动过程中，偶极矩不发生变化，$\Delta \upsilon = 0$，$\Delta E_{振} = 0$，故无振动吸收，为非红外活性。

(2) 非谐振子振动。实际上双原子分子并非理想的谐振子，用式(6-6)计算的基频只是一个近似值。从量子力学得到的非谐振子基频吸收带的位置 σ' 为

$$\sigma' = \sigma - 2\sigma X \tag{6-8}$$

式中：X 为非谐振子常数。从式(6-8)可以看出，非谐振子的双原子分子的真实吸收峰比按谐振子处理时低 $2\sigma X$ 波数。所以，用式(6-6)计算的基频峰位，比实测值大。

由 $\upsilon=0$ 跃迁到 $\upsilon=1$ 产生的吸收谱带称为基本谱带或称为基频峰；由 $\upsilon=0$ 跃迁到 $\upsilon=2$，$\upsilon=3$……产生的吸收谱带分别称为第一、第二……倍频峰。由于分子实际振动能级不是等间距的，倍频峰的频率并不是基频峰频率的整数倍，而是略小一些。一般情况下基频峰最强，倍频峰则要弱得多。

2. 多原子分子的振动

(1) 振动的基本类型。多原子分子的振动，包括双原子分子沿其核-核的伸缩振动，以及能引起键角参数变化的各种变形振动。因此，一般将振动形式分为两类：伸缩振动和变形振动。

伸缩振动是指原子沿着键轴方向伸缩使键长发生周期性变化的振动，即振动时键长发生变化，键角不变。伸缩振动又分为对称伸缩振动和不对称伸缩振动。对称伸缩振动频率用符号 σ_s 表示，振动时各键同时伸长和缩短。不对称伸缩振动频率用符号 σ_{as} 表示，振动时某些键伸长而另外的键则缩短。对同一基团来说，不对称伸缩振动的频率要稍高于对称伸缩振动的频率。

变形振动又称为弯曲振动，是指键角发生变化的振动，其基团键角发生周期变化，而键的长度不变。它又分为面内弯曲振动和面外弯曲振动。面内弯曲振动的振动方向位于分子的平面内，而面外弯曲振动则是在垂直于分子平面方向上的振动。

面内弯曲振动又分为剪式振动和平面摇摆振动。两个原子在同一平面内彼此相向弯曲称为剪式振动，其频率用 δ 表示；若键角不发生变化，两个原子只是作为一个整体在平面内左右摇摆，称为平面摇摆振动，其频率用符号 ρ 表示。

面外弯曲振动也分为两种：一种是面外摇摆振动，振动时基团作为整体垂直于分子平面前后摇摆，键角基本不发生变化，其频率用符号 ω 表示；另一种是扭曲振动，两个原子在垂直于分子平面的方向上前后相反地来回扭动，其频率用符号 τ 表示。

亚甲基($—CH_2—$)的基本振动形式如图 6-2 所示。

(2) 基本振动的理论数。多原子分子振动形式的多少可以用振动自由度来描述。每个振动自由度相应于红外吸收光谱图上一个基频吸收带。分子的总自由度等于确定分子中各原子在空间的位置所需坐标的总数。在空间确定一个原子的位置，需要 3 个坐标(x、y、z)。当分子由 n 个原子组成时，则需要 $3n$ 个坐标或自由度才能确定其 n 个原子的位置。对于 n 个原子构成的分子整体，其分子自由度(或坐标)的总数，应该等于平动、转动和振动自由度的总和。

$$3N = 平动自由度 + 转动自由度 + 振动自由度$$

由于分子的质心向任何方向移动都可分解为三个坐标方向的移动，所以分子有 3 个平动

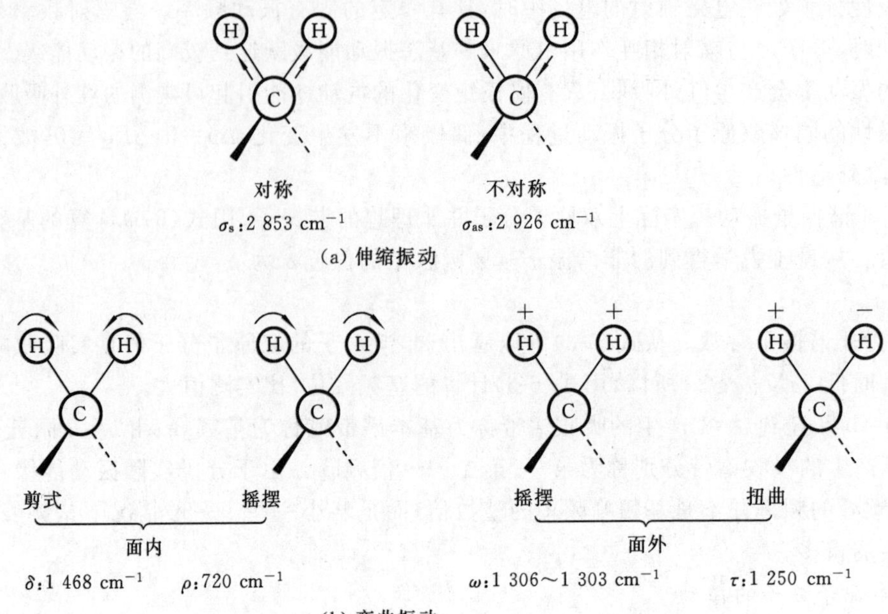

图 6-2　亚甲基的基本振动形式

自由度，如图 6-3 所示。转动自由度是由原子通过其质心的轴转动引起的。只有原子在空间的位置发生改变的转动，才能形成一个转动自由度。因此，分子的振动自由度等于分子总自由度减去转动自由度和平动自由度。

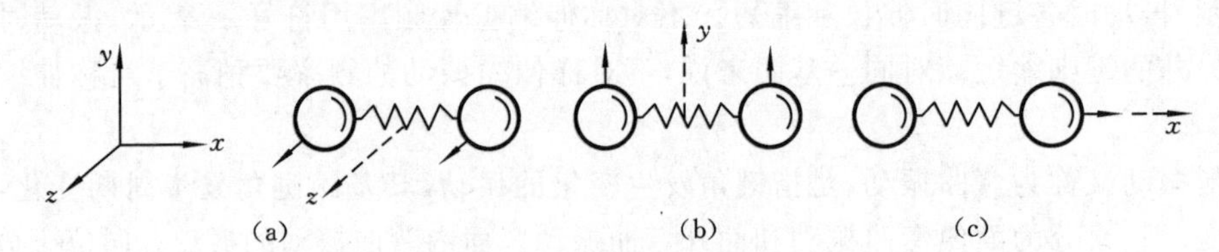

图 6-3　分子平移示意图

$$振动自由度=3N-(转动自由度+平动自由度)$$

线性分子围绕 x、y、z 轴的转动如图 6-4 所示，从图中可以看出，若贯穿所有原子的轴是在 x 方向，则整个分子只能绕 y、z 轴转动，才能引起原子位置改变，各形成一个转动自由度，分子绕 x 轴转动，原子的位置没有改变，不能形成转动自由度。故

$$线性分子的振动自由度=3N-(3+2)=3N-5$$

非线性分子(如 H_2O)围绕 x、y、z 轴的转动如图 6-5 所示。由于非线性分子(如 H_2O)围绕 x、y、z 轴转动均能改变原子位置，都能形成转动自由度。故

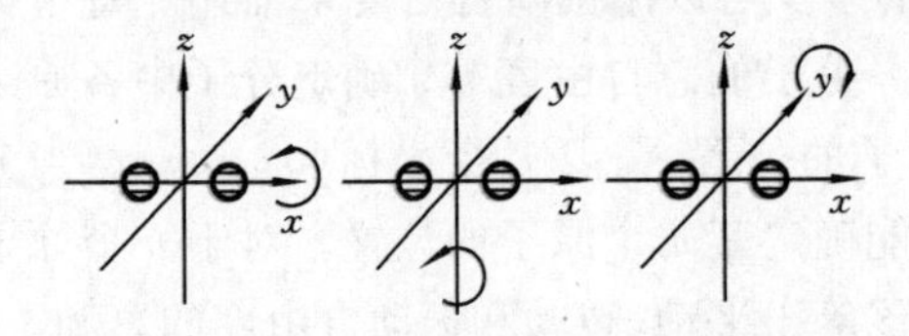

图 6-4　线性分子围绕 x、y、z 轴的转动

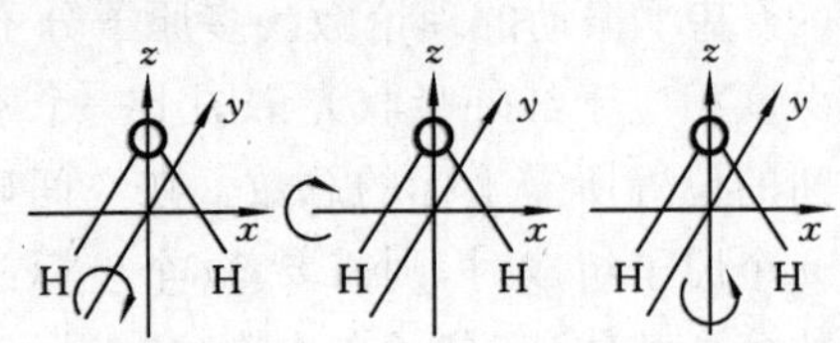

图 6-5　非线性分子(H_2O)围绕 x、y、z 轴的转动

$$非线性分子的振动自由度=3N-(3+3)=3N-6$$

6.2.2　红外吸收光谱的产生条件和谱带强度

1. 分子吸收红外辐射的条件

(1) 红外光的频率与分子中某基团的振动频率一致。根据振动光谱的跃迁选律，当红外辐射能量刚好满足振动跃迁所需能量时，即可能发生振动跃迁，产生红外吸收。

(2) 只有能使分子偶极矩发生变化的振动形式才能吸收红外辐射。振动过程中偶极矩不发生变化的振动形式，无法接受电磁波的能量，不产生红外吸收。完全对称分子，没有偶极矩变化，辐射不能引起共振，无红外活性，如 N_2、O_2、Cl_2 等；非对称分子有偶极矩，属红外活性，如 HCl 。

理论上计算的一个振动自由度，在红外吸收光谱上相应产生一个基频吸收带。实际上，绝大多数化合物在红外吸收光谱图上出现的峰数远小于理论上计算的振动数，原因有以下几点。

① 没有偶极矩变化的振动，不产生红外吸收，即非红外活性。

② 相同频率的振动吸收重叠，发生简并，只有一个吸收峰。

③ 有些吸收峰特别弱或彼此十分接近，仪器检测不出或分辨不出。

④ 有些吸收带落在仪器检测范围之外。

例如：线性分子 CO_2，理论上计算基本振动数为 $3N-5=4$。其具体振动形式如下。

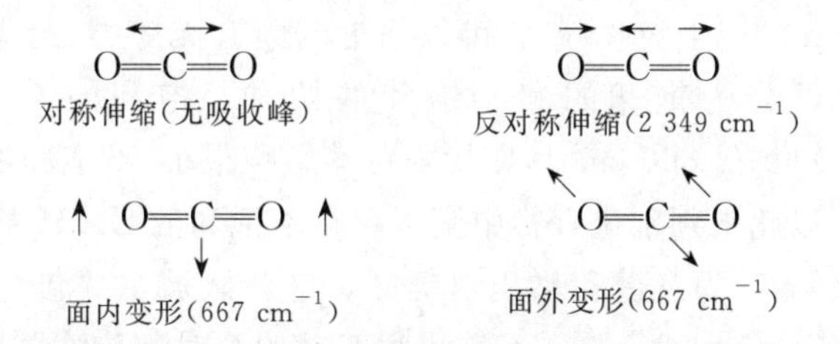

由于二氧化碳对称伸缩振动偶极矩变化为零，不产生吸收，而面内变形和面外变形振动的吸收频率完全一样，发生简并，因此，在二氧化碳的红外谱图上只出现 667 cm^{-1} 和2 349 cm^{-1} 两个基频吸收峰。

2. 影响吸收峰强度的因素

振动能级的跃迁概率和振动过程中偶极矩的变化是影响吸收峰强度的两个主要因素。从基态向第一激发态跃迁时，跃迁概率大，因此，基频吸收带一般较强。而从基态向第二激发态的跃迁，虽然偶极矩的变化大，但能级跃迁的概率小，因此，倍频吸收带相对较弱。振动过程中偶极矩的变化越大，吸收就越强。而偶极矩与分子结构的对称性有关，分子的对称性越高，振动中分子偶极矩变化就越小，红外吸收光谱吸收带的强度就越弱。例如：C═O基在伸缩振动时偶极矩变化很大，C═O基是红外吸收光谱图中最强的吸收带；而C═C基在伸缩振动时偶极矩变化很小，C═C基的红外吸收强度就较弱。三氯乙烯的吸收光谱中有 σ(C═C)峰，而四氯乙烯则不出现 σ(C═C)峰。

在红外吸收光谱中，按摩尔吸光系数 ε(L/(mol · cm))的大小来划分吸收峰的强弱等级，其具体划分情况如下。

$\varepsilon \geqslant 100$ L/(mol · cm)	非常强峰(vs)
20 L/(mol · cm) $\leqslant \varepsilon <$ 100 L/(mol · cm)	强峰(s)
10 L/(mol · cm) $\leqslant \varepsilon <$ 20 L/(mol · cm)	中强峰(m)

$1\ L/(mol\cdot cm)<\varepsilon<10\ L/(mol\cdot cm)$　　弱峰(w)

6.2.3 红外吸收峰与分子结构的关系

利用振动方程式(6-6)只能计算简单分子中的化学键的基本频率的近似值。对于多原子分子的红外吸收光谱和分子结构的关系,实际上还是通过大量的标准样进行测试研究。实践表明:组成分子的各种基团(如O—H、N—H、C—H、C═C、C≡C、C═O等)都有其特定的红外吸收区域,分子中其他部分对其吸收位置影响较小。可以认为力常数从一个分子到另一个分子的改变不会很大,因此在不同分子内,和一个特定的基团有关的振动频率基本上是相同的。通常把这种能代表基团存在、并有较高强度的吸收谱带的频率称为基团频率,其所在的位置一般称为特征吸收峰。按照光谱特征与分子结构的关系,红外吸收光谱可分为基频区(或官能团区)和指纹区。

1. 基频区

4 000～1 300 cm^{-1}区域的峰是由 X－H(X 为 O、N、C 等)单键的伸缩振动,以及各种双键、三键的伸缩振动所产生的吸收带。由于基团吸收峰一般位于此高频范围,并且在该区内峰较稀疏,因此它是基团鉴定工作最有价值的区域,称为基频区(或官能团区)。

基频区又可分为三个区域。

(1) 4 000～2 500 cm^{-1}为 X－H 伸缩振动区。X 可以是 O、N、C 或 S 原子,O－H 伸缩振动在 3 650～3 200 cm^{-1}产生吸收峰,它可以作为判断有无醇类、酚类和有机酸类的重要依据。C－H 伸缩振动可分为饱和的和不饱和的两种。饱和的 C—H 伸缩振动出现在 3 000 cm^{-1}以下,在 3 000～2 800 cm^{-1},取代基对其影响很小;不饱和的 C—H 伸缩振动出现在 3 000 cm^{-1}以上,常以此来判别化合物中是否存在不饱和的 C—H 基团。

(2) 2 500～2 000 cm^{-1}为三键和累积双键区。这一区域主要包括C≡C、C≡N等三键的伸缩振动频率区,以及C═C═C、C═C═O等累积双键的不对称伸缩振动频率区。对于炔类化合物,分为 R—C≡CH 和 R—C≡C—R′两种类型,前者在 2 140～2 100 cm^{-1}附近,后者在 2 260～2 190 cm^{-1}附近。如果 R ═R′,分子为对称结构,无红外活性。—C≡N 基的伸缩振动在非共轭的情况下出现在 2 260～2 240 cm^{-1}附近。当与不饱和键或芳核共轭时,该峰出现在 2 230～2 220 cm^{-1}附近。

(3) 2 000～1 300 cm^{-1}为双键伸缩振动区。这一区域主要是C═O和C═C键伸缩振动频率区。C═O伸缩振动出现在 1 900～1 650 cm^{-1},是红外吸收光谱中很具特征性的且往往是最强的吸收谱带,以此很容易判断酮类、醛类、酸类、酯类以及酸酐等有机化合物。C═C伸缩振动出现在 1 680～1 620 cm^{-1},一般较弱。对于含有 C ═C 的分子,如

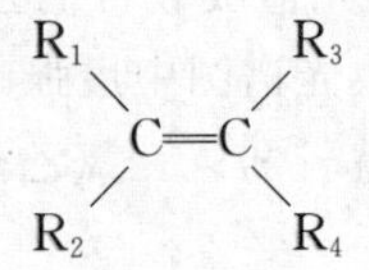

键的吸收强度与分子中四个基团 R_1、R_2、R_3 及 R_4 的差异大小及分子对称性有关。如果四个基团相似或相同,则 C ═C 的吸收很弱,甚至是非红外活性的。单环芳烃的C═C伸缩振动出现在 1 600 cm^{-1}和1 500 cm^{-1}附近,有 2～4 个峰,这是芳环骨架的特征谱带,用于确认有无芳环存在;苯的衍生物的泛频谱带,出现在 2 000～1 650 cm^{-1}范围,虽然强度很弱,但它们的吸收特征对表征芳环取代类型有一定的作用。

2. 指纹区

1 300～400 cm^{-1}区域称为指纹区，该区的能量比官能团区低，各种单键的伸缩振动，以及多数基团的变形振动均在此区出现。该区的吸收光谱较为复杂，当分子结构稍有不同时，该区的吸收就有细微的差异。这种情况就像每个人都有不同的指纹一样，因而称为指纹区。指纹区对于区别结构类似的化合物很有帮助。

指纹区可分为两个波段。

(1) 1 300～900 cm^{-1}。这一区域包括C—O、C—N、C—F、C—P、C—S、P—O、Si—O等键的伸缩振动频率区和C═S、S═O、P═O等双键的伸缩振动频率区以及一些变形振动频率区。其中甲基(—CH_3)的对称变形振动出现在 1 380 cm^{-1}附近，对判断甲基很有价值；C—O的伸缩振动出现在 1 300～1 000 cm^{-1}范围，是该区域最强的峰，也易识别。

(2) 900～400 cm^{-1}。这一区域的吸收峰可用来确认化合物的顺反构型。例如：烯烃的═C—H面外弯曲振动的吸收峰位置取决于双键的取代情况，反式构型 $\begin{array}{ccc}H & & R\\ & C{=}C & \\ R & & H\end{array}$ 的吸收谱带出现在 990～970 cm^{-1}，而顺式构型 $\begin{array}{ccc}H & & H\\ & C{=}C & \\ R & & R\end{array}$ 的吸收谱带出现在 690 cm^{-1}附近。利用本区域中苯环的C—H面外变形振动吸收峰和 2 000～1 667 cm^{-1}区域苯的倍频或组合频吸收峰，可以共同配合来确定苯环的取代类型。图 6-6 给出了几种不同的苯环取代类型在这两个区域的吸收峰图形。

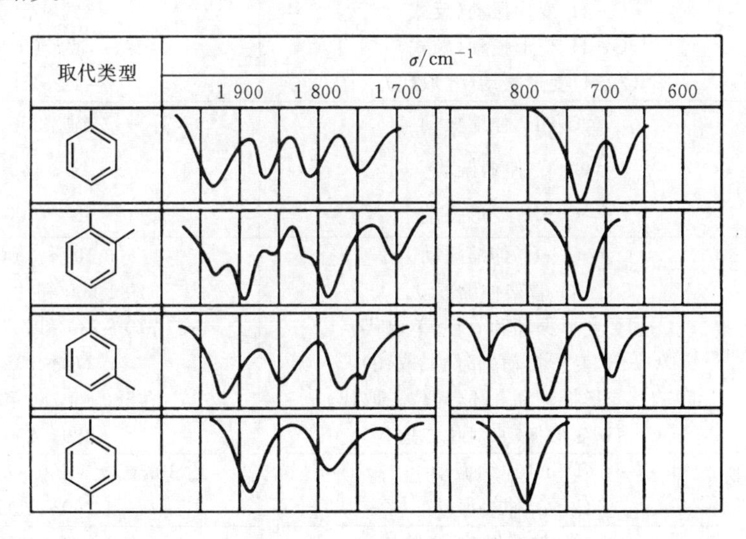

图 6-6　苯环取代类型在 2 000～1 670 cm^{-1}和 900～600 cm^{-1}的图形

6.2.4　化合物的特征基团频率及影响基团频率位移的因素

1. 主要基团特征吸收峰

在红外吸收光谱中，任一官能团由于存在伸缩振动（某些官能团同时存在对称和不对称伸缩振动）和多种弯曲振动，因此会在红外谱图的不同区域显示出几个相关吸收峰，所以，只有当几处应该出现吸收峰的地方都显示吸收峰时，才能得出该官能团存在的结论。例如：—C—OH 除在 3 700～3 600 cm^{-1}有O—H伸缩振动吸收外，还应在 1 450～1 300 cm^{-1} 和 1 160～1 000 cm^{-1}分别有O—H面内变形振动和C—O伸缩振动。这两个峰的出现，进一步证实了—C—OH的存在。因此，用红外吸收光谱来确定化合物是否存在某种官能团时，应该首先注意官能团区它的特征峰是否存在，同时还应找出它们的相关峰作为旁证。表 6-2 中列出了典型化合物重要基团波数范围，以供参考。

表 6-2　典型化合物重要基团波数范围

化合物类型	振动形式	波数范围/cm^{-1}
烷烃	C—H 伸缩振动	2 975～2 800
	CH_2变形振动	约 1 465
	CH_3变形振动	1 385～1 370
	CH_2变形振动(4 个以上)	约 720
烯烃	═CH 伸缩振动	3 100～3 010
	C═C 伸缩振动(孤立)	1 690～1 630
	C═C 伸缩振动(共轭)	1 640～1 610
烯烃	C—H 面内变形振动	1 430～1 290
	C—H 变形振动(—CH═CH_2)	约 990 和约 910
	C—H 变形振动(反式)	约 970
	C—H 变形振动(顺式)	约 700
	C—H 变形振动(三取代)	约 815
炔烃	≡C—H 伸缩振动	约 3 300
	C≡C 伸缩振动	约 2 150
	≡C—H 变形振动	650～600
芳烃	═C—H 伸缩振动	3 100～3 000
	C═C 骨架伸缩振动	约 1 600 和约 1 500
	C—H 变形振动和 δ 环(单取代)	770～730 和 715～685
	C—H 变形振动(邻位二取代)	770～735
	C—H 变形振动和 δ 环(间位二取代)	约 880、约 780 和约 690
	C—H 变形振动(对位二取代)	850～800
醇	O—H 伸缩振动	约 3 650 或 3 400～3 300(氢键)
	C—O 伸缩振动	1 260～1 000
醚	C—O—C 伸缩振动(脂肪族)	1 300～1 000
	C—O—C 伸缩振动(芳香族)	约 1 250 和约 1 120
醛	O═C—H 伸缩振动	约 2 820 和约 2 720
	C═O 伸缩振动	约 1 725
酮	C═O 伸缩振动	约 1 715
	C—C 伸缩振动	1 300～1 100

续表

化合物类型	振动形式	波数范围/cm^{-1}
酸	O—H 伸缩振动	3 400～2 400
	C═O 伸缩振动	1 760 或 1 710(氢键)
	C—O 伸缩振动	1 320～1 210
	O—H 变形振动	1 440～1 400
	O—H 面外变形振动	950～900
酯	C═O 伸缩振动	1 750～1 735
	C—O—C 伸缩振动(乙酸酯)	1 260～1 230
	C—O—C 伸缩振动	1 210～1 160
酰卤	C═O 伸缩振动	1 810～1 775
	C—Cl 伸缩振动	730～550
酸酐	C═O 伸缩振动	1 830～1 800 和 1 775～1 740
	C—O 伸缩振动	1 300～900
胺	N—H 伸缩振动	3 500～3 300
	N—H 变形振动	1 640～1 500
	C—N 伸缩振动(烷基碳)	1 200～1 025
	C—N 伸缩振动(芳基碳)	1 360～1 250
	N—H 变形振动	约 800
酰胺	N—H 伸缩振动	3 500～3 180
	C═O 变形振动(伯酰胺)	1 680～1 630
	N—H 变形振动(伯酰胺)	1 640～1 550
	N—H 变形振动(仲酰胺)	1 570～1 515
酰胺	N—H 面外变形振动	约 700
卤代烃	C—F 伸缩振动	1 400～1 000
	C—Cl 伸缩振动	785～540
	C—Br 伸缩振动	650～510
	C—I 伸缩振动	600～485
氰基化合物	C≡N 伸缩振动	约 2 250
硝基化合物	—NO_2 (脂肪族)	1 600～1 530 和 1 390～1 300
	—NO_2 (芳香族)	1 550～1 490 和 1 355～1 315

2. 影响基团频率位移的因素

分子中各基团的振动并不是孤立的,通常受到分子中其他部分,特别是邻近基团的影响,有时还受到溶剂、测定条件等外部因素的影响。因此,了解基团振动频率的影响因素,对于解析红外吸收光谱和推断分子的结构是非常有用的。引起基团频率位移的因素大致可分成两类,即内部因素和外部因素。

(1) 内部因素。

① 诱导效应(inductive effect,又称为 I 效应)。由于取代基具有不同的电负性,通过静电诱导效应,引起基团中电荷分布的变化,从而改变了键的力常数,使键或基团的特征频率发生位移。例如:当有电负性较强的元素与羰基上的碳原子相连时,由于诱导效应,就会发生氧原子上电子转移:R—C(═Ö)→Cl,导致C═O键的力常数变大,C═O的振动频率升高,吸收峰向高波

数方向移动。元素的电负性越强，诱导效应越强，吸收峰向高波数移动的程度越显著。

	R—C(=O)—R	R←C(=O)→Cl	Cl←C(=O)→Cl	F←C(=O)→F
$\sigma_{C=O}/cm^{-1}$	1 715	1 800	1 820	1 928

② 中介效应(medium effect，又称为 M 效应)。当含有孤对电子的原子(如 O、N、S 等)与具有多重键的原子相连时，孤对电子和多重键形成 n-π 共轭作用，称为中介作用。例如：R—C(=O)—NH_2 中氮有孤对电子，和C═O双键形成共轭作用，使C═O键的力常数减小，振动频率向低波数方向位移到 1 650 cm^{-1} 左右。事实上，在酰胺分子中，除了氮原子的中介效应外，还同时存在诱导效应，由于氮原子的电负性比碳原子大，会增加C═O键的力常数。对同一基团来说，若诱导效应 I 和中介效应 M 同时存在，则振动频率最后位移的方向和程度，取决于这两种效应的净结果。当 I 效应＞M 效应时，振动频率向高波数方向移动；反之，振动频率向低波数方向移动。

	R—C(=O)→$\ddot{O}$R	R—C(=O)—R′	R—C(=O)→$\ddot{S}$R
$\sigma_{C=O}/cm^{-1}$	1 735	1 715	1 690
	(I 效应＞M 效应)		(I 效应＜M 效应)

③ 共轭效应(conjugative effect，又称为 C 效应)。共轭效应使共轭系统中电子云分布密度平均化，使共轭双键的电子云密度比非共轭双键的电子云密度低，共轭双键略有伸长，力常数减小，因而振动频率向低波数方向移动。

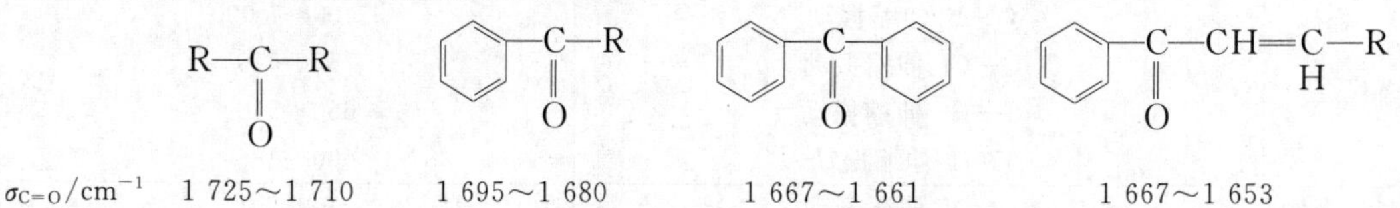

$\sigma_{C=O}/cm^{-1}$	1 725～1 710	1 695～1 680	1 667～1 661	1 667～1 653

④ 氢键(hydrogen bonding)。氢键的形成使电子云密度平均化，从而使振动频率下降，谱带变宽。例如：羰基和羟基之间容易形成氢键，当羧酸处在气态或在非极性溶剂中时，游离分子的羰基伸缩振动出现在 1 760 cm^{-1}；当羧酸处于液体和固体中时，一般以二聚体形式存在，振动频率降到 1 700 cm^{-1}左右。氢键可分为分子间氢键和分子内氢键。

分子间氢键与溶液的浓度和溶剂的性质有关。例如：以 CCl_4 为溶剂测定乙醇的红外吸收光谱，当乙醇浓度小于 0.01 mol/L 时，分子间不形成氢键，只显示游离 OH 的吸收(3 640 cm^{-1})；但随着溶液中乙醇浓度的增加，游离羟基的吸收减弱，二聚体(3 515 cm^{-1})和多聚体(3 350 cm^{-1})的吸收相继出现，并显著增加。当乙醇浓度为 1.0 mol/L 时，主要以多缔合形式存在，如图 6-7 所示。分子内氢键不受溶液浓度的影响。因此，采用改变溶液浓度的办法进行测定，可以与分子间氢键区别。

⑤ 空间效应(steric effect)：由于空间立体障碍，羰基与双键之间的共轭受邻位取代基的限制，致使 $\sigma_{C=O}$向高波数区移动。

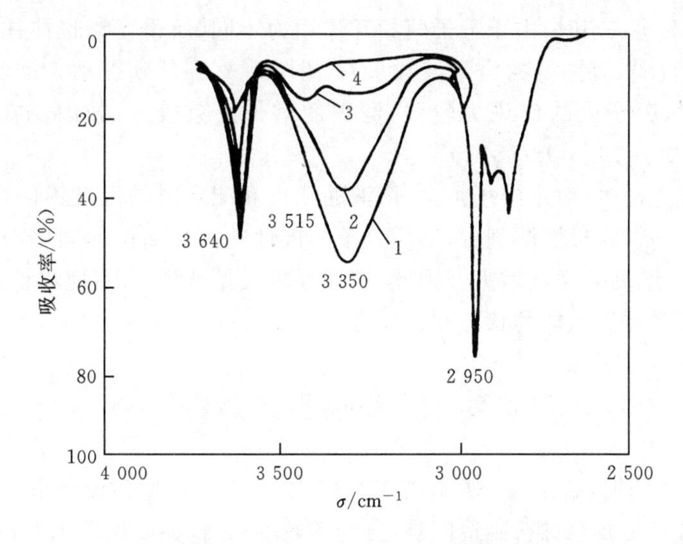

图 6-7　不同浓度乙醇在 CCl_4 溶液中的红外吸收光谱片段

1—1.0 mol/L；2—0.25 mol/L；3—0.10 mol/L；4—0.01 mol/L

$\sigma_{C=O}$　1 663 cm^{-1}　　　$\sigma_{C=O}$　1 693 cm^{-1}

⑥环的张力效应(ring strain)：环状化合物随着环元素的减少，环张力增加，$\sigma_{C=O}$就越高。

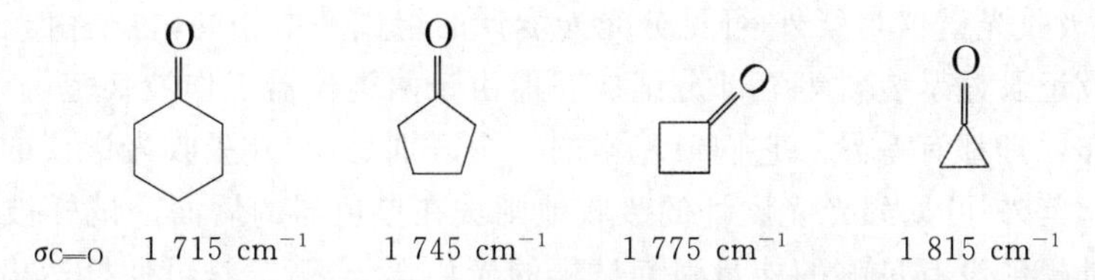

⑦ 振动耦合(vibrational coupling)。振动耦合是指化合物中两个化学键的振动频率相等或接近并具有一个公共的原子时，通过公共原子使两个键的振动相互作用，使振动频率发生变化，一个向高频率移动，一个向低频率移动，使谱带分裂。

振动耦合常常出现在一些二羰基化合物中，例如：在酸酐 R—C(=O)—O—C(=O)—R 中，由于两个羰基的振动耦合，使 $\sigma_{C=O}$ 的吸收峰分裂成两个峰，分别出现在 1 820 cm^{-1}和 1 760 cm^{-1}。

⑧ 费米共振(Fermi resonance)。当弱的倍频(或组合频)位于某强的吸收峰附近时，它们的吸收峰强度常常随之增加，或发生谱峰分裂。这种倍频(或组合频)与基频之间的振动耦合，称为费米共振。

例如：在正丁基乙烯基醚（C_4H_9—O—CH═CH_2）中，烯基 $\sigma_{=CH}$ 810 cm^{-1}的倍频(约在 1 600 cm^{-1})与烯基的 $\sigma_{C=C}$ 发生费米共振，结果在 1 640 cm^{-1}和 1 613 cm^{-1}出现两个强的吸收峰。

(2) 外部因素。影响基团频率位移的外部因素主要指测定时试样的状态、溶剂效应等因素。同一物质在不同状态时,由于分子间相互作用力不同,所得光谱也往往不同。分子在气态时,其相互作用很弱,可测得的谱带波数最高,并能观察到伴随振动光谱的转动精细结构。处于液态和固态时,分子间的作用力较强,测得的谱带波数较低,如丙酮在气态时 $\sigma_{C=O}=1\ 742\ cm^{-1}$,液态时 $\sigma_{C=O}=1\ 718\ cm^{-1}$。

在溶液中测定光谱时,由于溶剂种类、溶液的浓度和测定时的温度不同,同一物质所测得的光谱也不相同。通常在极性溶剂中,溶质分子的极性基团伸缩振动频率随溶剂极性的增加而向低波数方向移动,并且强度增大。因此,在红外吸收光谱测定中,应尽量采用非极性溶剂,并在查阅标准谱图时注意试样的状态和制样方法。

6.3　红外吸收光谱仪

20 世纪 50 年代初期,商品红外吸收光谱仪问世,这就是以棱镜作色散元件的第一代红外吸收光谱仪。其缺点是光学材料制造困难,分辨率较低,且仪器使用要求严格(恒温恒湿)。20 世纪 60 年代后发展了以光栅作色散元件的第二代红外吸收光谱仪。由于它的分辨率超过第一代仪器,且具有能量较高,价格低,对温度、湿度要求不高等优点,很快取代了棱镜式光度计。20 世纪 70 年代后,出现了基于干涉调频分光的傅里叶变换红外吸收光谱仪,具有分析速度快、分辨率高、灵敏度高以及很好的波长精度等优点,但因它的价格高、仪器的体积大及常常需要进行机械调节等问题而在应用上受到一定程度的限制。近年来,因傅里叶变换红外吸收光谱仪体积减小,操作稳定、易行,价格与一般色散型红外吸收光谱仪相当,傅里叶变换红外吸收光谱仪已取代色散型红外吸收光谱仪而成为红外吸收光谱仪的主导产品。

6.3.1　红外吸光光谱仪的主要部件

色散型红外吸收光谱仪与紫外-可见分光光度计的组成基本相同,也是由光源、吸收池、单色器、检测器以及记录显示装置等五部分组成。但由于两类仪器工作波长范围不同,各部件的材料、结构及工作原理都有差异。它们最基本的一个区别是:红外吸收光谱仪的吸收池放在光源和单色器之间,紫外-可见分光光度计的吸收池则放在单色器的后面。试样被置于单色器之前,一是因为红外辐射没有足够的能量引起试样的光化学分解;二是可使抵达检测器的杂散辐射量(来自试样和吸收池)减至最小。

1. 光源

红外光源是能够发射高强度连续红外辐射的物体。常用的主要有能斯特(Nernst)灯和硅碳棒。

能斯特灯是用氧化锆、氧化钇和氧化钍烧结而成的中空棒或实心棒。工作温度约 1 700 ℃,在此高温下导电并发射红外线。但在室温下是非导体,因此在工作之前要预热。它的优点是发光强度高,尤其是在大于 $1\ 000\ cm^{-1}$ 的高波数区,使用寿命长,稳定性较好。缺点是比硅碳棒贵,机械强度差,操作不如硅碳棒方便。硅碳棒是由碳化硅烧结而成的,工作温度在1 200~1 500 ℃。由于它在低波数区域发光较强,因此使用波数范围宽,可以低至 $200\ cm^{-1}$。它的优点是坚固,发光面积大,寿命长。

2. 吸收池

由于玻璃、石英等对红外光均有吸收,因此红外吸收光谱吸收池窗口一般用一些盐类的单晶作为透光材料制作而成,如 NaCl、KBr、CsI 等。盐片窗易吸潮变乌,因此,应注意防潮。

3. 单色器

单色器的作用是把通过样品池和参比池的复合光色散成单色光，再射到检测器上加以检测。色散元件有棱镜和光栅两种类型。目前生产的红外吸收光谱仪都用平面反射式闪耀光栅作色散元件，它具有分辨率高，色散率高且近似线性，不被水侵蚀，不需要恒温、恒湿设备，价格低等优点。

4. 检测器

由于红外光子能量低，不足以引发电子发射，紫外-可见检测器中的光电管等不适用于红外光的检测。红外光区要使用以辐射热效应为基础的热检测器。

热检测器通过小黑体吸收辐射，并根据引起的热效应测量入射辐射的功率。为了减少环境热效应的干扰，吸收元件应放在真空中，并与其他热辐射源隔离。

热检测器分为三类：真空热电偶、热电检测器和光电导检测器。

(1) 真空热电偶。真空热电偶是色散型红外吸收光谱仪中最常用的一种检测器。它根据热电偶的两端点由于温度不同产生温差热电势这一原理，让红外光照射热电偶的一端，使两端点间的温度不同，而产生电势差。当回路中有电流通过时，电流的大小会随照射的红外光的强弱而变化。它以一片涂黑的金箔作为红外辐射的接收面。而金箔的另一面焊有两种不同的金属、合金或半导体作为热电偶的"热端"。在冷接点端(通常为室温)连有金属导线。为了提高灵敏度和减少热传导的损失，热电偶密封在一个高真空的腔体内。在腔体上对着涂黑的金箔开一小窗，窗口用红外透光材料(如 KBr、CsI、KRS-5 等)制成。

(2) 热电检测器。它是在傅里叶变换红外吸收光谱仪中应用的检测器。它用硫酸三甘肽(简称 TGS)的单晶薄片作为检测元件。TGS 的极化效应与温度有关，温度升高，极化强度降低。在 TGS 薄片的一面镀铬，另一面镀金，即形成两个电极。当红外光照射在薄片上时，引起温度升高，极化度改变，表面电荷减少，相当于因温度升高而释放了部分电荷，通过外部连接的电路测量电流的变化可实现检测。热电检测器的特点是响应速度很快，可以跟踪干涉仪随时间的变化，实现高速扫描。目前使用最广泛的晶体材料是氘代硫酸三苷肽(DTGS)。

(3) 光电导检测器。它是由一层半导体薄膜(如硫化铅、汞/镉碲化物或者锑化铟等)沉积到玻璃表面组成的，而且将其抽真空并密封以与大气隔绝。这些半导体材料，当有红外光照射时，非导电电子将被激发到受激导电态。测量其电导或电阻的变化，可以检测红外光的强度。除硫化铅广泛应用于近红外光区外，在中红外和远红外光区主要采用汞/镉碲化物作为敏感元件，为了减少噪声，必须用液氨冷却。以汞/镉碲化物作为敏感元件的光电导检测器提供了优于热电检测器的响应特征，广泛应用于多通道傅里叶变换红外吸收光谱仪中，特别是在与气相色谱联用的仪器中。

6.3.2　色散型红外吸收光谱仪

色散型红外吸收光谱仪工作原理如图 6-8 所示，光源辐射被分成等强度的两束：一束通过样品池，另一束通过参比池。通过参比池的光束经衰减器(也称为光梳或光楔)与通过样品池的光束会合于切光器处。切光器使两光束再经半圆扇形镜调制后进入单色器，交替落到检测器上。假如从单色器发出的某波数的单色光不被试样吸收，此时两束光的强度相等，检测器不产生交流信号；改变波数，若试样对某一波数的红外光有吸收，两光束的强度就不平衡，因此检测器产生一个交变信号。该信号经放大、整流后，会使光梳遮挡参比光束，直至两光束强度相等。试样对某一波数的红外光吸收越多，光梳也就越多地遮住参比光路以使参比光强同样程

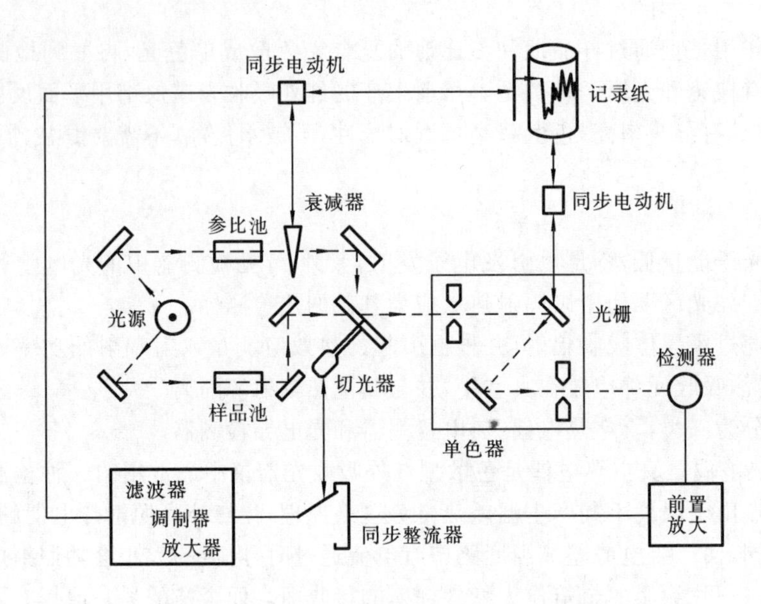

图 6-8　色散型红外吸收光谱仪工作原理图

度地减弱，使两束光重新处于平衡。试样对各种不同波数的红外辐射的吸收有多少，参比光路上的光梳也相应地按比例移动以进行补偿。光梳的移动联动记录笔，光梳的改变相当于试样的透光率，它作为纵坐标被记录下来，画出一个吸收峰。单色器内棱镜或光栅的转动，使单色光的波数连续地发生改变，并与记录纸的移动同步，就是横坐标。这样记录纸就描绘出透光率对波数（或波长）的红外吸收曲线，分光元件转动的全过程就得到一张红外吸收光谱图。

6.3.3　傅里叶变换红外吸收光谱仪

傅里叶变换红外吸收光谱仪没有色散元件，主要由光源、迈克尔逊干涉仪、试样插入装置、检测器、计算机和记录仪等部分组成。

傅里叶变换红外吸收光谱仪的核心部分是迈克尔逊干涉仪，图 6-9 是它的光学示意和工作原理图。由光源发出的红外光先进入干涉仪，干涉仪主要由互相垂直排列的固定反射镜（定镜）M_1 和可移动反射镜（动镜）M_2 以及与两反射镜成 45°角的分光板 BS 组成。分光板 BS 使照射在它上面的入射光分裂为等强度的两束，50％透过，50％反射。透射光Ⅰ穿过 BS 被动镜 M_2 反射，沿原路回到 BS 并被反射到达检测器 D；反射光Ⅱ则由定镜 M_1 沿原路反射回来通过 BS 到达检测器 D。这样，在检测器 D 上所得到的是Ⅰ光和Ⅱ光的相干光。若进入干涉仪的是波长为 λ 的单色光，则随着动镜 M_2 的移动，使两束光到达检测器的光程差为零或为 $\lambda/2$ 的偶数倍时，落到检测器上的相干光相互叠加，有相长干涉，产生明线，相干光强度有最大值；相反，当两束光的光程差为 $\lambda/2$ 的奇数倍时，则落到检测器上的相干光将相互抵消，发生相消干涉，产生暗线，其相干光强度有极小值。而部分相消干涉发生在上述两种位移之间。因

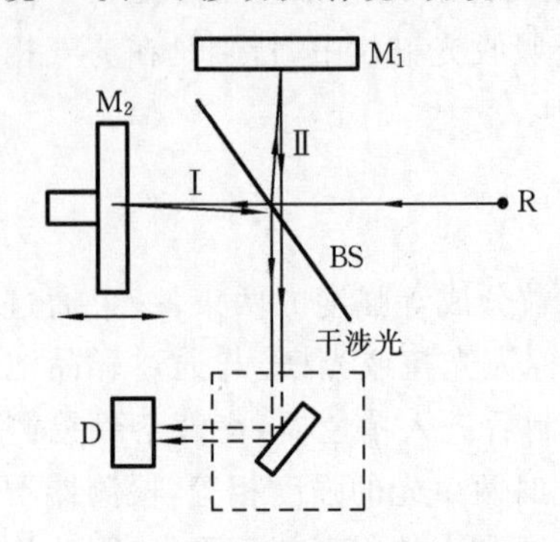

图 6-9　迈克尔逊干涉仪光学示意和工作原理图

此，当动镜 M_2 以匀速向分光板 BS 移动时，也即连续改变两光束的光程差时，就会得到干涉图。当试样吸收某频率的能量，所得到的干涉图强度曲线就会发生变化，这些变化在干涉图内一般难以识别。通过计算机将这种干涉图进行快速傅里叶变换后，即可得到我们熟悉的红外吸收光谱图。

傅里叶变换红外吸收光谱仪不用狭缝，因而消除了狭缝对于通过它的光能的限制，可以同时获得光谱所有频率的全部信息。它具有许多优点：扫描速度快，测量时间短（可在 1 s 内获得红外吸收光谱），适于对快速反应过程的追踪，也便于和色谱联用；灵敏度高，检出限可达 $10^{-12}\sim10^{-9}$ g；分辨率高，波数精度可达 0.01 cm^{-1}；光谱范围广，可研究整个红外光区（10 000～10 cm^{-1}）的光谱；测定精度高，重复性可达 0.1%，而杂散光小于 0.01%。

傅里叶变换红外吸收光谱仪适于微量试样的研究。它是近代化学研究不可缺少的基本设备之一。

6.4　试样的处理及制备

在红外吸收光谱法中，试样的制备及处理占有重要地位。如果试样处理不当，那么即使仪器的性能很好，也不能得到满意的红外吸收光谱图。

6.4.1　红外吸收光谱对试样的要求

红外吸收光谱法可以用于分析气体、液体和固体试样，但是试样应满足分析测定的要求。

(1) 试样应该是单一组分的纯物质。纯度应高于 98%或符合商业规格，这样才便于与纯化合物的标准光谱进行对照。多组分试样应在测定前尽量预先分馏、萃取、重结晶、区域熔融或用色谱法进行分离提纯，否则各组分光谱互相重叠，会使光谱图无法解析。

(2) 试样中不应含有游离水。水分的存在不仅会侵蚀吸收池的盐窗，而且水分本身在红外光区有吸收，将使测得的光谱图变形。

(3) 试样的浓度和测试厚度应选择适当，一般以使光谱图上大多数峰的透光率处于 15%～70%范围内为宜。过稀、过薄，常使一些弱峰和细微部分显示不出来；过浓、过厚，又会使强吸收峰的高度超越标尺刻度，不能得到一张完整的光谱图。

6.4.2　试样的制备方法

1. 固态试样

固态试样的制备方法通常有压片法、石蜡糊法和薄膜法。

(1) 压片法是将 1～2 mg 的试样与纯 KBr 研细混匀，装入压片机，一边抽气一边加压，制成厚度为 1 mm 的透明样片。KBr 在 4 000～400 cm^{-1} 光区不产生吸收，故将含试样的 KBr 片放在仪器的光路中，即可测得试样的红外吸收光谱。

(2) 石蜡糊法是将干燥处理后的试样研细，与液体石蜡或全氟代烃混合，调成糊状，夹在盐片中测定。液体石蜡自身的吸收简单，此法不宜用于测定饱和烷烃的红外吸收光谱。

(3) 薄膜法用于高分子化合物试样，可直接加热试样熔融涂膜或压制成膜，也可以将试样溶于低沸点易挥发的溶剂中，涂在盐片上，待溶剂挥发后成膜来测定。

2. 液体试样

液体试样可注入液体吸收池内测定。吸收池的两侧是用 NaCl 或 KBr 等晶片做成的窗片。常用的液体吸收池有三种:厚度一定的密封固定池、其垫片可自由改变厚度的可拆池、用微调螺丝连续改变厚度的密封可变池。

液体的制备方法通常有液膜法、溶液法。

(1) 液膜法。在可拆池两窗之间,滴上1～2滴液体试样,形成液膜。液膜厚度可借助于池架上的固紧螺丝作微小调节。该法适用于对高沸点及不易清洗的试样进行定性分析。

(2) 溶液法。将液体(或固体)试样溶在适当的红外用溶剂(如CS_2、CCl_4、$CHCl_3$等)中,然后注入固定池中进行测定。该法适于定量分析。此外,它还适用于红外吸收很强、用液膜法不能得到满意谱图的液体试样的定性分析。在采用溶液法时,必须特别注意红外溶剂的选择,除了对试样有足够的溶解度外,要求在较大范围内无吸收。

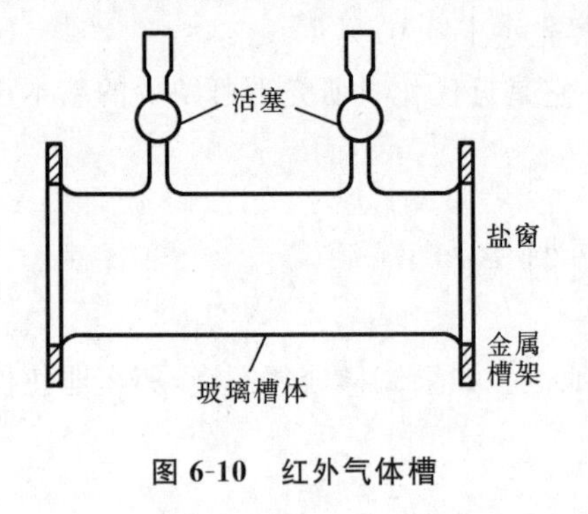

图6-10　红外气体槽

3. 气体试样

气态试样一般灌入气体槽(如图6-10所示)内进行测定。槽体一般由带有进口管和出口管的玻璃组成。它的两端黏有透红外光的窗片,窗片的材质一般是NaCl或KBr。再用金属池架将其固定。气槽的厚度常为100 mm。分析前,先抽真空,然后通入经过干燥的气体试样。

6.5　红外吸收光谱的应用

红外光谱检测技术的应用

红外吸收光谱分析,大致可分为官能团定性和结构分析两个方面。官能团定性是根据化合物的红外吸收光谱的特征基团频率鉴定物质含有哪些基团,从而确定有关化合物的类别。结构分析则需要由化合物的红外吸收光谱并结合其他实验资料(如相对分子质量、物质常数、紫外光谱、核磁共振波谱、质谱等)来推断有关化合物的结构。

6.5.1　红外吸收光谱的定性分析

1. 已知物及其纯度的定性鉴定

如果被鉴定的化合物的结构明确,仅要求用红外吸收光谱证实它是否为所期待的化合物,通常采用比较法。该法是把相同条件下记录的被测物质与标准物质的红外吸收光谱进行比较。如两者的制样方法、测试条件都相同,记录所得的红外吸收光谱图在吸收峰位置、强度和峰形上都相同,则此两种物质便是同一种物质。相反,如果两光谱图面貌不一样,或者峰位不对,则说明两种物质不为同一物质,或试样中含有杂质。

2. 未知物结构的确定

确定未知物的结构是红外吸收光谱定性分析的一个重要用途。在定性分析过程中,除了获得清晰可靠的光谱图外,最重要的是对光谱图作出正确的解析。光谱图解析就是根据实验所测绘的红外吸收光谱图的吸收峰位置、强度和形状,利用基团振动频率与分子结构的关系,来确定吸收带的归属,确认分子所含的基团或键,并进一步推定分子的结构。光谱图解析的一般程序如下。

(1) 收集试样的有关资料和数据。在解析光谱图前,首先了解试样的来源及制备方法,了解其原料及可能产生的中间产物或副产物,了解其溶点、沸点、溶解性能等物理、化学性质以及其他分析方法所测得的数据，如相对分子质量、元素分析数据等。分析试样应为纯试样。采用气相色谱和红外吸收光谱联用技术(GC-IR)可分析多组分试样。

(2) 确定未知物的不饱和度。化合物的不饱和度 U 用下式计算：

$$U=1+n_4+\frac{n_3-n_1}{2}$$

式中：n_4、n_3、n_1 分别为四价(如 C、Si)、三价(如 N、P)和一价(如 H、F、Cl、Br、I)原子的数目。当 $U=0$ 时，表示分子饱和；当 $U=1$ 时，表示分子中有一个双键或一个环；当 $U=2$ 时，表示分子中有一个三键，或者两个双键或脂环；当 $U=4$ 时，表示分子中可能有一个苯环或一个吡啶环。

(3) 确定所含的化学键和基团。首先分析基频区的最强谱带的位置和形状，推测可能含有的基团和结构单元。如以 3 000 cm^{-1} 为界确定是否含有—OH、—NH_2，是饱和化合物还是不饱和化合物；在 2 300～1 500 cm^{-1} 确定是否含有双键、三键、羰基和芳环等键型或基团；然后再观察指纹区作进一步验证，用一组相关峰来确认一个基团的存在。但应注意有些振动形式是非活性的。另外，并不是光谱图中所有的吸收都能指出其明确归属，因为有些谱带是由振动耦合产生的组合，有些则是多个基团振动吸收的叠加。

(4) 根据官能团及化学合理性，拼凑可能的结构式。根据影响基团频率位移的诸因素考虑可能的官能团，确定连接方式，进而推断分子结构。

(5) 配合其他分析方法，综合解析，并与标准光谱图对照。结合试样的其他分析资料，综合判断分析结果，提出最可能的结构式。然后用已知试样或标准光谱图对照，核对判断的结果是否正确。如果试样为一新化合物，则需要结合紫外吸收光谱、质谱、核磁共振谱等数据，才能决定所提的结构是否正确。

以下为光谱图解析示例。

例 6-1 某未知物的分子式为 $C_{12}H_{24}$，测得其红外吸收光谱图如图 6-11 所示，试推测其结构式。

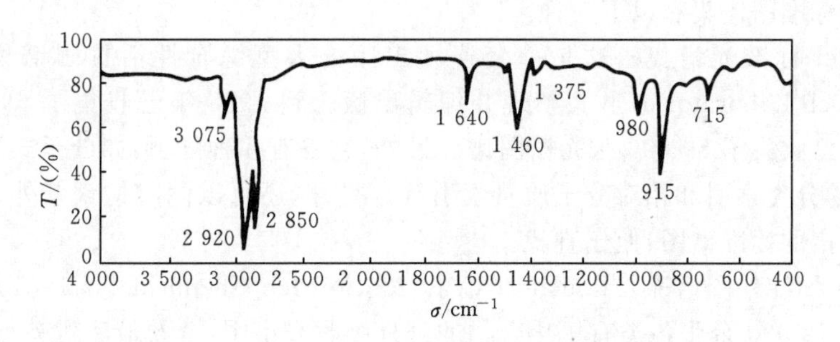

图 6-11 $C_{12}H_{24}$ 的红外吸收光谱图

解 不饱和度

$$U=1+12+\frac{0-24}{2}=1$$

说明该化合物分子具有一个双键或一个环。

3 075 cm^{-1} 处有吸收峰，说明存在与不饱和碳相连的氢，因此，该化合物肯定为烯。在 1 640 cm^{-1} 还有 C═C 伸缩振动吸收，进一步证实了烯基的存在。

3 000～2 800 cm^{-1} 的吸收峰组说明有大量饱和碳的存在。在 2 920 cm^{-1}、2 850 cm^{-1} 的强吸收说明 CH_2 数目远大于 CH_3 的数目，由此可推测该化合物为一长链烃。1 460 cm^{-1} 处为 CH_3、CH_2 的变形振动区，1 375 cm^{-1} 处为 CH_3 的对称变形振动区。715 cm^{-1} 处 C—H 变形振动吸收也进一步说明长碳链的存在。

980 cm^{-1}、915 cm^{-1} 处的 C—H 变形振动吸收，说明该化合物有端乙烯基。

综上所述，该未知物结构可能为

$$CH_2{=}CH{-}(CH_2)_9{-}CH_3$$

例 6-2　某未知物，测得分子式为 C_8H_8O，其红外吸收光谱图如图 6-12 所示，试推测其结构式。

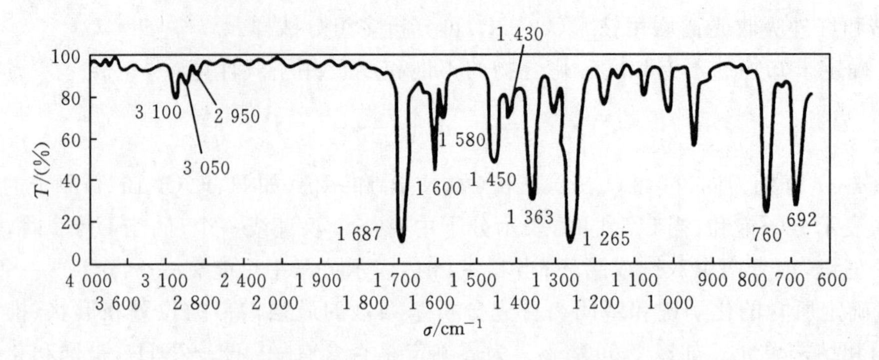

图 6-12　C_8H_8O **的红外吸收光谱图**

解　不饱和度 $U=1+8+\frac{0-8}{2}=5$

特征区强吸收峰 1 687 cm^{-1} 为 C═O 伸缩振动，因分子式中只含一个氧原子，不可能为酸或酯，只能是醛或酮。

3 000 cm^{-1} 附近有数个弱吸收峰，这是苯环及 CH_3 的 C—H 伸缩振动，1 600 cm^{-1}、1 580 cm^{-1}、1 450 cm^{-1} 3 个峰是苯环的骨架振动，故可判定该化合物有苯环存在(对不饱和度贡献为 4)。

指纹区 760 cm^{-1}、692 cm^{-1} 处有 2 个峰，说明为单取代苯环。1 687 cm^{-1} 处强吸收峰为C═O伸缩振动，说明有一酮羰基与苯环共轭。1 265 cm^{-1} 出现一强吸收峰，进一步证实芳香酮的存在。1 363 cm^{-1} 及 1 430 cm^{-1} 处的吸收峰分别为 CH_3 的C—H对称及不对称变形振动。由此可初步推断未知物为苯乙酮。

$C_6H_5-\overset{\overset{\large O}{\|}}{C}-CH_3$

3. 几种标准图谱集

最常见的标准图谱集有以下三种。

(1) Sadtler 标准光谱集。这是一套连续出版的大型综合性活页图谱集，由美国费城 Sadtler Research Laboratories 收集整理并编辑出版。到 1985 年已收集了 69 000 张棱镜图谱，到 1980 年已收集了 59 000 张光栅图谱。另外，它备有多种索引，如分子式索引、化合物名称索引、化合物分类索引和相对分子质量索引等。另外，还可以同时检索紫外、核磁共振氢谱和核磁共振碳谱的标准谱图，便于查找。

(2) Aldrich 红外图谱库。Pouchert C. J. 编，Aldrich Chemical Co. 1981 年出版，为第 3 版。它汇集了 12 000 余张各类有机化合物的红外吸收光谱图，全卷最后附有化学式索引。

(3) Sigma Fourier 红外吸收光谱图库。Keller R. J. 编，Sigma Chemical Co. 1986 年出版，为第 2 卷。它汇集了 10 400 张各类有机化合物的 FT-IR 谱图，并附索引。

(4) Spectral Database for Organic Compounds (SDBS)：SDBS 由日本国家先进工业科学技术研究所创建，是一个比较综合的有机化合物的光谱数据库系统，它包含 7 种不同类型的光谱图，其中有 EI-MS、FT-IR、^{1}H-NMR、^{13}C-NMR、Laser Raman、ESR 谱图。从 1997 年开始，SDBS 免费向公众开放。到 2019 年为止已收载谱图数目如下：总的化合物 34600 多张；质谱 25000 张；^{1}H-NMR 谱 15900 张；^{13}C-NMR 谱 14200 张；FT-IR 谱 54100 张；Laser Raman 谱 3500 张；ESR 谱 2500 张。

6.5.2　红外吸收光谱的定量分析

由于红外吸收光谱的谱带较多，选择余地大，所以能较方便地对单组分或多组分进行定量分析。用色散型红外吸收光谱仪进行定量分析时，灵敏度较低，尚不适于微量组分的测定。而用傅里叶变换红外吸收光谱仪进行定量测定时，精密度和准确度明显优于色散型。红外吸收光谱法定量分析的依据与紫外、可见分光光谱法一样，也是基于朗伯-比尔定律。但由于红外辐射能量较小，分析时需要较宽的光谱通带，造成使用的带宽常常与吸收峰的宽度在同一个数量级，从而出现吸光度与浓度间的非线性关系，即偏离朗伯-比尔定律。而物质的红外吸收峰又比较多，难以找出不受干扰的检测峰。在定量分析方面，与紫外光谱相比，红外吸收光谱灵敏度较低，因此，红外吸收光谱法用于定量分析较少。

阅读材料

拉曼光谱

1. 拉曼光谱简介

1928年，印度物理学家Raman C. V.发现光通过透明溶液时，有一部分光被散射，其频率与入射光不同，频率位移与发生散射的分子结构有关。这种散射现象称为拉曼(Raman)散射，频率位移称为拉曼位移。其散射光的谱线称为拉曼线。

2. 拉曼和瑞利散射机理

按照量子理论的观点，光子与物质碰撞时，可产生弹性碰撞和非弹性碰撞。在弹性碰撞过程中，没有能量交换，光子仅改变运动方向且它的频率保持不变，这就是瑞利(Rayleigh)散射。相反，在非弹性碰撞过程中，光子不仅改变运动方向，而且有能量交换，从而使它的频率发生改变，这就是拉曼散射。

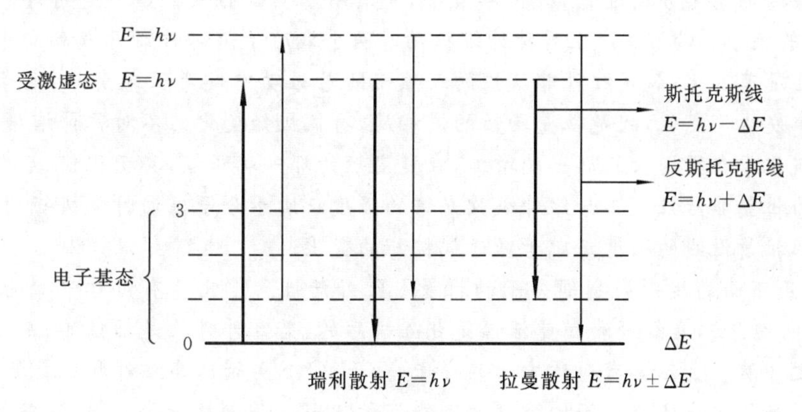

图6-13　拉曼和瑞利散射的产生示意图

(1) 机理。图6-13说明了拉曼散射和瑞利散射产生的过程，左边的一组线代表分子与光作用后的能量变化，粗线表示出现的概率大，细线表示出现的概率小。中间一组线代表瑞利散射，右边一组线代表拉曼散射。处于电子基态或基态的某一振动能级的分子与入射光子碰撞后，能量增加，跃迁到受激虚态，受激虚态很不稳定，它很快(约 10^{-8} s)又回到基态，一种情况是分子从激发态返回到基态相同振动能级，将吸收的能量以与原来相同的光子形式释放出来，散射光频率等于入射光频率，这就是弹性碰撞，即为瑞利散射。另一种情况是激发态的分子返回到基态不同振动能级，其净结果是分子获得了或损失了部分能量，散射光频率小于入射光频率时为斯托克斯(Stokes)线，散射光频率大于入射光频率时为反斯托克斯线。由于室温下基态的最低振动能级的分子数目最多,与光子作用后返回同一振动能级的分子也最多,所以上述散射出现的概率大小顺序为:瑞利散射>斯托克斯线>反斯托克斯线。随着温度的升高,反斯托克斯线的强度增加。斯托克斯线或反斯托克斯线的频率与入射光频率之差 $\Delta\nu$,称为拉曼位移。对应的斯托克斯线与反斯托克斯线的拉曼位移相等。

同一种物质分子,随着入射光频率的改变,拉曼线的频率也改变,但拉曼位移 $\Delta\nu$ 始终保持不变,因此拉曼位移与入射光频率无关。它与物质分子的振动和转动能级有关。不同物质分子有不同的振动和转动能级,因而有不同的拉曼位移。利用拉曼光谱可对物质分子进行结构分析和定性检定。

(2) 拉曼活性和红外活性比较。拉曼光谱和红外吸收光谱从不同的侧面研究分子的振动。只有分子中的极性基团和不对称分子的振动产生偶极矩变化,才显示红外活性。对拉曼光谱来说,则截然不同,它产生于分子诱导偶极矩的变化。非极性基团或全对称分子,其本身没有偶极矩,当分子中的原子在平衡位置周围振动时,由于入射光子的外电场的作用,分子的电子壳发生形变,分子的正、负电荷中心发生了相对移动,形成了诱导偶极矩,即产生了极化现象。

$$\mu=aE$$

式中:μ 为诱导偶极矩;E 为入射光的电场强度;a 为极化率,是单位电场强度所感应的电偶极矩,表征分子中电子云变形的难易程度。

对某一个键振动而言,拉曼活性明显地不同于红外活性。例如:同核分子 N_2、Cl_2 和 H_2,无论是在它们的平衡位置还是在两核间作伸缩振动时,都不存在偶极矩,因此是红外非活性的。另一方面,分子中两原子间键的极化率则周期性随振动而变化,当两原子距离最大时,极化率最大;当两原子十分接近时,极化率最小,是具有拉曼活性的。CO_2 是同时具有红外活性和拉曼活性的例子。CO_2 在产生对称伸缩振动时两个氧原子是同时离开或朝向中心碳原子运动的,偶极矩没有变化,故是红外非活性的。然而随着振动中键变长或变短,电子云形状是不同的,极化率发生了变化,故是拉曼活性的。相反,有偶极矩变化的不对称伸缩振动,是具有红外活性的;极化率在键增长的那一端增加,在键变短的那一端降低,其变化前、后电子云形状是相同的,故为拉曼非活性。正如红外吸收光谱的强度正比于分子振动时偶极矩的变化一样,在拉曼光谱中,拉曼谱线的强度正比于跃迁偶极矩的变化。

一般可用下面的规则来判别分子的拉曼或红外活性。①凡具有对称中心的分子(如 CS_2 和 CO_2 等线性分子),其红外和拉曼活性是相互排斥的,若红外吸收是活性的,则拉曼散射是非活性的,反之亦然。②不具有对称中心的分子(如 H_2O、SO_2 等),其红外和拉曼活性是并存的。当然,在两种光谱图中各峰之间的强度比可能有所不同。③少数分子的振动,其红外吸收和拉曼散射都是非活性的。例如:平面对称分子乙烯的扭曲振动,既没有偶极矩变化,也不产生极化率的改变。

```
H+      H−
  \    /
   C=C
  /    \
H−      H+
```

对具有不完全对称的有机化合物来说,在红外吸收光谱和拉曼光谱上均有反映,红外吸收光谱和拉曼光谱可以起到相互验证的作用。对另一类化合物来说,红外吸收光谱和拉曼光谱起到相互补充的作用。例如:强极性的键O—H、C═O、C—X 等在红外吸收光谱中有强烈的吸收带,但在拉曼光谱中没有反映。对非极性但容易极化的键,如C═C、S—S、N═N 及

反式烯烃的内双键 $\begin{matrix} H & & R' \\ & C{=}C & \\ R & & H \end{matrix}$ 等，在红外吸收光谱中不能或不能明显地反映，但在拉曼光谱中则明显地反映。由此可见，在研究分子结构中，红外吸收光谱和拉曼光谱是互为补充的，综合两方面的信息可以得到分子结构的完整信息。表 6-3、表 6-4 分别给出了 CO_2 和 H_2O 的振动模式和选律。

(3) 去偏振度。一般的光谱只有两个基本参数，即频率(或波长、波数)和强度，但拉曼光谱还具有一个去偏振度，以它来衡量分子振动的对称性，增加了有关分子结构的信息。

当电磁辐射与分子相作用时，偏振态常发生改变。不论入射辐射是平面偏振光或自然光都能观察到偏振光的改变。在拉曼散射中，这种改变与被辐射分子的对称性有关。拉曼光谱仪常采用激光作光源，而激光是偏振光。偏振态的改变用去偏振度 ρ 来表示，去偏振度的定义式为

$$\rho \overset{\text{def}}{=\!=\!=} \frac{I_{\perp}}{I_{\parallel}}$$

式中：$I_{\perp}$ 为垂直于入射偏振光的散射光的强度；$I_{\parallel}$ 为平行于入射偏振光的散射光的强度。对于分子的全对称振动来说，它的极化率是各向同性，则分子在 x、y、z 三个空间轴上取向的极化率都相等，产生的拉曼散射光接近入射偏振光，是完全的偏振光，这时的去偏振度接近零；在非对称振动情况下，极化率在各向是异性的，这时的去偏振度接近 3/4；一般去偏振度在 0～3/4 ($0<\rho\leqslant 3/4$)。完全对称振动的拉曼散射线是偏振光，非完全对称振动的拉曼散射光是去偏振光。可见，去偏振度可以表征拉曼散射的偏振性能，能反映分子的对称性。

表 6-3　CO_2 的振动模式和选律

振动模式	O=C=O	极化率	拉曼散射	偶极矩	红外吸收
对称伸缩	O→C←O	变化	活性	不变	非活性
非对称伸缩	O→←C←O	不变	非活性	变化	活性
弯　曲	简并 { O↓ C↑ O↓	不变	非活性	变化	活性
	O C O (+ − +)	不变	非活性	变化	活性

表 6-4　H_2O 的振动模式和选律

振动模式	H–O–H	极化率	拉曼散射	偶极矩	红外吸收
对称伸缩	H↙O↘H	变　化	活性	变化	活性
非对称伸缩	H↗O↘H	变　化	活性	变化	活性
弯　曲	↖H–O–H↗	变　化	活性	变化	活性

3. 拉曼光谱仪及应用

(1) 拉曼光谱仪。拉曼光谱仪主要由光源、样品池、单色器和检测记录系统四部分组成，

并与计算机联用。典型的傅里叶变换拉曼光谱仪的基本光路如图6-14所示,它与FT-IR的光路非常相似。

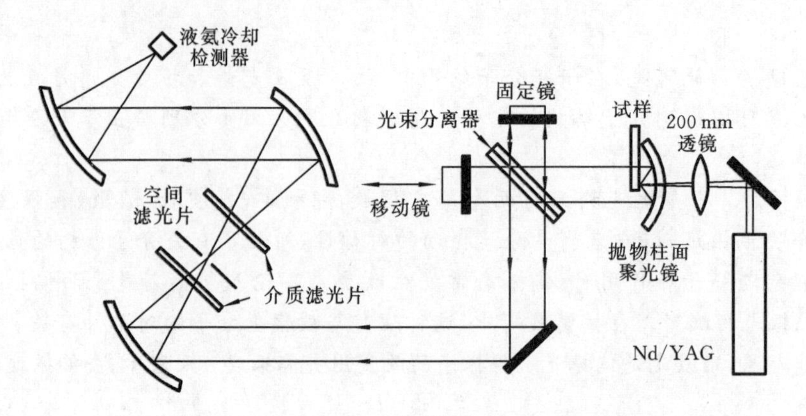

图 6-14　傅里叶变换拉曼光谱仪的光路图

因为拉曼散射光异常微弱,其强度仅为入射光强度的$10^{-8}\sim10^{-7}$,现在的拉曼光谱仪几乎都是采用激光作光源。激光光源多用连续式气体激光器,如主要波长为632.8 nm的He-Ne激光器和主要波长为514.5 nm和488.0 nm的Ar离子激光器。和瑞利散射一样,拉曼散射的强度反比于波长的4次方,因此,选用较短波长的激光可以获得较大的散射强度。

样品池常用微量毛细管以及常量的液体池、气体池和压片样品架等。

拉曼光谱仪一般采用全息光栅的双单色器,要在强的瑞利散射线存在下观测到有较小位移的拉曼散射线,单色器的分辨率必须高。为了减少杂散光干扰,提高分辨率,通常采用双单色器,也有的采用三单色器。

拉曼光谱仪检测的是可见光,可见光电倍增管作为检测器,常用Ga-As光阴极光电倍增管。

FT-Raman是近年来发展起来的拉曼新技术,FT-Raman是以1.064 μm波长的Nd-YAG(钇铝石榴石)为光源,以干涉傅里叶变换系统对散射光进行检测,检测器采用高灵敏度的铟镓砷探头,并在液氮冷却下工作,从而降低了检测器的噪声。在传统的拉曼光谱图中,样品的拉曼峰完全淹没在强烈的荧光背景中。但采用FT-Raman技术就可以克服这一弱点。由于FT-Raman采用能量较低的1.064 μm红外光区激光激发,阻止了样品的光分解,又抑制了荧光的产生,因此,大大拓宽了拉曼光谱的应用范围。FT-Raman光谱仪的样品可测试率高达90%,大多能最大限度降低荧光效应。此外,FT-Raman技术由于采用迈克尔逊干涉仪FT系统代替分光扫描系统,对拉曼位移的测量精度可达$10^{-3}\ cm^{-1}$,重复性好,测量速度快,可十分方便地进行光谱图的差减数据处理。

(2) 拉曼光谱的应用。激光拉曼光谱已被广泛应用于许多领域,下面仅对其在化学领域的某些应用进行简要介绍。

在有机化学中振动光谱的主要应用是鉴别特殊的结构或特征基团,利用拉曼光谱和红外吸收光谱的互补作用,可以得到更完备的分子振动光谱。对于像N═N、C═C和C≡C这类基团,由于振动时偶极矩变化不大,因此,红外吸收一般较弱,它们的拉曼谱线一般较强。如果一个基团的振动在红外和拉曼这两种光谱中都表现很强,就可以说明这一基团的结构是非对称的。对于碳链或环的骨架振动,拉曼光谱比红外吸收光谱具有较强的特征性。拉曼光谱测定的是拉曼位移,在可见光区域,如使用三单色器,拉曼位移可测到很低的波数。通过对偏振度的测定,可确定分子的对称性,有助于结构的测定。

在无机化学中，利用拉曼光谱或拉曼光谱与红外吸收光谱相结合，对特定的环境中离子或分子种类进行鉴别和光谱表征，测定这类物质的空间构型。例如：对二甲硅醚$(SiH_3)_2O$光谱的研究，确定了Si—O—Si骨架是非线性的。对硼酸溶液的拉曼光谱研究证明，由酸解离形成的阴离子是四面体$B(OH)_4^-$而不是$H_2BO_3^-$。另外，还可通过拉曼光谱法测定H_2SO_4、HNO_3、H_2SeO_4和H_5IO_6等强酸的解离常数。

拉曼光谱特别适合于高聚物碳链骨架或环的测定，并能很好地区分各种异构体，如立体异构、位置异构、几何异构、顺反异构等。对含有黏土、硅藻土等无机填料的高聚物，可不经分离而直接上机测量。

水的拉曼散射很弱，因此拉曼光谱对水溶液的生物化学研究具有重要的意义。利用拉曼光谱，可测定几微克的样品，可在接近自然状态的极稀浓度下测定生物分子的组成、构象和分子间的相互作用等，拉曼技术已应用于测定氨基酸、糖、胰岛素、激素、核酸、DNA等生化物质。

学习小结

1. 本章基本要求

(1) 掌握红外吸收光谱的基本原理和红外吸收光谱仪的组成。

(2) 掌握红外吸收光谱与有机化合物官能团结构的关系，能利用红外吸收光谱定性分析有机化合物的结构。

(3) 了解影响特征基团频率位移的因素，并能说明基团频率位移的简单原因。

(4) 了解色散型红外吸收光谱仪和傅里叶变换红外吸收光谱仪的工作原理。

2. 重要内容回顾

(1) 红外吸收光谱是由分子的振转能级跃迁而产生的。分子振动的形式分为伸缩振动和弯曲振动两大类，伸缩振动又分为对称伸缩振动和不对称伸缩振动，弯曲振动又分为面内弯曲振动和面外弯曲振动。线性分子的振动自由度$=3n-5$，非线性分子的振动自由度$=3n-6$。

(2) 物质吸收红外辐射应满足两个条件。

① 辐射应具有刚好满足振动跃迁所需要的能量。

② 只有能使分子偶极矩发生变化的振动形式才能吸收红外辐射。

(3) 红外吸收光谱是分子结构的反映，红外吸收光谱的吸收峰与分子的官能团及结构有密切关系。它可分为基频区和指纹区。根据谱带的波数、强度和形状进行基团的鉴定和有机化合物的结构分析。影响特征基团频率位移的因素分为内部因素和外部因素，内部因素又包括：诱导效应、中介效应、共轭效应、氢键、振动耦合、费米共振。外部因素指试样的状态、溶剂效应等因素。

(4) 红外吸收光谱仪主要由光源、单色器、吸收池、检测系统和记录系统五部分组成。

(5) 红外吸收光谱法广泛应用于有机化合物的定性分析。根据特征基团频率进行官能团的定性分析；对于未知物的结构分析，遵循光谱图解析的一般程序，结合其他数据，如物理常数、相对分子质量、元素含量、核磁共振波谱和质谱进行化合物的结构分析。

习　　题

1. 产生红外吸收的条件是什么？是否所有的分子振动都能产生红外吸收光谱？为什么？
2. 影响红外吸收峰强度的主要因素有哪些？

3. 色散型红外吸收光谱仪和紫外-可见分光光度计的主要部件各有哪些？两者最本质的区别是什么？说明其原因。

4. 羧基(—COOH)中C═O、C—O、O—H等键的力常数分别为 12.1 N/cm、7.12 N/cm 和5.80 N/cm，若不考虑其相互影响，计算：

(1) 各基团的伸缩振动频率；

(2) 基频峰的波数(σ)及波长(λ)；

(3) 比较 σ_{O-H} 与 σ_{C-O}，$\sigma_{C=O}$与 σ_{C-O}，说明键力常数与折合质量对伸缩振动频率的影响。

5. 指出下列各种振动形式中，哪些是红外活性振动，哪些是非红外活性振动。

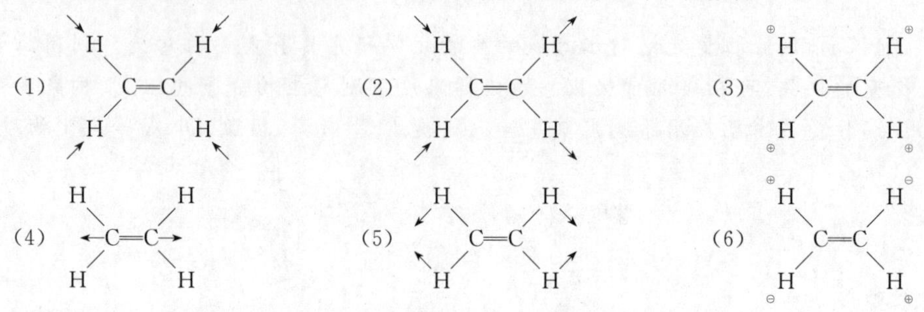

6. CS_2是线性分子，试画出它的基本振动类型，并指出哪些振动是红外活性的。

7. 羰基化合物 R—CO—R′、R—CO—Cl、R—CO—H、R—CO—F、F—CO—F 中，C═O伸缩振动频率最高的是什么化合物？

8. 不考虑其他因素影响，在酸、醛、酯和酰卤和酰胺类化合物中，出现 C ═O 伸缩振动频率的大小顺序是怎样的？

9. 从以下红外数据鉴定特定的二甲苯。

化合物 A：　吸收带在 767 cm^{-1}和 629 cm^{-1}处。

化合物 B：　吸收带在 829 cm^{-1}处。

化合物 C：　吸收带在 724 cm^{-1}处。

10. 下列基团的 σ_{C-H} 吸收带出现在什么位置？

(1)　—CH_3　　(2)　—CH═CH_2　　(3)　—C≡CH　　(4)　—C(═O)—H

11. 下列两种化合物中，哪一种化合物 $\sigma_{C=O}$吸收带出现在较高频率？为什么？

(1) C_6H_5—C(═O)—H　　(2) $(H_3C)_2N$—C_6H_4—C(═O)—H

12. 什么是拉曼散射？什么是斯托克斯线和反斯托克斯线？什么是拉曼位移？

13. 某化合物的分子式为 C_4H_5N，红外吸收光谱如图 6-15 所示，试推断其结构。

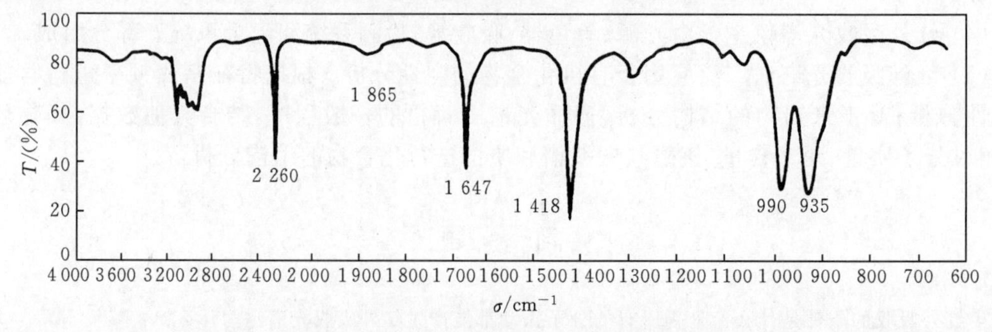

图 6-15　　C_4H_5N 的红外吸收光谱图

14. 某化合物的分子式为 $C_3H_6O_2$，红外吸收光谱如图 6-16 所示，试推断其结构。

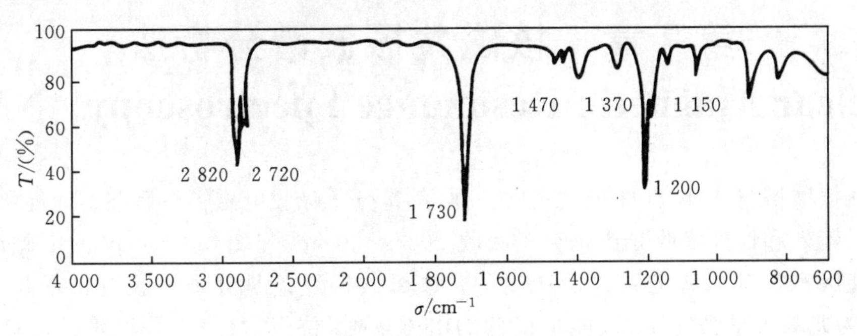

图 6-16　$C_3H_6O_2$ 的红外吸收光谱图

参 考 文 献

[1]　刘志广，张华，李亚明. 仪器分析[M]. 大连：大连理工大学出版社，2004.

[2]　马礼敦. 高等结构分析[M]. 2 版. 上海：复旦大学出版社，2006.

[3]　武汉大学化学系. 仪器分析[M]. 北京：高等教育出版社，2001.

[4]　华中师范大学，陕西师范大学，东北师范大学. 分析化学：下册[M]. 北京：高等教育出版社，2001.

[5]　叶宪曾，张新祥，等. 仪器分析教程[M]. 2 版. 北京：北京大学出版社，2007.

[6]　朱明华，胡坪. 仪器分析[M]. 4 版. 北京：高等教育出版社，2008.

第7章 核磁共振波谱分析法

Nuclear Magnetic Resonance Spectroscopy, NMR

核磁共振波谱与紫外、红外吸收光谱一样，都是分子吸收电磁辐射后在不同能级上的跃迁而产生的。紫外和红外吸收光谱是分子吸收 200～400 nm 和 2.5～25 μm 的电磁波，引起分子中电子能级和振动能级的跃迁而产生的。核磁共振波谱是分子吸收波长很长（10^6～10^9 μm）、频率为兆赫数量级（MHz）、能量很低的电磁辐射（位于射频区）而产生的。这种能量吸收不会引起分子振动和转动能级的跃迁，更不会引起电子能级的跃迁，而是引起核自旋能级的裂分。将有磁性的自旋原子核放入强磁场中，以适当频率的电磁波辐射，原子核吸收射频辐射发生能级跃迁，产生核磁共振吸收现象，从而获得有关化合物分子骨架的信息，这种方法称为核磁共振波谱分析法。以^{1}H 核为研究对象获得的谱图称为氢谱，记做^{1}H-NMR；以^{13}C 核为研究对象获得的谱图称为碳谱，记做^{13}C-NMR。

核磁共振波谱分析法是化合物结构分析的重要方法之一，广泛应用于化学、生命科学、临床医学等领域。

7.1 核磁共振波谱分析法概述

与核磁共振相关的诺贝尔奖

核磁共振波谱分析是现代分析化学的一种重要的谱学研究手段。

20 世纪 40 年代中期，以两位美国科学家 Bloch 和 Purcell 为首的研究小组几乎同时发现了低能电磁波与物质相互作用的一种物理现象——核磁共振现象。

他们两人因此获得 1952 年的诺贝尔物理奖。1953 年，美国 Varian 公司研制成功第一台商品化的核磁共振波谱仪（30 MHz）。此后，化学家们发现分子的化学环境影响处于磁场中原子核的核磁共振吸收，也就是说，核磁共振吸收与分子结构密切相关。从此，核磁共振波谱分析发展极其迅速，经历了磁场超导化和脉冲傅里叶变换技术两次重大革命，使仪器的分辨率和灵敏度大大提高。

1966 年高分辨核磁共振波谱仪问世，20 世纪 70 年代傅里叶变换技术的引入以及二维和多维核磁共振波谱学的创立，使核磁共振的研究领域扩展到生物大分子。

1991 年诺贝尔化学奖单独授予瑞士科学家 Ernst，表彰他对核磁共振波谱学实现和发展傅里叶变换、多维技术的贡献。

2002 年诺贝尔化学奖授予瑞士科学家 Wüthrich 等，表彰他利用多维核磁共振技术在测定溶液中生物大分子三维结构方面的开创性贡献。这两次诺贝尔化学奖标志着核磁共振的研究领域已从早期的物理学进入化学和生命科学的广阔天地。

从核磁共振波谱的发现至今不过六十多年的历史，核磁共振的研究一直非常活跃，新技术、新仪器不断出现。可以毫不夸张地说，从液体到固体样品，从材料到土壤和石油物探，从生理解剖到结构生物学和蛋白质组学，从高产育种到食品加工，核磁共振波谱学是应用最广泛的一种谱学。

核磁共振技术发展史

7.2　核磁共振的基本原理

1. 原子核自旋

原子核是带正电荷的粒子，实验证明，大多数原子核都有围绕某个轴作自身旋转运动的现象，称为核的自旋运动。若有自旋现象，就会产生磁矩。各种不同的原子核，自旋的情况不同，可以用自旋量子数 I 来表征原子核的自旋运动。$I\neq0$ 的原子核才有自旋运动，$I=0$ 的原子核就没有自旋运动，如表 7-1 和图 7-1 所示。

表 7-1　常见原子核自旋量子数与 NMR 的关系

质量数	质子数	中子数	自旋量子数	自旋核电荷分布	NMR 现象	原子核
偶数	偶数	偶数	$I=0$	—	无	^{12}C、^{16}O、^{32}S、^{28}Si
偶数	奇数	奇数	$I=1$ $I=2$ $I=3$	伸长椭圆形	有	^{2}H、^{6}Li、^{14}N ^{58}Co ^{10}B
奇数	奇数	偶数	$I=1/2$ $I=3/2$ $I=5/2$	球形 扁平椭圆形 扁平椭圆形	有	^{1}H、^{15}N、^{19}F、^{31}P ^{7}Li、^{11}B ^{27}Al
奇数	偶数	奇数	$I=1/2$ $I=3/2$ $I=5/2$	球形 扁平椭圆形 扁平椭圆形	有	^{13}C ^{33}S ^{17}O

$I=0$
(a) 没有自旋

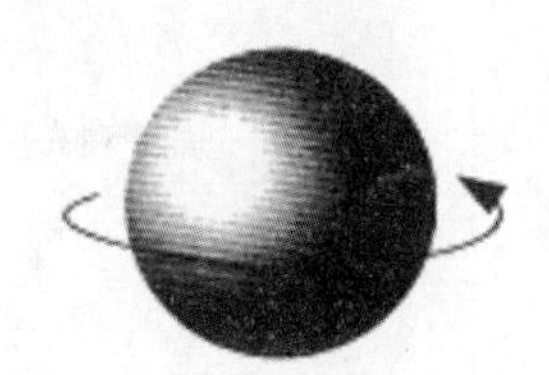
$I=1/2$
(b) 自旋球体

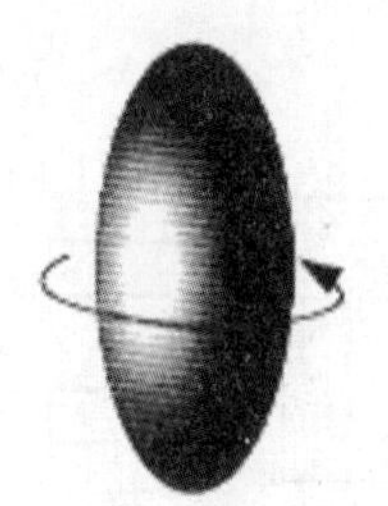
$I=1,3/2,2,\cdots$
(c) 自旋椭圆体

图 7-1　原子核自旋与自旋量子数 I 的关系

从表 7-1 中可以看出，所有质量数为奇数的核都是磁性的，且 I 为半整数；质量数为偶数，质子数为奇数的核也是磁性的，且 I 为整数；质量数为偶数，质子数也为偶数的核不是磁性的，且 $I=0$。目前核磁共振波谱主要研究 $I=1/2$ 的核，如 ^{1}H、^{13}C、^{15}N、^{19}F、^{31}P，这些核的电荷分布是球形对称的，核磁共振的谱线窄，最适宜核磁共振检测，其中以 ^{1}H 核研究最多，其次是 ^{13}C 核。

2. 核磁共振现象和产生条件

自旋量子数 $I=1/2$ 的核，如 ^{1}H 核，可以看成电荷均匀分布的球体。当氢核围绕本身的自旋轴作自旋运动时，会产生自旋磁场，自旋磁场的方向由右手螺旋定则确定，如图 7-2 所示。

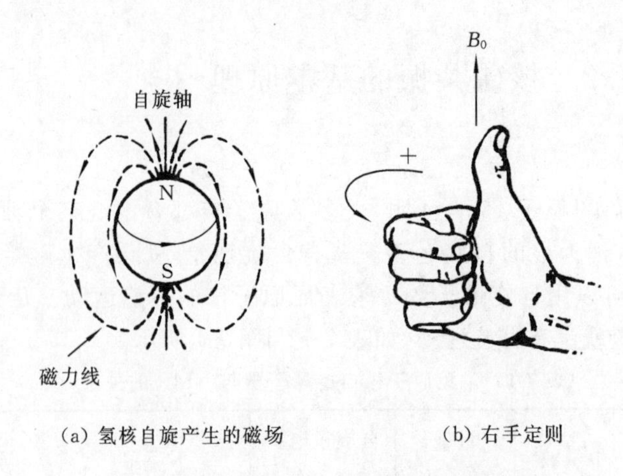

(a) 氢核自旋产生的磁场　　(b) 右手定则

图 7-2　氢核自旋产生的磁场及右手定则

将自旋核置于外加磁场(磁感应强度为 B_0)中时,它对外加磁场有$(2I+1)$种取向,每种取向代表一种磁能级,用磁量子数 m 表示。对氢核而言,$I=1/2$,因此它只能有两种取向:一种与外加磁场同向,磁能级能量较低,以 $m=+1/2$ 表征;一种与外加磁场反向,磁能级能量稍高,以 $m=-1/2$ 表征。图 7-3 中(a)、(b)说明了这种情况。当氢核吸收射频能量,核的自旋取向逆转,从低能级跃迁到高能级,能量差 ΔE 表示为

$$\Delta E=\frac{\mu B_0}{I} \tag{7-1}$$

对氢核而言,$I=1/2$,因此

$$\Delta E=2\mu B_0 \tag{7-2}$$

式中:μ 为自旋核产生的磁矩;B_0为外加磁感应强度;I 为自旋量子数。

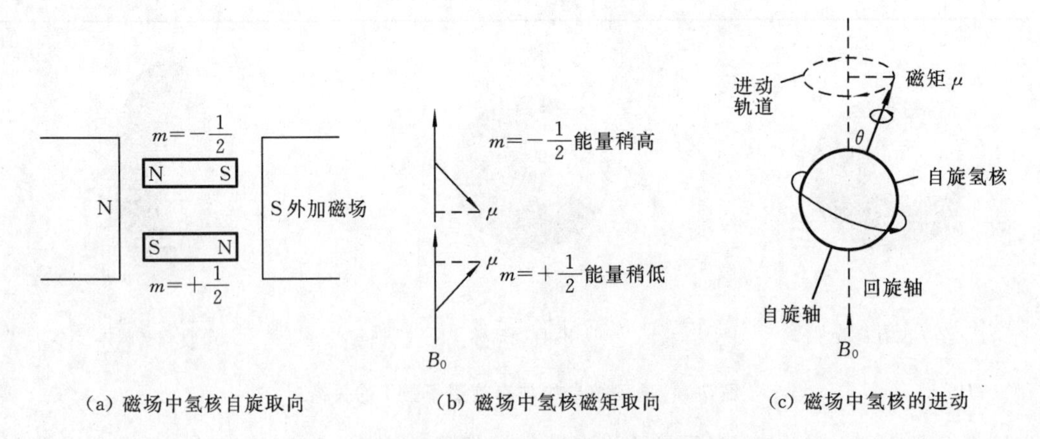

(a) 磁场中氢核自旋取向　　(b) 磁场中氢核磁矩取向　　(c) 磁场中氢核的进动

图 7-3　外加磁场中氢核的自旋取向及磁能级

在外加磁场中的核,由于本身的自旋产生磁场,磁场的取向不一定与外加磁场完全一致,如图 7-3 中(b)、(c)所示。核自旋产生的磁场与外加磁场相互作用,使原子核除了本身自旋外,同时还存在一个以外加磁场方向为轴线的回旋运动,原子核一面自旋,一面围绕外加磁场方向回旋。就像陀螺旋转减速到一定程度,它的旋转轴与重力作用方向有偏差时,一边自旋,一边围绕重力场方向作摇头圆周运动一样,这种回旋或摇头圆周运动称为拉摩尔进动(Larmor precession)。拉摩尔进动时有一定的频率,称为拉摩尔频率。自旋核的角速度 ω_0、

进动频率（拉摩尔频率）ν_0与外加磁感应强度 B_0之间的关系可以用拉摩尔公式表示为

$$\omega_0 = 2\pi\nu_0 = \gamma B_0 \tag{7-3}$$

或

$$\nu_0 = \frac{\gamma B_0}{2\pi} \tag{7-4}$$

式中：γ 称为磁旋比（magnetogyric ratio），是各种核的特征常数，代表每个原子核的特性。

当外加磁场不存在时，$I=1/2$ 的原子核对两种可能的磁能级并不优先选择任何一个，此时具有简并的能级；当将 $I=1/2$ 的原子核置于外加磁场中时，能级发生裂分，其能量差 ΔE 与核磁矩 μ 和外加磁感应强度 B_0有关，见式(7-1)和图 7-4。当原子核吸收的能量刚好为 $2\mu B_0$时，核的自旋取向逆转，从低能级跃迁到高能级，这种现象称为核磁共振。

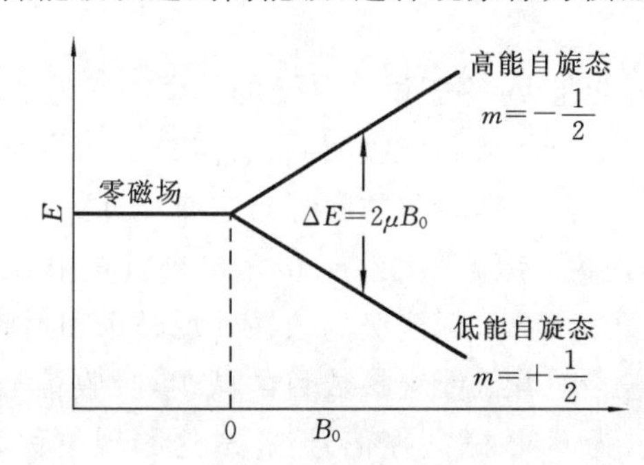

图 7-4　外加磁场 B_0中核自旋能级裂分示意图

类似于吸收光谱，为了产生核磁共振，在与外加磁场垂直的方向放置一个射频振荡器，产生射频电磁波，用一定能量的射频电磁波照射原子核。当外加磁感应强度为某一数值时，进动的核与辐射光子相互作用，当能量满足式(7-5)时，核吸收能量，产生跃迁，发生核磁共振现象。

$$\Delta E = 2\mu B_0 = h\nu \tag{7-5}$$

式(7-5)中，$\nu=\nu_0$。

式(7-4)被称为核磁共振方程或核磁共振条件，说明了核磁共振发生时 ν_0与 B_0的关系，可用来计算氢核共振时的进动频率 ν_0。例如：在 $B_0=1.409$ T 的磁场中，质子发生核磁共振需要的射频电磁波的频率 ν 为

$$\nu = \nu_0 = \frac{\gamma B_0}{2\pi} = \frac{2.675 \times 10^8 \times 1.409}{2\pi}\ \text{Hz} = 60.00\ \text{MHz}$$

此外，式(7-4)还可以说明两个问题。

(1) 对于不同的原子核，γ 是不同的，发生共振的条件不同。当 B_0一定时，ν_0的大小仅由 γ 决定。显然，γ 值大的原子核，在相同磁感应强度下发生核磁能级跃迁时的射频波频率高；反之，γ 值小的原子核，在相同磁感应强度下发生核磁能级跃迁时的射频波频率低，如表 7-2 中所示的^{1}H 和^{2}H。因此，一定的射频波只能观测一种核，不存在相互掺杂的问题。同理，当 ν_0一定时，γ 值大的原子核共振时用的 B_0比 γ 值小的原子核要小一些，例如：对^{1}H 用比对 ^{19}F 小的 B_0就能发生共振。所以，核磁共振波谱法是十分敏感且准确的分析方法。

(2) 对于相同的原子核，γ 是相同的。B_0一定时，ν_0也一定；B_0改变时，ν_0也随之改变。表 7-2中的数据证明了所述。

表 7-2 常见原子核的磁旋比 γ 及共振时 ν_0 和 B_0 的值

原子核 (I=1/2)	天然丰度 /(%)	$\gamma(\omega_0 / B_0)$ /[rad/(T·s)]	ν_0 / MHz		
			B_0=1.409 T	B_0=2.348 T	B_0=4.697 T
^1H	99.98	2.675×10^8	60.00	100.0	200.0
^2H	1.560×10^{-2}	0.4102×10^8	9.203	15.34	30.68
^{13}C	1.108	0.6728×10^8	15.10	25.16	50.32
^{19}F	100	2.518×10^8	56.49	94.14	188.3

3. 弛豫过程

吸收光谱中,当电磁波的能量 $h\nu$ 等于试样分子的某个能级差 ΔE 时,分子吸收能量,从低能级跃迁到高能级。同样,分子也能从高能级回到低能级,放出同样能量的电磁波,这是吸收光谱的共性。对于核磁共振而言,根据玻尔兹曼分布定律计算的结果,处于低能级的原子核数仅占有极微弱的优势。具体地说,室温下大约 1.0×10^6 个氢核中处于低能级的核比高能级的核多 10 个左右,靠着这极微弱的优势,低能级的核在外加磁场和射频波的作用下,产生净的吸收,便能观察到核磁共振波谱。随着低能级核数目的减少,吸收信号减弱,当低能级核数目与高能级核数目相等时,净吸收为 0,核磁共振信号消失,这种现象称为饱和。若能使处于高能级的核及时回到低能级,就能保持稳定的吸收信号。

核磁共振中,$I=1/2$ 的原子核对外加磁场的两种取向间的能级差 ΔE 是很小的,处于高能级的核回到低能级时释放出的能量很小,不可能通过发射光谱的形式实现,这种由高能级回到低能级不发射吸收的能量,而是通过非辐射的方式实现的过程,称为弛豫(relaxation)过程。弛豫过程一般分为纵向弛豫和横向弛豫两类。

(1) 纵向弛豫又称为自旋-晶格弛豫(spin-lattice relaxation)。处于高能级的核,将能量转移给周围分子(如果是固体,周围分子就是固体的晶格;如果是液体,周围分子就是同类分子或溶剂分子),变成热运动,自旋核回到低能级。对全体自旋核而言,总能量降低。由于原子核被电子云包围,核磁能量的转移不可能像分子一样通过相互碰撞完成,而是处于高能级的自旋核将能量转移给某个波动场变成动能,自身能量降低跳回到低能级,完成弛豫过程。

(2) 横向弛豫又称为自旋-自旋弛豫(spin-spin relaxation)。两个 ν_0 相同,进动取向不同的自旋核,相互接近时,会交换能量,改变进动取向。处于高能级的自旋核将能量转移给低能级的核,自身能量降低回到低能级而使原来低能级的核跃迁到高能级。能量转移过程中,只变换了自旋取向,各种能级的自旋核数目未变,对全体自旋核而言,总能量不变。

两种弛豫过程不同,需要的弛豫时间有差别。对于一个自旋核来说,总会通过最有效的途径达到弛豫的目的。

7.3 核磁共振波谱仪

7.3.1 核磁共振波谱仪的组成

核磁共振波谱仪主要由五部分组成:磁铁、磁场扫描发生器、射频振荡器、射频接收器和检测器、样品容器。见图 7-5。

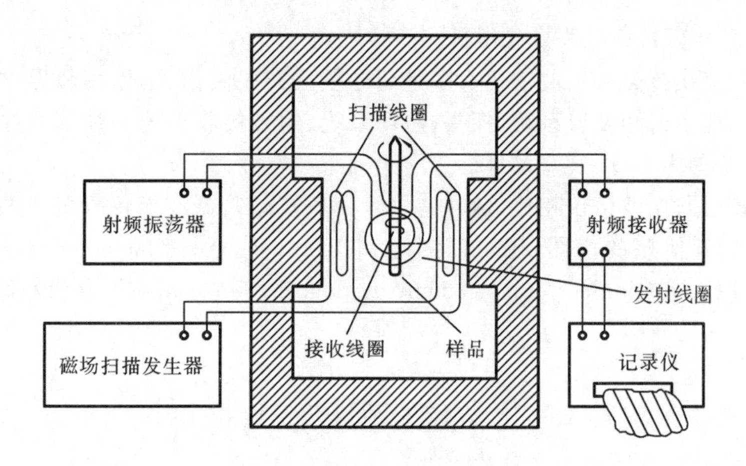

图 7-5　核磁共振波谱仪示意图

(1) 磁铁。磁铁提供一定强度，且均匀、稳定的磁场。核磁共振波谱仪使用的磁铁有三种：永久性磁铁、电磁铁和超导磁铁。由永久性磁铁和电磁铁获得的磁场一般不能超过2.5 T，与这相应的氢核的共振频率为 100 MHz。超导磁铁可使磁场高达 10 T 以上，并且磁场稳定、均匀。

(2) 磁场扫描发生器。与 B_0 方向同轴安装一对扫描线圈，它可以在小范围内连续调节磁感应强度进行扫描。保持频率恒定，线性地改变磁感应强度，称为磁场扫描，简称为扫场；保持磁感应强度恒定，线性地改变频率，称为频率扫描，简称为扫频。许多仪器同时具有这两种扫描方式，一般扫描的速度不可太快。

(3) 射频振荡器。与扫描线圈相垂直的方向绕上射频发射线圈，置于样品管外，它可以发射频率与磁感应强度相适应的射频波。

(4) 射频接收器和检测器。沿着样品管轴的方向绕上接收线圈，接收共振信号。接收线圈、扫描线圈、发射线圈三者互相垂直，互不干扰。当射频振荡器发射的射频频率 ν_0 和磁感应强度 B_0 满足式(7-4)时，样品中的氢核就要发生共振而吸收能量，射频接收器检出该能量变化，通过放大后记录成核磁共振波谱图。

(5) 样品容器。样品容器由不吸收射频辐射的材料制成。研究 ^{1}H-NMR 的样品管外径约 5 mm，通常以硼硅酸盐玻璃制成。由于 ^{13}C 的自然丰度低，研究 ^{13}C-NMR 需用外径为 10 mm的样品管。管长 15～20 cm，加入样品量占管长的 1/8～1/6。样品管置于样品支架上，用压缩空气使其旋转，以消除磁场的不均匀性，提高谱峰的分辨率。

7.3.2　核磁共振波谱仪的分类

核磁共振信号的观测有两种方法，可用连续波(continuous wave)核磁共振波谱仪(CW-NMR)，也可用脉冲傅里叶变换核磁共振波谱仪(pulse and Fourier transform NMR，PFT-NMR)。

1. 连续波核磁共振波谱仪

采用的扫场或扫频为连续扫描方式的仪器，称为连续波核磁共振波谱仪。连续波核磁共振波谱仪中一般用永久性磁铁或电磁铁，在磁场扫描或频率扫描状态下，使不同的核依次满足共振条件而获得核磁共振谱图。使用连续波核磁共振波谱仪测量样品需要的时间长，灵敏度低，无法完成 ^{13}C-NMR 和二维核磁共振波谱的测试，目前已经很少使用。

2. 脉冲傅里叶变换核磁共振波谱仪

脉冲傅里叶变换核磁共振波谱仪大多是超导核磁共振波谱仪,使用超导磁铁产生高强磁场。这种仪器一般由射频发射系统、探头、磁场系统、信号接收系统和计算机控制与处理系统组成,检测频率范围为200～900 MHz。

与连续波核磁共振波谱仪相比,脉冲傅里叶变换核磁共振波谱仪分析速度快,灵敏度高,可测定^{1}H、^{13}C和其他核的谱图,还可以测定NOE(nuclear overhauser effect)谱、质子交换谱、^{13}C的DEPT(distortionless enhancement by polarization transfer)谱和各种二维甚至三维NMR谱。

7.4 化学位移和核磁共振谱图

根据式(7-4)给出的核磁共振条件可知,不同的原子核,γ不同,共振条件不同。固定B_0,改变射频频率ν(扫频),不同的核在不同的频率ν_0共振,依此可以进行定性分析。同样,固定ν_0,改变B(扫场),不同的核将在不同的B_0共振。对无机化合物的定性分析,只需要较低的B_0和ν_0,仪器的分辨率也不需要太高。这种低分辨率的核磁共振波谱仪,每种原子核只出一个共振吸收峰。显然,低分辨率的核磁共振波谱仪对有机化合物的定性分析是不适用的。使用高分辨率的核磁共振波谱仪(常用60 MHz、100 MHz或者更高),可以发现有机化合物中的^{1}H或^{13}C核有许多条共振谱线,而且存在许多精细结构。研究这些谱线及精细结构,发现它与原子核所处的化学环境密切相关,使得核磁共振波谱分析成为研究有机化合物以及生物大分子结构的重要手段。为什么相同的原子核在不同的化学环境中,会在不同的ν_0或B_0发生共振呢?下面来讨论这个问题。

7.4.1 化学位移的产生

根据式(7-4)的计算,^{1}H在1.409 T的磁场中,应该只吸收60 MHz的射频波,产生核磁共振信号。实验发现,有机物中化学环境不同的^{1}H,共振时吸收的射频频率稍有不同,差异约为1.0×10^{-5}。共振频率的微小差异源于任何原子核都被不断运动着的电子云包围,电子云密度受所处化学环境影响,因此共振频率不同。当^{1}H置于磁场中时,绕核运动的电子在B_0的作用下,产生与B_0方向相反的感应磁场。感应磁场的存在使原子核实际受到的磁感应强度减小,这种由于外围电子云对抗磁场的作用称为屏蔽作用,又称屏蔽效应(shielding effect)。屏蔽作用使原子核实际受到的磁感应强度减小,为了使原子核发生共振,必须提高B_0以抵消屏蔽作用。设原子核实际受到的磁感应强度为B,屏蔽作用产生的感应磁感应强度为B_1,则

$$B = B_0 - B_1 = B_0(1-\sigma) \tag{7-6}$$

式中:$\sigma=B_1/B_0$,σ称为屏蔽常数(shielding constant)。σ值的大小与原子核外围的电子云密度有关,电子云密度越大,屏蔽作用越大,σ值也增大。σ反映了原子核外围的电子对核的屏蔽作用大小,也就是反映了原子核所处的化学环境。因此,式(7-4)应该改写为

$$\nu_0 = \frac{\gamma B_0}{2\pi}(1-\sigma) \tag{7-7}$$

从式(7-7)可以看出:当B_0一定时(扫频),σ大的原子核,进动频率ν_0小,共振吸收峰出现在核磁共振谱图的低频端(右端);反之,出现在高频端(左端)。当ν_0一定时(扫场),σ大的原

子核,需要在较大的 B_0 下共振,共振吸收峰出现在核磁共振谱图的高磁场端(右端);反之,出现在低磁场端(左端)。因而,核磁共振谱图的右端相当于低频、高场,左端相当于高频、低场,如图 7-6 所示。

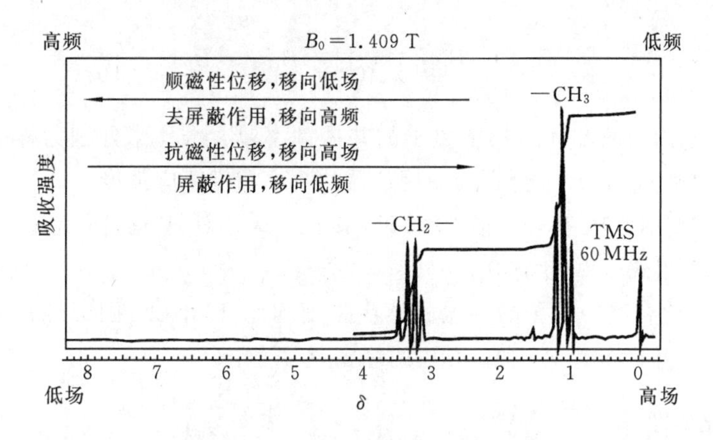

图 7-6　乙醚的氢核核磁共振谱图

对于 ^1H 而言,γ 是定值,在有机化合物中,由于所处化学环境的差别,σ 有所不同,共振时的 $B_0(\nu_0)$ 就会随着改变,不同化学环境的质子一个接一个地产生共振,这种由屏蔽作用所引起的共振时磁感应强度 B_0(进动频率 ν_0)的移动现象称为化学位移(chemical shift)。化学位移用 δ① 表示,其大小与原子核(如 ^1H)所处的化学环境密切相关,因此就有可能根据 δ 的大小来分析原子核所处的化学环境,也就可对有机物的分子进行结构分析。

7.4.2　化学位移的表示方法

化学位移 δ 是核磁共振波谱中反映化合物结构的一个很重要的参数。扫场时可用磁感应强度的改变表示,扫频时也可用频率的改变表示。因为不可能将一个裸露的原子核放在磁场中进行核磁共振测定,所以化学位移 δ 的绝对值是无从知道的,必须找一个人为的标准。一般采用四甲基硅烷(tetramethyl-silane,$Si(CH_3)_4$,TMS)作内标物,即在样品中加入痕量 TMS,以 TMS 中质子共振时的磁感应强度(频率)作为标准,人为地把它的 δ 定为零点,测出样品中质子与 TMS 中质子的距离,即相对化学位移的数值。

采用 TMS 作标准物质的理由如下。

(1) TMS 中的 12 个质子处于完全相同的化学环境,它们的共振条件完全相同,NMR 信号为一尖峰。

(2) 由于 Si 的电负性(1.8)比 C 的电负性(2.5)小,TMS 中质子外围的电子云密度和一般有机化合物中的质子相比是最密的,屏蔽作用最强,产生的 NMR 信号不会与样品信号重叠干扰。

(3) TMS 是惰性化合物,不会与样品发生化学反应或分子间缔合。

(4) TMS 易溶于有机溶剂,沸点低(27 ℃),易于从样品中除去,因此回收样品较容易。在较高温度测定时可使用六甲基二硅醚(HMDS,$(CH_3)_3SiOSi(CH_3)_3$,δ=0.055)作内标物;水溶液中可改用 4,4-二甲基-4-硅代戊磺酸钠(DSS,$(CH_3)_3SiCH_2CH_2CH_2SO_3Na$,$\delta$=0.015)作

① 由于该数值很小,故通常乘以 10^6,这时,δ 值的数量级为 10^{-6},本书中不一一标注。

内标物。

根据国际纯粹与应用化学联合会(IUPAC)的建议,化学位移 δ 的定义为

$$\delta \stackrel{\text{def}}{=\!=} \frac{\nu_{样品} - \nu_{标准}}{\nu_{标准}} \times 10^6 = \frac{\nu_{样品} - \nu_{标准}}{\nu_{仪器}} \times 10^6 \tag{7-8}$$

或

$$\delta \stackrel{\text{def}}{=\!=} \frac{B_{标准} - B_{样品}}{B_{标准}} \times 10^6 = \frac{B_{标准} - B_{样品}}{B_{仪器}} \times 10^6 \tag{7-9}$$

式中:$\nu_{样品}$、$\nu_{标准}$ 分别为样品和标准物中质子的共振频率;$B_{样品}$、$B_{标准}$ 分别为样品和标准物中质子的共振磁感应强度;$\nu_{仪器}$、$B_{仪器}$ 分别为使用仪器的频率和磁感应强度。

当固定 B_0,改变射频频率 ν(扫描频率)时,采用式(7-8)计算 δ;当固定 ν_0,改变磁感应强度 B(扫描磁场)时,采用式(7-9)计算 δ。

鉴于一般有机化合物中质子的共振磁感应强度均比 TMS 小,国际纯粹与应用化学联合会规定,在 TMS 左边的峰 δ_H 为正值,右边的峰 δ_H 为负值。

7.4.3 核磁共振谱图

图 7-6 是用 60 MHz 仪器测定的乙醚(CH_3—CH_2—O—CH_2—CH_3)的核磁共振谱图。图中纵坐标是吸收强度,上方横坐标是以频率(Hz)表示的,下方横坐标是以化学位移(δ)表示的。谱图的左边为低场、高频端,δ 值大,即常说的去屏蔽(顺磁性)区域;右边为高场、低频端,δ 值小,即常说的屏蔽(抗磁性)区域。以 δ 表示的横坐标从右至左依次增大,$\delta=0$ 处为标准物质 TMS 的吸收峰。图中不同 δ 处的吸收峰代表着乙醚中化学环境不同的质子的共振吸收线,其中 $\delta=1.10$ 的三重峰是乙醚中化学环境相同的 2 个—CH_3 上 6 个质子的吸收峰,$\delta=3.35$的四重峰是乙醚中化学环境相同的 2 个—CH_2—上 4 个质子的吸收峰,也就是说乙醚中有两种不同化学环境的质子。根据谱图不但可以知道有几种化学环境不同的质子,还可以知道每种质子的数目。每一种质子的数目与相应的共振吸收峰的面积成正比,峰面积可以用积分仪测定,也可以由仪器画出的积分曲线的高度来计算,图 7-6 中的阶梯式曲线就是积分曲线,积分曲线阶梯上升的高度与峰面积成正比,也就代表了质子的数目。谱图中积分曲线的高度比为 6 : 4,即两种质子的个数比为 6 : 4。

从 ^{1}H-NMR 谱图上可以得到的信息如下。

(1) 吸收峰的组数,表明分子中化学环境不同的质子有几种。如图 7-6 中有两组峰,表明分子中有两种化学环境不同的质子,即—CH_3 和—CH_2—中的质子。对于高级谱图,情况更复杂,不能简单地用此方法表明。

(2) 质子吸收峰出现的位置,即 δ 值,表明分子中各含氢基团的情况。图 7-6 中两组峰的 δ 分别为 1.10 和 3.35,相对应的基团是CH_3—C和C—CH_2—O。

(3) 一组吸收峰的分裂数目及耦合常数,表明分子中基团间的连接关系。图 7-6 中的三重峰和四重峰表明的基团连接关系是CH_3—CH_2—。

(4) 积分曲线的高度,表明各基团的质子数目比。

例 7-1 某化合物的化学式为 $C_4H_8O_2$,^{1}H-NMR 谱图上共有三组吸收峰,δ 分别为 1.3、2.0、4.1;积分曲线上升的高度分别为 6、6、4 格,试计算各组质子的数目。

解 积分曲线的总高度=(6+6+4)格=16 格

已知分子中有 8 个 H,每 2 格相当 1 个 H。因此,δ 为 1.30 的吸收峰表示有 3 个 H;δ 为 2.00 的吸收峰

表示有3个H；δ为4.10的吸收峰表示有2个H。

7.4.4 影响化学位移的因素

从化学位移δ的讨论可以了解到，δ是由于核外电子对抗磁场产生的，其大小与原子核(如^{1}H)所处的化学环境密切相关，所以，能引起核外电子云密度改变的因素，都能影响δ的大小。影响δ的因素分为外部因素和内部因素，外部因素包括溶剂效应、氢键形成等，内部因素包括诱导效应、共轭效应和磁各向异性效应等。了解了影响δ的因素，才可能根据δ的大小判断原子核所处的化学环境。

1. 诱导效应

诱导效应(inductive effect)简称I效应，是由元素的电负性引起的。元素的电负性是原子在分子中吸引电子的能力。相邻基团或原子吸引电子的能力影响质子周围的电子云密度，当与质子相邻的基团或原子不同时，会引起δ的改变。质子附近有电负性较大的基团或原子时，质子周围电子云密度降低，屏蔽作用减弱，去屏蔽作用增强，δ值增加。表7-3所示为元素电负性对质子化学位移δ的影响。

表7-3 元素电负性对质子化学位移δ的影响

化合物	CH_3F	CH_3OH	CH_3NH_2	CH_3Cl	CH_3Br	CH_3I	CH_4	$(CH_3)_4Si$
X	F	O	N	Cl	Br	I	H	Si
电负性	3.98	3.44	3.04	3.16	2.96	2.66	2.18	1.90
δ	4.26	3.40	2.36	3.05	2.68	2.16	0.23	0

当电负性元素与质子的距离增大时，质子周围电子云密度受到的影响减弱，屏蔽作用增强，去屏蔽作用减弱，δ值减小。电负性元素增多时，质子周围电子云密度减弱的程度加大，屏蔽作用降低，去屏蔽作用增强，δ值增大。表7-4所示为电负性元素与质子间距离对化学位移δ的影响。

表7-4 电负性元素与质子间距离对化学位移δ的影响

X与—CH_3中H的相对距离	—CH_3中H的δ	X与—CH_3中H的相对距离	—CH_3中H的δ
CH_3—Cl	3.05	CH_3—Br	2.68
CH_3CH_2—Cl	1.33	CH_3CH_2—Br	1.65
$CH_3(CH_2)_2$—Cl	1.06	$CH_3(CH_2)_2$—Br	1.04
$CH_3(CH_2)_3$—Cl	0.90	$CH_3(CH_2)_3$—Br	0.90

2. 共轭效应

由电子的离域作用导致电子云密度变化的现象称为共轭效应(conjugative effect)，简称C效应，其作用的结果是使共轭系统中电子云密度分布平均化。由此可见，共轭效应与诱导效应一样，能引起质子周围电子云密度的改变，δ值相应发生改变。如乙烯的两个衍生物：甲基乙烯基醚(CH_2═CH—OCH_3)和丁烯酮(CH_2═CH—$COCH_3$)。由于醚键氧原子上的孤电子与双键形成n-π共轭，使共轭双键末端CH_2═上质子的电子云密度增加，屏蔽作用增强，与CH_2═CH_2上质子相比，δ值变小，移向高场。羰基是强电负性的基团，与双键形成π-π共轭时，共轭效应使共轭双键末端CH_2═上质子的电子云密度增加，诱导效应使CH_2═上质子的电子云密度降低，此时，诱导效应通过共轭链占主导作用，与CH_2═CH_2上质子相比，δ值变大，移向低场。

3. 磁各向异性效应

磁各向异性(magnetic anisotropy)效应或称远程屏蔽效应(long range shielding effect)，是由于置于外加磁场中的分子所产生的感应磁场，使分子所在的空间出现屏蔽区和去屏蔽区，导致质子在分子中所处的空间位置不同时，屏蔽作用不同的现象，这是另一种屏蔽效应。这种通过空间起作用的屏蔽效应与通过化学键起作用的屏蔽效应是不同的。

(1) 双键的磁各向异性。以CH_2═CH_2为例。CH_2═CH_2中的π电子云分布于σ键的上、下两方，形成结面(nodal plane)。在外加磁场的诱导下，形成π电子环流，产生感应磁场。感应磁场将CH_2═CH_2分子所处的空间平面分为屏蔽区和去屏蔽区，如图7-7所示。CH_2═CH_2分子中的4个H处于一个平面内，位于去屏蔽区，与乙烷相比，δ值变大，移向低场(CH_3—CH_3质子的δ值为0.85，CH_2═CH_2质子的δ值为5.84)。

羰基C═O的π电子云产生的屏蔽作用与双键一样，以醛基质子(—CH═O)为例，醛基上的H位于去屏蔽区，移向低场，δ值很大，δ一般在9～10之间，乙醛(CH_3CHO)中醛基H的δ值为9.69，特征明显。

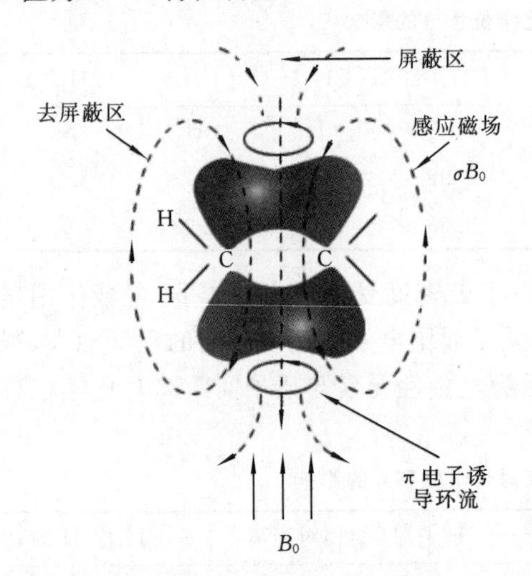

图7-7　双键的磁各向异性

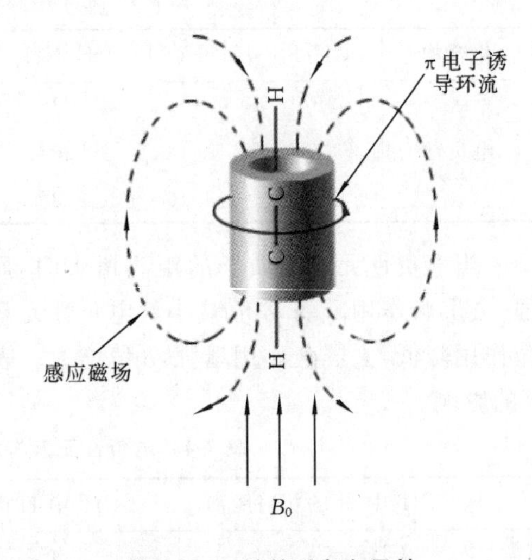

图7-8　三键的磁各向异性

(2) 三键的磁各向异性。以CH≡CH为例。CH≡CH中的π电子云分布于σ键的上、下、左、右四方，围绕σ键呈对称圆筒状分布，如图7-8所示。CH≡CH是线性分子，在外加磁场的诱导下，形成的π电子环流导致2个H处于屏蔽区，与乙烯相比，δ值变小，移向高场(CH≡CH质子的δ值为1.80)。

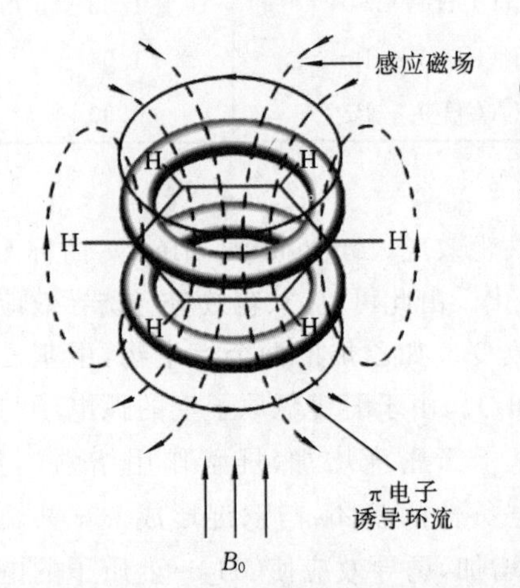

图7-9　苯环的磁各向异性

(3) 苯环的磁各向异性。苯环上的π电子云分布于分子平面的上、下两方。在外加磁场的诱导下，形成的π电子环流导致苯环上的H处于分子平面的去屏蔽区，如图7-9所示。与CH_2═CH_2分子中的质子相比，苯分子中质子的δ值增大，移向低场(C_6H_6质子的δ值为7.20)。

(4) 单键的磁各向异性。单键的磁各向异性效应与三键相反，沿键轴方向为去屏蔽区，链烃中 $\delta_{CH} > \delta_{CH_2} > \delta_{CH_3}$，甲基上的 H 被 C 取代后去屏蔽效应增强，移向低场，δ 值变大。

由磁各向异性效应的讨论，可了解在烷烃、烯烃、炔烃和芳烃中，为什么烷烃的质子 δ 值最小，芳烃、烯烃的质子 δ 值较大，炔烃的质子 δ 值既小于烯烃又大于烷烃。表 7-5 所示为磁各向异性效应对质子化学位移 δ 的影响。

表 7-5　磁各向异性效应对质子化学位移 δ 的影响

化合物	$CH_3—CH_3$	$CH_2═CH_2$	CH≡CH	C_6H_6	$CH_3—CHO$
δ	0.85	5.84	1.80	7.20	9.69

7.4.5　化学位移与化合物结构的关系

凯库勒的梦中发现之谜（引自《中国青年报》）

为了鉴定化合物的结构，需要了解各种官能团的一般化学位移范围，也需要了解与官能团相连基团的一般化学位移范围。下面分别介绍。

（1）常见基团在不同化学环境中质子的化学位移。表 7-6 列出了一些常见结构单元中质子的化学位移 δ 范围，化学位移的准确值在很大程度上取决于取代基、溶剂、浓度、氢键等因素，在给定条件下，δ 值是能重现的。

（2）甲基 CH_3、亚甲基 CH_2 和次甲基 CH 质子的化学位移。各种化学环境的 CH_3 质子的化学位移 δ=0～4.50，例如：$CH_3—C$ 的 δ=0.7～2.0，当与饱和碳原子相连的原子或原子团变

表 7-6　常见结构单元在不同化学环境中质子的化学位移 δ 范围

结构单元	δ 范围	结构单元	δ 范围
$Si(CH_3)_4$	0	$C—CH_2—X$	3.1～4.5
$C—CH_2—C$	0.9～2.4	$R—NH_2$	0.4～3.5
$CH_3—C$	0.7～2.0	$Ar—NH_2$	2.9～5.0
$CH_3—C═$	1.5～2.5	R—SH	1.2～2.0
$CH_3—C═O$	2.0～2.8	$CH_3—S$	1.5～2.8
$CH_3—N$	2.0～3.4	R—OH	1.0～6.0
$CH_3—Ar$	2.0～2.8	Ar—OH	4.0～10.0
$CH_3—O$	3.1～4.6	R—CHO	9.0～10.0
HC≡CH	1.8～3.0	R—COOH	10.0～13.0
RCH═CHR	5.4～6.2	R—COO—CH	3.6～4.4
$R_2C═CH_2$	4.5～6.0	$HC—NO_2$	4.1～4.5
HC—C≡N	2.1～3.0	呋喃（O）	6.3～7.8
苯环	6.4～9.0	噻吩（S）	6.4～7.9
吡啶（N）	7.0～8.5	吡咯（N—H）	5.8～7.2

化时,会对 CH_3 质子的化学位移产生影响,这种影响比直接与 CH_3 相连要小得多。取代基对 CH_2 和 CH 质子化学位移的影响与 CH_3 质子相同,只不过是 2~3 个取代基共同作用的结果。表 7-7 列出了常见 CH_3、CH_2 和 CH 中质子的化学位移 δ 范围。

表 7-7 常见 CH_3、CH_2 和 CH 中质子的化学位移 δ 范围

CH_3	δ 范围	CH_2	δ 范围	CH	δ 范围
CH_3—C	0.7~2.0	C—CH_2—C	0.9~2.4	C—CH—C	1.5
CH_3—C—O	1.0~1.5	C—CH_2—C—O	1.8~2.0	C—CH—C—O	2.0
CH_3—O—C	3.1~4.6	C—CH_2—O—C	3.4~3.6	C—CH—O—C	3.7
CH_3—C═O	2.0~2.8	C—CH_2—C═O	2.1~2.4	C—CH—C═O	2.7
CH_3—COO	2.0~2.1	C—CH_2—COO	2.2	C—CH—COO	2.5
CH_3—O—CO—	3.6~4.0	C—CH_2—O—CO—	4.0~4.4	C—CH—O—CO—	4.8
CH_3—Ar	2.0~2.8	C—CH_2—Ar	2.6~3.3	C—CH—Ar	3.0
CH_3—C—Ar	1.2~1.3	N—CH_2—Ar	3.2~4.0		
CH_3—O—Ar	3.6~3.9	C—CH_2—O—Ar	3.9~4.2		
CH_3—CO—Ar	2.5~2.7	C—CH_2—CO—Ar	2.9	C—CH—CO—Ar	3.3
CH_3—N	2.0~3.4	C—CH_2—N	2.3~3.6	C—CH—N	2.8
CH_3—S	2.0~2.6	C—CH_2—S	2.4~3.0	C—CH—S	3.2
CH_3—OH	3.4	C—CH_2—OH	3.6	C—CH—OH	3.9

(3) 烯烃质子的化学位移。烯烃中质子的化学位移比烷烃质子的 δ 值大,一般 $\delta=4.00\sim7.00$,它受诱导效应的影响没有烷烃明显,但受 π 电子的磁各向异性效应影响较大。在取代乙烯中,可能出现质子 δ 值不同的情况。

(4) 芳烃质子的化学位移。苯环上质子的化学位移有如下特点。

① 苯环上 6 个 H 是等价的,^{1}H-NMR 的信号是单峰,$\delta=7.20$。

② 单取代苯中,从理论上讲,5 个 H 是不一样的。从实验中发现,当取代基是饱和烃基时,5 个 H 的 δ 值没有差别,在 $\delta=7.20$ 处出现一单峰(高分辨率的仪器可能出现多重峰)。当取代基是杂原子(O、N、S 等)或是不饱和碳(C═O、C═C等)时,5 个 H 的 δ 值就存在差别了,就会产生两组复杂的峰,两组峰的面积比为 2∶3。

③ 苯环上有多个取代基时,各取代基对多个取代芳烃质子的化学位移的影响具有加和性。

(5) 羟基(—OH)质子的化学位移。羟基质子的化学位移 $\delta=3.00\sim6.00$,一般为尖峰,有时也会出现钝峰,是形成氢键所致。氢键越强,δ 值越大。

(6) 氨基(—NH—)质子的化学位移。脂肪族氨基质子的化学位移 $\delta=0.40\sim3.50$,芳香族氨基质子的化学位移 $\delta=2.90\sim4.80$。氨基质子的化学位移 δ 值也随氢键强度的变化而改变,变化范围很大。酰胺质子的化学位移变化较小,一般 $\delta=9.00\sim10.20$。

(7) 醛基(—CHO)质子的化学位移。醛基上质子的化学位移 $\delta=9.00\sim10.00$,在低场,特征很明显。

(8) 羧基(—COOH)质子的化学位移。羧基上质子的化学位移 $\delta=10.00\sim13.20$,在低场,特征非常明显。

7.5　自旋耦合及自旋裂分

乙醚的低分辨率[1] H-NMR 谱图上出现的是相当于 3 个 H （—CH_3）和相当于 2 个 H（—CH_2—）的 2 个单峰，峰面积比为 3∶2，如图 7-10(a)所示。但从高分辨率[1] H-NMR 谱图(图 7-6 和图 7-10(b))上看到的是：δ=0.95～1.25(该组吸收峰的中点 δ=1.10)处—CH_3 峰是相当于 3 个 H 的一组三重峰；δ=3.10～3.60(该组吸收峰的中点 δ=3.35)处—CH_2—峰是相当于 2 个 H 的一组四重峰，峰面积比仍是 3∶2。这种峰的裂分是由于氢核自旋使相邻质子之间相互作用引起的，称为自旋-自旋耦合(spin-spin coupling)，简称自旋耦合。由自旋耦合引起的谱线增多的现象称为自旋-自旋裂分(spin-spin splitting)，简称自旋裂分。自旋耦合表示核的相互作用，自旋裂分表示谱线增多的现象，自旋耦合是自旋裂分的原因，自旋裂分是自旋耦合的结果。

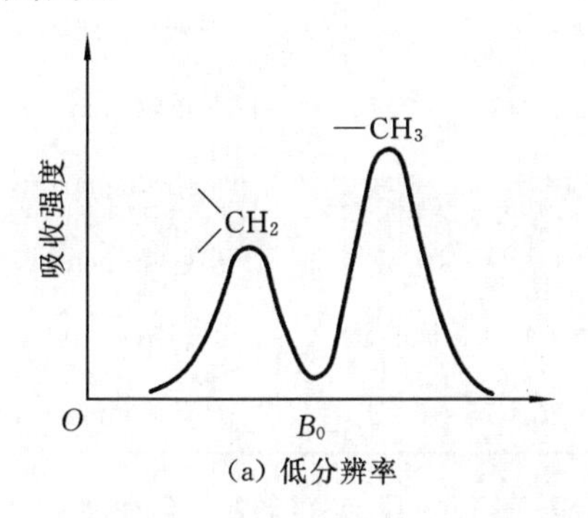

(a) 低分辨率

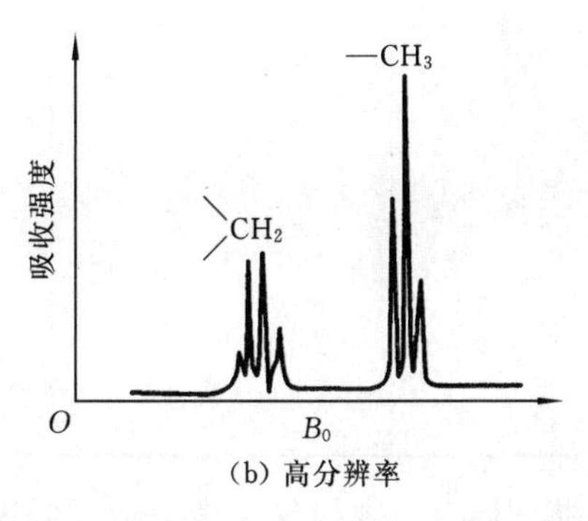

(b) 高分辨率

图 7-10　乙醚的两种[1] H-NMR 谱图对比

7.5.1　自旋耦合及自旋裂分产生的原因

1. 自旋裂分产生的原因

自旋耦合是由于氢核自旋产生的自旋磁场影响邻近质子的电子云密度，轻微地改变了被耦合质子的屏蔽作用所致。原子核与原子核之间的耦合作用是通过化学键传递的，传递距离在 3 个化学键之内。

在乙醚的核磁共振谱图(图 7-6 和图 7-10(b))中，—CH_3质子受相邻—CH_2—2 个[1] H 的影响分裂成三重峰，原因是—CH_2—质子在外加磁场中有两种自旋取向(m=+1/2，−1/2)，产生不同的自旋磁场，对—CH_3质子有不同的作用。—CH_2—中 2 个[1] H 的自旋取向有 4 种组合形式(↑↑，↑↓，↓↑，↓↓)，4 种组合产生 3 种不同的自旋磁场：①m=+1/2，+1/2；②m=+1/2，−1/2；③m=−1/2，−1/2。—CH_3质子受到 3 种自旋磁场的影响裂分成三重峰，三重峰的相对强度是 1∶2∶1(因为②代表的组合出现的概率是①或③组合的 2 倍)。同理，—CH_2— 质子受相邻—CH_3上 3 个[1] H 的影响，这 3 个[1] H 的自旋取向有 8 种组合形式(↑↑↑，↑↑↓，↑↓↑，↓↑↑，↑↓↓，↓↑↓，↓↓↑，↓↓↓)，产生 4 种不同的自旋磁场效应：①m=+1/2，+1/2，+1/2；②m=+1/2，+1/2，−1/2；③m=+1/2，−1/2，−1/2；④m=−1/2，−1/2，−1/2。—CH_2—质子受到 4 种自旋磁场的影响裂分成四重峰，四重峰的相对强度是 1∶3∶3∶1(②或③代表的组合出现的概率是①或④组合的 3 倍)。

2. 自旋裂分 $n+1$ 规律

通过乙醚核磁共振谱图的简单分析,可知自旋裂分是有一定规律可循的。乙醚中甲基峰受相邻亚甲基 2 个质子干扰,裂分为三重峰;同时,亚甲基峰受相邻甲基 3 个质子干扰,裂分为四重峰。可以这样总结:一个基团的 ^{1}H 与 n 个相邻的等价 ^{1}H 耦合时,其吸收峰将被裂分成 $n+1$ 个吸收峰。裂分成多重吸收峰的数目与基团本身的 ^{1}H 数目无关,只与邻接基团的 ^{1}H 数目有关,这个规律称为自旋裂分 $n+1$ 规律。服从自旋裂分 $n+1$ 规律的核磁共振谱图称为一级谱图。谱图里多重峰中峰与峰之间的相对强度比等于二项式 $(a+b)^n$ 展开式各项系数之比,也可以参照表 7-8 直接查出。

表 7-8 Pascal 三角形表示的一级谱图 $n+1$ 规律

邻近 ^{1}H 数 n	裂分峰数 $n+1$	峰相对强度比	峰名及表示
0	1	1	单峰(singlet,s)
1	2	1∶1	双峰(doublet,d)
2	3	1∶2∶1	三重峰(triplet,t)
3	4	1∶3∶3∶1	四重峰(quartet,q)
4	5	1∶4∶6∶4∶1	五重峰(pentet,p)
5	6	1∶5∶10∶10∶5∶1	六重峰(sextet,sex)
6	7	1∶6∶15∶20∶15∶6∶1	七重峰(heptet,h)

应该指出,$n+1$ 规律仅仅是一个近似规律,适应于简单(一级)谱图。仔细观察核磁共振谱图会发现自旋裂分峰强度比并不严格符合上述比例。图 7-10(b)中乙醚中甲基三重峰的左侧峰高于右侧峰,亚甲基四重峰的右侧峰高于左侧峰。这种相互耦合的质子峰,裂分后内侧峰高于外侧峰的现象,称为"向心法则",可用于判断自旋裂分峰的耦合关系。$n+1$ 规律是 $2nI+1$ 规律的特殊形式,因为氢核的 $I=1/2$。对于 $I\neq 1/2$ 的核,自旋裂分服从 $2nI+1$ 规律。$n+1$ 规律只有在 $I=1/2$,简单耦合及耦合常数相等时适用。那么什么是简单耦合?什么是耦合常数?下面进行介绍。

7.5.2 耦合常数

自旋耦合使质子峰裂分为多重峰,多重峰中峰与峰之间的距离称为耦合常数(coupling constant),以 J 表示,单位为 Hz。耦合常数和化学位移、耦合裂分一样,都是化合物结构解析的重要信息。一组相互作用的质子,其共振吸收峰之间的距离可以用频率差($\Delta\nu$)表示,而自旋裂分峰间的距离用 J 表示。$\Delta\nu/J>6$ 时,$n+1$ 规律适用,称之为简单耦合,形成的谱图是一级谱图。$\Delta\nu/J\leqslant 6$ 时,$n+1$ 规律不再适用,耦合常数需要通过计算求出,形成的谱图比较复杂,自旋裂分峰强度不再是二项式 $(a+b)^n$ 展开式各项系数之比,这样的谱图称为高级谱图,其解析具有相当的难度,采用一定的方法,如增加磁场强度等方法,完全可以将复杂的高级谱图转变为简单的一级谱图。

1. 耦合常数的规律

(1) 耦合常数 J 是质子之间的相互作用,J 值的大小表示了相邻质子间作用力的大小,与外加磁感应强度 B_0 无关。这种相互作用的力是通过成键电子传递的,当质子间相隔 3 个键时，这种力比较显著。如果质子间相隔 4 个或 4 个以上单键，相互作用力已经很小，J 值减小到 1 Hz 或等于零。一般质子间耦合的 J 值在 0～30 Hz 之间。根据相互耦合的质子间相隔的键数，将耦合分为以下几种。

① 同碳耦合。2 个 ^{1}H 同处于 1 个 C 上时，即质子间相隔 2 个键的耦合称为同碳耦合或称为偕耦（geminal coupling），其耦合常数以 ^{2}J 或 J_{gem} 表示。

② 邻碳耦合。2 个 ^{1}H 处于相邻的 2 个 C 上时，即质子间相隔 3 个键的耦合称为邻碳耦合（vicinal coupling），其耦合常数以 ^{3}J 或 J_{vic} 表示。

③ 远程耦合。质子间相隔 4 个或 4 个以上键的耦合称为远程耦合（long range coupling），其耦合常数以 ^{n}J 表示。

（2）相互耦合的氢核峰间距是相等的，即耦合常数 J 相等。

（3）J 值与化合物的分子结构有关，受溶剂影响较小。同碳质子耦合裂分一般观察不到；邻碳质子耦合是很重要的，^{3}J 在结构分析中非常有价值；远程耦合很弱，一般观察不到。

（4）等价质子或磁等价质子之间也有耦合，但不裂分，谱线仍是单峰。

2. 一级谱图的特点

（1）两组相互耦合的质子，其频率差 $\Delta\nu$ 与相应质子间的耦合常数 J 之比大于 25 时，完全符合一级谱图。当 $25 \geqslant \Delta\nu/J > 6$ 时可以近似地按一级谱图处理。

（2）自旋裂分峰的数目符合 $n+1$ 规律，同一组质子（频率相同的质子）均为磁等价质子，即只有一个耦合常数 J。

（3）一组峰内各自旋裂分峰的相对强度比等于二项式 $(a+b)^n$ 展开式各项系数之比。

（4）从谱图中可以直接读出 δ 和 J，化学位移 δ 在一组自旋裂分峰的对称中心，自旋裂分峰与峰之间的距离（Hz）为耦合常数 J。

一些质子的耦合常数 J 见表 7-9。几种化合物中烷基质子的 ^{1}H-NMR 裂分谱图如图 7-11 所示。2,4-二硝基苯酚的 ^{1}H-NMR 耦合裂分谱图如图 7-12 所示。

表 7-9　一些质子的耦合常数 J

耦合类型	J/Hz	耦合类型	J/Hz
$\mathrm{>C<^{H}_{H}}$	−12～20	$\mathrm{>CH—C(H)=O}$	1～3
$\mathrm{=C<^{H}_{H}}$	0～3.5	HC=C—CH	1～3
$\mathrm{>CH—CH<}$	2～9	$\mathrm{>CH—C≡C—H}$	2～3
H(C=C)H（顺） H(C=C)H（反）	顺式 6～14 反式 11～18	苯环 H, H	邻位 7～10 间位 2～3 对位 0.1～1

续表

耦合类型	J/Hz	耦合类型	J/Hz
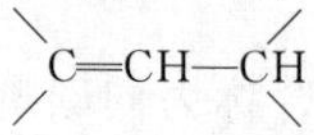 >C=CH—CH<	4～10	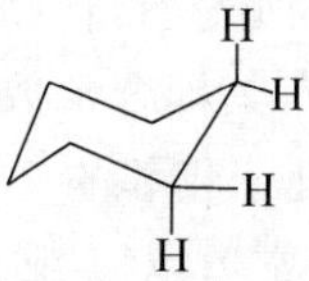 环己烷(直立H与平伏H)	aa:10～13 ae:2～5 ee:2～5
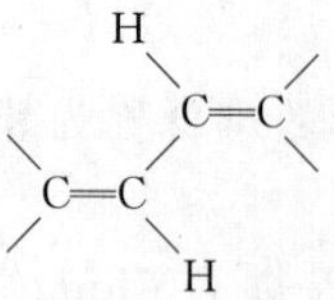 H—C=C—C=C—H	10～13		
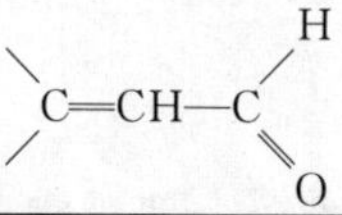 >C=CH—CH=O	3～7	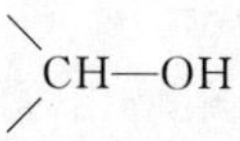 >CH—OH	4～10(5)

3. 化学等价

化学等价(chemical equivalence)又称为化学位移等价，是立体化学中的一个重要概念。若分子中两个相同原子(或两个相同原子团)处于相同的化学环境，化学位移δ值相等，它们就是化学等价的。例如：$CH_2=CH_2$分子中4个H的化学环境相同，δ值相等，它们就是一组化学等价的质子。

化学不等价的两原子或两原子团，在化学反应中表现出不同的反应速率，在NMR谱图中可能有不同的结果，因此可用NMR研究化学等价性。

4. 磁等价

磁等价(magnetic equivalence)或称为磁全同。分子中一组化学等价的磁性原子核，与分子中其他任何一个磁性原子核都有相同的耦合作用，耦合常数J相等，这组原子核称为磁等价的原子核。因此，一组原子核或基团的磁等价必须同时满足下列条件。

(1) 它们是化学等价的，δ值相等。

(2) 它们与分子中另外任意磁性核耦合时，J相等。磁等价的核在无组外核干扰时，虽有耦合但不分裂。

例如：二氟甲烷(CH_2F_2)的2个^1H是化学等价和磁等价的，2个^{19}F也是化学等价和磁等价的。而1,1-二氟乙烯($CH_2=CF_2$)，从分子的对称性可知，2个^1H是化学等价的，2个^{19}F也是化学等价的。但对某一指定的^{19}F而言，2个^1H中，一个^1H处于它的同侧，顺式耦合；另一个^1H处于它的异侧，反式耦合。顺式耦合常数不等于反式耦合常数，2个^1H是化学等价而不是磁等价。同理，2个^{19}F也是磁不等价的。所以，磁等价的核一定是化学等价的，但化学等价的核不一定磁等价，化学不等价必定磁不等价。

7.5.3 影响耦合常数的因素

影响耦合常数的因素主要是耦合核之间的距离、角度、电子云密度等。

(1) 核间距。耦合核之间的距离对耦合常数影响较大，一般来说，^2J较大，^3J次之，^nJ较小。^3J在NMR谱图中遇到的最多，一般规律是：$J_{反式烯烃} > J_{顺式烯烃} \approx J_{炔烃} > J_{烷烃}$(自由旋转)。

例如：图7-12中2,4-二硝基苯酚的3个苯环质子的耦合，可用"向心法则"和"相互耦合的核峰间距是相等的"规律判断质子的耦合作用，H_a与H_b、H_b与H_c之间发生耦合，$J_{ab}=2.8$ Hz，$J_{bc}=9.1$ Hz，H_a与H_c之间无耦合，故J_{ac}没有观察到，耦合常数J的排列顺序为$J_{bc}>J_{ab}>J_{ac}$，这与$^2J>^3J>^4J$是一致的。

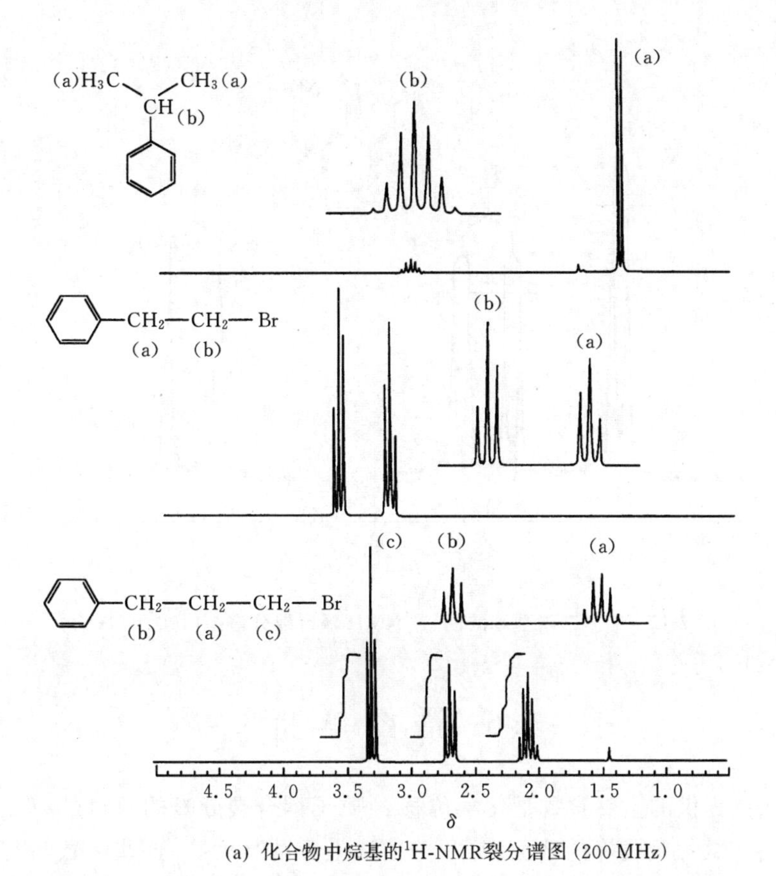

(a) 化合物中烷基的^{1}H-NMR裂分谱图 (200 MHz)

(b) 化合物中烷基的^{1}H-NMR裂分谱图 (400 MHz)

图 7-11　几种化合物中烷基质子的^{1}H-NMR 裂分谱图

(2) 角度。角度是指相互耦合的一组原子核在空间的相对位置上的夹角，又称为双面夹角，以 α 表示。角度对耦合常数的影响很敏感。$\alpha=90^{\circ}$时，J 最小；在 $\alpha<90^{\circ}$时，随 α 的减小，J 增大；在 $\alpha>90^{\circ}$时，随 α 的增大，J 增大。这是因为耦合核的核磁矩在相互垂直时，干扰最小。

例如：在环己烷的构象中，2 个^{1}H 均在直立键(axial bond，a)上的耦合常数大于在平伏键(equatorial bond，e)上的耦合常数，即 $J_{aa}>J_{ae}=J_{ee}$。

(3) 电子云密度。电负性影响原子核的电子云密度，耦合作用靠成键电子传递，因而取代基的电负性越大，$^{3}J_{HH}$越小。

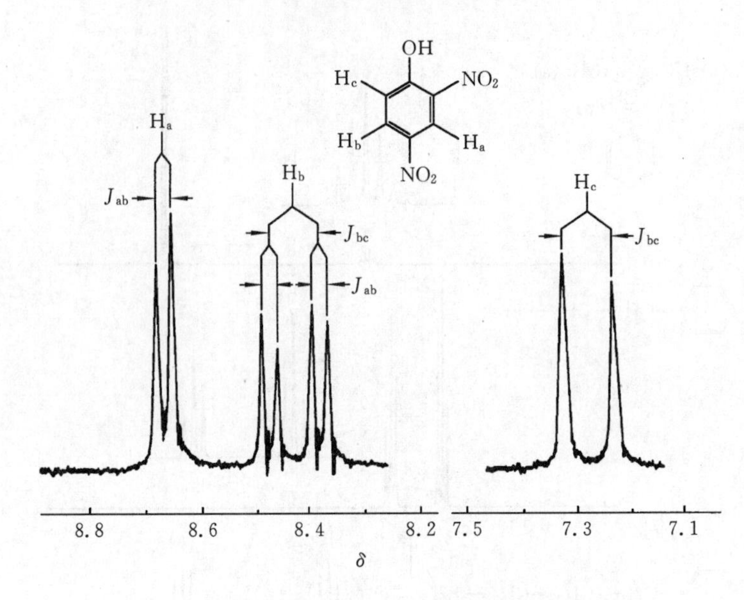

图 7-12 2,4-二硝基苯酚的[1]H-NMR 耦合裂分谱图(100 MHz)

7.6 谱图解析

核磁共振谱能提供的主要参数是化学位移 δ、质子耦合裂分峰的数目($2nI+1$ 或 $n+1$)、耦合常数 J 和各组共振吸收峰的峰面积(积分曲线上升的高度)。这些参数与有机化合物的结构紧密相关:根据 δ 可以知道有几种化学环境不同的质子;根据共振吸收峰面积可以知道每种质子的数目;根据 $n+1$ 可以知道相邻质子的数目;根据 J 可以知道相互耦合的质子核间作用力的大小。因此,核磁共振波谱是鉴定有机化合物及生物分子结构和构象等的重要工具之一,还可以应用于定量分析、相对分子质量的测定及化学动力学的研究等。

1. 谱图解析的一般步骤

^{1}H-NMR 谱图与红外吸收光谱图一样,对于结构比较简单的化合物,有时只根据本身的谱图就可以鉴定化合物的结构。对结构比较复杂的化合物,需结合红外吸收光谱分析、紫外-可见吸收光谱分析、质谱分析及元素分析等数据推断其结构。^{1}H-NMR 谱图解析没有统一固定的程序,一般可按下列步骤进行。

(1) 尽可能详细地收集被分析样品的信息。包括样品的来源、元素分析结果、相对分子质量、结构单元信息等。

(2) 按"先易后难,先典型后一般"的原则,观察整张谱图中基线、吸收峰位、峰形的情况,识别溶剂峰和杂质峰,注意高磁场和低磁场的特殊吸收峰。

(3) 根据元素分析数据计算并确定分子的化学式,计算不饱和度(unsaturation number),估计结构式中是否有双键、三键及芳香环,缩小解析的范围。

(4) 利用共振吸收峰的峰面积(积分曲线上升的高度),算出各峰代表的相对质子数。再根据分子的化学式中质子的数目,确定各吸收峰相应的质子数目。依据耦合裂分峰数目估计相邻基团上的质子数目。

(5) 根据 δ、J 与结构的一般关系,先识别强单峰(如 CH_3O—、CH_3C═O、Ar—CH_3、

CH_3—NR_2、RO—CH_2CN等)及特征峰(如—COOH、—CHO、—OH、—NH_2、—C_6H_5等),注意有些分子内氢键的—OH信号。若结构中可能有—COOH、—OH、—NH—等基团,应滴加D_2O后比较谱图的变化(称为重水交换),若有相应的信号消失,证明存在活泼氢。但也要注意形成分子内氢键的—OH信号和有些—CO—NH—信号不会消失,而有些活泼—CH_2—的质子信号会消失。

(6) 根据对各组吸收峰 δ、J 及耦合关系的分析,推出结构单元,组合成几个可能的结构式。每种可能的结构式不能与谱图有大的矛盾。

(7) 对推出的可能结构式进行验证,确定最符合谱图的结构式。

(8) 结合元素分析、不饱和度、红外吸收光谱分析、紫外-可见吸收光谱分析、质谱分析及其他化学方法所提供的有关数据,对推断结构进行复核,并与标准谱图比较,最终确定正确结构。

对于复杂的谱图解析,如高级谱图,可采用数学分析,用计算机和相关软件来解析谱图。在条件允许的情况下,也可更换不同的溶剂或用去耦法、NOE 效应、加位移试剂等方法解析谱图。

2. 谱图解析的实例

例 7-2 有一瓶无色的化学试剂,经过元素分析得知只含碳和氢。该化合物的^{1}H-NMR 谱图如图 7-13 所示,试鉴定其结构。

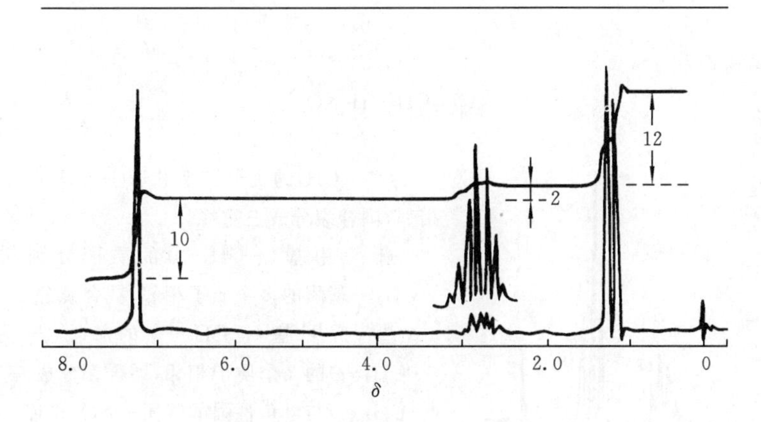

图 7-13　未知物的^{1}H-NMR 谱图

解

(1) H 数目的确定。

从^{1}H-NMR 谱图可知,从低磁场到高磁场积分曲线上升高度为:10+2+12=24 单位,^{1}H 数目的最简比例为 5∶1∶6,即分别对应 5H、1H、6H 或是其倍数。

(2) H 的归属。

δ=7.3,峰的相对面积相当于 5H,单峰,可能是单取代苯环上的 5 个 H,相邻碳原子上没有 H。

δ=2.9,峰的相对面积相当于 1H,七重峰,可能是 C—CH—Ar 结构单元的 1 个 H,相邻碳原子上有 6 个 H。

δ=1.3,峰的相对面积相当于 6H,双重峰,可能具有 CH_3—C—CH_3 的结构单元,共 6 个 H,相邻碳原子上有 1 个 H。

(3) 可能的结构式为

H
C—CH_3
CH_3

(4) 验证。

① 次甲基(CH)基团的质子与2个化学环境相同的—CH_3基团的6个质子相邻,耦合裂分成七重峰。

② 2个—CH_3的质子都被次甲基(CH)的1个质子耦合裂分成二重峰,其化学位移值相同,叠加的结果强度增加1倍。

③ 次甲基(CH)质子的去屏蔽作用强于—CH_3基团的质子,因此相对处于低场。

④ 异丙基(CH_3—CH—CH_3)对苯环的诱导效应很弱,不足以使苯环质子发生分裂,故苯环质子以单峰出现。

(5) 结论:推测的可能结构式正确。

例 7-3　有一未知化合物,化学式为 $C_3H_7NO_2$,^{1}H-NMR 谱图如图 7-14 所示,试推测其结构。

解

(1) 不饱和度 $U=1+3-(7-1)/2=1$,可能有1个双键存在。

(2) 化合物的相对分子质量:$M=89.0$。

(3) H 的归属。

$\delta=1.0$,三重峰,相邻 2H,此处可能是$-CH_3$的3个氢,3H。

$\delta=2.1$,多重峰,相邻多个 H 或有磁不等价质子存在,此处可能是—CH_2—的2个 H,2H。

$\delta=4.3$,三重峰,相邻 2H,该 H 所在碳上连有电负性较大的基团,可能是—CH_2—NO_2的结构单元中的2个 H,2H。

(4) 可能的结构式为

$$CH_3CH_2CH_2NO_2$$

(5) 验证结构。

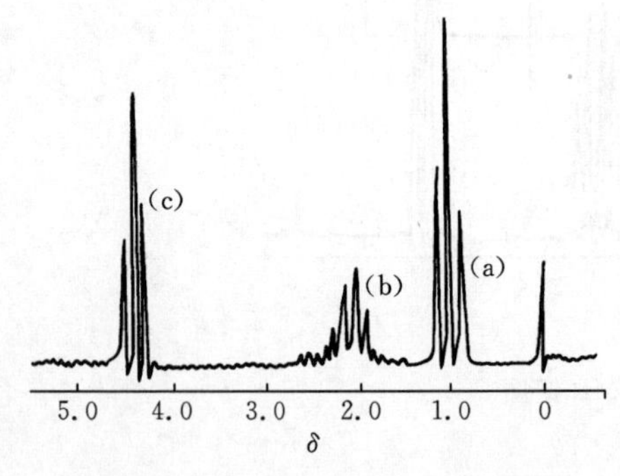

图 7-14　$C_3H_7NO_2$的^{1}H-NMR 谱图

① —CH_3的质子与亚甲基(—CH_2—)基团的2个质子相邻,耦合裂分成三重峰。

② 亚甲基(—CH_2—)的质子分别与—CH_3基团和—CH_2—基团的多个质子相邻,耦合裂分成多重峰。

③ 亚甲基(—CH_2—)的质子与另一个亚甲基(—CH_2—)的2个质子相邻,耦合裂分成三重峰。该亚甲基(—CH_2—)与电负性强的基团—NO_2相连,去屏蔽作用使质子峰在较低场出现。

④ —NO_2基团的不饱和度 $U=1$,与化学式吻合。

(6) 结论:推测的可能结构式正确。

7.7　核磁共振波谱的应用

^{1}H 核磁共振波谱分析方法的应用领域涵盖化学、生命科学、临床医学等。除作为有机化合物结构分析方法之外,还可借助核磁共振波谱仪进行定量分析、动力学、配合物、反应机理、反应程度和手性化合物对映体等方面的研究。掌握^{1}H-NMR波谱分析方法的基本原理和谱图解析的基本步骤,对工科学生是非常必要的。由于篇幅所限,不能详细介绍,需要时可查找相关文献和书籍。

7.7.1　定量分析

在[1]H-NMR 图谱中每个质子峰的面积近似相等，质子个数比等于积分面积（或积分高度）比，据此可进行定量分析。以实际样品中各种化合物特征的某种质子峰的峰面积除以分子中这种质子的个数，所得的面积之比等于这些化合物的物质的量之比。若要测定样品溶液中某种物质的绝对质量，需加入一定量的某种出峰单一的标准物质，如二氧六环，再通过标准物质的出峰面积和待分析物质的某类质子的积分面积及它们的质子个数进行计算。用[1]H-NMR 进行定量分析误差比较大。

例 7-4　图 7-15 为正丙苯与异丙苯混合物的 NMR，试求两种异构体相对含量。

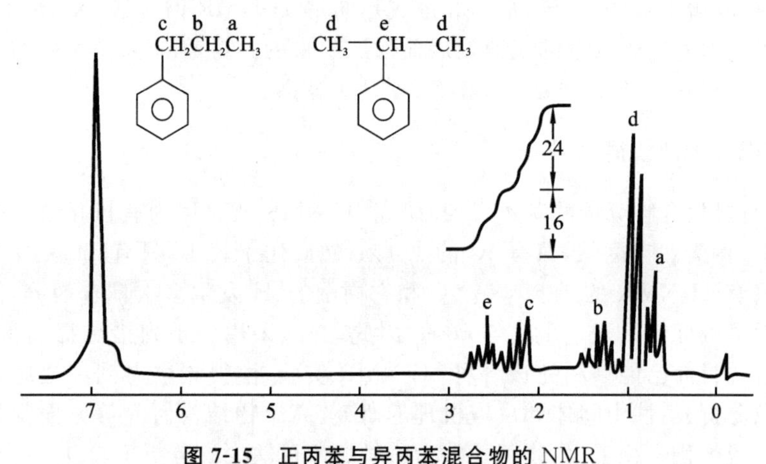

图 7-15　正丙苯与异丙苯混合物的 NMR

解　(1) 两种异构体的苯环芳氢共振峰在 $\delta=6.92$，为典型的单取代苯环芳氢吸收峰。其余峰如下。

正丙苯：$\delta_a=0.86$(t)是正丙苯中的—CH_3 吸收峰

$\delta_b=1.35$(六重峰)是正丙苯中 β—CH_2—的吸收峰

$\delta_c=2.3$(t)是正丙苯中 α-C 上 H 的吸收峰，积分高度为 24；

异丙苯：$\delta_d=1.1$(d)是异丙苯中—CH_3 的吸收峰

$\delta_e=2.6$(应为七重峰，现为五重峰)是异丙苯中 α-C 上 H 的吸收峰，积分高度为 16；

由于单峰的各向异性效应，一般情况下：$\delta_{CH}>\delta_{CH_2}$

由峰的裂分情况，c 为三重峰，表明相邻 C 上有两个质子，e 为多重峰，表明其相邻 C 上有更多的质子。

(2) 根据 $\delta_c=2.3$(t)峰及 $\delta_e=2.60$ 峰的积分曲线高度，可求出两个化合物含量。

$$w_{正丙苯}=\frac{24/2}{(24/2)+16}\times100\%=43\%$$

$$w_{异丙苯}=\frac{16}{(24/2)+16}\times100\%=57\%$$

7.7.2　测定相对分子质量

相对分子质量的测定是基于每摩尔等质子数目基团的积分强度相等。将一定质量($m_{标}$)的已知相对分子质量($M_{标}$)的物质(作为标准物质，物质的量为 $m_{标}/M_{标}$)加到含一定质量(m)的未知相对分子质量(M)的样品中去，样品的物质的量为 m/M。^{1}H-NMR 测出标样与试样互不干扰的特征基团(质子数目分别为 $n_{标}$、n)的积分高度分别为 $h_{标}$、h，则下列等式成立。

$$\frac{h_{标}}{\frac{m_{标}}{M_{标}}n_{标}}=\frac{h}{\frac{m}{M}n}$$

由上式可求得化合物的相对分子质量 M。

7.7.3 手性化合物对映体的测定

^{1}H-NMR 可用于完成手性化合物两个对映体的测定。一般情况下,互为对映体的两个物质的 NMR 信号没有区别,只有给两个对映体创造一个手性或不对称环境,使它们处于非对映的条件下,才有可能使两个对映体有不同的化学位移而进行测定。

7.8 ^{13}C 核磁共振波谱(^{13}C-NMR)

在核磁共振波谱中,研究最早、最多和最成熟的是^{1}H-NMR 谱,^{13}C-NMR 谱是近 20 多年来,随着计算机技术和电子技术的飞速发展而发展起来的。目前除^{1}H-NMR 谱外,研究最多、应用最广的是^{13}C-NMR 谱,其次是^{19}F 谱、^{31}P 谱和^{15}N 谱。

7.8.1 ^{13}C 核磁共振波谱简介

碳原子是有机化合物分子的基本骨架,研究^{13}C-NMR 谱可以为有机化合物分子的结构提供重要信息。^{13}C 的天然丰度低,只有^{12}C 的 1.1%;磁旋比 γ 较小,只有^{1}H 核的 1/4;其共振吸收强度很小,只有^{1}H-NMR 的 1/6 000。^{13}C 和它周围的^{1}H 发生多次耦合裂分,使吸收信号严重分散,其相对灵敏度仅是氢谱的 1/5 600。因此,必须采用一系列措施提高检测灵敏度,消除^{1}H 核的耦合。目前已能顺利完成各种^{13}C-NMR 实验,使得碳谱得到广泛研究和应用。在结构鉴定、构象分析、活性中间体和反应机理的研究、高聚物结构研究等方面都显示了非常强势的应用前景,成为化学化工、生物医药等学科领域不可缺少的分析工具。

7.8.2 ^{13}C 核磁共振波谱的特点

^{13}C 核磁共振波谱的原理与^{1}H 核磁共振波谱基本相同,与氢谱相比较碳谱有如下特点。

(1) 化学位移范围宽,分辨率高。^{13}C 核化学位移值 δ_C 的范围一般在 0~240 以内,最大可达到 600。而^{1}H 核的化学位移值 δ_H 的范围一般在 0~15 以内,最大不超过 20。由于 δ_C 的变化范围比 δ_H 大几十倍,分子结构的微小差别引起的 δ_C 变化在碳谱中都能被观测到,因此碳谱分辨率高。如果消除^{13}C 与^{1}H 之间的耦合,每种化学环境的碳原子都对应一条可分辨的谱线,从而得到分子的骨架结构信息。氢谱的 δ_H 范围小,耦合裂分使谱线增多、重叠,致使氢谱难分辨、解析。

(2) 可以得到氢谱不能直接测得的羰基(—C═O)、氰基(—C≡N)和季碳等信息。

(3) 耦合常数 J_{C-H} 大。由于^{13}C 核的自然丰度太低,^{13}C—^{13}C 耦合一般不考虑,而^{13}C—^{1}H耦合是常见的,且耦合常数 J_{C-H} 值很大,一般在 125~250 Hz。^{13}C—^{1}H 耦合不影响^{1}H 谱,但在碳谱中是主要的。所以,不消除^{13}C—^{1}H耦合的碳谱很难识别,消除了全部^{13}C—^{1}H耦合后,得到的各种碳的谱线都是单峰。

(4) 弛豫时间长。^{13}C 的弛豫时间比^{1}H 长得多,有些碳原子的弛豫时间长达几分钟,所以常规的碳谱(质子噪声去耦谱)是不能直接用于定量分析的,也不绘制积分曲线。

(5) 信噪比低,灵敏度低。^{13}C 的磁旋比 γ_C 只有^{1}H 核 γ_H 的 1/4,由于灵敏度与 γ 成正比,因此在核磁共振波谱中,^{13}C 的灵敏度比^{1}H 要低得多。获取^{13}C-NMR 谱图的最好方法是进行累加,采用多次扫描,由计算机累加平均,大大提高信噪比。另外,为了提高测试时碳谱的灵敏度,在条件允许时,可增加样品用量。

7.8.3　^{13}C 核磁共振波谱的去耦技术

迎接 21 世纪挑战，加速发展我国现代仪器事业

^{13}C-NMR 和^{1}H-NMR 的最大不同之处是：2 个^{13}C 相连的概率很小，可以认为无耦合作用；^{13}C—^{1}H之间的耦合作用，在^{1}H-NMR 中可以忽略不计，在^{13}C-NMR 中是普遍存在的，不可忽视。^{13}C 核与^{1}H 核的自旋量子数都是 $I=1/2$，^{13}C—^{1}H之间的耦合使吸收峰裂分为多重峰，^{13}C 信号强度降低，耦合常数 J 范围变宽(125～250 Hz)，如脂肪族^{13}C 与^{1}H 耦合，$^{1}J_{C-H}=125$ Hz；芳香族^{13}C 与^{1}H耦合，$^{1}J_{C-H}=160$ Hz；炔烃^{13}C 与^{1}H 耦合，$^{1}J_{C-H}=250$ Hz。加上$^{2}J\sim{}^{4}J$ 的存在，造成谱峰交叉重叠，影响谱图解析，如图 7-16(a)所示。解决上述问题的方法是要消除^{1}H 核对^{13}C 核的耦合作用，这就是所说的去耦技术。实际上^{13}C-NMR 谱图若不采用去耦技术就不能解析。通常可以采用的去耦技术很多，如质子噪声去耦、偏共振去耦、选择性质子去耦、门控去耦及反转门控去耦等。

(1) 质子噪声去耦。质子噪声去耦(proton noise decoupling，PND)又称为质子宽带去耦(proton broadband decoupling)，是一种双共振技术。该技术采用异核双照射方法，以一相当宽的频率(包括样品中全部^{1}H 核的进动频率)照射样品，使样品中全部^{13}C—^{1}H核之间去耦，碳谱便是一个一个的单峰，这就称为质子噪声去耦，如图 7-16(b)所示。在质子噪声去耦碳谱中，化合物分子有几种类型的碳原子，就产生几个共振吸收峰。若分子是不对称结构，有几个碳原子就出现几个吸收峰；若分子是对称结构，相同的碳原子就只有一个吸收峰，谱图中吸收峰数目少于碳原子数目。

质子噪声去耦的碳谱，由于多重峰合并成单峰提高了信噪比，且有 NOE 效应使碳谱幅度增强，便于谱图的观测。但也应该指出，质子噪声去耦简化谱图、增强谱带高度的同时也失去了许多有用的结构信息。

如无特殊说明，通常在文献和各种标准^{13}C-NMR 谱图中给出的均是质子噪声去耦谱图。

(2) 偏共振去耦。偏共振去耦(off resonance decoupling，OFR)又称为不完全去耦，采用一个频率范围较小，比 PND 功率弱的照射场。这样照射的结果使^{13}C—^{1}H核之间在一定程度上去耦，消除了^{13}C—^{1}H核之间的弱耦合($^{2}J\sim{}^{4}J$)，保留了与^{13}C 核相连的^{1}H 核对其的耦合作用，如图 7-16(c)所示。这时耦合裂分峰的数目仍可用 $n+1$ 表示，n 代表与^{13}C 核相连^{1}H 核的数目。例如：伯碳、仲碳、叔碳和季碳的裂分峰分别为四重峰、三重峰、二重峰和单峰。偏共振去耦是非常有用的，不仅可以知道化合物中有几种化学环境不同的碳原子，而且还可以知道碳原子上相连的氢原子的数目。

(3) 选择性质子去耦。选择性质子去耦(proton selective decoupling)是 OFR 的特例，选择某一特定质子的共振频率，使用比 OFR 低的功率照射，这时与该质子直接相连的^{13}C 核发生全去耦变成尖锐单峰。对其他碳的谱线只受到偏频场照射，显示出偏共振去耦的结果。

(4) 门控去耦。门控去耦(gated decoupling)是利用发射门和接收门来控制去耦的方法。质子噪声去耦失去了所有的耦合信息，偏共振去耦也损失了部分耦合信息，两者都因 NOE 效应使信号的相对强度与所代表的碳原子个数不成比例。为了测定真正的耦合常数或作各类碳的定量分析，可以采用门控去耦或反转门控去耦方法。门控去耦是利用发射场和去耦场的开关时间，达到控制去耦的实验方法。图 7-16(d)是 2-溴苯胺的门控去耦的^{13}C-NMR 谱图。

(5) 反转门控去耦。反转门控去耦(inversion gated decoupling)又称为抑制 NOE 门控去耦，是对发射场和去耦场的发射时间加以变动，得到消除 NOE 效应的宽带去耦谱，使谱线强

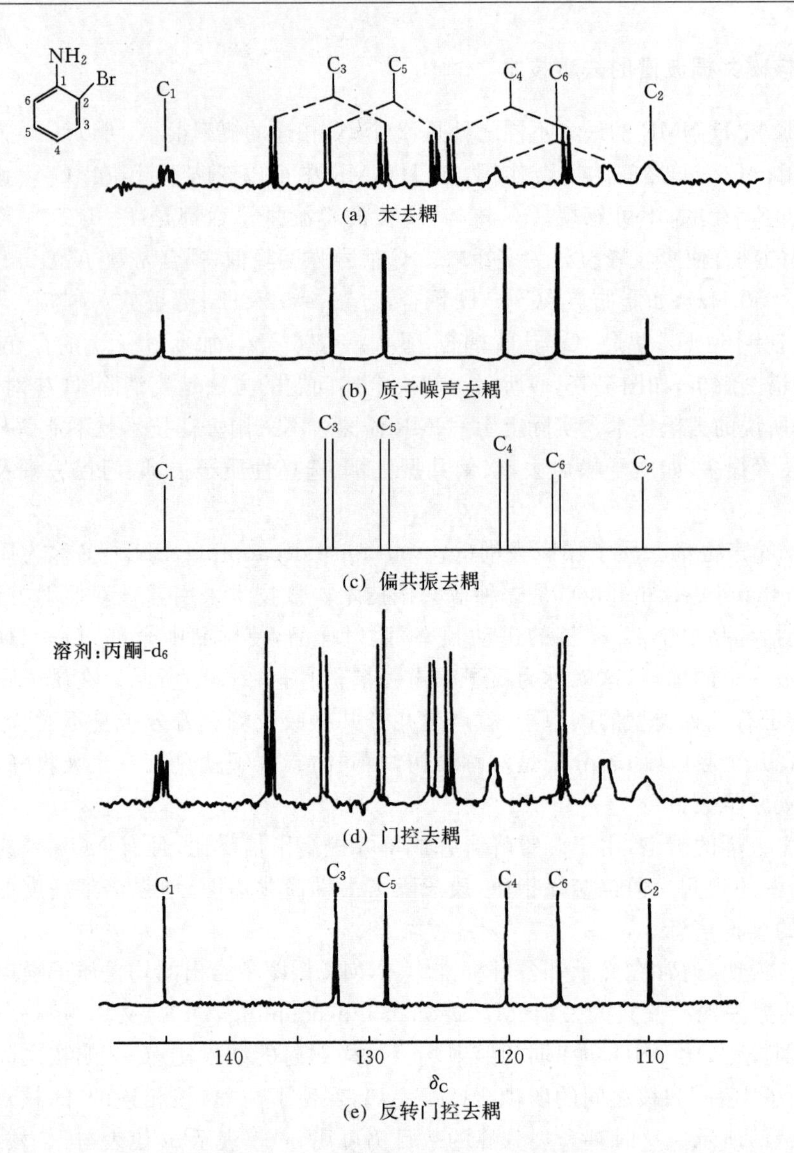

图 7-16　2-溴苯胺的^{13}C-NMR 谱图

度能够代表碳原子数目的方法。由此方法测得的^{13}C 谱又称定量^{13}C 谱。图 7-16(e)是 2-溴苯胺的反转门控去耦的^{13}C-NMR 谱图。

7.8.4　^{13}C 的化学位移 δ_C

^{13}C 的化学位移 δ_C与^{1}H 的化学位移 δ_H的标度方法是一样的,常用 TMS 作基准。碳原子的 δ_C从高场到低场的顺序是:饱和碳在较高场,炔碳次之,烯碳和芳香碳在较低场,羰基碳在更低场。常见结构单元^{13}C 的化学位移 δ_C范围见表 7-10。

表 7-10　常见结构单元^{13}C 的化学位移 δ_C范围

结构单元	δ_C范围	结构单元	δ_C范围
$Si(CH_3)_4$	0	CH_3—O	40～60
R—CH_3	8～30	CH_2—O	40～70

续表

结构单元	δ_C范围	结构单元	δ_C范围
R_2CH_2	15～55	CH—O	60～75
R_3CH	20～60	C—O	70～80
C—I	0～40	C≡C	65～90
C—Br	25～65	C═C	100～150
C—Cl	35～80	C≡N	110～140
CH_3—N	20～45	CH_3—S	10～20
CH_2—N	40～60	R—CHO，Ar—CHO（醛）	185～205
CH—N	50～70	R—CO—R，Ar—CO—R（酮）	190～220
⌬	110～175	—COOH（酸），—COOR（酯）， —$CONH_2$（酰胺），—COCl（酰氯）	155～185
⬡	27.3	△	−5～5

7.8.5　^{13}C 核磁共振波谱谱图解析实例

例 7-5　某化合物分子的化学式为 C_5H_8，其^{13}C-NMR 谱图如图 7-17 所示，试推测它的结构。

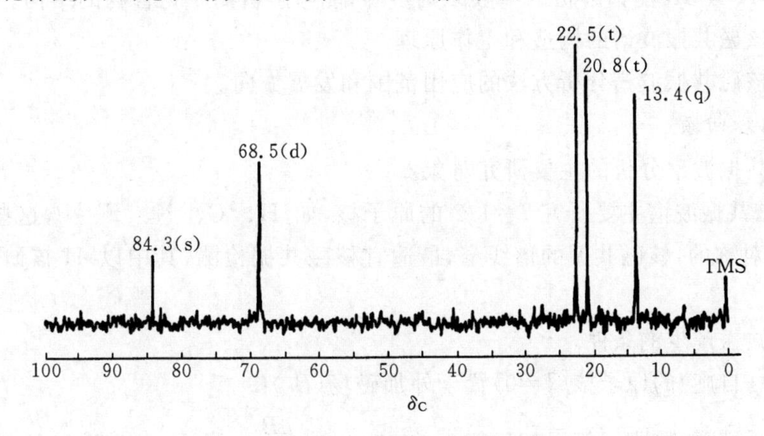

图 7-17　C_5H_8 的^{13}C-NMR 谱图

解

(1) 不饱和度 $U=1+5-8/2=2$，可能有 2 个不饱和键存在。

(2) 化合物的相对分子质量：$M=68.0$。

(3) C 原子的归属。

$\delta_C=13.4$，四重峰，相连 3 个 H，此处可能是—CH_3上的 C。

$\delta_C=20.8$，三重峰，相连 2 个 H，此处可能是—CH_2—上的 C。

$\delta_C=22.5$，三重峰，相连 2 个 H，此处可能是另一个—CH_2—上的 C。

$\delta_C=68.5$，二重峰，相连 1 个 H，此处可能是 CH 上的 C，可能是C≡CH的结构单元。

$\delta_C=84.3$，单峰，此 C 上没有 H，是C≡C的结构单元。

(4) 可能的结构式为

$$CH_3—CH_2—CH_2—C≡CH$$

(5) 验证结构。

验证结构主要从化学位移 δ_C 和吸收峰裂分的多重性考虑。各种类型碳原子的 δ_C 值可用经验公式计算，此处略。

① 计算得到炔碳原子的化学位移 δ_C。

—C≡CH基团中端基炔碳原子 $\delta_C \approx 67.22$，二重峰，与实验值 $\delta_C = 68.5$ 基本吻合；取代炔碳原子 $\delta_C \approx 83.45$，单峰，与实验值 $\delta_C = 84.3$ 基本吻合。

② 计算得到亚甲基碳原子的化学位移 δ_C。—$^*CH_2$—C≡CH中“*”碳原子的 $\delta_C \approx 20.31$，三重峰，与实验值 $\delta_C = 20.8$ 基本吻合；CH_3—$^*CH_2$—C中“*”碳原子的 $\delta_C \approx 21.00$，三重峰，与实验值 $\delta_C = 22.5$ 基本吻合。

③ 计算得到甲基(—CH_3)碳原子的 $\delta_C \approx 12.31$，四重峰，与实验值 $\delta_C = 13.4$ 基本吻合。

④ —C≡C—基团的不饱和度 $U=2$，与化合物分子的化学式吻合。

(6) 结论：推测的可能结构式正确。

学习小结

1. 本章基本要求

(1) 掌握核磁共振波谱分析的基本原理及核磁共振产生的条件。

(2) 掌握化学位移产生的原因及影响因素。

(3) 掌握自旋耦合、自旋裂分产生的原因及影响耦合常数大小的因素。

(4) 掌握^{1}H-NMR图谱解析的一般原则步骤，能够解析简单化合物的结构。

(5) 了解核磁共振波谱的构造和工作原理。

(6) 了解核磁共振波谱分析方法的应用范围和发展方向。

2. 重要内容回顾

(1) 核磁共振波谱分析的主要研究对象。

目前，核磁共振波谱主要研究 $I=1/2$ 的原子核，如^{1}H、^{13}C、^{15}N、^{19}F、^{31}P，这些原子核的电荷分布是球形对称的，核磁共振的谱线窄，最适宜核磁共振检测，其中以^{1}H 核研究最多，其次是^{13}C 核。

(2) 核磁共振产生的条件。

① 有磁性(自旋)的原子核($I \neq 0$)置于外加磁场(B_0)中。

② 辐射的射频能量刚好等于核磁能级差，即 $\Delta E = \frac{\mu B_0}{I}$，当 $I=1/2$ 时，$\Delta E = 2\mu B_0$。

(3) 化学位移 δ 的表示方法。

① 基准物 TMS 中质子的 δ 定为零点。

② 计算式为

$$\delta = \frac{\nu_{样品} - \nu_{标准}}{\nu_{标准}} \times 10^6 = \frac{\nu_{样品} - \nu_{标准}}{\nu_{仪器}} \times 10^6$$

或

$$\delta = \frac{B_{标准} - B_{样品}}{B_{标准}} \times 10^6 = \frac{B_{标准} - B_{样品}}{B_{仪器}} \times 10^6$$

(4) ^{1}H-NMR 谱图中可得到的结构信息。

① 从 δ 值可以判断分子中化学环境不同的质子基团种类。

② 从一组吸收峰的耦合裂分峰的数目及耦合常数，判断分子中基团间的连接关系。

③ 从积分曲线上升的高度计算各基团的质子数目比。

(5) 化学等价和磁等价。

① 化学等价：分子中两个相同原子(或两个相同原子团)处于相同的化学环境，化学位移 δ 值相等，它们就是化学等价的。

② 磁等价：分子中一组化学等价的磁性原子核，与分子中其他任何一个磁性原子核都有相同的耦合作用，耦合常数 J 相等，这组原子核称为磁等价原子核。

一组原子核或基团的磁等价必须同时满足两个条件。

(ⅰ) 它们是化学等价的，δ 值相等。

(ⅱ) 它们与分子中另外任意磁性核耦合时，J 相等。

(6) 一级谱图的特点。

① 两组相互耦合的质子，$\Delta\nu/J>6$ 时可以认为是一级谱图。

② 自旋裂分峰的数目符合 $n+1$ 规律，同一组化学位移相同的原子核均为磁等价核，即只有一个耦合常数 J。

③ 一组峰内各自旋裂分峰的相对强度比等于二项式 $(a+b)^n$ 展开式各项系数之比。

④ 从谱图中可以直接读出 δ 和 J。

(7) ^{13}C-NMR 谱图的特点。

① 化学位移范围宽，分辨率高。

② 可以得到氢谱不能直接测得的羰基（—C═O）、氰基（—C≡N）和季碳等信息。

③ 耦合常数 J_{C-H} 大。

④ 弛豫时间长，不绘制积分曲线。

⑤ 信噪比低，灵敏度低。

习　题

1. 名词解释。

   磁性原子核　进动频率(拉摩尔频率)ν_0　纵向弛豫　横向弛豫

   屏蔽作用　去屏蔽作用　磁各向异性效应　自旋耦合　自旋裂分

   耦合常数　化学等价　磁等价

2. 产生化学位移的原因是什么？影响化学位移的因素有哪些？

3. 简述自旋耦合-自旋裂分产生的原因。耦合常数与化学位移的差异是什么？

4. “化学等价的原子核不一定是磁等价原子核，而化学不等价的原子核也未必是磁不等价原子核。”此说法正确吗？为什么？

5. 下列化合物 ^{1}H-NMR 谱图中只有一个单峰，试写出相应的结构式。

   (1)C_2H_6O　(2)C_4H_6　(3)C_5H_{12}

   (4)C_6H_{12}　(5)$C_2H_4Cl_2$　(6)C_8H_{18}

6. 化合物 A 的化学式为 $C_6H_{12}O$，^{1}H-NMR 谱图提供的信息如下，试推测其结构。

δ	1.00	1.13	2.13	3.52
峰形	三重峰	双重峰	四重峰	多重峰
峰面积/mm^2	7.1	13.9	4.5	2.3

7. 化合物 B 的化学式为 $C_9H_{10}O$，^{1}H-NMR 谱图提供的信息如下，试推测其结构。

δ	2.00	3.50	7.13
峰形	单峰	单峰	多重峰
峰面积代表 H 的数目	3	2	5

8. 三种化合物 C、D、E 的化学式均为 $C_4H_8O_2$，^{1}H-NMR 谱图分别与图 7-18 中(a)、(b)、(c)对应，试推测其结构。

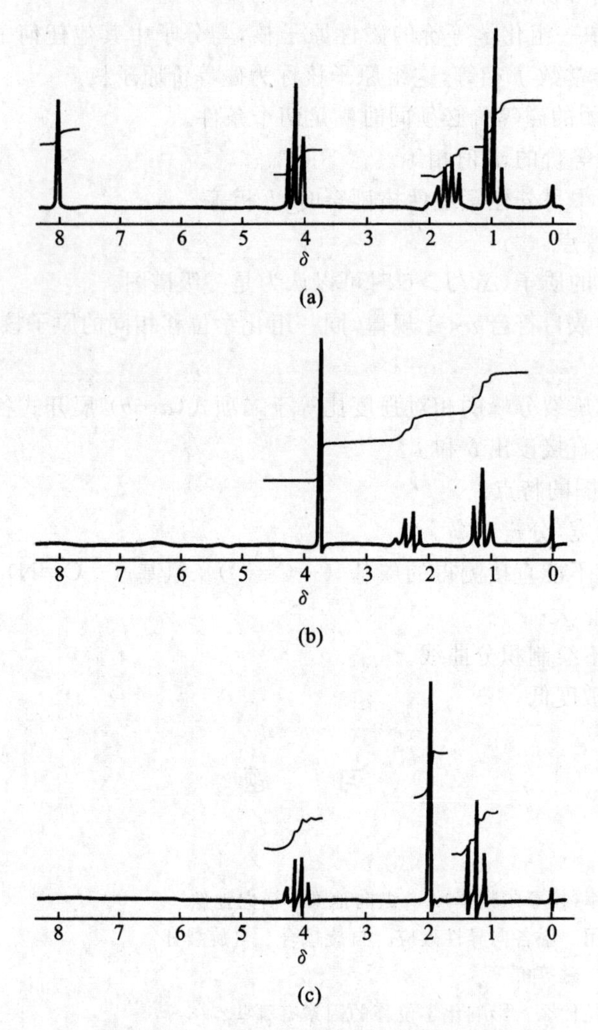

图 7-18　三种 $C_4H_8O_2$ 的[1]H-NMR 谱图

9. 化合物 F 的化学式为 C_7H_9N，它的[1]H-NMR 谱图如图 7-19 所示，试推测其结构。

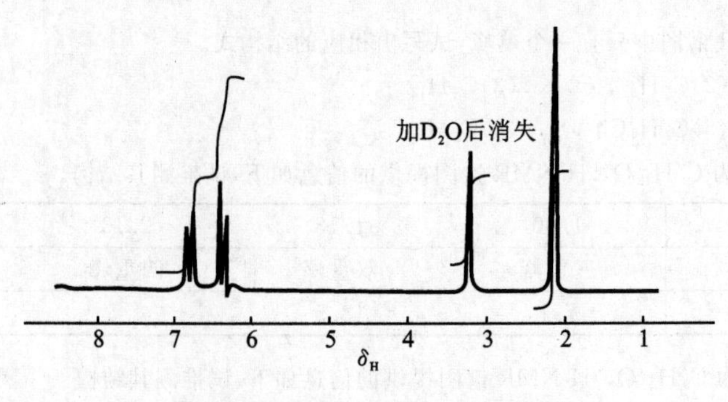

图 7-19　C_7H_9N 的[1]H-NMR 谱图

10. 图 7-20 是邻二甲苯的^{13}C-NMR 谱图,将 C 进行归属。

11. 图 7-21 是分子式为 $C_6H_{12}O$ 的^{13}C-NMR 谱图,试进行解析。

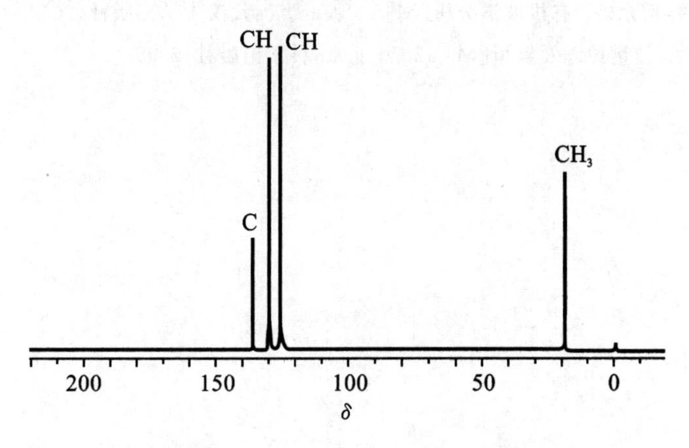

图 7-20　邻二甲苯的^{13}C-NMR 谱图

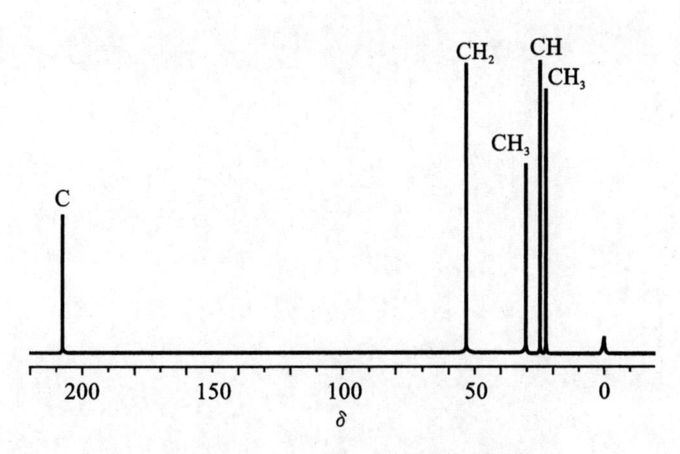

图 7-21　$C_6H_{12}O$ 的^{13}C-NMR 谱图

12. $C_6H_{10}O_2$ 的^{13}C-NMR 的数据如下,试推测其结构。

δ	14.3	17.4	60.0	123.2	144.2	166.4
谱线多重性	q	q	t	d	d	s

参 考 文 献

[1] 朱淮武. 有机分子结构波谱解析[M]. 北京:化学工业出版社,2005.
[2] 薛松. 有机结构分析[M]. 合肥:中国科学技术大学出版社,2005.
[3] 朱明华. 仪器分析[M]. 3 版. 北京:高等教育出版社,2000.
[4] 王乃兴. 核磁共振谱学——在有机化学中的应用[M]. 北京:化学工业出版社,2006.
[5] 方惠群,于俊生,史坚. 仪器分析 [M]. 北京:科学出版社,2002.
[6] 刘志广,张华,李亚明. 仪器分析[M]. 大连:大连理工大学出版社,2004.
[7] 武汉大学化学系. 仪器分析[M]. 北京:高等教育出版社,2001.

[8]　孙毓庆. 分析化学[M]. 北京:科学出版社,2003.

[9]　徐寿昌. 有机化学[M]. 2 版. 北京:高等教育出版社,1993.

[10]　孟令芝,龚淑玲,何永炳. 有机波谱分析[M]. 3 版. 武汉:武汉大学出版社,2012.

[11]　常建华,董绮功. 波谱原理及解析[M]. 2 版. 北京:科学出版社,2005.

第 8 章　质谱分析法
Mass Spectrometry, MS

8.1　质谱分析法概述

质谱分析法(mass spectrometry,MS)是通过将被测样品分子裂解为分子离子和各种离子碎片的集合,然后用电场和磁场将运动的离子按质荷比(m/z)[离子的质量(m)和所带电荷(z)的比值]的大小进行分离和检测,从而确定样品相对分子质量信息、分子式或元素组成、分子结构及裂解规律的一种分析方法。质谱既不属于光谱,也不属于波谱,是定性、定量分析的有力工具。

自 1912 年英国物理学家 Thomson(1906 年诺贝尔物理学奖获得者,被誉为"现代质谱学之父")研制成第一台质谱仪雏形以来,质谱技术的发展已经历了百年以上的历史。质谱发展的初期,它主要被用来进行同位素丰度的测定和无机元素的分析。Thomson 的第一台质谱仪是没有聚焦功能的抛物线质谱装置,分辨率较低(R 为 10)。1919 年,一台具有速度聚焦功能的质谱仪由 Thomson 的同事 Aston 研制成功,大大提高了仪器的分辨率(R 为 130)。由于用质谱法测量同位素丰度的杰出贡献,Aston 率先用质谱分析方法敲开了诺贝尔化学奖的大门,获得 1922 年诺贝尔化学奖。几乎在同一时期,加拿大科学家 Dempster 也进行着类似的研究,他研制的质谱仪具有方向聚焦功能(R 为 100)。Dempster 在 1934 年研制出第一台具有双聚焦功能的质谱仪,被称为质谱学发展的又一个里程碑。20 世纪 40 年代,质谱开始用于有机物的定性和定量分析,并得到十分迅猛的发展。1956 年,美国科学家 McLafferty 发现了六元环 γ-H转移重排(麦氏重排)裂解机理。20 世纪 60 年代出现了气相色谱-质谱联用仪(GC-MS),成为有机物和石油分析的重要手段。到 20 世纪 80 年代以后,一些新的质谱技术不断出现,如场致电离(FI)、场解吸电离(FD)、化学电离(CI)、电感耦合等离子体(ICP)、快原子轰击离子源(FAB)以及串联质谱(MS-MS)和完善的液相色谱-质谱联用仪(LC-MS)等,使质谱分析研究跨入生物大分子的新领域,成为蛋白质组学及代谢组学的主要研究手段。2002 年,由于"发明了对生物大分子进行确认和结构分析的质谱分析方法",美国科学家 John B. Fenn 与日本科学家 Koichi Tanaka 等三人共享该年度的诺贝尔化学奖。在质谱发展的过程中,先后 6 次有 10 位从事质谱研究的科学家荣获过诺贝尔奖,这充分反映了质谱技术对科学发展的重要贡献和受关注程度。

我国质谱分析起步于 20 世纪 50 年代末,快速发展于 20 世纪 80 年代。目前质谱分析在我国的应用领域越来越广泛。

国产便携式质谱仪助力中国航天事业

质谱分析法具有分析速度快、灵敏度高以及图谱解析相对简单的优点,是测定相对分子质量、分子的化学式或分子组成以及阐明结构的重要手段,广泛应用在原子能、地质学、合成化学、药物化学及代谢产物、天然产物的结构分析以及石油化工、环境科学等领域。近年来质谱分析法已进入生命科学的应用领域,了解质谱分析的基本原理和基本分析方法是工科学生必不可少的一个环节。

从质谱分析的对象可以将质谱分析分为原子质谱法(atomic mass spectrometry)和分子质谱法(molecular mass spectrometry)两类。

原子质谱法又称为无机质谱法(inorganic mass spectrometry),是将单质离子按质荷比进行分离和检测的方法,广泛应用于元素的识别和浓度的测定。几乎所有元素都可以用原子质谱测定,原子质谱图比较简单,容易解析。图 8-1 是稀土元素的 ICPMS 质谱图。原子质谱仪常用的离子源(ion source)包括高频火花离子源、电感耦合等离子体(ICP)离子源、辉光放电离子源等。依采用的电离方式称为火花源电离质谱法(SSMS)、电感耦合等离子体电离质谱法(ICPMS)、辉光放电电离质谱法(GDMS)等。SSMS 曾是我国 20 世纪 60—70 年代无机元素分析,特别是痕量、超痕量元素分析的主要设备,在建材、冶金、有色金属、核工业和电子行业建立了比较完善的半定量、定量分析方法。近年来,ICPMS、GDMS 的应用越来越广泛,SSMS 逐渐被替代,但 SSMS 的某些优点仍被一些学者注重。质谱仪最常用的质量分析器有四极质量分析器、飞行时间质量分析器和双聚焦质量分析器等。质谱仪使用的离子检测器和记录器是电子倍增管、法拉第筒和照相板。

分子质谱法又称为有机质谱法(organic mass spectrometry),是研究有机和生物分子的结构信息以及对复杂混合物进行定性和定量分析的方法。一般采用高能粒子束使已汽化的分子离子化或使试样直接转变成气态离子,然后按质荷比(m/z)的大小顺序进行收集和记录,得到质谱图。分子质谱图比较复杂,解析相对比较困难。一般根据质谱图中峰的位置,可以进行定性和结构分析;根据峰的强度,可以进行定量分析。随着质谱技术的不断进步和不断完善,科学家将分子质谱与核磁共振波谱、红外吸收光谱联合使用,成为解析复杂化合物结构的有力工具。本章将主要讨论分子质谱及其分析方法。

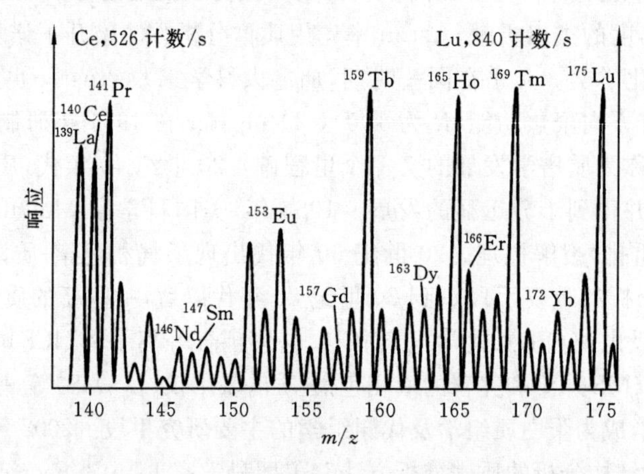

图 8-1 稀土元素的 ICPMS 质谱图

8.2 质谱分析的基本原理

质谱(MS)和紫外光谱(UV)、红外吸收光谱(IR)、核磁共振波谱(NMR)合称为有机化合物结构分析的四谱。MS 虽被列入其中,但它的原理与其他三谱不同。UV、IR 和 NMR 是吸收波谱,是以分子吸收辐射所引起的能量跃迁为基础的;而 MS 不是吸收波谱,是以一定能量的电子流轰击或用其他适当方法打掉气态分子(M)的一个电子,形成带正电荷的离子,这些正离子在电场和磁场的共同作用下,按离子的质量与所带电荷比值(m/z)的大小排列成谱,对离子进行分离和检测的一种分析方法。

$$M + e^- \longrightarrow M^{+} \cdot + 2e^-$$

$M^{+}\cdot$ 代表分子离子(可简写成 M^{+}),右上角的“+”表示带一个正电荷;“·”表示带一个未成对的电子(孤电子)。分子离子是带有孤电子的正离子,这种离子称为奇电子离子。

$$ABC \longrightarrow ABC^{+}\cdot \longrightarrow \begin{cases} A\cdot + BC^{+} \longrightarrow \begin{cases} B^{+} + C \\ B + C^{+} \end{cases} \\ AB\cdot + C^{+} \\ A^{+}\cdot + BC \longrightarrow \begin{cases} B^{+} + C^{-} \\ B^{-} + C^{+} \end{cases} \end{cases}$$

气态分子　分子离子　碎片离子

轰击样品的高能粒子束的能量大大超过典型有机化合物的解离能,因此,在一般情况下所生成的分子离子能获得足够的能量,很快会进一步从一个或几个地方发生键的断裂,生成不同的碎片离子。在这些碎片离子中,有正离子、中性分子、自由基和极少数的负离子。一般情况下,质谱只研究正离子,在检测过程中采用排斥电位吸引负离子,而中性分子和自由基被真空泵抽走,因此在质谱图中均没有反映。带正电荷的离子在电场中被加速而进入电分析器。电分析器的功能是滤除由于初始条件有微小差别导致的动能差别,挑出一束由不同的质量(m)和速度(v)组成的、具有几乎完全相同动能的离子。这束动能相同的离子被送入磁分析器,沿着磁分析器的弧形轨道作弧形运动。只要连续改变磁感应强度(磁场扫描)或连续改变电压(电压扫描),就能够使 m/z 不同的正离子按 m/z 值的大小顺序先后打到离子收集器片上,每一个正离子在此得到一个电子以中和所带正电荷,这样就在离子收集器线路上产生一个电流,将此电流放大并记录,即可得到质谱图。离子收集器狭缝中每通过一种离子,在质谱图上就出现一个峰,峰的高度取决于该种离子的数量。在所生成的不同离子中,只有比较稳定的、寿命比较长的离子才能在质谱中出峰。

8.3 质 谱 仪

质谱仪自主研发之路

质谱仪种类很多,分类不一。按记录方式不同可将质谱仪分为在焦平面上同时记录所有离子的质谱仪(mass spectrograph)和顺序记录各种质荷比(m/z)离子的强度集合的质谱仪(mass spectrometer)。有机质谱仪指的是后者其分辨率较高,但灵敏度较低。若按分析系统的工作状态又可将质谱仪分为静态和动态两类。静态质谱仪的质量分析器采用稳定的或变化慢的电场和磁场,按照空间位置将不同 m/z 的离子分开,如单聚焦和双聚焦质谱仪;动态质谱仪的质量分析器采用变化的电场和磁场,按照时间和空间区分不同 m/z 的离子,如飞行时间和四极质量分析器组成的质谱仪。无论是哪种质谱仪,都应该包含的部件是真空系统、进样系统、离子源、质量分析器、检测器以及数据处理系统;都应该具备的功能是使试样分子转变成离子,通过电场使离子加速,按 m/z 分离离子,将离子流转变成电信号,放大并记录成质谱图。质谱仪的基本结构示意图如图 8-2 所示。

1. 真空系统

质谱仪都必须在高真空条件下工作,这样才能保证离子在离子源和质量分析器中正常运行,消减不必要的离子碰撞和不必要的离子-分子反应,减小本底与记忆效应。不同的离子源和质量分析器对真空度的要求是不一样的。离子源的压力一般在 $10^{-5}\sim10^{-4}$ Pa,质量分析器的压力一般在 $10^{-6}\sim10^{-5}$ Pa。真空系统一般由机械真空泵和扩散泵或涡轮分子泵组成。机械真空泵不能满足高真空度要求,扩散泵是常用的高真空泵,由于涡轮分子泵使用方便,没有

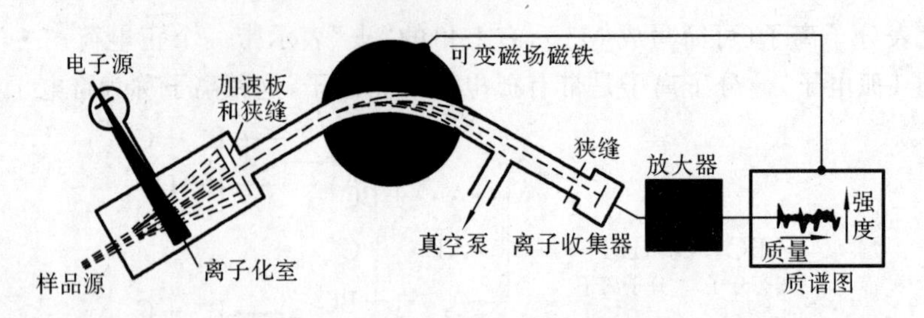

图 8-2 质谱仪的基本结构示意图

油的扩散污染问题,因此,近年来生产的质谱仪大多使用涡轮分子泵。涡轮分子泵直接与离子源或质量分析器相连,抽出的气体再由机械真空泵排到系统之外。

2. 进样系统

质谱仪在高真空状态下工作,对进样量和进样方式有较高的要求,因此进样系统应通过适当的装置,使其能在真空度损失较少的前提下,将试样导入离子源。根据样品的物态和性质选择相应的引入方式。常用的试样引入方式有:①间歇式进样,采用可控漏孔(又称为储罐),适于气体或挥发性液体和固体;②直接探针进样,适于固体或非挥发性的试样;③色谱和毛细管电泳进样,将质谱与色谱或毛细管电泳柱联用,使其兼有色谱法的优良分离功能和质谱法的强有力的鉴定功能。与色谱联用的进样方式是最重要、最常用的进样方法之一。气相色谱-质谱联用(GC-MS)已成为常规分析仪器,液相色谱-质谱联用(LC-MS)在近些年也引发了质谱研究和应用领域的巨大变革,人类基因组测序计划中 96 道阵列毛细管电泳测序技术的应用就是典型一例。

3. 离子源

离子源是质谱仪的核心部分之一,相当于光谱仪上的光源,是提供能量将气态分析样品的分子或原子电离,形成各种不同质荷比(m/z)离子的场所。电离方式不同,质谱图的差别会很大。目前有机质谱仪可供选择的离子源种类很多,如电子轰击离子源(EI)、化学电离源(CI)、快原子轰击离子源(FAB)、场致电离源(FI)、场解吸电离源(FD)、电喷雾电离源(ESI)、大气压化学电离源(APCI)、基质辅助激光解吸电离源(MALDI)等。下面介绍几种常用离子源的原理和特点。

(1) 电子轰击离子源(electron impact ionization,EI)。EI 源是应用最广泛、发展最成熟的离子源,它主要用于易挥发性样品的电离。EI 源一般采用 70 eV 能量的电子束轰击气态样品分子(M),而有机分子的电离电位一般为 7～15 eV。在 70 eV 的电子碰撞作用下,有机分子可能被打掉一个电子形成分子离子,也可能发生化学键的断裂形成碎片离子。EI 源的最大优点是比较稳定,谱图再现性好,离子化效率高,有丰富的碎片离子信息,检测灵敏度好,有标准质谱图可以检索。其缺点是谱图中分子离子峰的强度较弱或没有分子离子峰。质谱解析时,由分子离子可以确定化合物的相对分子质量,由碎片离子可以得到化合物的结构。当分子离子峰不出现时,为了得到相对分子质量,可以采用 20 eV 的电子能量,不过此时仪器灵敏度将大大降低,需要加大样品的进样量,而且得到的质谱图不是标准质谱图。另外还可以采用软电离法来弥补 EI 源的不足。

图 8-3 是邻苯二甲酸二辛酯(M=390)的质谱图,使用 EI 源时(如图 8-3(a)所示),没有出现分子离子峰。

(2) 化学电离源(chemical ionization,CI)。CI 源是利用离子与分子的化学反应使样品分

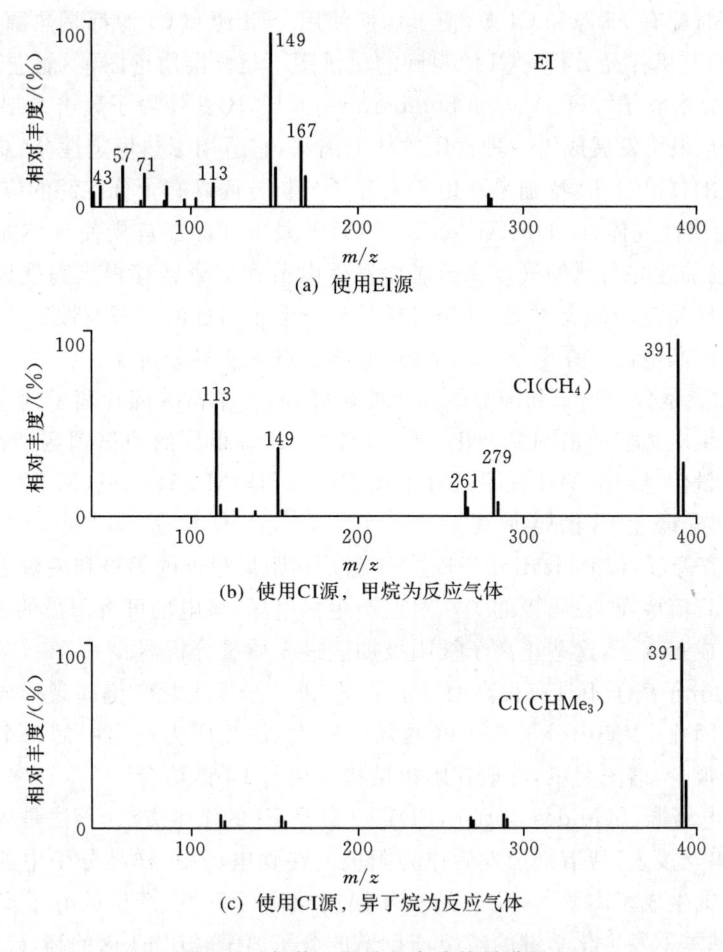

图 8-3 邻苯二甲酸二辛酯的质谱图

子电离的。与 EI 源相比，CI 源是在相对较低真空度(0.1～100 Pa)条件下进行的。CI 源工作过程中要引进一种反应气体(常用甲烷，也可用异丁烷、氨等)，使样品分子在受到电子轰击前被稀释，因此样品分子与电子之间的碰撞概率极小，产生的离子主要来自反应气分子。现以甲烷作为反应气体，说明化学电离的过程。

$$CH_4 + e^- \longrightarrow CH_4^+ \cdot + 2e^-$$

$$CH_4^+ \cdot \longrightarrow CH_3^+ + H \cdot$$

在电子束轰击下，甲烷分子先电离，反应气离子进一步与中性分子 CH_4 反应，生成 CH_5^+、$C_2H_5^+$。随后反应气离子与样品分子 M 进行离子-分子反应，生成质子化 $(M+H)^+$ 或消去 H^- 形成 $(M-H)^+$ 的准分子离子。

CI 源采用能量较低的二次离子，是一种软电离方式，化学键断裂的可能性较小，峰的数量随之减少。另外，产生的准分子离子是偶电子离子，较 EI 源的奇电子离子稳定。有些用 EI 源得不到分子离子峰的样品，改用 CI 源后可以得到准分子离子峰且强度高，因而可以推算样品的相对分子质量。

图 8-3(b)和图 8-3(c)分别是使用甲烷和异丁烷为反应气体时，由 CI 源得到的邻苯二甲酸二辛酯的质谱，在图中可观测到很强的 $m/z=391$ 的准分子离子峰$(M+H)^+$。

EI 谱和 CI 谱互相补充，可得到更充分的分子结构信息，对化合物结构分析非常有利。现代质谱仪一般同时配有 EI 源和 CI 源,便于切换使用。EI 源和 CI 源都是热源,只适用于易汽化、受热不分解的有机样品分析。CI 源得到的质谱图不是标准质谱图,不能进行谱图库检索。

(3) 快原子轰击离子源(fast atom bombardment,FAB)。快原子轰击是 1981 年英国科学家 Barber 发明的,很快发展成为一种常用的软电离法,它适用于热稳定性差、难挥发、极性强、相对分子质量大的样品分析,特别是在生物大分子分析方面具有十分广泛的应用前景。

FAB 源是用惰性气体(如 He、Ar 或 Xe)的原子轰击样品。首先使气体原子电离产生离子,然后通过电场加速并与热的气体原子碰撞发生电荷和能量转移得到高能原子束。高能原子快速打在涂有样品分子的金属靶上(先将样品分子溶于惰性的非挥发性底物(如甘油等)中,然后涂在靶上),使其电离。在电场作用下,这些离子进入质量分析器。

FAB 源的优点是分子离子和准分子离子峰较强,有较丰富的碎片离子信息。缺点是溶解样品的底物也发生电离使质谱图复杂化。FAB 源与 EI 源得到的质谱图区别在于:一是 FAB 谱的相对分子质量信息对应的往往不是分子离子峰,而是$(M+H)^+$或$(M+Na)^+$等准分子离子峰;二是碎片离子峰比 EI 谱要少。

(4) 场致电离源(field ionization,FI)。FI 源是在距离很近的阳极和阴极之间施加几千伏或上万伏稳定的直流电压,在阳极的尖端附近产生强电场,该电场可将阳极的尖端附近的分子中的电子拉出形成正离子,这些正离子被阴极加速进入质量分析器。

FI 源形成的分子离子不具有很高的振动能量,进一步发生化学键断裂形成碎片离子的趋势比 EI 源要小,因此 FI 谱中分子离子峰的强度较大,往往成为谱图中的一个重要离子。FI 谱中碎片离子峰很少,谱图简单,一般在解析结构时应与 EI 谱结合。

(5) 场解吸电离源(field desorption,FD)。FD 是 FI 的派生方法,该法是先将样品溶于适当的溶剂中,把钨丝浸入,待溶剂蒸发后作为阳极。在强电场中,样品分子中的电子进入金属原子空轨道而放电生成正离子。FD 源的工作温度略高于室温,产生的分子离子几乎不具有多余内能,因此基本不发生化学键的断裂,FD 谱的分子离子峰比 FI 谱的强,碎片离子峰极少。FD 源适于不易挥发和热不稳定化合物的质谱分析,是相对较弱的一种电离技术。

(6) 电喷雾电离源(electrospray ionization,ESI)。ESI 源是主要应用于高效液相色谱和质谱仪之间的接口装置,同时又是电离装置。样品溶液从毛细管端喷出时受到 3~8 kV 高电压作用,此时液体不是液滴状而是喷雾状。这些极小的雾滴表面电荷密度较高,溶剂蒸发后,雾滴表面电荷密度增加,当电荷密度增加到极限时,雾滴变成数个更小的带电雾滴,此过程不断重复,直至形成强静电场使样品分子离子化,离子被静电力喷入气相而进入质量分析器。ESI 源常与四极质量分析器、飞行时间或傅里叶变换离子回旋共振仪联用。

ESI 源是一种很弱的电离技术,它的最大优点是样品分子不发生裂解,通常无碎片离子,只有分子离子和准分子离子峰。它的另一突出优点是可以获得多电荷离子信息,从而使相对分子质量大(相对分子质量在 300 000 以上)的离子出现在质谱图中,使质量分析器检测的质量范围提高几十倍,适合测定极性强、热稳定性差的生物大分子的相对分子质量,如多肽、蛋白质、核酸等。

(7) 大气压化学电离源(atmospheric pressure chemical ionization,APCI)。APCI 源是由 ESI 源派生出来的,它是在常压下通过电晕放电,使空气中某些中性分子电离,产生 H_3O^+、N_2^+、O_2^+ 和 O^+ 离子,这些离子与样品分子发生离子-分子反应,产生分子离子。APCI 源主要产生单电荷离子,得到的质谱碎片离子少,主要是准分子离子。所分析化合物的相对分子质量一般小于 1 000,适宜分析中等极性的化合物,如食品中残留农药的分析,药物在生物体内代谢过程的动力学研究等。

(8) 基质辅助激光解吸电离源(matrix assisted laser desorption ionization, MALDI)。MALDI 源属于软电离技术,是利用一定波长的脉冲式激光照射样品分子使之电离的一种方式。先将样品溶液和基质溶液混合均匀,置于样品靶上,激光照射到靶上时,基质分子有效地吸收激光能量,形成基质离子。基质离子与样品分子碰撞,能量间接转移到样品分子上,使被测样品分子电离成单分子离子。MALDI 源是激光解吸源(laser desorption, LD)的改进,因为直接用激光照射样品分子时易碎裂,不易得到分子离子,所以有些书中将 MALDI 源简称为 LD 源。MALDI 源的优点是无明显的碎裂,碎片离子和多电荷离子较少,主要是分子离子和准分子离子峰。应用 MALDI 源可直接分析蛋白质分解产生的多肽混合物,主要应用在生物大分子的分析测定,如肽、蛋白质、核酸等。MALDI 源特别适合与飞行时间质谱仪(TOFMS)组合成 MALDI-TOFMS,成为质谱发展的一个重要方向。MALDI 常用的基质有 2,5-二羟基苯甲酸、芥子酸、烟酸、α-氰基-4-羟基肉桂酸等。

4. 质量分析器

离子源的任务是提供能量使样品电离,形成各种不同质荷比(m/z)的离子。这些离子显示出分子内部的结构信息。为了得到各种离子的质量和丰度,需要对混合离子进行质量分离和丰度检测。质量分析器的作用就是将离子源产生的离子按 m/z 顺序分离,它是质谱仪的核心,相当于光谱仪上的单色器。用于有机质谱仪的质量分析器有双聚焦质量分析器、四极质量分析器、离子阱质量分析器、飞行时间质量分析器和傅里叶变换离子回旋共振质量分析器等。下面简要介绍各种质量分析器的原理和特点。

(1) 双聚焦质量分析器(double-focusing mass analyzer)。在双聚焦质量分析器中,由离子源出口狭缝进入质量分析器的离子束中的离子不是完全平行的,而是以一定的发散角度进入的。利用合适的磁场既可以使离子束按 m/z 大小分离开来,又可以将相同 m/z、不同角度的离子汇聚起来,这就是方向(角度)聚焦。磁场具有方向聚焦的功能,只包括一个磁场的质量分析器称为单聚焦质量分析器(single-focusing mass analyzer)。进入质量分析器的离子束中还包含有 m/z 相同,动能(速度)不同的离子,磁场不能将这部分离子聚焦,影响仪器的分辨率。为了解决能量聚焦的问题,采用电场加磁场组成的质量分析器。电场是一个能量分析器,其作用是挑出不同的质量和速度、具有几乎完全相同动能的离子,达到能量(速度)聚焦的目的。这束动能相同的离子被送入磁场,经过电场和磁场的共同作用后,相同 m/z 的离子可以汇聚在一起,就能够使 m/z 不同的离子按 m/z 值的大小顺序先后进入离子收集器。这种由电场和磁场共同实现质量分离的分析器,同时具有方向聚焦和能量聚焦的功能,称为双聚焦质量分析器。它的优点是分辨率高,R 可达到 10^5;缺点是扫描速度慢,操作、调整比较困难,而且仪器造价也比较高。

(2) 四极(杆)质量分析器(quadrupole mass analyzer)。四极质量分析器又称为四极滤质器(quadrupole mass filter),由四根平行棒状电极组成,两组电极间施加一定的直流电压和交流电压,四根棒状电极形成一个四极电场。从离子源出来的离子进入四极电场后,离子作横向摆动,在一定的直流电压和交流电压作用下,只有某一种质荷比(m/z)的离子(共振离子)能够到达收集器,其他离子(非共振离子)在运动过程中撞击在四根极杆上而被滤掉,最后被真空泵抽走。如果保持直流电压不变,连续地改变交流电压的频率(频率扫描),就可以使不同 m/z 的离子依次到达离子收集器;若保持交流电压的频率不变,连续地改变交、直流电压大小(电压扫描),同样可以使不同 m/z 的离子依次到达离子收集器。

四极质量分析器完全是靠 m/z 把不同离子分开的,它具有结构简单、体积小、质量轻、价格低、操作方便和扫描速度快等优点,它的缺点是分辨率不够高,$R=10^3\sim10^4$,特别是对高质量的离子有质量歧视效应。

(3) 离子阱质量分析器(ion trap mass analyzer)。离子阱的主体是一个环形电极和上、下两个端盖电极间形成一个室腔(阱)。直流电压和高频电压加在环电极上,端盖电极接地。在适当的条件(电压、环形电极半径、两端盖电极间距离)下,从离子源注入的特定 m/z 的离子在阱内稳定区,其轨道振幅保持一定大小,并可长时间留在阱内。反之,不稳定区的离子振幅增长很快,撞击到电极而消失。检测时在引出电极上加负电压脉冲使正离子从阱内引出到检测器,扫描方式与四极质量分析器相似,频率扫描或电压扫描,可检测到各种离子的 m/z 值。

离子阱质量分析器的优点是结构小巧,质量轻,价格低,单一离子阱可实现时间上的多级串联质谱功能,可用于 GC-MS、LC-MS,灵敏度比四极质量分析器高 10～1 000 倍。它的缺点是分辨率不够高,$R=10^3\sim10^4$,所得质谱图与标准谱图有一定差别。

(4) 飞行时间质量分析器(time of flight mass analyzer,TOF)。飞行时间质量分析器的核心部分是一个离子漂移管。从离子源出来的离子,经加速电压作用得到动能,具有相同动能的离子进入漂移管,m/z 最小的离子具有最快的速度,首先到达检测器,费时最短;m/z 最大的离子最后到达检测器,费时最长。利用这种原理将不同 m/z 的离子分开。适当增加漂移管的长度可以提高分辨率。

飞行时间质量分析器的优点是:①检测离子的 m/z 范围宽,特别适合生物大分子的质谱测定;②扫描速度快,可在 $10^{-6}\sim10^{-5}$ s 内观测、记录质谱,适合与色谱联用和研究快速反应;③既不需要电场也不需要磁场,只需要一个离子漂移空间,仪器结构比较简单;④不存在聚焦狭缝,灵敏度很高。飞行时间质量分析器的主要缺点是分辨率随 m/z 的增加而降低,质量越大时,飞行时间的差值越小,分辨率越低。R 一般在 $10^3\sim10^4$ 之间。

(5) 傅里叶变换离子回旋共振质量分析器(Fourier transform ion cyclotron resonance mass analyzer,FT-ICR)。FT-ICR 的核心部件是离子回旋共振室。室中有一对激发电极、一对收集电极、一对检测电极和超导磁场。不同质荷比(m/z)的离子在静磁场中作圆周(回旋)运动时,回旋运动的频率(ν)仅与离子的 m/z 有关而与离子的动能无关。若固定磁感应强度,改变射频频率,不同 m/z 的离子就可以依次被激发、检测得到质谱图。

FT-ICR 的优点是:①分辨率极高,R 可超过 10^6;②可检测的离子的质量范围宽,达 10^3;③灵敏度高,即在高灵敏度下可以获得高分辨率。缺点是对真空度要求严格,仪器费用昂贵。

5. 检测器

离子的检测主要使用电子倍增器(electro multiplier),有的也使用光电倍增管,两者原理类似,可以记录约 10^{-8} A 的微电流。由质量分析器出来的具有一定能量的离子撞击到阴极表面产生二次电子,二次电子经多个倍增极放大产生电信号,输出并记录不同离子的信号。这些电信号送入计算机储存、处理或变换、检索打印出结果即得质谱图或质谱表。

6. 质谱仪的主要性能指标

(1) 灵敏度。

仪器的灵敏度表示质谱仪的谱峰(信号)强度与试样进样量的关系,标志仪器对样品在量的方面的检测能力。如果进样量少而对应谱峰的强度较高则表明仪器的灵敏度高,它与仪器的电离效率、检测效率及被检测的样品等多种因素有关。目前常用硬脂酸甲酯或六氯苯来测定质谱仪的灵敏度。

(2) 分辨率。

质谱仪的分辨率表示质谱仪把相邻两个质量的离子分开的能力，常用 R 表示。其定义是，如果某质谱仪在质量(质谱中多用相对质量值)M 处刚刚能分开 M 和 $M+\Delta M$ 两个质量的离子，则该质谱仪的分辨率为 $R=M/\Delta M$。若在 $M=1\ 000$ 处，$\Delta M=1$，则 $R=1\ 000$，在 $M=10\ 000$ 处，也是 $\Delta M=1$，则 $R=10\ 000$，因此分辨率随质量变化而变化。分辨率 10 000 还表示在质量 10 000 附近，仪器能分开质量分别为 1 000.1 和 1 000.0 的两个离子峰。在一定的质量附近，分辨率越高，能够分辨的质量差越小，测定的质量精度就越高。

(3) 质量范围。

质量范围是质谱仪所能测定的离子质荷比(m/z)的范围。对于多数离子源，电离得到的离子为单电荷离子。这样，质量范围实际上就是可以测定的相对分子质量范围；对于电喷雾源，由于形成的离子带有多电荷，尽管质量范围只有几千，但可以测定的相对分子质量可达 10 万以上。质量范围的大小取决于质量分析器。四极质量分析器的质量范围上限一般在 1 000 到3 000，而飞行时间质量分析器可达几十万。由于质量分离的原理不同，不同的分析器具有不同的质量范围。彼此间比较没有任何意义。同类型分析器则在一定程度上反映质谱仪的性能。当然，了解一台仪器的质量范围，主要为了知道它能分析的样品相对分子质量范围。不能简单认为质量范围宽仪器就好。对于 GC-MS 来说，分析的对象是挥发性有机物，其相对分子质量一般不超过 500，最常见的是 300 以下。因此，对于 GC-MS 的质谱仪来说，质量范围达到 800 应该就足够了，再高也不一定就肯定好。如果是 LC-MS 用质谱仪，因为分析的很多是生物大分子，质量范围宽一点会好一些。

(4) 质量稳定性和质量精度。

质量稳定性主要是指仪器在工作时质量稳定的情况，通常用一定时间内的质量漂移(u)来表示。例如某仪器的质量稳定性为：0.1 u/24 h，意思是该仪器在 24 h 之内，质量漂移不超过 0.1 u。

质量精度是指质量测定的精确程度。常用相对百分比表示，例如，某化合物的质量为 152.047 3 u，用某质谱仪多次测定该化合物，测得的质量与该化合物理论质量之差在 0.003 u 之内，则该仪器的质量精度为百万分之二十(2×10^{-5})。质量精度是高分辨质谱仪的一项重要性能指标，对低分辨质谱仪没有太大意义。

$$\text{质量精度}=\frac{|\text{离子质量实测值}-\text{理论值}|}{\text{离子质量数的整数}}\times10^{6}$$

仪器的质量精度一般应小于 10×10^{-6}，如《美国化学会志》中要求相对分子质量低于1 000 的物质，其测量质量与计算质量的相对误差应在 5×10^{-6} 以内。

8.4　有机质谱中离子的类型

有机质谱中离子的主要类型有：分子离子、准分子离子、碎片离子、亚稳离子、同位素离子、重排离子和多电荷离子。每种离子的质谱峰在质谱解析中各有用途。

1. 分子离子

化合物分子经电子轰击失去一个电子形成的正离子称为分子离子(molecular ion)或母离子，以 $M^{+}\cdot$ 表示或简写成 M^{+}，相应的质谱峰称为分子离子峰或母峰。分子离子的质荷比(m/z)值就是它的相对分子质量。分子离子峰有下列特点。

(1) 分子离子是带单电荷的自由基离子,这种带有未成对电子的离子称为奇电子离子。

(2) 分子离子峰出现在质谱图中的质量最高端,存在同位素峰或不出现分子离子峰时例外。

(3) 能够通过合理丢失中性分子或碎片离子得到高质量区的重要离子。合理丢失中性分子或碎片离子是指判断最高质量的离子与邻近离子的质量差是否合理。丢失 4～14 u 和 21～25 u 是不可能的,丢失 15 u(比如丢失—CH_3),丢失 17 u(比如丢失—OH),丢失 18 u(比如丢失 H_2O)……是合理的。

(4) 分子离子的质量数符合氮规律。所谓氮规律是指:只含 C、H、O 的化合物,分子离子峰的质量数一定是偶数;由 C、H、O、N 组成的化合物,含奇数个 N,分子离子峰的质量数是奇数;含偶数个 N,分子离子峰的质量数是偶数。质量数不符合氮规律的高质量端离子,就不是分子离子。

分子离子峰的强度和化合物的结构有关。结构稳定的化合物,分子离子峰强;结构稳定性差的化合物,分子离子峰弱。环状化合物的结构比较稳定,不易碎裂,分子离子峰较强;支链化合物较易碎裂,分子离子峰较弱;有些稳定性差的化合物经常看不到分子离子峰。分子离子峰强弱的大致顺序是:芳香族化合物＞共轭烯烃＞脂环化合物＞直链烷烃＞硫醇＞酮＞醛＞胺＞酯＞醚＞羧酸＞多分支烃类＞醇。

分子离子的质量就是化合物的相对分子质量,分子离子的强度(相对丰度)与化合物的类型相关,因此分子离子峰的识别在化合物质谱的解析中具有特殊的地位。图 8-4 是甲苯的质谱图,$m/z=92$ 是分子离子峰,其相对丰度强。$m/z=91(C_7H_7^+)$是烷基苯的基峰。

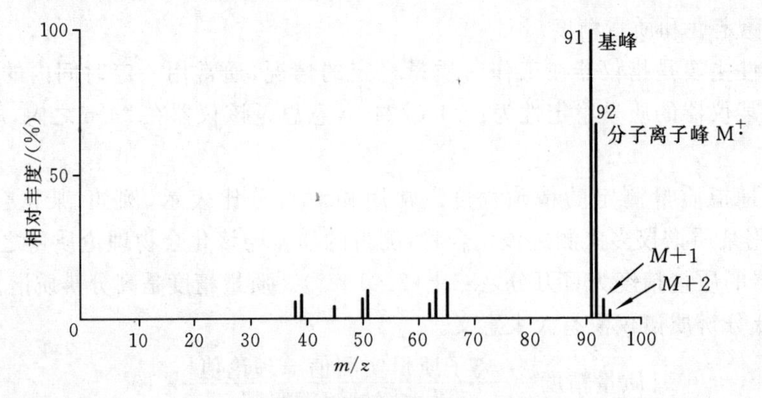

图 8-4 甲苯的质谱图

2. 准分子离子

准分子离子(quasi-molecular ion)是指与分子存在简单关系的离子,通过它可以确定化合物的相对分子质量。例如:分子得到或失去 1 个 H 生成的$(M+H)^+$或$(M-H)^+$就是最常见的准分子离子。还有一些加合离子如$(M+Na)^+$、$(M+K)^+$、$(M+X)^+$等也是准分子离子。在分子离子峰弱或不出现时,可以通过准分子离子峰推测相对分子质量。

3. 碎片离子

碎片离子(fragment ion)是由于离子源的能量过高,使分子离子化学键断裂产生的质量数较低的碎片,相应的质谱峰称为碎片离子峰,碎片离子峰位于分子离子峰的左侧。分子的碎裂过程与其结构密切相关,利用碎片离子提供的信息,有助于推断分子结构;理解碎片离子形成的机理,有助于结构解析。图 8-4 中,$m/z=65(C_5H_5^+)$的碎片离子峰,是 $m/z=91(C_7H_7^+)$的峰失去一个乙炔分子(C_2H_2)形成的。

4. 亚稳离子

离子离开离子源到达离子收集器之前，在飞行途中可能发生进一步裂解或动能降低的情况，这种低质量或低能量的离子称为亚稳离子(metastable ion)，形成的质谱峰称为亚稳离子峰。亚稳离子峰出现在正常离子峰的左边，峰形宽且强度弱，通常 m/z 为非整数，比较容易识别。亚稳离子主要用于研究裂解机理。

5. 同位素离子

大多数元素是由具有一定自然丰度的同位素组成的。在组成有机化合物的常见元素中，除P、F、I外，C、H、O、N、S、Cl、Br等都有同位素，各元素的同位素自然丰度见表8-1。由于这些元素的存在，当形成化合物后，其同位素就以一定的丰度出现在化合物中。因此，在化合物的质谱中，位于分子离子峰右侧1 u或2 u处，就会出现$(M+1)^+$或$(M+2)^+$的峰。通常把这种由不同同位素中重同位素形成的离子峰，称为同位素离子峰，相应的离子就是同位素离子(isotopic ion)。同位素离子峰的强度比与同位素自然丰度比是相当的，通过 M 和 $M+1$ 或 $M+2$ 的峰强度比值，可以容易地判断化合物中是否含有这些元素和元素的数目。例如：碳元素有两种同位素，^{12}C 和 ^{13}C。两者自然丰度之比为100∶1.11，如果由 ^{12}C 组成的化合物相对分子质量为 M，那么由 ^{13}C 组成的同一化合物的相对分子质量则为 $M+1$，同一个化合物生成

表8-1　有机化合物中几种常见元素的自然丰度

元　素	同　位　素	精确相对原子质量	自然丰度/(%)	自然丰度比/(%)
C	^{12}C	12.000 000	98.893	$^{13}C/^{12}C$ 1.11
	^{13}C	13.003 355	1.107	
H	^{1}H	1.007 825	99.985	$^{2}H/^{1}H$ 0.015
	^{2}H	2.014 102	0.015	
O	^{16}O	15.994 915	99.759	$^{17}O/^{16}O$ 0.04
	^{17}O	16.999 131	0.037	$^{18}O/^{16}O$ 0.20
	^{18}O	17.999 159	0.204	
N	^{14}N	14.003 074	99.634	$^{15}N/^{14}N$ 0.37
	^{15}N	15.000 109	0.366	
S	^{32}S	31.972 072	95.02	$^{33}S/^{32}S$ 0.80
	^{33}S	32.971 459	0.76	$^{34}S/^{32}S$ 4.40
	^{34}S	33.967 868	4.22	
F	^{19}F	18.998 403	100.00	
Cl	^{35}Cl	34.968 853	75.77	$^{37}Cl/^{35}Cl$ 32.50
	^{37}Cl	36.965 903	24.23	
Br	^{79}Br	78.918 336	50.537	$^{81}Br/^{79}Br$ 97.90
	^{81}Br	80.916 290	49.463	
I	^{127}I	126.904 477	100.00	

的分子离子就会有相对质量为 M 和 $M+1$ 的两种离子。如果化合物中含有 1 个 C,则 $(M+1)^+$ 离子峰的强度为 M^+ 离子峰强度的 1.11%;如果含有 2 个 C,则 $(M+1)^+$ 离子峰的强度为 M^+ 离子峰强度的 2.22%,以此类推。这样,根据 M 与 $M+1$ 离子峰强度之比,可以估计出 C 的个数。氯元素有两种同位素 ^{35}Cl 和 ^{37}Cl,两者自然丰度之比为 100 : 32.50,或近似为 3 : 1。当化合物分子中含有 1 个 Cl 时,如果由 ^{35}Cl 形成的相对分子质量为 M,那么,由 ^{37}Cl 形成的相对分子质量为 $M+2$。生成离子后,离子相对质量分别为 M 和 $M+2$,离子强度之比近似为 3 : 1。如果分子中有 2 个 Cl,其组成方式可以有 $^{37}Cl^{35}Cl$、$^{35}Cl^{35}Cl$、$^{37}Cl^{37}Cl$,分子离子的相对质量分别为 M、$M+2$ 和 $M+4$,离子强度之比为 9 : 6 : 1。同位素离子的强度之比,可以用二项展开式 $(a+b)^n$ 各项系数之比来表示。二项展开式式中:a 为某元素轻同位素的丰度;b 为某元素重同位素的丰度;n 为同位素个数。例如:上述含有 2 个 Cl 的化合物中,分子离子的 3 种同位素离子峰强度之比为

$$(a+b)^n = (a+b)^2 = a^2 + 2ab + b^2$$

$$= \underset{(M)}{9} + \underset{(M+2)}{6} + \underset{(M+4)}{1}$$

如果知道了同位素元素的个数,可以推测各同位素离子强度之比;同理,如果知道了各同位素离子强度之比,可以估计出元素的个数。

6. 重排离子

分子离子裂解为碎片离子时,有些碎片离子不是由简单的化学键断裂产生的,而是发生了分子内原子或基团的重排,这种特殊的碎片离子称为重排离子(rearrangement ion)。重排远比简单断裂复杂,其中麦氏重排是常见的一种重要方式。当分子中含有 C=X (X 为 O、N、S、C)基团,与该基团相连的链上有 3 个以上的碳原子,而且 γ-C 上要有 H。这种化合物的分子离子碎裂时,γ-H 向缺电子的 X 原子上转移,引起一系列的单电子转移。同时 β 键断裂并丢失一个中性小分子。在醛、酮、酯、酸、酰胺及芳香族化合物、长链烯烃等的质谱上都可以找到 γ-H 转移重排产生的离子峰。麦氏重排的特点是:同时有两个以上的键断裂,生成的重排离子的质量数为偶数。除麦氏重排外,重排的种类还有很多。例如:有机化学中学过的狄尔斯-阿尔德反应,是由丁二烯和乙烯制备环己烯的反应,在质谱的分子离子断裂反应中,环己烯可以生成丁二烯和乙烯,正好与合成反应相反,所以称为逆狄尔斯-阿尔德反应,简称为 RDA。现在,RDA 反应已广泛用来解释含有环己烯结构的各类化合物(如萜烯化合物)的裂解。这类裂解反应的特点是:环己烯双键打开,同时引发 2 个 α 键断开,形成 2 个新的双键,电荷处在带双键的碎片离子上。

7. 多电荷离子

多电荷离子是指失去 2 个或 2 个以上电子形成的离子。当离子带有多电荷时,其 m/z 下降,因此可以利用常规的质谱检测器来分析相对分子质量大的化合物。常见的是双电荷离子 $(m/(2z))$,双电荷离子在该离子质量数一半的地方出现,如果这个离子的质量数是奇数,$m/(2z)$ 就不是整数。具有 π 电子的芳烃、杂环或高度不饱和的化合物能使双电荷离子稳定化,因此双电荷离子是这些化合物的特征离子。例如:苯的质谱图中,$m/(2z)=37.5$,$m/(2z)=38.5$ 就是双电荷离子。

由于质谱中产生的多电荷离子较少,所以在质谱中不重要。

下面以 4-甲基-2-戊酮裂解为例说明离子的形成过程。

(1) 分子离子。

$$H_3C-\overset{\overset{\displaystyle O}{\|}}{C}-CH_2-CH(CH_3)_2 + e^- \longrightarrow H_3C-\overset{\overset{\displaystyle \dot{O}^+}{\|}}{C}-CH_2-CH(CH_3)_2 + 2e^-$$

$m/z=100$

(2) 碎片离子。

① $$H_3C-\overset{\overset{\displaystyle \dot{O}^+}{\|}}{C}-CH_2-CH(CH_3)_2 \xrightarrow{-\cdot CH_3} \overset{\overset{\displaystyle O^+}{\|}}{C}-CH_2-CH(CH_3)_2$$

$m/z=85$

② $$H_3C-\overset{\overset{\displaystyle \dot{O}^+}{\|}}{C}-CH_2-CH(CH_3)_2 \xrightarrow{-\cdot CH_2-CH(CH_3)_2} H_3C-\overset{\overset{\displaystyle O^+}{\|}}{C}$$

$m/z=43$

③ $$\overset{\overset{\displaystyle O^+}{\|}}{C}-CH_2-CH(CH_3)_2 \xrightarrow{-CO} H_2C^+-CH(CH_3)_2$$

$m/z=57$

(3) 重排后裂解离子。

$$H_3C-\overset{\overset{\displaystyle \dot{O}^+}{\|}}{C}-CH_2-CH(CH_3)-CH_3 \xrightarrow{-H_2C=CH-CH_3} H_3C-\overset{\overset{\displaystyle ^+\dot{O}H}{|}}{C}=CH_2$$

$m/z=58$

8.5 质谱定性分析及谱图解析

一张质谱图包含着化合物的丰富信息。在特定的实验条件下,每个分子都有自己特征的裂解模式。很多情况下,根据质谱图提供的分子离子峰、同位素峰以及碎片离子峰,就可以确定化合物的相对分子质量、分子的化学式和分子的结构。对于结构复杂的有机化合物,还需借助于红外吸收光谱、紫外光谱、核磁共振波谱等分析方法进一步确认。

质谱的人工解析是一件非常困难的工作。由于计算机联机检索和数据库越来越丰富,靠人工解析质谱的情况已经越来越少,但是,作为对分子裂解规律的了解和对计算机检索结果的检验和补充手段,人工解析质谱图还有它的作用,特别是对谱库中不存在的化合物的质谱解析。因此,学习一些质谱解析方面的知识仍然是必要的。

1. 质谱的表示方法

质谱的表示方法有三种:质谱图、质谱表和元素图。

(1) 质谱图。质谱图是记录正离子质荷比(m/z)及离子峰强度的图谱。由质谱仪直接记录下来的图是一个个尖锐的峰,而常常见到的是经过计算机整理的、以直线代替信号峰的条图(棒图)。条图比较简洁、清晰、直观,横坐标以质荷比(m/z)表示,纵坐标以离子峰的强(丰)度表示(质谱中离子峰的峰高称为丰度)。质荷比(m/z)反映离子的种类,离子峰强度反映离子的数目。

把强度最大的离子峰人为地规定为基峰或标准峰(100%),将其他离子峰与基峰对比,这种表示方法称为相对丰度法(如图 8-4 所示),是最常用的一种表示方法。纵坐标还可以用绝对丰度表示,以总离子流的强度为 100%来计算各离子所占份额(%)。文献记载中一般采用条图。

(2) 质谱表。质谱表是用表格的形式给出离子的质荷比(m/z)及离子峰强度。这种表示方法能获得离子丰度的准确值,对定量分析非常实用,对未知物的结构分析不太合适,因为一些重要特征不如条图清楚可见。甲苯的质谱表见表 8-2。

表 8-2 甲苯的质谱表

m/z 值	38	39	45	50	51	62	63	65
相对丰度/(%)	4.4	5.3	3.9	6.3	9.1	4.1	8.6	11

m/z 值	91(基峰)	92(分子离子峰)	93 ($M+1$)	94 ($M+2$)
相对丰度/(%)	100	68	4.9	0.21

(3) 元素图。元素图是将高分辨质谱仪所得结果,经计算机按一定程序运算而得的。由元素图可以了解每个离子的元素组成,对结构解析比较方便。

2. 重要有机化合物的裂解规律

了解典型化合物的裂解规律,对质谱解析是非常有利的。下面介绍几种重要有机化合物的质谱裂解规律。

(1) 饱和烷烃。饱和烷烃裂解的特点如下。

① 分子离子峰较弱,随碳链增长强度降低甚至消失。

② 生成一系列 m/z 相差 14 的奇数质量的 C_nH_{2n+1} 碎片离子峰,即 $m/z=15,29,43,57,\cdots$。

③ 最大丰度(基峰)为 $m/z=43(C_3H_7^+)$或 $m/z=57(C_4H_9^+)$的离子。

④ 支链烷烃裂解优先发生在分支处,形成稳定的仲碳正离子或叔碳正离子。

十二烷的质谱图如图 8-5 所示。

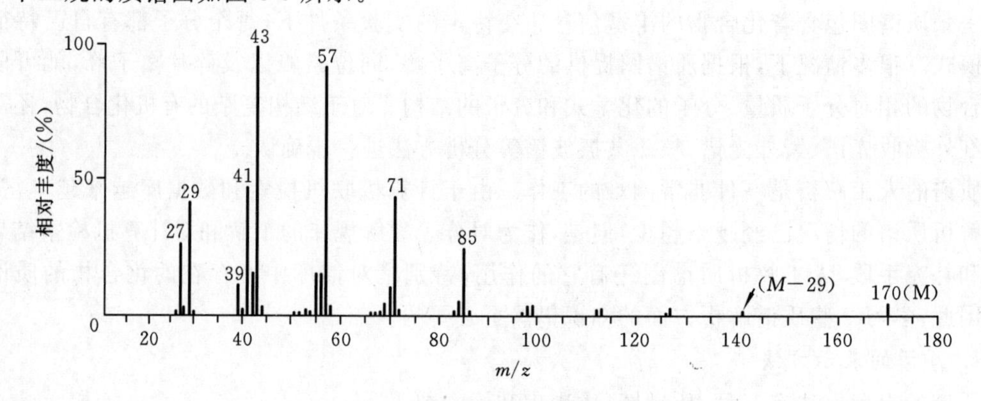

图 8-5 十二烷的质谱图

(2) 烯烃。烯烃裂解的特点如下。

① 分子离子峰较强。

② 有明显的一系列 C_nH_{2n-1} 的碎片离子峰,通常为 $41+14n,n=0,1,2,\cdots$。

③ 基峰为 $m/z=41$（$C_3H_5^+$、$CH_2=CHCH_2^+$）的离子，离子峰较强，是烯烃的特征峰之一。

(3) 芳烃。芳烃裂解的特点如下。

① 分子离子峰强。

② 在烷基苯中，基峰在 $m/z=91$（$C_7H_7^+$）处，是烷基苯的重要特征；$m/z=91$ 的离子失去 1 个乙炔分子生成 $m/z=65$ 的离子，失去 2 个乙炔分子生成 $m/z=39$ 的离子（这些离子峰强度较小）；若烷基芳烃 α-C 上的 H 被取代，基峰变成 $m/z=91+14n$；若存在 γ-H 时，易发生麦氏重排，产生 $m/z=92$ 重排离子峰。

$$\text{C}_6\text{H}_5-CH_2-R^{+\cdot} \xrightarrow{-R\cdot} \underset{m/z=91}{C_7H_7^+} \xrightarrow{-HC\equiv CH} \underset{m/z=65}{C_5H_5^+}$$

③ 苯的系列特征离子：$m/z=77$（$C_6H_5^+$），$m/z=78$（$C_6H_6^+$），$m/z=79$（$C_6H_7^+$）。苯离子 $m/z=77$（$C_6H_5^+$）失去 1 个乙炔分子生成 $m/z=51$ 的离子（离子峰强度较小）。

综上所述，烷基苯的系列特征离子为 $m/z=39,51,65,77,91,\cdots$。

$$\underset{m/z=79}{C_6H_7^+} \xleftarrow{+\cdot H} \underset{m/z=78}{C_6H_6^{+\cdot}} \xrightarrow{-\cdot H} \underset{m/z=77}{C_6H_5^+} \xrightarrow{-HC\equiv CH} \underset{m/z=51}{C_4H_3^+}$$

(4) 脂肪醇。脂肪醇裂解的特点如下。

① 分子离子峰很弱或不存在。

② 醇易失去一分子水，并伴随失去一分子乙烯，生成 $(M-18)^+$ 和 $(M-46)^+$ 峰。

③ 醇裂解遵循较大基团优先离去原则：伯醇形成很强的 $m/z=31$ 峰（$CH_2=OH^+$）；仲醇为 $m/z=45$（$CH_3CH=OH^+$），59，73，…；叔醇 $m/z=59$（$(CH_3)_2CH=OH^+$），73，87，…；以 $m/z=31,45,59$ 等离子峰与烯烃相区别。

(5) 酚和芳醇。酚和芳醇裂解的特点如下。

① 分子离子峰很强。

② 最具特征性的离子峰是由于失去 CO 或 CHO 基团形成的 $(M-28)^+$ 或 $(M-29)^+$ 峰，如苯酚得到 $m/z=65,66$ 的碎片离子。

③ 甲基取代酚、甲基取代苯甲醇等都有失水形成的 $(M-18)^+$ 峰，邻位时更易发生。

④ 苯酚的 $(M-1)^+$ 峰不强，甲酚和苯甲醇的 $(M-1)^+$ 峰很强，芳香醇还伴有 $(M-2)^+$ 或 $(M-3)^+$ 峰。

(6) 醛。醛裂解的特点如下。

① 分子离子峰明显，芳醛比脂肪族醛强。

② α-裂解形成的与分子离子峰一样强（或更强）的 $(M-1)^+$ 峰是醛的特征峰。

③ $C_1 \sim C_3$ 的脂肪族醛的基峰是 CHO^+（$m/z=29$），高碳数直链醛中会形成 $(M-29)^+$ 峰。

④ 芳醛易形成苯甲酰阳离子（$C_6H_5CO^+$，$m/z=105$）。

⑤ 具有 γ-H 的醛，能发生麦氏重排，产生 $m/z=44$ 的离子峰，若 α-位有取代基，就会出现 $m/z=44+14n$ 的离子峰，形成的重排峰离子往往是高碳数直链醛的基峰。

苯甲醛的质谱图如图 8-6 所示。

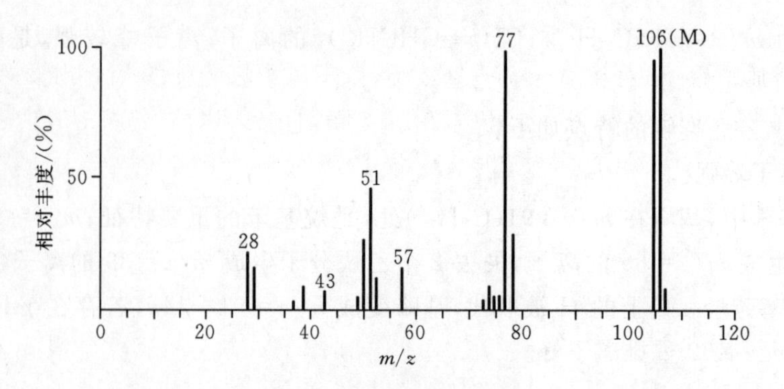

图 8-6　苯甲醛的质谱图

(7) 酮。酮裂解的特点如下。

① 分子离子峰很明显。

② α-裂解所形成的含氧碎片通常就是基峰,脂肪酮形成的含氧碎片为 $m/z=43$,57,71,…,$43+14n$ 等;芳酮的基峰与芳醛相同,是苯甲酰阳离子($C_6H_5CO^+$,$m/z=105$)。

③ 当有 γ-H 时,可能发生麦氏重排,但与醛不同的是可能发生两次重排。

$$C_6H_5-C(=O^{+\cdot})-R \xrightarrow{-R\cdot} C_6H_5-C\equiv O^+$$

$m/z=105$

(8) 羧酸和酯。羧酸和酯裂解的特点如下。

① 发生 α-裂解生成 $m/z=45$ 和 $m/z=44$ 的离子。

② 有 γ-H 时,发生麦氏重排,得到奇电子离子 $m/z=60$,74,符合 $m/z=60+14n$。

3. 相对分子质量的测定

质谱的一个最大用途是用来确定化合物的相对分子质量。要得到相对分子质量,首先要确定分子离子峰(参见 8.4 节),分子离子的质荷比(m/z)就是化合物的相对分子质量。分子离子峰一定是质谱中质量高端的离子峰,具有合理的质量丢失,应为奇电子离子且质量数符合氮规律。如果某离子峰完全符合这些条件,这个离子峰可能是分子离子峰;如果有一条不符合,则这个离子峰肯定不是分子离子峰。如果没有分子离子峰出现或分子离子峰不能确定时,则需要采取其他方法得到分子离子峰。常用的方法有:①降低离子源的解离能;②制备衍生物;③采取软电离方式。软电离方式往往得到准分子离子,然后由准分子离子推断出相对分子质量。

4. 分子化学式的确定

分子的化学式是化合物分子结构的基础。推测化合物的分子式主要采用高分辨质谱法,有时也采用低分辨质谱法。

高分辨质谱仪可以精确地测定分子离子或碎片离子的质荷比(m/z),误差小于 10^{-5}。C、H、O、N 的相对原子质量分别为 12.000 000、1.007 825、15.994 915、14.003 074,利用元素的精确质量和丰度比(见表 8-1)可求出元素组成。例如:CO、C_2H_4、N_2 的相对分子质量都是 28,但它们的精确质量值是不同的。对于复杂分子的化学式,由计算机完成复杂的计算是轻而易举的事,即测定精确质量值后由计算机计算给出化合物分子的化学式。这是目前最方便、快速、准确的方法,傅里叶变换质谱仪、双聚焦质谱仪、飞行时间质谱仪等都能给出化合物的元素组成。

在低分辨质谱仪上，对相对分子质量较小、分子离子峰较强的化合物，可以利用分子离子峰的同位素峰来确定分子式，称为同位素相对丰度法。有机化合物都是由 C、H、O、N 等元素组成的，这些元素具有同位素。由于同位素的贡献，质谱中除了有相对分子质量为 M 的分子离子峰外，还有相对分子质量为 $M+1$、$M+2$ 的同位素峰。不同的元素组成，同位素丰度不同，$(M+1)/M$ 和 $(M+2)/M$ 都不同。若以质谱测定分子离子峰及其同位素峰的相对丰度，就可以根据 $(M+1)/M$ 和 $(M+2)/M$ 的比值确定分子式。贝农(Beynon)等计算了包括 C、H、O、N 的各种组合的化合物的 M、$M+1$、$M+2$ 的丰度值并编成质量与丰度表，如果知道了化合物的相对分子质量和 M、$M+1$、$M+2$ 的丰度比，即可查贝农表确定分子式。

例 8-1　某化合物的相对分子质量 $M=150$(相对丰度 100%)，$M+1$ 的相对丰度为 9.9%，$M+2$ 的相对丰度为 0.88%，求化合物的分子式。

解　(1) 查表 8-1，由 $(M+2)/M=0.88\%$ 知，该化合物不含 S、Cl 或 Br。

(2) 查贝农表可知，$M=150$ 的化合物有 29 个，其中 $(M+1)/M$ 在 9%～11% 的分子式有 7 个，如表 8-3 所示。

表 8-3　从贝农表中查到的相关分子式

序号	分子式	$(M+1)/M$	$(M+2)/M$
1	$C_7H_{10}N_4$	9.25%	0.38%
2	$C_8H_8NO_2$	9.23%	0.78%
3	$C_8H_{10}N_2O$	9.61%	0.61%
4	$C_8H_{12}NO_3$	9.98%	0.45%
5	$C_9H_{10}O_2$	9.96%	0.84%
6	$C_9H_{12}NO$	10.34%	0.68%
7	$C_9H_{14}N_2$	10.71%	0.52%

(3) 根据氮规律，$M=150$ 为偶数，分子式中应不含 N 或含偶数 N，将序号为 2、4、6 的 3 个分子式排除。

(4) 在剩下的 4 个分子式中，$M+1$ 与 9.9% 最接近的是序号为 5 的分子式($C_9H_{10}O_2$)，$M+2$ 也与 0.88% 接近。

(5) 化合物的分子式可能为 $C_9H_{10}O_2$。

5. 结构式的确定

从未知物的质谱图推断化合物分子结构式的步骤大致如下。

(1) 确定分子离子峰。由质谱中高质量端离子峰确定分子离子峰，求出相对分子质量；从峰强度可初步判断化合物类型及是否含有 Cl、Br、S 等元素；根据分子离子峰的高分辨数据，查贝农表，得到化合物的元素组成。

(2) 利用同位素峰信息。利用同位素丰度数据，通过查贝农表，可以确定分子的化学式。使用贝农表应注意两点：一是同位素的相对丰度是以分子离子峰为 100 为前提的；二是只适合于含 C、H、O、N 的化合物。

(3) 由分子的化学式计算化合物的不饱和度，即确定化合物中环和双键的数目。

(4) 充分利用主要碎片离子的信息。从两方面入手：一方面是特别要研究高质量端的离子峰，质谱高质量端离子峰是由分子离子失去碎片形成的，从分子离子失去的碎片，可以确定化合物中含有哪些取代基，从而推测化合物的结构。另一方面是研究低质量端离子峰，寻找不同化合物断裂后生成的特征离子和特征系列离子。例如:直链烷烃的特征离子系列为 $m/z=15,29,43,57,71,\cdots$,烷基苯的特征离子系列为 $m/z=39,65,77,91,\cdots$。根据特征离子系列可以推测化合物类型。常见的离子碎片见表 8-4。

表 8-4 常见的离子碎片(未标明电荷)

m/z	离子碎片	m/z	离子碎片
15	CH_3	45	OC_2H_5、COOH
16	O、NH_2	46	NO_2、C_2H_5OH
17	OH、NH_3	57	C_4H_9、C_2H_5CO
18	H_2O	58	C_4H_{10}、C_2H_6CO
19	F、H_3O	60	CH_3COOH
26	C_2H_2、CN	65	C_5H_5
27	C_2H_3、HCN	69	C_5H_9、C_3H_5CO
28	C_2H_4、CO、N_2(空气)	71	C_5H_{11}、C_3H_7CO
29	C_2H_5、CHO	77	C_6H_5
30	C_2H_6、CH_2NH_2、NO	78	C_6H_6
31	CH_2OH、OCH_3	79	C_6H_7、Br
32	S、CH_3OH、O_2(空气)	85	C_6H_{13}、C_4H_9CO
34	H_2S	91	$C_6H_5CH_2$
35	Cl	92	$C_6H_5CH_3$
39	C_3H_3	101	$COOC_4H_9$
41	C_3H_5	105	C_6H_5CO
43	C_3H_7、CH_3CO、C_2H_5N	107	$C_6H_5CH_2O$
44	C_3H_8、CO_2	127	I

(5) 综合上述各方面信息,提出化合物的结构单元。再根据样品来源、物理与化学性质等,提出一种或几种最可能的结构式。必要时,可联合红外吸收光谱和核磁共振波谱数据得出最后结果。

(6) 验证所得结构。验证的方法有:①将所得结构式按质谱裂解规律分解,看所得离子和未知物谱图是否一致;②查该化合物的标准质谱图,看是否与未知谱图相同;③寻找标样,做标样的质谱图,与未知物谱图比较等。

6. 质谱图解析实例

例 8-2 有一种未知化合物,从样品来源及初步实验判断是一种酮类化合物,图 8-7 是它的质谱图,试推测该化合物的结构式。

解 (1) 确定分子离子峰,求出相对分子质量。

酮类化合物分子离子峰明显,判定质谱图中 $m/z=100$ 的高质量端离子峰是分子离子峰,相对分子质量 $M=100$。

(2) 由碎片离子信息得到结构式。

① 分子离子($m/z=100$)裂解失去$-CH_3$(相对分子质量为 15)形成 $m/z=85$ 的碎片离子,此离子再裂解

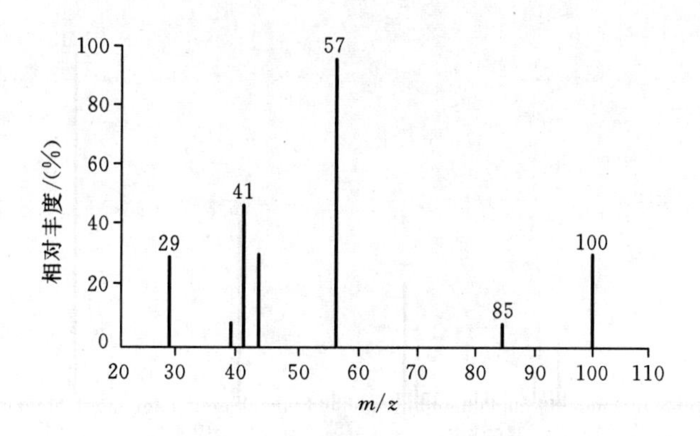

图 8-7　一种酮类化合物的质谱图

失去 CO(相对分子质量为 28)形成 $m/z=57$ 的碎片离子。$m/z=57(C_4H_9^+)$ 的碎片离子丰度很高，是基峰，说明该离子很稳定并且与分子其余部分相连的化学键易断裂，可能是 $(CH_3)_3C^+$ 离子。

$$\underset{m/z=100}{\text{酮类化合物}} \xrightarrow[\text{裂解}]{-\cdot CH_3} \underset{m/z=85}{\text{碎片离子}} \xrightarrow[\text{裂解}]{-CO} \underset{m/z=57}{{}^{+}C(CH_3)_3}$$

② $m/z=57(C_4H_9^+)$ 的碎片离子重排裂解失去 CH_4(相对分子质量为 16)形成 $m/z=41(C_3H_5^+)$ 的碎片离子。

③ $m/z=57(C_4H_9^+)$ 的碎片离子重排后裂解失去 $CH_2{=}CH_2$（相对分子质量为 28)形成 $m/z=29(C_2H_5^+)$ 的碎片离子。

酮类化合物的结构式可能为

$$H_3C-\overset{\overset{\displaystyle O}{\|}}{C}-C(CH_3)_3$$

(3) 分子裂解过程。

① 分子离子裂解。

$$\underset{m/z=100}{H_3C-\overset{\overset{\displaystyle \dot{O}^+}{\|}}{C}-C(CH_3)_3} \xrightarrow{-\cdot CH_3} \underset{m/z=85}{\overset{\overset{\displaystyle O^+}{\|}}{C}-C(CH_3)_3} \xrightarrow{-CO} \underset{m/z=57}{{}^{+}C(CH_3)_3}$$

② 碎片离子裂解。

$$\underset{m/z=57}{{}^{+}C(CH_3)_3} \xrightarrow[\text{重排裂解}]{-CH_4} \underset{m/z=41}{\overset{+}{\triangle}}$$

$$\underset{m/z=57}{{}^{+}C(CH_3)_3} \xrightarrow{\text{重排}} H_3C-CH_2-{}^{+}CH-CH_3 \xrightarrow[\text{裂解}]{-H_2C{=}CH_2} \underset{m/z=29}{H_3C-{}^{+}CH_2}$$

(4) 验证结构式。

① 计算不饱和度：分子的化学式为 $C_6H_{12}O$，$U=1$，存在 C═O 双键。

② 分子离子失去碎片形成的离子合理，与质谱符合，所推测结构式正确。

例 8-3　由元素分析得到某化合物的化学组成式为 $C_8H_8O_2$，其质谱图如图 8-8 所示。它的 IR 显示 3 400～3 200 cm^{-1} 范围有较强吸收峰，1 680～1 660 cm^{-1} 附近有强吸收峰，820～800 cm^{-1} 处有一中等强度吸收峰，确定该化合物的结构式。

解　(1) 计算不饱和度，求出相对分子质量。

化合物分子式为 $C_8H_8O_2$，相对分子质量 $M=136$，$U=5$，是一个高度不饱和的化合物，可能含有苯环结构。

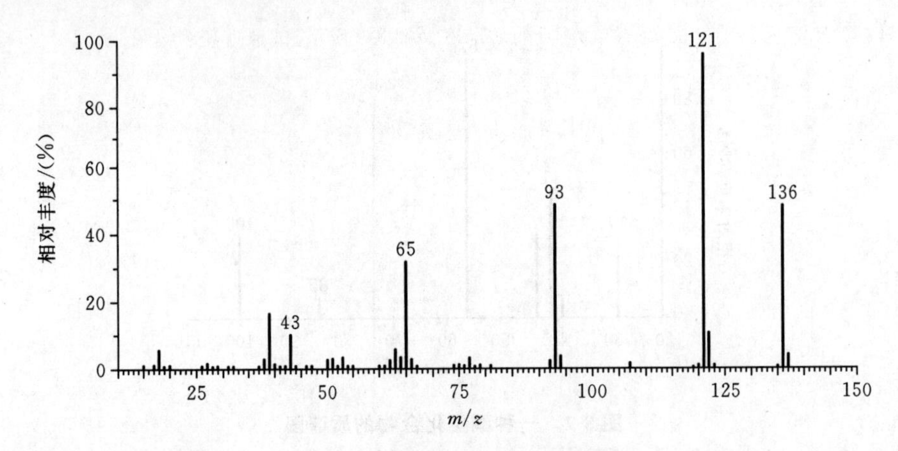

图 8-8　化合物 $C_8H_8O_2$ 的质谱图

(2) 分子离子峰的特点。

分子离子峰强度大，说明此分子离子比较稳定，推测该化合物中存在苯环。

(3) 高质量端碎片离子峰的形成。

分子离子($m/z=136$)裂解失去 —CH_3（相对分子质量为 15)形成 $m/z=121$ 的碎片离子。

分子离子($m/z=136$)裂解失去 —$COCH_3$（相对分子质量为 43)形成 $m/z=93$ 的碎片离子，此碎片离子再裂解失去 CO(相对分子质量为 28)形成 $m/z=65$ 的碎片离子。

$C_8H_8O_2$ 的结构式可能为

$COCH_3$
OH

(4) 分子裂解过程。

HO—C₆H₄—C(=O)—CH_3 ($m/z=136$) —(−·CH_3, 裂解)→ HO—C₆H₄—C≡O^+ ($m/z=121$) —(−CO, 裂解)→ $^+$C₆H₄—OH ($m/z=93$) —(−CO, 裂解)→ 环戊二烯正离子 ($m/z=65$)

HO—C₆H₄—C(=$\dot{O}^+$)—CH_3 ($m/z=136$) —(− ·C₆H₄—OH, 裂解)→ H_3C—C≡O^+ ($m/z=43$)

(5) 验证结构式。

① 验证不饱和度：苯环（C_6H_5—）$U=4$，羰基（—C═O）$U=1$，满足 $U=5$。

② 验证 IR 数据。

3 400～3 200 cm^{-1} 范围有较强吸收峰，说明存在羟基（—OH)。

1 680～1 660 cm^{-1} 附近有强吸收峰，说明存在羰基（—C═O)。

820～800 cm^{-1} 处有一中等强度吸收峰，说明苯环的取代是对位(1,4)取代。

③ 主要碎片裂解过程合理，碎片离子与质谱符合。

(6) 确定化合物 $C_8H_8O_2$ 的结构式为

HO—C₆H₄—C(=O)—CH_3

例 8-4　一种液体化合物(F)，沸点为 163 ℃，经元素分析测定含 C，54.55%(质量分数)；H，9.09%(质量分数)。^{1}H-NMR 提示 δ=11.65 处有单峰,F 的质谱图如图 8-9 所示,试推测其结构式。

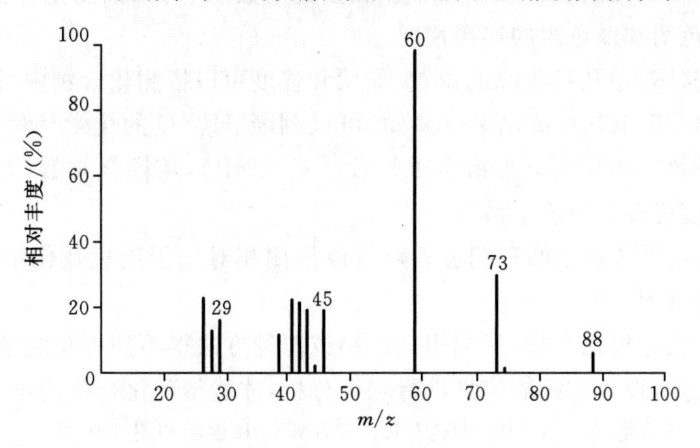

图 8-9 化合物(F)的质谱图

解 (1) 确定 F 分子的化学式。

$$n_C : n_H : n_O = \frac{54.55}{12} : \frac{9.09}{1} : \frac{36.36}{16} = 4.55 : 9 : 2.27 \approx 4 : 8 : 2$$

F 分子的化学组成式为 $C_4H_8O_2$,M=88,U=1,有 1 个双键或 1 个环存在,质谱中 m/z=88 是分子离子峰。

(2) 由高质量端碎片离子的形成得到结构式。

分子离子(m/z=88)裂解失去 —CH_3(相对分子质量为 15)形成 m/z=73 的碎片离子。

分子离子(m/z=88)的 γ-H 发生麦氏重排,裂解失去 C_2H_4(相对分子质量为 28)形成奇电子离子 m/z=60($C_2H_4O_2^{+\cdot}$),此碎片离子峰是该化合物的基峰,是羧酸或酯的特征,此处只可能是羧酸。$C_4H_8O_2$ 的结构式可能为

$$CH_3CH_2CH_2-\overset{\overset{\displaystyle O}{\|}}{C}-OH$$

(3) 分子裂解过程。

$$\underset{m/z=88}{CH_3CH_2CH_2-\overset{\overset{\displaystyle \overset{+\cdot}{O}}{\|}}{C}-OH} \xrightarrow[\text{裂解}]{-\cdot CH_3} \underset{m/z=73}{{}^{+}CH_2CH_2COOH}$$

$$\underset{m/z=88}{CH_3CH_2CH_2-\overset{\overset{\displaystyle \overset{+\cdot}{O}}{\|}}{C}-OH} \xrightarrow[\text{裂解}]{\gamma\text{-H 麦氏重排}} \underset{m/z=60}{H_2C=C(\overset{\cdot}{\overset{+}{O}}H)(OH)} + H_2C=CH_2$$

(4) 验证结构式。

① 验证不饱和度:羰基(—C=O)U=1,与结构式吻合。

② 验证[1]H-NMR 数据:δ=11.65 处有单峰,提示是羧基(—COOH)上的质子,与结构式吻合。

③ 主要碎片裂解合理,碎片离子与质谱相符。

(5) 结论:推断的化合物(F)$C_4H_8O_2$ 结构式正确。

8.6 有机化合物结构剖析示例

紫外光谱(UV)、红外吸收光谱(IR)、核磁共振波谱(NMR)和质谱(MS)合称为有机化合物结构剖析的四谱。在解析化合物结构时,每种图谱提供的结构信息各有侧重,互相补充,互相佐证,为化合物结构的确定提供有力的依据。

从紫外光谱(UV)的最大吸收波长(λ_{max})和吸光系数(ε)可以推测化合物结构中共轭链的状况,即存在的生色团和助色团的连接情况。

红外吸收光谱(IR)中从吸收峰的位置、形状和强度可以推测化合物中可能存在的基团。

核磁共振波谱(NMR)中,从化学位移(δ)可以判断^{1}H、^{13}C的化学环境,从自旋耦合裂分可以判断相邻质子数(^{1}H-NMR)或相连质子数(^{13}C-NMR),从耦合常数(J)可以判断自旋系统,从积分曲线高度可以判断质子数目。

质谱(MS)中,从分子离子峰和同位素峰可以推测相对分子质量及化学式,从裂解碎片离子可以推测存在的基团。

对于结构复杂的有机化合物,只利用某一种或两种方法得不到可靠的结构信息,必须充分利用每种方法的特点,将各方面的信息进行综合分析,才能得到化合物的正确结构式。

例 8-5　一种未知化合物(G),其MS、^{1}H-NMR、^{13}C-NMR、IR谱图如图8-10所示。UV数据$\lambda_{max}(\varepsilon)$为:210 nm(7 000),261 nm(300)。MS提供的同位素相对丰度信息是:$\frac{M+1}{M}=9.9\%$,$\frac{M+2}{M}=0.88\%$。根据上述信息解析此化合物的结构,说明理由。

解　(1)分子化学式的确定。

从图8-10(d)中可知$m/z=150$是分子离子峰,$M=150$,$M+1$的相对丰度为9.9%,$M+2$的相对丰度为0.88%,查贝农表求得化合物的分子式为$C_9H_{10}O_2$,详见例8-1。

(2)计算不饱和度:$U=5$,是一个高度不饱和的化合物,可能含有苯环结构和1个双键。

(3)IR图谱分析。

① 3 035 cm^{-1}附近的尖峰为 =C—H 的伸缩振动(δ_{as}和δ_s),说明有苯环存在。

② 1 608 cm^{-1}、1 587 cm^{-1}、1 497 cm^{-1}、1 466 cm^{-1}是苯环骨架(C=C)的伸缩振动(δ_{as}或δ_s)和Ar—H的变形振动(δ),证明有苯环存在。

③ 2 966~2 860 cm^{-1}附近是 $—CH_3$ 和 $—CH_2—$ 的伸缩振动(δ_{as}和δ_s),1 363 cm^{-1}附近是 $—CH_3$ 的对称变形振动(δ_s),证明有 $—CH_3$ 存在,可能有 $—CH_2—$ 存在。

④ 1 743 cm^{-1}有强吸收峰,是羰基的伸缩振动(δ_{as}和δ_s),说明存在羰基(—C=O)。

⑤ 1 229 cm^{-1}、1 027 cm^{-1}是酯基 O=C—O—C 的伸缩振动(δ_{as}),1 229 cm^{-1}处强而宽的吸收峰是乙酸酯的特征,说明有乙酸酯基($CH_3COO—$)存在。

⑥ 751 cm^{-1}、698 cm^{-1}是 Ar—H 的变形振动和环 C=C 的变形振动(δ_{as}和δ_s),说明苯环的取代是单取代。

⑦ IR分析得到的结构单元为

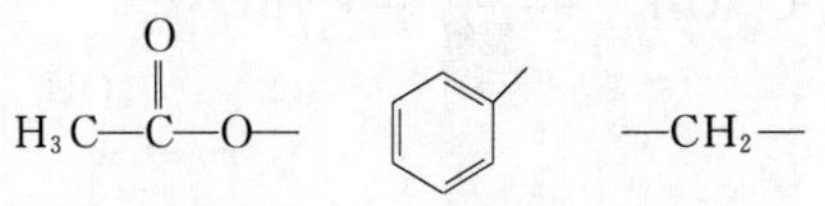

$H_3C—C(=O)—O—$　　$C_6H_5—$　　$—CH_2—$

(4) ^{1}H-NMR图谱分析。

① H数目:有3种H。从高场到低场分别为3H、2H、5H。

② H的归属。

$\delta=2.1$,$—CH_3$ 的3个H,单峰(s),连在电负性大的原子或原子团上,结构单元为 $CH_3C=O$。

$\delta=5.1$,$—CH_2—$ 的2个H,单峰(s),连在电负性大的原子或原子团上,结构单元为 $Ar—CH_2—O$。

$\delta=7.3$,苯环上的5个H,单峰(s),单取代苯,结构单元为 Ar—。

(5) ^{13}C-NMR图谱分析。

① C的种类:从^{13}C-NMR图谱信息可知,共有5种C原子,比分子式中9个C的数目少,有对称结构存在。

② C的归属。

$\delta_1=20.9$,四重峰(q),$—CH_3$,结构单元为 $CH_3C=O$。

$\delta_2=66.5$,三重峰(t),$—CH_2—$,结构单元为 $Ar—CH_2—O$。

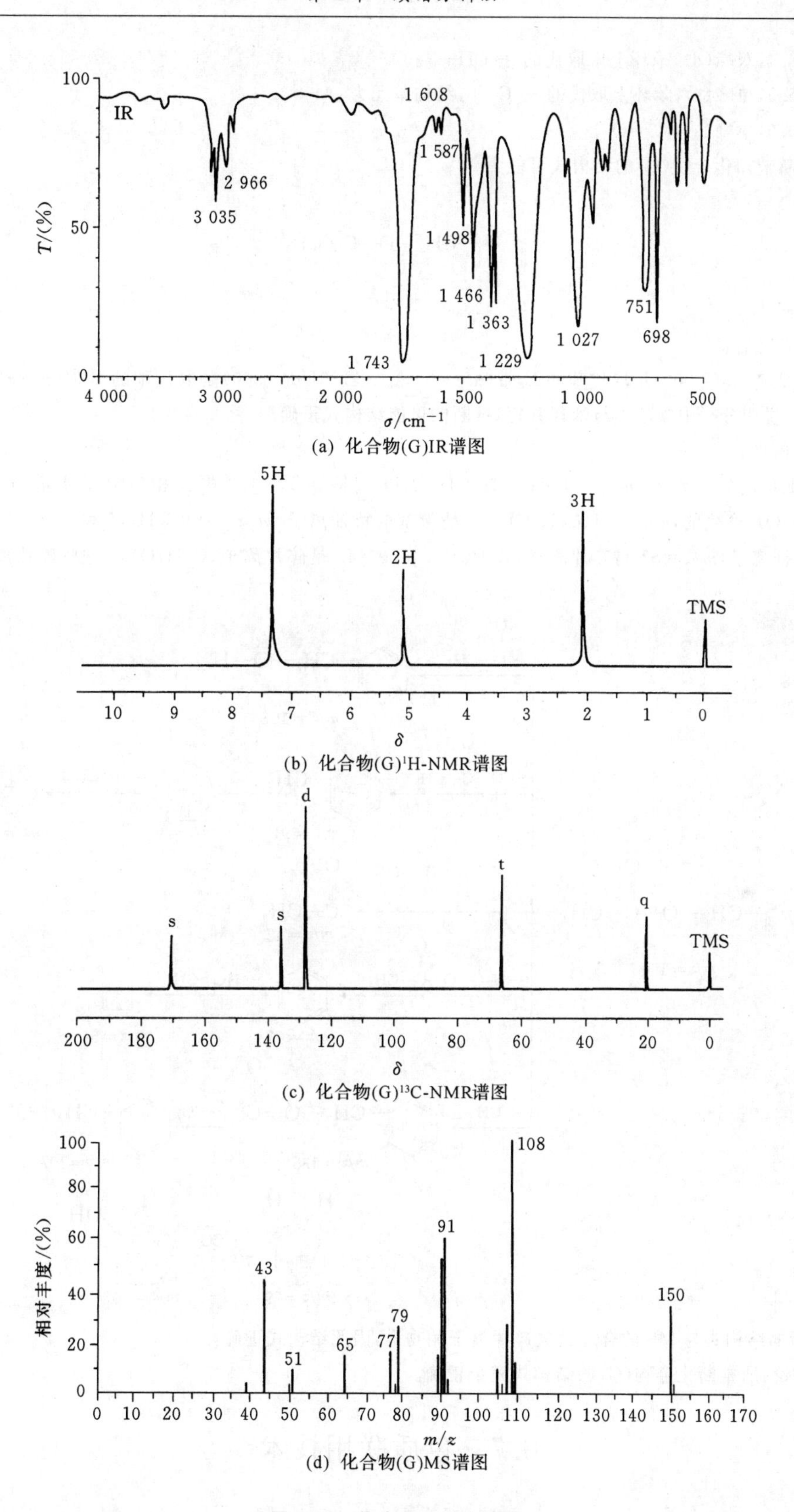

(a) 化合物(G)IR谱图

(b) 化合物(G)^{1}H-NMR谱图

(c) 化合物(G)^{13}C-NMR谱图

(d) 化合物(G)MS谱图

图 8-10　化合物(G)的谱图

$\delta_3=128.4$,双峰(d),苯环上未取代的 —CH— 。

$\delta_4=136.5$,单峰(s),苯环上取代的 —C— ,结构单元为 Ar— 。

$\delta_5=170.5$,单峰(s), C=O 。

(6) 推断未知化合物(G)的结构式可能为

$$C_6H_5-CH_2-O-C(=O)-CH_3$$

(7) 验证结构。

①UV 光谱信息。

$\lambda_{max}(\varepsilon)$ 210 nm(7 000)是取代苯的 E_2 带($\pi\rightarrow\pi^*$),$\lambda_{max}(\varepsilon)$261 nm(300)是取代苯的 B 带($\pi\rightarrow\pi^*$),吸收带红移不明显,说明分子中羰基不与苯环共轭,推断的可能结构式正确。

② MS 信息。

$m/z=150$ 是分子离子,$m/z=108(C_6H_5CH_2OH)^{+\cdot}$ 是 $m/z=150$ 失去相对分子质量为 42 的碎片($CH_2=C=O$) 产生的,$m/z=91(C_6H_5CH_2)^+$ 是苄基的特征离子,$m/z=79(C_6H_7)^+$ 和 $m/z=77(C_6H_5)^+$ 是苯环的特征离子,$m/z=51$ 是碎片离子$(C_4H_3)^+$, $m/z=43$ 是碎片离子$(C_2H_3O)^+$,这些碎片离子的形成过程如下。

$C_6H_5-CH_2-O-C(=\dot{O}^+)-CH_3$　$m/z=150$

$\xrightarrow{-C(=O)CH_2}$ $C_6H_5-CH_2-\dot{O}^+-H$　$m/z=108$

$\xrightarrow{-\cdot OC(=O)CH_3}$ $C_6H_5CH_2^+$ $m/z=91$ $\rightarrow$ $C_7H_7^+$(环庚三烯正离子) $m/z=91$ $\xrightarrow{-HC\equiv CH}$ $C_5H_5^+$ $m/z=65$

$\xrightarrow{-C_6H_5-CH_2-O\cdot}$ $O^+\equiv C-CH_3$　$m/z=43$

$\xrightarrow{-H_2\dot{C}-O-C(=O)-CH_3}$ $C_6H_5^+$ $m/z=77$ $\xrightarrow{-HC\equiv CH}$ $C_4H_3^+$ $m/z=51$

$\xrightarrow{-\cdot CH_3}$ $C_6H_5-CH_2-O-C\equiv O^+$ $m/z=135$ $\xrightarrow{-CO}$ $C_6H_5-CH_2-O^+$ $m/z=107$ $\rightarrow$ $HO-C_7H_6^+$ $m/z=107$ $\xrightarrow{-CO}$ $C_6H_7^+$ $m/z=79$

所推断的结构式与 MS 的合理丢失碎片离子相吻合,因此结构式正确。

(8) 结论:所推断化合物(G)的结构式完全正确。

8.7　色质联用技术

联用技术是指两种或两种以上的分析技术联合在线使用,以实现更快、更有效地分离和分析的技术或方法。最常用的是将分离能力最强的色谱技术和结构鉴别能力强的质谱或光谱检测技术相结合的联用技术。色质联用是将色谱与质谱联合使用的一种技术。

气相色谱-质谱联用技术(GC-MS)简称气-质联用,是应用十分广泛的一种方法。从原理上讲,所有的质谱仪都能与气相色谱仪联用,最理想的是使用傅里叶变换离子回旋共振质量仪(GC-FT-ICR-MS)。

液相色谱-质谱联用技术(LC-MS)简称液-质联用,主要用于氨基酸、肽、核苷酸及药物、天然产物的分离分析。LC-MS 中接口技术是关键,20 世纪 80 年代以后,LC-MS 的接口技术研究取得了突破性进展,出现了电喷雾电离(ESI)接口技术和大气压化学电离(APCI)接口技术,使 LC-MS 成为真正的联用技术。LC-MS 正在成为生命科学、医药和化学化工领域中重要的分析工具之一。

图 8-11 是环境空气质量监测中,使用 GC-MS 检测的汽车尾气中有机污染物总离子流色谱图。联用技术的形式多种多样,此处不再过多介绍。如有兴趣可参看相关文献资料。

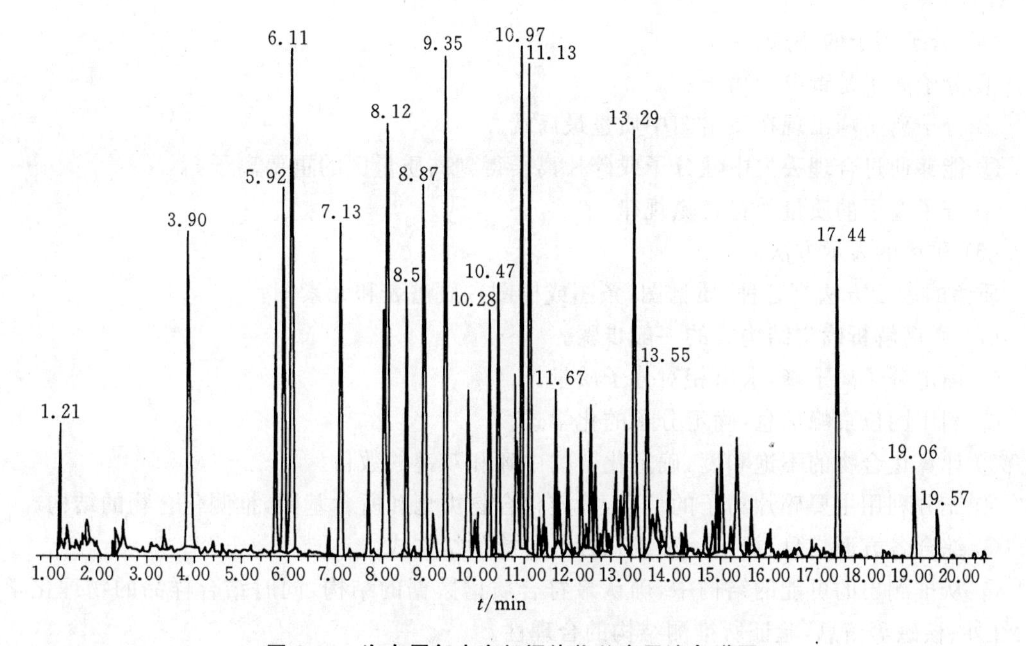

图 8-11　汽车尾气中有机污染物总离子流色谱图

学习小结

1. 本章基本要求

(1) 掌握质谱分析的基本原理、质谱仪的基本结构及主要部件功能。

(2) 掌握常见有机化合物裂解的规律及影响因素,能在质谱图中识别出分子离子峰、基峰、碎片离子峰。

(3) 掌握质谱解析的一般原则和步骤,并能运用质谱解析简单化合物的结构。

(4) 了解质谱仪的主要性能指标、分析方法的应用范围及发展状况。

(5) 了解复杂有机化合物结构解析的方法、步骤,及结合其他谱图的综合解析方法。

(6) 了解 GC-MS 联用和 LC-MS 联用技术。

2. 重要内容回顾

(1) 质谱分析的原理。

质谱分析法是使被测样品分子形成气态离子,然后按离子的质量(m)与所带电荷(z)的比值(质荷比,m/z),对离子进行分离和检测的一种分析方法。

(2) 质谱仪的组成。

质谱仪由真空系统、进样系统、离子源、质量分析器和检测器组成。

(3) 质谱中离子的主要类型。

有机质谱中离子的主要类型有:分子离子、准分子离子、碎片离子、亚稳离子、同位素离子、重排离子和多电荷离子。每种离子在质谱解析中各有用途。

(4) 产生离子的方法:电子轰击(EI)、化学电离(CI)、快原子轰击(FAB)、场致电离(FI)、场解吸电离(FD)、电喷雾电离(ESI)、大气压化学电离(APCI)、基质辅助激光解吸电离(MALDI)等。

(5) 分子离子的特点。

① 分子离子是奇电子离子。

② 分子离子峰出现在质谱图中质量最高端。

③ 能够通过合理丢失中性分子或碎片离子得到高质量区的重要离子。

④ 分子离子的质量数符合氮规律。

(6) 质谱的表示方法。

质谱的表示方法有三种:质谱图(条图或棒图)、质谱表和元素图。

(7) 质谱解析确定结构式的一般步骤。

① 确定分子离子峰,求出相对分子质量。

② 利用同位素峰信息,确定分子的化学式。

③ 计算化合物的不饱和度,确定化合物中环和双键的数目。

④ 充分利用主要碎片离子的信息,确定化合物类型和所含基团,推测化合物的结构。

⑤ 综合各方面信息,提出一种或几种最可能的结构式。

⑥ 从推测出的可能的结构中,确认最符合质谱数据的结构,同时结合样品的物理化学性质、红外、核磁等信息,验证所推测结构的合理性。

习　题

1. 说明双聚焦质谱仪主要部件的作用和原理。
2. 分别说明 EI 源、CI 源、FAB 源、FI 源、FD 源、ESI 源、MALDI 源的特点。
3. 有机化合物在 EI 源中可能产生哪些离子?从这些离子的质谱峰可以得到关于化合物结构的什么信息?
4. 如何利用质谱推测化合物的相对分子质量和分子的化学式?
5. 某化合物分子的组成为 C,75.00%(质量分数);H,12.50%(质量分数)。质谱数据见表 8-5,试推测可能的结构式,并写出主要碎片的裂解过程。

表 8-5　某化合物的质谱数据表

m/z	29	43	57	71	72	99	128($M^{+\cdot}$)
相对丰度/(%)	94	100	84	36	48	35	9

6. 某化合物的紫外光谱在 200～400 nm 之间无特征吸收带。从贝农表查得 $M=102$ 的化合物 $M+1$ 峰和 $M+2$ 峰与分子离子峰 M 的相对强度以及质谱、红外吸收光谱和核磁共振波谱数据如表 8-6 至表 8-9 所示，试确定化合物的结构式。

表 8-6　贝农表中 $M=102$ 的分子式

序　号	分　子　式	$(M+1)/M$	$(M+2)/M$
1	$C_5H_{14}N_2$	6.93%	0.17%
2	$C_6H_2N_2$	7.28%	0.23%
3	$C_6H_{14}O$	6.75%	0.39%
4	C_7H_2O	7.64%	0.45%
5	C_8H_6	8.74%	0.34%

表 8-7　MS 信息

m/z	43	45	87	同位素	102(M)	103($M+1$)	104($M+2$)
相对丰度/(%)	62	100	21	丰度/(%)	100	7.8	0.5

表 8-8　IR 信息

波　　数	吸收带特征
3 000 cm^{-1}以上	无吸收带
1 380 cm^{-1}附近	吸收带裂分成双峰，强度大致相等
1 200～1 110 cm^{-1}	有一强吸收裂分出现双带

表 8-9　^{1}H-NMR 信息

δ	裂分峰	积分曲线高度/cm
1.10	双重峰	1.8
3.75	七重峰	0.3

7. 色质联用的特点是什么？

参 考 文 献

[1]　赵墨田，曹永明，陈刚，等. 无机质谱概论[M]. 北京：化学工业出版社，2006.

[2]　朱明华，胡坪. 仪器分析[M]. 4 版. 北京：高等教育出版社，2008.

[3]　朱淮武. 有机分子结构波谱解析[M]. 北京：化学工业出版社，2005.

[4]　薛松. 有机结构分析[M]. 合肥：中国科学技术大学出版社，2005.

[5]　张华. 现代有机波谱分析[M]. 北京：化学工业出版社，2006.

[6]　武汉大学化学系. 仪器分析[M]. 北京：高等教育出版社，2001.

[7]　刘志广，张华，李亚明. 仪器分析[M]. 大连：大连理工大学出版社，2004.

[8]　王维国,李重九,李玉兰,等. 有机质谱应用——在环境、农业和法庭科学中的应用[M]. 北京:化学工业出版社,2006.

[9]　方惠群,于俊生,史坚. 仪器分析 [M]. 北京:科学出版社,2002.

[10]　张寒琦.仪器分析[M]. 北京:高等教育出版社,2009.

[11]　盛龙生,苏焕华,郭丹滨.色谱质谱联用技术[M].北京:化学工业出版社,2006.

第9章　电分析化学法
Electroanalytical Chemistry

将化学变化与电的现象紧密联系起来的学科称为电化学。电分析化学法是利用物质的电化学性质进行表征和测量的方法，是电化学和仪器分析的重要组成部分。具体来说，电分析化学法通常是通过检测电化学性质如电阻（或电导）、电位（电极电位或电动势）、电流、电量等，或者检测某种电参量在过程中的变化情况，或者检测某一组分在电极上析出的物质质量，根据检测的电参量与化学量之间的内在联系，对样品进行表征和测量。

电分析化学是以理论解释和定量实验为一体发展起来的一个化学分支学科，可详细了解溶液中的化学物质及反应过程，即从电极到溶质的电子迁移过程，定量解析由该电极反应开始，随之产生的均一化学反应过程或非均一体系的电极反应过程。因此，它在电化学、无机化学、有机化学、高分子化学、生物化学以及在吸附现象起重要作用的催化剂化学等领域广泛应用。根据所测量的电参量的不同，电分析化学法可分为三类。

第一类：在某些特定条件下，通过待测液的浓度与化学电池中某些电参量的关系进行定量分析，如电导分析、电位分析、库仑分析及伏安分析等。

第二类：通过某一电参量的变化来指示终点的电容量分析法，如电位滴定、库仑滴定等。

第三类：通过电极反应把被测物质转变为金属或其他形式的化合物，用重量分析法测定其含量，如电重量分析。

由于篇幅有限，本章只对电分析化学法中较为常用的方法作一介绍，其他内容可参考有关著作和资料。常用电分析化学法的用途及特点如表9-1所示。

表9-1　电分析化学法的用途及特点

方法名称	测定的电参量	特点及用途
电位分析法	电极电位	适用于微量组分的测定；选择性好，适用于测定 H^+、F^-、Cl^-、K^+ 等数十种离子
电导分析法	电阻或电导	适用于测定水的纯度（电解质总量）；选择性较差
库仑分析法	电量	不需要标准物质，准确度高；适用于测定许多金属、非金属离子及一些有机化合物
伏安分析法	电流-电压曲线	选择性好，可用于多种金属离子和有机化合物的测定；适用于微量和痕量组分的测定

9.1　电分析化学法概述

我国电分析化学领域的部分院士介绍

电分析化学法是利用物质的电化学性质进行表征和测量的方法，因此需要首先就电分析化学法所涉及的基本概念及理论作一概括的介绍。

9.1.1 电化学电池

任何一种电分析化学法都是在一个电化学电池上实现的,电化学电池是化学能和电能的转换装置。要构成一个电化学电池,首要条件是该化学反应是一个氧化还原反应,或者在整个反应过程中经历了氧化还原的过程;其次必须给予适当的装置,使化学反应在电极上进行。每一个电化学电池至少有两个电极,分别或同时浸入适当的电解质溶液中,用金属导线从外部将两个电极连接起来,同时使两种电解质溶液接触,构成电流通路。电子通过外电路导线从一个电极流到另一个电极,在溶液中带正、负电荷的离子从一个区域移动到另一个区域以输送电荷,最后在金属-溶液界面之间发生电极反应,即离子从电极上取得电子或将电子交给电极,发生氧化-还原反应。如果两个电极浸在同一种电解质溶液中,这样构成的电池称为单液电池或无液体接界电池(如图 9-1(a)所示)。如果两个电极分别插在两种不同的电解质溶液中,这样构成的电池称为双液电池或有液体接界电池。两种电解质溶液之间可以用半透膜或烧结玻璃隔开,也可把两种电解质溶液放在不同的容器中,中间用盐桥相连(如图 9-1(b)所示)。这样做的目的是避免两种电解质溶液的机械混合,同时又能让离子自由通过。通常采用较多的是双液电池,因为这类电池避免了两个半电池的各组分直接参与反应而降低电池的效率。

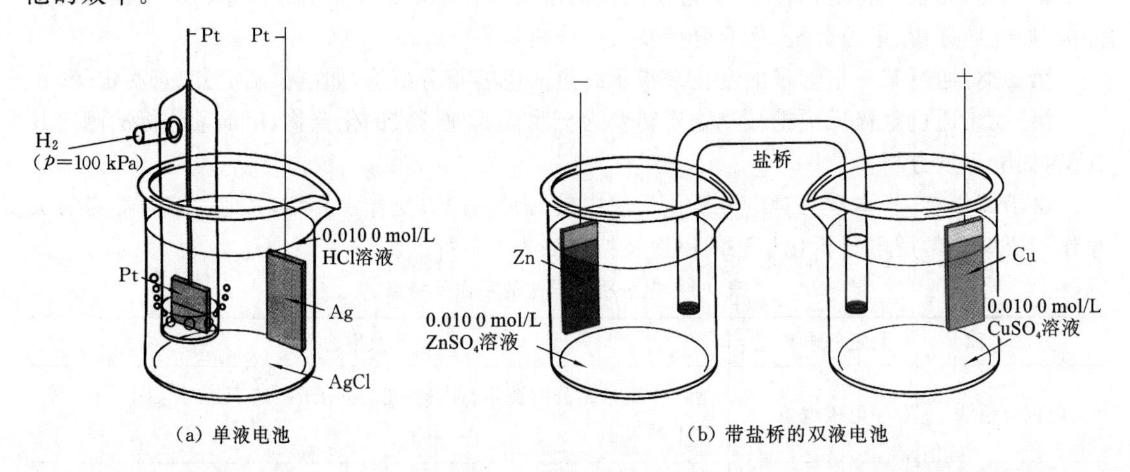

(a) 单液电池　　(b) 带盐桥的双液电池

图 9-1　电化学电池

电化学电池分为原电池和电解池。无论是原电池还是电解池,凡是发生氧化反应的电极称为阳极,发生还原反应的电极称为阴极。单个电极上的反应称为半电池反应。若两个电极没有用导线连接起来,当半电池反应达到平衡状态时,没有电子输出;当用导线将两个电极连通构成通路时,整个电池才能工作,此时才能进行电化学测量。

在电化学研究中,为了简化起见,常用符号来表示电化学电池。用符号表示电化学电池的规定如下。

(1) 发生氧化反应的电极(阳极)写在左边,发生还原反应的电极(阴极)写在右边。

(2) 电池组成的每一个接界面用单竖线“|”隔开,两种溶液通过盐桥连接,用双竖线“‖”表示。当同一相中同时存在多种组分时,用“,”隔开。

(3) 电解质溶液位于两电极之间,并应注明其浓(活)度。如有气体,应注明压力、温度;如未注明,则指 298.15 K(25 ℃)及 100 kPa(标准压力)。

(4) 气体或均相的电极反应,反应物本身不能直接作为电极,要用惰性材料作电极。

在图9-1(a)所示的电化学电池中，其半电池反应及电池符号分别如下。

半电池反应　阳极　$H_2(g) = 2H^+ + 2e^-$

阴极　$2AgCl + 2e^- = 2Ag + 2Cl^-$

总反应式　$H_2 + 2AgCl = 2H^+ + 2Ag + 2Cl^-$

电池符号

Pt，H_2(p=100 kPa)|H^+(0.010 0 mol/L)，Cl^-(0.010 0 mol/L)，AgCl(饱和)|Ag

在图9-1(b)所示的电化学电池中，其半电池反应及电池符号分别如下。

半电池反应　阳极　$Zn = Zn^{2+} + 2e^-$

阴极　$Cu^{2+} + 2e^- = Cu$

总反应式　$Zn + Cu^{2+} = Zn^{2+} + Cu$

电池符号　Zn|$ZnSO_4$(0.010 0 mol/L)‖$CuSO_4$(0.010 0 mol/L)|Cu

9.1.2　电极种类

1. 根据电极组成和作用机理分类

根据组成系统和作用机理不同，电极可以分成以下几类。

(1) 金属及其离子电极。这种电极是将金属插入含有此金属离子的盐溶液中构成的，它只有一个界面。如金属银与银离子组成的电极，简称为银电极。

电极组成　Ag|Ag^+(x mol/L)

电极反应　$Ag^+ + e^- = Ag$

(2) 气体-离子电极。将气体物质通入含有相应离子的溶液中，气体与其溶液中的阴离子组成平衡系统。由于气体不导电，需借助不参与电极反应的惰性电极(如铂或石墨)起导电作用，这样的电极称为气体电极。在这类电极中，标准氢电极是电化学中较为重要的电极。标准氢电极是将镀有一层多孔铂黑的铂片浸入含有氢离子浓度(严格讲应为活度)为1.0 mol/L的硫酸溶液中，在298.15 K时不断通入纯氢气，保持氢气的压力为100 kPa，氢气为铂黑所吸附。

电极组成　Pt，H_2(p=100 kPa)|H^+(1.0 mol/L)

电极反应　$H_2(g) = 2H^+ + 2e^-$

(3) 氧化-还原电极。从广义上说，任何电极反应都包含氧化及还原作用，故都是氧化-还原电极。但习惯上仅将其还原态不是金属的电极称为氧化-还原电极。它是由惰性电极(如铂片或石墨)插入含有同一元素的两种不同氧化值的离子的溶液中构成的。这里金属只起导电作用，而氧化-还原作用是溶液中不同价态的离子在溶液与金属的界面上进行的。如将铂片插入含有Fe^{3+}及Fe^{2+}的溶液中，即构成Fe^{3+}/Fe^{2+}电极。

电极组成　Pt|Fe^{3+}(x mol/L)，Fe^{2+}(y mol/L)

电极反应　$Fe^{3+} + e^- = Fe^{2+}$

(4) 金属及其难溶盐-阴离子电极。这类电极是在金属表面上覆盖一层该金属的难溶盐(或氧化物)，然后将其浸入含有该难溶盐阴离子的溶液中构成的，故又称为难溶盐电极，它有两个界面。如电分析化学中最常见的Ag-AgCl电极和甘汞电极就属此类电极。Ag-AgCl电极是由在Ag丝上镀一层AgCl，然后浸在一定浓度的KCl溶液中构成的，如图9-2所示。

饱和甘汞电极(saturated calomel electrode，SCE)是由金属汞和Hg_2Cl_2(甘汞)以及饱和KCl溶液组成的电极，其构造如图9-3所示。

图 9-2　Ag-AgCl 电极　　　　图 9-3　饱和甘汞电极(SCE)

电极组成　　　$Hg, Hg_2Cl_2(s)|Cl^-(x\ mol/L)$

电极反应　　　$Hg_2Cl_2(s)+2e^- = 2Hg+2Cl^-$

饱和甘汞电极在使用前应浸泡于与内充液组成基本相同的溶液中,并放置一周。

(5) 离子选择性电极(ion selective electrode,ISE)。以上四类电极均是以金属为基体的电极,也统称为金属基电极。其共同特点是电极反应中有电子交换发生,即氧化-还原反应发生。而离子选择性电极不同于这些电极,在电极上没有电子交换发生。1975 年,国际纯粹与应用化学联合会(IUPAC)推荐使用"离子选择性电极(ISE)"这个专门术语,并定义为:离子选择性电极是一类电化学传感体,它的电极电位与溶液中给定的离子活度的对数呈线性关系。由于它们都具有敏感膜,故又称为膜电极。自 20 世纪 60 年代后期以来,离子选择性电极有了很大发展,在电位分析中占据了主导地位。详细内容将在后面介绍。

2. 根据电极所起的作用分类

(1) 指示电极和工作电极。在电化学测量过程中,对于溶液本体浓度不发生可觉察变化的系统,相应的电极称为指示电极。如有较大电流通过,溶液本体浓度发生显著变化的,则相应的电极称为工作电极。

(2) 参比电极。在电化学测量过程中,具有恒定电位的电极称为参比电极。这样测量时电池的电动势的变化就直接反映了指示电极或工作电极的变化情况,使问题简单化。在电分析化学系统中,饱和甘汞电极和银电极是最常用的参比电极。

(3) 辅助电极(或对电极)。辅助电极(或对电极)与工作电极形成通路,它只提供电子传递的场所,在辅助电极上进行的电化学反应并非实验中需要研究或测试的。当电池通路流过的电流很小时,一般直接由指示电极或工作电极与参比电极组成二电极系统。但是,当电池通路流过的电流很大时,如果再用参比电极与工作电极组成电池,此时,参比电极的电位不再稳定不变,或系统(如溶液)的 iR 降太大,难以克服。在这种情况下,就要采用工作电极、参比电极和对电极所构成的三电极系统,其中目标物在工作电极上发生反应,产生的电流通过对电极构成回路,参比电极为工作电极提供其电极电位的变化情况。

当然,电极的其他分类方法很多。如根据电极的尺寸大小可分为常规电极、微电极和超微电极;根据所用电极是否修饰分为裸电极和修饰电极;根据电极材料的不同又分为炭电极、金电极、汞电极等。由于篇幅的限制,这里不再详述。

9.1.3　化学电池热力学

众所周知,通过对一个系统的热力学研究能够知道一个化学反应在指定的条件下可能进行的方向和达到的限度。电能可以转变成化学能,反之亦然。如果一个化学反应设计在电池中进行,通过热力学研究同样能知道该电池反应能完成时需外界提供的最大能量,这是化学电池热力学的主要研究内容。

1. 电极电位

(1) 电极电位的产生。单个电极与电解质溶液界面的相间电位就是电极电位。而相间电位是如何产生的？又与哪些因素有关呢？

当电极插入溶液中，在电极和溶液之间便存在一个界面，在界面处的溶液和溶液本体的溶液的性质存在差别。金属可以看成是由离子和自由电子组成的。金属离子以点阵排列，电子在其间运动。如果把金属，例如锌片，浸入合适的电解质溶液（如 $ZnSO_4$ 溶液）中，由于金属中 Zn^{2+} 的化学势大于溶液中 Zn^{2+} 的化学势，锌就不断溶解进入溶液中。Zn^{2+} 进入溶液中，电子被留在金属片上，其结果是在金属与溶液的界面上金属带负电，溶液带正电，两相间形成了双电层。由于双电层电性相反，故两相间必存在一定的界面电位差，也称为相间电位差。这种双电层将排斥 Zn^{2+} 继续进入溶液，而金属表面的负电荷对溶液中的 Zn^{2+} 又有吸引，当双方达到动态平衡时，便在电极和溶液之间形成稳定的相间电位。由于分子热运动，双电层结构具有一定的分散性，它可分为紧密层（也称为斯特恩层）和扩散层两部分，如图 9-4 所示。前者指溶液中与金属表面结合得比较牢固的那层离子，后者则为紧密层外侧的疏松部分。紧密层的厚度一般只有 0.1 nm 左右，而扩散层的厚度与金属的本性、溶液性质和浓度、表面活性物吸附以及溶液中分子的热运动有关，所以其变动范围通常在 10^{-10}～10^{-6} m。正因为如此，双电层的相间电位除与金属本性、溶液性质和浓度、表面活性物吸附有关外，还与温度有关。

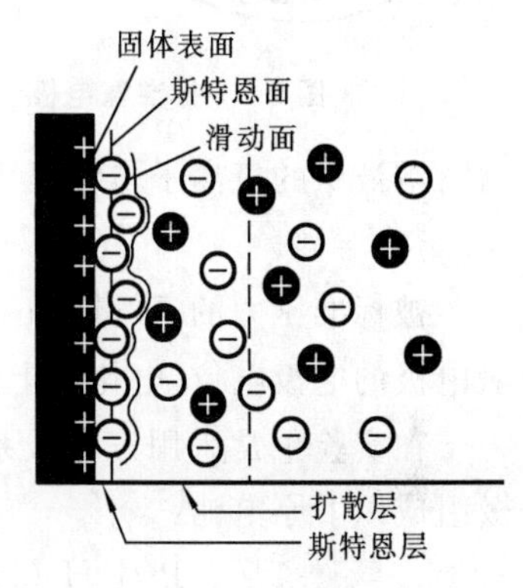

图 9-4　双电层结构

(2) 标准氢电极（standard hydrogen electrode，SHE）和标准电极电位。电极处于标准状态时的电极电位称为标准电极电位，符号 $E^{\ominus}$。电极的标准态指参与电极反应的活性物质的浓（活）度均为 1 mol/L，气体的分压为 100 kPa，液体或固体为纯净状态，温度通常为 298.15 K。可见，标准电极电位仅取决于电极的本性。

化学电池是由两个相对独立的电极构成的。但是到目前为止，还不能从实验上测定或从理论上计算单个电极的电极电位，而只能通过测得两个电极组成的化学电池的电动势来间接测定电极电位。因此，只需将欲研究的电极与另一个作为电位参比标准的电极组成原电池，即可表示为

标准电极 ‖ 待测电极

通过测量该原电池的电动势，就能确定所研究电极的电极电位。原电池的电动势为

$$\varepsilon_{电池} = E_{阴} - E_{阳} - E_j - iR \tag{9-1}$$

式中：$E_{阴}$ 为阴极电极电位；$E_{阳}$ 为阳极电极电位；E_j 为液体接界电位；$\varepsilon_{电池}$ 为电池的电动势；iR 为溶液的电阻引起的电压降。可以设法使 E_j 和 iR 降至忽略不计。这样上式可简化为 $\varepsilon_{电池} = E_{阴} - E_{阳}$。如果 $E_{阴}$ 或 $E_{阳}$ 是一个已知的电极电位，那么，由测得的电池电动势和已知的电极电位，即可求得另一个电极的电极电位。按照 1953 年国际纯粹与应用化学联合会（IUPAC）的建议，采用标准氢电极（SHE）作为标准电极，规定标准氢电极的电极电位等于零，此时原电池的电动势就作为该给定电极的相对电极电位，比标准氢电极的电极电位高的为正，反之为负。

标准氢电极的装置如图 9-5 所示，将镀有铂黑的铂片插入氢离子浓（活）度为 1 mol/L 的硫酸溶液中，并在 298.15 K 时不断通入压力为 100 kPa 的纯氢气，使铂黑吸附氢气达到饱和，

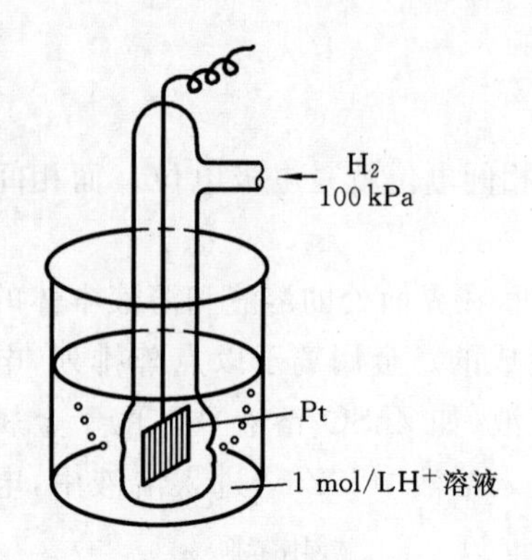

图 9-5　标准氢电极

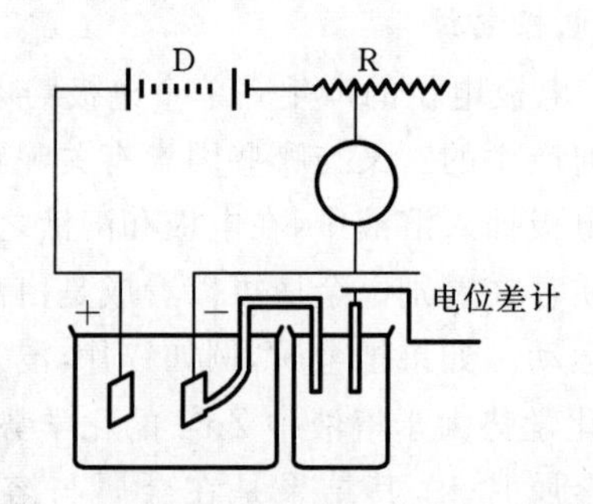

图 9-6　三电极系统测得电池的电极电位

这时溶液中的氢离子与铂黑所吸附的氢气建立了如下的动态平衡：

$$2H^+ + 2e^- \rightleftharpoons H_2(g)$$

被标准压力的氢气饱和了的铂片和 H^+ 浓(活)度为 1 mol/L 的溶液间的电位差就是标准氢电极的电极电位,电化学上规定为零,即 $E^\ominus_{H^+/H_2} = 0.00$ V。

在实验中常采用三电极系统测得电池的电极电位(如图 9-6 所示),如银电极与标准氢电极组成以下原电池：

$$Pt \mid H_2(100\ kPa), H^+(1\ mol/L) \parallel Ag^+(1\ mol/L) \mid Ag$$

测出其电动势 $\varepsilon = +0.799$ V,所以银电极的标准电极电位就为 +0.799 V。

如将标准锌电极与标准氢电极组成原电池,测其电动势 $\varepsilon = 0.763$ V。由电流的方向可知,锌为阳极,标准氢电极为阴极,由 $\varepsilon^\ominus = E^\ominus_{H^+/H_2} - E^\ominus_{Zn^{2+}/Zn}$ 得

$$E^\ominus_{Zn^{2+}/Zn} = (0.00 - 0.763)\ V = -0.763\ V$$

运用同样方法,理论上可测得各种电极的标准电极电位,但有些电极与水剧烈反应,不能直接测得,可通过热力学数据间接求得。标准电极电位表给研究氧化还原反应带来了很大的方便,使用标准电极电位表时应注意下面几点。

① 为便于比较和统一,电极反应常写成：

$$\text{氧化型} + ne^- \longrightarrow \text{还原型}$$

氧化型与氧化态,还原型与还原态略有不同。如电极反应：

$$MnO_4^- + 8H^+ + 5e^- \longrightarrow Mn^{2+} + 4H_2O$$

MnO_4^- 为氧化态,$MnO_4^- + 8H^+$ 为氧化型,即氧化型包括氧化态和介质;Mn^{2+} 为还原态,$Mn^{2+} + 4H_2O$ 为还原型,还原型包括还原态和介质产物。

② $E^\ominus$ 值越小,电对中的氧化态物质得电子倾向越小,是越弱的氧化剂,而其还原态物质越易失去电子,是越强的还原剂。$E^\ominus$ 值越大,电对中的氧化态物质越易获得电子,是越强的氧化剂,而其还原态物质越难失去电子,是越弱的还原剂。较强的氧化剂可以与较强的还原剂反应,所以位于表左下方的氧化剂可以氧化右上方的还原剂。也就是说,$E^\ominus$ 值较大的电对中的氧化态物质能和 $E^\ominus$ 值较小的电对中的还原态物质反应。

③ 电极电位是强度性质,没有加和性。因此,$E^\ominus$ 值与电极反应的书写形式和物质的计量系数无关,仅取决于电极的本性,如

$$Br_2(l) + 2e^- \longrightarrow 2Br^- \qquad E^\ominus = +1.065\ V$$

$$2Br^- - 2e^- \longrightarrow Br_2(l) \qquad E^\ominus = +1.065\ V$$

$$2Br_2(l)+4e^- = 4Br^- \qquad E^{\ominus}=+1.065\ V$$

④ 使用电极电位时，一定要注明相应的电对。如 $E^{\ominus}_{Fe^{3+}/Fe^{2+}}=0.77\ V$，而 $E^{\ominus}_{Fe^{2+}/Fe}=-0.44\ V$，两者相差很大，如不注明，容易混淆。

⑤ $E^{\ominus}$ 是水溶液系统的标准电极电位。对于非标准态、非水溶液系统，不能用 $E^{\ominus}$ 比较物质的氧化还原能力。

以标准氢电极(SHE)作为标准电极测电极电位时，在正常条件下，测得的电极电位可以达到很高的准确度(±0.000 001 V)。但它在使用时的条件要求十分苛刻，而且它的制备和纯化也比较复杂，在一般的实验室中难以有这样的设备，故在实验测定时，往往采用二级标准电极。Ag-AgCl 电极和甘汞电极就是常用的二级标准电极。

2. *液体接界电位与盐桥*

当两种不同种类或不同浓度的溶液直接接触时，浓度梯度或离子扩散使离子在相界面上产生迁移。当这种迁移速率不同时，会产生电位差，或称产生了液体接界电位(简称液接电位)。如图 9-7(a)所示，如果用一张隔膜(离子可以自由通过)将相同浓度的 HCl 和 $NaClO_4$ 溶液隔开，此时，两边溶液的正、负离子都会穿过隔膜进行扩散。对于 H^+ 和 Na^+，H^+ 自左边溶液迁移到右边，Na^+ 自右边溶液迁移到左边，虽然浓度相同，但是 H^+ 的迁移速率大于 Na^+ 的迁移速率，所以在一定时间后，向右边的 H^+ 必然比向左边的 Na^+ 多，于是造成了隔膜右边的正离子过剩。又由于静电吸引，这些过剩的正、负离子将集中于界面两侧，从而形成双电层。双电层形成以后，将妨碍离子的继续扩散，最终达到稳态(即 H^+ 和 Na^+ 以等速率通过界面)，建立起一定的界面电位差。同时对 Cl^- 和 ClO_4^-，也存在同样的效应。

当隔膜两边是浓度不同的同一种电解质时，仍然会产生液接电位。如图 9-7(b)所示，两边均是 $HClO_4$ 溶液但浓度不等。左边为 0.1 mol/L，右边为 0.01 mol/L。起始时，由于两边浓度不等，溶质将从高浓度部分扩散到低浓度部分，即从左向右扩散，扩散时，H^+ 比 ClO_4^- 有更快的迁移速率，最后在界面右侧出现过量 H^+，左侧出现过量 ClO_4^-，由于静电吸引，正、负离子将集中于界面两侧，从而形成双电层。由于双电层右侧带正电荷，使 H^+ 继续向右迁移的速率减慢；而 ClO_4^- 被右侧的正电荷吸引而加快迁移，最终达到两者速率相同，建立起一定的界面电位差。

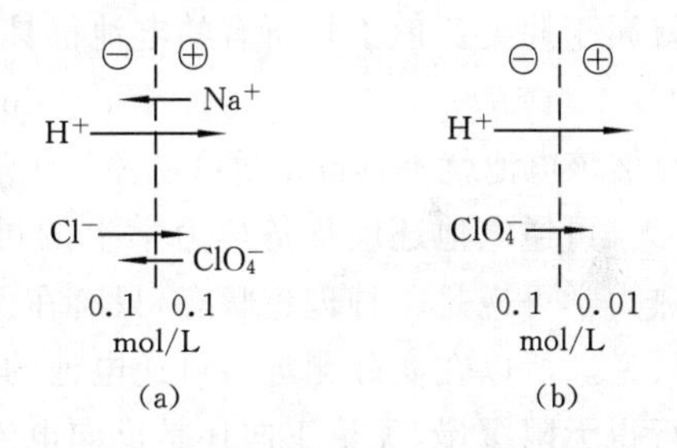

图 9-7　液体接界双电层的产生

一般情况下，液接电位比较小，但如果液接电位不稳定，必将影响测量电位的准确性，从而影响分析结果的准确度。因此，在电位分析法中，要求液接电位小且稳定。常用的消除液接电位的方法是：在两溶液之间用盐桥连接。盐桥是用阴、阳离子迁移速率相近的强电解质(如 KCl、KNO_3、NH_4NO_3 等)的浓溶液充满 U 形管制成的。由于盐桥中电解质浓度很大，因此在两个溶液界面上，盐桥中的电解质的阴、阳离子分别向两个溶液中扩散。当盐桥中电解质的阴、阳离子迁移速率很接近时，产生的液接电位很小，而且在两个界面上的液接电位符号刚好相反，可以互相抵消，因此使用盐桥可以使液接电位基本上得到消除。盐桥的制作方法是将 3% 琼脂加入饱和 KCl 溶液(4.2 mol/L)中，加热混合均匀，再注入 U 形管中，冷却成凝胶，两端以多孔砂芯(porous plug)密封。

3. *化学电池的电动势*

(1) 电动势与吉布斯(Gibbs)函数变的关系。根据热力学原理，恒温恒压条件下反应系统吉布斯函数变的降低值等于系统能对外界做的最大有用功,即$-\Delta G=W_{max}$。将一个能自发进行的氧化还原反应设计成一个原电池,在恒温恒压条件下,就可实现从化学能到电能的转变,电池所做的最大有用功即为电功。电功$W_{电}$等于电动势ε与通过外电路的电量Q的乘积,即$W_{电}=\varepsilon Q$;而$Q=nF$,$\varepsilon=E_{阴}-E_{阳}$,所以

$$W_{电}=nF\varepsilon=nF(E_{阴}-E_{阳}) \tag{9-2}$$

$$\Delta G=-\varepsilon Q=-nF(E_{阴}-E_{阳}) \tag{9-3}$$

式中:F为法拉第(Faraday)常数,$F=96\ 485$ C/mol;n为电池反应中转移电子的物质的量,mol。在标准态下,有

$$\Delta G^{\ominus}=-nF\varepsilon^{\ominus}=-nF(E^{\ominus}_{阴}-E^{\ominus}_{阳}) \tag{9-4}$$

由式(9-4)可以看出,如果知道了参加电池反应物质的$\Delta G^{\ominus}$,即可计算出该电池的标准电动势,这就为理论上确定电极电位提供了依据,同时也可以利用测定原电池电动势的方法确定某些离子的$\Delta_f G^{\ominus}_m$。它是沟通化学热力学和电化学的主要桥梁。应当指出,式(9-4)是在热力学可逆的条件下得来的,即电池反应是在平衡(可逆)条件下进行的。讨论化学电池的电动势均具有这样的前提。

(2) 电池的可逆性。"可逆过程"是用热力学对化学过程进行理论探讨的前提。电化学上的可逆性通常包含两层含义:一是指电池反应的化学可逆性;二是指热力学上的可逆性。

化学可逆性是指当有相反方向的电流流过电池时,两极上发生的电极反应可逆向进行。如电池

$$Zn|ZnSO_4(x\ mol/L)\|CuSO_4(y\ mol/L)|Cu$$

就属于此类。但不是所有的电池都具有化学可逆性。如电池

$$Zn|H_2SO_4(稀溶液)|Cu$$

显然该电池就不具备化学可逆性。化学不可逆的电池在任何条件下都是热力学不可逆的。

可逆电池还应具备热力学上的可逆性。等式$\Delta G^{\ominus}=-nF\varepsilon^{\ominus}$成立的前提是热力学可逆。热力学可逆是一种理想状态,只有在无限缓慢、接近平衡状态下进行的过程,才能接近热力学可逆。所以在实际测定某可逆电池的电动势时,应使电极上通过的电流无限小,即电极反应进行得无限缓慢,无论正向还是反向电流通过电极时,电极反应都必须在平衡电位下进行。这样电池才能做最大的有用功——电功($W_{电}$)。若通过电极的电流不满足上述情况,电极附近将出现浓差等现象而产生极化(极化概念在后面讨论),破坏电池内部的平衡状态。并且由于充、放电时电流过大,电池本身有一定内阻,电流的通过导致一部分有用功转化为热效应,从而使实际测得的电动势偏离平衡值。

因此,必须同时满足上述两个条件,才构成可逆电池。所以严格来讲,只有由两个可逆电极放在同一种电解质溶液中所形成的电池,而且通过电池的电流又是无限小的情况下,才能构成可逆电池。

(3) 影响电动势的因素。

① Nernst 方程。

标准电极电位是在标准状态下测定的,通常参考温度为 298.15 K。如果条件(如温度、浓度、压力等)发生改变,则电对的电极电位也将随之发生改变。

德国化学家能斯特(Nernst)将影响电极电位大小的诸因素,如电极物质的本性、溶液中相关物质的浓度或分压、介质和温度等因素概括为一个公式,称为 Nernst 方程。对于任意电极反应

$$a\,氧化型 + ne^- \longrightarrow b\,还原型$$

Nernst 方程为

$$E = E^{\ominus} + \frac{RT}{nF}\ln\frac{c^{a}_{氧化型}}{c^{b}_{还原型}} \tag{9-5}$$

式中：E 为电极在任意状态时的电极电位；$E^{\ominus}$ 为电极在标准状态时的电极电位；R 为摩尔气体常数，8.314 J/(mol·K)；n 为电极反应中转移电子的物质的量；F 为法拉第常数，96 485 C/mol；T 为热力学温度，K；a、b 分别表示在电极反应中氧化型、还原型有关物质的计量系数。

当温度为 298.15 K 时，将各常数值代入式(9-5)，其相应的浓度对电极电位影响的 Nernst 方程为

$$E = E^{\ominus} + \frac{0.059\,2}{n}\lg\frac{c^{a}_{氧化型}}{c^{b}_{还原型}} \tag{9-6}$$

应用 Nernst 方程时须注意几点。

（ⅰ）如果电对中某一物质是固体、纯液体或稀溶液中的水，它们的浓度为常数，不写入 Nernst 方程中，如

$$Cu^{2+} + 2e^- \longrightarrow Cu \qquad E_{Cu^{2+}/Cu} = E^{\ominus}_{Cu^{2+}/Cu} + \frac{0.059\,2}{2}\lg c_{Cu^{2+}}$$

$$MnO_4^- + 8H^+ + 5e^- \longrightarrow Mn^{2+} + 4H_2O \qquad E_{MnO_4^-/Mn^{2+}} = E^{\ominus}_{MnO_4^-/Mn^{2+}} + \frac{0.059\,2}{5}\lg\frac{c_{MnO_4^-}\,c^{8}_{H^+}}{c_{Mn^{2+}}}$$

（ⅱ）如果电对中某一物质是气体，其浓度用相对分压代替，如

$$2H^+ + 2e^- \longrightarrow H_2(g) \qquad E_{H^+/H_2} = E^{\ominus}_{H^+/H_2} + \frac{0.059\,2}{2}\lg\frac{c^{2}_{H^+}}{p_{H_2}/p^{\ominus}}$$

（ⅲ）如果在电极反应中，除氧化态、还原态物质外，还有参加电极反应的其他物质（如 H^+、OH^-）存在，则应把这些物质的浓度也表示在 Nernst 方程中。

② 浓度对电极电位的影响。

对一个指定的电极来说，由式(9-5)和式(9-6)可以看出，氧化型物质的浓度越大，则 E 值越大，即电对中氧化态物质的氧化性越强，而相应的还原态物质是弱还原剂。相反，还原型物质的浓度越大，则 E 值越小，电对中的还原态物质是强还原剂，而相应的氧化态物质是弱氧化剂。电对中的氧化态或还原态物质的浓度或分压常因有弱电解质、沉淀物或配合物等的生成而发生改变，使电极电位受到影响。

例 9-1　已知电极反应 $Ag^+ + e^- \longrightarrow Ag$，$E^{\ominus} = 0.80$ V，现往该电极中加入 KI，使其生成 AgI 沉淀，达到平衡时，使 $c_{I^-} = 1.0$ mol/L，求此时的 $E_{Ag^+/Ag}$。已知 $K^{\ominus}_{sp,AgI} = 8.3\times10^{-17}$。

解　因 $Ag^+ + I^- \longrightarrow AgI(s)$，当 $c_{I^-} = 1.0$ mol/L 时，则 Ag^+ 的浓度降为

$$c_{Ag^+} = \frac{K^{\ominus}_{sp,AgI}}{c_{I^-}} = \frac{8.3\times10^{-17}}{1.0}\ \text{mol/L} = 8.3\times10^{-17}\ \text{mol/L}$$

故

$$E_{Ag^+/Ag} = E^{\ominus}_{Ag^+/Ag} + \frac{0.059\,2}{1.0}\lg c_{Ag^+} = \left[0.80 + \frac{0.059\,2}{1.0}\lg(8.3\times10^{-17})\right]\text{V}$$

$$= -0.15\ \text{V}$$

从例 9-1 可以看出，由于加入 I^-，Ag^+ 的浓度大大降低，从而使电极电位 E 值降低很多。由此可见，当加入的沉淀剂与氧化型物质反应时，生成沉淀的 K_{sp} 值越小，电极电位 E 值降低得越多。如果加入的沉淀剂与还原型物质发生反应时，生成沉淀的 K_{sp} 值越小，则还原型物质的浓度降低得越多，电极电位 E 值升高得越多。

同理，氧化还原反应系统中配合物的形成也会引起氧化型物质或还原型物质的浓度改变，

从而导致电极电位的值发生改变。如果电对的氧化型物质生成配合物,使氧化型物质的浓度降低,则电极电位变小;如果电对的还原型物质生成配合物,使还原型物质的浓度降低,则电极电位变大;如果电对的氧化型物质和还原型物质同时生成配合物,电极电位的变化与氧化型物质和还原型物质的配合物的稳定常数有关。

③ 酸度对电极电位的影响。

许多物质的氧化还原能力与溶液的酸度有关,如酸性溶液中 Cr^{3+} 很稳定,而在碱性介质中 Cr(Ⅲ)却很容易被氧化为 Cr(Ⅵ)。再如 NO_3^- 的氧化能力随酸度增大而增强,浓 HNO_3 是极强的氧化剂,而 KNO_3 水溶液则没有明显的氧化性,这些现象说明溶液的酸度对物质的氧化还原能力有影响。如果有 H^+ 或 OH^- 参加反应,由 Nernst 方程可知,改变介质的酸度,电极电位必随之改变,从而改变电对物质的氧化还原能力。

利用 Nernst 方程可计算电极电位和电池的电动势。可直接利用 Nernst 方程求电极电位,但计算电池电动势时,通常遵循下面几条规则。

(ⅰ) 先写出化学电池表达式,将发生氧化反应的电极(即负极)写在左边,发生还原反应的电极(即正极)写在右边。

(ⅱ) 不论正、负电极实际发生的是氧化反应还是还原反应,一律采用还原电极电位。

(ⅲ) 电池的电动势 $\varepsilon = E_{阴} - E_{阳}$(消除了液接电位)。

(ⅳ) 若计算出的电动势为负值,表示实际测定时左边的电极是正极,右边是负极,与书写的电池表达式恰好相反。

9.1.4 化学电池动力学初步

1. 电极反应的途径

在化学电池中,电极反应是在电极与电解液两相界面上发生的异相传递过程。对于发生于异相界面的电极反应,施加在工作电极上的电极电位大小表示了电极反应的难易程度,而流过的电流大小则表示了电极上所发生电极反应的速率。电极反应速率除受通常的动力学变量的影响之外,还与物质传递到电极表面的速率以及各种表面效应相关。总的电极反应的速率由一系列过程所控制,这些过程可能是以下几种。

(1) 物质传递。反应物从溶液本体传递到电极表面以及产物从电极表面传递到溶液本体。

(2) 电极-溶液界面的电子传递(异相过程)。

(3) 电荷传递反应前置或后续的化学反应。这些反应可能是均相反应,也可能是异相反应。

(4) 吸附、解吸、电沉积等其他表面反应。

对于一个总的电极反应,其反应速率具体受哪个步骤控制,要由实验来确定。最简单的电极反应过程包括:反应物向电极表面的传递,非吸附物质参加的异相电子传递反应以及产物向溶液本体的传递。常见的更复杂的反应过程可能包括一系列的电子传递和质子化步骤,是多步的机理,或电极反应涉及了平行途径或电极的改性等。图9-8显示了一般电极反应的反应途径。需要指出的是,与一连串化学反应一样,电极反应速率的大小取决于阻力最大,因而进行得最慢的步骤,这一步骤称为决定电极反应速率的速率控制步骤。

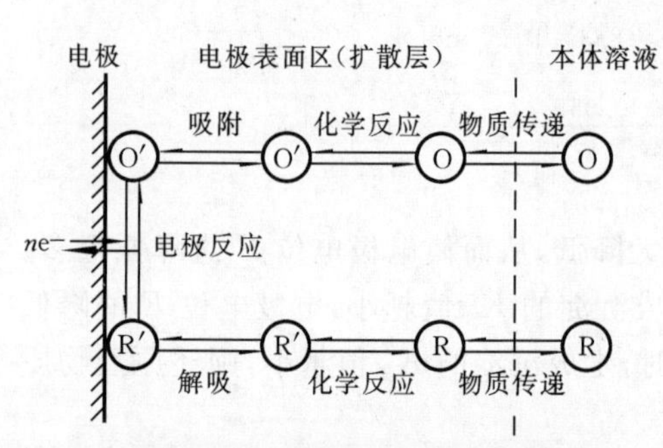

图 9-8　一般电极反应的反应途径

2. 物质传递

电极反应是由一系列单元步骤组成的，当电荷传递的速率很大，而溶液中反应物向电极表面的传递或产物离开电极表面的液相传递速率跟不上时，总的电极反应速率由传质步骤控制，即传质步骤是电极反应的速率控制步骤。

传质步骤是指存在于溶液中的物质(可以是电活性的，也可以是非电活性的)从一个位置到另一个位置的运动，它的起因是两个位置存在的电位差或化学势的差别，或是溶液体积单元的运动。物质传递的形式有三种：扩散、电迁移和对流。

扩散是指在浓度梯度的作用下，带电或不带电的物质由高浓度区向低浓度区的移动。扩散过程可分为非稳态扩散和稳态扩散两个阶段。在电极反应开始的瞬间，反应物扩散到电极表面的量赶不上电极反应消耗的量，这时电极附近溶液区域各位置上的浓度不仅与到电极表面的距离有关，而且还和反应进行的时间有关，这种扩散称为非稳态扩散。随着反应的继续进行，虽然反应物扩散到电极表面的量赶不上电极反应消耗的量，但有可能在一定条件下，电极附近溶液区域各位置上的浓度不再随时间改变，仅仅是距离的函数，这种扩散称为稳态扩散。在后面讲到的极谱分析就是稳态扩散的应用，稳态扩散中，通过扩散传递到电极表面的反应物质可以由费克第一扩散定律推导出。

电迁移是指在电场的作用下，带电物质的定向移动。在远离电极表面的溶液本体中，浓度梯度的存在通常是很小的，此时反应的总电流主要通过所有带电物质的电迁移来实现。电荷借助电迁移通过电解质，达到传输电流的目的。

对流是指流体借助本身的流动携带物质转移的传质方式。通过对电解液的搅拌(强制对流)、电极的旋转或因温差都可引起对流(自然对流)，可以使含有反应物或产物的电解液传输到电极表面或本体溶液。

对于一般的电化学系统，必须考虑扩散、电迁移和对流三种传质方式对反应动力学的影响。但是，在一定的条件下，只是其中的一种或两种传质方式起主要作用。如在极谱分析中，当溶液中存在大量支持电解质时，电迁移引起的传质可以忽略；如果溶液再保持静止，则对流的影响一般可以忽略，这时起主要作用的是扩散。

3. 极化和过电位

在电化学系统研究中，电极反应的信息常常通过测定电流和电极电位的函数关系而获得。当有较大电流通过电池时，电极电位对平衡值(或可逆值，或 Nernst 值)发生偏离，或者当电极电位改变较大而电流改变较小的现象称为极化。极化是一种电极现象，电池的两个电极都可能发生极化。

极化通常分为浓差极化和化学极化。浓差极化是由于电极反应过程中，电极表面附近溶液的浓度和溶液本体的浓度发生了差别所引起的。电解作用开始后，阳离子在阴极上还原，致使电极表面附近溶液阳离子减少，浓度低于内部溶液，这种浓度差别的出现是由于阳离子从溶液内部向阴极输送的速率，赶不上阳离子在阴极上还原析出的速率，在阴极上还原的阳离子减少了，必然引起阴极电流的下降。为了维持原来的电流密度，必然要增加额外的电压，也就是要使阴极电位比可逆电位更负一些。这种由浓度差引起的极化称为浓差极化。

电化学极化是由某些动力学因素引起的。如果电极反应的某一步反应速率较小，为了克服反应速率的障碍能垒，必须额外加一定的电压。这种由反应速率小所引起的极化称为化学极化或动力极化。极化是一种电极现象，电池的两个电极都可能发生极化。

为了衡量电极极化的程度而引入过电位(超电位)的概念。由于极化，实际电位和可逆电位之间存在差异,此差异即为过电位(超电位),用符号 η 表示。应当指出,当极化出现时,阳极电位向正方向移动,而阴极电位向负方向移动。但 η 习惯上取正值。以 $\eta_{阴}$ 和 $\eta_{阳}$ 分别代表阴、阳两极的过电位(超电位),$E_{阴}^{r}$ 和 $E_{阳}^{r}$ 分别代表阴、阳两极的平衡电位,$E_{阴}$ 和 $E_{阳}$ 分别代表阴、阳两极的实际电位,则

$$E_{阴} = E_{阴}^{r} - \eta_{阴} \tag{9-7}$$

$$E_{阳} = E_{阳}^{r} + \eta_{阳} \tag{9-8}$$

影响过电位的因素主要有电极的材料、电极反应的产物、温度、搅拌情况和电流密度等。目前,过电位的数值还无法从理论上加以计算。人们根据经验,对过电位总结了以下规律。

(1) 过电位 η 随电流密度的增大而增大。

(2) η 与电极材料有关。在锡、铅、锌、银、汞等“软金属”电极上,η 都较大,尤其是汞电极。

(3) 产物为气体的电极过程,η 都较大。

(4) 温度升高,η 将降低。

过电位的研究对于生产、理论和实验方面均具有重要意义。对电分析化学而言,同样重要。如电解分析、库仑分析等都要涉及过电位,尤其是极谱分析法,它就建立在极化的概念之上。

9.2　电位分析法

电位分析法(potentiometric method)是利用电极电位和溶液中某种离子的活度(或浓度)之间的关系来测定被测物质活度(或浓度)的一种电分析化学方法,它以测定电池电动势为基础。化学电池的组成是以被测试液作为电解质溶液,并于其中插入两个电极,一个是电极电位与被测试液的活度(或浓度)有定量函数关系的指示电极,另一个是电极电位稳定不变的参比电极。通过测量该电池的电动势来确定被测物质的含量。

电位分析法根据其原理的不同可分为直接电位法和电位滴定法两大类。直接电位法通过测量电池电动势来确定指示电极的电极电位,然后根据 Nernst 方程,由测得的电池电动势计算出被测物质的含量。电位滴定法通过测量在滴定过程中指示电极电极电位的变化情况来确定滴定终点,再按滴定中消耗的标准溶液的体积和浓度来计算被测物质含量。它实际上是一种容量分析法。

20 世纪 60 年代,由于膜电极技术的出现,相继研制成了多种具有良好选择性的指示电极,即离子选择性电极(ISE)。离子选择性电极的出现和应用促进了电位分析法的发展,并使其应用有了新的突破。

电位分析法具有如下特点:选择性好,在多数情况下,共存离子干扰很小,对组成复杂的试样往往不需经过分离处理就可直接测定;灵敏度高;仪器设备简单,操作方便,分析速度快,易于实现分析的自动化。直接电位法的检出限一般在 $10^{-8}\sim10^{-5}$ mol/L,因此,特别适合于微量组分的测定。而电位滴定法则适用于常量分析。测定只需很少试液,并可做无损分析和原位测量。因此,电位分析法应用范围很广。尤其是离子选择性电极,目前,已广泛用于轻工、化工、生物、石油、地质、医药卫生、环境保护、海洋探测等各个领域中,并已成为重要的测试手段。

9.2.1　电位分析法的基本原理

对于可逆电极,其电极电位与溶液中参与电极反应的物质的活度(或浓度)之间的关系,可

用 Nernst 方程表示。电位分析法正是基于测量该电极的电极电位来测定溶液中活性物质的活度(或浓度)的。

1. 基本原理

电位分析法的测量依据是 Nernst 方程。如对电极反应

$$\mathrm{Ox}+ne^{-}\rightleftharpoons\mathrm{Red}$$

有

$$E=E^{\ominus}+\frac{2.303RT}{nF}\lg\frac{c_{\mathrm{Ox}}}{c_{\mathrm{Red}}}$$

若其中某一状态的浓(活)度为固定值,则上式可写为

$$E=K\pm\frac{2.303RT}{nF}\lg c_x \tag{9-9}$$

式中:c_x为待测离子的浓度。可见,通过测量电极电位,就可以通过上述函数关系求出有关离子的活度(或浓度)。

但是,由于单个电极的电极电位的绝对值无法测量,所以可以将它和另一个电极电位值固定并已知的电极共同浸入试液中组成原电池,通过测定其电动势,就可以求出有关离子的浓度。因此,电位分析法一般需要两个电极:一个是指示电极(indicator electrode),其电极电位与待测离子的浓度有关,能指示待测离子的浓度变化;另一个是参比电极(reference electrode),其电极电位具有恒定的数值,不受待测离子浓度变化的影响。

2. 指示电极

在电位分析中,指示电极包括两类:金属基电极和离子选择性电极。金属基电极(以金属为基体的电极)是电位分析法早期被采用的电极。其共同特点是电极反应中有电子交换反应,即氧化还原反应发生。只有少数几种金属基电极能在直接电位法中用于测定溶液中的离子浓度,但干扰严重,未得到广泛应用。目前,仅少数几种在电位滴定中作指示电极和参比电极。最常用的指示电极是离子选择性电极。

3. 参比电极

参比电极要求电极电位恒定,重现性好。在电位分析中,通常采用饱和甘汞电极、Ag-AgCl电极等作参比电极。饱和甘汞电极、Ag-AgCl 电极在 9.1.2 小节“电极种类”中已经介绍,这里不再重复。

9.2.2　离子选择性电极的类型及响应机理

1. 离子选择性电极与膜电位

离子选择性电极的种类很多。根据敏感膜的类型,1975 年,国际纯粹与应用化学联合会(IUPAC)推荐的关于离子选择性电极的命名和分类如下。

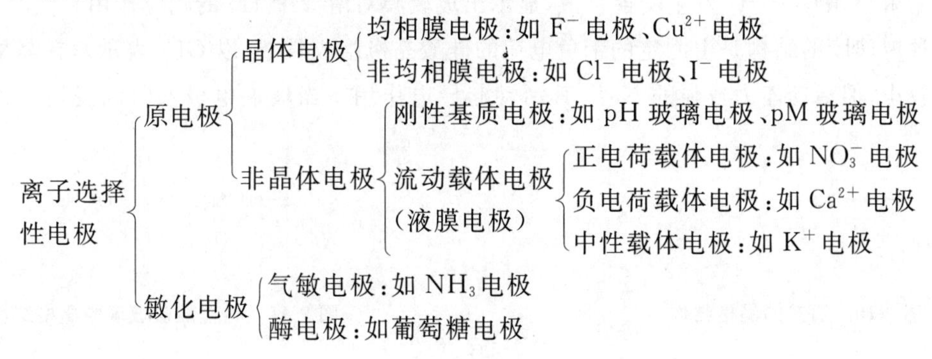

近些年来,还出现了一些新型的离子选择性电极,如离子敏感场效应晶体管电极、修饰电极、细菌电极、分子选择性电极等。

离子选择性电极的基本构造包括三部分。①敏感膜。这是最关键的部分。②内参比溶液。它含有与膜及内参比电极响应的离子。③内参比电极。通常用 Ag-AgCl 电极,但也有离子选择性电极不用内参比溶液和内参比电极,它们在晶体膜上压一层银粉,把导线直接焊在银粉层上,或把敏感膜涂在金属丝或金属片上制成涂层电极。

离子选择性电极的膜电位与有关离子浓度的关系符合 Nernst 方程,但膜电位的产生机理与其他电极不同,膜电位的产生是离子交换和扩散的结果,而没有电子转移。测量溶液 pH 值时常用的 pH 玻璃电极就是最早的离子选择性电极。20 世纪 60 年代中期以来,各种类型的离子选择性电极相继出现,用它们作指示电极进行电位分析,具有简便、快速、灵敏等特点,特别适用于某些采用其他方法难以测定的离子。所以,目前在电位分析法中,离子选择性电极的使用占据了主导地位。

众所周知,最早问世(1906 年)的离子选择性电极是玻璃电极,也是对其研究最多的离子选择性电极。下面对 pH 玻璃电极的结构作简要介绍。

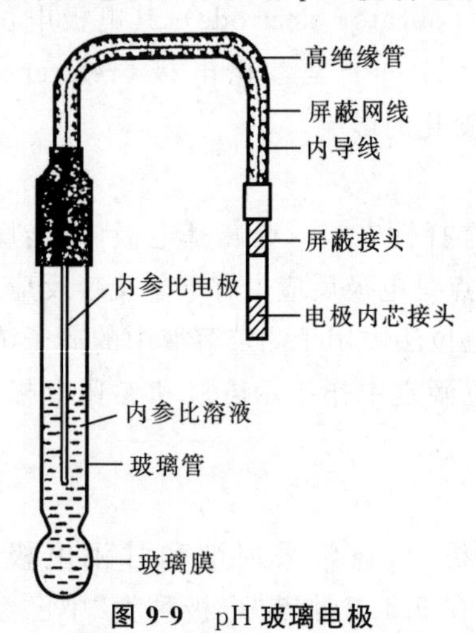

图 9-9 pH 玻璃电极

典型的 pH 玻璃电极如图 9-9 所示。电极的核心部分是电极下端的球形玻璃泡(也有平板式玻璃膜),由特殊成分玻璃制成,膜厚 30～100 μm。玻璃膜的化学组成对 pH 电极性能影响较大。球泡内充注 0.1 mol/L 的 HCl 溶液,作为内参比溶液,并以 Ag-AgCl 电极作内参比电极,浸入内参比溶液中,其内参比电极的电极电位是恒定的,与待测溶液的 pH 值无关。由于玻璃膜的电阻很高,所以要求电极有良好的绝缘性能,以免发生旁路漏电现象,影响测定。pH 玻璃电极能测定溶液的 pH 值,主要是由于它的玻璃膜(敏感膜)产生的膜电位(membrane potential)与待测溶液的 pH 值有特殊的关系。

纯净的石英玻璃的结构为:Si 原子处在正四面体的中心,分别以共价键与处于正四面体的顶角的氧原子键合,形成硅氧正四面体。Si—O 键在空间不断重复,形成大分子的石英晶体,如图 9-10 所示。这种稳定结构不能形成敏感膜,因为它没有可提供离子交换的电荷点位,因此也不具有电极功能。把碱金属的氧化物引进玻璃中,使部分 Si—O 键断裂,形成"晶格氧离子",如图 9-11 所示。在这种形式的结构中,晶格氧离子与 H^+ 的键合力比与 Na^+ 的键合力要强约 10^{14} 倍,即这种质点对 H^+ 有较强的选择性。所以其中的 Na^+ 可和溶液中的 H^+ 发生交换扩散,显示出玻璃膜对溶液中 H^+ 的响应作用。

这种玻璃膜的结构是由固定的带负电荷的硅酸晶格组成骨架(以 GL^- 表示),在晶格中存在体积较小,但活动能力较强的 Na^+,其活动起导电作用。当玻璃电极长时间浸泡在水溶液

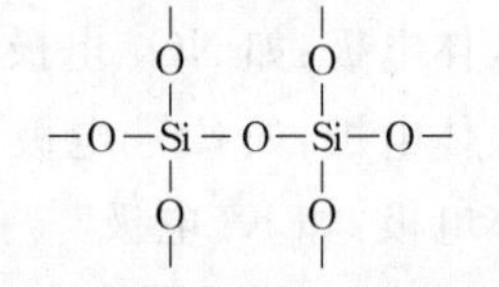

图 9-10 石英的晶格结构

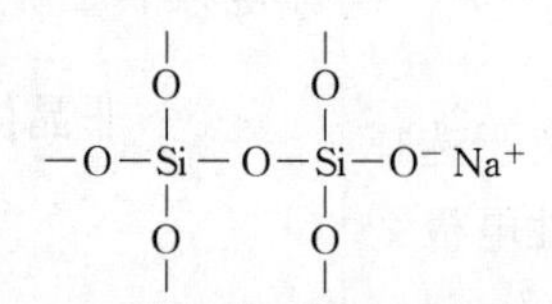

图 9-11 钠硅酸盐玻璃的晶格结构

中时，膜的表面便形成一层厚度为 0.05～1 μm 的水合硅胶层。水合硅胶层是产生膜电位的必要条件。所以玻璃电极在使用之前必须在水中浸泡相当长的时间，以便形成稳定的水合硅胶层，如图 9-12 所示。

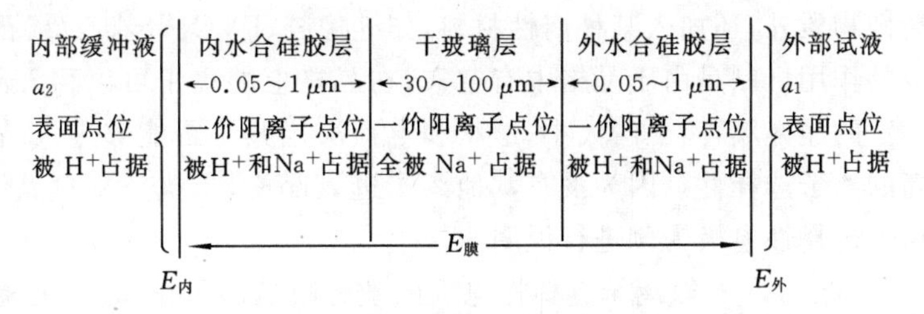

图 9-12　浸泡后的玻璃膜示意图

浸泡后，玻璃电极水合硅胶层表面的 Na^+ 与水溶液中的质子发生的交换反应为

$$\underset{\text{溶液}}{H^+} + \underset{\text{玻璃膜}}{Na^+GL^-} = \underset{\text{溶液}}{Na^+} + \underset{\text{水合硅胶层}}{H^+GL^-}$$

当玻璃膜与试液接触时，由于外部试液与玻璃膜的外水合层，以及内参比溶液与玻璃膜的内水合层中，H^+ 的浓度不同，H^+ 就会从高浓度向低浓度扩散。扩散的结果，破坏了界面附近原来正、负电荷分布的均匀性。于是，在两相界面附近就形成双电层结构，从而产生了相界电位（$E_{外}$ 和 $E_{内}$）。可见，膜电位的产生不是由于电子的得失和转移，而是离子交换和扩散的结果。而 $E_{外}$、$E_{内}$ 分别为

$$E_{外} = k_1 + 0.0592\lg\frac{a_1}{a_1'} \tag{9-10}$$

$$E_{内} = k_2 + 0.0592\lg\frac{a_2}{a_2'} \tag{9-11}$$

式中：a_1、a_2 分别表示外部溶液和内参比溶液的 H^+ 活度；a_1'、a_2' 分别表示玻璃膜外、内侧水合硅胶层表面的 H^+ 活度；k_1、k_2 分别为由玻璃外、内膜表面性质决定的常数。

玻璃电极的膜电位就等于两者之差，即 $E_{膜} = E_{外} - E_{内}$。因玻璃内、外膜表面性质基本相同，故 $k_1 = k_2$；又因水合硅胶层表面的 Na^+ 都被 H^+ 所代替，故 $a_1' = a_2'$，因此有

$$E_{膜} = E_{外} - E_{内} = 0.0592\lg\frac{a_1}{a_2} \tag{9-12}$$

由于内参比溶液 H^+ 活度 a_2 是一定值，故有

$$E_{膜} = K + 0.0592\lg a_1 = K - 0.0592\,pH_{试} \tag{9-13}$$

式(9-13)表明在一定温度下玻璃电极的膜电位与试液的 pH 呈线性关系。从理论上讲，若内参比溶液和外参比溶液中，H^+ 的浓度完全相同，则玻璃电极的膜电位应该为零，但实际上它并不等于零。这是由于膜内、外两个表面情况不完全一致（如组成不均匀、表面张力不同、水合程度不同等）而引起的。这时的膜电位称为不对称电位（用 $E_{不}$ 表示），其大小为 1～30 mV。一般的玻璃电极，在刚浸入溶液中时，其不对称电位较大，随着浸泡时间的增加，不对称电位要下降，最后达到恒定。

玻璃电极具有内参比电极，如 Ag-AgCl 电极，因此，整个玻璃电极的电位应是内参比电极电位与膜电位之和，即

$$E_{玻} = E_{AgCl/Ag} + E_{膜} = E_{AgCl/Ag} + (K - 0.0592\,pH_{试})$$

则

$$E_{玻} = K' - 0.0592\,pH_{试} \tag{9-14}$$

2. 离子选择性电极的类型

(1) 晶体膜电极(crystalline membrane electrode)。此类电极可分为单晶(均相)膜电极和多晶(非均相)膜电极。均相膜电极多由一种或几种化合物均匀混合的晶体构成,而非均相膜电极除晶体电活性物质外,还加入某种惰性材料,如硅橡胶、PVC、聚苯乙烯、石蜡等。

晶体膜电极的作用机制是由于晶格中有空穴,在晶格上的离子可以移入晶格邻近的空穴而导电。对于一定的晶体膜,离子的大小、形状和电荷决定其是否能够进入晶体膜内,故膜电极一般具有较高的离子选择性。因为没有其他离子进入晶格,干扰只来自晶体表面的化学反应。下面以氟离子选择性电极为例进行说明。

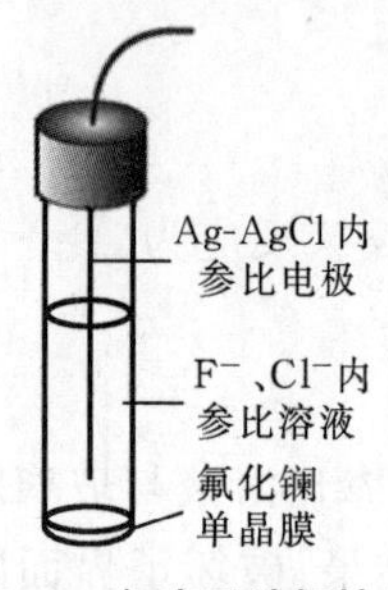

图 9-13 氟离子选择性电极

氟离子选择性电极的敏感膜是掺 EuF_2 的氟化镧单晶膜,单晶膜封在聚四氟乙烯管中,管中充入 0.1 mol/L 的 NaF 和 0.1 mol/L 的 NaCl 溶液作为内参比溶液,插入 Ag-AgCl 电极作为内参比电极(如图 9-13 所示),氟离子可在氟化镧单晶膜中移动。将电极插入待测离子溶液中,待测离子可吸附在膜表面,它与膜上相同的离子交换,并通过扩散进入膜相,膜相中存在的晶格缺陷产生的离子也可扩散进入溶液相。这样,在晶体膜与溶液界面上建立了双电层结构,产生相界电位 E。其计算式为

$$E=K-0.0592\lg a_{F^-}$$

式中:E 为氟离子选择电极电位;a_{F^-} 为氟离子活度;K 为常数。由上式可知,电位 E 的大小与氟离子活度有关。氟离子选择性电极具有较高的选择性,需要在 pH 值为 5~7 时使用,pH 值较高时,溶液中的 OH^- 与氟化镧晶体膜中的 F^- 交换,使测定结果偏高;pH 值较低时,溶液中的 F^- 生成 HF 或 HF_2^-,使测定结果偏低。

上述晶体膜电极把 LaF_3 分别换成 AgCl、AgBr、AgI、CuS、PbS 和 Ag_2S 等难溶盐,压片制成薄膜作为电极材料,这样制成的电极可以分别作为对卤素离子,Ag^+、Cu^{2+}、Pb^{2+} 等产生响应的离子选择性电极。

(2) 玻璃电极。玻璃电极属于硬质电极,它是出现最早,至今仍是应用最广的一类离子选择性电极。常用的 pH 玻璃电极的构造及相应机理在前面已经讨论过。除此以外,钠玻璃电极(pNa 电极)也为较重要的一种。其结构与 pH 玻璃电极相似,选择性主要取决于玻璃组成。对 Na_2O-Al_2O_3-SiO_2 玻璃膜,改变三种组分的相对含量,敏感膜会对一价金属离子具有选择性的响应。表 9-2 列出了几种一价阳离子选择性膜的组成及其选择性系数。

与晶体膜电极不同的是,玻璃电极在使用前要放入含有该待测离子的稀溶液中充分浸泡,使膜表面的水化层形成,以利于离子的稳定扩散。

表 9-2 几种一价阳离子选择性膜的组成及其选择性系数

主要响应离子	玻璃膜组成(摩尔分数)/(%)			选择性系数
	Na_2O	Al_2O_3	SiO_2	
Na^+	11	18	71	$K_{Na^+,K^+}=3.3\times10^{-3}$(pH=7)
K^+	27	5	68	$K_{K^+,Na^+}=5\times10^{-2}$
Ag^+	11	18	71	$K_{Ag^+,Na^+}=1\times10^{-3}$
Li^+	15(Li_2O)	25	60	$K_{Li^+,Na^+}=0.3$

(3) 流动载体电极(液膜电极)。液膜电极也称为流动载体电极(electrode with a mobile carrier),与玻璃电极不同,其敏感膜不是固体,而是液体,如 Ca^{2+} 选择性电极就属于这类电极。Ca^{2+} 选择性电极的结构如图 9-14 所示,内参比溶液为含 Ca^{2+} 的水溶液。内、外管之间装的是 0.1 mol/L 二癸基磷酸钙(液体离子交换剂)的苯基磷酸二辛酯溶液,极易扩散进入微孔膜,但不溶于水,故不能进入试液溶液。二癸基磷酸根可以在液膜-试液两相界面间传递 Ca^{2+},直至达到平衡。由于 Ca^{2+} 在水相(试液和内参比溶液)中的活度与有机相中的活度差异,在两相之间产生相界电位。液膜两面发生的离子交换反应为

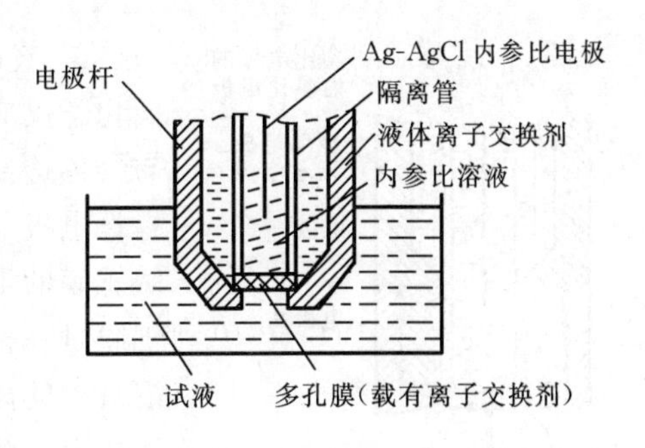

图 9-14　Ca^{2+} 选择性电极

$$[(RO)_2PO_2]_2^- Ca^{2+}(有机相) \rightleftharpoons 2[(RO)_2PO_2]^-(有机相) + Ca^{2+}(水相)$$

Ca^{2+} 选择性电极适宜的 pH 值范围是 5～11,可测出 10^{-5} mol/L 的 Ca^{2+}。

其他用于敏感膜的液体很多,如具有 R—S—CH_2COO^- 结构的液体离子交换剂,由于含有硫和羧基,可与重金属离子生成五元内环配合物,对 Cu^{2+}、Pd^{2+} 等具有良好的选择性;采用带有正电荷的有机液体离子交换剂,如邻菲罗啉与二价铁所生成的带正电荷的配合物,可与阴离子 ClO_4^-、NO_3^- 等生成缔合物,可制备对阴离子有选择性的电极;中性载体(有机大分子)液膜电极,由于载体具有中空结构,仅与适当离子配合,所以具有很高的选择性,如缬氨霉素(36 个环的环状缩酚酞)对 K^+ 有很高选择性,其选择性系数 $K_{K^+,Na^+}=3.1\times10^{-3}$;冠醚化合物也可作为中性载体,是对 K^+ 具有很高选择性的电极。表 9-3 列出了常见液膜电极以及它们的应用情况。

表 9-3　液膜电极及其应用

电极	电极组成	测量范围 pM 或 pA	pH 值范围	干扰情况(近似 $K_{i,j}$ 值)
Ca^{2+}	$(RO)_2PO_2^-$	0～5	5.5～11	Zn^{2+}(50)、Pb^{2+}(20)、Fe^{2+}(1)、Mg^{2+}(0.01)、Ba^{2+}(0.003)、Ni^{2+}(0.002)、Na^+(0.001)
Cu^{2+}	$R-S-CH_2COO^-$	1～5	4～7	$Fe^{2+}>H^+>Zn^{2+}>Ni^{2+}$
Cl^-	NR_4^+	1～5	2～11	ClO_4^-(20)、I^-(10)、NO_3^-(3)、Br^-(3)、OH^-(1)、HCO_3^-(0.3)、Ac^-(0.3)、F^-(0.1)、SO_4^{2-}(0.02)
BF_4^-	$Ni(\sigma\text{-phen})_3(BF_4)_2$	1～5	2～12	NO_3^-(0.005)、Br^-(0.000 5)、Ac^-(0.000 5)、HCO_3^-(0.000 5)、OH^-(0.000 5)、Cl^-(0.000 5)、SO_4^{2-}(0.000 2)
ClO_4^-	$Fe(\sigma\text{-phen})_3(ClO_4)_2$	1～5	4～11	I^-(0.005)、Br^-(0.002)、NO_3^-(0.002)、OH^-(0.002)
NO_3^-	$Ni(\sigma\text{-phen})_3(NO_3)_2$	1～5	2～12	ClO_4^-(1 000)、I^-(10)、NO_2^-(0.05)、Br^-(0.1)、Ac^-(0.001)、HS^-(0.1)、CN^-(0.1)

(4) 敏化电极(sensitized electrode)。敏化电极是将离子选择性电极与另一种特殊的膜结合起来组成的一种复合膜电极。它包括以下几种类型。

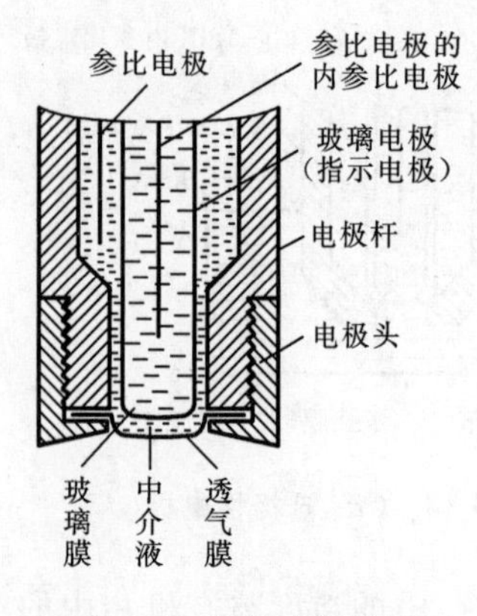

图 9-15　气敏电极结构

① 气敏电极(gas sensing electrode)。气敏电极是基于界面化学反应的敏化电极。它是将离子选择性电极(指示电极)与气体透气膜结合起来而组成的一种复合膜电极。将离子选择性电极与参比电极组装在一起。在紧靠离子选择性电极的敏感膜的下面装有一层透气膜(使电解质与外部试液隔开),透气膜是一种憎水性多孔膜,允许溶液中的气体通过,而不允许溶液中的离子通过,透气膜可以是多孔玻璃、聚氯乙烯、聚四氟乙烯等。管中盛有电解质溶液(中介溶液),电解质溶液起到将响应气体与离子选择性电极联系起来的作用。其结构如图9-15所示。当电极接触到含有待测气体的试样时,试样中待测组分气体选择性通过透气膜扩散进入离子选择性电极的敏感膜与透气膜之间的极薄液层内,使接触到液层的离子选择性电极敏感膜的离子活度发生变化,则离子选择性电极的膜电位发生改变,故电池电动势也发生变化。

以气敏氨电极为例,其指示电极为 pH 玻璃电极,AgCl/Ag 电极作为参比电极,中介溶液为 0.1 mol/L NH_4Cl 溶液。当电极浸入待测试液时,试液中 NH_3 通过透气膜,并发生如下反应:

$$NH_3 + H_2O \longrightarrow NH_4^+ + OH^-$$

从而引起中介溶液的酸度发生变化,进而对 pH 玻璃电极产生响应。

气敏电极可用于检测溶于溶液中的溶解性气体或气体试样中的气体组成。目前,已经制备成能测定许多种气体的气敏电极,其中以气敏氨电极应用最为广泛。表 9-4 列出了常见气敏电极的组成和性质。

表 9-4　常见气敏电极的组成和性质

电极	指示电极	透　气　膜	内　充　液	平　衡　式	检测下限(约)/(mol/L)
CO_2	pH 玻璃电极	微孔四氯乙烯	0.01 mol/L $NaHCO_3$	$CO_2 + H_2O \longrightarrow H^+ + HCO_3^-$	10^{-5}
		硅橡胶	0.01 mol/L NaCl	$CO_2 + H_2O \longrightarrow H^+ + HCO_3^-$	10^{-5}
NH_3	pH 玻璃电极	0.1 mm 微孔四氯乙烯	0.01 mol/L NH_4Cl	$NH_3 + H_2O \longrightarrow NH_4^+ + OH^-$	10^{-6}
SO_2	pH 玻璃电极	0.025 mm 硅橡胶	0.01 mol/L $NaHSO_3$	$SO_2 + H_2O \longrightarrow HSO_3^- + H^+$	10^{-6}
NO_2	pH 玻璃电极	0.025 mm 微孔四氯乙烯	0.02 mol/L $NaNO_2$	$2NO_2 + H_2O \longrightarrow NO_3^- + NO_2^- + 2H^+$	10^{-7}
H_2S	硫离子电极	微孔四氯乙烯	柠檬酸盐缓冲溶液(pH=5)	$S^{2-} + H_2O \longrightarrow HS^- + OH^-$	10^{-3}
HCN	硫离子电极	微孔四氯乙烯	0.01 mol/L $K[Ag(CN)_2]$	$HCN \longrightarrow H^+ + CH^-$ $Ag^+ + 2CN^- \longrightarrow [Ag(CN)_2]^-$	10^{-7}

② 酶电极(enzyme electrode)。酶电极是基于界面酶催化化学反应的一类敏化电极。此处的界面反应是酶催化的反应。酶电极是将离子选择性电极与某种特异性酶结合起来构成的,也就是在离子选择性电极的敏感膜上覆盖一层固定化酶而构成复合膜电极。其结构如图

9-16所示。酶是具有生物活性的催化剂，酶的催化反应选择性强，催化效率高，而且大多数酶催化反应可在常温下进行。酶电极就是利用酶的催化活性，将某些复杂化合物分解为简单化合物或离子，而这些简单化合物或离子可以被离子选择性电极、气敏电极等测出，从而间接测定这些化合物。如尿素可以被脲酶催化分解，反应如下。

$$CO(NH_2)_2 + H_2O \xrightarrow{\text{脲酶}} 2NH_3 + CO_2$$

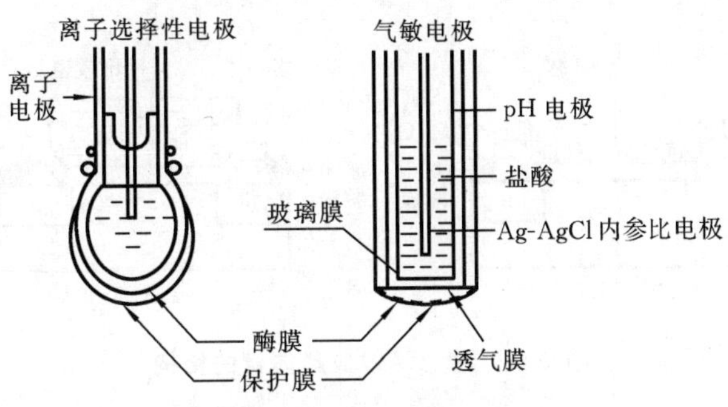

图 9-16 酶电极结构

产物的 NH_3 可以通过气敏氨电极测定，从而间接测定出尿素的浓度。

③ 组织电极(tissue based membrane electrode)。与酶电极相似，只是以动物、植物组织代替酶作为敏感膜的一部分的一类电极称为组织电极。以动物、植物组织作为敏感膜，具有许多优点：动物、植物组织来源丰富，许多组织中含有大量的酶；动物、植物组织性质稳定，组织细胞中的酶处于天然状态，可发挥较佳功效；专属性强；寿命较长；制作简便、经济，生物组织具有一定的机械性能等。组织电极的制作关键是生物组织膜的固定，通常采用的方法有物理吸附、共价附着、交联、包埋等。已经研究出的一些组织电极的酶源与测定对象见表 9-5。

表 9-5 一些组织电极的酶源与测定对象

组织酶源	测定对象	组织酶源	测定对象
香蕉	草酸、儿茶酚	烟草	儿茶酚
菠菜	儿茶酚类	番茄种子	醇类
甜菜	酪氨酸	燕麦种子	精胺
土豆	儿茶酚、磷酸盐	猪肝	丝氨酸
花椰菜	L-抗坏血酸	猪肾	L-谷氨酰胺
莴苣种子	H_2O_2	鼠脑	嘌呤、儿茶酚胺
玉米脐	丙酮酸	大豆	尿素
生姜	L-抗坏血酸	鱼鳞	儿茶酚胺
葡萄	H_2O_2	红细胞	H_2O_2
黄瓜汁	L-抗坏血酸	鱼肝	尿酸
卵形植物	儿茶酚	鸡肾	L-赖氨酸

(5) 离子敏感场效应晶体管电极(ion sensitive field effective transistor，ISFET)。离子敏感场效应晶体管电极是在金属氧化物-半导体场效应晶体管(MOSFET)基础上构成的，它既具有离子选择性电极对敏感离子响应的特性，又保留场效应晶体管的性能，是一种微电子化学敏感器件。

金属氧化物-半导体场效应晶体管由 p 型硅薄片制成，其中有两个高掺杂的 n 区，分别作为源极和漏极，在两个 n 区之间的硅表面上有一层很薄的绝缘层，绝缘层上边为金属栅极，构成金属-氧化物-半导体组合层。在源极和漏极之间施加电压(U_d)，电子便从源极流向漏极(产生漏电流 I_d)，I_d的大小受栅极和源极之间电压(U_g)控制，并为 U_g与 U_d的函数。其结构如图 9-17 所示。

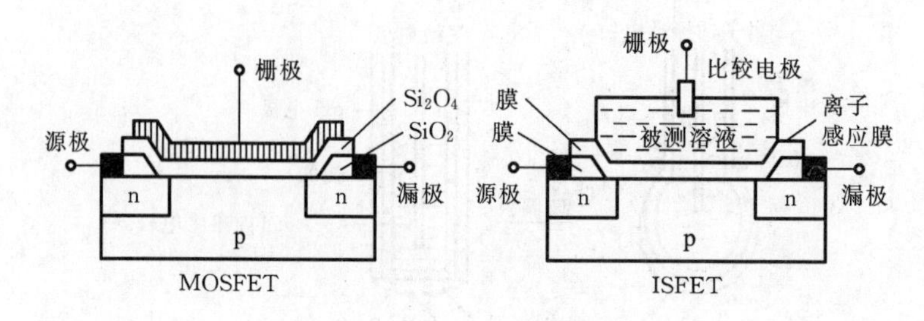

图 9-17　敏感场效应晶体管的结构

将金属氧化物-半导体场效应晶体管的金属栅极用离子选择性电极的敏感膜代替，即成为对相应离子有选择性响应的离子敏感场效应晶体管电极。当它与试液接触并与参比电极组成测量系统时，由于在膜与试液的界面处产生膜电位而叠加在栅压上，将引起离子敏感场效应晶体管电极漏电流(I_d)相应改变，I_d与响应离子活度之间具有类似于 Nernst 方程的关系。应用时，可保持 U_d与 U_g恒定，测量 I_d与待测离子活度之间的关系(I_d以 μA 为单位)；也可保持 U_d与 I_d恒定，测量 U_g随待测离子活度之间的关系(也具有类似于 Nernst 方程的关系)，此法结果较为准确。离子敏感场效应晶体管电极具有体积小，易于实行微型化和多功能化，适用于自动控制监测和流程分析等特点。

3. 离子选择性电极的性能指标及特点

(1) 离子选择性电极的性能指标。评价某一种离子选择性电极的性能优劣或某一个电极的质量好差时，通常可用下列一些性能指标来加以衡量。

① 检测限与线性范围。离子选择性电极的电极电位随被测离子活度的变化而变化，其膜电位与被测离子活度的关系可表示为

$$E_{膜} = K \pm \frac{RT}{nF}\ln a_i \tag{9-15}$$

式中：正、负号由离子的电荷性质决定，“+”号表示阳离子电极，“−”号表示阴离子电极；n 为离子的电荷数；K 为常数。对不同的电极，K 值不同，它与电极的组成有关。

以电极的电极电位对响应离子活度的负对数作图，所得的曲线称为标准曲线。在一定的活度范围内，校准曲线呈直线(AB)，这一段为电极的线性响应范围。当活度较低时，曲线就逐渐弯曲。如图 9-18 所示。

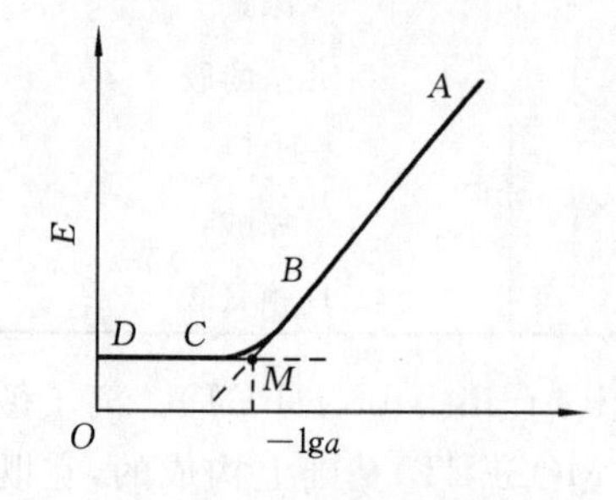

图 9-18　电极的校正曲线和检测下限

检测限是灵敏度的标志。在实际应用中定义为 AB 与 CD 两外推线的交点 M 处的活度(或浓度)值。

② 电极选择性系数。在同一敏感膜上，可以对多种离子同时进行程度不同的响应，因此膜电极的响应并没有绝对的专一性，而只有相对的选择性。电极对各种离子的选择性，可用选择性系数来表示。当有共存离子时，膜电位与响应离子 i^{n+} 及共存离子 j^{m+} 的关系，由尼柯尔斯基方程

表示为

$$E_{膜} = K + \frac{RT}{nF}\ln(a_i + K_{i,j}^{Pot} a_j^{n/m}) \tag{9-16}$$

式中：$K_{i,j}^{Pot}$为电极选择性系数，它表示了共存离子j^{m+}对响应离子i^{n+}干扰的程度。当有多种离子(i^{n+}、j^{m+}、k^{l+}等)存在时，式(9-16)可写成

$$E_{膜} = K + \frac{RT}{nF}\ln(a_i + K_{i,j}^{Pot} a_j^{n/m} + K_{i,k}^{Pot} a_k^{n/l} + \cdots) \tag{9-17}$$

从式(9-17)可以看出，选择性系数越小，则电极对i^{n+}及共存离子j^{m+}的选择性越高。如$K_{i,j}^{Pot}$等于10^{-2}，表示电极对i^{n+}的敏感性为j^{m+}的100倍。

③ 响应时间。膜电位是响应离子在敏感膜表面扩散及建立双电层结构的结果。电极达到这一平衡的速率，可用响应时间来表示，它取决于敏感膜的结构本性。国际纯粹与应用化学联合会(IUPAC)将响应时间定义为静态响应时间：从离子选择性电极与参比电极一起接触试液时算起，直至电池电动势达到稳定值(变化在1 mV以内)时为止所经过的时间，称为实际响应时间。在实际工作中，通常采用搅拌试液的方式来增大扩散速率，缩短响应时间。它与下列因素有关。

(ⅰ) 与待测离子到达电极表面的速率有关。搅拌可以增大被测离子到达电极表面的速率，因而可以缩短响应时间。搅拌越快，响应时间越短。

(ⅱ) 与待测离子的活度有关。同一个离子选择性电极浸入不同浓度的待测溶液，响应时间是不同的。一般电极在浓溶液中的响应时间比在稀溶液中要短。浓溶液响应时间仅几秒，但溶液越稀，响应时间越长，在接近电极检测下限的稀溶液中，甚至达到数小时之久。

(ⅲ) 与介质的离子强度有关。在通常情况下，当试液中的共存离子为非干扰离子时，它们的存在会缩短响应时间。

(ⅳ) 共存离子为干扰离子时，对响应时间有影响。干扰离子往往会使响应时间延长。

(ⅴ) 与电极膜的厚度、光洁度有关。在保证电极有良好机械性能的前提下，电极的敏感膜越薄，响应时间越短；电极的敏感膜越光洁，响应时间越短。如果电极表面粗糙、不光洁，都会使响应时间延长。

(2) 离子选择性电极的特点。

① 应用范围广。能用于测定许多阴、阳离子及有机离子、生物成分，特别是用于测定其他方法难于测定的碱金属离子及一价阴离子，并且能用于气体分析。

② 方法的测定浓度范围宽，能达到几个数量级。

③ 适用于作为工业流程自动控制及环境检测设备中的传感器，测试仪器简单。

④ 能制成微型电极，甚至制成管径小于1 μm的超微型电极，用于单细胞及活体检测。

⑤ 电位分析法反映的是离子的活度，因此适用于测定化学平衡的活度常数，如解离常数、配合物的稳定常数、溶度积常数等，常常作为研究热力学、动力学及电化学等基础理论的重要手段。

9.2.3 电位分析法的应用

1. 直接电位法

(1) pH值的测定。用电位分析法测定溶液的pH值，是以玻璃电极作指示电极，饱和甘汞电极作参比电极，浸入试液中，组成原电池，用酸度计来测量原电池的电动势。其测量装置

如图 9-19 所示。其电池可表示为

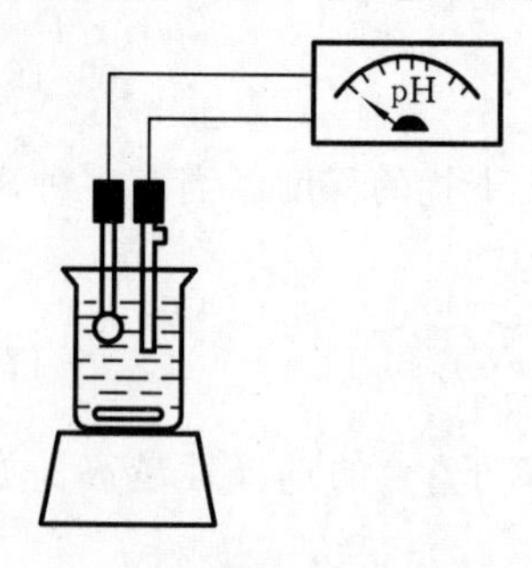

图 9-19 pH 值测量装置示意图

$$Ag|AgCl|HCl|玻璃膜|试液(a_{H^+})\|KCl(饱和)|Hg_2Cl_2|Hg$$

25 ℃时该电池电动势为

$$\varepsilon = E_{甘汞} - E_{玻} = E_{甘汞} - (K' - 0.0592pH_{试})$$

即

$$\varepsilon = K'' + 0.0592pH_{试} \qquad (9\text{-}18)$$

对试液 x,其电动势 ε_x 为

$$\varepsilon_x = K'' + 0.0592pH_x$$

对标准缓冲溶液 s,其电动势 ε_s 为

$$\varepsilon_s = K'' + 0.0592pH_s$$

两式相减有

$$pH_x = pH_s + \frac{\varepsilon_x - \varepsilon_s}{0.0592} \qquad (9\text{-}19)$$

式(9-19)中 pH_s 为确定值,通过测量 ε_x 和 ε_s 的值就可以求出试液的 pH_x。

为了使用方便,酸度计是直接以 pH 值作为标度的。在 25 ℃时,每单位 pH 标度应该相当于 59.2 mV 的电位变化值(该值称为电极的电极系数)。测量时,先用标准缓冲溶液校正仪器上的标度,使标度上所指示的值恰好为标准缓冲溶液的 pH 值;然后换上待测试液,便可直接测得其 pH 值。但由于玻璃电极的实际电极系数不一定恰好为 59.2 mV,为了提高测量的准确度,所以测量时所选用的标准缓冲溶液的 pH 值应当与试液的 pH 值接近(最好不超过 3 个 pH 单位),并根据试液的温度,用仪器上的温度补偿器调整 pH 标度的电极系数。

实践证明,pH 玻璃电极的玻璃膜必须经过水化,才能对 H^+ 有敏感响应,因此,pH 玻璃电极在使用前应该在蒸馏水中浸泡 24 h 以上,使其活化。每次测量后,也应当把它置于蒸馏水中保存,使其不对称电位减小并达到稳定。

用常规玻璃电极测定溶液 pH 值需要另选一个参比电极,与之配对组成测量电池,实际操作起来不甚方便。为此,又研制了复合 pH 电极,它通常由两个同心玻璃套管构成,其结构如图 9-20 所示。内管为常规的玻璃电极,外管实际为一参比电极,参比电极主件为 Ag-AgCl 电极或 $Hg\text{-}Hg_2Cl_2$ 电极,下端为微孔隔离材料层,防止电极内、外溶液混合,又为测定时提供离子迁移通道,起到盐桥装置的作用。

由于复合 pH 电极是由玻璃电极和参比电极组装起来的单一电极体,所以只要把复合 pH 电极的引线接到酸度计上,并将电极插入试样溶液中,即可进行 pH 值测定。使用复合 pH 电极省去了组装玻璃电极与饱和甘汞电极的步骤,特别有利于小体积溶液 pH 值测定,所以发展很快,不久可能完全取代常规玻璃电极。

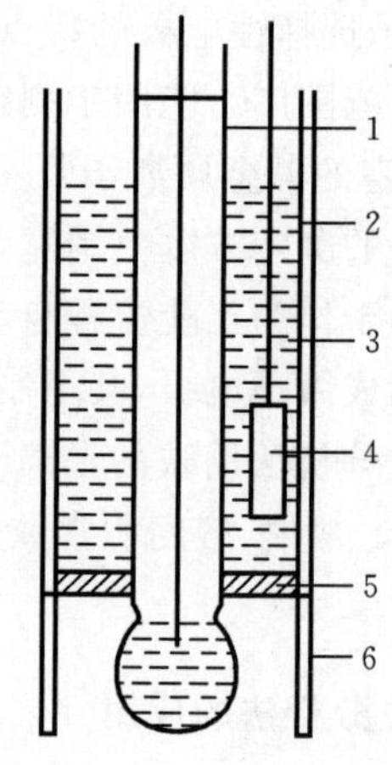

图 9-20 复合 pH 电极结构示意图

1—玻璃电极;2—电极管;3—参比电极电解液;4—参比电极元件;5—微孔隔离材料;6—保护套

(2) 离子活(浓)度的测定。电位分析法测定离子活(浓)度的装置如图 9-21 所示。按分析过程的不同,测量的具体方法有多种,下面介绍常用的两种方法。

① 标准曲线法。这种方法是首先配制一系列标准溶液,分别测出其电动势 ε,然后在直角坐标纸

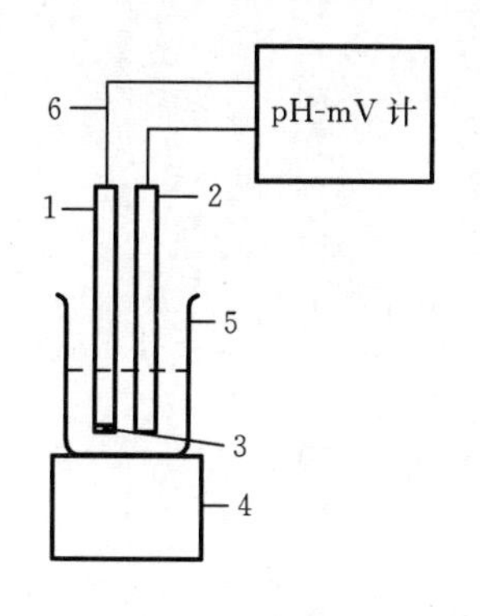

图 9-21　电位分析法测量装置示意图

1—离子选择性电极；2—参比电极；3—搅拌子；
4—电磁搅拌器；5—试液容器；6—导线

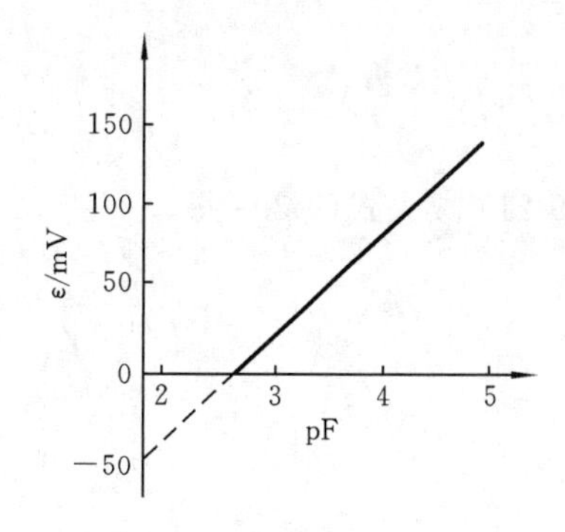

图 9-22　电位分析法的标准曲线

上作 ε-lg$c$ 或 ε-pX(pX 为离子浓度的负对数)曲线(称为工作曲线或者标准曲线)；再在同样条件下测出未知溶液的电动势 ε_x，从标准曲线上即可查出未知液的浓度。图 9-22 是用氟离子选择性电极测定 F^- 时的标准曲线。

这种方法的关键是控制离子的活度系数。因为离子选择性电极的膜电位反映的是离子的活度而不是浓度，但在一般的分析中要求测浓度。浓度与活度之间有如下关系：

$$a=\gamma c$$

在稀溶液中($c<10^{-3}$ mol/L)，活度系数 $\gamma\approx1$；浓度较大时，只有当离子活度系数固定不变时，工作电池的电动势才与被测离子的浓度呈线性关系。因此在测定时，必须把浓度很大的惰性电解质加入标准溶液和待测溶液中，使它们的离子强度很高而且接近一致，从而使两者的活度系数几乎相同。所加的这种惰性电解质溶液通常称为总离子强度调节缓冲剂(total ionic strength adjustment buffer，TISAB)。它除了固定溶液的离子强度外，还起着缓冲和掩蔽干扰离子的作用。

例如：测定水中 F^- 时常用的总离子强度调节缓冲剂的成分包括 NaCl(1 mol/L)、HAc(0.25 mol/L)、NaAc(0.75 mol/L)和柠檬酸钠(0.001 mol/L)。总离子强度约为1.75 mol/L，pH≈5.5。柠檬酸钠的作用是掩蔽溶液中可能存在的 Fe^{3+} 和 Al^{3+} 等干扰离子。

标准曲线法的优点是操作简便、快速，适用于同时测定大批试样。

② 标准加入法。标准曲线法要求标准溶液与待测试液具有接近的离子强度和组成，否则就会因 γ 值的不同而造成测定误差。若采用标准加入法进行测定，则可以在一定程度上减免这一误差。

设某试液中被测离子的浓度为 c_x，试液的体积为 V，测得其工作电池的电动势为 ε_1，则

$$\varepsilon_1=K+\frac{2.303RT}{nF}\lg c_x$$

令

$$S=\frac{2.303RT}{nF}$$

则

$$\varepsilon_1=K+S\lg c_x \tag{9-20}$$

式中：K 为常数；S 称为电极系数。

然后向试液中准确加入体积为 V_s，浓度为 c_s 的标准溶液。但为了使标准溶液加入后，试液的体积不发生明显的改变，标准溶液的浓度要高(c_s 约为 c_x 的 100 倍)，加入的体积要小(V_s 约为试液体积的 1%)。混匀后再测得工作电池的电动势为 ε_2，则

$$\varepsilon_2 = K + S\lg(c_x + \Delta c) \tag{9-21}$$

式中

$$\Delta c = \frac{c_s V_s}{V + V_s} \approx \frac{c_s V_s}{V}$$

用式(9-21)减去式(9-20)得

$$\Delta\varepsilon = \varepsilon_2 - \varepsilon_1 = S\lg\frac{c_x + \Delta c}{c_x}$$

故

$$1 + \frac{\Delta c}{c_x} = 10^{\frac{\Delta\varepsilon}{S}}$$

$$c_x = \frac{\Delta c}{10^{\frac{\Delta\varepsilon}{S}} - 1} \tag{9-22}$$

测定时应注意控制 $\Delta\varepsilon$ 的大小，如果 $\Delta\varepsilon$ 太小，测量的准确度差；但如果 $\Delta\varepsilon$ 取得太大，则需要加入较多的标准溶液，这可能影响溶液的离子强度。因此，一般以 20～50 mV 为宜。

标准加入法适用于组成不清楚或复杂试样的分析。本法的优点是电极不需要校正，但对大批试样的测定，操作时间较长。

2. 电位滴定法

(1) 原理。电位滴定法是以指示电极、参比电极与试液组成电池，然后加入滴定剂进行滴定，观察滴定过程中指示电极的电极电位的变化。在计量点附近，由于被滴定物质的浓度发生突变，所以指示电极的电位产生突跃，由此即可确定滴定终点。电位滴定法的测量仪器如图 9-23 所示，滴定时用磁力搅拌器搅拌试液以增大反应速率使其尽快达到平衡。

可见，电位滴定法的基本原理与普通的滴定分析法并无本质的差别，其区别主要在于确定终点的方法不同。

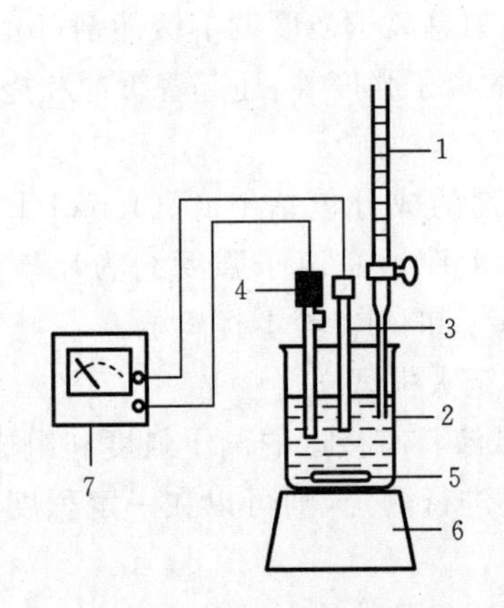

图 9-23　电位滴定法的测量仪器

1—滴定管；2—滴定池；3—指示电极；4—参比电极；
5—搅拌子；6—电磁搅拌器；7—电位计

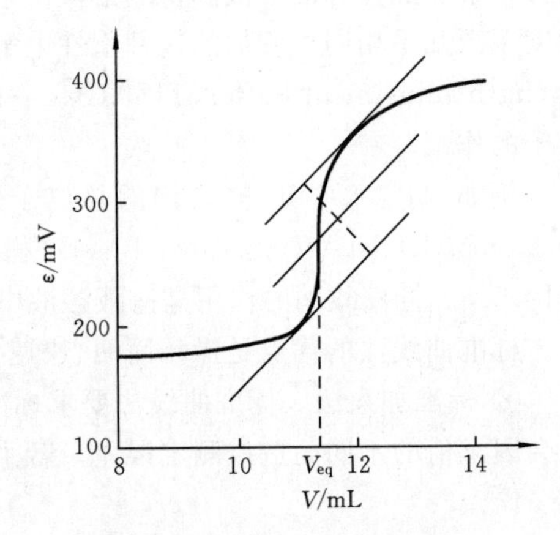

图 9-24　ε-V 曲线

(2) 终点的确定。在电位滴定法中，终点的确定方法主要有 ε-V 曲线法、一阶导数法、二阶导数法和直线法等，下面仅介绍 ε-V 曲线法。

取一定体积的试液于小烧杯中，在电磁搅拌下，每加入一定量的滴定剂，就测量一次溶液电动势，直到超过计量点为止。在计量点附近，电动势的变化很快，应当每加 0.1～0.2 mL 滴定剂就测量一次电动势。以滴定剂的体积为横坐标，电动势为纵坐标，作 ε-V 曲线，如图 9-24 所示。作两条与滴定曲线成 45°夹角的切线，在两切线间作一条垂线，通过垂线的中点作一条切线的平行线，它与曲线相交的点即为滴定终点。

此外，滴定终点尚可根据滴定终点时的电动势值来确定。此时，可以先将从滴定标准试样获得的经验计量点作为确定终点电动势值的依据。这也就是自动电位滴定的方法依据之一。

自动电位滴定有两种类型：一种是自动控制滴定终点，当到达终点电势时，即自动关闭滴定装置，并显示滴定剂用量；另一种是自动记录滴定曲线，自动运算后显示终点时滴定剂的体积。

(3) 应用。电位滴定的反应类型与普通容量分析完全相同。滴定时，应根据不同的反应选择合适的指示电极。滴定反应类型有下列四种。

① 酸碱反应。可用玻璃电极作指示电极。

② 氧化还原反应。在滴定过程中溶液中氧化态物质和还原态物质的浓度比值发生变化，可采用惰性电极作指示电极，一般用铂电极。

③ 沉淀滴定。根据不同的滴定反应，选择不同的指示电极。例如：用硝酸银滴定卤素离子时，在滴定过程中，卤素离子浓度发生变化，可用银电极来反映。目前，则更多采用相应的卤素离子选择性电极。如以 I^- 选择性电极作指示电极，可用硝酸银连续滴定 Cl^-、Br^- 和 I^-。

④ 配位滴定。以 EDTA 进行电位滴定时，可采用两种类型的指示电极。一种是应用于个别反应的指示电极，如用 EDTA 滴定 Fe^{3+} 时，可用铂电极（加入 Fe^{2+}）作指示电极；滴定 Ca^{2+} 时，则可用 Ca^{2+} 选择性电极作指示电极。另一种是能够指示多种金属离子浓度的电极，可称为 pM 电极，这是在试液中加入 Cu-EDTA 配合物，然后用 Cu^{2+} 选择性电极作指示电极，当用 EDTA 滴定金属离子时，溶液中游离的 Cu^{2+} 的浓度受游离 EDTA 浓度的制约，所以 Cu^{2+} 选择性电极的电位可以指示溶液中游离 EDTA 的浓度，间接反映被测金属离子浓度的变化。

(4) 特点。

① 准确度高。测定的相对误差可低至0.2%。如酸碱滴定中，用指示剂法确定终点时，要求化学计量点附近 pH 值突跃范围大于 2 个 pH 单位；而用电位滴定法确定终点时，化学计量点附近 pH 值突跃范围大于0.5个 pH 单位即可。所以很多弱酸、弱碱以及多元酸(碱)可以用电位滴定法测定。

② 可用于难以用指示剂判断终点的有色溶液、浑浊溶液的测定。

③ 可用于非水溶液的滴定。某些有机物的滴定需要在非水介质中进行，一般缺乏合适的指示剂，可以用电位滴定法测定。

④ 能用于连续自动滴定，并适用于微量分析。

3. 影响测定准确度的因素

任何一种分析方法，其测量结果的准确度往往受多种因素的影响，电位分析法也不例外，它的测量结果的准确度同样受许多因素的影响，也就是说，它的测量结果的误差来源是多方面的。如电极的性能、测量系统、温度等，对于一个分析者而言，只有了解和掌握各种因素对测量结果的影响情况，了解误差的主要来源，才能在分析过程中正确掌握操作条件，获得准确的分析结果。下面就影响电位分析法结果准确度的几个主要因素分别加以讨论。

(1) 温度。电位分析法的依据就是 Nernst 方程，即

$$E=K'\pm Sc_x$$

由 Nernst 方程的讨论可以看出：①T 影响斜率 S，为了校正这种效应的影响，一般测量仪器上都有温度补偿器来进行调节；②T 影响截距 K'，K' 项包括参比电极、液接电位等，这些都与 T

有关,在整个测量过程中应保持温度恒定。

(2) 电动势的测量。由 Nernst 方程知,E 的测量的准确度直接影响分析结果的准确度。那么,E 的测量误差 ΔE 与分析结果的相对误差 $\frac{\Delta c}{c}$ 之间究竟有什么关系呢?可以通过对 Nernst 方程的微分导出。

$$E=K\pm\frac{2.303RT}{nF}\lg c_x$$

$$\Delta E=\frac{RT}{nF}\frac{\Delta c}{c_x}$$

当 $T=298$ K 时,有

$$\Delta E=\frac{0.256\,8}{n}\frac{\Delta c}{c_x}\times 100\ \text{mV}$$

或
$$\frac{\Delta c}{c_x}\times 100=\frac{n}{0.256\,8}\Delta E\approx 4n\Delta E \tag{9-23}$$

讨论:当 $\Delta E=\pm 1$ mV 时,一价离子,$\Delta c/c_x\times 100\approx\pm 4\%$;二价离子,$\Delta c/c_x\times 100\approx\pm 8\%$;三价离子,$\Delta c/c_x\times 100\approx\pm 12\%$。可见,$E$ 的测量误差 ΔE 对分析结果的相对误差 $\Delta c/c$ 影响极大,高价离子影响尤为严重。因此,电位分析中要求测量仪器要有较高的测量精度(小于或等于±1 mV)。

(3) 干扰离子。对测定产生干扰的共存离子称为干扰离子。在电位分析中,干扰离子的干扰主要有以下情况。

① 干扰离子与电极敏感膜发生反应。例如:用氟离子选择性电极测定 F^-,当试液中存在大量柠檬酸根时,有

$$LaF_3(s)+Ct^{3-}(aq)=\!=\!=LaCt(aq)+3F^-(aq)$$

由于发生上述反应,溶液中 F^- 增加,导致分析结果偏高。

又例如:用溴离子选择性电极测 Br^- 时,若溶液中存在 SCN^- 时,有

$$SCN^-(aq)+AgBr(s)=\!=\!=AgSCN(s)+Br^-(aq)$$

产生的 AgSCN(s)会覆盖在电极膜的表面(SCN^- 量较大时)。

② 干扰离子与待测离子发生反应。如用氟离子选择性电极测定 F^- 时,若溶液中存在铁、铝、钨等,会与 F^- 形成配合物(不能被电极响应),而产生干扰。

③ 干扰离子影响溶液的离子强度,因而影响待测离子活度。对干扰离子的影响,一般可加入掩蔽剂加以消除,必要时需预先进行分离。

(4) 溶液的 pH 值。酸度是影响测量的重要因素之一,一般在测定时,需要加缓冲溶液控制溶液的 pH 值范围。如用氟离子选择性电极测定 F^- 时,通常用柠檬酸盐缓冲溶液来控制试液的 pH 值。同时,柠檬酸盐能与 Fe^{3+}、Al^{3+} 等离子形成配合物,消除 Fe^{3+}、Al^{3+} 等离子的干扰。

(5) 被测离子的浓度。由 Nernst 方程知,在一定条件下,E 与 $\ln c$ 呈线性关系。那么,是不是在任何情况下两者都呈线性关系呢?不是的。任何一个离子选择性电极都有一个线性范围,一般为 $10^{-6}\sim 10^{-1}$ mol/L(可参阅电极说明书)。检出下限主要取决于组成电极膜的活性物质的性质。例如:沉淀膜电极检出限不能低于沉淀本身溶解所产生的离子活度。

(6) 响应时间。根据响应时间的要求,在测量过程中,需经过如此长时间后才能读取和记录测量结果。

(7) 迟滞效应。对同一活度的溶液，测出的电动势数值与离子选择性电极在测量前接触的溶液有关，这种现象称为迟滞效应。它是电位分析法的主要误差来源之一。消除的方法是固定电极测量前的预处理条件。

9.3　电解分析法和库仑分析法

9.2 节讨论的电位分析法是在电池中无电流流过的情况下所建立的一种分析方法。本节讨论的电解分析法和库仑分析法是在电池中有较大电流流过的情况下建立起来的一种分析方法。

9.3.1　电解分析法

电解分析法是最早出现的电分析化学法，电解分析法包括两方面的内容。

(1) 电重量分析法(electrogravimetric method)。利用外加电源电解试液后，将待测元素以纯金属或难溶化合物的形式定量地沉积在电极上，然后称量在电极上析出沉积物的质量来进行分析，称为电重量分析法。

(2) 电解分离法。将电解的方法用于元素的分离，称为电解分离法。

电重量分析法只能用于测定高含量的物质，但是此方法具有不用标准样品标定、相对误差在 0.01%～0.1%、准确度较高等优点，所以该方法常用于一些金属纯度品位的鉴定、仲裁分析及常规分析，同时也可作为元素分离的一种重要手段。

1. 电解分析的基本原理

(1) 电解分析的基本原理。电解装置中，阳极一般采用螺旋状金属铂并使其旋转(为了使生成的气体尽量扩散出来)，阴极一般采用网状金属铂(增大电极的表面积)，两个电极通过电解液构成电流通路。电解池的结构如图 9-25 所示。其测量过程是在电解池的两个电极上，外加一定的直流电压，使电解池中的电化学反应向着非自发的方向进行，电解质溶液在两个电极上分别发生氧化反应和还原反应，此时电解池中有电流通过。例如：在硫酸铜溶液中，浸入两个铂电极，电极通过导线分别与直流电源的正极和负极连接。如果在两极之间加有足够大的电压，就可以在两个电极上发生如下反应。

阴极　　$Cu^{2+} + 2e^- = Cu$　(还原反应)

阳极　　$2H_2O = O_2 + 4H^+ + 4e^-$　(氧化反应)

电池反应　　$2Cu^{2+} + 2H_2O = 2Cu + O_2 + 4H^+$

于是与电源正极相连的电解池的阳极有氧气放出，与电源负极相连的电解池的阴极有金属铜析出。

把一个电解池与直流电源连接好后，并非在任何情况下都有电解发生，而只有当外加电压增加至足够大时，才能使电解发生和持续进行，电极上析出电解产物。按照图 9-25 的装置，通过调节滑动变阻器的位置使外加电压不断增加，得到电流随电压增加的变化曲线，如图 9-26 所示。其中 a 为实测曲线，a'为理论计算曲线，D'为理论分解电压，其值为电池的平衡电动势。D 为实际分解电压，D 与 D'之差即为超电压(η)。当然，这是对整个电解池而言的。在实际的电解分析中，往往只关心某一工作电极的情况。因此，了解电解过程中单一电极的电极电位变化情况更为重要。在电解时，阴、阳两极的电极电位变化同时发生。即在电解过程中，阴极电位连续向负值方向变化，阳极电位连续向正值方向变化。

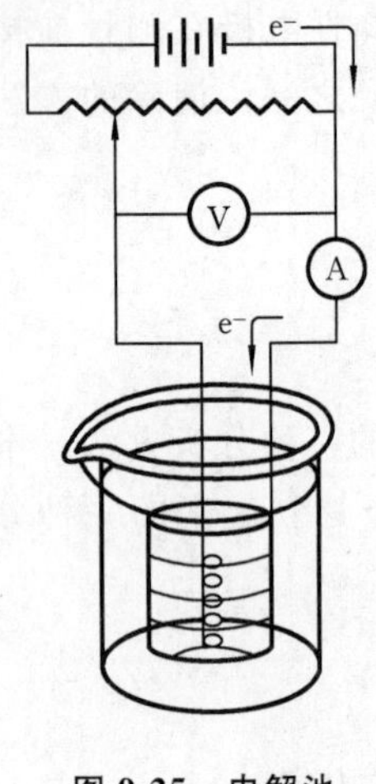

图 9-25 电解池

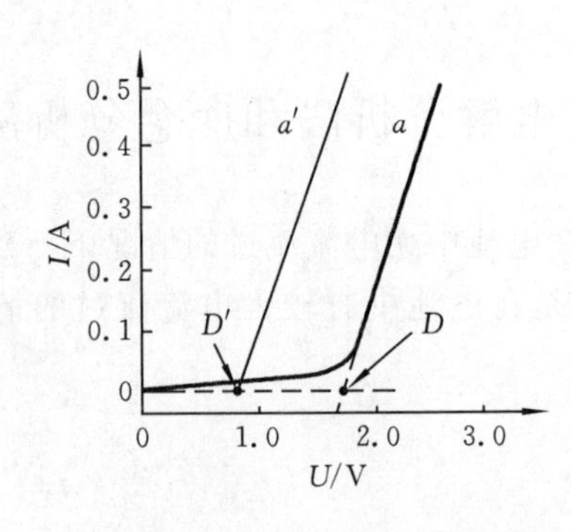

图 9-26 电解 Cu^{2+} 的 I-U 曲线

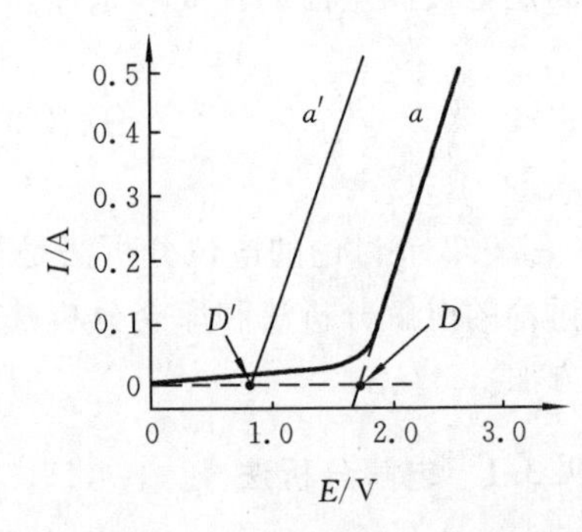

图 9-27 电解 Cu^{2+} 的 I-E 曲线

在前面已经讲过,在实际应用中一般通过三电极装置来完成任意单一电极的电极电位变化值的测定。即在电池中插入一个参比电极(一般采用饱和甘汞电极),将该参比电极同阴极(或阳极)一并接入电位计后,即可测定阳极或阴极相对于参比电极的电位变化值。测量通过电解池的电流与电极电位的关系,所得到的结果如图 9-27 所示。析出电位是指使物质在阴极上产生持续不断的电极反应而被还原析出时所需的最正的阴极电位,或在阳极氧化析出时所需的最负的阳极电位。图 9-27 中 D' 为理论析出电位,其值为电极的平衡电极电位,D 为实际析出电位,两者之差即为电极的超电位(η)。

很显然,要使某一物质在阴极上析出,产生连续不断的电极反应,阴极电位必须比析出电位更负(即使是很小的数值)。同样,在阳极上氧化析出,则阳极电位必须比析出电位更正。

在阴极上,析出电位越正的物质,越易还原;在阳极上析出电位越负者,越易氧化。

由上可知,分解电压是对整个电池而言的,而析出电位是对单个电极而言的。实际上,在电解分析中常常只需考虑单个工作电极的情况,因此,析出电位比分解电压更具有实际意义。

综上所述,如果以 $E_{阴}$ 和 $E_{阳}$ 分别表示阴极和阳极的平衡电极电位,则阴极和阳极的析出电位分别为

$$E_{阳析}=E_{阳}+\eta_{阳}$$
$$E_{阴析}=E_{阴}-\eta_{阴}$$

电池的理论分解电压

$$\varepsilon_{理分}=E_{阳}-E_{阴}$$

如果在电极上存在超电位(η)、电解回路存在电压降(iR),则实际分解电压应为

$$\varepsilon_{分}=(E_{阳}+\eta_{阳})-(E_{阴}-\eta_{阴})+iR \tag{9-24}$$

(2) 电解时离子的析出顺序及完全程度。电解分析法进行计量的依据是电解析出物质的质量。因此,要保证测定的准确度,要求待测物析出完全,同时,要求析出物不含有其他杂质。当电解析出某种金属离子时,共存离子有无共沉积现象取决于两者析出电位差的大小。

例 9-2 有 Cu^{2+} 和 Ag^{+} 的混合溶液,Cu^{2+} 的浓度为 1.0 mol/L,Ag^{+} 的浓度为 0.01 mol/L,以 Pt 电极在 1.0 mol/L 硝酸介质中进行电解,试问:①先在阴极上还原析出的物质是什么?②其分解电压是多少?③两者能否完全分离?(阳极的超电位为 0.47 V。)

解 ① 首先计算两种离子的析出电位。

$$Ag^{+}+e^{-}═══Ag$$

Ag 的析出电位为

$$E_{阴} = E^{\ominus}_{Ag^+/Ag} + 0.0592\lg c_{Ag^+}$$
$$= (0.800 + 0.0592 \times \lg 0.01)\ V$$
$$= 0.682\ V$$

$$Cu^{2+} + 2e^- = Cu$$

Cu 的析出电位为

$$E_{阴} = E^{\ominus}_{Cu^{2+}/Cu} + \frac{0.0592}{2}\lg c_{Cu^{2+}}$$
$$= (0.345 + \frac{0.0592}{2} \times \lg 1)\ V$$
$$= 0.345\ V$$

因银的析出电位比铜正，故 Ag^+ 先在阴极上还原析出。

② 计算分解电压。

阳极　$2H_2O + 4e^- = O_2 + 4H^+$

$$E_{阳} = E^{\ominus}_{O_2/H_2O} + \frac{0.0592\lg c^4_{H^+}}{4}$$
$$= (1.23 + \frac{0.0592}{4} \times \lg 1^4)\ V$$
$$= 1.23\ V$$

Ag 的分解电压为

$$\varepsilon_{分} = (E_{阳} + \eta_{阳}) - (E_{阴} - \eta_{阴}) + iR$$
$$= [(1.23 + 0.47) - (0.682 + 0) + 0]\ V$$
$$= 1.018\ V$$

Cu 的分解电压为

$$\varepsilon_{分} = (E_{阳} + \eta_{阳}) - (E_{阴} - \eta_{阴}) + iR$$
$$= [(1.23 + 0.47) - (0.345 - 0) + 0]\ V$$
$$= 1.355\ V$$

③ 假定当 Ag^+ 浓度降低至 10^{-6} mol/L 以下时，认为完全析出，此时阴极电位为

$$E = E^{\ominus}_{Ag^+/Ag} + 0.0592\lg c_{Ag^+}$$
$$= (0.800 + 0.0592 \times \lg 10^{-6})\ V$$
$$= 0.445\ V$$

此时，有

$$\varepsilon_{分} = (E_{阳} + \eta_{阳}) - (E_{阴} - \eta_{阴}) + iR$$
$$= [(1.23 + 0.47) - (0.445 + 0) + 0]\ V$$
$$= 1.255\ V$$

可见，此时，阴极电位未达到 Cu^{2+} 的析出电位，外加电压也未达到 Cu^{2+} 的分解电压，故只要控制外加电压不超过 1.355 V，或阴极电位不负于 0.345 V，就能实现两者分离。通常，假如金属离子的超电位可以忽略不计，要使两种金属离子通过电解法定量分离时，对两种一价金属离子，两者析出电位必须相差 0.35 V 以上；对二价金属离子，两者析出电位必须相差 0.15 V 以上。但实际上，通过控制外加电压来实现分离很困难，因阳极电位并非恒定。通常是靠控制阴极电位的办法来实现分离。

2. 电解分析及电解分离方法

(1) 恒电流电解法。恒电流电解法是在恒定的电流条件下进行电解，使待测物质以单质或氧化物的形式在阴极或阳极上定量析出，然后通过称量电极上析出物质的质量来计算待测物的含量的一种电重量分析法。恒电流电解法的基本装置如图 9-25 所示。用直流电源作电

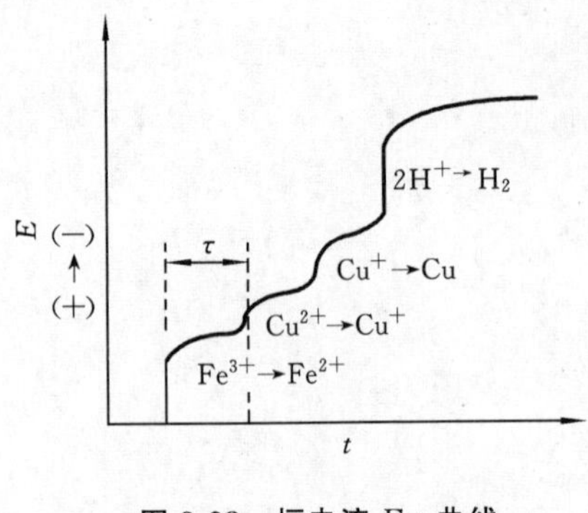

图 9-28　恒电流 E-t 曲线

解电源,在电解池中加入电解液,电解池中通常以铂丝网作为阴极,阳极一般用与电机相连的螺旋状铂丝,目的是兼顾搅拌之用。在电解时,通过电解池的电流是恒定的,一般控制电流在 2～5 A。随着电解的进行,被电解的待测组分不断析出,其浓度不断减小,电解电流随之减小,所以在电解过程中要不断地提高外加电压以保持电流恒定。以电解酸性溶液中的 Fe^{3+} 和 Cu^{2+} 为例,其阴极的电极电位随时间的变化规律如图 9-28 所示。电解一开始电位从正向负变化很快,当达到 Fe^{3+} 的还原电位时,阴极电位符合 Nernst 方程,有

$$E = E^{\ominus}_{Fe^{3+}/Fe^{2+}} + 0.0592 \lg \frac{c_{Fe^{3+}}}{c_{Fe^{2+}}}$$

由图 9-28 中的曲线可以看出:随着电解的进行,Fe^{3+} 的浓度不断降低,Fe^{2+} 的浓度不断升高,阴极电位向负方向变化并逐渐趋于平缓至出现一个平台阶段。当过了这个阶段后,阴极电位又很快地向负方向变化,达到其他离子在阴极上还原的电位,如 Cu^{2+} 和 H^+。

恒电流电解法的主要优点是:仪器装置简单,测定速度较快,准确度较高,方法的相对误差小于0.2%。方法的准确度在很大程度上取决于沉积物的物理性质。要求沉积物牢固地附着于电极表面,以防在洗涤、烘干和称量等操作中脱落损失。电解时电极表面的电流密度越小,沉积物的性质越好。电流密度过高,沉积速率过大,沉积物不致密,附着力差且易夹带杂质。为了获得光滑、致密的电沉积物,不能使用太大的电流,充分搅拌溶液或使电解物质处于配合状态,以便控制适当的电解速率。

恒电流电解法的主要缺点是选择性差,只能分离电动序中氢以上与氢以下的金属。电解时氢以下的金属先在阴极上析出,当这类金属完全被分离析出后,再继续电解就析出氢。在酸性溶液中电动序在氢以上的金属就不能析出而达到分离的目的。所以,恒电流电解法通常适用于溶液中只有一种较氢易于还原的金属离子的测定。例如,对纯铜及铜合金中大量铜的测定,此法至今仍是常用的精密测定方法。除铜外,用此法还可以测定镉、钴、铁、镍、锡、银、锌、锑、铋等金属元素,有些元素要在碱性条件或配位剂存在下才能测定。如果两种金属的还原电位相差不大,则不能用此法分离。

(2) 控制电位电解法。恒电流电解法选择性较差,这限制了它在许多情况下的应用。如果溶液中含有两种以上的金属离子,要使被测离子精确析出而不发生共沉积现象,在电解过程中,必须严格控制工作电极的电极电位在某一预定值,仅使被测离子沉积在电极上,其他离子留在溶液中,从而达到分离和测定的目的。这就需要采用控制电位电解法。

控制电位电解法是通过控制工作电极(阴极或阳极)的电位在一恒定值的条件下进行电解的分离分析方法。恒电位值的选定是根据共存组分的析出电位的差别进行设定的。如前面讨论的 Ag^+ 和 Cu^{2+} 混合溶液,由于 Ag^+ 的析出电位为 0.682 V,Cu^{2+} 的析出电位为 0.345 V,当阴极的析出电位控制在 0.445 V,Ag^+ 完全析出,而 Cu^{2+} 不会析出,从而使它们完全分离。

图 9-29 为控制电位电解装置示意图。它与恒电流电解法的不同之处,在于它具有测量和控制阴极电位的装置。在电解过程中,阴极电位可用电位计或电子毫伏计准确测量,并通过变阻器来调节加于电解池的电压,使阴极电位保持为一定值,或使之保持在某一特定的电位范围之内,使电极反应只限于在此电位下的一种离子还原,以达到分离测定的目的。目前多采用具

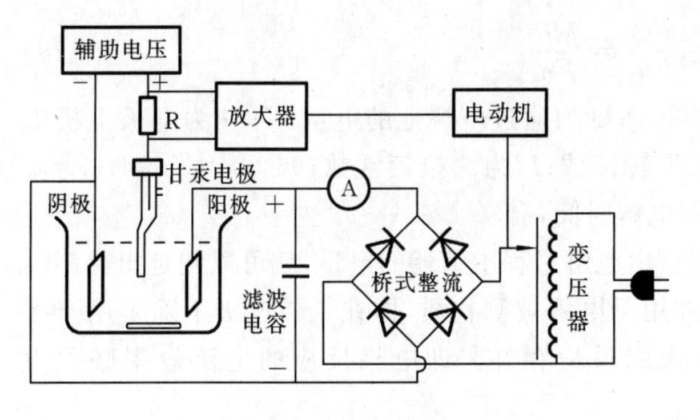

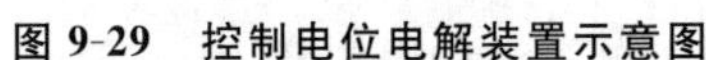
图 9-29　控制电位电解装置示意图

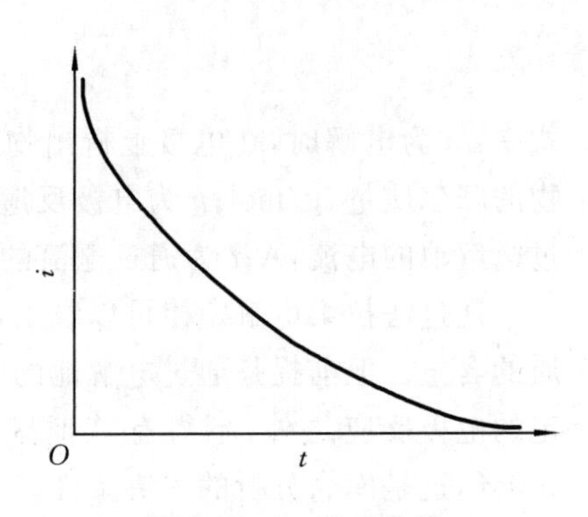

图 9-30　i-t 关系曲线

有恒电位器的自动控制电解装置。

在控制电位电解过程中，由于待测离子在阴极上不断析出，其电解电流逐渐减小，最后达到最小恒定值，即为背景电流，如图 9-30 所示。它是由于微量杂质及溶解的微量氧引起的。若在阴极上只有一种离子还原，且电流效率为 100%，则电流和时间的关系为

$$i_t = i_0 e^{-\frac{DA}{V\delta}t} \tag{9-25}$$

式中：A 为电极面积，cm^2；D 为扩散系数，cm^2/s；V 为溶液体积，cm^3；δ 为扩散层厚度，cm。

电解完成 x 时，所需时间为

$$t_x = -\frac{V\delta \lg(1-x)}{0.43DA} \tag{9-26}$$

电解完成 99.9%时，所需的时间为

$$t_{99.9\%} = 7.0\,\frac{V\delta}{DA} \tag{9-27}$$

可以看出，电解完成的程度与起始浓度无关，与溶液体积 V 成正比，与电极面积 A 成反比。

控制电位电解法是一种选择性较高的电解方法，比恒电流电解法应用广泛。该方法可用于多种离子共存条件下不经分离而直接测定某一种离子。如在 Ag^+、Cu^{2+} 共存时测 Ag^+，在 Cu^{2+}、Bi^{3+}、Pb^{2+}、Sn^{2+}、Ni^{2+}、Cd^{2+} 等共存时测 Cu^{2+} 等。

9.3.2　库仑分析法

库仑分析法(coulometric method)创立于 1940 年，其理论基础就是法拉第电解定律。库仑分析法是对试样溶液进行电解，但它不需要称量电极上析出物的质量，而是通过测量电解过程中所消耗的电量，由法拉第电解定律计算出分析结果。为此，在库仑分析中，必须保证：电极反应专一，电流效率为 100%，否则，不能应用此定律。为了满足这两个条件，可采用两种方法——控制电位库仑分析法及控制电流库仑分析法。

1. 库仑分析法的基本原理

(1) 法拉第电解定律。1833—1834 年间，法拉第(Farady)通过实验确立了著名的电解定律，即法拉第电解定律。法拉第电解定律包括两方面内容。

① 电解时，电极上析出物质的质量与通过电解池的电量成正比。

② 通过相同电量时，在电极上析出的各种产物的质量，与它们的摩尔质量成正比。用数学式表示为

$$m=\frac{MQ}{Fn}=\frac{Mit}{Fn} \tag{9-28}$$

式中:m 为电解时,在电极上析出物质的质量,g;Q 为通过电解池的电量,C;M 为电极上析出物的摩尔质量,g/mol;n 为电极反应中的电子转移数;F 为法拉第常数,96 485 C/mol;i 为流过电解池的电流,A;t 为通过电流的时间,即电解时间,s。

通过法拉第电解定律可以看出,如果测量出电解过程中消耗的电量,就可以测定出待测物质的含量。但前提是通过电解池的电量全部用于电解被测物质,即在工作电极上除了用于测定的电极反应之外,不得有其他副反应或次级反应存在。即电极反应的电流效率必须为100%,这是库仑分析的先决条件。

(2) 电流效率(h_e)。在一定的外加电压条件下,通过电解池的总电流 i_T,实际上是所有在电极上进行电极反应的电流的总和。它包括:①被测物质电极反应所产生的电解电流 i_e;②溶剂及其离子电解所产生的电流 i_s;③溶液中参加电极反应的杂质所产生的电流 i_{imp}。电流效率(h_e)为

$$h_e=\frac{i_e}{i_e+i_s+i_{imp}}\times 100\%=\frac{i_e}{i_T}\times 100\% \tag{9-29}$$

从式(9-29)可以看出,要提高电流效率,则应尽可能提高 i_e,减小 i_s 和 i_{imp}。前面介绍的电解分析法不要求 100%的电流效率,但要求副反应产物不沉积在电极上而影响沉积物的纯度。库仑分析法则要求电流效率达 100%,即电极反应按化学计量关系进行,且无副反应。但是,这实际上很难达到,在常规分析中,电流效率不低于 99.9%就是可接受的。在实际工作中,要使电流效率尽可能接近 100%,必须采取以下措施:①将工作电极的电极电位控制在溶剂或其他离子不发生电解的范围内,避免溶剂的电极反应;②通过提纯试剂或空白实验消除溶液中杂质的电解反应;③通入惰性气体以消除溶液中可溶性气体参与电极反应;④改变介质条件以消除电解产物的再反应;⑤对充电电容不能忽略的电极反应,通常在试剂加入前,置工作电极于预电解电位处电解一段时间,然后在不断电的情况下加入试样。

2. 控制电位库仑分析法

(1) 基本原理和装置。控制电位库仑分析法是将工作电极的电极电位控制在某一范围内,使主反应的电流效率接近 100%。即在该条件下,只有主反应发生而无其他副反应发生。首先,在不接通库仑计的情况下进行预电解,目的是消除电活性杂质的干扰。同时通入氮气除氧,预电解达到背景电流时为止。然后将一定体积的试样溶液加入电解池中,接通库仑计电解。当电解电流降低到背景电流时停止。由库仑计记录的电量计算待测物质的含量。控制电位库仑分析装置如图 9-31 所示。两次电解不同的是在电解电路中串入一个能精密测量电量的库仑计。

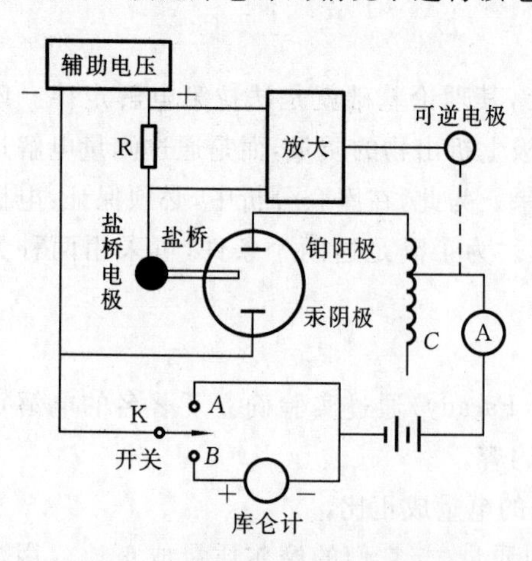

图 9-31 控制电位库仑分析装置

控制电位库仑分析法具有不需要使用基准物质、准确度高的特点。因为它是根据电量的测量来计算分析结果的,而电量的测量可以达到很高的精度,所以准确度高。另外,控制电位库仑分析法灵敏度高,能测定微克级的物质,如果校正空白值,并使用高精度的仪器,甚至可测定0.01 μg级的物质。

同时，由于其基于测量电解过程中所消耗的电量，而不是析出物的质量，因此，可不受电极反应产物状态的限制，既可用于物理性质很差的沉积系统，也可用于不形成固体产物的反应系统。

(2) 电量测量装置。电量测量的准确与否直接关系到库仑分析结果的准确度。因此，库仑计是控制电位库仑分析装置中的一个重要组成部分。库仑计有化学库仑计、机械积分仪及积分运算放大器库仑计等。

① 化学库仑计。化学库仑计是一种最基本、最简单而又最准确的库仑计。它是通过与某一标准的化学过程相比较而进行测定的。库仑计本身就是一个与样品池串联的电解池，在100%的电流效率的前提下，根据库仑计内化学反应进行的程度即可计算出通过样品池的电量，从而得到被测物质的含量。按反应方式的不同，化学库仑计可分为重量式、体积式、比色式、滴定式等类型。下面介绍一种基于测定气体体积的氢氧库仑计。

氢氧库仑计是依据电解过程中生成的氢气和氧气体积测定电量的。其装置如图 9-32 所示。在平衡管和刻度管中充以 0.5 mol/L K_2SO_4溶液，当电流通过刻度管中的电解质时，在铂片阳极和阴极上析出 O_2和 H_2，电解前、后刻度管中液面之差就是生成的氢氧混合气体在该条件下的体积。在标准状况下，每库仑电量相当于析出0.173 9 mL氢氧混合气体。如果实验中生成的气体体积在标准状况下为 V mL，则通过的电量为 $V/0.173\,9$ C。根据法拉第电解定律，样品池中被测物质的质量为

$$m = \frac{VM}{0.173\,9 \times 96\,485n} = \frac{VM}{16\,779n} \tag{9-30}$$

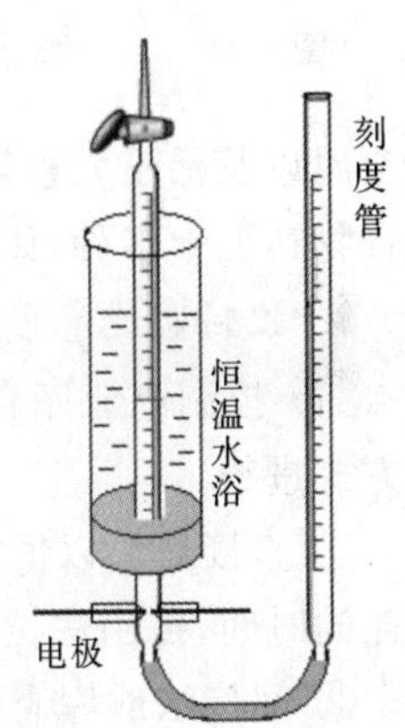

图 9-32　氢氧库仑计

这种库仑计能测量 10 C 以上的电量，准确度达±0.1%，使用简便，但灵敏度较差。

② 机械积分仪。这是用一种特殊机械装置进行电流积分的仪器。将一个直流积分电机与采样电阻并联，该积分电机的转速与采样电阻上的电压降成正比，电机的转速可用机械计数器或电子计数器记录，由此得到电流和时间的积分。将这种积分仪用于进行酸碱滴定或电生 I_2滴定 $Na_2S_2O_3$的分析中，准确度达 ±0.2%，完成一次滴定约需5 min。因此，在一些常规自动分析中仍被采用。

③ 电子积分仪。现代仪器多采用积分运算放大器库仑计或数字库仑计测定电量。在电解过程中可记录 $Q(t)$-t 曲线，由

$$Q(t) = \int_0^t i(t)\,\mathrm{d}t$$

求出所通过的电量。这种库仑计准确度高，精密度好，使用方便，可用于自动控制分析。

④ 利用 i-t 曲线求电量 Q。在控制电位库仑分析法中，随着电解的进行，被测物质的浓度越来越小，电解电流按下式衰减：

$$i_t = i_0 \times 10^{-kt}$$

其中，i_0 为 $t=0$ 时的电解电流，k 为常数，它与电解面积、试液体积、搅拌速率和电极反应类型有关，将 $Q(t)$对 t 积分得

$$Q = \int_0^t i_t\,\mathrm{d}t = \int_0^t i_0 \times 10^{-kt}\,\mathrm{d}t = \frac{i_0}{2.303k}(1 - 10^{-kt})$$

对 $i_t = i_0 \times 10^{-kt}$ 两边取对数，得

$$\lg i_t = \lg i_0 - kt \tag{9-31}$$

当 t 相当大时，10^{-kt} 可忽略，则

$$Q = \frac{i_0}{2.303k} \tag{9-32}$$

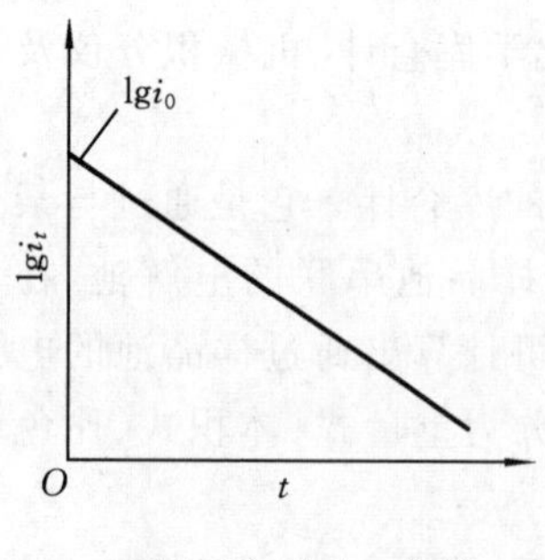

图 9-33 $\lg i_t$-t 曲线

用 $\lg i_t$ 对 t 作图，可得一直线(如图 9-33 所示)。该直线的斜率为 $-k$，截距为 $\lg i_0$。代入 $Q=\frac{i_0}{2.303k}$ 即可求出电量 Q。

(3) 控制电位库仑分析法的应用。由于控制电位库仑分析法不但具有准确、灵敏、选择性高等优点，而且它不要求被测物质在电极上沉积为金属或难溶物，因此可用于测定进行均相电极反应的物质，特别适合有机物的分析、多价态元素分析及混合物的测定。目前，控制电位库仑分析法可用于五十多种元素及其化合物的测定，其中包括氢、氧、卤素等非金属，钠、钙、镁、铜、银、金、铂等金属以及稀土元素等。在有机和生化物质的合成和分析方面的应用也很广泛，涉及的有机化合物达五十多种，如三氯乙酸的测定、血清中尿酸的测定，以及多肽合成等。

3. 控制电流库仑分析法

(1) 控制电流库仑分析法的基本原理。从理论上讲，控制电流库仑分析法可以按以下两种方式进行。

① 直接法。以恒定电流进行电解，被测定物质直接在电极上起反应，测量电解完全时所消耗的时间，再由法拉第电解定律计算分析结果的分析方法。

② 间接法或库仑滴定法。在试液中加入适当的辅助剂后，以一定强度的恒定电流进行电解，由电极反应产生一种“滴定剂”。该滴定剂与被测物质发生定量反应。当被测物质作用完后，用适当的方法指示终点并立即停止电解。由电解进行的时间 t(s)及电流 i(A)，可按法拉第电解定律计算被测物的量。

$$Q = it \tag{9-33}$$

一般按第②种方式进行。因为按第①种方式很难保证电极反应专一，电流效率达到 100%。

下面以控制电流库仑分析法测定 Fe^{2+} 为例来说明。

(ⅰ) 若以恒定电流直接电解 Fe^{2+}，则

开始时，阳极 $Fe^{2+} \longrightarrow Fe^{3+} + e^-$

电流效率可达 100%。随着电解的进行，电极表面上 Fe^{3+} 浓度不断增加，Fe^{2+} 浓度不断下降，因而阳极电位将逐渐向正方向移动。最后，溶液中 Fe^{2+} 还没有全部氧化为 Fe^{3+}，而阳极电位已达到水的分解电位，这时在阳极上同时发生下列反应而析出氧：

$$2H_2O \longrightarrow O_2\uparrow + 4H^+ + 4e^-$$

显然，由于上述反应的发生，使 Fe^{2+} 氧化反应的电流效率低于 100%。

(ⅱ) 如果在溶液中加入大量的辅助电解质 Ce^{3+}，则 Fe^{2+} 可在恒定电流下电解完全。开始时，阳极上的主要反应为 Fe^{2+} 氧化为 Fe^{3+}。当阳极电位正移至一定数值时，Ce^{3+} 开始被氧化为 Ce^{4+}，反应为

$$Ce^{3+} \longrightarrow Ce^{4+} + e^-$$

而所产生的 Ce^{4+}，则转移至溶液本体，并氧化溶液中的 Fe^{2+}，反应为

$$Ce^{4+} + Fe^{2+} \longrightarrow Fe^{3+} + Ce^{3+}$$

根据反应可知，阳极上虽发生了 Ce^{3+} 的氧化反应，但其所产生的 Ce^{4+} 又将 Fe^{2+} 氧化为 Fe^{3+}。因此，电解所消耗的总电量与单纯 Fe^{2+} 完全氧化为 Fe^{3+} 的电量是相当的。由于 Ce^{3+} 过量，稳定了电极电位，防止了水的电解。可见，用这种间接库仑分析方法，既可将工作电极的电位稳定，防止副反应的发生，又可使用较大的电流密度，以缩短滴定的时间。

(2) 库仑滴定法的基本装置。库仑滴定法的基本装置一般包括发生系统（也称为电解系统）和终点指示系统两部分。前者的作用是提供一个数值已知的恒电流，产生滴定剂并准确记录电解时间；后者的作用是指示滴定终点，以控制电解的结束。如图 9-34 所示，将辅助电极置于有烧结玻璃片的玻璃管中，避免可能产生的干扰反应，保证电流效率为 100%。

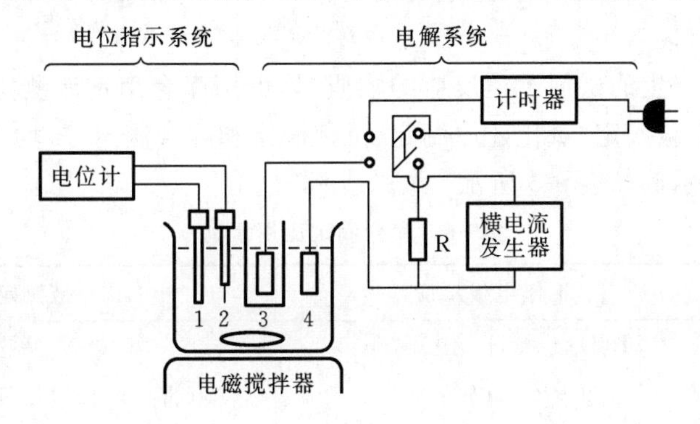

图 9-34　库仑滴定基本装置

1,2—指示电极；3—辅助电极；4—工作电极

(3) 终点指示方法。

① 化学指示剂法。普通容量分析中所用的化学指示剂，均可用于库仑滴定法中。例如：肼的测定，电解液中包含肼和大量 KBr，加入甲基橙作为指示剂。电极上产生的 Br_2 与溶液中的肼起反应，反应式为

$$NH_2NH_2 + 2Br_2 \longrightarrow N_2 + 4HBr$$

过量的 Br_2 使指示剂褪色，指示终点，停止电解。

② 电位法。利用库仑滴定法测定溶液中酸的浓度时，用 pH 玻璃电极和甘汞电极作为指示电极。此时用 Pt 电极为工作电极，银电极为辅助电极。电极上的反应为

$$2H_2O \longrightarrow H_2 + 2OH^- - 2e^-$$

由工作电极产生的 OH^- 作为滴定剂，使溶液中的酸度发生变化，用酸度计上 pH 值的突跃指示终点。

③ 死停终点法(dead-stop end point titration)。以库仑滴定法测定砷为例，说明死停终点法指示终点的原理。库仑滴定法测 As(Ⅲ)是在酸性条件下，在恒电流条件下电解称为辅助电解质的 KBr 溶液，在溶液中电解产生的滴定剂 Br_2 立即与 As(Ⅲ)发生定量的化学反应，反应式为

$$HAsO_3^{2-} + Br_2 + H_2O \longrightarrow HAsO_4^{2-} + 2Br^- + 2H^+$$

滴定终点采用双铂电极电流法指示，即在电解池中插入一对铂电极作为电极指示系统。由于电对 As(Ⅴ)/As(Ⅲ)为不可逆电对，其电极反应速率很慢。在此条件下该电对不会在电极上发生电极反应，因此在终点前指示系统无电流通过，检流计的光点指示为零（即死停在原点零的位置）。而在终点后，溶液中有了过量的溴，这时溶液中同时存在氧化还原可逆电对的

Br_2和Br^-,在此条件下它们可以在指示电极上发生的可逆电极反应为

铂阳极　　$2Br^- = Br_2 + 2e^-$

铂阴极　　$Br_2 + 2e^- = 2Br^-$

因而通过指示电极的电流明显增大,检流计的光点突然有较大的偏转,表示终点到达。

(4) 库仑滴定法的应用。库仑滴定法具有准确度和灵敏度都比较高的优点,方法的相对误差约为0.2%,甚至可以达到0.01%以下,方法的检测限可达$10^{-9} \sim 10^{-5}$ g/mL,可作为标准分析方法。由于滴定剂是通过电解产生的(电极反应产物),产生后立即与溶液中待测物质反应(边电解边滴定),所以可以使用不稳定的滴定剂(如Cl_2、Br_2、Cu^+等),扩大了滴定分析的应用范围,不需要基准物质。库仑滴定中的电量容易控制和准确测量,易于实现自动化,可进行动态的流程监控分析。

凡能与电解时所产生的试剂迅速反应的物质,均可用库仑滴定法测定,因此,凡能用容量分析测定的物质,如酸碱滴定、氧化还原滴定、沉淀滴定和配合滴定等,均可用库仑滴定法进行测定。其典型的应用示例如表9-6所示。

表9-6　库仑滴定应用示例

电极产生的试剂		工作电极反应	被测定物质
阳极反应	H^+	$2H_2O = 4H^+ + O_2 + 4e^-$	碱类
	Cl_2	$2Cl^- = Cl_2 + 2e^-$	As(Ⅲ)、I^-、SO_3^{2-}、不饱和脂肪酸、Fe^{2+}
	Br_2	$2Br^- = Br_2 + 2e^-$	As(Ⅲ)、I^-、Sb(Ⅲ)、U(Ⅳ)、Tl^+、Cu^+、H_2S、NH_3、苯胺、酚、水杨酸等
	I_2	$2I^- = I_2 + 2e^-$	As(Ⅲ)、Sb(Ⅲ)、S^{2-}、$S_2O_3^{2-}$、水分等
	Ce^{4+}	$Ce^{3+} = Ce^{4+} + e^-$	As(Ⅲ)、Ti(Ⅲ)、U(Ⅳ)、I^-、Fe^{2+}
	Mn^{3+}	$Mn^{2+} = Mn^{3+} + e^-$	As(Ⅲ)、Fe^{2+}、$C_2O_4^{2-}$等
	$[Fe(CN)_6]^{3-}$	$[Fe(CN)_6]^{4-} = [Fe(CN)_6]^{3-} + e^-$	Tl^+等
	Ag^+	$Ag = Ag^+ + e^-$	Cl^-、Br^-、I^-、硫醇等
	Hg_2^{2+}	$Hg = Hg_2^{2+} + 2e^-$	Cl^-、Br^-、I^-、S^{2-}等
阴极反应	OH^-	$2H_2O + 2e^- = 2OH^- + H_2$	酸类
	Fe^{2+}	$Fe^{3+} + e^- = Fe^{2+}$	MnO_4^-、VO_3^-、CrO_4^{2-}、Br_2、Cl_2、Ce^{4+}等
	Ti^{3+}	$TiO^{2+} + 2H^+ + e^- = Ti^{3+} + H_2O$	Fe^{3+}、V(Ⅴ)、Ce(Ⅳ)、U(Ⅳ)、Zn^{2+}等
	H_2	$2H_2O + 2e^- = 2OH^- + H_2$	不饱和有机化合物
	$[CuCl_3]^{2-}$	$Cu^{2+} + 3Cl^- + e^- = [CuCl_3]^{2-}$	V(Ⅴ)、CrO_4^{2-}、IO_3^-等

(5) 微库仑分析法。微库仑分析法与库仑滴定相似,也是利用电生滴定剂来测定被测物质的。其基本原理如图9-35所示。微库仑池中有两对电极,一对是指示电极和参比电极,另一对是发生阴极和发生阳极。液体试样可直接加入池中,气体试样由池底通入,由电解液吸收。常用的滴定池依电解液的组成不同,分为银滴定池、碘滴定池和酸滴定池几种。试样进入前,电解液中的微量滴定剂浓度一定,指示电极与参比电极的电位差为定值,此时$E_{测} = E_{偏}$,$\Delta E = 0$,电解电流i为0,系统处于平衡状态。当试样进入电解池后,使滴定剂的浓度减小,电位差发生变化,$E_{测} \neq E_{偏}$,放大器就有电流输出,工作电极开始电解,直至恢复到原来滴定剂浓度,电解自动停止。

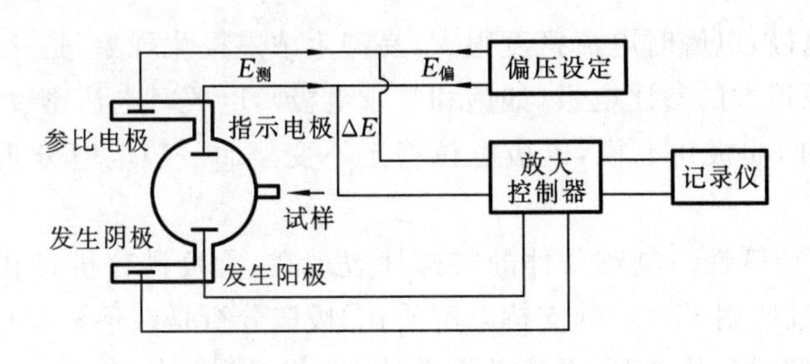

图 9-35　微库仑分析基本原理

微库仑分析法可以用来测定有机卤素，测定方法是将滴定池直接和燃烧装置相连，有机物燃烧过程中生成的 Cl^- 用 Ag^+ 自动滴定，可检测 0.1～1 000 μg 的 Cl^-，方法非常灵敏。电解液为 65%～85%的乙酸，指示电极组为银微电极和参比电极，工作电极为银阳极和螺旋铂阴极。

微库仑分析过程中，电流是变化的，根据它对时间的积分，求出电量，然后确定出样品的含量。由于微库仑分析中的电流的大小是随被测物质的含量的大小而变化的，所以又称为动态库仑分析。它是一种灵敏度高，适用于微量成分分析的方法。

9.4　伏安分析法

伏安分析法(voltammetry)是以记录电解池被分析溶液中电极的电压-电流行为为基础的一类电分析化学方法。伏安分析法与电位分析法不同，伏安分析法是在一定的电位下对系统电流的测量，而电位分析法是在零电流条件下对系统电位的测量。极谱分析法(polarography)是伏安分析法的早期形式，一般来说，极谱分析特指采用滴汞电极的经典极谱分析，也是其他各种伏安分析的基础，1922 年由捷克化学家 Jaroslav Heyrovsky 创立。因其在这一研究中的杰出贡献，1959 年 Heyrovsky 被授予诺贝尔化学奖。从 20 世纪 60 年代末开始，随着电子技术的发展，固体电极、修饰电极的广泛使用以及电分析化学在生命科学与材料科学中的广泛应用，伏安分析法得到长足的发展。现代伏安分析包括经典极谱分析、单扫描示波极谱分析、交流示波极谱分析、方波极谱分析、溶出伏安分析及循环伏安分析等。过去单一的极谱分析方法已经成为伏安分析法的一种特例。目前，伏安分析已成为痕量物质测定、化学反应机理的电极过程动力学研究及平衡常数测定等基础理论研究的重要工具。

鉴于经典极谱分析在整个伏安分析中的基础地位，首先介绍经典极谱分析。

9.4.1　经典极谱分析的基本原理

1. 经典极谱分析的基本装置

在极谱分析中，采用滴汞电极作为工作电极，其基本装置如图 9-36所示。滴汞电极的上部为储汞瓶，下接一厚壁硅橡胶管，硅橡胶管的下端接一毛细管，毛细管的内径约为 0.05 mm。汞自毛细管有规则地、周期性地滴落，其滴汞周期为 3～5 s。极谱分析是一种在特殊条件下进行的电解过程。特殊性表现在两个方面。

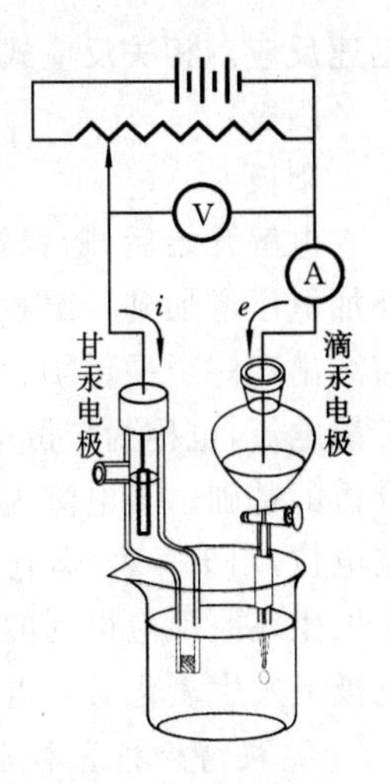

图 9-36　极谱分析基本装置

(1) 电极的特殊性。电极的特殊性表现在极谱分析通常采用一个面积很小的滴汞电极，电解时电流密度很大，易产生浓差极化现象，是一个完全的极化电极；另一个通常采用面积很大的参比电极(如饱和甘汞电极)，电解时电流密度很小，不产生浓差极化现象，是一个完全的非极化电极，电极电位稳定不变。而一般电解分析使用两个面积大的电极。

(2) 电解条件的特殊性。电解条件的特殊性表现在：①极谱分析是在溶液保持静止的条件下进行电解的，并且使用了大量的支持电解质；②极谱分析是在逐渐增加外加电压的条件下进行的，测量的是电解过程中电压-电流关系曲线，由此得到分析结果；③极谱分析时，通过电解池的电流很小，通常在几十微安左右。极谱分析适合微量成分的分析，而电解分析则用于常量成分的分析。

2. 极谱波的产生

以滴汞电极为阴极，饱和甘汞电极为阳极，以电解浓度为 5×10^{-3} mol/L $PbCl_2$ 溶液为例说明(极谱分析所测定的离子浓度一般是很小的)。在试液中加入大量 KCl，其浓度达 0.1 mol/L(称为支持电解质)，再加入 1%的动物胶(称为极大抑制剂)，通 N_2 除去溶液中的溶解氧，调节汞柱高度使汞滴以每滴 3～5 s 的频率滴下。

如图 9-36 所示，当调节分压电阻上的触点自右向左逐渐和均匀移动时，施加给两极上的电压逐渐增大。在此过程中触点的每一个位置都可以从检流计和电压表上测得相应的电流和电压值。从而可绘制成电压-电流曲线(如图 9-37 所示)，即 Pb^{2+} 的极化曲线，此曲线呈台阶状，通常称为极谱波。最后可根据极谱波对被测物质进行定性和定量分析。

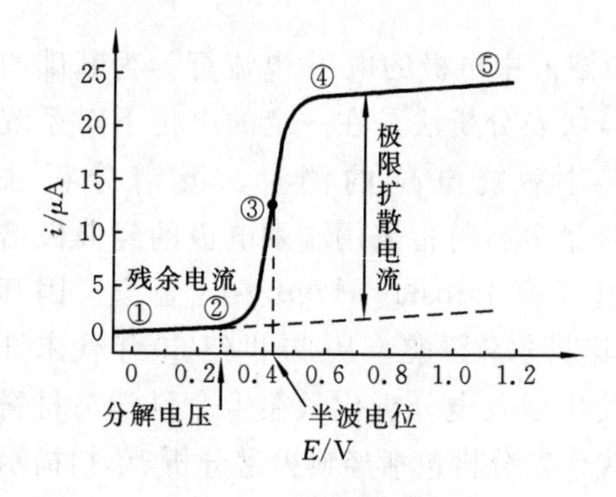

图 9-37　Pb^{2+} 的极谱图

从图 9-37 可以看出，极谱波是一台阶状的曲线，起初的平坦部分①②段是指外加电压还未达到 Pb^{2+} 的分解电压，即滴汞电极上还没有 Pb^{2+} 被还原的情况，此时应该没有电流通过电解池，但实际上仍有极微小的电流通过，此电流称为残余电流。当外加电压到达 Pb^{2+} 的分解电压时，Pb^{2+} 开始在滴汞电极上迅速反应。相关反应式为

阴极　　$Pb^{2+}+2e^{-}+Hg \xlongequal{} Pb(Hg)$

阳极　　$2Hg+2Cl^{-} \xlongequal{} Hg_2Cl_2+2e^{-}$

电解开始后，随着外加电压的继续增大，电流急剧上升，形成极谱波的②③④段。最后当外加电压增加到一定数值时，电流不再增加，达到一个极限值，即图中④处，达到扩散平衡，极谱波出现一个平台④⑤段。此时的电流称为极限电流。极限电流与残余电流之差，称为极限扩散电流，也称为扩散电流或波高，以 i_d 表示。i_d 与电解液中 Pb^{2+} 的浓度成正比，是极谱定量分析的基础。当电流为极限扩散电流一半时的滴汞电极电位，即图中③处对应的电位，称为半波电位，用 $E_{1/2}$ 表示，它是极谱定性分析的基础。将被测物质的氧化态在作为阴极的滴汞电极上发生还原反应得到的极谱波称为还原波或阴极波，将被测物质的还原态在作为阳极的滴汞电极上发生氧化反应得到的极谱波称为氧化波或阳极波。

3. 极谱分析基本原理

极谱分析是以电解分析为基础的分析方法，因此，电解中外加电压、电极电位以及电流等之间的关系，可表示如下：

$$\varepsilon_{分} = E_a - E_{d.e} + iR + \eta$$

式中：$\varepsilon_{分}$表示加到极谱电解池两电极的外加电压；E_a和$E_{d.e}$分别表示阳极电位和滴汞电极电位；η表示过电位，金属在滴汞电极析出时的过电位一般很小，所以电解时η可忽略不计；iR表示电解池内阻引起的电压降，由于极谱电解时通过电解池的电流很少，通常R值也不是很大，iR项可以忽略不计。因此，有

$$\varepsilon_{分} = E_a - E_{d.e}$$

极谱分析时，阳极通常是面积很大的饱和甘汞电极，电解时电流密度很小，而电极反应引起的 Cl^- 浓度的变化很小，因此，在电解过程中，饱和甘汞电极的电极电位保持恒定。当以饱和甘汞电极为标准，即$E_a=0$，用符号 vs. SCE 表示，则

$$\varepsilon_{分} = -E_{d.e}(\text{vs. SCE}) \tag{9-34}$$

式(9-34)定量地说明，在极谱分析中由于采用了大面积的饱和甘汞电极和与之对应的面积很小的滴汞电极，工作电极的电极电位完全受外加电压的控制，滴汞电极的电位$E_{d.e}$(vs. SCE)的数值与外加电压完全相等，且符号相反。同时还表明，当iR可以忽略不计时，如果横坐标值取负值，则前述的电压-电流曲线与滴汞电极的电极电位-电流曲线完全重合。同时说明，极谱分析电解过程是一个比较完善的控制电极电位的电解过程。

当外加电压从零开始逐渐增加时，滴汞电极电位逐渐变负，一旦达到 Pb^{2+} 的析出电位时，滴汞电极表面溶液薄层中 Pb^{2+} 就开始被还原，从而产生电解电流。此时，电极表面反应物与产物的浓度仅仅与电极电位有关，并符合 Nernst 方程(25 ℃)，即

$$E_{d.e} = E_a^{\ominus} + \frac{0.059\ 2}{n}\lg\frac{c_0}{c_{a0}} \tag{9-35}$$

式中：c_0为电极表面溶液中的 Pb^{2+} 浓度；c_{a0}为电极表面铅汞齐中铅的浓度。由上式看出，当外加电压继续增加，滴汞电极电位变得更负时，将有更多的 Pb^{2+} 被还原为铅，c_0变得越来越小。如果没有更多的 Pb^{2+} 从溶液本体运动到电极表面的溶液薄层中，当c_0降低到与滴汞电极电位平衡的浓度时，电解电流将迅速减小到零。实际上，电解电流并不会减小到零。在极谱分析中，溶液中存在大量支持电解质时，电迁移引起的传质可以忽略，同时溶液保持静止，对电流的影响也可以忽略，这时起主要作用的是扩散。因为当电极表面 Pb^{2+} 浓度降低时，就与溶液本体的 Pb^{2+} 浓度产生浓度差，从而使溶液本体的 Pb^{2+} 向电极表面扩散。扩散到电极表面的 Pb^{2+}，又在电极上被还原，形成持续不断的电解电流。这种电流是由浓差扩散产生的，因而称为扩散电流。由于扩散，在电极周围形成厚度约 0.05 mm 的扩散层(如图 9-38 所示)。在扩散层内，电极表面 Pb^{2+} 浓度c_0取决于电极电位；在扩散层外，Pb^{2+} 浓度与溶液本体的浓度c相等；在扩散层中，从电极表面往外 Pb^{2+} 浓度从小到大，形成浓度梯度。

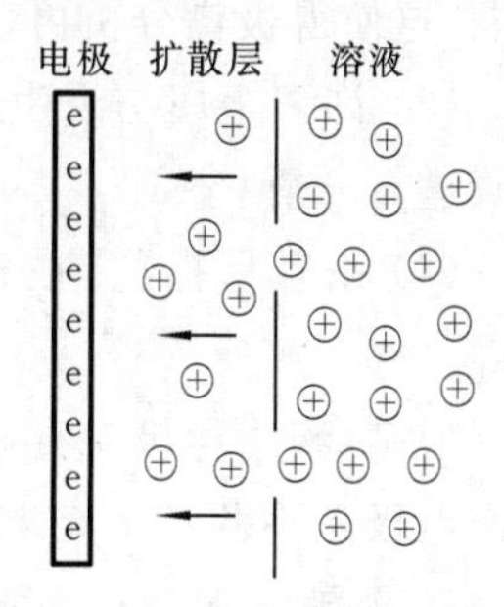

图 9-38　滴汞电极周围的扩散层和浓差极化

可见，扩散电流的大小取决于 Pb^{2+} 的扩散速率，而 Pb^{2+} 的扩散速率取决于扩散层中的浓度梯度$(c-c_0)$与有效扩散层厚度之比，即

$$i_d \propto 扩散速率 \propto 浓度梯度\left(\frac{c-c_0}{\delta}\right) \tag{9-36}$$

式中：δ为有效扩散层厚度。式(9-36)也可表示为

$$i_d = k(c-c_0) \tag{9-37}$$

当外加电压继续增加,电极表面溶液中的 Pb^{2+} 浓度将变得更小,扩散电流更大。最后,当滴汞电极电位负到一定程度时,可以认为电极表面溶液中的 Pb^{2+} 浓度 c_0 趋近于零,扩散电流达到最大值,即极限扩散电流的数值,此时有

$$i_{\mathrm{d}} = kc \tag{9-38}$$

式中:c 为被测离子在溶液本体中的浓度,对给定的被测溶液而言为一常数。当滴汞电极电位变得更负时,扩散电流不再变大,所以在极谱图上出现一个平台。这时,电极达到完全的浓差极化,电流的大小完全受扩散速率的控制。在这种情况下,极限扩散电流与被测离子浓度成正比,这就是极谱定量分析的依据。

可见,完全浓差极化是极谱分析的基础。要形成完全浓差极化,首先待测物质的浓度要小,这样才能快速形成浓度梯度。其次,溶液应保持静止,使扩散层厚度稳定,待测物质仅依靠扩散到达电极表面。电解液中含有大量的惰性支持电解质,使待测离子在电场作用力下的迁移运动减至最弱。在极谱分析中,使用的是两个不同性能的电极,滴汞电极的电位随外加电压的变化而变化,保证在电极表面形成浓差极化。

极谱定性的依据是半波电位 $E_{1/2}$。各种不同金属离子具有不同的析出电位,但析出电位不能作为极谱定性分析的依据,其原因是析出电位与离子浓度有关。而半波电位是在一定条件下,某一可还原物质的特征性常数,一般与浓度无关。

4. 滴汞电极的特点

极谱分析是一类以滴汞电极为工作电极的电分析化学法。这不仅是由于滴汞电极面积小,电解时电流密度大,溶液达到完全浓差极化,而且滴汞电极还具有其他微电极不具备的特点。

(1) 在极谱分析中,汞滴不断滴落,使电极表面不断更新,重复性好。当然,由于受汞滴周期性滴落的影响,汞滴面积的变化会使电流呈快速“锯齿”状变化。

(2) 氢在汞上的过电位较大,一般当滴汞电极电位达到 -1.3 V (vs. SCE)时,H^+ 还不会放电,这使得极谱分析可以在酸性溶液中测定的金属离子范围大大扩展。

(3) 许多金属与汞生成汞齐,降低了其析出电位,所以在碱性溶液中也能对碱金属和碱土金属进行分析。

(4) 汞容易提纯,在极谱分析中所用汞能达到很高的纯度,为分析结果的重现创造了条件。

但是,滴汞电极也存在一些缺点,如汞易挥发,汞蒸气有毒,汞滴面积的不断变化会导致在工作电极上不断产生充电电流(电容电流),引起测量误差等。

5. 经典直流极谱分析法的应用

经典直流极谱分析法的应用十分广泛。在无机分析方面,元素周期表上的大多数元素都可用极谱法测定。特别适合于金属、合金、矿物及化学试剂中微量杂质的测定,如金属锌中的微量 Cu、Pb、Cd,钢铁中的微量 Cu、Ni、Co、Mn、Cr,铝镁合金中的微量 Cu、Pb、Cd、Zn、Mn,矿石中的微量 Cu、Pb、Cd、Zn、W、Mo、V、Se、Te 等的测定。在有机分析方面,能用极谱分析的有机物必须是在滴汞电极上发生氧化或还原反应的物质,如醛类、酮类、糖类、醌类、硝基类、亚硝基类、偶氮类和药物(如维生素、抗生素、生物碱等)。极谱分析还可测定一些化学或物理常数,如溶度积常数、配合物的组成和稳定常数等,还可研究氧化还原过程、表面吸附过程及电极过程动力学等。

9.4.2 极谱定量分析基础——扩散电流方程式

根据前面的分析，极谱分析中极限扩散电流的大小满足以下关系：

$$i_d = kc$$

式中的比例系数 k 究竟多大呢？1934 年 Ilkovic 导出的 Ilkovic 方程式很好地解决了这个问题，从而奠定了极谱定量分析的理论基础。

1. Ilkovic 方程式

为了导出 Ilkovic 方程式，可首先考虑扩散物质向平面静止电极的线性扩散情况。线性扩散是仅向一个方向进行的最简单的扩散过程。图 9-39 是一个圆柱体中物质向平面电极线性扩散的示意图，根据费克第一扩散定律，单位时间内通过单位平面的扩散物质的量与浓差梯度成正比，有

$$f = \frac{dN}{A\,dt} = D\frac{\partial c}{\partial X}$$

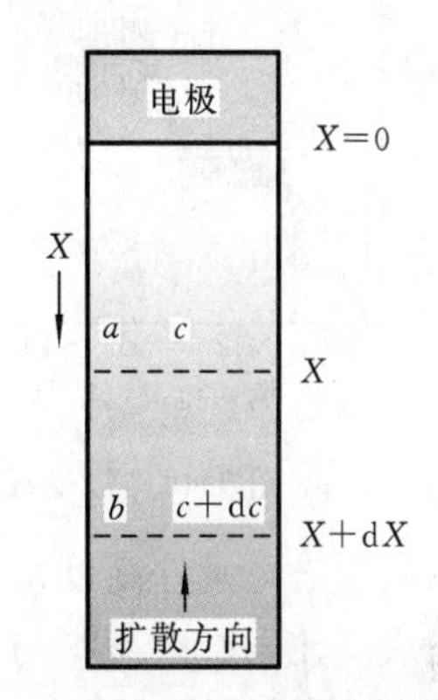

图 9-39　线性扩散示意图

扩散电流的大小取决于电极表面的浓度梯度，因此，根据法拉第电解定律，电解开始后 t 时，扩散电流的大小为

$$(i_d)_t = nFAf_{X=0,t} = nFAD\left(\frac{\partial c}{\partial X}\right)_{X=0,t} \tag{9-39}$$

式中：A 为电极面积；D 为与浓度、电解时间及距离 X 无关的物质的扩散系数。在扩散场中，浓度的分布是时间 t 和距电极表面距离 X 的函数，有

$$c = \varphi(t,\ X)$$

利用费克第二扩散定律和拉普拉斯变换的方法，可求出电极表面的浓度梯度为

$$\left(\frac{\partial c}{\partial X}\right)_{X=0,t} = \frac{c}{\sqrt{\pi Dt}} \tag{9-40}$$

将式(9-40)代入式(9-39)得

$$(i_d)_t = nFAD\frac{c}{\sqrt{\pi Dt}} \tag{9-41}$$

对于滴汞电极，由于汞滴呈周期性增长，使其有效扩散层厚度减小，厚度变为线性扩散层厚度的 $\sqrt{3/7}$。因此，在任意时间滴汞电极表面的极限扩散电流为

$$(i_d)_t = nFAD\frac{c}{\sqrt{3\pi Dt/7}} \tag{9-42}$$

考虑到滴汞电极的汞滴面积是时间的函数，在 t 时汞滴面积为

$$A_t = 0.85m^{2/3}t^{2/3} \tag{9-43}$$

将式(9-43)代入式(9-42)，得到滴汞电极的瞬时扩散电流为

$$(i_d)_t = 706nD^{1/2}m^{2/3}t^{1/6}c \tag{9-44}$$

而扩散电流的平均值为

$$(i_d)_{平均} = \frac{1}{\tau}\int_0^{\tau}(i_d)_t\,dt \tag{9-45}$$

求出积分值后得到极限扩散电流的平均值为

$$(i_d)_{平均} = 607nD^{1/2}m^{2/3}\tau^{1/6}c \tag{9-46}$$

这就是 Ilkovic 方程式。

式中：$(i_d)_{平均}$为平均极限扩散电流，μA；n 为电极反应中电子转移数；D 为被测物质在溶液中的扩散系数，cm^2/s；m 为汞流速度，mg/s；τ 为滴汞周期，s；c 为被测物质的浓度，mmol/L。

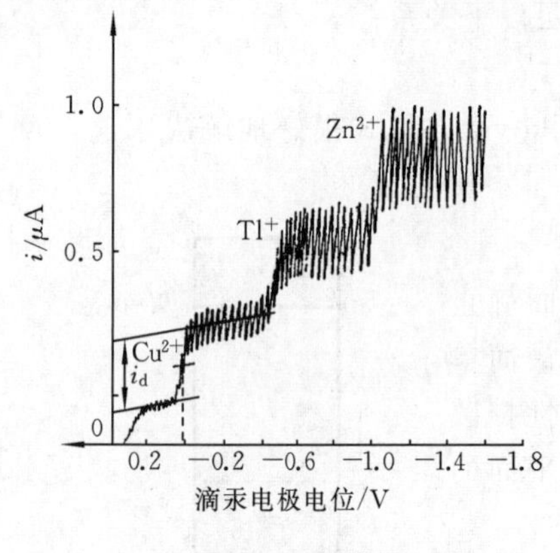

图 9-40　极谱图

在极谱分析中需测量平均扩散电流，通常使用长周期(4～8 s)检流计记录电流。它指示的电流在平均极限扩散电流的上、下振荡，因此，用自动拍照或自动记录所得的极谱波呈现锯齿形，如图 9-40 所示。从极谱波上测量极限扩散电流是量取锯齿曲线的上、下振幅中间的平均值。在极谱分析中，极限扩散电流就是指平均极限扩散电流。

2. 影响扩散电流的因素

(1) 毛细管特性的影响。汞流速度 m 与滴汞周期 τ 称为毛细管特性，$m^{2/3}\tau^{1/6}$ 称为毛细管常数。该常数除了与毛细管的内径等因素有关外，还与汞柱高度 h 有关。滴汞周期 τ 与汞柱高度 h 有关，由于汞流速度 m 与汞柱高度 h 成正比，而滴汞周期 τ 与汞柱高度 h 成反比，故 $m^{2/3}\tau^{1/6}$ 与 $h^{1/2}$ 成正比，所以极限扩散电流与 $h^{1/2}$ 成正比。因此，在实验过程中汞柱高度应保持一致。

另外，毛细管倾斜会使汞滴下落不规则，对 τ 和 m 均有影响，故在测定过程中，毛细管应尽量垂直于水平面放置。

(2) 滴汞电极电位的影响。滴汞周期 τ 与汞滴-溶液界面的表面张力 σ 成正比。滴汞电极电位将影响表面张力 σ，从而影响滴汞周期 τ，而 $m^{2/3}\tau^{1/6}$ 值受滴汞电极电位的影响相对来说较小，在−1.0～0 V 时，$m^{2/3}\tau^{1/6}$ 仅变化 1%。但在−1.0 V 以后，应该考虑滴汞电极电位对毛细管特性的影响。

(3) 温度的影响。温度对扩散系数 D 有显著影响，在 25 ℃附近，许多离子的扩散系数的温度系数为每摄氏度 1%～2%。因此，要求极谱分析过程中溶液的温度变化控制在0.5 ℃以内。若温度系数大于每摄氏度 2%，极谱电流便有可能不完全受扩散所控制。

(4) 溶液组成的影响。扩散系数与溶液的黏度有关，黏度越大，物质的扩散系数越小，因此扩散电流也随之减小。溶液组成的改变会引起溶液黏度的变化。极谱极大抑制剂加入量过小，起不到抑制极谱极大的作用；加入量过大，会影响滴汞周期。滴汞周期小于 1.5 s 时，滴汞速率过快，引起溶液的显著搅动，扩散过程受到破坏，从而影响扩散电流；配位剂的存在会使被测离子形成配离子，不仅改变离子的扩散速率，而且也改变电子的交换速率。因此，在极谱分析中，应保持溶液组成的一致。

3. 干扰电流及其消除方法

极谱定量分析的基础是极限扩散电流与被测物质的浓度成正比。但是，在极谱分析过程中，除扩散电流外，还会产生一些与被测物质无关或与被测物质不呈线性关系的电流，这些电流将干扰扩散电流的准确测量，因此称为干扰电流。为了保证测定结果的准确度，需采用适当的方法消除干扰电流。

(1) 残余电流。在进行极谱分析时，当外加电压未达到被测物质的分解电压时，仍有微小的电流通过电解池，这种电流称为残余电流。残余电流(i_r)由电解电流(i_f)和电容电流(i_c)两部分组成。

电解电流(i_f)是由于溶液中含有微量的容易被还原的杂质在滴汞电极上还原时所产生的

电流。例如：普通蒸馏水中的微量 Cu^{2+}，实验中所用各种化学试剂中的微量 Fe^{2+}、Fe^{3+} 等，这些杂质在外加电压还未达到被测物质的分解电压前，即在滴汞电极上被还原，产生很小的电解电流。可通过提高试剂的纯度，如使用二次蒸馏水及使用纯度在分析纯以上的试剂，预先除去溶液中的溶解氧等方法尽量减小电解电流。

电容电流(i_c)是残余电流的主要组成部分。电容电流的产生主要是由于电极和溶液的界面存在双电层，相当于一个电容器。当滴汞电极的电位发生变化时，就要向电容器充电，这便是电容电流，属于非法拉第电流。这一问题的解决，促进了新的极谱技术的发展，将在后面介绍。电容电流的大小约为 10^{-7} A 数量级，相当于 10^{-5} mol/L 被测物质所产生的扩散电流。所以，电容电流的存在是限制极谱分析灵敏度提高的主要因素。为了减小电容电流，在测定扩散电流时，对残余电流一般采用作图的方法加以扣除。

(2) 迁移电流。在极谱分析中，被分析离子由溶液本体向滴汞电极表面的运动除了扩散运动外，还有一种运动称为迁移运动。迁移运动是由电解池的阴、阳极对待测离子的静电吸引或排斥力引起的。这种由于迁移运动，而使溶液本体中的离子受静电引力的作用达到电极表面，在电极上被还原而产生的电流称为迁移电流。如果在溶液中加入大量的惰性电解质，它们在溶液中电离出大量的阴、阳离子，由于滴汞电极对所有阳离子均具有静电引力，因此，作用于被分析离子的静电引力就大大地减弱了，以致由静电引力引起的迁移电流趋向于零，从而达到消除迁移电流的目的。所加入的电解质称为支持电解质，如 KCl、HCl、KNO_3 等。支持电解质的浓度一般是被测物质浓度的 50～100 倍。

(3) 极谱极大。极谱极大也称为畸峰，是极谱波中的一种异常或特殊现象。在电解开始后，电流随滴汞电极电位的增加而迅速增大，达到一个极大值，当滴汞电极电位变得更负时，这种现象消失，电流下降到正常的扩散电流值而趋于正常，这种现象称为极谱极大，如图 9-41 所示。

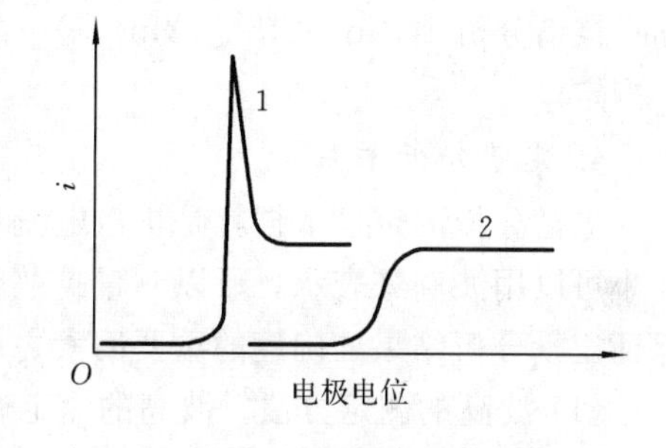

图 9-41　极谱极大现象

1—未加动物胶；2—加了 0.1%动物胶

极谱极大可以用 Frumkin 等提出的动电学说来解释。由于汞滴本身带有电荷，其表面各部分的电位不同，因而汞滴表面各部分的表面张力不同，导致汞滴表面的切向运动。当汞滴带正电荷时，上部分正电荷密度大，表面张力小，汞滴向下运动；当汞滴带负电荷时，下部分负电荷密度大，表面张力小，汞滴向上运动。因汞滴表面黏附着溶液，所以汞滴转动时，也带动了溶液的流动，搅动了溶液，将"额外"多的电极反应物带到滴汞电极表面，还原产生电流，形成了极谱极大现象。当电流上升到极大值以后，电极表面的被测物质浓度趋向于零，电流就立即下降到极限电流的区域。消除极谱极大的试剂称为极大抑制剂，常用的极大抑制剂有动物胶、聚乙烯醇及某些有机染料等表面活性剂。加入极大抑制剂的量很重要，加入太少，不能消除或不能完全消除极谱极大；加入太多，会降低扩散电流，甚至使极谱波变形。因此，适当的抑制剂加入量需经实验进行优化。

(4) 氧波。在室温下，氧在溶液中的溶解度约为 8 mg/L。溶解在溶液中的氧，能在滴汞电极上发生电极反应而产生两个极谱波，称为氧波。

第一个氧波

$$O_2+2H^++2e^-=\!=\!=H_2O_2 \qquad \text{(酸性溶液)}$$

$$O_2+2H_2O+2e^-=\!=\!=H_2O_2+2OH^- \qquad \text{(中性或碱性溶液)}$$

半波电位 $E_{1/2}=-0.05\ V(vs.\ SCE)$

第二个氧波

$$H_2O_2+2H^++2e^-=\!=\!=2H_2O \quad (酸性溶液)$$

$$H_2O_2+2e^-=\!=\!=2OH^- \quad (中性或碱性溶液)$$

半波电位 $E_{1/2}=-0.94\ V(vs.\ SCE)$

这两个还原波占据了从 0 V 到 -1.2 V 的整个电位区间,这正是大多数金属离子还原的电位范围。氧波将重叠在被测物质的极谱波上而干扰测定。因此,需事先除去溶解氧。

除氧的方法有以下几种。

① 在溶液中通入惰性气体(如 N_2、H_2 或 CO_2)以驱赶溶解氧,从而消除氧波。N_2 或 H_2 可用于任何溶液,而 CO_2 只能用于酸性溶液。

② 在中性或碱性溶液中,可加入亚硫酸钠除氧,反应式为

$$2SO_3^{2-}+O_2=\!=\!=2SO_4^{2-}$$

③ 在强酸性溶液中,加入 Na_2CO_3 以生成大量的 CO_2 气体来驱赶溶解氧。

④ 在弱酸性溶液中,利用加入的抗坏血酸与溶解氧反应来除氧,效果也很好。

(5) 氢波。溶液中的 H^+ 在滴汞电极上还原而产生的极谱波,称为氢波。如果被测物质的极谱波与氢波近似,则氢波对测定会有干扰。在酸性溶液中,H^+ 在 -1.4～-1.2 V(vs. SCE)范围内,可在滴汞电极上被还原产生氢波,故 $E_{1/2}$ 较 -1.2 V 负的物质不能在酸性溶液中测定;在碱性溶液中,H^+ 浓度很小,在很负的电位时才产生氢波,且很小,一般不干扰测定。如在极谱分析中,Co^{2+}、Ni^{2+}、Mn^{2+} 等 $E_{1/2}$ 较负,一般不适宜在酸性溶液中测定,可在氨性溶液中测定。

4. 定量分析方法

极谱分析的定量依据就是扩散电流与待测物质浓度成正比。而在极谱图上,扩散电流的大小可以用波高来表示。所以测量扩散电流,实际就是测量极谱波的波高。准确测量波高是保证定量分析结果准确度的重要因素之一。

(1) 波高的测定方法。波高的测定有三种方法。

① 平行线法。波形良好的极谱图,极限扩散电流与残余电流平行。对这种类型的极谱波,可方便地用平行线法测量。该法是分别沿扩散电流与残余电流的锯齿波纹中心作两条平行线,两平行线之间的垂直距离即为波高 h。如图 9-42(a)所示。

② 三切线法。当极限扩散电流与残余电流不平行时,采用切线法测量波高。沿扩散电流与残余电流作两条延伸线,这两条延伸线与波的切线相交于两点,通过此两点作两互相平行的线,两平行线之间的垂直距离即为波高 h。如图 9-42(b)所示。

③ 矩形法。沿扩散电流与残余电流作两条延伸线,这两条延伸线与波的切线相交于两点,过这两点作两条横轴的垂线,与扩散电流与残余电流的两条延伸线又交于两点,构成四边形,作其一条对角线,与波的切线相交于一点(这点对应的电位,就是半波电位),过这点作横轴的垂线,其在四边形之间的距离即为波高 h。如图 9-42(c)所示。

(2) 定量分析测定方法。定量分析测定方法有三种。

① 直接比较法。将浓度为 c_s 的标准溶液与浓度为 c_x 的未知溶液在相同的实验条件下,分别作出极谱图,测得其波高分别为 h_s 和 h_x,由

$$h_s=kc_s$$

$$h_x=kc_x$$

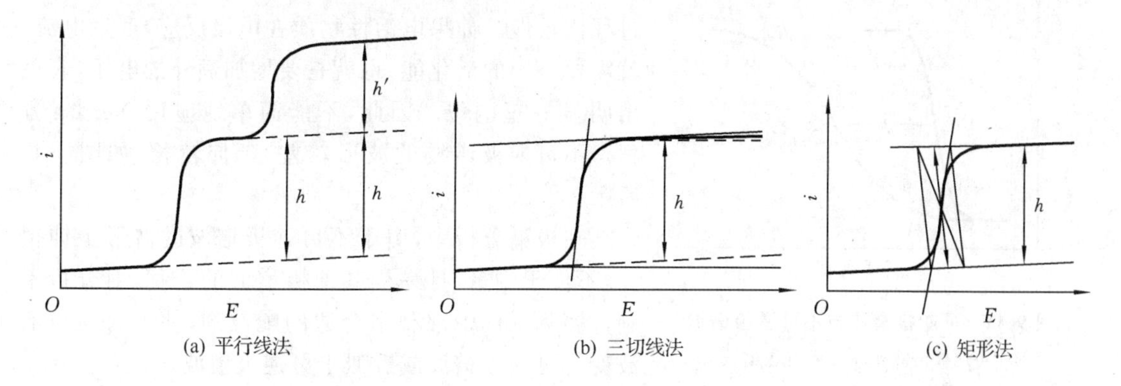

图 9-42　波高的测量方法

在相同条件下，k 值相同，两式相除得

$$c_x = \frac{h_x}{h_s} c_s \tag{9-47}$$

由式(9-47)可求物质浓度。

② 工作曲线法。配制一系列含有不同浓度的被测离子的标准溶液，在相同实验条件下作极谱图，测得波高 h。以波高 h 为纵坐标，浓度为横坐标作图，可得一直线。然后在上述条件下测定未知溶液的波高 h，从标准曲线上查得未知溶液的浓度。

③ 标准加入法。取体积为 V_x(单位为 mL)的未知溶液，设其浓度为 c_x，作出极谱图。然后加入浓度为 c_s、体积为 V_s(单位为 mL)的标准溶液，再在相同条件下作出极谱图。分别测量加入前、后的波高为 h、H，则有

$$h = kc_x$$

$$H = k\frac{c_x V_x + c_s V_s}{V_x + V_s}$$

两式相除得

$$c_x = \frac{c_s V_s h}{H(V_x + V_s) - V_x h} \tag{9-48}$$

标准加入法的准确度高，适用于组成复杂的少量试样的分析。

9.4.3　极谱定性分析基础——半波电位

表达极谱波上电流与滴汞电极电位的数学关系式，称为极谱波方程式。极谱波的种类不同，其极谱波方程式也不同。通过讨论不同类型的极谱波方程式，可以从理论上探讨半波电位与反应物特性之间的关系，以及极谱波方程式的应用。这里仅讨论简单金属离子还原为汞齐的可逆极谱波方程式。

1. 可逆极谱波与不可逆极谱波

(1) 可逆极谱波。电极反应的速率比电活性物质从溶液向电极表面扩散的速率要大得多。极谱波上任何一点的电流都受扩散速率控制，电极反应的进行没有表现出明显的超电位，在任何一电位下，电极表面迅速达到平衡，Nernst 方程完全适用。可逆极谱波的波形一般很好。如图 9-43 所示。

(2) 不可逆极谱波。电极反应的速率相对于电活性物质从溶液向电极表面扩散的速率来

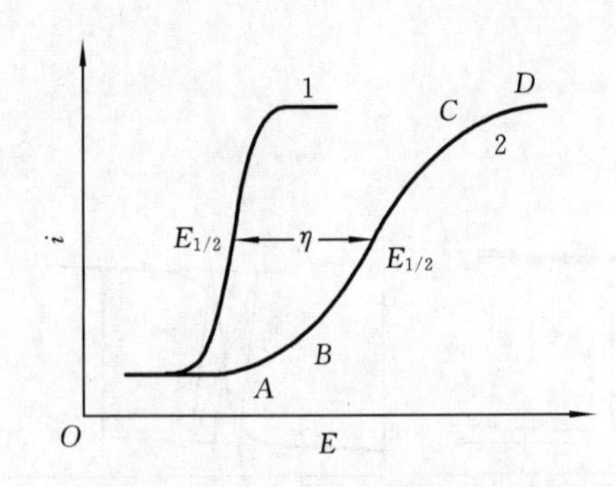

图 9-43 可逆极谱波与不可逆极谱波

1—可逆极谱波;2—不可逆极谱波

说要小得多。溶液中电活性物质与电极间电子的交换过程比较慢。如果电活性物质在电极反应,产生电流,就需要一定的活化能,也就是要增加额外的电压,表现出明显的超电位。因此,不能简单地应用 Nernst 方程。不可逆极谱波的波形较差,延伸较长,如图 9-43 所示。

在极谱分析中,由于不可逆极谱波的波形延伸很长,不便于测量,且易受其他极谱波的干扰,对分析不利。实际工作中常利用合适的配位剂,使不可逆极谱波变为可逆极谱波或近似于可逆极谱波。

2. 简单金属离子的极谱波方程式

当简单金属离子被还原为金属,并且溶于汞生成汞齐时,电极反应式为

$$\mathrm{A} + n\mathrm{e}^- \rightleftharpoons \mathrm{B(Hg)}$$

对于可逆电极反应,滴汞电极电位可以用 Nernst 方程表示(25 ℃)。

$$E_{\mathrm{d.e}} = E_{\mathrm{a}}^{\ominus} + \frac{0.059\,2}{n}\lg\frac{\gamma_{\mathrm{A}}c_{\mathrm{A}}}{\gamma_{\mathrm{B}}c_{\mathrm{B}}} \tag{9-49}$$

式中:c_{A}表示 A 在滴汞电极表面的浓度;c_{B}表示 B 在滴汞电极表面的浓度。如 B 为可溶性物质,那么,c_{B}是指 B 在滴汞电极表面的附近溶液中的浓度;如果 B 与汞生成汞齐,c_{B}是指 B 在汞齐中的浓度;如 B 为金属,不溶于汞,而以固体状态沉积于滴汞电极上,则 c_{B}为一常数。

根据 Ilkovic 方程式,在未达到极限扩散电流以前,如果溶液本体的浓度为 c_{A0},那么有

$$i = k_{\mathrm{A}}(c_{\mathrm{A0}} - c_{\mathrm{A}}) \tag{9-50}$$

当达到极限扩散电流时,有

$$i_{\mathrm{d}} = k_{\mathrm{A}}c_{\mathrm{A0}} \tag{9-51}$$

由式(9-50)和式(9-51)可得

$$c_{\mathrm{A}} = \frac{i_{\mathrm{d}} - i}{k_{\mathrm{A}}} \tag{9-52}$$

根据法拉第电解定律,在电解过程中,还原产物 B 的浓度 c_{B}应与通过的电流 i 成正比,即

$$i = k_{\mathrm{B}}c_{\mathrm{B}} \tag{9-53}$$

将式(9-52)及式(9-53)代入式(9-49)得

$$E_{\mathrm{d.e}} = E_{\mathrm{a}}^{\ominus} + \frac{0.059\,2}{n}\lg\frac{\gamma_{\mathrm{A}}k_{\mathrm{B}}}{\gamma_{\mathrm{B}}k_{\mathrm{A}}} + \frac{0.059\,2}{n}\lg\frac{i_{\mathrm{d}} - i}{i} \tag{9-54}$$

对某一还原物质 A,在一定实验条件下,$E_{\mathrm{a}}^{\ominus}$、γ_{A}、γ_{B}、k_{A}、k_{B}都是常数,它们可以合并为一个新的常数 E',则

$$E_{\mathrm{d.e}} = E' + \frac{0.059\,2}{n}\lg\frac{i_{\mathrm{d}} - i}{i} \tag{9-55}$$

当 $i=\frac{1}{2}i_{\mathrm{d}}$时,相应的滴汞电极电位称为半波电位 $E_{1/2}$,此时

$$E_{1/2} = E_{\mathrm{a}}^{\ominus} + \frac{0.059\,2}{n}\lg\frac{\gamma_{\mathrm{A}}k_{\mathrm{B}}}{\gamma_{\mathrm{B}}k_{\mathrm{A}}} \tag{9-56}$$

可见,在一定的实验条件下,半波电位是一个常数,它与被测物质的浓度、毛细管常数及检流计的灵敏度等因素无关,而取决于被测物质的特性。所以,半波电位可作为极谱定性分析的

依据。表 9-7 列举了一些金属离子在不同底液条件下的半波电位。

表 9-7　一些金属离子在不同底液下的半波电位 $E_{1/2}$ (vs. SCE)

单位：V

金属离子	底液				
	1 mol/L KCl	1 mol/L HCl	1 mol/L NaOH (KOH)	2 mol/L HAc-NH_4Ac	1 mol/L NH_3-NH_4Cl
Al^{3+}	−1.75	—	—	—	—
Fe^{3+}	>0	>0	—	>0	—
Fe^{2+}	−1.30	—	−0.9(1.46)	—	−0.34(1.49)
Cr^{3+}	−0.85	−0.99	−0.92	−1.2	−1.43
	−1.47	−1.26	—	—	−1.71
Mn^{2+}	−1.51	—	−1.70	—	−1.66
Co^{2+}	−1.30	—	−1.43	−1.1	−1.29
Ni^{2+}	−1.10	—	—	−1.1	−1.10
Zn^{2+}	−1.00	—	−1.48	−1.1	−1.35

注：①括号内数值为氧化波电位；②同一金属离子有对应两行数值表示两级还原；③“—”表示在氧波后或发生水解或生成沉淀。

3. 极谱波方程式的应用

半波电位可根据极谱波方程式用作图法求得，以 $\lg \frac{i}{i_d - i}$ 为纵坐标，$E_{d.e}$ 为横坐标作图可得一直线。在此直线上，当 $\lg \frac{i}{i_d - i} = 0$ 时，这一点的电位即为半波电位。从半波电位方程式可以看出，以对数作图法所得直线的斜率为 $n/0.0592$。根据对数图，不但可以准确测量半波电位，而且可求得电极反应中的电子转移数 n。

另外，同样采用上面作图的方法，还可判别极谱波的可逆性。若得到的直线线性良好，求得的 n 值非常接近整数，则电极反应是可逆的。若作图时得不到很好的直线，或求得的 n 值与整数偏离较大，则电极反应是不可逆的。

4. 半波电位的影响因素

(1) 支持电解质的种类和浓度。同一物质在不同支持电解质溶液中，其半波电位不相同；在不同浓度的同类电解质溶液中，半波电位也不同。主要原因是支持电解质的种类和浓度不同，待测离子的活度系数不同。如，在 1 mol/L KCl 中，Cd^{2+} 的 $E_{1/2} = -0.64$ V(vs. SCE)，Tl^{+} 的 $E_{1/2} = -0.48$ V (vs. SCE)；在 NH_3-NH_4Cl 溶液中，Cd^{2+} 形成配合物，Cd^{2+} 的 $E_{1/2} = -0.81$ V (vs. SCE)，Tl^{+} 的 $E_{1/2} = -0.48$ V(vs. SCE)。

(2) 溶液的酸度。溶液的酸度对半波电位是有影响的，尤其是当 H^{+} 参加电极反应时，其影响更为显著。如 $HBrO_3$ 在 pH=2 的缓冲溶液中还原时，半波电位为 −0.60 V(vs. SCE)，而在 pH=4 的缓冲溶液中还原时，半波电位为 −1.16 V(vs. SCE)。

(3) 温度。温度变化会引起半波电位的改变。一般温度每升高 1 ℃，半波电位向负方向移动约 1 mV。

(4) 配合物的形成。待测离子形成配合物后，半波电位会向负方向移动，并且当配位剂的浓度一定时,待测离子与配位剂生成的配合物的稳定常数越大,半波电位向负方向移动越多。如 Cd^{2+} 在 0.1 mol/L 的 NH_4NO_3 和 0.1 mol/L 的 NH_3 的支持电解质中,其半波电位分别为 −0.67 V 和 −0.85 V(vs. SCE)。所以,在极谱分析中,经常应用配位的办法来改变半波电位,以达到消除干扰的目的。

9.4.4 极谱分析的特点和存在的问题

前面讨论了经典极谱分析法的原理,下面介绍极谱分析法的特点及经典极谱分析法存在的问题。

1. 极谱分析法的特点

(1) 灵敏度高。经典极谱分析法测定的浓度范围为 10^{-5} ~ 10^{-2} mol/L,最适宜的浓度范围为 10^{-4} ~ 10^{-2} mol/L。现代极谱分析法(如脉冲溶出伏安法)的最低检测限可低至 10^{-12} mol/L。因此,极谱分析特别适合于微量和痕量组分的分析。

(2) 准确度高。极谱分析的相对误差一般为±2%,可与分光光度法相媲美。

(3) 在合适的情况下,可同时测定 4~5 种物质。如在 NH_3-NH_4Cl 底液中,可同时测定 Cu^{2+} ($E_{1/2}$ = −0.24 V)、Cd^{2+} ($E_{1/2}$ = −0.81 V)、Ni^{2+} ($E_{1/2}$ = −1.10 V)、Zn^{2+} ($E_{1/2}$ = −1.35 V)、Mn^{2+} ($E_{1/2}$ = −1.66 V),不必预先进行分离。

(4) 用样量少。由于极谱分析时通过的电流很小,溶液成分在测定前、后基本上不发生变化,所以分析试液可以进行多次反复测定,而不影响分析结果。

(5) 分析速度快。对已经准备好的试液,定量分析只需要数分钟。随着计算机在极谱分析中的应用,极谱分析过程和数据处理都将实现自动化,极谱分析的速度更快。因此,特别适宜于同一品种大量试样的分析测定。

(6) 应用范围广。极谱分析的应用范围很广。就测定的元素而言,原则上几乎所有的元素都能用极谱分析法直接或间接进行测定。它不但可以用于无机离子的测定,而且可以用于有机物的分析,已有至少 6 000 种有机物用极谱分析法进行过研究。

2. 经典极谱分析法的局限性

1922 年以来,对经典极谱基础理论和实际应用的研究比较深入,积累了丰富的文献资料,为现代极谱的发展奠定了基础。然而它也有许多不足之处。

(1) 灵敏度受电容电流的限制。经典极谱分析的检测下限一般在 10^{-5} ~ 10^{-4} mol/L 范围内。这主要是受干扰电流的影响所致。经典极谱分析法的充电电流为 10^{-7} A,与由浓度为 10^{-5} mol/L 的物质产生的电解电流相当,因此灵敏度低。所以,设法减小充电电流,增加信噪比是提高灵敏度的重要途径。

(2) 分析速度相对较慢。一般的分析过程需要 2~5 min。这是由于滴汞周期需要保持在 3~5 s,电压扫描速率一般为 5~15 min/V,获得一条极谱曲线一般需要几十滴到一百多滴汞。

(3) 分辨率差。经典直流极谱波呈台阶形,当两物质半波电位小于 200 mV 时,两峰重叠,使峰高或半峰宽无法测量,因此分辨率低。

9.4.5 现代极谱分析方法

经典极谱分析法由于存在不少缺点,而使其应用受到很大限制。为了克服上述问题,人们从改进工作电极、改变电压扫描方式、改进信号采取方式、通过提高测定信号和降低干扰信号以提高信噪比、提高分辨率以及提高分析速度等方面入手,发展起来许多新型极谱分析方法,如单扫描极谱法(示波极谱法)、交流示波极谱法、脉冲极谱法等,大大扩展了极谱分析的应用范围。

1. 单扫描极谱法

单扫描极谱法是在经典极谱分析法的基础上发展起来的,因此它与经典极谱分析法既有相同之处,也有不同之处。相同点是它们加在电解池两极间的电压都是线性变化的直流电压,记录的都是电压-电流曲线。不同点是它们的电压扫描速率不同。经典极谱分析法的电压扫描速率很慢(0.2 V/min),记录的是一个较长时间的电压-电流关系曲线;单扫描极谱法电压扫描速率很快(0.25 V/s),记录的是一滴汞生长过程中一段时间内的电压-电流关系曲线。由于时间很短,电流变化很快,所以无法用一般方法测量,只有借助于示波器才能测量,因此这种方法也称为示波极谱法。

(1) 基本原理。如图 9-44 所示,通过线性电压发生器(也称为锯齿波发生器)产生的随时间作直线变化的电压加在电解池的两极之间(滴汞电极和对电极 Pt,三电极系统),所产生的极谱电流在测量电阻 R 两端产生一个电压降 iR,将电压降 iR 放大后加在示波器的垂直偏向板上,因 R 固定,故电压降 iR 反映极谱电流的大小,垂直偏向板代表极谱电流 i 坐标;将滴汞电极与参比电极之间的电压放大后加到示波器的水平偏向板上,因而水平偏向板代表的是 $E_{d.e}$(vs. SCE),于是示波器的荧光屏上就会显示出电压-电流关系曲线。

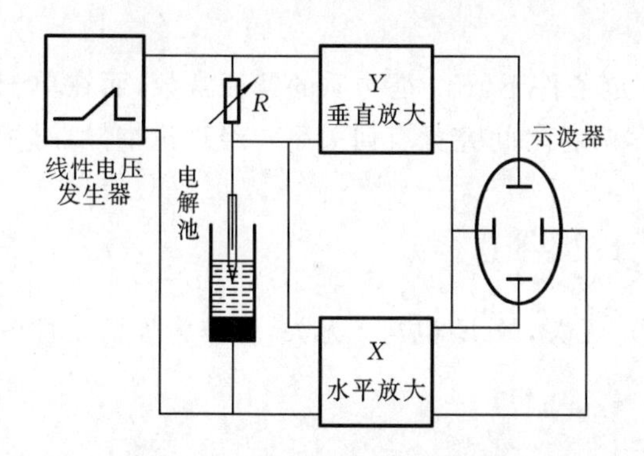

图 9-44　单扫描极谱仪结构示意图

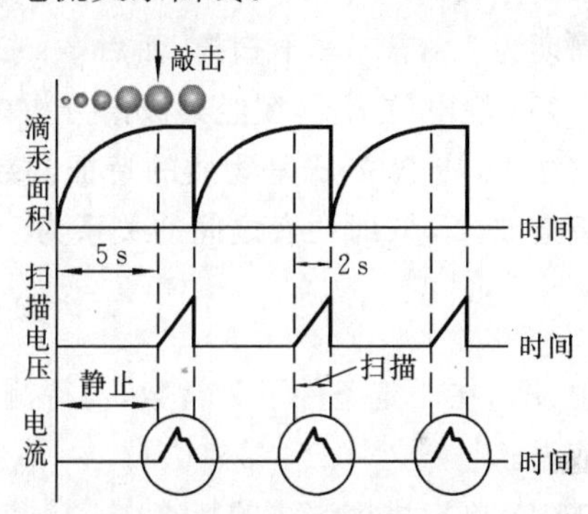

图 9-45　单扫描极谱法原理示意图

极谱电流主要是电解电流和充电电流。图 9-45 描述了单扫描极谱法整个工作过程中滴汞电极的面积、扫描电压和测定电流的变化情况。由于采用单扫描极谱法时,是在滴汞电极后期加扫描电压的,此时的汞滴表面积最大,面积变化率最小,充电电流最小,而电解电流最大。因此,单扫描极谱法的信噪比大,方法的灵敏度高。

(2) 峰电流方程式。示波极谱曲线与经典极谱曲线不同,呈峰状,如图 9-46 所示。示波极谱曲线为何呈峰状呢?这是由于加在滴汞电极上的扫描电压速率很大,当达到被测物质的析出电位时,被测物质迅速在滴汞电极上被还原,产生很大的电流,并很快出现浓差极化现象,此时,外加电压增加,电极表面附近待测物质浓度降低。而随着时间延长,扩散层的厚度 δ 增加,从而导致电解电流下降。

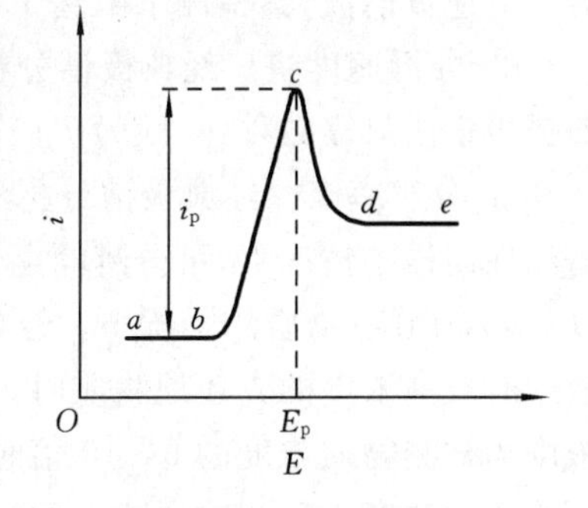

图 9-46　示波极谱曲线

示波极谱曲线上,电流的最大值称为峰电流,用 i_p 表示,其值与被测物质的浓度有关,可作为定量分析的基础;峰电位用 E_p 表示,在相同的条件下,不同的物质具有不同的峰电位,故 E_p 可作为极谱定性分析的依据。

对于可逆极谱波,经理论推导,25 ℃时,峰电流 i_p与被测物质浓度之间的关系为

$$i_p = 2.69 \times 10^5 n^{3/2} D^{1/2} v^{1/2} A c \tag{9-57}$$

式中:i_p为峰电流,A;n 为电子转移数;D 为扩散系数,cm^2/s;v 为电压扫描速率,V/s;A 为电极的面积,cm^2;c 为被测物质的浓度,mol/L。在一定的底液条件下,i_p与待测物浓度 c 成正比,这是单扫描极谱定量分析的依据。

值得注意的是,经典极谱分析法中,极限扩散电流 i_p与电压扫描速率 v 无关,而在单扫描极谱法中,i_p正比于 $v^{1/2}$,即电压扫描速率越快,i_p值越大。例如:在相同的条件下,当单扫描极谱法的电压扫描速率为 0.3 V/s 时,按理论公式计算,当 $n=1$ 时,峰电流 i_p较经典极谱的扩散电流约增大 4 倍;当 $n=2$ 时,峰电流 i_p较经典极谱的扩散电流约增大 6 倍,所以单扫描极谱法较经典极谱分析法的灵敏度高(检出下限为 10^{-7} mol/L)。那么,能否单靠增加电压扫描速率来提高灵敏度呢?答案是不能,因为电压扫描速率提高,充电电流也将增大。

单扫描极谱法的特点是对每一滴汞扫描一次,得出一个极谱图,这样在示波器荧光屏上,出现的极谱图是可以重复的。根据式(9-57)可知,峰电流 i_p与 A、v 有关,必须使 A、v 恒定,峰电流 $i_p \propto c$ 才能成立。这就意味着,在测定过程中,不但要求 v 恒定,而且要求每次扫描必须在汞滴生长到同样大小(A 相同)时进行,也就是滴汞定时并且与扫描同步。国产仪器控制滴汞周期为 7 s,前 5 s 不扫描,而后 2 s 扫描。

(3) 峰电位 E_p。在经典极谱分析中,在一定条件下,$E_{1/2}$是物质的特征常数,而在单扫描极谱法中,峰电位 E_p是物质的特征常数,那么,两者之间究竟有何关系?经理论推导,对于可逆极谱波,25 ℃时两者之间的关系为

$$E_p = E_{1/2} - \frac{0.028}{n} \mathrm{V} \tag{9-58}$$

式中:$E_{1/2}$在一定条件下为常数,与待测物浓度 c 无关,故 E_p也与 c 无关,可作为极谱定性分析的依据。

(4) 单扫描极谱法的特点。

① 灵敏度高。经典极谱分析法的检测下限一般为 1×10^{-5} mol/L。而单扫描极谱法中,对于可逆极谱波,其检测下限达 1×10^{-7} mol/L。

② 分析速度快。经典极谱分析法完成一个波形的绘制需要数分钟(一般 2~5 min),而单扫描极谱法只需数秒(一般为 7 s)就可绘制一次曲线。

③ 分辨率高。经典极谱分析法可分辨半波电位相差 200 mV 的两种物质。而单扫描极谱法在同样的情况下,可分辨峰电位相差 30~50 mV 的两种物质。

④ 前放电物质的干扰小。经典极谱分析法的电压-电流曲线是呈锯齿状的阶梯波,当溶液中有较高浓度的先还原物质时,后还原的低浓度物质的波形就有很大的振荡。先还原物质浓度为被测物质浓度的 5~10 倍时测定就困难了。而单扫描极谱法,一般情况下,可允许先还原物质的浓度为待测物质浓度的 100~1 000 倍,有的仪器甚至达到 5 000 倍。

⑤ 氧波的干扰小。因为氧波为不可逆极谱波,其干扰作用大大降低,往往不必除去溶液中的溶解氧而直接测定。

⑥ 特别适合于配合物吸附波和具有吸附性质的催化波的测定,从而使单扫描极谱法成为许多物质有力的测定工具。

2. 交流示波极谱法

交流示波极谱法是在电解池中输入一个振幅恒定、周期性地改变着电流的交流电,并测定

其电极电位变化的一种极谱方法。在交流示波极谱法中，交流电的电流是恒定的，电极电位是被测定的对象，所以它属于控制电流极谱法。

交流示波极谱滴定法是建立在交流示波极谱基础上的一种容量分析法，这种方法由捷克学者提出。该方法仪器简单，终点直观，测定速度快，应用范围广，具有一定的使用价值。

(1) 基本原理。交流示波极谱法的测定装置如图 9-47 所示。由于线路不同，可分别得到 E-t 曲线、$\frac{dE}{dt}$-t 曲线、$\frac{dE}{dt}$-E 曲线。

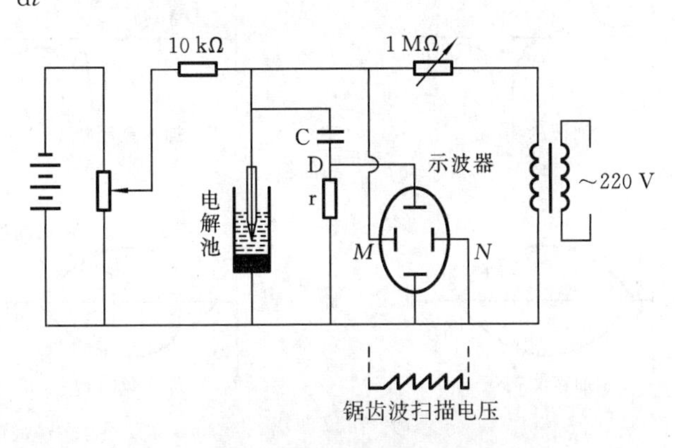

图 9-47 交流示波极谱法的测定装置

① E-t 曲线。将装置图中 M、N 点断开，直接与锯齿波扫描电压相连，去掉电容和电阻，示波器上获得 E-t 曲线。将 50 Hz 220 V 的交流电，通过一个约 1 MΩ 的高电阻 R 与电解池的极化电极和参比电极相连。由于交流示波极谱的电解池中的支持电解质浓度较大，一般为 1～2 mol/L，因而减小了电解池的电压降。而外电路中电阻很大，这就使交流电的电压降几乎全部落在外电路的电阻上，所以通过电解池的交流电流振幅是恒定的，与电解池的反电压无关，为了使极化电极的电位变化控制在 −2～0 V，可在具有 −1 V 直流电压的极化电极上叠加一个 ±1 V 的交流电压。示波器垂直偏向板和电解池的两个电极相连。水平偏向板用锯齿波电压扫描，当扫描电压的频率与电极上的电压频率同步时，通入振幅恒定的交流电后，极化电极的电极电位随时间变化的曲线，即 E-t 曲线，就在示波器的荧光屏上显示出来，如图 9-48(a) 所示。

当溶液中不含电表面活性物质时，仅含支持电解质(如 1 mol/L KOH)，由于在极化电极上有物质起反应，因而在 E-t 曲线底部和顶部都出现水平部分。左边底部的平坦部分来源于 Hg^{2+} 的还原，右边底部的平坦部分来源于 Hg 的氧化。左边顶部的平坦部分来源于 K^{+} 的还原，右边顶部的平坦部分来源于 K 的氧化。由此可见，E-t 曲线的左半边，电极上起还原反应，电极是阴极，曲线的右半边，电极上起氧化反应，电极是阳极。

当溶液中含有电活性物质(如 Pb^{2+})，电极电位升高到 I 时，由于 Pb^{2+} 在该电位时发生还原反应，E-t 曲线产生扭曲。在曲线右边发生 Pb 的氧化也产生扭曲。待电活性物质基本反应完时，电极电位又继续上升，直到支持电解质与 Hg 又在电极上发生氧化还原反应。若电活性物质在电极上的反应可逆，则极谱图上两边对称。如不可逆，则极谱图两边不对称，甚至只有一个扭曲。

E-t 曲线上的转折点电位等于经典极谱的半波电位。因此整个 E-t 曲线的形状取决于电活性物质的性质、浓度和反应的可逆性。但利用 E-t 曲线做定量分析不够准确，一般采用 $\frac{dE}{dt}$-t

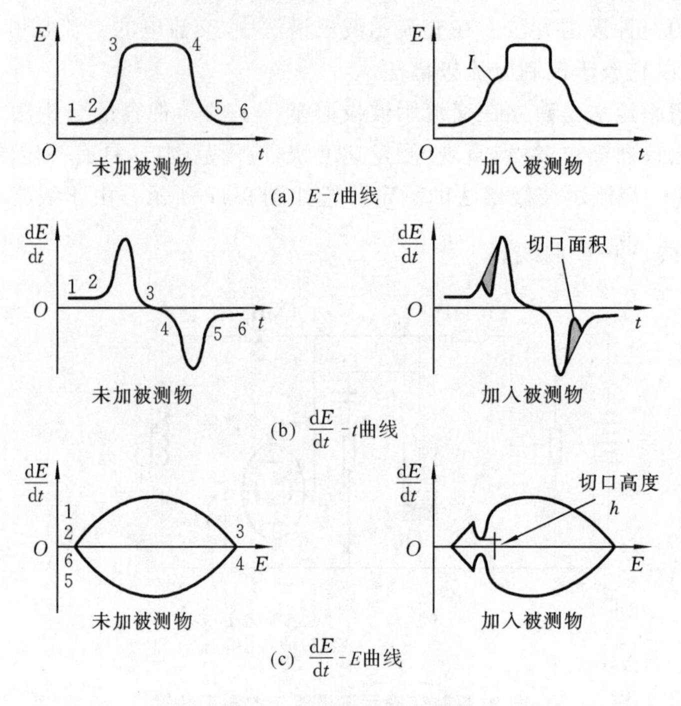

(a) E-t曲线

(b) $\frac{dE}{dt}$-t曲线

(c) $\frac{dE}{dt}$-E曲线

图 9-48　交流示波极谱图

线和$\frac{dE}{dt}$-E 曲线。

② $\frac{dE}{dt}$-t 曲线。将装置图中 M、N 点断开,直接与锯齿波扫描电压相连,连上电容和电阻,示波器上获得$\frac{dE}{dt}$-t 曲线,如图 9-48(b)所示。可以看出,当存在电活性物质,E-t 曲线出现扭曲时,在$\frac{dE}{dt}$-t 曲线的相应处出现切口。电活性物质浓度越大,其切口越深。故可根据切口的深度做定量分析。另外,利用切口的面积与电活性物质浓度成正比也可进行定量分析。

③ $\frac{dE}{dt}$-E 曲线。将装置图中 M、N 点连接,同时连接上电容和电阻,示波器上获得$\frac{dE}{dt}$-E 曲线,如图 9-48(c)所示。此装置与获得$\frac{dE}{dt}$-t 曲线的装置的不同之处仅在于将示波管中的两水平偏向板分别与电解池的两极相连。此时,两水平偏向板就表示两极间的电位变化。

当溶液中没有电活性物质存在时,$\frac{dE}{dt}$-E 曲线为一封闭曲线,曲线上部为阴极,下部为阳极。当溶液中有电活性物质存在时,$\frac{dE}{dt}$-E 曲线出现切口。电活性物质在阴极还原时,在上部产生切口。当还原的产物又在阳极上氧化时,在下部又产生切口。如果一种金属在上部和下部各有一个切口,位置对称,切口尖端对准同一电位,表明电极反应是可逆的。如果一种金属在上部和下部各有一个切口,但位置不对称,切口尖端没有对准同一电位,表明电极反应可逆性较差。如果只出现一个切口,则电极反应完全不可逆。

$\frac{dE}{dt}$-E 曲线上切口的深度与电活性物质的浓度的关系为

$$h = a\mathrm{e}^{-bc} \tag{9-59}$$

式中：a、b 为常数。切口尖端对应的电位为经典极谱波的半波电位。

3. 脉冲极谱法

脉冲极谱法是在一个缓慢变化的直流电压下，在滴汞电极的每一滴汞生长的后期，叠加一个小振幅的周期性的脉冲电压，并在脉冲电压的末期测量电解电流的极谱法。

根据所加电压方式的不同，可分为常规脉冲极谱法和示差（导数）脉冲极谱法。

常规脉冲极谱法的工作原理如下：开始的时间 t_1（2～4 s）内，工作电极的电位保持在恒定值。此时被测物质不发生电极反应，没有电解电流通过，仅有背景电流（$i_{背}$）存在。在 t_1 时刻滴汞电极双电层充电时产生的电容电流已衰减至可以忽略。然后电极电位突然增加，并持续 1 s 左右。在此过程中电极电位已经达到被测物质的起波电位，有电解电流产生，同时也有电容电流（i_c）存在。在脉冲末期某一时刻，电容电流已衰减趋于零，这时开始测量通过电解池的电流。脉冲结束，工作电极的电位又恢复到起始电位，开始下一个周期。

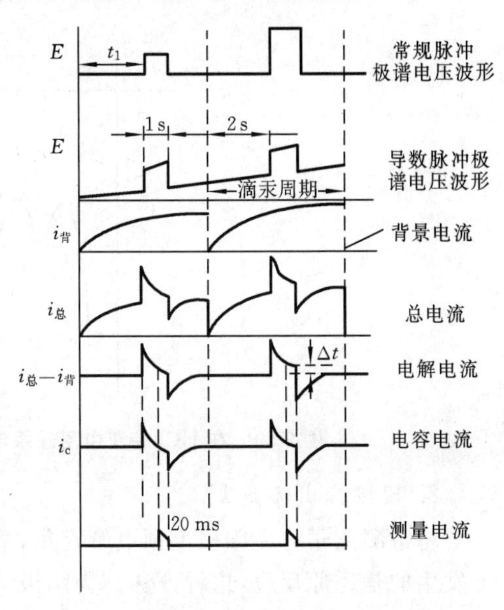

图 9-49　脉冲极谱法的电流（或电压）-时间曲线

采用这种形式的脉冲电压，每一个脉冲产生的电解电流是由扩散控制的，所以记录的电流和经典极谱曲线相似，为一平台形。提高测量平台的波高进行定量分析。导数脉冲极谱法的工作原理与常规脉冲极谱法相似。如图 9-49 所示。

脉冲极谱法具有灵敏度高、分辨能力强以及较强的抗前放电物质能力等优点。目前这种方法已经在许多领域得到成功的应用。

9.4.6　溶出伏安法

溶出伏安法（stripping voltammetry）是以电解富集和溶出测定相结合的一种电化学测定方法。它首先将工作电极固定在产生极限电流的电位进行电解，使被测物质富集在电极上，再反方向改变电位，让富集在电极上的物质重新溶出而形成峰电流，然后根据峰电流与被测物质浓度成正比而进行定量分析。溶出伏安法按照溶出时工作电极发生氧化反应或还原反应，可以分为阳极溶出伏安法和阴极溶出伏安法。

1. 阳极溶出伏安法

将待测离子先在阴极上预电解富集，溶出时发生氧化反应而重新溶出。溶出时，工作电极上发生的是氧化反应，这种方法称为阳极溶出伏安法。

电解富集（阴极）　　$M^{n+}+ne^-+Hg = M(Hg)$

溶出（阳极）　　$M(Hg) = M^{n+}+ne^-+Hg$

在测定条件一定时，峰电流与待测物浓度成正比。

例如：测定 HCl 溶液中微量 Cu^{2+}（5×10^{-7} mol/L）、Pb^{2+}（1×10^{-5} mol/L）和 Cd^{2+}（5×10^{-7} mol/L），先在 −0.8 V 的外加电压下进行恒电压电解，3 min 后，溶液中一部分 Cu^{2+}、Pb^{2+}、Cd^{2+} 在悬汞电极上还原，生成汞齐，富集在悬汞滴上。

富集完毕后，再使悬汞电极的电位由负向正均匀地变化，首先到达可以使 Cd(Hg) 发生氧化反应的电位,Cd 的氧化产生很大的氧化电流(负电流)。当电位继续变正时,由于电极表面层中的 Cd 已被氧化得差不多了,而电极内部的 Cd 又来不及扩散出来,则电流减小,形成了峰形伏安曲线。

同样,当悬汞电极的电位继续变正,达到铅汞齐和铜汞齐的氧化电位时,也得到相应的溶出峰。如图 9-50 所示。

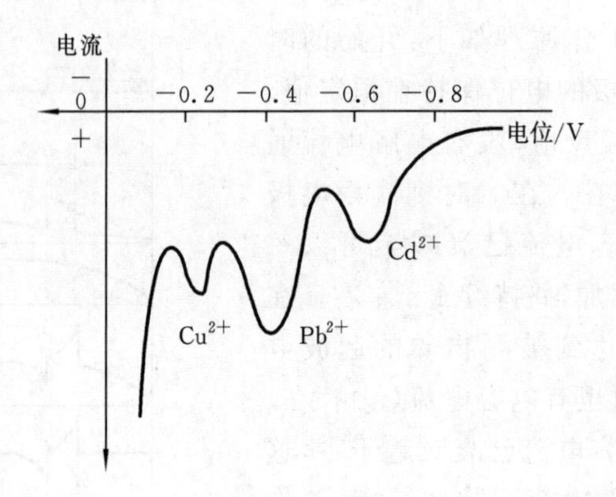

图 9-50 在 HCl 底液中用悬汞电极测定 Cu^{2+}、Pb^{2+}、Cd^{2+} 的溶出伏安曲线

2. 阴极溶出伏安法

将待测离子先在阳极上预电解富集,溶出时发生还原反应而重新溶出。溶出时,工作电极上发生的是还原反应,这种方法称为阴极溶出伏安法。

如以阴极溶出伏安法测溶液中痕量 S^{2-} 为例。以 0.1 mol/L NaOH 溶液为底液,于−0.4 V 电解一定时间,悬汞电极上便形成难溶性的 HgS。

电解富集(阳极) $Hg + S^{2-} \longrightarrow HgS + 2e^-$

溶出时,悬汞电极的电位由正向负方向扫描,当达到 HgS 的还原电位时,发生还原反应,得到阴极溶出峰。

溶出(阴极) $HgS + 2e^- \longrightarrow Hg + S^{2-}$

阴极溶出伏安法可用于测定一些阴离子,如 Cl^-、Br^-、I^-、S^{2-}、$C_2O_4^{2-}$。

溶出伏安法的全部过程都可以在普通极谱仪上进行,也可与单扫描极谱法和脉冲极谱法结合使用。溶出伏安法最大的优点是由于这种方法将待测物质的浓缩和测定有效地结合在一起,使测定的灵敏度大大提高。阳极溶出法检出限可达 10^{-12} mol/L,阴极溶出法检出限可达 10^{-9} mol/L。溶出伏安法测定精密度良好,能同时进行多组分测定,且不需要贵重仪器。

3. 溶出伏安法的工作电极

(1) 汞电极。汞电极对氢具有很高的过电位,使用电压范围宽。根据制作工艺的不同,汞电极有悬汞电极和汞膜电极两种。

① 悬汞电极。悬汞电极有两种类型。一种是机械挤压式悬汞电极,是将玻璃毛细管的上端连接于密封的金属储汞器中,旋转顶端的螺旋将汞挤出,使之悬挂于毛细管口,汞滴的体积可从螺旋所旋转的圈数来调节。这类悬汞电极使用方便,能准确控制汞滴大小,所得汞滴纯净。其缺点是当电解富集的时间较长时,汞齐中的金属原子会向毛细管深处扩散,影响灵敏度和准确度。另一类悬汞电极是将汞滴悬挂于镀汞的惰性金属微电极(如 Pt 和 Ag 电极)上。所以又称为挂汞电极。悬汞电极测定的灵敏度并不太高,但测定的重现性较好。

② 汞膜电极。汞膜电极是以玻璃石墨电极作为基质,在其表面镀上很薄的一层汞,可代

替悬汞电极使用。由于汞膜很薄,被富集的能生成汞齐的金属原子就不会向内部扩散,因此能较长时间地电解富集,而不会影响结果。

汞膜电极还由于有较高的氢过电位,导电性能良好,耐化学侵蚀性强以及表面光滑不易黏附气体及污物等优点,因此常用做伏安法的工作电极。

汞膜电极面积大,同样的汞量做成的汞膜,其电极表面积比悬汞大得多,电极效率高。而且搅拌速度可以加快。因此,溶出峰尖锐,分辨能力高、灵敏度比悬汞电极高出 1~2 个数量级。汞膜电极的缺点是重现性不如悬汞电极。

(2) 固体电极。固体电极的种类比汞电极种类多。在使用时,汞电极在较正的电位下汞会溶解不能使用,而固体电极仍可使用。测定 Ag、Au、Hg 需用固体电极(如炭糊电极、铂电极以及石墨电极等)。Ag、Au、Pt、C 等常用做固体电极,其缺点是电极面积与电极金属的活性可能发生连续变化,同时,由于表面氧化层的形成,会影响其测定结果的重现性。

9.4.7　循环伏安法

循环伏安法(cyclic voltammetry)与单扫描极谱法相似,只是以等腰三角形脉冲电压(三角波电压)代替前述单扫描极谱法的锯齿波(如图 9-51 所示),施加于电解池的两极上,就可以得到循环伏安图(如图 9-52 所示)。正向扫描时,电位从 E_0 扫到 E_1,电活性物质在电极上还原(阴极过程)。反向扫描时,电位从 E_1 扫到 E_0,还原的产物又重新被氧化(阳极过程)。$E_{p,c}$、$E_{p,a}$ 分别为阴极峰值电位与阳极峰值电位。$i_{p,c}$、$i_{p,a}$ 分别为阴极峰值电流与阳极峰值电流。这里 p 代表峰值,a 代表阳极,c 代表阴极。

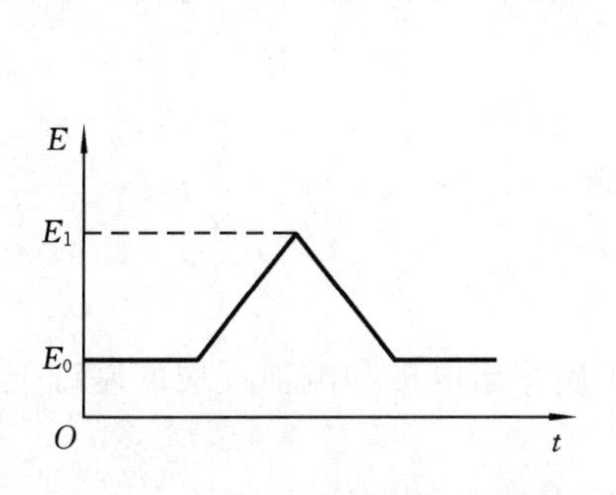

图 9-51　循环伏安法扫描电压

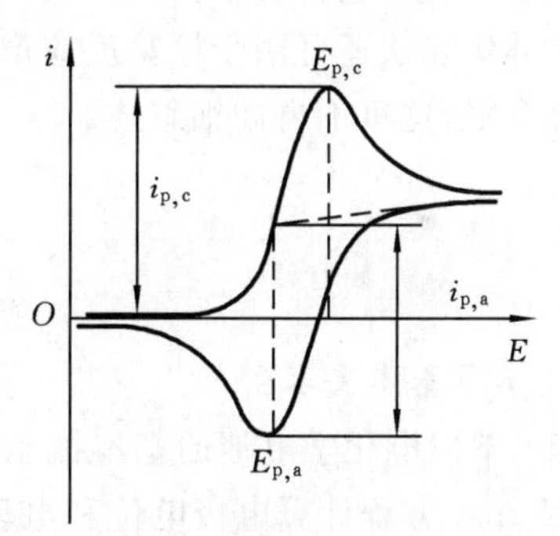

图 9-52　循环伏安图

循环伏安法通常很少用来作成分分析,成分分析一般用单向扫描极谱法就可完成。循环伏安法一般用于研究电极过程,如判断电极过程的可逆性、电极吸附现象以及电极反应的机理等,是电化学基础理论研究的重要手段。

循环伏安法可以进行电极过程可逆性的研究。对于可逆系统,有

$$\left|\frac{i_{p,c}}{i_{p,a}}\right| \approx 1, \quad \Delta E_p = E_{p,a} - E_{p,c} = \frac{2.2RT}{nF}$$

且所得的循环伏安图,上、下两条曲线基本对称。

对于不可逆系统,有

$$\left|\frac{i_{p,c}}{i_{p,a}}\right| \neq 1, \quad \Delta E_p > \frac{2.2RT}{nF}$$

不可逆程度越大,ΔE_p 越大,上、下两条曲线越不对称。从图 9-53 可以看出,Cd^{2+} 的电极过程是可逆的,而 Ni^{2+}、Zn^{2+} 的电极过程是不可逆的。

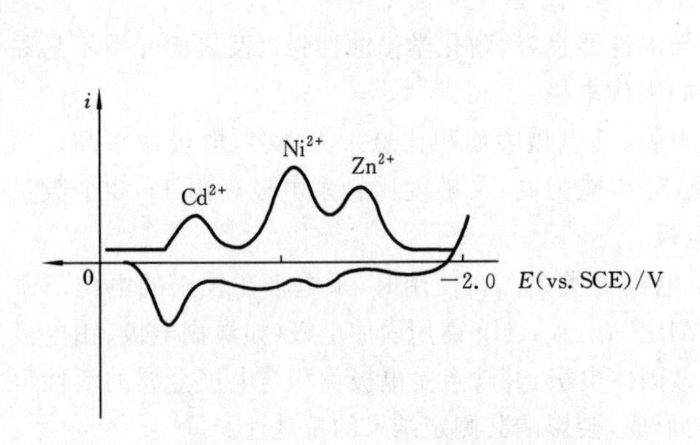

图 9-53 Cd^{2+}、Ni^{2+}、Zn^{2+} **的循环伏安图**

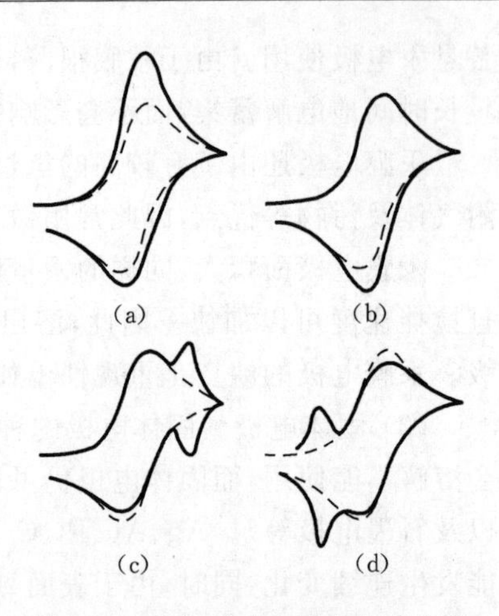

图 9-54 电极反应中反应物或产物吸附的循环伏安图

循环伏安法还可以进行电极吸附性的研究。电极上的吸附现象往往使循环伏安图变形或分裂出新的峰。若反应物或产物在电极表面上弱吸附,伏安图形变动不大,仅使峰电流值增加(如图 9-54(a)、(b)所示)。若反应物或产物在电极上为强吸附,则在正常峰之后或之前产生新的吸附峰(如图 9-54(c)、(d)所示)。如果反应物强吸附,则在主峰后产生一小吸附峰(如图 9-54(c)所示)。若产物为强吸附,则小峰发生在主峰之前(如图 9-54(d)所示),其吸附峰电流的大小取决于反应物的浓度、吸附自由能的大小和扫描速率等。

循环伏安法还可用于检验反应产物的稳定性以及电化学-化学偶联反应过程的研究等,由于篇幅有限,这里不再详细叙述。

学 习 小 结

1. 本章基本要求

(1) 掌握电化学电池的基本概念及形成条件;在正确写出电极和电池反应的基础上,熟练地用 Nernst 方程计算电极电位和电动势。

(2) 掌握极化和超电位的基本概念、产生极化的原因、降低超电位的方法。

(3) 掌握常用参比电极的作用原理,玻璃电极、离子选择性电极的种类,离子选择性电极的膜电位及选择性的估量,离子活度的测定。

(4) 掌握电位滴定法的仪器装置和操作方法、滴定终点的确定、电位滴定法的应用。

(5) 掌握电解分析法的基本原理、电解现象、分解电压和析出电位,掌握法拉第电解定律和有关的计算。

(6) 掌握极谱法的基本原理、极谱波及其形成过程。

(7) 掌握极谱定量分析的依据——扩散电流方程式,残余电流及其扣除,迁移电流和支持电解质,极谱极大、氧波及除氧。

(8) 掌握经典极谱的特点,熟悉新型极谱分析的特点。

2. 重要内容回顾

(1) 电化学分析概述。

被测样品:溶液。

分析对象：具体物质（分子、离子）。

分析方法：将待测试液与适当的电极组成一个化学电池，通过测量电池的某些物理量，如电位、电流、电导或电量等来确定物质的组成和含量或测定某些电化学性质。

电解池：由外加电源强制发生电池反应，以外部供给的电能转变为电池反应产物的化学能，在反应中有电荷在金属-溶液界面上转移，电子转移引起氧化或还原反应发生。并遵循法拉第电解定律，称为法拉第过程。

非法拉第过程：由于热力学或动力学方面的原因，可能没有电荷转移反应发生，而仅仅发生吸附和脱附的过程，使电极-溶液界面的结构可以随电位或溶液组成的变化而改变。

电极过程：电极-溶液界面上发生一系列变化的总和。

电极过程的基本历程：

① 液相物质传递步骤；

② 前置的表面转化步骤；

③ 电子传递步骤；

④ 随后的表面转化步骤；

⑤ 物质传递步骤。

极化现象：当有电流通过电极时，总的反应速率不为零，即原有的热力学平衡被破坏，致使电极电位偏离平衡电位的现象。

电化学电池中的电极系统：

① 工作电极：实验中要研究或考察的电极，它在电化学池中能发生所期待的电化学反应，或者对激励信号能作出响应的电极。

② 参比电极：在测量过程中其电位几乎不发生变化的电极。

③ 辅助电极（又称对电极）：提供电子传导的场所，与工作电极、参比电极组成三个电极系统的电池，并与工作电极形成电流通路。

电分析化学方法：

静态方法：平衡态或非极化条件下的测量方法，如电位法、电位滴定法。

动态方法：有电流通过或极化条件下的测量方法，如伏安法、计时电位法。

伏安法：用电极电解被测物质溶液，根据所得到的电流-电压曲线来进行分析的方法。

电位分析法：将一个指示电极和一个参比电极，或者采用两个指示电极，与试液组成电池，然后根据电池电动势或者指示电极电位的变化来进行分析的方法（电位法、电位滴定法）。

电重量法：使用外加电源电解试液，电解完成后直接称量电极上析出的被测物质的质量来进行分析的方法。

电离分离法：将电解的方法用于物质的分离。

库仑分析法：根据电解过程中所消耗的电荷量来进行分析（分控制电流库仑分析法和控制电位库仑分析法）。

电导分析法：根据溶液的电导性来进行分析的方法（包括电导法和电导滴定法）。

电分析化学方法的特点：分析速度快；灵敏度高；所需试样量少，所使用的仪器简单，易于控制；适用于进行微量操作；可用于各种化学平衡常数的测定以及化学反应机理的研究。

(2) 电位分析法。

电位分析法：直接电位法、电位滴定法。

直接电位法一般使用专用的指示电极，把被测离子的活（浓）度通过毫伏电位计显示为电位读数，再由 Nernst 方程求其活度；电位滴定法类似于化学滴定法，是利用电极电位在化学计量点附近的突变代替指示剂的颜色变化来确定滴定终点。被测物质含量的求取和化学滴定法完全相同。

电位分析法指示电极的分类：

第一类电极：金属电极与其金属离子溶液组成的体系，其电极电位取决于该金属离子的活度。

第二类电极：金属及其难溶盐(或配离子)所组成的电极体系。

第三类电极：金属与两种具有共同银离子的难溶盐或难解离的配离子组成的电极体系。

零类电极：惰性金属电极，如 Pt、Au、C 等。

膜电极：离子选择性电极。

电位选择系数：电极对各种离子的选择性，用电位选择系数来表示，为一常数。

参比电极和盐桥：

参比电极基本性质：①可逆性；②重现性；③稳定性。

分类：标准氢电极、甘汞电极和银-氯化银电极。

盐桥作用：接通电路，消除或减小液接电位。

使用条件：①盐桥中电解质不含被测离子；②电解质的正、负离子的迁移率应该基本相等；③要保持盐桥内离子浓度尽可能大，以保证减小液接电位。

扩散电位：由于离子扩散速度的不同造成的电位差。

离子选择性电极电位＝内参比电极电位＋膜电位

离子选择性电极类型：

① 玻璃电极。

② 晶体膜电极：a. 氟离子单晶膜电极；b. 硫、卤素离子电极。

③ 流动载体电极：液膜电极。

④ 气敏电极：一种气体传感器，测定溶液或其他介质中气体的含量。

⑤ 生物电极：一种将生物化学和电化学原理结合而制成的电极(分为酶电极、离子敏感场效应晶体管、组织电极)。

响应时间：从离子选择性电极与参比电极一起与试液接触时算起，直至电池电动势达到稳定值时为止，在此期间所经过的时间为实际响应时间。

分析方法：直接比较法、校准曲线法、标准加入法。

电位滴定法中滴定终点的确定：滴定反应发生时，在化学计量点附近，由于被滴定物质的浓度发生突变，指示电极的电位随之产生突跃，由此确定滴定终点。

滴定反应类型以及指示电极的选择：

① 酸碱反应可用 pH 玻璃电极作指示电极。

② 氧化还原反应在滴定过程中，溶液中氧化态和还原态的浓度比值发生变化，可采用零类电极作指示电极，一般用铂电极。

③ 沉淀反应滴定可根据不同的沉淀反应，选用不同的指示电极。

④ 配位反应用 EDTA 进行电位滴定时，可采用两种类型的指示电极：一是应用于个别反应的指示电极；另一种能够指示多种金属离子的电极，谓之 pM 电极。

(3) 电解分析法和库仑分析法。

超电压：工频下交流电压均方根值升高，超过额定值的 10%，并且持续时间大于 1 min 的长时间电压变动现象。

超电位：电极的电位差值，无电流通过（平衡状态下）和有电流通过之电位差值。

影响超电位的因素：①电极材料和电极表面状态；②析出物质的形态；③电流密度；④温度。

电解分析方法的应用：

① 控制电流电解法：指恒电流电解法，在恒定的电流条件下进行电解，然后直接称量电极上析出物质的质量来进行分析，主要用于精铜产品的鉴定和仲裁分析。

② 控制电位电解法：控制阴极或者阳极电位为一恒定值条件下进行电解的方法，特点是选择性高，可用于分离并测定银（与铜分离）、铜（与铋、铅、银、镍等分离）、铋（与铅、锡、镝等分离）、镉（与锌分离）等。

控制电位库仑法优点：准确、灵敏、选择性高，特别适用于混合物质的测定，同样也是研究电极过程、反应机理等方面的有效方法。

控制电流库仑法：

滴定终点的确定：化学指示剂法、电位法、死停终点法。

库仑滴定法特点：

① 可以使用不稳定的滴定剂。

② 能用于常量组分及微量组分的分析，能作为标准方法。

③ 控制电位法同样适用于库仑滴定，提高了选择性。

④ 可以采用酸碱中和、氧化-还原、沉淀以及配位等各类反应进行滴定。

(4) 伏安分析法。

液相传质方式：对流、电迁移、扩散。

直流极谱装置：以滴汞电极为工作电极，饱和甘汞电极为参比电极组成的电解池。

干扰电流及其消除方法：

残余电流：来源于微量杂质的氧化还原所产生的电流，采用作图法加以扣除。

迁移电流：加入大量支持电解质可以消除。

极谱极大：在电流-电位曲线上出现的比扩散电流要大得多的突发电流峰：通常采用加入表面活性剂的方法来抑制。

氧电流：通入惰性气体，或在中性或碱性溶液中加入亚硫酸钠，在强酸中加入碳酸钠或铁粉，从而消除氧的电流干扰。

脉冲极谱：方波极谱法、常规脉冲极谱法、示差脉冲极谱法。

伏安法：线性扫描伏安法、循环伏安法、溶出伏安法。

单扫描极谱法（示波极谱法）特点：

① 在汞滴的生长后期施加线性扫描电压，且扫描速度快。

② 在阴极射线示波器上记录电流-电位曲线。

③ 在一滴汞生长周期内完成一个极谱波的测定。

循环伏安法（三角波电位扫描）：从起始电位 E_i 开始，线性扫描到终止电位 E_t 后，再扫描到起始电位。

溶出伏安法：先将被测物质以某种方式富集在电极表面，而后借助线性电位扫描或脉冲技术将电极表面富集物质溶出，根据溶出过程得到的电流-电位曲线来进行分析的方法（阳极溶出伏安法、阴极溶出伏安法）。

伏安法常用的电极:汞电极、炭电极、金属电极、化学修饰电极。

习　题

1. 电极电位是否为电极表面与电解质溶液之间的电位差?单个电极的电位能否测量?
2. 如果规定标准氢电极的电极电位为0.5 V,则各电极的电极电位将如何变化?电池的电动势将如何变化?
3. 什么是液接电位?它是如何产生的?如何消除?用盐桥能否完全消除液接电位?
4. 什么是分解电压?它在数值上与理论分解电压有何不同?
5. 产生极化的原因主要有哪几种?
6. 什么是超电位?它是如何产生的?如何降低超电位?
7. 用离子选择性电极测定离子活度时,若使用标准加入法,试用一种最简单方法求出电极响应的实际斜率。
8. 根据1976年国际纯粹与应用化学联合会(IUPAC)推荐,离子选择性电极可分为几类?请举例说明。
9. 简述使用甘汞电极的注意事项。
10. 为什么测量一电池的电动势不能用一般的电压表?应用什么方法测量?
11. 什么是指示电极和参比电极?什么是工作电极和对电极?
12. 电位分析法的基本原理是什么?
13. 电极电位和电池电动势有何不同?
14. 简述一般玻璃电极的构造和作用原理。
15. 什么是电位滴定法?如何确定滴定的终点?与一般的滴定分析法比较,它有什么优缺点?
16. 比较直接电位法和电位滴定法的特点。
17. 采用下列反应进行电位滴定时,应选用什么指示电极?并写出滴定反应式。
    (1) $Ag^{+}+S^{2-}$ ══
    (2) $Ag^{+}+CN^{-}$ ══
    (3) $NaOH+H_2C_2O_4$ ══
    (4) $Al^{3+}+F^{-}$ ══
    (5) $H_2Y^{2-}+Co^{2+}$ ══
18. 试比较微库仑分析法与库仑滴定法的主要异同点。
19. 库仑分析要求100%的电流效率,请问在恒电位和恒电流两种方法中采用的措施是否相同?应用库仑分析法进行定量分析的关键问题是什么?
20. 在电解时,阴、阳离子分别在阳、阴极上放电,其放电的先后顺序有何规律?欲使不同的金属离子用电解方法分离,需控制什么条件?
21. 影响库仑滴定准确度的主要因素有哪些?
22. 电解分析和库仑分析各适用于什么组分物质的测定?
23. 何谓迁移电流?怎样消除?
24. 溶出伏安法分哪几种?为什么它的灵敏度高?
25. 在0.1 mol/L KNO_3电解质中,Cd^{2+}的极谱还原波是可逆的,试问:
    (1) 若无KNO_3存在时,测得的极谱还原电流会有何变化?为什么?
    (2) 若将汞柱高度降低,测得的极谱还原电流会有何变化?为什么?
    (3) 若温度提高后,测得的极谱还原电流会有何变化?
26. 发射光谱可用内标法进行定量分析。极谱分析有时也可用内标法进行定量分析。参考发射光谱内标选择条件,指出极谱分析用内标法分析时内标的选择条件。
27. 极谱分析中干扰电流包括哪些?如何消除?
28. 当达到极限扩散电流后,继续增加外加电压,是否还会引起滴汞电极的电极电位的改变及参加电极反应的物质在电极表面浓度的变化？

29. 对电池：(−)Pt|H_2(101.3 kPa)|H^+(0.001 mol/L) ‖ H^+(1 mol/L)|H_2(101.3 kPa)|Pt(+)

(1) 写出半电池反应和电池反应式。

(2) 计算 298 K 时电池的电动势。

(3) 判断该电池是原电池还是电解池。设活度系数为 1。

30. 计算 Cu^{2+} 的浓度为 0.000 1 mol/L 时，铜电极的电极电位($E^{\ominus}_{Cu^{2+}/Cu}=0.337$ V)。

31. 已知电极反应 $Ag^+ + e^- = Ag$ 的 $E^{\ominus}_{Ag^+/Ag}=0.799$ V，电极反应 $Ag_2C_2O_4 + 2e^- = 2Ag + C_2O_4^{2-}$ 的标准电极电位 $E^{\ominus}_{Ag_2C_2O_4/Ag}=0.490$ V，求 $Ag_2C_2O_4$ 的溶度积常数。

32. 已知电极反应 $Zn^{2+} + 2e^- = Zn$ 的 $E^{\ominus}_{Zn^{2+}/Zn}=-0.763$ V，$[Zn(CN)_4]^{2-}$ 的稳定常数为 5×10^{16}。求电极反应 $[Zn(CN)_4]^{2-} + 2e^- = Zn + 4CN^-$ 的标准电极电位 $E^{\ominus}_{[Zn(CN)_4]^{2-}/Zn}$。

33. 用氟离子选择性电极测定某一含 F^- 的试样溶液 50.0 mL，测得其电位为 86.5 mV。加入 5.00×10^{-2} mol/L F^- 标准溶液 0.50 mL 后测得其电位为 68.0 mV。已知该电极的实际斜率为 59.0 mV/pF，试求试样溶液中 F^- 的含量。

34. 以氟离子选择性电极为指示电极，饱和甘汞电极为参比电极，测得一浓度为 0.001 mol/L 标准溶液的电动势为 0.158 V，在相同条件下测得一未知溶液的电动势为 0.217 V，求未知溶液的 F^- 浓度。

35. 将钙离子选择性电极和饱和甘汞电极置于 100.00 mL Ca^{2+} 试液中，测得其电位为 −0.061 9 V。加入 10.00 mL浓度为 0.007 31 mol/L 的 Ca^{2+} 标准液后，测得电位为 −0.048 3 V。计算 Ca^{2+} 的浓度。

36. 下面是用 0.100 0 mol/L 的 NaOH 溶液电位滴定 50.00 mL 一元弱酸的数据。

体积/mL	pH 值	体积/mL	pH 值	体积/mL	pH 值
0.00	3.40	12.00	6.11	15.80	10.03
1.00	4.00	14.00	6.60	16.00	10.61
2.00	4.50	15.00	7.04	17.00	11.30
4.00	5.05	15.50	7.70	20.00	11.96
7.00	5.47	15.60	8.24	24.00	12.39
10.00	5.85	15.70	9.43	28.00	12.57

(1) 绘制滴定曲线。

(2) 计算试样中弱酸的浓度(mol/L)。

37. 将 9.14 mg 纯苦味酸试样溶解在 0.1 mol/L 盐酸中，用控制电位库仑分析法(−0.65 V，vs. SCE)测定，通过电量为 65.7 C，计算此还原反应中电子数 n，并写出电池半反应。(苦味酸摩尔质量为 229 g/mol。)

38. (1) 判断能否用控制阴极电位的办法，从 5.0×10^{-2} mol/L Pb^{2+} 和 4.0×10^{-2} mol/L Ni^{2+} 的溶液中，将铅从镍中用电重量分析法分离出来。以 1.0×10^{-6} mol/L 作为定量除去的依据。

(2) 如果(1)中分离可行，计算阴极电位(vs. SCE)应控制在什么范围内。

(3) 如果(1)中分离不开，试提出一个可能分离开的改进方案。

39. 用控制电位库仑分析法测定 Br^-，在 100.00 mL 酸性试液中进行电解，Br^- 在铂阳极上氧化为 Br_2。当电解电流降至最低值时，测得所消耗的电量为 105.5 C，试计算试液中 Br^- 的浓度。

40. 沉积在 10.0 cm^2 试片表面的铬用酸溶解后，用过硫酸铵氧化至+6 价态。

$$3S_2O_8^{2-} + 2Cr^{3+} + 7H_2O = Cr_2O_7^{2-} + 14H^+ + 6SO_4^{2-}$$

煮沸，除去过量的过硫酸盐，冷却，然后用 50.00 mL 0.10 mol/L Cu^{2+} 电生的 Cu^+ 进行库仑滴定，计算当滴定用 32.5 mA 电流，通过 7 min 33 s 到达终点时，每平方厘米试片上所沉积的铬的质量(铬的相对原子质量为 52.00)。

41. 库仑滴定法常用来测定油样中的溴价(100 g 油样与溴反应所消耗的溴的质量，g)，现称取 1.000 0 g 的食用油，溶解在氯仿中，使其体积为 100.00 mL，准确移取 1.00 mL 到含有 $CuBr_2$ 电解液的库仑池中，通入 50.00 mA 的电流 30.0 s，数分钟后反应完全。过量 Br_2 用电生的 Cu^+ 测定，使用 50.00 mA 的电流，经

12.0 s 到达终点。试计算该油的溴价。(溴的相对原子质量为 79.90。)

42. 在一底液中测得 1.25×10^{-3} mol/L Zn^{2+} 的扩散电流为 7.12 μA，毛细管特性 $t=3.47$ s，$m=1.42$ mg/s。试计算 Zn^{2+} 在该试液中的扩散系数。

43. 试证明半波电位是极谱波方程 $E=E_{1/2}+RT\ln[(i_d-i)/i]/z$ 所代表曲线的转折点。

44. 用极谱分析法测定未知铅溶液。取 25.00 mL 的未知试液，测得扩散电流为 1.86 μA。然后在同样实验条件下，加入 2.12×10^{-3} mol/L 的铅标准溶液 5.00 mL，测得其混合液的扩散电流为 5.27 μA。试计算未知铅溶液的浓度。

45. 25 ℃时氧在水溶液中的扩散系数为 2.65×10^{-5} cm^2/s，使用一个汞滴的生长周期为 2 s、汞滴落下的体积为 0.5 mm^3 的直流极谱仪测定天然水样，第一个氧波的扩散电流为 2.3 μA，请计算水中溶解氧的浓度。

46. 某金属离子在盐酸介质中能产生一可逆的极谱还原波。分析测得其极限扩散电流为 44.8 μA，半波电位为 −0.750 V，电极电位 −0.726 V 处对应的扩散电流为 6.000 μA。试求该金属离子的电极反应电子数。

47. 设溶液中 pBr=2.0，pCl=1.0。如用溴离子选择性电极测定 Br^- 活度，将产生多大误差？已知电极的选择性系数 $K_{Br^-,Cl^-}=5\times10^{-3}$。

参考文献

[1] 高小霞. 电分析化学法导论[M]. 北京：科学出版社，1986.

[2] 傅献彩，沈文霞，姚天扬，等. 物理化学：下册[M]. 5 版. 北京：高等教育出版社，2006.

[3] 武汉大学化学系. 仪器分析[M]. 北京：高等教育出版社，2001.

[4] 张绍衡. 电化学分析法[M]. 2 版. 重庆：重庆大学出版社，1994.

[5] 赵藻藩，周性尧，张悟铭，等. 仪器分析[M]. 北京：高等教育出版社，1990.

[6] 曾泳淮，林树昌. 分析化学(仪器分析部分)[M]. 2 版. 北京：高等教育出版社，2004.

[7] 高鸿，张祖训. 极谱电流理论[M]. 北京：科学出版社，1986.

[8] 谢声洛. 离子选择性电极分析技术[M]. 北京：化学工业出版社，1985.

[9] 武汉大学. 分析化学：下册[M]. 5 版. 北京：高等教育出版社，2007.

[10] Plambeck J A. Electroanalytical Chemistry, Basic Principles and Applications[M]. New York: John Wiley and Sons, 1982.

[11] Freiser H. Ion-Selective Electrodes in Analytical Chemistry[M]. New York: Plenum Press, 1978.

[12] Bond A J. Electroanalytical Methods, Fundamentals and Applications[M]. New York: John Wiley and Sons, 1982.

第10章　气相色谱分析法
Gas Chromatography, GC

10.1　气相色谱分析法概述

"中国色谱之父"卢佩章院士

1. 色谱法概述

色谱法(chromatography)是一种分离分析技术。

1906年,俄国植物学家茨维特分离植物色素时,就采用了色谱法。他在研究植物叶的色素成分时,将植物叶子的萃取物倒入装填有碳酸钙的直立玻璃管内,然后加入石油醚使其自由流下,结果色素中各组分互相分离形成不同颜色的谱带,这种方法因此得名为色谱法。以后此法逐渐应用于无色物质的分离,"色谱"二字虽已失去原来的含义,但仍被人们沿用至今。许多气体、液体和固体样品都能用色谱法进行分离和分析。目前,色谱法已广泛应用于许多领域,成为十分重要的分离分析手段。

在色谱法中,填入玻璃管或不锈钢管内静止不动的一相(固体或液体)称为固定相;自上而下运动的另一相(一般是气体或液体)称为流动相;装有固定相的管子(玻璃管或不锈钢管)称为色谱柱。当流动相中的样品混合物经过固定相时,就会与固定相发生作用,由于各组分在性质和结构上的差异,与固定相相互作用的类型、强弱也有差异,因此在同一推动力的作用下,不同组分在固定相滞留时间长短不同,从而按时间不同的次序从固定相中流出。再通过与适当的柱后检测方法结合,便可实现对混合物中各组分的分离与检测。

2. 色谱法分类

从不同的角度,可将色谱法分类如下。

(1) 按两相状态分类。以气体为流动相的色谱法称为气相色谱法(GC)。根据固定相是固体吸附剂还是固定液(附着在惰性载体上的薄层有机化合物液体),气相色谱法又可分为气固色谱法(GSC)和气液色谱法(GLC)。以液体为流动相的色谱法称为液相色谱法(LC)。同理,液相色谱法也可再分为液固色谱法(LSC)和液液色谱法(LLC)。

(2) 按分离机理分类。利用组分在吸附剂(固定相)上的吸附能力强弱不同而进行分离的方法,称为吸附色谱法。利用组分在固定液(固定相)中溶解度不同而进行分离的方法称为分配色谱法。利用组分在离子交换剂(固定相)上的亲和力大小不同而进行分离的方法,称为离子交换色谱法。利用大小不同的分子在多孔固定相中的选择渗透而进行分离的方法,称为凝胶色谱法或尺寸排阻色谱法。最近,又有一种新分离技术,是利用不同组分与固定相(固定化分子)的高专属性亲和力来进行分离,称为亲和色谱法,常用于蛋白质的分离。

(3) 按固定相使用的外形分类。固定相装于柱内的色谱法,称为柱色谱法。固定相呈平板状的色谱法,称为平板色谱,它又可分为薄层色谱法和纸色谱法。

本章重点介绍以气体作为流动相的气相色谱法。

3. 气相色谱法的特点

色谱法经过一个世纪的发展,出现了许多种类的分析技术,其中气相色谱法是世界上应用最广的分离分析技术之一,这主要是由于气相色谱法具有如下特点。

(1) 分离效率高,分析速度快。可分离复杂混合物,如有机同系物、异构体、手性异构体等。一般在几分钟或几十分钟内可以完成一个试样的分析。

(2) 样品用量少,检测灵敏度高。可以检测出 μg/g(10^{-6})级甚至 ng/g(10^{-9})级的物质。

(3) 应用范围广。在色谱柱温度条件下,可分析有一定蒸气压且热稳定性好的样品,一般来说,气相色谱法可直接进样分析沸点低于 400 ℃的各种有机或无机试样。

不足之处:难以对被分离组分直接定性。

10.2　气相色谱分析理论基础

色谱分离过程是在色谱柱内完成的。在此过程中,气固色谱法和气液色谱法两者的分离机理是不相同的。气固色谱法是基于固体吸附剂对试样中各组分的吸附能力的不同而进行分离,因此属于吸附色谱法;气液色谱法是基于固定液对试样中各组分的溶解能力的不同而进行分离,属于分配色谱法。这种分离过程常用样品分子在两相间的分配来描述,而描述这种分配的参数有分配系数 K 和分配比 k。

10.2.1　气相色谱分析的基本原理

1. 分配系数 K

分配系数(partition coefficient)是指在一定温度下,组分在两相间分配达到平衡时的浓度(单位:g/mL)比,即

$$K=\frac{\text{组分在固定相中的浓度}}{\text{组分在流动相中的浓度}}=\frac{c_s}{c_M} \tag{10-1}$$

分配系数是由组分和固定相的热力学性质决定的,是每一种溶质的特征值,它仅与两个变量有关:固定相和温度。与两相体积、柱管的特性以及所使用的仪器无关。

2. 分配比 k

在实际工作中,也常用分配比(partition ratio)来表征色谱分配平衡过程。它是指在一定温度和压力下,某一组分在两相间分配达平衡时,分配在固定相和流动相中的质量比,即

$$k=\frac{\text{组分在固定相中的质量}}{\text{组分在流动相中的质量}}=\frac{m_s}{m_M} \tag{10-2}$$

k 值越大,说明该组分在固定相中的质量越多,相当于柱的容量越大,因此 k 又被称为容量因子(capacity factor)或容量比(capacity ratio)。k 值是衡量色谱柱对被分离组分保留能力的重要参数。k 值也取决于组分及固定相的热力学性质。它不仅随柱温、柱压的变化而变化,还与流动相及固定相的体积有关。分配比 k 与分配系数 K 的关系如下。

$$k=\frac{m_s}{m_M}=\frac{c_sV_s}{c_MV_M}=\frac{K}{\beta} \tag{10-3}$$

式中:c_s、c_M分别为组分在固定相和流动相中的浓度;V_M为柱中流动相的体积,近似等于死体积;V_s为柱中固定相的体积,在各种不同类型的色谱中有不同的含义;β 称为相比率,它是反映各种色谱柱柱形特点的又一个参数。例如:对填充柱,其 β 值为 6～35;对毛细管柱,其 β 值为 60～600。

分配比可从色谱图上直接测得。

3. 色谱流出曲线与有关术语

由检测器输出的电信号强度对时间作图,所得曲线称为色谱流出曲线,又称为色谱图,如

图 10-1 所示。曲线上突起部分就是色谱峰。如果进样量很小，浓度很低，在吸附等温线（气固吸附色谱）或分配等温线（气液分配色谱）的线性范围内，色谱峰是对称的。与色谱流出曲线有关的常用术语如下。

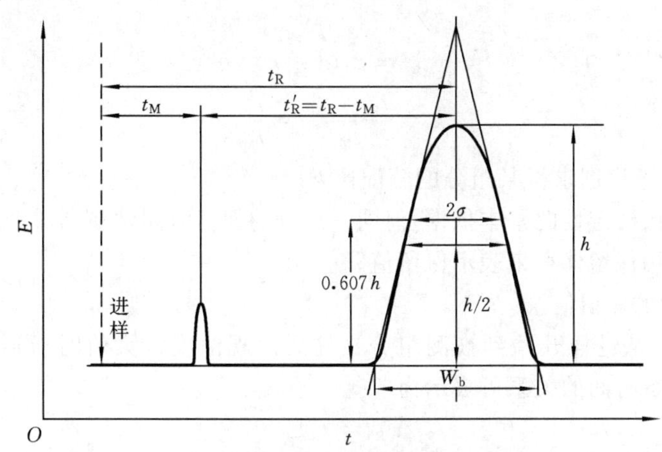

图 10-1　色谱流出曲线

(1) 基线。当无试样通过检测器时，检测到的信号即为基线。稳定的基线应该是一条水平直线。

(2) 峰高。色谱峰顶点与基线之间的距离，用 h 表示。

(3) 保留值。

① 用时间表示的保留值。

保留时间（t_R）：组分从进样到柱后出现峰极大值时所需的时间，称为保留时间。

死时间（t_M）：不与固定相作用的气体（如空气）的保留时间。它与色谱柱的孔隙体积成正比。因为这种物质不被固定相吸附或溶解，故其流速与流动相流速相近。流动相平均线速度 $\bar{u}$ 可用柱长 L 与 t_M 的比值表示，即

$$\bar{u}=\frac{L}{t_M} \tag{10-4}$$

调整保留时间（t'_R）：某组分的保留时间扣除死时间后，就是该组分的调整保留时间。

$$t'_R=t_R-t_M \tag{10-5}$$

由上可知，保留时间包括了组分随流动相通过柱子所需的时间和组分在固定相中滞留所需的时间。

设流动相在柱内的平均线速度为 $\bar{u}$，组分在柱内线速度为 u_s，由于固定相对组分有保留作用，故 $u_s<\bar{u}$，称此两速度之比为滞留因子（retardation factor）R_s，有

$$R_s=\frac{u_s}{\bar{u}} \tag{10-6}$$

R_s若用质量分数表示，则有

$$R_s=\frac{m_M}{m_M+m_s}=\frac{1}{1+\frac{m_s}{m_M}}=\frac{1}{1+k} \tag{10-7}$$

对组分和流动相通过长度为 L 的色谱柱，其所需时间分别为

$$t_R=\frac{L}{u_s},\quad t_M=\frac{L}{\bar{u}}$$

结合式(10-6)、式(10-7)可得

$$\frac{t_R}{t_M} = \frac{\bar{u}}{u_s} = \frac{1}{R_s} = 1 + k \tag{10-8}$$

整理式(10-8)可得

$$t_R = t_M(1 + k) \tag{10-9}$$

$$k = \frac{t_R - t_M}{t_M} = \frac{t'_R}{t_M} \tag{10-10}$$

根据式(10-10)可由色谱图求得某组分的分配比 k。

保留时间是色谱法定性的基本依据,但同一组分的保留时间常受到流动相流速的影响,因此色谱工作者有时用保留体积来表示保留值。

② 用体积表示的保留值。

保留体积(V_R):从进样开始到被测组分在柱后出现浓度极大值时所通过的流动相的体积。保留体积与保留时间的关系可表示为

$$V_R = t_R F_0 \tag{10-11}$$

式中:F_0 为柱出口处的载气流量,mL/min。

死体积(V_M):色谱柱在填充后,柱管内固定相颗粒间所剩余的空间、色谱仪中管路和连接头间的空间以及检测器空间的总和。当后两项很小可忽略不计时,死体积可表示为

$$V_M = t_M F_0 \tag{10-12}$$

同理,调整保留体积(V'_R)可表示为

$$V'_R = V_R - V_M \tag{10-13}$$

③ 相对保留值 r_{21}。

以上各种保留时间或保留体积定性指标,都只是用一种组分在一定条件下测得的数据。若同时用另一组分作标准物或参比进行测定,取其调整保留值之比作为定性指标,称为相对保留值 r_{21},其表达式为

$$r_{21} = \frac{t'_{R2}}{t'_{R1}} = \frac{V'_{R2}}{V'_{R1}} \tag{10-14}$$

相对保留值只与柱温和固定相性质有关,而与柱径、柱长、填充情况及流动相流速无关。因此它在色谱法中,尤其在气相色谱法中,广泛用做定性的依据。它表示了固定相对这两种组分的选择性,并可作为这两种组分的分离指标或色谱柱评价指标,故又称为分离因子(separation factor),也称为选择性因子,用符号 α 表示。

(4) 区域宽度。区域宽度是反映色谱峰宽度的参数,可用于衡量柱效率及反映色谱操作条件的动力学因素。通常表示色谱峰区域宽度有三种方法。

① 标准偏差(σ):0.607 倍峰高处色谱峰宽度的一半。

② 半峰宽($Y_{1/2}$):色谱峰高一半处的宽度。它与标准偏差的关系为

$$Y_{1/2} = 2.354\sigma \tag{10-15}$$

③ 峰底宽度(W_b):色谱峰两侧拐点上的切线在基线上的截距间的距离。峰底宽度与标准偏差的关系为

$$W_b = 4\sigma = 1.699 Y_{1/2} \tag{10-16}$$

从色谱流出曲线中可获得以下重要信息。

(ⅰ) 根据色谱峰的个数,可以判断样品中所含组分的最少个数。

(ⅱ) 根据色谱峰的保留值,可以进行定性分析。

（ⅲ）根据色谱峰的面积或峰高，可以进行定量分析。

（ⅳ）色谱峰的保留值及其区域宽度，是评价色谱柱分离效能的依据。

（ⅴ）色谱峰两峰间的距离，是评价固定相选择是否合适的依据。

10.2.2　色谱分离的基本理论

色谱分析的任务之一是将混合物中各组分彼此分离。组分要达到完全分离，两峰间的距离必须足够远。两峰间的距离是由组分在两相间的分配系数决定的，即与色谱分离过程的热力学性质有关。同时，还要考虑每个峰的宽度。若峰很宽以至彼此重叠，还是不能分开。而峰的宽度是由组分在色谱柱中传质和扩散行为决定的，即与色谱分离过程的动力学性质有关。因此，色谱分离的基本理论（fundamental theory of chromatograph separation）需要解决的问题包括：色谱分离过程的热力学和动力学问题；影响分离及柱效的因素与提高柱效的途径；柱效与分离度的评价指标及其关系。

1. 塔板理论

塔板理论（plate theory）最早由 Martin 等人提出。该理论把色谱柱比作一个精馏塔，沿用精馏塔中塔板的概念来描述组分在两相间的分配行为，同时引入理论塔板数 n 作为衡量柱效率的指标，即色谱柱是由一系列连续的、相等高度的水平塔板组成。每一块塔板的高度用 H 表示，称为理论塔板高度，简称板高。

(1) 塔板理论要点。塔板理论假设如下。

① 在柱内一小段长度 H 内，组分可以在两相间迅速达到平衡。这一小段柱长称为理论塔板高度（height equivalent to theoretical plate）H。

② 以气相色谱法为例，载气进入色谱柱不是连续进行的，而是脉动式，每次进气为一个塔板体积（ΔV_m）。

③ 所有组分开始时存在于第 0 号塔板上，而且试样沿轴（纵）向扩散可忽略。

④ 分配系数在所有塔板上是常数，与组分在某一塔板上的量无关。

由此可得

$$n = \frac{L}{H} \tag{10-17}$$

式中：n 称为理论塔板数（number of theoretical plates）；H 为理论塔板高度。与精馏塔一样，色谱柱的柱效能随理论塔板数 n 的增加而增加，随理论塔板高度 H 的增大而减小。

(2)塔板理论的柱效能指标。由塔板理论的流出曲线方程可导出理论塔板数 n 与保留时间 t_R、半峰宽 $Y_{1/2}$、色谱峰底宽度 W_b 的关系为

$$n = 5.54\left(\frac{t_R}{Y_{1/2}}\right)^2 = 16\left(\frac{t_R}{W_b}\right)^2 \tag{10-18}$$

式中：t_R 与 $Y_{1/2}$（W_b）应采用同一单位（时间或距离）。从式(10-18)可以看出，在 t_R 一定时，色谱峰越窄，塔板数 n 越大，理论塔板高度 H 就越小，柱效能越高。因而，n 或 H 可作为描述柱效能的指标。通常，填充色谱柱的 n 在 10^3 以上，H 在 1 mm 左右；毛细管色谱色谱柱 n 为 $10^5 \sim 10^6$，H 在 0.5 mm 左右。

由于保留时间包括了死时间，而实际上组分在死时间内不参与柱内分配，所以计算出来的理论塔板数与理论塔板高度与实际柱效能有很大差距，需引入把死时间扣除的有效塔板数（effective plate number）n_{eff} 和有效塔板高度（effective plate height）H_{eff} 来作为柱效能指标。

$$n_{\text{eff}} = 5.54\left(\frac{t'_R}{Y_{1/2}}\right)^2 = 16\left(\frac{t'_R}{W_b}\right)^2 \tag{10-19}$$

在使用柱效能指标时应注意以下两点。

① 因为在相同的色谱条件下,对不同的物质计算的塔板数不一样,因此,在说明柱效能时,除注明色谱条件外,还应指出用什么物质进行测量。

② 柱效能不能表示被分离组分的实际分离效果。当两组分的分配系数 K 相同时,无论该色谱柱的塔板数多大,都无法被分离。

(3) 塔板理论的特点和不足。塔板理论是一种半经验性理论,它用热力学的观点描述了溶质在色谱柱中的分配平衡和分离过程,解释了色谱流出曲线的形状及浓度极大值的位置,并提出了计算和评价柱效能高低的参数。但由于它的某些基本假设并不符合色谱柱内实际发生的分离过程,如气体的纵向扩散不能被忽略,同时也不能不考虑分子的扩散、传质等动力学因素,因此塔板理论只能定性地给出理论塔板高度的概念,却不能解释理论塔板高度受哪些因素影响以及造成谱带扩展的原因,也不能说明同一色谱柱在不同的载气流速下柱效能不同的实验结果,无法指出影响柱效能的因素及提高柱效能的途径,这限制了它的应用。

2. 速率理论

1956 年,荷兰学者范·第姆特(Van Deemter)等在研究气液色谱时,提出了色谱过程动力学理论——速率理论(rate theory)。他们吸收了塔板理论中理论塔板高度的概念,并充分考虑了组分在两相间的扩散和传质过程,从而在动力学基础上较好地解释了影响理论塔板高度的各种因素。该理论模型对气相、液相色谱都适用。Van Deemter 方程的数学简化式为

$$H = A + \frac{B}{u} + Cu \tag{10-20}$$

式中:u 为流动相的线速度;A、B、C 为常数,分别代表涡流扩散项系数、分子扩散项系数及传质阻力项系数。现分别叙述各项所代表的物理意义。

(1) A——涡流扩散项(eddy diffusion term)。在填充色谱柱中,当组分随流动相向柱出口迁移时,流动相由于受到固定相颗粒阻碍,不断改变流动方向,使组分分子在前进中形成紊乱的类似涡流的流动,故称涡流扩散。涡流扩散现象如图 10-2 所示。

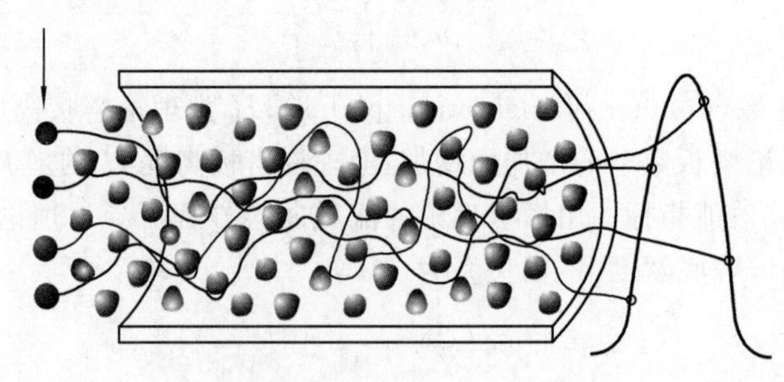

图 10-2 涡流扩散现象示意图

由于填充物颗粒大小的不同及填充物的不均匀性,组分在色谱柱中经过的路径长短不一,因而同时进色谱柱的相同组分到达柱口时间并不一致,引起了色谱峰的变宽。色谱峰变宽的程度由下式决定:

$$A = 2\lambda d_p \tag{10-21}$$

式中:d_p为固定相的平均颗粒直径;λ 为固定相的填充不均匀因子。

式(10-21)表明,为了减少涡流扩散,提高柱效能,应使用细小的颗粒,并且填充均匀。但

是 d_p和 λ 之间又存在相互制约的关系。根据研究，若颗粒较大，装填时容易获得均匀密实的色谱柱，使 λ 减小。这样两者之间产生了矛盾。为了使 d_p和 λ 之间得到协调，载体的粒度一般在 100～120 目为佳。对于空心毛细管，不存在涡流扩散，因此 $A=0$。

(2) B/u——分子扩散项(molecular diffusion term)或称纵向扩散项(longitudinal diffusion term)。分子扩散项是由浓度梯度造成的。分子扩散现象如图 10-3 所示。组分从柱入口加入，其浓度分布呈“塞子”形。当随着流动相向前推进时，由于存在着浓度梯度，“塞子”必然自发地向前和向后扩散，造成谱带变宽。分子扩散项系数为

$$B = 2\gamma D_g \tag{10-22}$$

式中：γ 为弯曲因子，反映了固定相颗粒的几何形状对自由分子扩散的阻碍情况；D_g为试样组分分子在流动相中的扩散系数，cm^2/s。

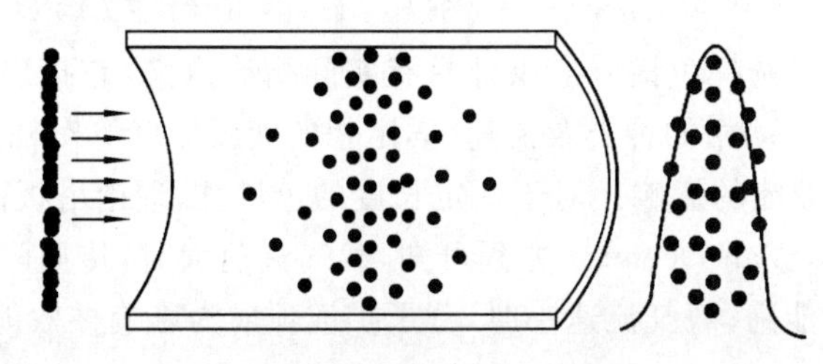

图 10-3　分子扩散现象示意图

分子扩散项与组分在流动相中扩散系数 D_g成正比，而 D_g与组分性质及流动相有关。相对分子质量大的组分 D_g小，D_g与流动相相对分子质量的平方根成反比，即 $D_g \propto \frac{1}{\sqrt{M}}$。所以采用相对分子质量较大的流动相(如氮气)，可降低 B 项。D_g随柱温升高而增加，但与柱压成反比。另外，纵向扩散与组分在色谱柱中停留时间有关。流动相流速小，组分停留时间长，纵向扩散就大。因此，为了降低纵向扩散影响，要加大流动相流速。

(3) Cu——传质阻力项。传质阻力系数 C 包括气相传质阻力系数 C_g和液相传质阻力系数 C_L两项，即

$$C = C_g + C_L \tag{10-23}$$

传质阻力现象如图 10-4 所示。气相传质过程是指试样组分从气相移动到固定相表面的过程。在这一过程中，试样组分将在气、液两相间进行分配。有的分子还来不及进入两相界面就被气相带走，有的则进入两相界面又不能及时返回气相。这样，由于试样在两相界面上不能瞬间达到平衡，引起滞后现象，从而使色谱峰变宽。对于填充柱，气相传质阻力系数 C_g为

$$C_g = \frac{0.01k^2}{(1+k)^2}\frac{d_p^2}{D_g} \tag{10-24}$$

式中：k 为容量因子；D_g、d_p意义同前。

由式(10-24)可以看出，气相传质阻力与 d_p的平方成正比，与组分在载气中的扩散系数 D_g成反比。因此，减小载体粒度，选择相对分子质量小的气体(如氢气)作载气，可降低传质阻力，提高柱效能。

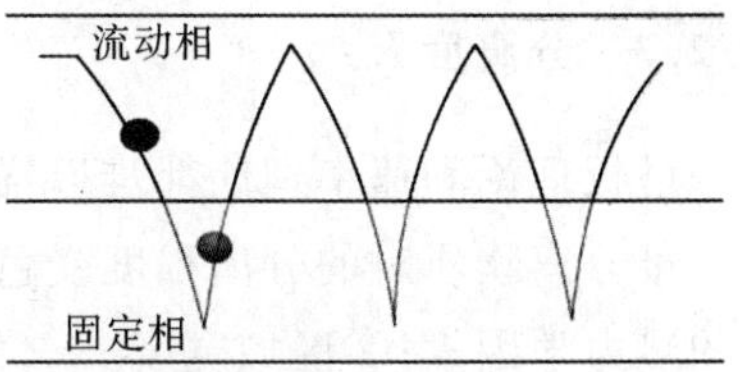

图 10-4　传质阻力现象示意图

液相传质过程是指试样组分从固定相的气-液界面移动到液相内部，并发生质量交换达到分配平衡，然后又返回气-液界面的传质过程。这个过程也需要一定的时间。此时，气相中组分的其他分子仍随载气不断向柱

口运动,于是造成峰形扩张。液相传质阻力系数 C_L 为

$$C_L = \frac{2}{3} \frac{k}{(1+k)^2} \frac{d_f^2}{D_L} \tag{10-25}$$

由式(10-25)可以看出,固定相的液膜厚度 d_f 越小,组分在液相的扩散系数 D_L 越大,则液相传质阻力就越小。降低固定液的含量,可以降低液膜厚度,但 k 值随之变小,又会使 C_L 增大。当固定液含量一定时,一般可采用比表面积较大的载体来降低液膜厚度。提高柱温也可增大 D_L,但会使 k 值减小,因此为了保持适当的 C_L 值,应控制适当的柱温。

将式(10-21)至式(10-25)代入式(10-20),即可得 Van Deemter 气液色谱理论塔板高度方程。表达式为

$$H = 2\lambda d_p + \frac{2\gamma D_g}{u} + \left[\frac{0.01k^2}{(1+k)^2} \frac{d_p^2}{D_g} + \frac{2}{3} \frac{k}{(1+k)^2} \frac{d_f^2}{D_L}\right] u \tag{10-26}$$

Van Deemter 方程对选择色谱分离条件具有实际指导意义,它指出了色谱柱填充的均匀程度、填料粒度的大小、流动相的种类及流速、固定相的液膜厚度等对柱效能的影响。

(4) 载气流速对柱效能的影响。对于一定长度的色谱柱,理论塔板高度越小,理论塔板数越大,柱效能越高。而从 Van Deemter 方程可知,载气流速大时,传质阻力项是影响柱效能的主要因素,流速小,柱效能高;载气流速小时,分子扩散项成为影响柱效能的主要因素,流速大,柱效能高 。

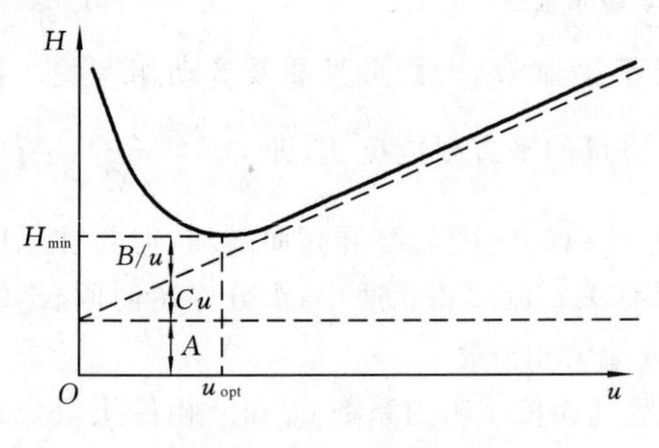

图 10-5 H-u 关系曲线

由于流速在这两项中完全相反的作用,流速对柱效能的总影响存在着一个最佳流速值,即速率方程式中理论塔板高度对流速的一阶导数有一极小值。以理论塔板高度 H 对应载气流速 u 作图,曲线最低点的流速即为最佳流速,如图 10-5所示。

通过上述对 Van Deemter 方程的讨论可得出以下结论。

① 组分分子在柱内运行的多路径与涡流扩散、浓度梯度所造成的分子扩散及传质阻力使气、液两相间的分配平衡不能瞬间达到等因素是造成色谱峰扩展、柱效能下降的主要原因。

② 通过选择适当的固定相粒度、载气种类、液膜厚度及载气流速可提高柱效能。

③ 各种因素相互制约,如载气流速增大,分子扩散项的影响减小,使柱效能提高,但同时传质阻力项的影响增大,又使柱效能下降;柱温升高,有利于传质,但又加剧了分子扩散的影响,选择最佳条件,才能使柱效能达到最高。

速率理论阐明了流速和柱温对柱效能及分离的影响,为色谱分离和操作条件的选择提供了理论指导。

10.2.3 分离度 R

塔板理论和速率理论都难以描述难分离物质对的实际分离程度。

难分离物质对的分离程度受色谱过程中两种因素的综合影响:①保留值之差——色谱过程的热力学因素;②区域宽度——色谱过程的动力学因素。

色谱分离中常见的四种情况如图 10-6 所示。图中(a)的情况表明,柱效能较高,ΔK(两组

分分配系数之差)较大,完全分离;图中(b)的情况表明,ΔK 不是很大,柱效能较高,峰形较窄,基本上完全分离;图中(c)的情况表明,ΔK 较大,但柱效能较低,峰形扩展,分离的效果不好;图中(d)的情况表明,ΔK 小,柱效能低,分离效果差。

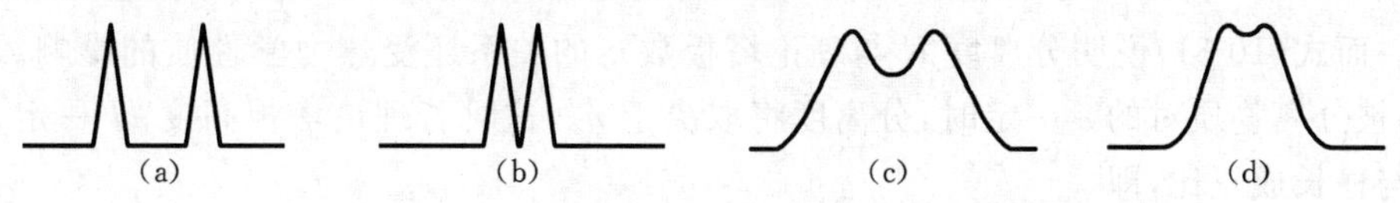

图 10-6　色谱分离中难分离组分常见的几种情况

由此可见,单独用柱效能或选择性都不能完全反映组分在色谱柱中的分离情况,故需引入一个综合性指标——分离度 R。分离度是既能反映柱效能又能反映选择性的指标,称为总分离效能指标。分离度又称为分辨率(resolution),它定义为相邻两组分色谱峰保留值之差与两组分色谱峰峰底宽之和一半的比值。分离度 R 的表达式为

$$R=\frac{2(t_{R2}-t_{R1})}{W_{b2}+W_{b1}}=\frac{2(t_{R2}-t_{R1})}{1.699(Y_{1/2(2)}+Y_{1/2(1)})} \tag{10-27}$$

R 值越大,表明相邻两组分分离越好。一般来说,$R=0.8$,两峰的分离程度可达 89%;$R=1$,分离程度达 98%;$R=1.5$,分离程度达 99.7%。通常用 $R=1.5$ 作为相邻两组分已完全分离的标志。

10.2.4　色谱分离基本方程式

分离度 R 的定义并没有反映影响分离度的各因素。实际上分离度受柱效能 n、选择性因子 α 和容量因子 k 三个参数的控制。对于难分离物质对,由于它们的分配系数差别小,可令 $W_{b2}\approx W_{b1}\approx W$, $k_1\approx k_2\approx k$,由式(10-18)可导出

$$\frac{1}{W}=\frac{\sqrt{n}}{4}\frac{1}{t_R} \tag{10-28}$$

将式(10-28)代入式(10-27),得

$$R=\frac{\sqrt{n}}{4}\frac{t_{R2}-t_{R1}}{t_{R2}}=\frac{\sqrt{n}}{4}\frac{t'_{R2}-t'_{R1}}{t_{R2}} \tag{10-29}$$

由式(10-9)及式(10-5),可得

$$t_R=t'_R\frac{1+k}{k} \tag{10-30}$$

将式(10-30)代入式(10-29),得

$$R=\frac{\sqrt{n}}{4}\frac{t'_{R2}-t'_{R1}}{t'_{R2}}\frac{k}{1+k}=\frac{\sqrt{n}}{4}\frac{\alpha-1}{\alpha}\frac{k}{1+k} \tag{10-31}$$

式(10-31)即为色谱分离基本方程式。

在实际应用中,往往用 n_{eff} 代替 n。由于

$$\frac{n_{eff}}{n}=\left(\frac{t'_R}{t_R}\right)^2=\left(\frac{k}{1+k}\right)^2$$

即

$$n_{eff}=n\left(\frac{k}{1+k}\right)^2 \tag{10-32}$$

将式(10-32)代入式(10-31),可得

$$R=\frac{\sqrt{n_{eff}}}{4}\frac{\alpha-1}{\alpha} \tag{10-33}$$

式(10-33)即色谱分离基本方程式的又一表达式。

1. 分离度与柱效能的关系

由式(10-33)可知,具有一定相对保留值 α 的物质对,分离度 R 与有效塔板数 n_e 的平方根成正比。而式(10-31)说明分离度 R 与理论塔板数 n 的关系还受热力学性质的影响。当固定相一定,被分离物质对的 α 一定时,分离度将取决于 n。这时若理论塔板高度 H 一定,分离度的平方与柱长成正比,即

$$\left(\frac{R_1}{R_2}\right)^2=\frac{n_1}{n_2}=\frac{L_1}{L_2} \tag{10-34}$$

式(10-34)说明用较长的柱子可以提高分离度。但这样做将延长分析时间,因此提高分离度的好方法是降低理论塔板高度 H,提高柱效能。

2. 分离度与选择因子的关系

当 $\alpha=1$ 时,由式(10-33)可知,$R=0$。说明此时无论怎样提高柱效能也不能使两组分分开。显然增大 α 是提高分离度的最有效方法。一般通过改变固定相的性质和组成或降低柱温可有效增大 α 值。

例 10-1　在一定条件下,两个组分的调整保留时间分别为 85 s 和 100 s,要达到完全分离,即 $R=1.5$ 时,试计算需要多少块有效塔板?若填充柱的理论塔板高度为 0.1 cm,柱长应是多少?

解

$$\alpha=100/85=1.18$$

$$n_{\text{eff}}=16R^2\left(\frac{\alpha}{\alpha-1}\right)^2=16\times1.5^2\times\left(\frac{1.18}{0.18}\right)^2$$

$$=1\,547$$

$$L_{\text{eff}}=n_{\text{eff}}H_{\text{eff}}=1\,547\times0.1\text{ cm}\approx155\text{ cm}=1.55\text{ m}$$

即柱长为 1.55 m 时,两组分可以得到完全分离。

例 10-2　在一定条件下,两个组分的保留时间分别为 12.2 s 和 12.8 s,$n=3\,600$ 块,计算分离度(设 $L_1=$ 1 m)。要达到完全分离,即 $R=1.5$,柱长应为多少?

解

$$W_{b1}=4\frac{t_{R1}}{\sqrt{n}}=\frac{4\times12.2}{\sqrt{3\,600}}\text{ s}=0.813\,3\text{ s}$$

$$W_{b2}=4\frac{t_{R2}}{\sqrt{n}}=\frac{4\times12.8}{\sqrt{3\,600}}\text{ s}=0.853\,3\text{ s}$$

故

$$R=\frac{2\times(12.8-12.2)}{0.853\,3+0.813\,3}=0.72$$

$$L_2=\left(\frac{R_2}{R_1}\right)^2L_1=\left(\frac{1.5}{0.72}\right)^2\times1\text{ m}=4.34\text{ m}$$

即柱长为 4.34 m 时,两组分可以得到完全分离。

注:计算时,注意使峰宽与保留时间单位一致,采用长度或时间为单位。

10.3　气相色谱仪

10.3.1　气相色谱流程

气相色谱的流程如图 10-7 所示。载气由载气钢瓶供给,经减压阀降压后,由针形稳压阀调节到所需流速,经净化干燥管净化后得到稳定流量的载气;载气流经汽化室,将汽化后的样品带入色谱柱进行分离;分离后的各组分先后进入检测器;检测器按物质的浓度或质量的变化

转变为一定的电信号，经放大后在记录仪上记录下来，得到色谱流出曲线(如图10-1所示)。根据色谱流出曲线上各峰出现的时间，可进行定性分析；根据峰面积或峰高的大小，可进行定量分析。

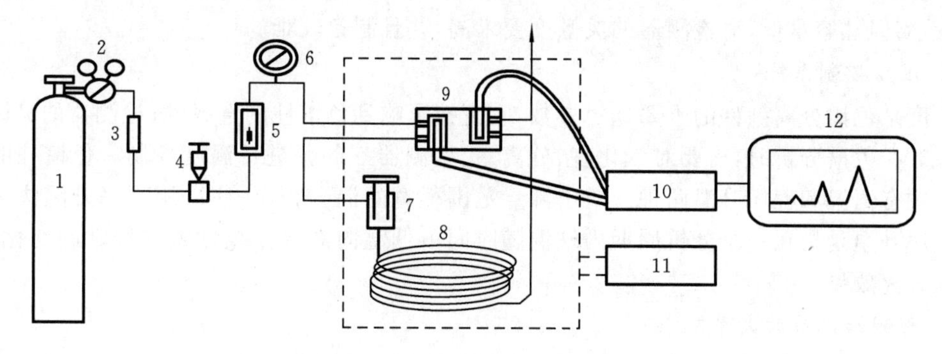

图10-7 气相色谱流程示意图

1—载气钢瓶；2—减压阀；3—净化干燥管；4—针形稳压阀；5—流量计；6—压力表；7—进样室；8—色谱柱；9—热导检测器；10—放大器；11—温度控制器；12—记录仪

10.3.2 气相色谱仪的结构

气相色谱仪(gas chromatographic instrument)的主要结构包括载气系统、进样系统、分离系统(色谱柱)、温度控制系统以及检测和记录放大系统。

1. 载气系统

载气系统包括气源、净化干燥管和载气流速控制装置。

(1) 气源。常用的载气有：H_2、N_2、He和Ar。

(2) 净化干燥管。其作用是去除载气中的水、有机物等杂质(依次通过分子筛、活性炭等)。

(3) 载气流速控制装置。它包括压力表、流量计、针形稳压阀，其作用是控制载气流速恒定。

2. 进样系统

进样系统包括进样器和汽化室两部分。

(1) 气体进样器(六通阀)。有推拉式和旋转式两种。试样首先充满定量管，切入后，载气携带定量管中的试样气体进入分离柱。

(2) 液体进样器。一般使用不同规格的专用微量注射器。填充柱色谱常用10 μL，毛细管色谱常用1 μL，新型仪器带有全自动液体进样器，清洗、润冲、取样、进样、换样等过程自动完成，一次可放置数十个试样。

(3) 汽化室。将液体试样瞬间汽化的装置。汽化室热容量要大，温度要足够高，而且无催化作用。

3. 分离系统(色谱柱)

色谱柱是色谱仪的核心部件，其作用是分离样品中各组分。色谱柱主要有两类：填充柱和毛细管柱。

(1) 填充柱。它由不锈钢或玻璃材料制成，内装固定相，内径一般为2～4 mm。长度为1～3 m。填充柱的形状有U形和螺旋形两种。柱填料一般采用粒度为60～80目或80～

100 目的色谱固定相。

(2) 毛细管柱又称为空心柱。其材料可以是不锈钢、玻璃或石英。毛细管色谱柱渗透性好,传质阻力小,柱子可做到几十米长。与填充柱相比,毛细管柱分离效率高、分析速度快、样品用量小,但柱容量低,对检测器的灵敏度要求高,并且制备较难。

4. 温度控制系统

温度是色谱分离条件的重要选择参数,它直接影响到色谱柱的选择性、检测器的灵敏度和稳定性。在色谱分析时,需要对汽化室、分离室、检测器三部分进行温度控制。色谱柱的温度控制方式有恒温和程序升温两种。对于沸点范围很宽的混合物,往往采用程序升温法进行分析。程序升温是指在一个分析周期内柱温随时间由低温向高温作线性或非线性的变化,以达到最佳分离效果。

5. 检测和记录放大系统

检测和记录放大系统通常由检测元件、放大器、显示记录三部分组成。被色谱柱分离后的组分依次进入检测器,按其浓度或质量随时间的变化,转化成相应的电信号,经放大后进行记录和显示,给出色谱流出曲线。

10.4 气相色谱固定相

气相色谱固定相(stationary phase in gas chromatograph)分为两类:用于气固色谱的固体吸附剂,称之为气固色谱固定相(stationary phase in gas-solid chromatograph);用于气液色谱的液体固定相(包括固定液和载体),称之为气液色谱固定相(stationary phase in gas-liquid chromatograph)。

10.4.1 气固色谱固定相

1. 常用固体吸附剂的种类

(1) 活性炭。它属于非极性物质,有较大的比表面积,吸附性较强。

(2) 活性氧化铝。它属于弱极性物质,适用于常温下 O_2、N_2、CO、CH_4、C_2H_6、C_2H_4 等气体的相互分离。CO_2 能被活性氧化铝强烈吸附而不能用这种固定相进行分析。

(3) 硅胶。它属于较强极性物质,分离性能与活性氧化铝大致相同,除能分析上述物质外,还能分析 CO_2、N_2O、NO、NO_2 等物质,且能够分离臭氧(O_3)。

(4) 分子筛。分子筛为碱及碱土金属的硅铝酸盐(沸石),多孔性,属于极性物质。按孔径大小分为多种类型,如 3A、4A、5A、10X 及 13X 分子筛等。常用 5A 和 13X(常温下分离 O_2 与 N_2)。除了广泛用于 H_2、O_2、N_2、CH_4、CO 等的分离外,还能够测定 He、Ne、Ar、NO、N_2O 等。

(5) 高分子多孔微球(GDX 系列)。新型的有机合成固定相(苯乙烯与二乙烯苯共聚)。型号:GDX-01、GDX-02、GDX-03 等。适用于水、气体及低级醇的分析。

2. 气固色谱固定相的缺点

(1) 性能与制备和活化条件有很大关系。

(2) 同一种固定相,不同厂家或不同活化条件,分离效果差异较大。

(3) 种类有限,能分离的对象不多。

虽然气固色谱固定相有上述缺点,但是在固体吸附剂上,永久性气体及气态烃的吸附热差别较大,可以得到满意的分离效果。因此,在分离、分析永久性气体及气态烃类时,一般用气固色谱法。

10.4.2 气液色谱固定相

气液色谱固定相由固定液和载体(担体)组成,载体为固定液提供一个大的惰性表面,以承担固定液,使固定液能在其表面形成薄而均匀的液膜。

1. 载体

(1) 对载体的要求。

① 比表面积大,孔径分布均匀。

② 化学惰性,表面无吸附性或吸附性很弱,与被分离组分不起反应。

③ 具有较高的热稳定性和机械强度,不易破碎。

④ 颗粒大小均匀、适度。常用 60～80 目、80～100 目。

(2) 载体的类型。载体大致可分为硅藻土和非硅藻土两类。硅藻土是目前气相色谱法中常用的一种载体,它是由硅藻的单细胞海藻骨架组成,主要成分是二氧化硅和少量的无机盐,根据制备方法不同,又分为红色载体和白色载体。

红色载体是将硅藻土与黏合剂在 900 ℃煅烧后,破碎过筛而得,因铁生成氧化铁呈红色,故称为红色载体。红色载体的特点是孔径较小,表孔密集,比表面积较大,机械强度好。适宜分离非极性或弱极性组分的试样。缺点是表面存有活性吸附中心点。

白色载体是在原料中加入了少量助熔剂(碳酸钠)再进行煅烧。它呈白色,颗粒疏松,孔径较大,比表面积较小,机械强度较差。但吸附性显著减小,适宜分离极性组分的试样。

非硅藻土载体有有机玻璃微球载体、氟载体、高分子多孔微球等。这类载体常用于特殊分析,如分析强腐蚀性物质 HF、Cl_2 时需用氟载体。

(3) 载体的表面处理。普通硅藻土载体的表面并非完全惰性,而是具有活性中心如硅醇基(Si-OH),并有少量的金属氧化物。因此,它的表面上既有吸附活性,又有催化活性,用这种固定相分析样品,将会造成色谱峰的拖尾;而用于分析萜烯和含氮杂环化合物等化学性质活泼的试样时,有可能发生化学反应和不可逆吸附。因此,使用前要进行化学处理,以改进孔隙结构,屏蔽活性中心。常用的处理方法有:①酸洗(除去碱性基团);②碱洗(除去酸性基团);③硅烷化(消除氢键结合力);④釉化(表面玻璃化、堵住微孔)。

2. 固定液

固定液一般为高沸点的有机物,均匀地涂在载体表面,呈液膜状态。

(1) 对固定液的要求。能做固定相的有机物必须具备下列条件。

① 热稳定性好。在操作温度下,不发生聚合、分解或交联等现象,且有较低的蒸气压,以免固定液流失。固定液通常有最高使用温度的限制。

② 化学稳定性好。固定液与样品或载气不能发生不可逆的化学反应。

③ 固定液的黏度和凝固点低,以便在载体表面能均匀分布。

④ 各组分必须在固定液中有一定的溶解度,否则样品会迅速通过柱子,难以使组分分离。

(2) 组分分子和固定液间存在作用力。固定液为什么能牢固地附着在载体表面上,而不被流动相所带走?为什么样品中各组分通过色谱柱的时间不同?这些问题都涉及分子间的作用力。

在气相色谱法中,载气是惰性的,而组分在气相中浓度很低,组分分子间作用力很小,可忽略。在液相中,组分间的作用力也可忽略。液相里主要存在的作用力是组分与固定液分子间的作用力。作用力大的组分,分配系数大。

这种分子间作用力主要包括定向力、诱导力、色散力和氢键。前三种又称为范德华力,是由电场作用引起的。氢键则是一种特殊的范德华力,有一定的形成条件。此外,固定液与被分离组分间还可能存在形成化合物或配合物的键合力。

(3) 固定液分类方法。气液色谱法可选择的固定液有几百种,它们具有不同的组成、性质和用途。现在大都按照固定液的极性和化学类型分类。

固定液的极性可采用相对极性和固定液特征常数表示。化学类型分类是将有相同官能团的固定液排列在一起,然后按官能团的类型分类。

(4) 固定液的选择。一般可按“相似相溶”的原则,选择与试样性质相近的固定相。因为这时的分子间的作用力强,选择性高,分离效果好。

对于复杂的难分离组分通常采用特殊固定液或将两种甚至两种以上固定液配合使用。

10.5 气相色谱检测器

气相色谱检测器(detector of gas chromatograph)是将载气里被分离的各组分的浓度或质量转换成电信号的装置。目前检测器的种类多达数十种,但常用的只有四五种。

根据检测原理的不同,可将所用检测器分为两类,即浓度型检测器(concentration sensitive detector)和质量型检测器(mass flow rate sensitive detector)。也可根据其检测范围分为通用型检测器和选择性检测器。浓度型检测器测量的是载气中通过检测器组分浓度瞬间的变化,检测信号值与组分的浓度成正比,如热导池检测器(thermal conductivity detector, TCD)和电子捕获检测器(electron capture detector, ECD)。质量型检测器测量的是载气中某组分进入检测器的质量流速变化,即检测信号值与单位时间内进入检测器组分的质量成正比,如氢火焰离子化检测器(flame ionization detector, FID)。

一个优良的检测器应具有的性能指标是:灵敏度高;检出限低;死体积小;响应迅速;线性范围宽和稳定性好。通用型检测器要求适用范围广,选择性检测器要求选择性好。

10.5.1 检测器性能评价指标

1. 响应值(或灵敏度)S

当一定浓度或质量的组分进入检测器,产生一定的响应信号 E。在一定范围内,信号 E 与进入检测器的物质质量 m 呈线性关系。若以进样量 m 对响应信号 E 作图,可得到一条通过原点的直线。直线的斜率就是检测器的灵敏度 S。因此,灵敏度可定义为信号 E 对进入检测器的组分质量 m 的变化率,其表达式为

$$S \overset{\text{def}}{=\!=} \frac{\Delta E}{\Delta m} \tag{10-35}$$

S 表示单位质量的物质通过检测器时,产生的响应信号的大小。S 值越大,检测器的灵敏度也就越高。检测信号通常显示为色谱峰,则响应值也可以由色谱峰面积 A 除以试样质量 m 求得,即

$$S = \frac{A}{m} \tag{10-36}$$

对于浓度型的检测器,ΔE 的单位取 mV,Δm 的单位取 mg/mL,灵敏度符号用 S_c 表示,其

单位是 mV · mL/mg。可用下式计算仪器的灵敏度：

$$S_c = \frac{C_1 C_2 F_0 A}{m} \tag{10-37}$$

式中：C_1为记录仪的灵敏度，mV/cm；C_2为记录仪的走纸速度的倒数，min/cm；A 为峰面积，cm^2；F_0为柱出口处流动相的流速，mL/min；m 为进入检测器组分的质量，mg。

对于质量型检测器，ΔE 的单位取 mV，Δm 的单位取 mg/s，灵敏度符号用 S_m表示，其单位是 mV · s/mg。可用下式计算仪器的灵敏度：

$$S_m = \frac{60 C_1 C_2 A}{m} \tag{10-38}$$

式中：各符号的意义同前，为了将 C_2的单位 min/cm 换算成 s/cm，所以乘以 60。应该注意，S 的单位还可以是 mV · s/g，这时 m 的单位应用 g。

2. 检出限 D

检出限(detection limit，D)定义为：检测器恰能产生 3 倍噪声($3R_N$)时，单位时间(s)引入检测器的样品量(mg)或单位体积(mL)载气中所含的样品量。

浓度型检测器的检出限为

$$D_c = \frac{3R_N}{S_c} \tag{10-39}$$

D_c的物理意义是指每毫升载气中含有恰好能产生 3 倍于噪声的信号时溶质的质量(mg)。

质量型检测器的检出限为

$$D_m = \frac{3R_N}{S_m} \tag{10-40}$$

D_m的物理意义是指恰好能产生 3 倍于噪声的信号时，每秒钟通过检测器的溶质的质量(mg)。

无论哪种检测器，检出限都与灵敏度成反比，与噪声成正比。检出限不仅取决于灵敏度，而且受限于噪声，所以它是衡量检测器性能的综合指标。

3. 最小检测量 Q_{min}

最小检测量(minimum detectable quantity，Q_{min})是指检测器响应值为 3 倍噪声时所需的试样浓度(或质量)。最小检测量和检出限是两个不同的概念。检出限只用来衡量检测器的性能，而最小检测量不仅与检测器性能有关，还与色谱柱柱效能及色谱操作条件有关。

浓度型检测器的 Q_{min}由式(10-41)计算，质量型检测器的 Q_{min}由式(10-42)计算。

$$Q_{min} = 1.065 Y_{1/2} F_0 D \tag{10-41}$$

$$Q_{min} = 1.065 Y_{1/2} D \tag{10-42}$$

4. 线性范围

检测器的线性是指检测器内流动相中组分浓度与响应信号成正比例关系。线性范围(linear range)是指被测组分的量与检测器信号呈线性关系的范围，以最大允许进样量与最小进样量之比来表示。

5. 响应时间

响应时间(response time)是指进入检测器的某一组分的输出信号达到其值 63%所需的时间。一般小于 1 s。

10.5.2 常用检测器

1. 热导池检测器

热导池检测器(TCD)是一种结构简单、性能稳定、线性范围宽、对无机及有机物质都有响应、灵敏度适中的检测器,因此在气相色谱法中广泛应用,属于通用型浓度检测器。

热导池检测器是根据各种物质和载气的导热系数不同,采用热敏元件进行检测的。桥路电流,载气,热敏元件的电阻值、电阻温度系数,池体温度等因素将影响热导池检测器的灵敏度。通常载气与样品的导热系数相差越大,灵敏度越高。一些气体 100 ℃时的导热系数 α 如表 10-1 所示。

表 10-1　一些气体 100 ℃时的导热系数 λ

单位:W/(m·℃)

气　体	$\lambda\times10^7$	气　体	$\lambda\times10^7$
氢气	224.3	甲烷	45.8
氦气	175.6	乙烷	30.7
氧气	31.9	丙烷	26.4
空气	31.5	甲醇	23.1
氮气	31.5	乙醇	22.3
氩气	21.8	丙酮	17.6

(1) 热导池检测器的结构。热导池检测器由池体和热敏元件构成,结构如图 10-8 所示。池体一般用不锈钢制成,热敏元件用电阻率高、电阻温度系数大、价廉易加工的钨丝制成。热导池具有参考池(臂)和测量池(臂),参考池(臂)仅允许纯载气通过,通常连接在进样装置之前,测量池(臂)流过的是携带被分离组分的载气,通常连接在靠近分离柱出口处。

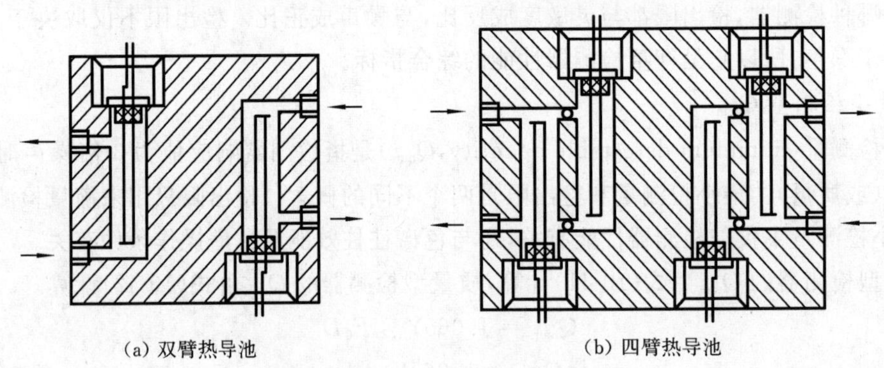

(a) 双臂热导池　　(b) 四臂热导池

图 10-8　热导池结构示意图

(2) 热导池检测器的工作原理。热导池检测器的工作原理如图 10-9 所示。

进样前,钨丝通电,加热与散热达到平衡后,两臂电阻值为 $R_{参}=R_{测}$,$R_1=R_2$。则

$$R_{参}R_2=R_{测}R_1$$

此时桥路中无电压信号输出,记录仪走直线(基线)。

进样后,载气携带试样组分流过测量池(臂),而此时参考池(臂)流过的仍是纯载气,试样组分使测量池(臂)的温度改变,引起电阻的变化,测量池(臂)和参考池(臂)的电阻值不等,产

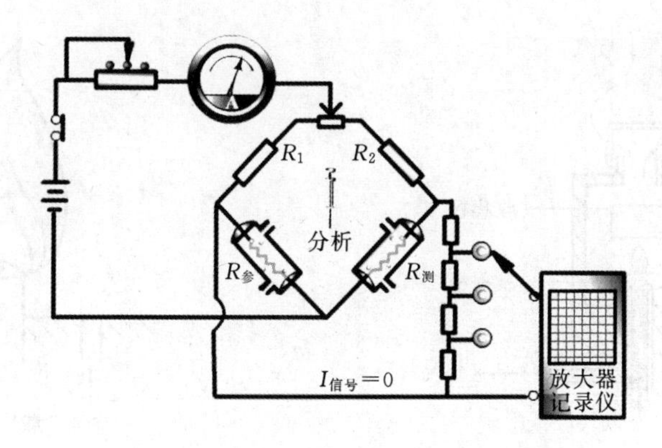

图 10-9　热导池检测器工作原理示意图

生电阻差,$R_{参} \neq R_{测}$,则

$$R_{参}R_2 \neq R_{测}R_1$$

这时电桥失去平衡,两端存在着电位差,有电压信号输出。信号与组分浓度相关。记录仪记录下组分浓度随时间变化的峰状图形。

(3) 影响热导池检测器灵敏度的因素。

① 桥路电流 I:I 增大,钨丝的温度 T 升高,钨丝与池体之间的温差 ΔT 增大,有利于热传导,检测器灵敏度提高。检测器的响应值 $S \propto I^3$,但稳定性下降,基线不稳。桥路电流太高时,还可能烧坏钨丝。

②池体温度:池体温度与钨丝温度相差越大,越有利于热传导,检测器的灵敏度也就越高,但池体温度不能低于分离柱温度,以防止试样组分在检测器中冷凝。

③ 载气种类:载气与试样的导热系数相差越大,在检测器两臂中产生的温差和电阻差也就越大,检测灵敏度越高。载气的导热系数大,传热好,通过的桥路电流也可适当加大,则检测灵敏度进一步提高。从表 10-1 可看出,氢气的导热系数较大,是热导池检测器常用的载气。氦气也具有较大的导热系数,但价格较高。

2. 氢火焰离子化检测器

氢火焰离子化检测器(FID)简称氢焰检测器。氢焰检测器具有结构简单、稳定性好、灵敏度高、响应迅速等特点,是目前常用的典型的质量型检测器,仅对有机化合物具有很高的灵敏度,对无机气体、水、四氯化碳等含氢少或不含氢的物质灵敏度低或不响应。与热导池检测器相比,灵敏度高出近 3 个数量级,检测下限可达 10^{-12}。

(1) 氢焰检测器的结构。氢焰检测器主要部件是离子室,一般用不锈钢制成。在离子室的下部,有气体入口、火焰喷嘴、一对电极——发射极(阴极)和收集极(阳极)和外罩。氢焰检测器的结构如图 10-10 所示。在发射极和收集极之间加有一定的直流电压(100～300 V)构成一个外加电场。氢焰检测器需要用到三种气体:N_2 作为载气携带试样组分;H_2 作为燃气;空气作为助燃气。使用时需要调整三者的比例关系,使检测器灵敏度达到最佳。

(2) 氢焰检测器的工作原理。氢焰检测器工作原理如图 10-11 所示。其中,A 区为预热区,B 区为点燃火焰,C 区为热裂解区(温度最高);D 区为反应区。

检测器工作步骤如下。

① 当含有机物 C_nH_m 的载气由喷嘴喷出进入火焰时,在 C 区发生裂解反应产生自由基,反应式为

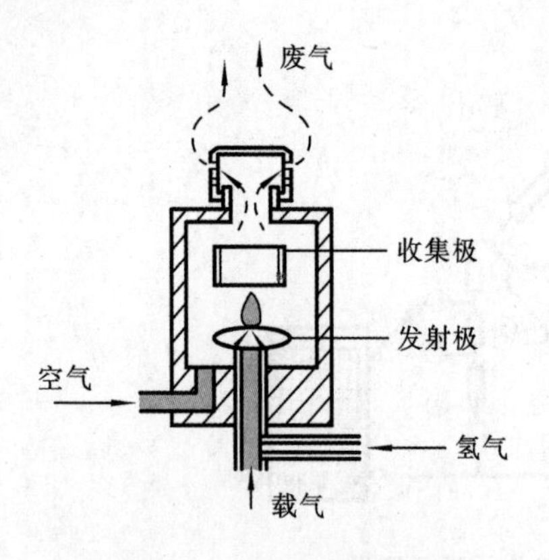

图 10-10　氢焰检测器示意图

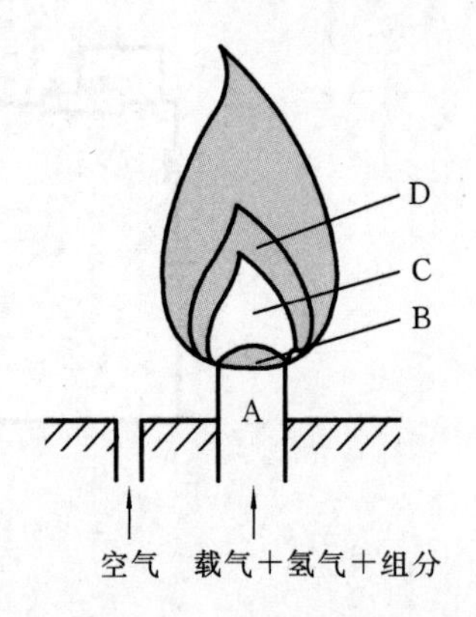

图 10-11　氢焰检测器工作原理示意图

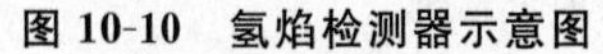

$$C_nH_m \longrightarrow \cdot CH$$

② 产生的自由基在D区火焰中与外面扩散进来的激发态原子氧或分子氧发生反应,反应式为

$$\cdot CH + O \longrightarrow CHO^+ + e^-$$

③ 生成的正离子 CHO^+ 与火焰中大量水分子碰撞而发生分子离子反应,反应式为

$$CHO^+ + H_2O \longrightarrow H_3O^+ + CO$$

④ 化学电离产生的正离子和电子在外加恒定直流电场的作用下分别向两极定向运动而产生微电流(10^{-14}~10^{-6} A)。

⑤ 在一定范围内,微电流的大小与进入离子室的被测组分质量成正比,所以氢焰检测器是质量型检测器。

⑥ 组分在氢焰中的电离效率很低,大约五十万分之一的碳原子被电离。

⑦ 离子电流信号输出到记录仪,得到峰面积与组分质量成正比的色谱流出曲线。

(3) 影响氢焰检测器灵敏度的因素。

① 各种气体流速和配比的选择。载气 N_2 的流速选择主要考虑分离效能,以 N_2 的流速为基准,N_2 与 H_2 的最佳流速配比一般为 1∶1~1∶1.5,氢气(H_2)与空气的配比一般为 1∶10。

② 极化电压。正常极化电压选择在 100~300 V 范围内。

3. 电子捕获检测器

电子捕获检测器(ECD)在应用上仅次于热导池检测器(TCD)和氢焰检测器(FID),是高选择性的浓度型检测器,仅对含有卤素、磷、硫、氧等元素的化合物有很高的灵敏度,检测下限达 10^{-14} g/mL,对大多数烃类没有响应,较多应用于农副产品、食品及环境中农药残留量的测定。

4. 其他检测器

(1) 火焰光度检测器(flame photometric detector,FPD)。化合物中硫、磷在富氢火焰中被还原,激发后,辐射出 400 nm、550 nm 左右的光谱,可被检测。该检测器是对含硫、磷化合物的高选择性检测器。

(2) 热离子检测器(thermion detector, TID)。主要是氮、磷检测器,对氮、磷有高灵敏度。在 FID 的喷嘴与收集极之间加一个含硅酸铷的玻璃球,含氮、磷化合物在受热分解时,受硅酸铷作用产生大量电子,信号强。

10.6　色谱分离操作条件的选择

1. 固定相及其选择

在选择固定液时，一般按“相似相溶”的规律选择，在操作中，应根据实际情况考虑，一般来说，有以下选择供参考。

(1) 非极性试样一般选用非极性固定液。非极性固定液对样品的保留作用，主要靠色散力。分离时，试样中各组分基本上按沸点从低到高的顺序流出色谱柱。若样品中含有同沸点的烃类和非烃类化合物，则极性化合物先流出。

(2) 中等极性的试样应首先选用中等极性固定液。在这种情况下，组分与固定液分子之间的作用力主要为诱导力和色散力。分离时组分基本上按沸点从低到高的顺序流出色谱柱，但对于同沸点的极性和非极性物，由于此时诱导力起主要作用，使极性化合物与固定液的作用力加强，所以非极性组分先流出。

(3) 强极性的试样应选用强极性固定液。此时，组分与固定液分子之间的作用主要靠静电力，组分一般按极性从小到大的顺序流出；对含有极性和非极性组分的样品，非极性组分先流出。

(4) 具有酸性或碱性的极性试样，可选用带有酸性或碱性基团的高分子多孔微球，组分一般按相对分子质量大小顺序分离。此外，还可选用极性强的固定液，并加入少量的酸性或碱性添加剂，以减小谱峰的拖尾现象。

(5) 能形成氢键的试样，应选用氢键型固定液，如腈醚和多元醇固定液等。各组分将按形成氢键的能力大小顺序流出色谱柱。

(6) 对于复杂组分，可选用两种或两种以上的混合液，配合使用，提高分离效果。

2. 固定液配比(涂渍量)的选择

固定液配比是固定液在载体上的涂渍量，一般指的是固定液与载体的配比，配比通常在5%～25%之间。配比越低，载体上形成的液膜越薄，传质阻力越小，柱效能越高，分析速度也越快。配比较低时，固定相的负载量低，允许的进样量较小。分析工作中通常倾向于使用较低的配比。

3. 柱长和柱内径的选择

增加柱长对提高分离度有利(分离度 R 正比于柱长的平方 L^2)，但组分的保留时间 t_R 将延长，且柱阻力也将增大，不便操作。

柱长的选用原则是在能满足分离目的的前提下，尽可能选用较短的柱，有利于缩短分析时间。填充色谱柱的柱长通常为1～3 m。可根据要求的分离度通过计算确定合适的柱长或通过实验确定合适的柱长。

柱内径一般为3～4 cm。

4. 柱温的确定

首先应使柱温控制在固定液的最高使用温度(超过该温度固定液易流失)与最低使用温度(低于此温度固定液以固体形式存在)之间。

柱温升高，分离度减小，色谱峰变窄变高。柱温升高，被测组分的挥发度增大，即被测组分在气相中的浓度增大，K 减小，t_R 缩短，低沸点组分峰易产生重叠。

柱温降低,分离度增大,分析时间延长。对于难分离物质对,降低柱温虽然可在一定程度内使分离得到改善,但是不可能使之完全分离,这是由于两组分的相对保留值增大的同时,两组分的峰宽也在增加,当后者的增加速度大于前者时,两峰的交叠更为严重。

柱温一般选择在接近或略低于组分平均沸点时的温度。

对于组分复杂,沸程宽的试样,通常采用程序升温。

5. 载气种类和流速的选择

(1) 载气种类的选择。载气种类的选择应考虑三个方面:载气对柱效能的影响、检测器要求及载气性质。

载气相对分子质量大,可抑制试样的纵向扩散,提高柱效能。载气流速较大时,传质阻力项将起主要作用,此时采用较小相对分子质量的载气(如 H_2、He),可减小传质阻力,提高柱效能。

热导池检测器使用导热系数较大的 H_2 是为了提高检测灵敏度。而在氢焰检测器中,氮气仍是首选目标。

在选择载气时,还应综合考虑载气的安全性、经济性及来源是否广泛等因素。

(2) 载气流速的选择。

由图 10-5 可知存在最佳流速(u_{opt})。实际流速通常稍大于最佳流速,以缩短分析时间。u_{opt} 的计算可由速率理论式(10-20)导出。

$$H = A + \frac{B}{u} + Cu$$

$$\frac{dH}{du} = -\frac{B}{u^2} + C = 0$$

$$u_{opt} = \sqrt{\frac{B}{C}} \tag{10-43}$$

6. 其他操作条件的选择

(1) 进样方式和进样量的选择。液体试样采用色谱微量进样器进样,规格有 1 μL、5 μL、10 μL 等。进样量应控制在柱容量允许范围及检测器线性检测范围之内。进样时要求动作快、时间短。气体试样应采用气体进样阀进样。

(2) 汽化室温度的选择。色谱仪进样口下端有一汽化室,液体试样进样后,在此瞬间被汽化。因此,汽化温度一般较柱温高 30~70 ℃,同时应防止汽化温度太高造成试样分解。

10.7 气相色谱分析方法

气相色谱分析方法包括定性分析和定量分析两部分。定性分析的应用受到一些限制,远不及定量分析应用广泛。下面逐一介绍。

10.7.1 气相色谱定性鉴定方法

气相色谱定性鉴定方法就是利用保留值或者与其相关的值来判断每个色谱峰代表何种物质。一般情况下不单独使用气相色谱定性鉴定,多与其他仪器方法或化学方法联合使用。

1. 利用纯物质定性的方法

(1) 利用保留值定性。通过对比试样中具有与纯物质相同保留值的色谱峰,来确定试样中是否含有该物质及在色谱图中的位置。该法不适用于不同仪器上获得的数据之间的对比。

(2) 利用加入法定性。将纯物质加入试样中，观察各组分色谱峰的相对变化。

2. 利用文献保留值定性的方法

利用相对保留值 r_{21} 定性。相对保留值 r_{21} 仅与柱温和固定液性质有关。在色谱手册中都列有各种物质在不同固定液上的保留数据，可以用来进行定性鉴定。

3. 利用保留指数定性的方法

保留指数又称为 Kovats 指数(I)，是一种重现性较好的定性参数。测定方法是将正构烷烃作为标准，规定其保留指数为分子中碳原子个数乘以 100(如正已烷的保留指数为 600)。

其他物质的保留指数(I_X)是通过选定两个相邻的正构烷烃，其分子中分别具有 Z 和 $Z+1$ 个碳原子。被测物质 X 的调整保留时间应在相邻两个正构烷烃的调整保留值之间，如图10-12 所示。

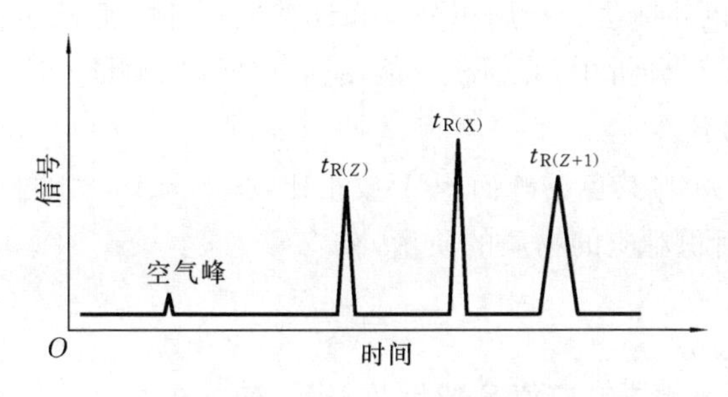

图 10-12　保留指数测定示意图

由图 10-12 可知

$$t'_{R(Z+1)} > t'_{R(X)} > t'_{R(Z)}$$

I_X 的计算由式(10-44)给出。

$$I_X = 100\left(\frac{\lg t'_{R(X)} - \lg t'_{R(Z)}}{\lg t'_{R(Z+1)} - \lg t'_{R(Z)}} + Z\right) \tag{10-44}$$

4. 与其他分析仪器联用的定性方法

复杂组分经色谱柱分离为单组分，再利用质谱仪进行定性鉴定，这就是常说的色-质联用仪，包括气-质联用仪(GC-MS)和液-质联用仪(LC-MS)。如果是利用红外吸收光谱仪进行定性鉴定，则称之为色谱-红外吸收光谱联用仪，可以进行组分的结构鉴定。

10.7.2　气相色谱定量分析方法

在一定的色谱操作条件下，被测物质 i 的质量 m_i 或其在载气中的浓度 c_i 与进入检测器的响应信号 E(色谱流出曲线上表现为峰面积 A_i 或峰高 h_i)成正比，有

$$m_i = f_i A_i \tag{10-45}$$

这就是气相色谱定量分析方法的依据。由式(10-45)可知，气相色谱定量分析就是：①准确测量峰面积 A_i；②准确求出比例常数 f_i(称为定量校正因子)；③正确选用定量计算方法，将测得物质的峰面积换算成为质量分数。现分别讨论如下。

1. 峰面积 A 的测量

峰面积的测量直接关系到定量分析的准确度。常用的峰面积测量方法有如下几种。

(1) 峰高(h)乘半峰宽($Y_{1/2}$)法。当色谱峰为对称峰形时可用此方法。近似地将色谱峰当

做等腰三角形来计算面积。此法算出的峰面积是实际峰面积的0.94倍,实际峰面积应为

$$A = 1.064hY_{1/2} \tag{10-46}$$

(2) 峰高(h)乘峰底宽度(W)法。这是一种作图求峰面积的方法。这种作图法测出的峰面积是实际峰面积的0.98倍,对矮而宽的峰更准确些。

(3) 峰高乘平均峰宽法。当色谱峰形不对称时,可在峰高0.15和0.85处分别测定峰宽,由式(10-47)计算峰面积。

$$A = \frac{h(Y_{0.15} + Y_{0.85})}{2} \tag{10-47}$$

(4) 峰高乘保留时间法。在一定操作条件下,同系物的半峰宽与保留时间成正比,对于难以测量半峰宽的窄峰、重叠峰(未完全重叠),可用此法测定峰面积。

$$A = hbt_{\mathrm{R}} \tag{10-48}$$

(5) 自动积分和微机处理法。利用积分仪和计算机进行峰面积测量,给出定量分析结果。

值得注意的是,在同一分析中,峰面积只能用同一种近似测量方法。

2. 定量校正因子的计算

试样中各组分质量m_i与其色谱峰面积A_i成正比,$m_i = f_iA_i$,式中的比例系数f_i称为绝对定量校正因子,指单位面积对应的物质的质量,有

$$f_i = \frac{m_i}{A_i} \tag{10-49}$$

绝对定量校正因子f_i与检测器响应值S_i成倒数关系,有

$$f_i = \frac{1}{S_i} \tag{10-50}$$

式(10-50)说明f_i由仪器的灵敏度所决定,不易准确测定和直接应用。定量分析工作中都是使用相对校正因子f'_i,即组分的绝对校正因子f_i与标准物质的绝对校正因子f_s之比,见式(10-51)。常用的标准物质,对热导池检测器选择苯,对氢焰检测器选择正庚烷。使用相对校正因子f'_i时通常将“相对”二字省略。

$$f'_i = \frac{f_i}{f_s} = \frac{m_i/A_i}{m_s/A_s} = \frac{m_i}{m_s}\frac{A_s}{A_i} \tag{10-51}$$

根据被测组分使用的计量单位,将f'_i分为质量校正因子$f'_{i(m)}$(m_i、m_s以质量为单位),摩尔校正因子$f'_{i(M)}$(m_i、m_s以物质的量为单位)和体积校正因子$f'_{i(V)}$(m_i、m_s以体积为单位)。

3. 常用的几种定量方法

(1) 归一化法(normalization method)。当试样中有n个组分,各组分的量分别为m_1,m_2,…,m_n,将试样中所有组分的含量之和按100%计算,求出c_i。

① 使用条件。仅适用于试样中所有组分全部出峰的情况。

② 计算公式为

$$c_i = \frac{m_i}{m_1 + m_2 + \cdots + m_n} \times 100\% = \frac{f'_iA_i}{\sum_{i=1}^{n}(f'_iA_i)} \times 100\% \tag{10-52}$$

③ 特点。归一化法简便、准确,进样量的准确性和操作条件的变动对测定结果影响不大。

(2) 外标法(external standard method)。外标法也称为标准曲线法。此法是利用试样中某特定组分的纯物质配制一系列标准溶液进行色谱定量分析。对$A_i(h_i)$-c_i作图得到标准曲线,根据测定组分的A_i或h_i从标准曲线上求出c_i。

① 使用条件。适用于大批量试样的快速分析。

② 特点。外标法不使用校正因子，准确性较高。对进样量的控制要求较高，操作条件变化对结果准确性影响较大。

(3) 内标法(internal standard method)。将一定量的纯物质 m_s 作为内标物加入已知量 W 的试样中，根据被测组分 i(质量 m_i)与内标物(质量 m_s)在色谱图上相应峰面积的比，求出 c_i。

① 使用条件。适用于只需测定试样中某几个组分，而且试样中所有组分不能全部出峰的情况。

② 计算公式为

$$\frac{m_i}{m_s}=\frac{f'_iA_i}{f'_sA_s}$$

$$m_i=m_s\frac{f'_iA_i}{f'_sA_s}$$

$$c_i=\frac{m_i}{W}\times100\%=\frac{m_s\dfrac{f'_iA_i}{f'_sA_s}}{W}\times100\%=\frac{m_s}{W}\frac{f'_iA_i}{f'_sA_s}\times100\% \tag{10-53}$$

定量时一般以内标物为基准，即 $f'_s=1$。

③ 内标物需满足的要求：

(ⅰ) 试样中不含有该物质；

(ⅱ) 加入内标物的量及性质与被测组分的量及性质比较接近；

(ⅲ) 不与试样发生化学反应；

(ⅳ) 出峰位置应位于被测组分附近，且无组分峰影响。

④ 内标法的特点：

(ⅰ) 准确性较高，操作条件和进样量的稍许变动对定量结果影响不大；

(ⅱ) 每个试样的分析，都要进行两次称量，不适合大批量试样的快速分析；

(ⅲ) 若将内标法中的试样取样量和内标物加入量固定，减少了称量样品的次数，适于工厂控制分析需要，此时式(10-53)简化为

$$c_i=\frac{A_i}{A_s}\times\text{常数} \tag{10-54}$$

这就是内标标准曲线法定量的依据。

10.8 毛细管气相色谱法

毛细管气相色谱法(capillary gas chromatography)是采用高分离效能的毛细管柱分离复杂组分的一种气相色谱法。毛细管柱与填充柱相比在柱长、柱径、固定液液膜厚度、容量以及分离能力上都有较大的差别。毛细管柱是毛细管气相色谱仪的关键部件。

1. 毛细管柱的类型

毛细管柱的内径一般小于 1 mm，它可分为填充型和开管型两大类。

(1) 填充型。它分为填充毛细管柱(先在玻璃管内松散地装入载体，拉成毛细管后再涂固定液)和微型填充柱(与一般填充柱相同，只是径细，载体颗粒在几十到几百微米)。目前，填充柱毛细管已使用不多。

(2) 开管型。按其固定液的涂渍方法不同，可分为以下几种。

① 涂壁开管柱。将内壁预处理再把固定液涂在毛细管内壁上。

② 多孔层开管柱。在管壁上涂一层多孔性吸附剂固体微粒,不再涂固定液。实际是一种气固色谱开管柱。

③ 载体涂渍开管柱。为了增大开管柱内固定液的涂渍量,先在毛细管内壁涂一层载体(如硅藻土载体),在此载体上再涂固定液。

④ 交联型开管柱。采用交联引发剂,在高温处理下,把固定液交联到毛细管内壁上。目前,大部分毛细管属于此类型。

⑤ 键合型开管柱。将固定液用化学键合的方法键合到涂敷硅胶的柱表面或经表面处理的毛细管内壁上,由于固定液是化学键合的,大大提高了热稳定性。

2. 毛细管柱的特点

与填充柱相比,毛细管柱具有以下特点。

(1) 渗透性好(载气流动阻力小),可使用长的色谱柱。

(2) 相比率(β)大,有利于提高柱效能并实现快速分析。

(3) 柱容量小,允许进样量小。由于毛细管柱涂渍的固定液仅几十毫克,液膜厚度为0.35～1.5 μm,柱容量小。对液体样品,一般采用分流进样技术。

(4) 总柱效能高。柱效能高达每米3 000～4 000块理论塔板。

(5) 毛细管柱(开口柱)的涡流扩散项为零。毛细管的气相、液相传质阻力项的影响因素复杂。

学习小结

1. 本章基本要求

(1) 熟练掌握色谱流出曲线代表的意义和色谱有关术语;

(2) 掌握分配系数的定义以及与组分分离的关系;

(3) 掌握分离度的定义、表达式及物理意义;

(4) 了解气相色谱分析的基本理论——塔板理论和速率理论;

(5) 掌握选择分离操作条件和选择固定液的基本原则以及对分离分析的影响;

(6) 了解柱效的评价方法、影响柱效的因素以及提高柱效的途径;

(7) 了解气相色谱仪的基本组成、结构流程及关键部件;

(8) 掌握气相色谱定性和定量方法。

2. 重要内容回顾

(1) 色谱保留值。

① 保留时间(t_R):组分从进样到柱后出现峰极大值时所需的时间。

② 死时间(t_M):不与固定相作用的气体(如空气)的保留时间。

③ 调整保留时间(t'_R):某组分的保留时间扣除死时间后,就是该组分的调整保留时间,即$t'_R = t_R - t_M$。

④ 相对保留值r_{21}。

$$r_{21}=\frac{t'_{R2}}{t'_{R1}}=\frac{V'_{R2}}{V'_{R1}}$$

(2) 区域宽度。

① 标准偏差(σ):0.607 倍峰高处色谱峰宽度的一半。

② 半峰宽($Y_{1/2}$):色谱峰高一半处的宽度。

$$Y_{1/2}=2.354\sigma$$

③ 峰底宽度(W_b):色谱峰两侧拐点上的切线在基线上的截距间的距离,即

$$W_b=4\sigma=1.699\,Y_{1/2}$$

(3) 分配系数 K。

$$K=\frac{\text{组分在固定相中的浓度}}{\text{组分在流动相中的浓度}}=\frac{c_s}{c_M}$$

(4) 容量因子 k(分配比)。

$$k=\frac{\text{组分在固定相中的质量}}{\text{组分在流动相中的质量}}=\frac{m_s}{m_M}$$

(5) 由色谱流出曲线求分配比 k。

$$k=\frac{t_R-t_M}{t_M}=\frac{t'_R}{t_M}$$

(6) 分配比 k 值与分配系数 K 的关系。

$$k=\frac{m_s}{m_M}=\frac{c_sV_s}{c_MV_M}=\frac{K}{\beta}$$

(7) 理论塔板数和有效理论塔板数。

$$n=5.54\left(\frac{t_R}{Y_{1/2}}\right)^2=16\left(\frac{t_R}{W_b}\right)^2$$

$$n_{eff}=5.54\left(\frac{t'_R}{Y_{1/2}}\right)^2=16\left(\frac{t'_R}{W_b}\right)^2$$

(8) 理论塔板高度 H。

$$H=\frac{L}{n}$$

(9) 分离度 R。

$$R=\frac{2(t_{R2}-t_{R1})}{W_{b2}+W_{b1}}=\frac{2(t_{R2}-t_{R1})}{1.699(Y_{1/2(2)}+Y_{1/2(1)})}$$

(10) 色谱分离基本方程式。

①

$$R=\frac{\sqrt{n}}{4}\frac{t'_{R2}-t'_{R1}}{t'_{R2}}\frac{k}{1+k}=\frac{\sqrt{n}}{4}\frac{\alpha-1}{\alpha}\frac{k}{1+k}$$

②

$$R=\frac{\sqrt{n_{eff}}}{4}\frac{\alpha-1}{\alpha}$$

(11) 分离度与柱长的关系。

$$\left(\frac{R_1}{R_2}\right)^2=\frac{n_1}{n_2}=\frac{L_1}{L_2}$$

(12) 定量分析。

① 归一化法:仅适用于试样中所有组分全部出峰的情况。

$$c_i=\frac{m_i}{m_1+m_2+\cdots+m_n}\times 100\%=\frac{f'_iA_i}{\sum_{i=1}^{n}(f'_iA_i)}\times 100\%$$

② 内标法:适用于只需测定试样中某几个组分,而且试样中所有组分不能全部出峰的

情况。

$$c_i = \frac{m_i}{W} \times 100\% = \frac{m_s \dfrac{f'_i A_i}{f'_s A_s}}{W} \times 100\% = \frac{m_s}{W} \frac{f'_i A_i}{f'_s A_s} \times 100\%$$

习 题

1. 一个组分的色谱峰可用哪些参数描述？这些参数各有什么意义？受哪些因素影响？
2. 什么是分离度？有哪些因素影响分离度？柱温与固定相如何影响分离度？
3. 衡量色谱柱柱效能的指标是什么？衡量色谱柱选择性的指标是什么？
4. 在气相色谱操作中,为什么要采用程序升温？
5. 在一根长 2 m 的色谱柱上分离两组分,得到它们的调整保留时间分别为 12.0 min 和 13.0 min,若两个峰具有相同的峰宽且为 1.0 min,要使两组分完全分离需用多长的色谱柱？
6. 某色谱柱的柱效能相当于 10^5 个理论塔板的效能。当所得到的色谱峰的保留时间为 1 000 s 时的峰底宽度是多少？(假设色谱峰呈正态分布。)
7. 用气相色谱法测定某水试样中水分的含量。称取 0.021 3 g 内标物加到 4.586 g 试样中进行色谱分析,测得水分和内标物的峰面积分别是 150 mm^2 和 174 mm^2。已知水和内标物的相对校正因子分别为 0.55 和 0.58,计算试样中水分的含量。
8. 用填充柱气相色谱分析某试样,柱长为 1 m 时,测得 A、B 两组分的保留时间分别为 5.80 min 和 6.60 min。峰底宽度分别为 0.78 min 及 0.82 min。测得死时间为 1.10 min。计算下列各项。
   (1) 载气的平均线速度。
   (2) 组分 B 的分配比。
   (3) 分离度。
   (4) 平均有效理论塔板数。
   (5) 如果两组分完全分离,需要多长的色谱柱？
9. 用气相色谱法测定某混合物。柱长为 1 m,从色谱图上测得:空气峰距离为 5.0 mm,组分 2 距离为7.2 cm,峰底宽度为 8.0 mm。该色谱柱对组分 2 的理论塔板数 n、塔板高度 H 及标准偏差 s 分别是多少？

参 考 文 献

[1] 叶宪曾,张新祥,等. 仪器分析教程[M]. 2 版. 北京:北京大学出版社,2007.
[2] 张寒琦,等. 仪器分析[M]. 3 版. 北京:高等教育出版社,2020.

第 11 章　高效液相色谱法
High Performance Liquid Chromatography, HPLC

11.1　高效液相色谱法概述

11.1.1　高效液相色谱法的发展和特点

液相色谱法作为一项古老的色谱技术，是指流动相为液体的色谱技术。由于分析速度慢，分离效能也不高，加之缺乏合适的检测技术，液相色谱法的发展很缓慢。20 世纪 60 年代中期，人们从气相色谱法的高速和高灵敏度得到启发，在经典液相色谱法的基础上，采用高压泵，加快液相色谱法中液体流动相的流动速率；改进固定相，以提高柱效能；采用高灵敏度检测器，从而实现了分析速度快、分离效能高和操作自动化。经典的液相色谱法便发展成高效、高速、高灵敏度的液相色谱法，称为高效液相色谱法(high performance liquid chromatography, HPLC)。

HPLC 技术发展简史及展望

根据分离机理的不同，可用做液-固吸附、液-液分配、离子交换和空间排阻色谱分析等，故应用非常广泛。

与其他仪器分析技术相比，高效液相色谱法具有以下几个突出的特点。

(1) 高压。液相色谱法以液体作为流动相，液体流经色谱柱时，受到的阻力较大，即柱的入口与出口处具有较高的压力降。液体要快速通过色谱柱，需对其施加高压。在现代液相色谱法中流动相的柱前压力可达$(150 \sim 350) \times 10^5$ Pa，这对于输送高压液体的泵、色谱柱、色谱填料(色谱固定相)及整个流路系统的耐压指标都提出了很高的要求。

(2) 高速。采用高压泵输送流动相，极大提高了液体流动相在色谱柱内的流速，一般可达 1～10 mL/min，使得高效液相色谱法所需的分析时间比经典液相色谱法短得多，一般短于 1 h，而若采用经典液相色谱法，则往往需要十几小时。例如，氨基酸分离，用经典色谱法需用 20 多小时才能分离出 20 种氨基酸，而高效液相色谱法 1 h 内即可完成。

(3) 高效。由于近年来研究出了许多新型固定相，在满足系统耐压要求的同时，使分离效能大大提高，约达每米 30000 块塔板，而气相色谱的分离效能则一般仅为每米 2 000 块塔板。

(4) 高灵敏度。高效液相色谱法广泛采用高灵敏度的检测器，从而进一步提高了分析的灵敏度。如荧光检测器的灵敏度可达 10^{-11} g，微升数量级的试样就足可进行分析，极大地减少了分析时所需试样量。

由于高效液相色谱法具有上述优点，因而在相关文献中又将它称为现代液相色谱法、高压液相色谱法(high pressure liquid chromatography)或高速液相色谱法(high speed liquid chromatography)。

11.1.2　高效液相色谱法与经典液相色谱法的比较

与经典液相色谱法相比，高效液相色谱法的主要区别在于固定相、输液设备和检测手段，具体比较如表 11-1 所示。

表 11-1 高效液相色谱法与经典液相色谱法的区别

区 别	固 定 相	输 液 设 备	检 测 手 段	用 途
经典液相色谱法	柱内径 1～3 cm，固定相粒径＞100 μm 且不均匀	常压输送流动相，柱效能低(H 增大，n 减小)	分析周期长、无法在线检测	仅作为分离手段
高效液相色谱法	柱内径 2～6 mm，固定相粒径＜10 μm(球形，匀浆装柱)	高压泵输送流动相，柱效能高(H 减小，n 增大)	分析时间缩短、可在线检测	分离和分析

11.1.3 高效液相色谱法与气相色谱法的比较

1. 高效液相色谱法与气相色谱法的共同点

气相色谱法具有分离效果好、灵敏度高、分析速度快、操作方便等优点，与高效液相色谱法相比，两者具有如下主要共同点。

(1) 气相色谱的理论基本上也适用于高效液相色谱。如塔板理论、保留值、分配系数、分配比、速率理论等均可应用于液相色谱，仪器结构和操作技术也基本相似。均兼具分离和分析功能，均能在线检测。

(2) 定性、定量的原理和方法完全一样。高效液相色谱法也是根据保留值定性，根据峰高或峰面积定量。

(3) 高效液相色谱与气相色谱一样，可与其他分析仪器联用，用以研究复杂的混合物。

2. 高效液相色谱法与气相色谱法的不同点

高效液相色谱法与气相色谱法在分析对象、流动相及操作条件等方面仍存在如下差别。

(1) 分析对象。由于受技术条件的限制，沸点太高的物质或热稳定性差的物质都难应用气相色谱法分析，而高效液相色谱法则只要求试样能够制成溶液，而不需要汽化，因此不受试样挥发性的限制，对于高沸点、热稳定性差、相对分子质量大、难汽化的有机物(占有机物总数的 75%～80%)，原则上都可用高效液相色谱法来进行分离、分析。对于要求柱效能达 10^5 块理论塔板数以上的、组成复杂的石油样品，受热易分解、变性的生物活性样品，只能应用高效液相色谱法，而不能使用气相色谱法进行分析。

(2) 流动相。气相色谱法的流动相为气体，主要起携带组分流经色谱柱的作用，待分离组分几乎不与流动相发生相互作用。对于高效液相色谱法而言，流动相的种类较多且选择余地广，组分与流动相有相互作用，流动相的极性、pH 值等的选择也会对分离起重要作用，可选用两种或两种以上液体作为流动相，从而为提高柱的选择性、改善分离效能增加了可调控条件。

(3) 操作条件及仪器结构。气相色谱法通常采用程序升温或者恒温加热的操作方式实现不同物质的分离，而高效液相色谱法则通常在室温下采取高压的操作方式以克服液体流动相带来的高阻力。与之相适应，高效液相色谱仪的色谱柱通常不需用恒温箱，而且为了提高分离效能，常配有梯度洗脱装置。

11.2 影响液相色谱柱效能的因素

高效液相色谱法与气相色谱法基本概念及理论基础是一致的，但有其不同之处。液相色谱法的流动相是液体，而气相色谱法的流动相是气体。液体和气体的性质有明显的差别。如气体的扩散系数比液体约大 10^5 倍；液体黏度比气体约大 10^2 倍，密度比气体约大 10^3 倍。这些性质的差别影响到溶质在液相色谱柱中的扩散和传质过程，显然将对色谱分析过程产生影响。因此，液相色谱法的速率理论和气相色谱法的速率理论不完全相同。

11.2.1　液相色谱的速率理论

根据速率理论，对液相色谱分离条件的影响讨论如下。

1. 涡流扩散项 H_e

$$H_e = 2\lambda d_p \tag{11-1}$$

其含义与气相色谱法的相同。

2. 纵向扩散项 H_d

当试样分子在色谱柱内随流动相向前移动时，由分子本身运动所产生的纵向扩散同样导致色谱峰的扩展。它与分子在流动相中的扩散系数 D_m 成正比，与流动相的线速度 u 成反比，则

$$H_d = \frac{C_d D_m}{u} \tag{11-2}$$

式中：C_d 为一常数，由于分子在液体中的扩散系数比在气体中小 4～5 个数量级，因此当流动相的线速度大于 0.5 cm/s 时，纵向扩散项对色谱峰扩展的影响实际上是可以忽略的，而气相色谱中这一项却是重要的。

3. 传质阻力项

液相色谱中的传质阻力项可分为固定相传质阻力项和流动相传质阻力项。

(1) 固定相传质阻力项 H_s。

$$H_s = \frac{C_s d_f^2}{D_s} u \tag{11-3}$$

式中：C_s 是与 k（容量因子）有关的系数。试样分子从流动相进入固定液内进行质量交换的传质过程，取决于固定液的液膜厚度 d_f 和试样分子在固定液内的扩散系数 D_s。

(2) 流动相传质阻力项。分子在流动相中的传质过程有两种形式，即在流动的流动相中的传质和在滞留的流动相中的传质。

① 流动的流动相中的传质阻力项 H_m。流动相在色谱柱内的流速并不是均匀的，因为靠近填充物颗粒的流动相的流动要稍慢些，即靠近固定相表面的试样分子走的距离要比中间的要短些，这种引起塔板高度变化的影响与固定相粒度 d_p 的平方和流动相的线速度 u 成正比，与试样分子在流动相中的扩散系数 D_m 成反比，则

$$H_m = \frac{C_m d_p^2}{D_m} u \tag{11-4}$$

式中：C_m 是 k 的函数，其值取决于柱直径、形状和填充的填料结构，当柱填料规则排布并紧密填充时，C_m 降低。

② 滞留的流动相中的传质阻力项 H_{sm}。由于固定相的多孔性，造成某部分流动相滞留在固定相的微孔内，流动相中的试样分子与固定相进行质量交换，必须先从流动相扩散到滞留区。如果固定相的微孔既小又深，此时传质速率就慢，对色谱峰的扩展影响就大，这种影响在传质过程中起着主要作用。H_{sm} 表示为

$$H_{sm} = \frac{C_{sm} d_p^2}{D_m} u \tag{11-5}$$

式中:C_{sm}是与颗粒微孔中被流动相所占据部分的分数及 k 有关的常数。固定相的颗粒越小,它的微孔孔径越大,传质途径就越少,传质速率也越大,因而柱效能越高。由于滞留区传质与固定相的结构有关,所以改进固定相就成为提高液相色谱柱效能的一个重要因素。

综上所述,由于柱内色谱峰扩展所引起的塔板高度的变化可归纳为

$$H = 2\lambda d_p + \frac{C_d D_m}{u} + \left(\frac{C_s d_f^2}{D_s} + \frac{C_m d_p^2}{D_m} + \frac{C_{sm} d_p^2}{D_m}\right) u \tag{11-6}$$

式(11-6)可进一步简化为

$$H = A + \frac{B}{u} + Cu \tag{11-7}$$

式(11-7)与气相色谱法的速率方程是一致的,只是影响柱效能的主要因素是传质项,而纵向扩散项可忽略不计。要提高液相色谱法的分离效能,必须提高柱内填料装填的均匀性、减小粒度、使用低黏度的流动相或适当提高柱温以降低流动相黏度,从而增大传质速率。其中,减小粒度是提高柱效能的最有效途径。但同时必须注意到,提高柱温将降低色谱峰分辨率,减小流动相的流速虽然可以降低传质阻力项的影响,但会使纵向扩散增加并延长分析时间。可见,色谱分析过程是一个复杂的过程,各种因素相互影响又互相制约。

图 11-1 表示典型的气相色谱法和液相色谱法的 H-u 曲线,由图可见,两者的形状很不相同。如前所述,气相色谱法的曲线是一条抛物线,有一个最低点(最佳流速);液相色谱法则是一段斜率不大的直线,这是因为分子扩散项对 H 值实际上已不起作用。

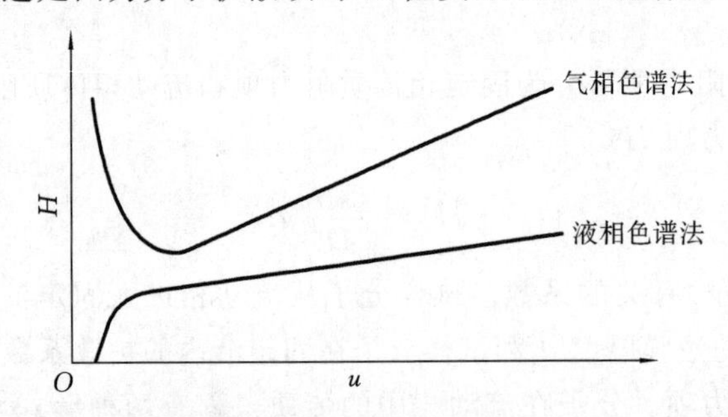

图 11-1 气相色谱法和液相色谱法的典型的 H-u 曲线

11.2.2 液相色谱的柱外展宽

影响色谱峰扩展的因素除上述的以外,对于液相色谱法,还有其他一些因素,如柱外展宽(超柱效应)的影响等。所谓柱外展宽,是指色谱柱外各种因素引起的峰扩展。具体可分为柱前展宽和柱后展宽。

柱前展宽主要由进样所引起。液相色谱进样方式,大都是将试样注入色谱柱顶端滤塞上或注入进样器的液流中,这种进样方式,由于进样器的死体积,以及进样时液流扰动引起的扩展造成了色谱峰的不对称和展宽。若将试样直接注入色谱柱顶端填料上的中心点,或注入填料中心之内 1～2 mm 处,则可减少试样在柱前的扩散,峰的不对称性得到改善,柱效能显著提高。

柱后展宽主要由接管、检测器流通池体积所引起。由于分子在液体中有较低的扩散系数,因此在液相色谱法中,这个因素要比在气相色谱法中更为显著。为此,连接管的体积、检测器的死体积应尽可能小。

11.3　高效液相色谱法的主要类型及其分离原理

根据分离机制的不同，高效液相色谱法可分为下述几种主要类型：液液分配色谱法、液固色谱法、离子交换色谱法、离子对色谱法、离子色谱法和空间排阻色谱法等。

11.3.1　液液分配色谱法

液液分配色谱法(liquid-liquid partition chromatography)用涂渍或化学键合在载体基质上的固定液为固定相，以不同极性溶剂为流动相。从理论上说，流动相与固定相之间应不互溶，试样溶于流动相后，由于试样组分在固定相和流动相之间的相对溶解度存在差异，因而溶质在两相之间进行分配。

若按照固定相与流动相之间相对极性的不同，液液分配色谱法又可分为正相色谱法和反相色谱法。

正相色谱法是指采用极性固定相(如硅胶、三氧化二铝以及载有醇基、氨基和氰基的固定相)、非极性流动相的一种操作模式，这是一种根据分子的极性大小将其分离开来的液相色谱技术。最常用的填料是极性较强的硅胶，三氧化二铝也常使用，流动相一般以正己烷或环己烷等非极性溶剂作为基础溶剂。在正相色谱法中，样品分子与载体基质的基团产生特异的相互作用，与固定相发生强极性相互作用的极性样品分子将较难被洗脱，在柱内停留较长的时间。反之，极性较弱或非极性分子与硅胶之间的相互作用相对较弱，因而在柱内停留的时间较短。因此，正相色谱法是根据溶剂极性差别达到分离目的的。

正相色谱法通常用来分离中性和离子(或可电离的)化合物，并以中性样品为主。采用正相色谱法分离离子样品时可在流动相中使用水；分离碱性化合物时应在流动相中加入三乙胺；分离酸性化合物时加入乙酸或甲醛。中性样品采用反相色谱法和正相色谱法分离的效果相当，其主要差别在于两种方法的洗脱顺序相反。在正相色谱法中弱极性(疏水的)化合物先洗脱，强极性(亲水的)化合物后洗脱；而在反相色谱法中恰恰相反。在实际工作中，正相色谱法适用于以下几类样品的分离分析：①反相色谱法很难分离的异构体可采用以硅胶为固定相的正相色谱法分离分析；②根据被分离样品的极性差别进行族类分析；③易于水解样品的分离分析；④极性有机溶液中溶解度很小的高脂溶性样品的分离分析。通常正相色谱法主要用于分离甾醇类、类脂化合物、磷脂化合物、脂肪酸及其他有机物。

反相色谱法与正相色谱法相反，是以非极性表面的载体为固定相，以比固定相极性强的溶剂系统为流动相的一种液相色谱分离模式。反相色谱法固定相也多以硅胶为基质，但通常在其表面将各种不同疏水基团通过化学反应键合到硅胶表面的游离羟基上(如在其上键合 C_{18} 烷基的非极性固定相，则成为 C_{18} 柱)，样品中的不同组分和这些疏水基团之间有不同的疏水作用，极性较强或亲水的样品分子和反相柱中的载体间的相互作用较弱，因此较快流出；反之，疏水性相对较强的分子和基质间存在较强的相互作用，在柱内保留的时间相对较长。

反相色谱法是目前液相色谱分离模式中使用最为广泛的一种分离分析模式，这是因为在流动相组成改变的情况下，有机强溶剂能够迅速在固定相表面达到平衡，因此特别适合于改变流动相的梯度洗脱。另外，在反相色谱法中，溶质在固定相上的保留是基于分子间的非特异性疏水的相互作用，由于所有的有机化合物都存在疏水基团(能够与固定相产生相互作用)，因此反相色谱法成为理想的、普遍适用的分析方法。反相色谱法适于分离分析同族化合物，带有支链的化合物比其直链同族化合物更不易保留。

在反相色谱法中,通常以极性较强的水、甲醇、乙腈为流动相,因此与正相色谱法相比,也更适于分离分析那些既不溶于有机溶剂又会与极性固定相产生强烈相互作用的极性化合物。在对于生物大分子、蛋白质及酶的分离分析方面,反相色谱法正受到越来越多的关注,从一般小分子有机物到药物、农药、氨基酸、低聚核苷酸、肽及蛋白质等均可使用反相色谱法。

在色谱分离过程中,由于固定液在流动相中仍有微量溶解,以及流动相通过色谱柱时的机械冲击,固定液会不断流失而导致保留行为的变化、柱效能和分离选择性变坏等不良后果。为了更好地解决固定液从载体上流失的环节,将各种不同有机基团通过化学反应共价键合到载体(如硅胶)表面的游离羟基上,代替机械涂渍的液体固定相,从而产生了化学键合固定相,为色谱分离开辟了广阔的前景。自20世纪70年代以来,液相色谱法有70%~80%是在化学键合固定相上进行的。它不仅用于反相色谱法、正相色谱法,还部分用于离子交换色谱法、离子对色谱法等色谱技术上。

11.3.2 液固色谱法

液固色谱法(liquid-solid chromatography)的流动相为液体,固定相为吸附剂,也称为吸附色谱法,是液相色谱法中最先发展起来的一种分离模式,它是根据物质吸附作用的不同来进行分离的,其作用机制是溶质分子X和溶剂分子S对吸附剂活性表面的竞争吸附。如果溶剂分子吸附性更强,则被吸附的溶质分子将相应减少。显然,分配系数大的组分,吸附剂(固定相)对它的吸附力强,保留值就大。

液固色谱法使用的固定相主要是多孔物质,如硅胶、氧化铝、硅藻土等,其中前两种最为广泛,硅胶约占70%,氧化铝约占20%。

液固色谱法适用于分离中等相对分子质量(大于200且小于2000),且能溶于非极性或中等极性溶剂(如己烷、二氯甲烷、氯仿或乙醚)的脂溶性样品的分离,特别是在同族分离和同分异构体的分离中有独特的作用。凡能用薄层色谱法成功进行分离的化合物,也可用液固色谱法进行分离,缺点是由于非线性等温吸附常引起峰的拖尾现象。

11.3.3 离子交换色谱法

半个世纪前,随着交联聚苯乙烯的出现和发展,离子交换色谱法(ion exchange chromatography,IEC)成为当时一种重要的分离工具,主要用于原子能工业中各种裂变产物和稀土元素的分离。近年来,随着高效液相色谱法的飞速发展和各种新型离子交换材料的出现,离子交换色谱法也同时得到很大的发展。离子交换色谱法分离原理和所用的固定相、流动相、检测器与其他类型的液相色谱模式有所不同。离子交换色谱法在化工、医药、生化、冶金、食品等领域获得了广泛的应用,受到人们的普遍关注。蛋白质的离子交换色谱分离已被生物化学家使用许多年了,至今仍是很受欢迎的一种方法。其原因在于离子交换色谱法的介质材料,以及含盐的缓冲流动相系统都十分类似于蛋白质稳定存在的生理条件,有利于增加活性回收率,生物大分子和离子交换固定相之间的相互作用主要是静电作用,可导致介质表面的可交换离子与带相同电荷的蛋白质分子发生交换。

离子交换剂是一类带有离子交换功能基团的固体色谱填料,是在交联的高分子骨架上结合可解离的无机基团。在离子交换反应中,离子交换剂的本体结构不发生明显的变化,而其上带有的离子与外界同电性的离子发生等物质的量的离子交换。目前,使用最广泛的离子交换剂是以交联的有机聚合物为骨架(基质),在聚合物链上带有离子交换功能基团的离子交换树脂。近年来以硅胶为介质的各种键合型离子交换剂的应用越来越广,一般由薄壳型或全多孔球型微粒硅胶表面键合上各种离子交换基团制成,如树脂上面键合$-SO_3H$基团(树脂$-SO_3H$),则表示其表面的可交换离子为H^+,样品组分中若有带正电荷的离子(如Na^+、Ca^{2+}等,如图 11-2 所示),则因其与树脂上面 $—SO_3^-$ 基团发生正、负电荷相互吸引,样品能与树脂上的H^+发生阳离子交换而结合到树脂上。

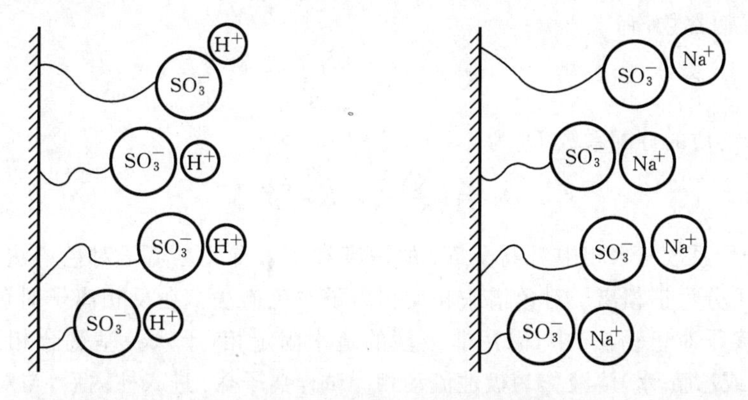

图 11-2　阳离子交换示意图

样品中几种离子尽管均能与树脂发生离子交换而结合,但由于不同样品离子对于离子交换树脂所带电荷的结合力不同,在洗脱时可以借助逐渐升高离子浓度(离子梯度)的方式,如图 11-3 所示,使结合力弱的离子先流出,而结合力强的后洗脱,从而实现样品的分离。离子交换色谱的分离过程主要基于被分离组分静电作用力的差异,对于疏水性较大的离子,尤其是有机离子的分离效果不很理想。

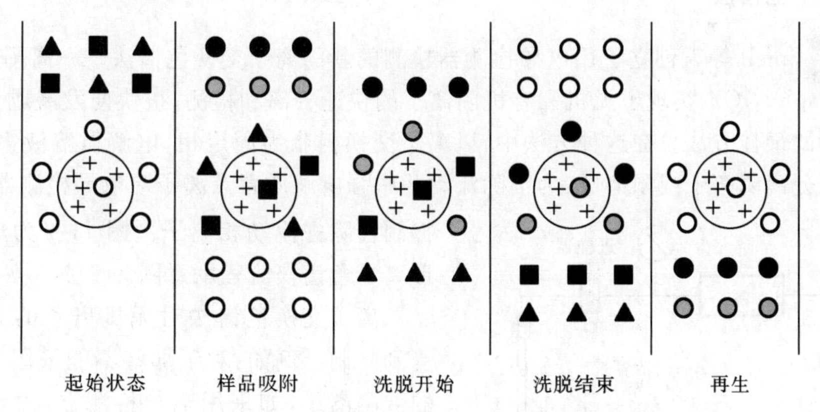

图 11-3　阴离子交换分离样品示意图

○ 树脂所带可交换离子;■▲ 待分离样品中的离子;●● 离子梯度

11.3.4　离子对色谱法

各种强极性的有机酸、有机碱的分离分析是液相色谱法中的重要课题。利用吸附或分配色谱法一般需要强极性的洗脱液,并容易发生严重的拖尾现象。利用离子交换色谱法需要选择合适的 pH 值条件。若利用离子对色谱法(ion pair chromatography),则分离效能高、分析速度快、操作简便。因此,近年来这种方法已逐渐取代了离子交换色谱法,发展十分迅速。

离子对色谱法是将一种(或多种)与溶质分子电荷相反的离子(称为对离子或反离子)加到流动相或固定相中,使其与溶质离子结合形成离子对化合物,从而控制溶质离子的保留行为,在色谱分离过程中,流动相中待分离的有机离子 X^+(也可以是带负电荷的离子)与固定相或流动相中带相反电荷的对离子 Y^- 结合,形成离子对化合物 XY,然后在两相间进行分配。

$$\underset{\text{水相}}{X^+} + \underset{\text{水相}}{Y^-} \xrightleftharpoons{K_{XY}} \underset{\text{有机相}}{XY}$$

K_{XY}是其平衡常数,有

$$K_{XY} = \frac{[XY]}{[X^+][Y^-]} \tag{11-8}$$

根据定义,溶质的分配系数 D_X 为

$$D_X = \frac{[XY]}{[X^+]} = K_{XY}[Y^-] \tag{11-9}$$

这表明,分配系数与水相中对离子 Y^- 的浓度和 K_{XY} 有关。离子对色谱法根据流动相和固定相的性质可分为正相离子对色谱法和反相离子对色谱法。在反相离子对色谱法(这是一种最为常用的离子对色谱法)中,采用非极性的疏水固定相(十八烷基键合相),含有对离子 Y^- 的甲醇-水(或乙腈-水)溶液作为极性流动相。试样离子 X^+ 进入柱内后,与对离子 Y^- 生成疏水性离子对 XY,后者在疏水性固定相表面分配或吸附,对离子可在较大范围内改变分离的选择性。离子对色谱法,特别是反相离子对色谱法解决了以往难分离混合物的分离问题,诸如酸、碱和离子、非离子的混合物,特别是对一些生化样品(如核酸、核苷、儿茶酚胺、生物碱以及药物等)的分离。另外,还可借助离子对的生成给样品引入紫外吸收或发荧光的基团,以提高检测的灵敏度。

11.3.5 离子色谱法

1975 年 Small 等人创立了用电导检测器检测的新的离子交换色谱法——离子色谱法(ion chromatography,IC),实现了无机和有机阴离子的快速分离和检测,很快便发展成为水溶液中阴离子分析的最佳方法。在这种方法中,以离子交换树脂为固定相,电解质溶液为流动相,用离子交换柱分离阴离子或阳离子,为消除流动相中强电解质背景离子对电导检测器的干扰,用抑制柱除去流动相离子。图 11-4 为典型的双柱形离子色谱仪流程示意图。

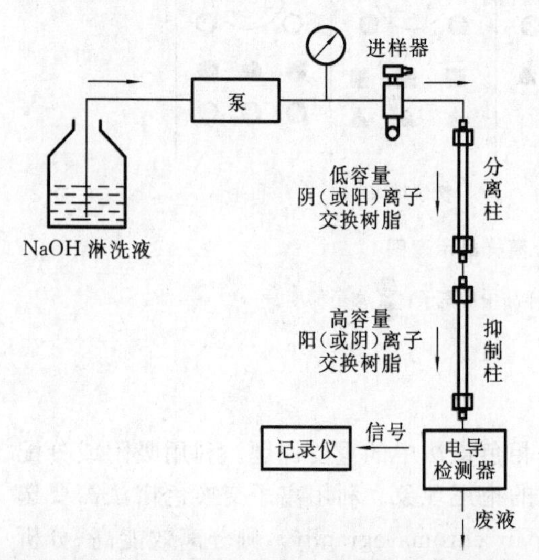

图 11-4 双柱形离子色谱仪流程示意图

离子交换色谱法对无机离子的分析和应用受到限制。例如:对于那些不能采用紫外检测器的被测离子,如采用电导检测器,由于被测离子的电导信号被强电解质流动相的高背景电导信号掩没而无法检测。又如采用阴离子交换法检测水溶液中的 Br^-,有如下阴离子交换反应:

$$R—OH + NaBr \rightleftharpoons R—Br + NaOH$$

结合到色谱柱中树脂上的 Br^-,在洗脱时往往需换用更高浓度的 OH^-,洗脱过程中 OH^- 从分离柱的阴离子交换位置置换待测阴离子 Br^-,当待测阴离子从柱中被洗脱下来进入电导检测器时,

要求能检测出洗脱液中电导值的改变。但洗脱液中 OH^- 的浓度要比试样中微量乃至痕量的 Br^- 大得多。因此，与洗脱液的电导值相比，由于试样离子进入洗脱液而引起电导值的改变就非常小，其结果是用电导检测器直接测定试样中阴离子的灵敏度极差。

为了解决这一问题，1975 年 Small 等人在离子交换分离柱后加一根抑制柱，抑制柱中装填与分离柱电荷相反的离子交换树脂。使分离柱流出的洗脱液通过填充有高容量 H^+ 型阳离子交换树脂的抑制柱，则在抑制柱上将发生以下两个重要的交换反应：

$$R—H + NaOH = R—Na + H_2O$$

$$R—H + NaBr = R—Na + HBr$$

由此可见，从抑制柱中流出的洗脱液中，洗脱液（NaOH）已被转变成电导值很小的水，消除了本底电导值的影响；试样阴离子则被转变成相应的酸，由于 H^+ 的离子淌度相当于 7 倍的 Na^+，这就大大提高了所测阴离子的检测灵敏度。同样在不能用紫外检测器的阳离子分析中，也有相似的反应。这种双柱形离子色谱法又称为化学抑制型离子色谱法。

如果选用低电导值的洗脱液作为流动相，如 $(1\sim5)\times10^{-4}$ mol/L 的苯甲酸盐或邻苯二甲酸盐等稀溶液，不仅能有效地分离、洗脱分离柱上的各个阴离子，而且背景电导值较低，能显示试样中痕量阴离子的电导值，这称为单柱型离子色谱法，又称为非抑制型离子色谱法。其创新点是采用更低交换容量的离子交换柱填料和更低浓度的洗脱液，不用抑制柱，直接进行电导检测，因而使仪器结构简化，操作手续简便。阳离子分离可选用稀硝酸、乙二胺硝酸盐稀溶液等作为洗脱液，洗脱液的选择是单柱法最重要的环节，除与分析的灵敏度及检测限有关外，还决定能否将试样组分分离。

离子色谱法可用于无机离子和有机化合物的分析，现已能分析涉及元素周期表中大多数元素的数百种离子型化合物，但主要还是用于无机离子的分析。

11.3.6　空间排阻色谱法

空间排阻色谱法（size exclusion chromatography，SEC）又叫尺寸排阻色谱法，是一种纯粹按照溶质分子在流动相溶液中的体积大小分离的色谱法，以凝胶为固定相，其分离机理与其他色谱法完全不同，溶质在两相之间不是靠其相互作用的不同来进行分离，而是按分子大小进行分离。色谱柱内填充有一定大小孔穴分布的凝胶，如图 11-5 所示，试样进入色谱柱后，随流动相在凝胶外部间隙及孔穴旁流过。在试样中有一些太大的分子不能进入凝胶的孔隙内而受到排阻，因此就直接通过柱子并首先在色谱图上出现。另外一些很小的分子可以进入所有凝胶的孔隙内并渗透到颗粒中，这些组分在柱上的保留值最大，在色谱图上最后出现。因为溶剂分子通常是非常小的，它们最后被洗脱，这和前述几种色谱方法所看到的情况是相反的。同时，试样中的中等大小的分子可渗透到其中某些较大的孔穴而不能进入另一些较小的孔穴，并以中等速度通过柱子，所以空间排阻色谱是建立在分子大小的基础上的一种色谱分离方法。

由于空间排阻色谱法的分离机理与其他色谱法不同，因此它具有一些突出的特点。其试样峰全部在溶剂的保留时间前出峰，它们在柱内停留时间短，故柱内峰扩展就比其他分离方法小得多，所得峰通常也较窄，有利于进行检测，且固定相和流动相的选择简便。适用于分离相对分子质量大（通常大于 2 000）的化合物。然而空间排阻色谱法由于方法本身所限制，只能分离相对分子质量差别在 10%以上的分子，不能用来分离大小相似、相对分子质量接近的分子，如异构体等。对于一些高聚物，由于其组分相对分子质量的变化是连续的，虽不能用空间排阻色谱法进行分离，但可测定其相对分子质量的分布（分级）情况。

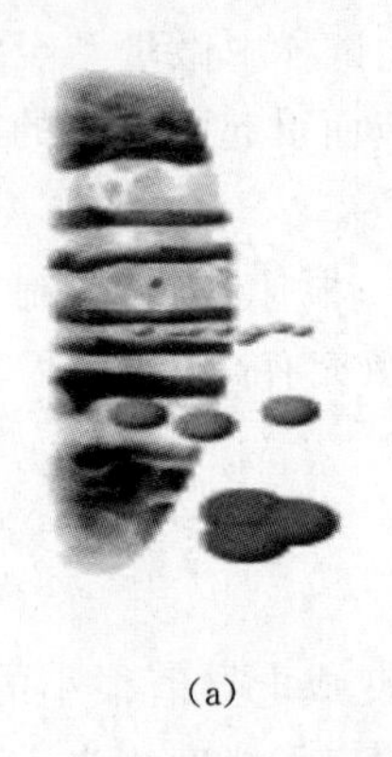
(a)

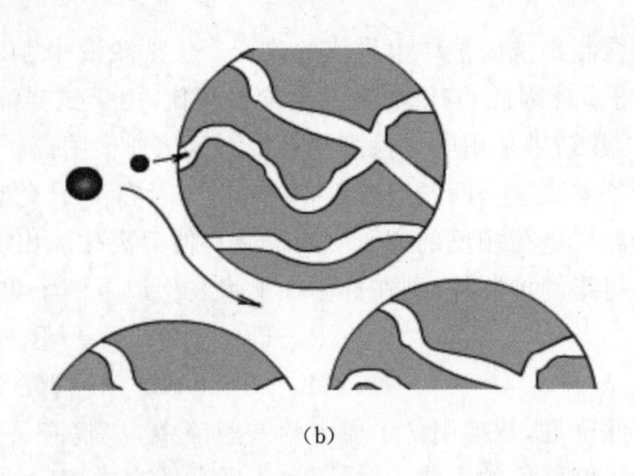
(b)

图 11-5　空间排阻色谱法分离示意图

11.4　液相色谱固定相和流动相

11.4.1　液相色谱固定相

固定相又称为柱填料,高效液相色谱主要是采用了 3～10 μm 的微粒固定相,以及相应的色谱柱工艺和各种先进的仪器设备。使用微粒填料有利于减小涡流扩散效应,缩短溶质在两相间的传质扩散过程,提高色谱柱的分离效能,故小粒径是保证高效能的关键,其中 5～10 μm 填料是目前使用最广的高效填料。

在高效液相色谱中,流动相是有机溶剂或水溶液,在一定的线速度下,液体流动相对固定相表面有相当大的冲刷能力,另一方面,严格来讲,几乎没有一对完全互不溶解的液体存在,所以如果像气相色谱那样把固定相涂渍在载体表面,固定相的流失是相当严重的。广泛地、大量使用不被溶剂抽提的,以微粒硅胶为基质的化学键合固定相,即通过化学反应把某个适当的官能团引入硅胶表面,形成不可抽提的固定相,是近代高效液相填料的又一特点。

(1) 按化学组成分类。填料可分为微粒硅胶、高分子微球和微粒多孔炭等类型。

3～10 μm 的微粒硅胶和以此为基质的各种化学键合相是目前高效液相色谱填料中占主导地位的类型。这是由于硅胶具有良好的机械强度、容易控制的孔结构和表面积,较好的化学稳定性和表面化学反应专一等优点。而硅胶基质固定相的一个主要缺点是只能在 pH 值为 2～7.5的流动相条件下使用。碱度过大,硅胶易于粉碎溶解;酸度过大,连接有机基团的化学键容易断裂。

高分子微球是另一类重要的液相色谱填料,大部分基体的化学组成是聚苯乙烯和二乙烯基苯的共聚物,也有聚乙烯醇、聚酯类型。高分子填料的主要优点是能耐宽的 pH 值范围(1～14),化学惰性好。一般来说,柱效能比硅胶基质低得多。

微粒多孔炭填料是由聚四氟乙烯还原或石墨化炭黑开始的,优点在于完全非极性的均匀表面,是一种天然的"反相"填料,可在 pH＞8.5 条件下使用,但机械强度较差,对强保留溶质柱效能较低,有待改进。

(2) 按结构和形状分类。填料可分为薄壳型和全孔型、无定型。

薄壳型填料是在 40 μm 左右的玻璃球表面覆盖一层 1～2 μm 厚的硅胶层,形成许多向外开放的孔隙。这样孔浅了,传质快,柱效能得以提高。但柱负荷太小,所以很快就被 5～10 μm

全孔硅胶代替。

在高效液相色谱中使用的全孔微球硅胶，孔径一般为 6～10 nm，就形状来说，有球形的，也有非球形的。

(3) 按填料表面改性(与否)分类。在无机吸附剂基质固定相的情况下，可分为吸附型和化学键合相两类。商品化学键合相填料主要有以下几种表面官能团：C_{18}、C_8、C_2、苯基、氰基、硝基、二醇基、醚基、离子交换以及不对称碳原子的光学活性键合相等。

(4) 按液相色谱的方法分类。反相、正相、离子交换和凝胶渗透色谱固定相是经常遇到的固定相的类别。

在液相色谱中通常把使用极性固定相和非(或弱)极性流动相的操作称为“正相色谱”，把相应的固定相习惯称为“正相填料”(如硅胶、氰基、氨基或硝基等极性键合相属于此列)，把非极性或弱极性的固定相称为“反相填料”(如烷基、苯基键合相、多孔炭填料等)。当然，在液相色谱中，同一色谱柱，原则上可以使用性质相差很大的流动相冲洗，因而正相填料和反相填料名称的概念具有一定的相对性。

离子交换固定相的颗粒表面都带有磺酸基、羧基、季铵基、氨基等强、弱离子交换基团。可以和流动相中样品离子之间发生离子交换作用，使样品中无机或有机离子或可解离化合物在固定相上有不同的保留。凝胶渗透色谱固定相都是具有一定孔径分布范围的系列产品，用以分离高分子样品或进行高聚物相对分子质量分布的测定，后两类填料都是既有硅胶基质的，又有高分子微球基质的。

11.4.2　液相色谱流动相

在气相色谱中，可供选择的载气只有三四种，它们的性质相差也不大，所以要提高柱的选择性，主要是改变固定相的性质。在液相色谱中，则与气相色谱不同，当固定相选定时，流动相的种类、配比能显著地影响分离效果，因此流动相的选择很重要。

对于液相色谱而言，流动相又称为冲洗剂、洗脱剂或载液。它有两个作用：一是携带样品前进；二是给样品提供一个分配相，进而调节选择性，以达到令人满意的混合物分离效果。对流动相的选择要考虑分离、检测、输液系统的承受能力及色谱分离目的等各个方面。高效液相色谱对于流动相主要有如下要求。

(1) 黏度小。溶剂黏度大，一方面液相传质慢，柱效能低；另一方面柱压降增加。流动相黏度增加一倍，柱压降也相应增加一倍，过高的柱压降给设备和操作都带来麻烦。

(2) 沸点低、固体残留物少。固体残留物有可能堵塞溶剂输送系统的过滤器和损坏泵体及阀件。

(3) 与检测器相适应。紫外检测器是高效液相色谱中使用最广泛的一类检测器，因此，流动相应当在所使用波长下没有吸收或吸收很少；而当使用示差折光检测器时，应当选择折射率与样品差别较大的溶剂做流动相，以提高灵敏度。

(4) 与色谱系统的适应性。仪器的输液部分大多是不锈钢材质，最好使用不含氯离子的流动相。

(5) 溶剂的纯度。关键是要能满足检测器的要求和使用不同瓶(或批)溶剂时能获得重复的色谱保留值数据。实验中至少使用分析纯试剂，一般使用色谱纯试剂。另外，溶剂的毒性和可压缩性也是在选择流动相时应考虑的因素。

在选用溶剂时，溶剂的极性为重要的依据。例如：在正相液液色谱中，可先选中等极性的溶剂为流动相,若组分保留时间太短,表示溶剂的极性太大,改用极性较弱的溶剂;若组分保留时间太长,则再选极性在上述两种溶剂之间的溶剂;如此多次实验,以选得最适宜的溶剂。

为获得合适的溶剂强度,常采用二元或多元组合的溶剂系统作为流动相。通常根据所起的作用,采用的溶剂可分成底剂及洗脱剂两种。底剂决定基本的色谱分离情况,而洗脱剂则起调节试样组分的滞留并对某几个组分具有选择性的分离作用。正相色谱中,底剂采用低极性的溶剂(如正己烷、苯、氯仿等),而洗脱剂则根据试样的性质选取极性较强的针对性溶剂(如醚、酯、酮、醇和酸等)。在反相色谱中,通常以水为流动相的主体,以加入不同配比的有机溶剂作调节剂,常用的有机溶剂有甲醇、乙腈、二氧六环、四氢呋喃等。

离子交换色谱分析主要在含水介质中进行,组分的保留值可用流动相中盐的浓度(或离子强度)和 pH 值来控制。空间排阻色谱法所用的溶剂必须与凝胶本身非常相似,这样才能湿润凝胶并防止吸附作用。

11.5　高效液相色谱仪

近年来,高效液相色谱技术得到极其迅猛的发展。仪器的结构和流程也是多种多样的。高效液相色谱仪一般可分为四个主要部分:液体输送系统、进样系统、分离系统和检测系统,还附有馏分收集及数据处理等辅助系统。高效液相色谱仪的典型结构如图 11-6 所示。

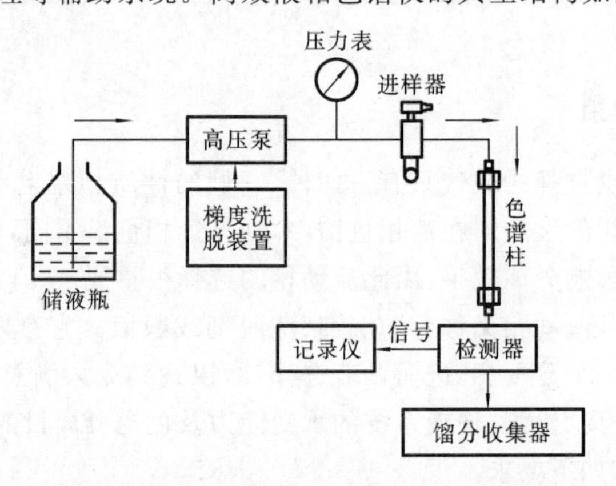

图 11-6　高效液相色谱仪的典型结构示意图

从图 11-6 可见,储液器中储存的载液(常需除气)经过过滤之后由高压泵输送到色谱柱入口。当采用梯度洗脱时一般需用双泵(或多泵)系统来完成输送。试样由进样器注入输液系统,而后送到色谱柱进行分离。分离后的组分由检测器检测,输出信号供给记录仪或数据处理装置。如果需收集馏分作进一步分析,则在色谱柱一侧出口将样品馏分收集起来。

11.5.1　液体输送系统

高效液相色谱仪的输液系统包括储液瓶、高压泵、梯度洗脱装置等。

1. 储液瓶

(1) 对储液瓶的要求。储液瓶又称为溶剂储存器,主要用来供给足够数量的符合要求的流动相以便完成分析工作。对于溶剂储存器的要求如下。

① 必须有足够的容积,以备重复分析时保证供液。

② 脱气方便。

③ 能耐一定的压力。

④ 所选用的材质对所使用的溶剂都是惰性的。

溶剂使用前必须脱气。因为色谱柱是带压力操作的,而检测器是在常压下工作的。若流动相中所含有的空气不除去,则流动相通过柱子时其中的气泡受到压力而压缩,流出柱子后到检测器时因恢复常压而将气泡释放出来,造成检测器噪声增大,基线不稳,仪器不能正常工作,这在梯度洗脱时尤其突出。

(2) 脱气方法。储液瓶常用的脱气方法如下。

① 低压脱气法。电磁搅拌、水泵抽真空。由于抽真空或加热过程中可能引起流动相中低沸点溶剂的挥发而影响其组成,此法不适于二元以上冲洗剂组成的流动相脱气。

② 吹氦(或氮)脱气法。氦气(或氮气)经由一圆筒过滤器通入冲洗剂中,氦气(或氮气)的小气泡可将溶于流动相中的空气带出,此法简单方便,适用于所有冲洗剂脱气。

③ 超声波脱气法。将冲洗剂瓶置于超声波清洗槽中,以水为介质超声脱气。此法方便,不影响溶剂组成,并适用于各种溶剂,目前国内使用较为普遍,使用此法时应注意避免溶剂瓶与超声波清洗槽底或壁接触,以免瓶子破裂。

2. 高压泵

(1) 对高压泵的要求。高效液相色谱分析的流动相(载液)是用高压泵来输送的。由于色谱柱很细,填充剂的粒度小(常用 5～10 μm),因此阻力很大。为实现快速、高效的分离,必须有很高的柱前压力,以获得高速的液流。从分析的角度出发,高压泵应满足以下几个条件。

① 流量稳定。通常要求流量精度为±1%,以保证保留时间的重现性和定量定性分析的精密度。对于流速也要有一定的可调范围,较好的输液泵一般有 0.1～1.0 mL/min 的流量范围。

② 耐高压且压力波动小。对于 200 mm 长,内装 5～10 μm 的微粒型刚性固定相的色谱柱,正常操作压力在 10 MPa 以下。性能较高的泵一般能耐 35～50 MPa 的压力。

③ 耐酸碱和缓冲溶液腐蚀。液相色谱中使用的流动相多是有机溶剂、酸碱缓冲溶液等,因此高压泵必须是耐腐蚀材料制成的。

④ 操作和检修方便。特别是流量调节、阀的清洗和更换等,要求简便易行。

(2) 高压泵的分类。按输液性能可分为恒压泵和恒流泵。按机械结构又可分为液压隔膜泵、气动放大泵、螺旋注射泵和往复柱塞泵四种,前两种为恒压泵,后两种为恒流泵。

① 恒压泵。恒压泵可以输出一个稳定不变的压力。在一般的系统中,由于系统的阻力不变,恒压也可达到恒流的效果,但当系统阻力变化时,虽然输入压力不变,流量会随阻力而变化。

② 恒流泵。恒流泵可以输出一个稳定不变的流量,无论柱系统阻力如何变化都可保证其流量基本不变。

在色谱实际操作中,柱系统的阻力总是有所变化的,如填料装填不均匀,由高压装柱造成的缝隙逐渐减小,填料变形,环境温度变化及梯度冲洗时流动相黏度的变化等,都会造成柱系统阻力的改变。从这个角度来看,恒流泵比恒压泵显得优越,目前使用很普遍。然而,恒压操作对于在泵和柱系统所允许的最大压力下冲洗柱系统很方便且安全。

柱塞往复泵是目前较广泛使用的一种恒流泵,其结构如图 11-7 所示。当柱塞推入缸体时,泵头出口(上部)的单向阀打开,同时,流动相(溶剂)进口的单向阀(下部)关闭,这时就输出少量(约 0.1 mL)的流体。反之,当柱塞从缸体向外拉时,流动相入口的单向阀打开,出口的单

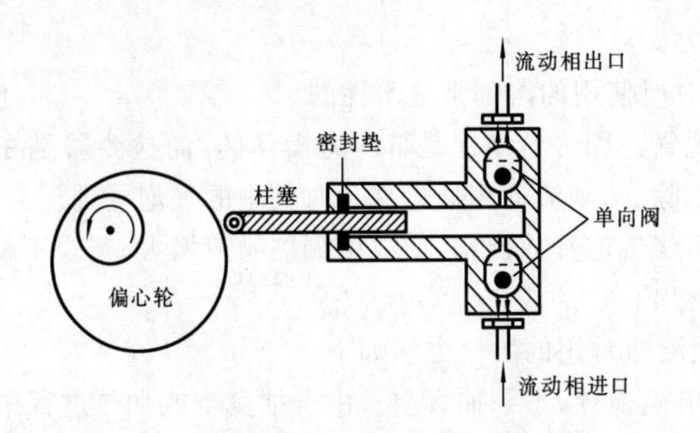

图 11-7 柱塞往复泵

向阀同时关闭,一定流量的流动相就由其储液器吸入缸体中。

为了维持一定的流量,柱塞每分钟大约需往复运动 100 次。这种泵的特点是不受整个色谱系统中其余部分阻力变化的影响,连续供给恒定体积的流动相,可以方便地通过改变柱塞进入缸体中距离的大小或往复的频率来调节流量。

3. 梯度洗脱装置

高效液相色谱中的梯度洗脱(gradient elution,又称为梯度洗提、梯度淋洗),和气相色谱中的程序升温一样,给分离工作带来很大的方便,已成为高效液相色谱仪中一个重要的不可缺少的部分。

所谓梯度洗脱,就是有两种(或多种)不同极性的溶剂,在分离过程中按一定程序连续地改变流动相的浓度配比和极性。通过流动相极性的变化来改变被分离样品的分离因素,以便柱系统具有最好的选择性。采用梯度洗脱技术可以提高分离度,缩短分析时间,降低最小检测量和提高分析精度。梯度洗脱对于复杂混合物,特别是保留性能相差较大的混合物的分离是极为重要的手段。

梯度洗脱可分为低压梯度(又称为外梯度)和高压梯度(又称为内梯度)。下面将分别予以介绍。

(1) 低压梯度装置。低压梯度是采用比例调节阀,在常压下预先按一定的程序将溶剂混合后,再用泵输入色谱柱系统,也称为泵前混合。

图 11-8 所示为一种目前较为广泛采用的低压梯度装置流程示意图,可进行三元梯度洗脱,重复性较好。其中电磁比例阀的开关频率由控制器控制,改变控制器程序即可得一任意混合浓度曲线。

(2) 高压梯度装置。由两台(或多台)高压输液泵、梯度程序控制器(或计算机及接口板控制)、混合器等部件所组成。两台(或多台)泵分别将两种(或多种)极性不同的溶剂输入混合器,经充分混合后进入色谱柱系统。这是一种泵后高压混合形式。图 11-9 所示为高压梯度装

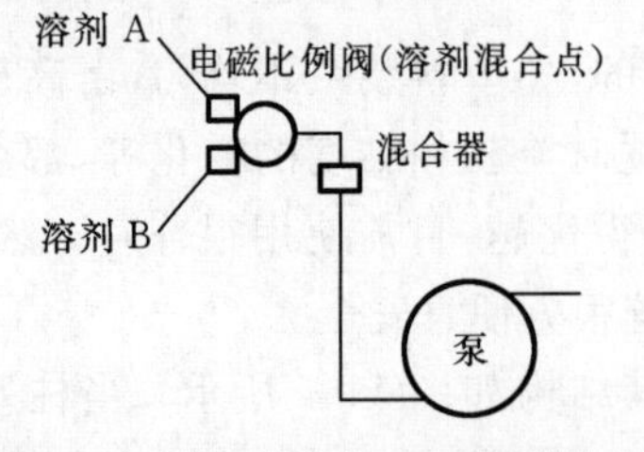

图 11-8 低压梯度装置流程示意图

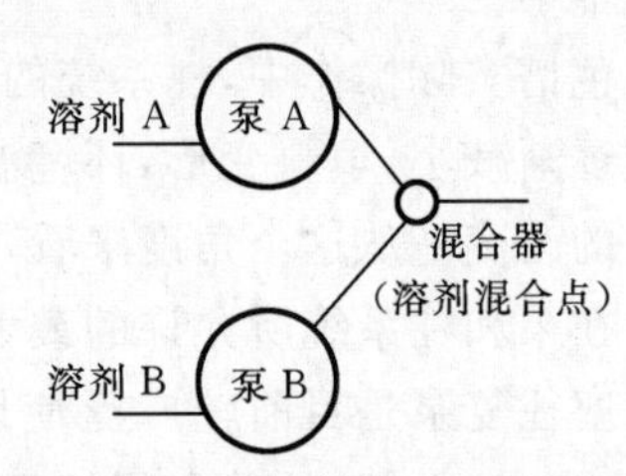

图 11-9 高压梯度装置流程示意图

置流程示意图。

11.5.2　进样系统

在高效液相色谱中，进样方式及试样体积对柱效能有很大的影响。要获得良好的分离效果和重现性，需要将试样“浓缩”地瞬时注入色谱柱上端柱载体的中心形成一个小点。如果把试样注入柱载体前的流动相中，通常会使溶质以扩散形式进入柱顶，导致试样组分分离效能的降低。目前，符合要求的进样方式主要有以下三种。

1. 注射器进样

这种进样方式同气相色谱法一样，进样时用微量注射器刺进装有弹性隔膜的进样器，针尖直达上端固定相或多孔不锈钢滤片，试样以小滴的形式到达固定相床层的顶端。缺点是不能承受高压，在压力超过 15 MPa 后，由于密封垫的泄漏，带压进样实际上不可能，为此可采用停流进样的方法。这时打开流动相泄流阀，使柱前压力下降至零，注射器按前述方式进样后，关闭阀门使流动相压力恢复，把试样带入色谱柱。由于液体的扩散系数很小，试样在柱顶的扩散很缓慢，故停流进样的效果能达到不停流进样的要求。但停流进样方式无法获得精确的保留时间，峰形的重现性也较差。

2. 高压定量进样阀进样

通过进样阀（常用六通阀）直接向压力系统内进样而不必停止流动相流动。六通阀结构示意图如图 11-10 所示。操作分两步进行。当阀处于准备状态（装样位置）时，1 和 6，2 和 3，4 和 5 连通，试样用注射器由 1 注入一定容积的定量管中。接在阀外的定量管根据进样量的大小按需选用。注射器要取比定量管容积稍大的试样溶液，多余的试样通过连接 2 的管道溢出。进样时，将阀芯沿顺时针方向旋转 60°，使阀处于进样位置（工作）。这时，1 和 2，3 和 4，5 和 6 连通，将储存于定量管中固定体积的试样送入柱中。

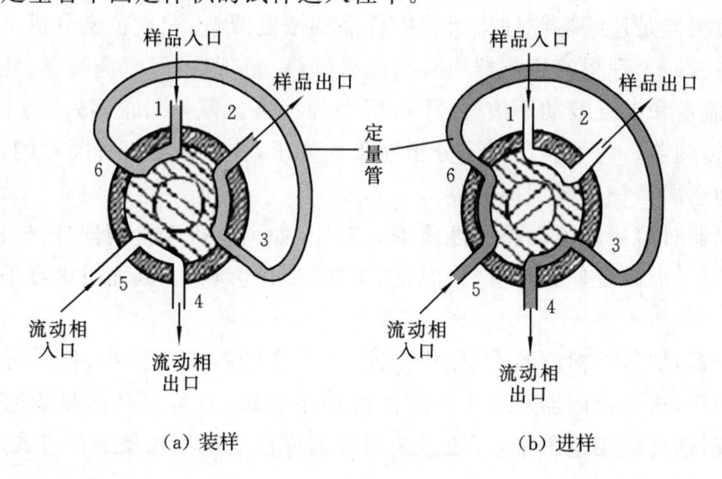

图 11-10　六通阀结构示意图

如上所述，进样体积是由定量管的体积严格控制的，所以进样准确，重现性好，适于做定量分析。更换不同体积的定量管，可调整进样量。

3. 自动进样器进样

自动进样器多用于同种冲洗条件下样品量较多的场合或无人看管的自动色谱仪。使用微处理机来控制一个六通阀的采样、进样和冲洗等动作。操作者只需把装好样品的小瓶按一定次序放入样品架上(样品架有转盘式、排式和链式等),然后设定程序(如进样次数、分析周期等),启动程序,设备将自动运转。

11.5.3 分离系统

高效液相色谱的分离过程是在色谱柱内进行的,这个分离系统包括固定相、流动相和色谱柱,分离效能取决于对三者的精心设计和配合。目前,高效液相色谱法常采用的是直形的不锈钢柱。填料粒度为5～10 μm。液相色谱柱发展的一个重要趋势是减小填料粒度(3～5 μm)以提高柱效能,这样可以使用更短的柱,从而得到更快的分析速度;另一方面是减小柱径(内径小于1 mm,空心毛细管液相色谱柱的内径只有数十微米),既降低溶剂用量,又提高检测浓度,然而这对仪器及装柱技术提出更高的要求。

液相色谱柱高柱效能的获得,主要取决于柱填料的性能,另外也与柱床的结构有关,而柱床结构直接受装柱技术的影响。因此,装柱质量对柱性能有重大的影响。液相色谱柱的装柱方法有干法和湿法两种。填料粒度大于20 μm的可用和气相色谱相同的干法装柱;而粒度小于20 μm的填料因表面存在局部电荷,具有很高的表面能,在干燥时倾向于颗粒间的相互聚集,产生宽的颗粒范围并黏附于管壁,这些都不利于获得高的柱效能,因此,对微颗粒填料的装柱只能采用湿法完成。

湿法也称为匀浆法,即以一合适的溶剂或混合溶剂作为分散介质,使填料微粒在介质中高度分散,形成匀浆。然后用加压介质在高压下将匀浆装入柱管中,以制成具有均匀、紧密填充床的高效柱。为装填出高效柱,除根据柱尺寸和填料性质选择适宜的装柱条件外,还要注意许多操作细节,这是一项技术性很强的工作,需要在实践中摸索。

11.5.4 检测系统

液相色谱检测器是连续检测柱流出物中样品的浓度或量,完成色谱分析工作中定性、定量分析的重要部件。一个理想的检测器应具有灵敏度高、重现性好、响应快、线性范围宽、适用范围广、对流动相流量和温度波动不敏感、死体积小等特性。截至目前,液相色谱还没有一种用途广泛、理想的检测器。为了满足不同分析对象的要求,往往需要多种类型的检测器。液相色谱检测器可分为通用型和选择型两大类。

通用型检测器对溶质和流动相的性质都有响应,如示差折光检测器、电导检测器等。这类检测器应用范围广,但因受外界环境(如温度、流速)变化影响大,因而灵敏度低,且通常不能进行梯度洗脱。

选择型检测器,如紫外检测器、荧光检测器等,只要溶剂选择得当,仅对溶质响应灵敏,而对流动相没有响应,这类检测器对外界环境的波动不敏感,具有很高的灵敏度,但只对某些特定的物质有响应,因而应用范围窄,可通过采用柱前或柱后衍生化反应的方式,扩大其应用面。

1. 紫外检测器

紫外检测器(ultraviolet photometric detector)是液相色谱法广泛使用的检测器,几乎所有的高效液相色谱仪都配有紫外检测器。它的作用原理是基于被分析试样组分对特定波长紫外光的选择性吸收,组分浓度与吸光度的关系符合朗伯-比尔定律。紫外检测器有固定波长和可变波长两类,为扩大应用范围和提高选择性并选择最佳检测波长,常采用可变波长检测器,实质上就是装有流通池的紫外分光光度计或紫外-可见分光光度计。其特点是灵敏度高(最小检测浓度可达 10^{-9} g/mL)、对温度和流速不敏感,可用于等度或梯度洗脱且结构简单。缺点是不适用于对紫外光完全不吸收的试样，同时溶剂的选用受限制。

图 11-11 是一种双光路结构的紫外检测器光路图，光源一般采用低压汞灯，透镜将光源射来的光束变成平行光，经过遮光板变成一对细小的平行光束，分别通过测量池与参比池，然后用紫外滤光片滤掉非单色光，用两个紫外光敏电阻接成惠斯顿电桥，根据输出信号差（即代表被测试样的浓度）进行检测。

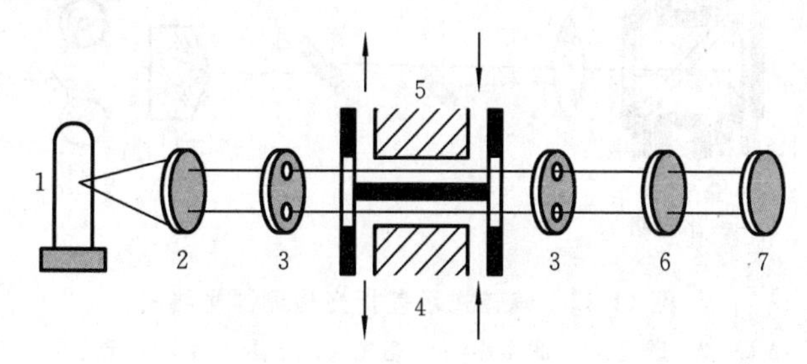

图 11-11　紫外检测器光路图

1—低压汞灯；2—透镜；3—遮光板；4—测量池；
5—参比池；6—紫外滤光片；7—双紫外光敏电阻

为适应高效液相色谱分析的要求，测量池体积都很小，在 5～10 μL，光路长 5～10 mm，其结构形式常采用 H 形（见图 11-11）或 Z 形。接收元件采用光电管、光电倍增管或光敏电阻。检测波长一般固定在 254 nm（核酸）或 280 nm（蛋白质）。

一般选择对欲分析物有最大吸收的波长进行工作，以获得最大的灵敏度和抗干扰能力。在选择测定波长时，必须考虑到所使用的流动相组成，因为各种溶剂都有一定的透过波长下限值，超过了这个波长，溶剂的吸收会变得很强，就不能很好地测出待测物质的吸收强度。

2. 示差折光检测器

示差折光检测器（differential refractive index detector）是除紫外检测器之外应用最多的液相色谱检测器，是一种通用型检测器。基于连续测定色谱柱流出物折射率的变化而测定样品浓度。溶液的光折射率是溶剂（冲洗剂）和溶质（样品）各自的折射率乘以各自的物质的量浓度之和。溶有样品的流动相和流动相本身之间光折射率之差即表示样品在流动相中的浓度。原则上凡是与流动相光折射指数有差别的样品都可用它来测定，其检测限可达 10^{-7}～10^{-6} g/mL。示差折光检测器按其工作原理可分成偏转式和反射式两种类型，现以前者为例作一介绍。当介质中成分发生变化时，其折射随之发生变化，如入射角不变，则光束的偏转角是介质（如流动相）中成分变化（当有试样流出时）的函数。因此利用测量折射角变化值的大小，便可测定试样的浓度。

图 11-12 是一种偏转式示差折光检测器的光路图。光源射出的光线由透镜聚焦后，从遮光板的狭缝射出一条细窄光束，经反射镜反射以后，由透镜汇聚两次，穿过工作池和参比池，被平面反射镜反射出来，成像于棱镜的棱口上，然后光束均匀分为两束，到达左、右两个对称的光电管上。如果工作池和参比池均通过纯流动相，光束无偏转，左、右两个光电管的信号相等，此时输出平衡信号。如果工作池中有试样通过，由于折射率改变，造成了光束的偏移，从而使到达棱镜的光束偏离棱口，左、右两个光电管接受的光束能量不等，因此输出一个代表折射角度变化值的大小，也就是试样浓度的信号而被检测。红外隔热滤光片可以阻止那些容易引起流通池发热的红外光通过，以保证系统工作的热稳定性。平面细调透镜用来消除光路系统的不平衡。

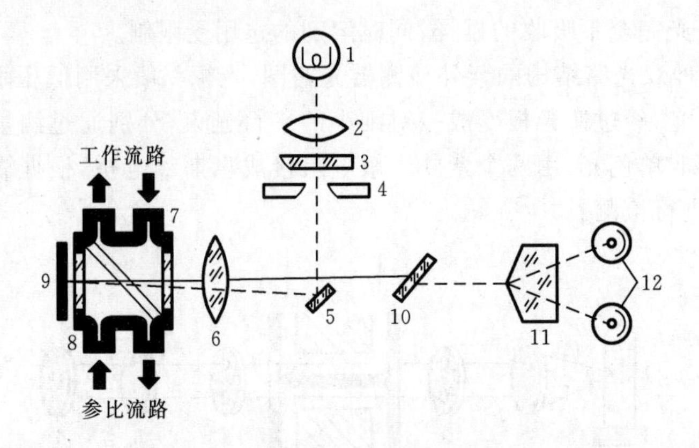

图 11-12　偏转式示差折光检测器光路图

1—钨丝灯光源；2—透镜；3—滤光片；4—遮光板；5—反射镜；6—透镜；7—工作池；
8—参比池；9—平面反射镜；10—平面细调透镜；11—棱镜；12—光电管

几乎每一种物质都有各自不同的折射率，因此都可用示差折光检测器来检测，如同气相色谱仪的热导检测器一样，它是一种通用型的浓度检测器。但由于高效液相色谱通常采用梯度洗脱，流动相的成分不定，从而导致在参比流路中无法选择合适的溶剂，因此从实际应用方面看来，示差折光检测器不能用于梯度洗脱，因而不是严格意义的通用型检测器。由于折射率对温度的变化非常敏感，大多数溶剂折射率的温度系数约为 5×10^{-4}，因此检测器必须恒温，以便获得精确的结果。

3. 荧光检测器

荧光检测器(fluorescence detector)属于高灵敏度、高选择性的检测器，仅对某些具有荧光特性的物质有响应。许多化合物，特别是芳香族的化合物、生化物质等被入射的紫外光照射后，能吸收一定波长的光，使原子中的某些电子从基态中的最低振动能级跃迁到较高电子能态的某些振动能级。之后，由于电子在分子中的碰撞，消耗一定的能量而下降到第一电子激发态的最低振动能级，再跃回到基态中的某些不同振动能级，同时发射出比原来所吸收的光频率较低、波长较长的光，即荧光。被这些物质吸收的光称为激发光(λ_{ex})，产生的荧光称为发射光(λ_{em})，荧光的强度与入射光强度、量子效率和样品浓度成正比。图 11-13 是典型的直角型滤色片荧光检测器光路图。

由卤化钨灯产生 280 nm 以上的连续波长的强激发光，经透镜和激发滤光片将光源发出的光聚焦，将其分为所要求的谱带宽度并聚焦在流通池上，另一个透镜将从流通池中欲测组分发射出来的与激发光成 90°角的荧光聚焦，透过发射滤光片照射到光电倍增管上进行检测。

一般情况下，荧光检测器比紫外检测器灵敏度高 2 个数量级。对强荧光物质大约是 1 ng/mL。典型的荧光物质有多核芳烃、甾族化合物、植物色素、维生素、生物碱、儿茶酚胺、酶等。对许多不发荧光的物质，可以通过化学衍生法转变成发荧光的物质，然后进行检测。

4. 电导检测器

电导检测器(electrical conductivity detector)属于电化学检测器，是离子色谱法中使用最广泛的检测器。其作用原理是根据物质在某些介质中电离后所产生电导值的变化来测定电离物质含量。图 11-14 是电导检测器的结构示意图。电导池内的检测探头由一对平行的铂电极组成，两电极构成电桥的一个测量臂。电导检测器的响应受温度影响较大，因此要求严格控制温度，一般在电导池内放置热敏电阻器进行监测。

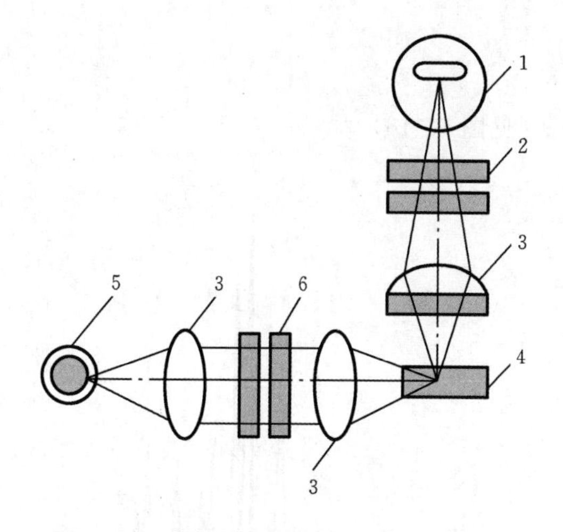

图 11-13　直角型滤色片荧光检测器光路图

1—光电倍增管；2—发射滤光片；3—透镜；
4—流通池；5—光源；6—激发滤光片

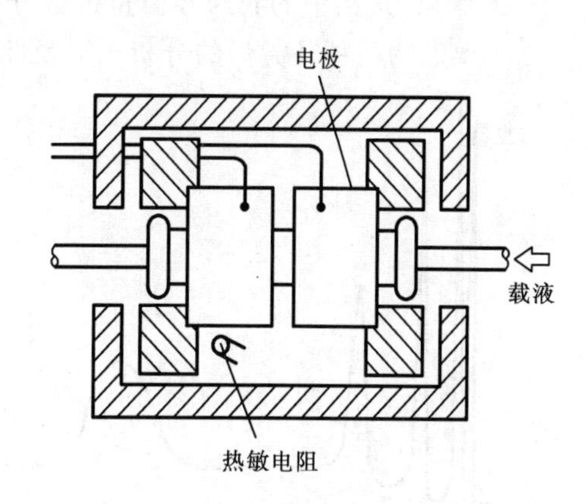

图 11-14　电导检测器结构示意图

在化学抑制型离子色谱系统中，背景电导值极低，可采用上述两电极电导检测器。但在单柱型离子色谱系统中，洗脱液背景电导值高，极化效应严重，此时应采用五电极式电导检测器或经改进的两电极式电导检测器。

11.6　高效液相色谱法的应用

高效液相色谱法由于对挥发性小或无挥发性、热稳定性差、极性强，特别是具有某种生物活性的物质提供了非常适合的分离分析环境，因而广泛应用于生物化学、生物医学、药物临床、石油化工、合成化学、环境检测、食品卫生以及商检、法检和质检等许多分析检验部门。高效液相色谱法不仅仅是一种有效的分析工具，而且日益成为高价位的生化工程产品、手性药物等分离制备和纯化的手段。如果说在 20 世纪 50—60 年代是石油化工的突起促进了气相色谱技术的大发展，那么在 20 世纪 70—80 年代，则是生命科学，特别是化学医学和制药工业的需要，推动了高效液相色谱技术的迅速发展。

在用高效液相色谱法分析实际样品时，所涉及的操作和分离条件很多，如液相色谱的分离模式，固定相、流动相组成，分离温度和流动相 pH 值等。对于一个特定的实际样品，有可能可以选择多种高效液相色谱分离条件进行分离分析，甚至于一些从文献中得到的实际样品的分离条件的重复也是比较困难的，必须通过对文献中的操作条件进行适当的修正后才可能获得满意的分离结果。因此，要很好地实现实际样品分离条件的选择，最重要的还是要掌握高效液相色谱分离分析的基本原理。本节将列举一些高效液相色谱法的典型应用实例。

1. 环境监测中的应用

(1) 环境中有机氯农药残留量分析——正相色谱法(见图 11-15)。

固定相：薄壳型硅胶 Corasil Ⅱ(37 ～50 μm)。

流动相：正己烷。

流速：1.5 mL/min。

色谱柱：50 cm(长度)，2.5 mm(内径)。

检测器:示差折光检测器。

可对水果、蔬菜中的农药残留量进行分析。

(2) 致癌物质稠环芳烃的分析——反相色谱法(见图 11-16)。

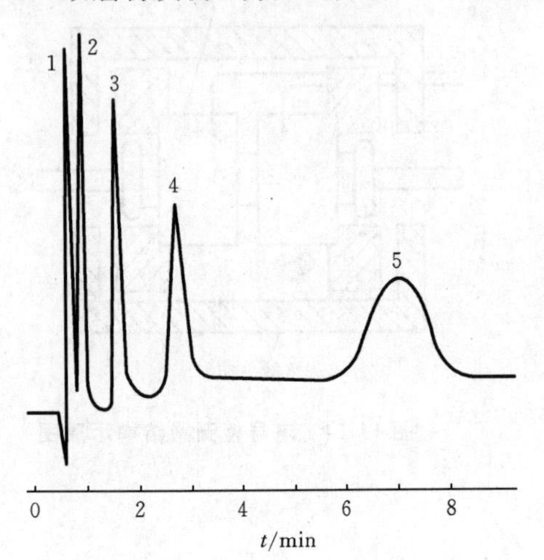

图 11-15　正相色谱法分析环境中有机氯农药残留量

1—艾氏剂；2—p,p'-DDT；3—o,p'-DDT；4—γ-六六六；5—恩氏剂

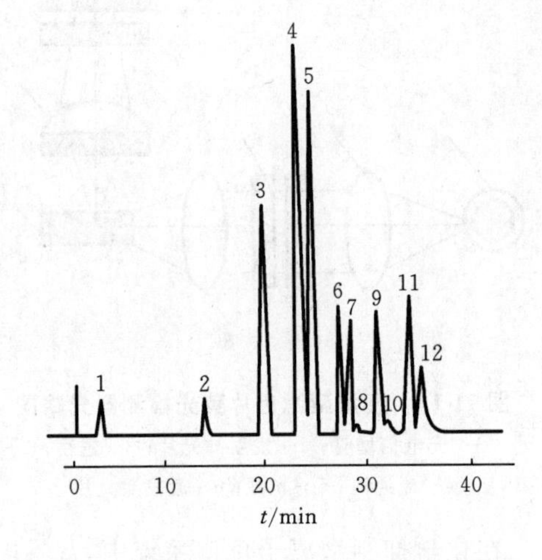

图 11-16　反相色谱法分析致癌物质稠环芳烃

1—苯；2—萘；3—联苯；4—菲；5—蒽；6—荧蒽；7—芘；8,9,10—未知；11—苯并(e)芘；12—苯并(a)芘

固定相:十八烷基硅烷化键合相。

流动相:20%甲醇-水 ～100%甲醇。

线性梯度洗脱:2%/min。

流速:1 mL/min。

柱温:50 ℃。

柱压:700 kPa。

检测器:紫外检测器。

2. 药物分析中的应用

以脂溶性维生素的分析为例(见图 11-17)。

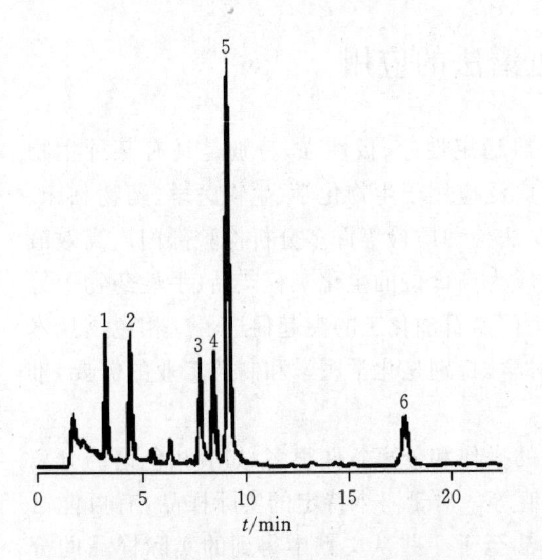

图 11-17　高效液相色谱法分析脂溶性维生素

1—乙酸维生素 A；2—维生素 D_3；3—维生素 K_1；4—视黄醇；5—维生素 D_2；6—维生素 E

仪器:Lumtech HPLC。

色谱柱:250 mm(长度),3 mm(内径)。

固定相:ProntoSil 120-3-C18 SH。

检测器:蒸发光散射检测器(33 ℃)。

流动相:甲醇。

流速:1 mL/min。

温度:室温。

进样量:5 μL。

3. 液相色谱-质谱联用技术

热稳定性差或不易挥发的样品难以用气相色谱法分析,却易于被高效液相色谱分析。据统计,气相色谱能分析 15%～20%的有机物,而液相色谱能分析的有机物占总数的 85%。可见,液相色谱-质谱联用(HPLC-MS)较气相色谱-质谱联用(GC-MS)具有更大的分析潜力。

气相色谱-质谱联用中，采用各种分离器以去除载气，而在液相色谱-质谱联用中，要去除的是溶剂等液体。这些液体流量大、相对分子质量大，它们对质谱的真空度和本底造成的影响较气相色谱大，同时液相色谱法测定的样品难以汽化，在电离源内电离也较困难。所以，液相色谱-质谱联用接口设计较气相色谱-质谱联用的困难大，要满足以下要求。

(1) 对高效液相色谱的性能不能降低且能发挥它的各种分离能力。

(2) 对质谱不要限制它的各种操作，要保持质谱仪良好的真空度并减少样品的沾污。

(3) 接口本身要求死体积小，有高的稳定性，对各类化合物有相同的传递率，不受溶剂和溶质的影响。

主要的接口技术有直接输入法、薄膜分离器、热喷雾接口、电喷雾电离接口等，具体的接口构造及其工作原理请参阅质谱分析相关的专业书籍，本书不再赘述。

高效液相色谱-质谱联用技术的成熟化，不仅扩大了高效液相色谱的应用领域，而且使之成为环境有机污染物分析和鉴定的重要工具。例如：采用固相萃取-高效液相色谱-质谱联机在线分析水中痕量除草剂。以乙腈-水为流动相，梯度洗脱，紫外检测器于 220 nm 波长处检测，该方法仅用 45 min 就可完成水样中 7 种除草剂(阿特拉津、西草净、西玛津、杀草净、敌稗、乙草胺和甲磺隆)的分析。

11.7　液相制备色谱和毛细管电泳

11.7.1　液相制备色谱

制备色谱是以分离获取较大量的单组分样品为目的的一种分离技术，与一般以分析各组分取得定性、定量结果为目的的色谱技术有所不同，随着近代化学制药工业和生物技术的发展，高效液相色谱法作为制备手段的意义越来越大，从直径约 10 mm 的实验室半制备柱到直径为 500 mm 的工业制备柱及相应设备，都相继商品化，许多实际的分离纯化问题因此得以解决。

液相色谱制备纯物质一般有三个目的：结构鉴定、生物与毒理实验，以及某些珍贵和难分离单组分物质的生产。目的不同，制备色谱的操作也不同。

(1) 半制备色谱。柱内径为 5～20 mm，长度为 15～50 cm，一般使用粒度为 10～30 μm 的填料，用一台普通分析型高效液相色谱仪，便可获得毫克级的单组分。流量小时，可另配一台流速稍加扩大的高压输液泵。

(2) 克级制备色谱。使用内径为 50 mm 左右，长为 20～70 cm 的色谱柱，填料粒度为 10～60 μm。这种柱子可装填 200～500 g 固定相，在超负荷运行下，可获得克级以下的纯化合物组分。

(3) 工业制备色谱。色谱柱内径一般在 10～50 cm(或更粗)，长为 50～100 cm，此时一般采用闭路循环和溶剂再生系统。

制备色谱柱因柱直径加大，进样量增加，因而在柱头结构上与分析柱完全不同。分析柱都设计成柱头中心进样的结构。但在制备色谱柱情况下，希望样品靠在柱头截面上均匀地渗入填充床。这样一方面保证了大量样品能在尽可能短的时间内很快地进入柱床，另一方面也克服了柱中心样品局部过浓的现象，有利于提高柱效能。制备色谱法可以完成一般分离方法难以完成的纯物质制备，如纯化学试剂、合成中间体、蛋白质的纯化等。

11.7.2 毛细管电泳

毛细管电泳(capillary electrophoresis,CE)又称为高效毛细管电泳(HPCE),是 20 世纪 80 年代发展起来的分析方法。毛细管电泳是经典电泳技术和现代微柱分离相结合的产物。毛细管电泳和高效液相色谱都是高效分离技术,但毛细管电泳用迁移时间取代高效液相色谱的保留时间,分析速度快,分析时间一般不超过 30 min,分析所需样品为纳升(nL)级,流动相用量仅需数微升。

毛细管电泳系统指以高压电场为驱动力,以毛细管为分离通道,依据样品中各组分之间淌度和分配行为上的差异而实现分离的一类液相分离技术,分离后的组分可用紫外检测器、荧光检测器、电化学检测器等进行检测。

电解质溶液中,带电粒子在电场力作用下,以不同的速度向所带电荷相反方向迁移的现象,称为电泳。毛细管电泳所用石英毛细管柱,在 pH<3 时,其内表面和溶液接触时形成一双电层。在高电压作用下,双电层中的水合正离子引起流体整体地朝负极方向移动的现象称为电渗。粒子在毛细管内的电解质中迁移速度等于电泳和电渗两种速度的矢量和。正离子的运动方向和电渗方向一致,故最先流出;中性粒子的电泳速度为“零”,故其迁移速度相当于电渗速度;负离子运动方向和电渗方向相反,由于电渗速度一般大于电泳速度,因此它将在中性粒子之后流出。这样,因各种粒子迁移速度不同而实现分离。

毛细管电泳仪器的主要部件是高压直流电源、进样装置、毛细管和检测器。前三个部件容易实现,困难之处在于检测器,尤其是光学检测器。这是由于毛细管电泳溶质区带的超小体积的特性导致光程太短,而且圆柱形毛细管做光学表面也不够理想,因此对检测器灵敏度要求相当高。

1. 毛细管电泳的分离模式

毛细管电泳有如下六种分离模式。

(1) 毛细管区带电泳(capillary zone electrophoresis,CZE),又称毛细管自由电泳,是毛细管电泳中最基本、应用最普遍的一种模式。其基本特征是,在整个分离区域中充满组成恒定的缓冲溶液。溶质基于各自迁移速率的不同而分离。

(2) 胶束电动毛细管色谱法(micellar electrokinetic capillary chromatography, MECC)。它是将一些离子型表面活性剂(如十二烷基磺酸钠,SDS)加到缓冲溶液中,当其浓度超过临界浓度后即形成有疏水内核、外部带负电的胶束。在电场中,胶束以较低速度向阴极移动。溶质在水相和胶束相(准固定相)之间产生分配,中性粒子因其本身疏水性不同,在两相间分配就有差异,疏水性强的和胶束结合牢,流出时间就长,最终按中性粒子疏水性不同而分离。主要应用于中性物质、手性对映体,特别是各种药物的分离测定。

(3) 毛细管凝胶电泳(capillary gel electrophoresis,CGE)。它是基于凝胶的多孔性,溶质按分子大小而分离。由于凝胶黏度大,减少溶质的扩散,所得峰形尖锐,柱效能高,如用甲基纤维素制备无胶筛分介质,可分离、测定蛋白质和 DNA 分子或碱基数。

(4) 毛细管等电聚焦(capillary isoelectric focusing,CIEF)。它是通过管壁涂层使电渗流减到最小,以防蛋白质吸附破坏稳定的聚焦区带,再将样品与两性电解质混合进样,两端储瓶分别为酸和碱,加高压(6~8 kV),3~5 min 后,毛细管内部建立 pH 值梯度,蛋白质在毛细管中向各自等电点聚焦,形成明显的区带。最后改变检测器末端储瓶内的 pH 值,使聚焦的蛋白质依次通过检测器而被确认,主要用于蛋白质的分离、测定。

(5) 毛细管等速电泳(capillary isotachophoresis,CITP)。它是采用先导电解质和后继电解质,使溶质按其电泳淌度不同而被分离。常用于分离、测定离子性物质。目前应用尚不多。

(6) 毛细管电渗色谱法(capillary electroosmotic chromatography,CEC)。它是将高效液相色谱法中众多的固定相微粒填充到毛细管中,以样品与固定相之间的相互作用为分离机制,以电渗流为流动相驱动力的色谱过程。由于有较高的选择性,该法近年来得到较快的发展,已成为液相色谱法的研究热点之一,是一种有发展前景的分离分析模式。

2. 毛细管电泳的特点

毛细管电泳具有以下特点。

(1) 灵敏度高。如用紫外检测器的检测限可达 $10^{-15} \sim 10^{-13}$ mol。

(2) 毛细管柱一般不需要填充或复杂的处理,价格相对较低,为色谱柱的 10%～20%。

(3) 操作环境是在水介质缓冲溶液中。而液相色谱常采用有机溶剂,产生环境污染。

(4) 样品用量少,每次进样仅为纳升级。

(5) 溶剂消耗量少。这是因为是在电场驱动力下运行,所消耗的溶剂约为色谱消耗量的百万分之一。

(6) 分离柱效能高。每米理论塔板数为几十万,高者可达几百万乃至上千万,有利于分离生物大分子。

(7) 对样品预处理要求低,应用范围广。无机物、有机物、离子或电中性分子,都可用同一根毛细管柱进行分离,仅仅需要改变所用缓冲溶液,而不像高效液相色谱法那样需要变换柱内固定相。

阅读材料

超临界流体色谱法等色谱分析新方法

1. 超临界流体色谱法

超临界流体色谱法是以超临界流体做流动相的色谱过程。超临界流体是指物质在高于其临界点,即高于其临界温度和临界压力时的一种物态。这种形态的物质具有气体的低黏度、液体的高密度以及介于气、液之间的扩散系数等特征。理论上讲,用超临界流体做流动相的色谱过程,既可分析气相色谱法不适应的高沸点、低挥发性样品,又比高效液相色谱法有更快的分析速度和更高的柱效能。超临界流体色谱可选用气相色谱法或液相色谱法用的检测器,与质谱、傅里叶变换红外吸收光谱等在线联用也较方便。

图 11-18 是以二氧化碳为流动相的超临界流体色谱流程图,高压二氧化碳的压力一般为 6～7 MPa,由气源经净化管(净化管内装已活化的硅胶、活性炭等吸附剂以去除其中有机物)净化后再经开关阀进入高压泵,并由高压泵压缩至所需压力,然后经热平衡柱到进样阀,样品由进样阀导入系统,部分经分液阀分流,另一部分经色谱柱分离后,经限流器进入检测器。整个系统由微处理机控制。微处理机控制柱温、检测器温度、流动相的压力或密度,同时采集检测器的信号进行定性、定量结果计算,并由显示打印装置给出色谱图和定性、定量报告。

在超临界色谱的实验工作中,至今被广泛使用的流动相是二氧化碳,它的临界参数比较合适。在临界压力下 20 ℃左右是液体,柱温 40～50 ℃时已超过了临界温度,它的临界压力、临界密度也较合适,在 40.0 MPa 时即可达到高密度,从而有较大的溶解能力,它容易纯化、成本低、无毒、不燃烧、不爆炸,化学稳定性和惰性都较好,与不同检测方法匹配的性能也较好,是较

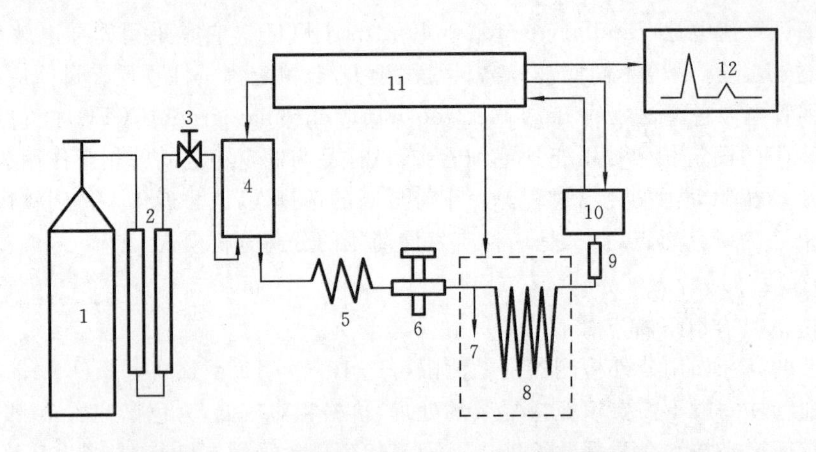

图 11-18　以二氧化碳为流动相的超临界流体色谱流程图

1—气源；2—净化管；3—开关阀；4—高压泵；5—热平衡柱；6—进样阀；
7—分液阀；8—色谱柱；9—限流器；10—检测器；11—微处理机；12—显示打印装置

理想的弱极性流动相。超临界氨是极性流体，对极性物质是好的流动相，胺类、氨基酸、二肽、三肽、单糖、二糖、核苷等用氨做流动相时也能很快地流出。但氨气是化学性质活泼的组分，有毒、可燃、腐蚀、爆炸，而且对固定相的要求十分苛刻，目前仅有正辛基和正壬基的聚硅氧烷柱能在氨流体条件下使用。因此全面地衡量，氨流体的性能也是不理想的。为了寻找一个更理想的极性较强的流动相，人们就采用在二氧化碳流体中添加第二组分物质，即改性剂的办法，来改变二氧化碳流体的极性。

超临界流体色谱法原则上既可利用高效液相色谱法的检测器和检测方法，又可采用气相色谱法的检测手段，这是超临界流体色谱法和其他色谱法相比的又一特点，在流出物检测手段的选择方面，特别是对高沸点、低挥发、可燃烧的样品的检测，它比高效液相色谱法更加有利。如它可选择通用性高、灵敏的氢火焰离子化检测器，在实际工作中，氢火焰离子化检测器和紫外检测器是使用得最多的两种检测器，前者在常压下工作，后者在高压下工作。

适当地选择不同的流体(包括改性后的流体)与不同的检测方法，使其达到一个最合适的匹配，可使检测方法发挥最佳的性能。

2. 手性色谱及手性色谱柱

手性色谱柱是由具有光学活性的单体，固定在硅胶或其他聚合物上制成手性固定相(chiral stationary phase)。通过引入手性环境使对映异构体间呈现物理特征的差异，从而达到光学异构体拆分的目的。要实现手性识别，手性化合物分子与手性固定相之间至少存在三种相互作用。这些相互作用包括氢键、偶极-偶极作用、π-π 作用、静电作用、疏水作用或空间作用。手性分离效果是多种相互作用综合的结果。这些相互作用通过影响包埋复合物的形成、特殊位点与分析物的键合等而改变手性分离结果。由于这种作用力较微弱，因此需要仔细调节、优化流动相和温度以达到最佳分离效果。

在手性拆分中，温度的影响是很显著的。低温增加手性识别能力，但可能引起色谱峰变宽而导致分离变差。因此，确定手性分析方法过程中要考虑柱温的影响，确定最优柱温。

迄今为止，尚没有一种类似十八烷基键合硅胶(ODS)柱的普遍适用的手性柱。不同化学性质的异构体不得不采用不同类型的手性柱，而市售的手性色谱柱通常价格高，因此根据化合物的分子结构选择适用的手性色谱柱是非常重要的。

根据手性固定相和溶剂的相互作用机制，Irving Wainer 首次提出了手性色谱柱的分类系统。

第一类：通过氢键、π-π 作用、偶极-偶极作用形成复合物。

第二类：既有第一类中的相互作用，又存在包埋复合物。此类手性色谱柱中典型的是由纤维素及其衍生物制成的手性色谱柱。

第三类：基于溶剂进入手性孔穴形成包埋复合物。这类手性色谱柱中最典型的是由 Armstrong 教授开发的环糊精型手性柱，另外冠醚型手性柱，如聚（苯基甲基甲基丙烯酸酯）形成的手性色谱柱也属于此类。

第四类：基于形成非对映体的金属配合物。它是由 Davankov 开发的手性分离技术，也称为手性配位交换色谱（CLEC）。

第五类：蛋白质型手性色谱柱。手性分离是基于疏水相互作用和极性相互作用实现的。

学习小结

1. 本章基本要求

（1）掌握高效液相色谱法与经典液相色谱法及气相色谱法的异同点。

（2）掌握高效液相色谱法与气相色谱法影响因素的差别。

（3）掌握高效液相色谱的流程及主要部件的工作原理。

（4）了解几种高效液相色谱法的分离原理。

（5）了解影响液相色谱分离的因素及分离过程中固定相与流动相的选择。

2. 重要内容回顾

（1）高效液相色谱法的特点。

①高压；②高速；③高效；④高灵敏度。

（2）高效液相色谱法与气相色谱法存在的差别体现在以下几方面。

① 分析对象；②流动相；③操作条件及仪器结构。

（3）影响液相色谱柱效能的主要因素是传质项，在一定条件下纵向扩散项可忽略不计。

（4）典型的 H-u 曲线形状。

① 气相色谱法的 H-u 曲线是一条抛物线，有一个最低点（最佳流速）。

② 液相色谱法的 H-u 曲线是一段斜率不大的直线。

（5）高效液相色谱法的主要类型。

①液液分配色谱法；②液固色谱法；③离子交换色谱法；④离子对色谱法；⑤离子色谱法；⑥空间排阻色谱法。

（6）高效液相色谱仪的主要组成部分。

① 液体输送系统：包括储液瓶、高压泵、梯度洗脱装置等。

② 进样装置：注射器进样装置；高压定量进样阀；自动进样器。

③ 分离系统：包括固定相、流动相和色谱柱。

④ 检测器：检测器是连续检测柱流出物中样品的浓度或量，完成色谱分析工作中定性、定量分析的重要部件。常用的检测器分为：通用型检测器，如示差折光检测器、电导检测器等；选择型检测器，如紫外检测器、荧光检测器等。

习　题

1. 某组分在反相柱上，以80%甲醇作流动相时的保留时间为10 min，如果将80%甲醇换成80%异丙醇，组分的保留时间有何变化？
2. 试比较高效液相色谱法与气相色谱法分离原理、仪器构造及应用方法的异同。
3. 高效液相色谱法是如何实现高效和高速分离的(与经典柱色谱比较)？
4. 描述离子色谱法的原理、特点和主要分析对象。用离子色谱法分析无机阴离子时，采用什么淋洗液？在分离柱和抑制柱中分别发生何种反应？
5. 高效液相色谱法常用检测器类型有哪些？试述其检测原理及应用。
6. 什么是梯度洗脱？液相色谱法中是怎样实现梯度洗脱的？它与气相色谱中的程序升温有何差别？
7. 高效液相色谱法主要有几种类型？它们的保留机制是什么？分别适用于分离何种物质？
8. 为什么作为高效液相色谱仪的流动相在使用前必须过滤、脱气？
9. 一个含药根碱、黄连碱和小檗碱的生物碱样品，以HPLC法测其含量，测得三个色谱峰面积分别为2.67 cm^2、3.26 cm^2 和3.54 cm^2。现准确称取等质量的药根碱、黄连碱和小檗碱对照品，与样品同样方法配成溶液后，在相同色谱条件下进样，测得3个色谱峰面积分别为3.00 cm^2、2.86 cm^2 和4.20 cm^2。计算样品中3组分的相对含量。

参考文献

[1] 张玉奎，张维冰，邹汉法. 分析化学手册(第六分册)：液相色谱分析[M]. 2版. 北京：化学工业出版社，2000.
[2] 邹汉法，张玉奎，卢佩章. 高效液相色谱法[M]. 北京：科学出版社，1998.
[3] 于世林. 高效液相色谱方法及应用[M]. 北京：化学工业出版社，2000.
[4] 牟世芬，刘克纳，丁晓静. 离子色谱方法及应用[M]. 北京：化学工业出版社，2005.
[5] 云自厚，欧阳津，张晓彤. 液相色谱检测方法[M]. 2版. 北京：化学工业出版社，2005.
[6] 吴方迪. 色谱仪器维护与故障排除[M]. 北京：化学工业出版社，2001.
[7] 武汉大学. 分析化学：下册[M]. 5版. 北京：高等教育出版社，2007.

第 12 章　其他分析技术
Other Analytical Technology

在前面的章节中，已经系统地介绍了原子光谱分析法、分子光谱分析法、电分析化学法、色谱分离分析法等内容。除上述各种仪器分析方法以外，目前在科学研究中出现了一门迅速发展的边缘学科——表面科学，它涉及物理学、化学和生物学等许多研究领域。表面分析方法是研究表面的形貌、化学成分、原子结构、电子态等信息的一类实验技术。此外，在加热或冷却的过程中，随着物质的结构、相态和化学性质等的变化，通常伴随着相应物理性质的变化，包括质量、温度、热量以及机械、声学、电学、光学、磁学等性质，依此构成了相应的多种热分析测试技术。本章对重要的和常用的几种表面分析方法和热分析方法加以简要介绍，包括电子显微分析、X 射线衍射分析、电子能谱分析、热分析法、扫描探针显微镜分析等。

12.1　电子显微分析

我国分析仪器研发现状

电子显微分析是指利用电子显微镜对材料的组织结构进行观察和分析，它不但能分析金属材料，还可对非金属材料乃至生物材料等进行分析。第一台电子显微镜问世于 20 世纪 30 年代。历经 70 多年的发展，电子显微分析技术已成为材料科学领域中最重要的分析手段之一。电子显微镜的分辨率很高，目前透射电子显微镜的分辨率已达 0.1 nm 左右，其有效放大倍数比光学金相显微镜高出 3 个数量级（可高达数十万倍）。电子显微镜能在一台仪器上同时完成微小区域内的形貌分析和结构分析，在如此高的放大倍数下进行此类操作，这是其他类型分析仪器所望尘莫及的。

12.1.1　电子束与固体之间的相互作用

用一束具有能量的电子轰击固体表面，两者间的相互作用可以分为两类：弹性作用和非弹性作用。受激发的固体随之产生多种信号，包括透射电子、背散射电子、二次电子、俄歇电子、X 射线荧光和其他能量的光子等。

1. 透射电子

如果被分析的样品很薄，那么就会有一部分入射电子穿过样品而成为透射电子。这种透射电子是由直径很小的高能电子束照射薄样品时产生的。因此，透射电子信号由样品微区的厚度、成分和晶体结构所决定。透射电子中除了有能量和入射电子能量相当的弹性散射电子外，还有各种不同能量损失的非弹性散射电子，其中有些遭受特征能量损失 ΔE 的非弹性散射电子（特征能量损失电子）和样品分析区域的成分有关。因此，可以利用特征能量损失电子结合电子能量分析器来进行样品微区成分分析。

2. 背散射电子

背散射电子是被固体样品中的原子核反弹回来的一部分入射电子，其中包括弹性背散射电子和非弹性背散射电子。弹性背散射电子是指被样品中原子核反弹回来的、散射角大于 90°的入射电子，其能量没有损失或基本上没有损失。由于入射电子的能量很高，所以弹性背散射电子的能量可达到数千到数万电子伏。非弹性背散射电子是指入射电子和样品核外电子撞击后,由于非弹性散射,其不仅方向改变,而且能量也有不同程度损失的电子。如果有些电子经多次散射后仍能反弹出样品表面,这就形成非弹性背散射电子。非弹性背散射电子的能量分布范围很宽,从数十电子伏直到数千电子伏。从数量上看,弹性背散射电子远比非弹性背散射电子所占的份额多。背散射电子来自样品表层几百纳米的深度范围。由于它的产额随样品原子序数增大而增多,所以不仅能用做形貌分析,而且还可以用来显示原子序数衬度,定性地用做成分分析。背散射电子束的直径与入射电子束的直径相比明显增大,这是限制电子显微镜分辨率的主要因素。

3. 二次电子

固体表面在几千电子伏能量的电子束轰击下,除背散射电子外还能够观测到 50 eV 或更低能量的二次电子,其数目一般为背散射电子的 1/5～1/2 或更少。二次电子由高能电子束与固体中弱键合的导电电子作用而产生,逐出能量为几个电子伏的导带电子。二次电子形成的电子束直径稍大于入射电子束。当检测器室前端加上一小的反向电压时,可以阻止二次电子到达检测器。扫描电子显微镜所检测的主要是二次电子,即电子束轰击试样表面后从试样激发出的大量电子,它主要反映试样外表立体形貌。被扫描试样的表面总是高低起伏凹凸不平的,随着扫描电子束轰击角度和方向不同,激发的二次电子数量也不同,并且这些二次电子向空间散射的角度和方向也不一样,相应地经检测和放大所得到的二次电子信号的强弱就不一样,即图像的亮度不一样。二次电子的发射量除取决于试样的形貌外,还与试样表面原子的原子序数有关。原子序数高的元素比原子序数低的元素发射二次电子的能力强,故其扫描图像亮度要高些。影响二次电子发射强度的干扰因素主要有边缘和尖端效应、电荷充放电效应等。

4. X 射线荧光

电子轰击固体产生的另一种重要信号是 X 射线。高速电子轰击试样中的原子时,会将自己的一部分能量传递给原子,激发出原子中某些内层能级上的电子,所形成的空位可即刻由外层较高轨道上的电子填充(小于 10^{-15} s)。与此同时,多余的能量以 X 射线光子的形式释放出来。从试样表面发射的 X 射线既有特征 X 射线又有连续 X 射线,它们是电子微探针方法的基础。

12.1.2 透射电子显微分析

1. 透射电子显微镜的工作原理

透射电子显微镜(transmission electron microscope, TEM,简称为透射电镜)是以波长极短的电子束作为照明源,用电磁透镜聚焦成像的一种高分辨率、高放大倍数的电子光学仪器。透射电子显微镜有几种不同的形式,如高分辨电子显微镜(HRTEM)、扫描透射电子显微镜(STEM)、分析型电子显微镜(AEM)等。入射电子束(照明束)也有两种主要形式:平行束和会聚束。前者用于透射电子显微镜成像及衍射,后者用于扫描透射电子显微镜成像、微分析及微衍射。

图 12-1 是 JEM-2010 型透射电子显微镜的外形照片。透射电子显微镜在成像原理上与光学显微镜类似。它们的根本区别在于光学显微镜以可见光作照明束,透射电子显微镜则以电子为照明束。另外,在光学显微镜中透镜为可见光聚焦成像的玻璃透镜,相应地在电子显微镜中则为磁透镜。由于电子波长极短,同时电子与物质作用遵从布拉格方程,产生衍射现象,因此透射电子显微镜自身在具有高的像分辨率的同时兼有结构分析的功能。

图12-2是透射电子显微镜的光路原理示意图。由电子枪发射出来的电子，在阳极加速电压（金属、陶瓷等样品多采用120 kV、200 kV、300 kV，生物样品多采用80～100 kV，超高压电镜则高达1 000～3 000 kV）的作用下，经过聚光镜（2～3个电磁透镜）会聚为电子束后照明样品。电子的穿透能力很弱（比X射线穿透能力弱很多），样品必须很薄（其厚度与样品成分、加速电压等有关，一般小于200 nm）。穿过样品的电子携带了样品本身的结构信息，经物镜、中间镜以及投影镜的接力聚焦放大后最终以图像或者衍射谱的形式显示出来。

图12-1　JEM-2010型透射电子显微镜

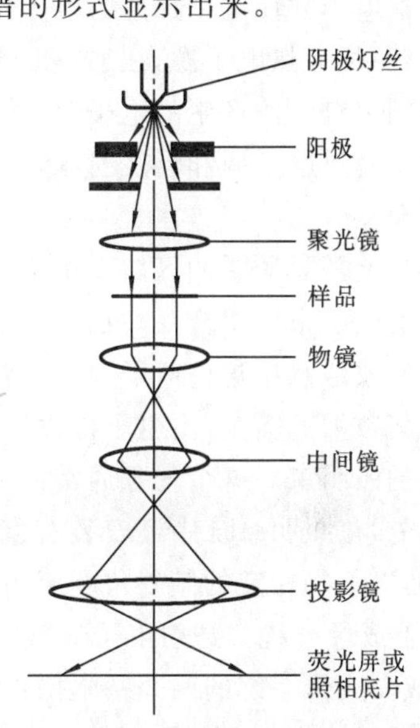

图12-2　透射电子显微镜光路原理示意图

2. 透射电子显微镜的构造

透射电子显微镜由照明系统、成像系统、观察记录系统、真空系统、电源与控制系统组成。在此主要介绍透射电子显微镜的电磁透镜、照明系统和成像系统。

(1) 电磁透镜。电磁透镜是透射电子显微镜的照明系统和成像系统的关键部件。相应于光学玻璃透镜，把能使电子束聚焦的装置称为电子透镜。旋转对称的静电场和磁场对电子束都可以起到聚焦的作用，相对应的电子透镜分别为静电透镜和磁透镜。磁透镜分为恒磁透镜和电磁透镜。磁透镜在许多方面优于静电透镜，尤其是其不易受高电压的影响。利用电磁线圈激磁的电磁透镜，通过调节激磁电流可以很方便地调节磁感应强度，从而调节透镜焦距和放大倍数。所以在电子显微镜中广泛地采用电磁透镜。

如图12-3所示，电磁透镜主要由两部分组成。第一部分是由软磁材料制成的中心穿孔的柱体对称芯子，称为极靴。极靴的孔径和间隙比是电磁透镜的重要参数。第二部分是环绕极靴的铜线圈。当电流流过线圈时，极靴被磁化，并在芯腔内建立起磁场。该磁场沿透镜的长度方向是不均匀的，却是轴对称的。其等磁位面的几何形状与光学玻璃透镜相似，使得电磁透镜与光学玻璃凸透镜具有相似的性质。

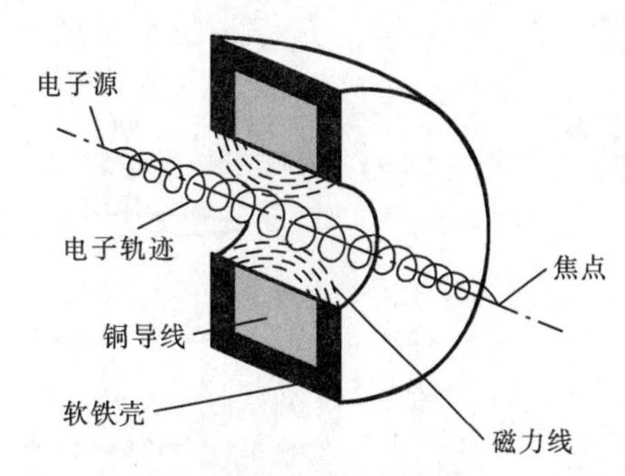

图12-3　电磁透镜结构示意图

电磁透镜的焦距恒为正，其大小随激磁电流的变化而变化。所以，电磁透镜是一种焦距（或放大倍数）

可调的会聚透镜。减小激磁电流,可使电磁透镜磁感应强度降低,焦距变长。这样,在物距不变的情况下,像距将增加,从而使放大倍数增大。而光学玻璃透镜的焦距却不能改变。电磁透镜与光学玻璃透镜的另一个不同之处在于,成像电子在电磁透镜磁场中沿螺旋线轨迹运动,而可见光是以折线形式穿过光学玻璃透镜的。

(2) 照明系统。照明系统的作用是提供亮度高、相干性好、束流稳定的照明电子束。它主要由发射电子并使电子加速的电子枪和会聚电子束的聚光镜组成。电子显微镜使用的电子源有两类:一类为热电子源,在加热时产生电子;另一类为场发射源,在强电场作用下产生电子。为了控制由电子源产生的电子束,并将其导入照明系统,须将电子源安装在称为电子枪的特定装置内。对热电子源和场发射源,电子枪的设计不同。目前,绝大多数透射电子显微镜仍使用热电子源。

样品上需要照明的区域大小与放大倍数有关。放大倍数越大,照明区域越小,相应地要求以更细的电子束照明样品。由电子枪直接发射出的电子束的束斑尺寸较大,相干性也较差。为了更有效地利用这些电子,获得亮度高、相干性好的照明电子束以满足透射电子显微镜在不同放大倍数下的需要,由电子枪发射出来的电子束还需要进一步会聚,提供束斑尺寸不同、近似平行的照明束。这个任务通常由两个以上的电磁透镜完成。

此外,在照明系统中还安装有束倾斜装置,可以很方便地使电子束在 2°~3°的范围内倾斜,以便以某些特定的倾斜角度照明样品。

(3) 成像系统。透射电子显微镜的成像系统由物镜、中间镜(1 或 2 个)和投影镜(1 或 2 个)组成。成像系统的两个基本操作是将衍射谱或显微像投影到荧光屏上。

照明系统提供了一束相干性很好的照明电子束,这些电子穿越样品后便携带了样品的结构信息,沿各自不同的方向传播。当存在满足布拉格方程的晶面组时,还可能在与入射束相交成 2θ 角的方向上产生衍射束。如图 12-4 所示,物镜将来自样品不同部位、传播方向相同的电子在其背焦面上会聚为一个斑点,沿不同方向传播的电子相应地形成不同的斑点,其中散射角

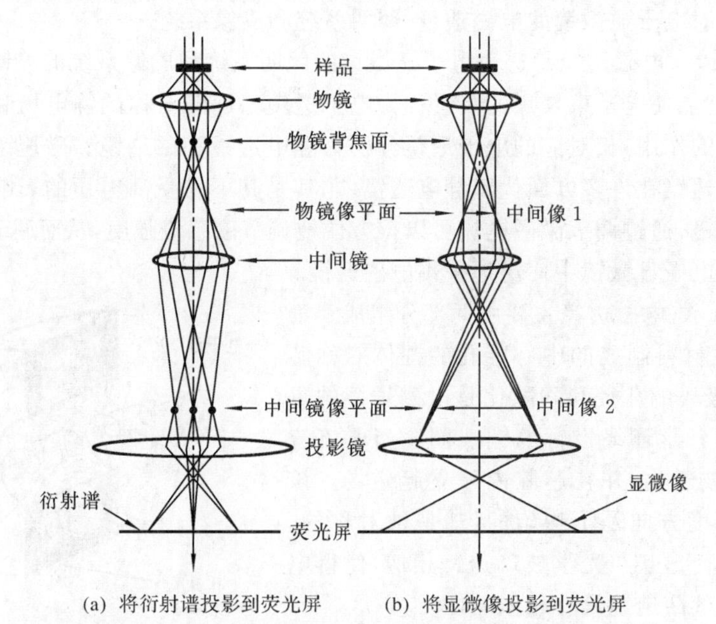

图 12-4 透射电子显微镜成像系统的两种基本操作

为零的直射束会聚于物镜的焦点，形成中心斑点。这样，在物镜的背焦面上便形成了衍射花样。而在物镜的像平面上，这些电子束重新组合相干成像。通过调整中间镜的透镜电流，使中间镜的物平面与物镜的背焦面重合，可在荧光屏上得到衍射花样。若使中间镜的物平面与物镜的像平面重合则得到显微像。通过两个中间镜相互配合，可实现在较大范围内调整相机的长度和放大倍数。

可以看出，由衍射状态变换到成像状态，是通过改变中间镜的激磁强度（即改变其焦距）实现的。在这个过程中，物镜和投影镜的焦距不变，中间镜以上的光路保持恒定。通常为了便于图像聚焦，物镜的焦距只需在很小的范围内变化。

从上述成像原理可以看出，物镜提供了第一幅衍射花样和第一幅显微像。物镜所产生的任何缺陷都将被随后的中间镜和投影镜接力放大。可见，透射电子显微镜分辨率的高低主要取决于物镜，它在透射电子显微镜成像系统中占有头等重要的位置。为获得高分辨率，通常采用强激磁、短焦距物镜。中间镜为长焦距、弱激磁透镜。投影镜与物镜一样属于强激磁透镜，它的特点是具有很大的景深和焦长。这使得在改变中间镜电流以改变放大倍数时，无须调整投影镜电流，仍能得到清晰的图像，同时容易保证在离开荧光屏平面（投影镜像平面）一定距离处放置的感光片上所成的图像与荧光屏上的相同。

3. 透射电子显微镜的三要素

透射电子显微镜的三要素主要有分辨率、放大倍数以及衬度。

大孔径角的磁透镜在 100 kV 的加速电压时，分辨率可达 0.005 nm。实际上透射电子显微镜只能达到 0.1～0.2 nm，这是由透镜的固有像差造成的。提高加速电压可以提高分辨率。现在已有 300 kV 以上的商品高压（或超高压）电子显微镜，高电压不仅提高了分辨率，而且允许样品有较大的厚度，推迟了样品受电子束损伤的时间，因而对高分子材料的研究很有用。但高加速电压意味着采用大的物镜，500 kV 时物镜直径达到 45～50 cm。

电镜最大的放大倍数等于肉眼分辨率（约 0.2 mm）除以电镜的分辨率 0.2 nm，因而在 10^6 数量级以上。

在透射电子显微分析图像时，亮和暗的差别（衬度，又称反差）与样品的特性有关，这点对解释图像非常重要。

4. 样品制备

样品制备在透射电子显微分析技术中占有相当重要的位置。由透射电子显微镜的工作原理可知，供透射电子显微镜分析的样品对电子束须是透明的，通常样品观察区域的厚度以控制在 100～200 nm 为宜。此外，所制得的样品还必须具有代表性以真实反映所分析材料的某些特征。透射电子显微镜样品的制备涉及面很广，方法也很多。选择哪种方法则取决于材料的类型和所要获取的信息。透射电子显微镜样品可分为间接样品和直接样品。以下仅介绍几种在透射电子显微分析中应用较广的样品制备技术。

(1) 间接样品（复型）的制备。间接样品制备即复型技术，是将样品表面的浮凸复制于某种薄膜上而获得的。利用这种复型样品在透射电子显微镜下成像即可间接反映原样品的表面形貌特征。对复型材料的要求主要有：①复型材料本身必须是“无结构或非晶态的”，从而避免复型材料本身的结构细节干扰被复制从而影响表面的形貌观察和分析；②有足够的强度和刚度，良好的导电、导热和耐电子束轰击性能，防止在复型过程中产生破损或畸变，避免在电子束照射下发生烧蚀和分解；③复型材料的分子尺寸应尽量小，以利于提高复型的分辨率，更深入地揭示表面形貌的细节特征。常用的复型材料有非晶炭膜和各种塑料薄膜。按复型的制备方法,复型主要分为一级复型、二级复型和萃取复型。

一级复型可以是塑料一级复型或炭一级复型,前者是将配制好的塑料溶液在样品表面直接浇铸,后者是在高真空室中向样品表面直接喷炭。塑料一级复型的优点是制作简便、不破坏样品表面,其缺点是衬度差、易被电子束烧蚀和分解,且塑料的分子尺寸通常比炭颗粒大而分辨率较低(10～20 nm)。炭一级复型的优点是分辨率较高(2～5 nm),电子束照射下其稳定性较好,缺点是制备过程较为复杂,且往往在分离炭膜时使样品表面遭到破坏。综合塑料复型和炭复型的某些优点,较为常用的是塑料-炭二级复型。

塑料-炭二级复型的大致过程包括:①在拟分析的样品表面滴一滴丙酮,将乙酸纤维素薄膜覆盖其上,适当按压形成不夹气泡的一级复型;②待上述一级复型干燥后,小心地将其剥离,并将复制面向上平整地固定在玻璃片上;③将固定好复型的玻璃片连同一白色瓷片置于真空镀膜室中,先以倾斜方向“投影”重金属(如 Cr 等),再以垂直方向喷炭,以制备由塑料和炭膜构成的“复合复型”,此复合复型上炭膜厚度可通过观察放置于样品旁边的白色瓷片表面在喷炭过程中颜色的变化来估计,一般以浅棕色为宜;④将复合复型上要分析的区域剪成略小于铜网(ϕ3 mm)的小方块后,使炭膜面朝里,贴在事先熔在干净玻璃片上的低熔点石蜡层上,石蜡液层冷凝后即把复合膜块固定在玻璃片上。将该玻璃片放入丙酮液中,复合复型中的乙酸纤维素薄膜复型在丙酮中将逐渐被溶解,同时适当加热以溶解石蜡;⑤待乙酸纤维素薄膜和石蜡溶解完全后,炭膜(即二级复型)将漂浮在丙酮液中,用铜网勺将其转移至清洁的丙酮液中清洗后,再转移至盛蒸馏水的器皿中。此时,由于水的表面张力,炭膜会平展地漂浮在水面,用铜网将其捞起,干燥后即可置于电子显微镜下观察。

需要指出的是,复型技术在早期的透射电子显微分析中得到广泛的应用,其主要原因在于:①透射电子显微镜诞生初期,制备可使电子束透过的直接样品在技术上很难办到;②在扫描电子显微镜诞生并获得广泛应用之前,高倍断口的分析需通过制备复型样品在透射电子显微镜中观察。目前,制备直接样品的技术已日益成熟,同时由于扫描电子显微镜及其分析技术的快速发展,大多数情况下用扫描电子显微镜研究断口也十分方便、有效。因此,在现代电子显微分析中已较少采用复型技术。然而,在某些情况下,复型技术仍具有其独特的优势,例如上述二级复型可用于现场采样而不破坏原始样品。

萃取复型是在使复型膜与样品表面分离时,将样品表面的欲分析的颗粒相抽取下来并黏附在复型膜上。虽然复型材料不是原始材料,但黏附的颗粒是真实的,因此萃取复型实际是一种半直接样品。因为,利用萃取复型样品分析这些颗粒时可以避免基体的干扰,因此随着分析电子显微技术的出现,萃取复型再次得到人们的青睐。

(2) 直接样品的制备。制备直接样品的方法有很多,但一般情况下,总的制作过程都分为如下几步:①制备厚度 100～200 μm 的薄片;②从薄片上切取 ϕ3 mm 的圆片;③从圆片的一侧或两侧将圆片中心区域减薄至数微米;④采用电解抛光或离子轰击方法进行终减薄。

5. 透射电子显微镜的功能及发展

从 1934 年第一台透射电子显微镜诞生以来,70 多年的时间里它得到长足的发展。这些发展主要集中在三个方面:一是透射电子显微镜功能的扩展;二是分辨率的不断提高;三是将计算机和微电子技术应用于控制系统、观察与记录系统等。

早期的透射电子显微镜功能主要是观察样品形貌,后来发展到可以通过电子衍射原位分析样品的晶体结构。具有能进行形貌和晶体结构原位观察的两个功能是其他结构分析仪器(如光学显微镜和 X 射线衍射仪)所不具备的。透射电子显微镜增加附件后,其功能可以从原来的样品内部组织形貌观察、原位的电子衍射分析发展到可以进行原位的成分分析(能量分散谱仪、特征能量损失谱)、表面形貌观察(二次电子像、背散射电子像)和透射扫描像。此外,样品台可以设计成高温台、低温台和拉伸台,这样,透射电子显微镜可以在加热状态、低温冷却状态和拉伸状态下观察样品动态的组织结构、成分的变化,使得透射电子显微镜的功能进一步拓宽。

透射电子显微镜功能的拓宽意味着一台仪器在不更换样品的情况下可以进行多种分析,尤其是可以针对同一微区位置进行形貌、晶体结构、成分(价态)的全面分析。利用电子束与固体样品相互作用产生的物理信号开发的多种分析附件,大大拓展了透射电子显微镜的功能。由此产生了透射电子显微镜的一个分支——分析型透射电子显微镜。

透射电子显微镜发展的另一个表现是分辨率的不断提高。目前,200 kV 透射电子显微镜的分辨率高于 0.2 nm,1 000 kV 透射电子显微镜的分辨率已达到 0.1 nm。透射电子显微镜分辨率的提高取决于电磁透镜制造水平的不断提高,球差系数逐渐下降;透射电子显微镜的加速电压不断提高,从 80 kV、100 kV、120 kV、200 kV、300 kV直到 1 000 kV 以上;为了获得高亮度且相干性好的照明源,电子枪由早期的发夹式钨灯丝,发展到 LaB_6 单晶灯丝,现在又开发出场发射电子枪。如图 12-5 所示,1 000 kV的超高压透射电子显微镜足有两层楼高。

图 12-5　超高压透射电子显微镜

提高透射电子显微镜分辨率的关键在于物镜制造和上、下极靴之间的间隙,舍弃各种分析附件可以使透射电子显微镜的分辨率进一步提高,由此产生了透射电子显微镜的另一个分支——高分辨透射电子显微镜(HRTEM)。近年来随着电子显微镜制造技术的提高,高分辨透射电子显微镜也在增加各种分析附件,完善其分析功能。

透射电子显微镜的发展还表现在计算机技术和微电子技术的应用。计算机技术和微电子技术的应用使透射电子显微镜的控制变得简单,自动化程度大大提高,整机性能提高。在透射电子显微镜的观察与记录系统中增加摄像系统,使分析观察更加方便,而且能连续记录。近几年慢扫描 CCD 相机越来越多地取代传统的观察与记录系统,将透射电子信号(图像)传送到计算机显示器上,不仅方便观察记录,而且与网络结合使远程观察记录成为可能。

12.1.3　扫描电子显微分析和电子探针

扫描电子显微镜(scanning electron microscope,SEM,简称扫描电镜)的成像原理和透射电子显微镜不同。它不用电磁透镜放大成像,而是以类似电视摄影显像的方式,利用极细聚焦电子束在样品表面扫描时激发出来的各种物理信号来调制成像的。新式扫描电子显微镜的二次电子像的分辨率已达到 3～4 nm,放大倍数可从数倍原位放大到 20 万倍左右。由于扫描电子显微镜的景深远比光学显微镜大,可以用它进行显微断口分析。用扫描电子显微镜观察断口时,样品不必复制,可直接进行观察,这给分析带来极大的方便。因此,目前显微断口的分析工作大都是用扫描电子显微镜来完成的。

由于电子枪的效率不断提高,扫描电子显微镜的样品室附近的空间增大,可以装入更多的探测器。因此,目前的扫描电子显微镜不只是可以进行形貌的分析,还可以和其他分析仪器相组合,使人们能在同一台仪器上进行形貌、微区成分和晶体结构等多种微观组织结构信息的同位分析。

1. 扫描电子显微镜的工作原理

扫描电子显微镜是用聚焦电子束在试样表面逐点扫描成像的。试样可为块状或粉末颗粒,成像信号可以是二次电子、背散射电子或吸收电子。其中二次电子是最主要的成像信号。由电子枪发射出能量为5～35 keV的电子,以其交叉斑作为电子源,经二级聚光镜及物镜的缩小形成具有一定能量、一定束流强度和束斑直径的微细电子束,在扫描线圈驱动下,在试样表面按一定时间、空间顺序作栅网式扫描。聚焦电子束与试样相互作用,产生二次电子发射以及其他一些物理信号,二次电子发射量随试样表面形貌变化而变化。二次电子信号被探测器收集转换成电信号,经视频放大后输入到显像管栅极,调制与入射电子束同步扫描的显像管亮度,便可得到反映试样表面形貌的二次电子像。

2. 扫描电子显微镜的构造

扫描电子显微镜是由电子光学系统,信号收集处理、图像显示和记录系统,真空系统三个基本部分组成。图12-6为扫描电子显微镜构造原理图。

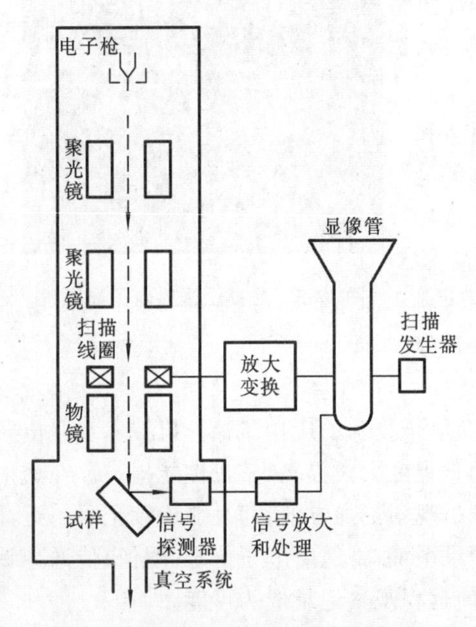

图12-6　扫描电子显微镜构造原理图

电子光学系统(镜筒)包括电子枪、电磁透镜、扫描线圈和样品室。

扫描电子显微镜中的电子枪与透射电子显微镜的电子枪相似,只是加速电压比透射电子显微镜低。

扫描电子显微镜中各电磁透镜都不作成像透镜用,而是作聚光镜用,它们的功能只是把电子枪的束斑逐级聚焦缩小,使原来直径约为50 μm的束斑缩小成一个只有数纳米的细小斑点。要达到这样的缩小倍数,必须用几个透镜来完成。扫描电子显微镜一般有三个聚光镜,前两个聚光镜是强磁透镜,可把电子束光斑缩小,第三个透镜是弱磁透镜,具有较长的焦距。布置这个末级透镜(习惯上称为物镜)的目的在于使样品室和透镜之间留有一定的空间,以便装入各种信号探测器。扫描电子显微镜中照射到样品上的电子束直径越小,相当于成像单元的尺寸越小,相应的分辨率就越高。采用普通热阴极电子枪时,扫描电子束的束径可达到6 nm左右。若采用LaB_6单晶灯丝和场发射电子枪,电子束的束径还可进一步缩小。

扫描线圈的作用是使电子束偏转,并在样品表面作有规则的扫动。电子束在样品上的扫描动作和显像管上的扫描动作保持严格同步,它们由同一扫描发生器控制。样品上各点受到电子束轰击时发出的信号可由信号探测器接收,并通过显示系统在显像管荧光屏上按强度描绘出来。

样品室内除放置样品外,还安置信号探测器。各种不同信号的收集和相应检测器的安放位置有很大的关系。如果安置不当,则有可能接收不到信号或收到的信号很弱,从而影响分析精度。样品台本身是一个复杂而精密的组件,它应能夹持一定尺寸的样品,并能使样品作平移、倾斜和转动等动作，以利于对样品上的特定位置进行各种分析。新式扫描电子显微镜的样品室实际上是一个微型实验室，它带有多种附件，可使样品在样品台上加热、冷却和进行机械性能实验。

在扫描电子显微镜的信号收集和图像显示系统中，二次电子、背散射电子和透射电子的信号都可采用闪烁计数器来进行检测。信号电子进入闪烁体后即引起电离，当离子和自由电子复合后产生可见光。可见光信号通过光导管送入光电倍增器，光信号放大后转化成电流信号输出，电流信号经视频放大器放大后成为调制信号。由于镜筒中的电子束和显像管中电子束是同步扫描的，而荧光屏上每一点的亮度是根据样品上被激发出来的信号强度来调制的，因此样品上各点的状态各不相同，所以接收到的信号也不相同，于是在显像管上就可以看到一幅反映试样各点状态的扫描电子显微图像。

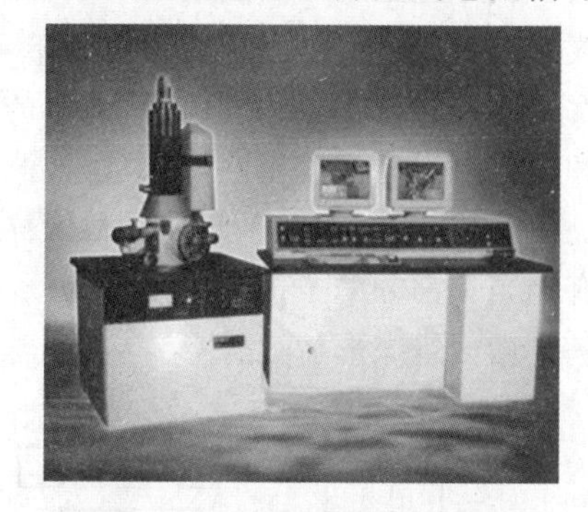

图 12-7　KYKY-2800B 型扫描电子显微镜

为保证扫描电子显微镜电子光学系统的正常工作，对镜筒内的真空度有一定的要求。一般情况下，如果真空系统能提供 $1.33\times10^{-3}\sim1.33\times10^{-2}$ Pa 的真空度时，就可防止样品的污染。如果真空度不足，除样品被严重污染外，还会出现灯丝寿命下降、极间放电等问题。图 12-7 所示为 KYKY-2800B 型扫描电子显微镜。

3. 试样制备

试样可以是块状或粉末颗粒，在真空中能保持稳定，含有水分的试样应先烘干除去水分，或使用临界点干燥设备进行处理。表面受到污染的试样，要在不破坏试样表面结构的前提下进行适当清洗，然后烘干。新断开的断口或断面，一般不需要进行处理，以免破坏断口或表面的结构状态。有些试样的表面、断口需要进行适当的处理，才能暴露某些结构细节，在处理后应将表面或断口清洗干净，然后烘干。对磁性试样要预先去磁，以免观察时电子束受到磁场的影响。试样大小要适合仪器专用样品座的尺寸，不能过大，一般小的样品座为 ϕ3～5 mm，大的样品座为 ϕ30～50 mm，分别用来放置不同大小的试样。样品的高度也有一定的限制，一般在 5～10 mm。

扫描电子显微镜的块状试样制备是比较简便的。对于块状导电材料，除了大小要适合仪器样品座尺寸外，基本上不需进行其他处理，用导电胶把试样黏结在样品座上，即可放在扫描电子显微镜中观察。对于块状的非导电或导电性较差的材料，要先进行镀膜处理，在材料表面形成一层导电膜，以避免电荷积累，影响图像质量，并可防止试样的热损伤。

对于粉末试样的制备，先将导电胶或双面胶纸黏结在样品座上，再均匀地把粉末样撒在上面，用洗耳球吹去未黏住的粉末，再镀上一层导电膜，即可用电子显微镜观察。镀膜的方法有两种：一是真空镀膜，另一种是离子溅射镀膜。离子溅射镀膜的原理是：在低气压系统中，气体分子在相隔一定距离的阳极和阴极之间的强电场作用下电离成正离子和电子，正离子飞向阴极，电子飞向阳极，两电极间形成辉光放电。在辉光放电过程中，具有一定动量的正离子撞击阴极，使阴极表面的原子被逐出，此过程称为溅射。如果阴极靶材为用来镀膜的材料，当需要镀膜的样品放在作为阳极的样品台上，则被正离子轰击而溅射出来的靶材原子可沉积在试样上，形成一定厚度的镀膜层。离子溅射时常用的气体为氩气。要求不高时也可以用空气。离子溅射镀膜与真空镀膜相比，其主要优点是：①装置结构简单，使用方便，溅射一次只需几分钟,而真空镀膜则要半小时以上;②消耗贵金属少,每次仅约几毫克;③对同一种镀膜材料,离子溅射镀膜质量好,能形成颗粒更细、更致密、更均匀、附着力更强的膜。

4. 电子探针显微分析

电子探针显微分析(electron probe microanalysis,EPMA 或 EPA)的功能主要是进行微区成分分析。它是在电子光学和 X 射线光谱学原理的基础上发展起来的一种高效率分析方法。其原理是用细聚焦电子束入射样品表面,激发出样品元素的特征 X 射线,分析特征 X 射线的波长(或特征能量)即可知道样品中所含元素的种类,此为定性分析。分析 X 射线的强度,则可知道样品中对应元素含量的多少,此为定量分析。电子探针仪镜筒部分的构造大体上和扫描电子显微镜相同,只是在检测器部分使用的是 X 射线谱仪,专门用来检测 X 射线的特征波长或特征能量,以此来对微区样品的化学成分进行分析。因此,除专门的电子探针仪外,有相当一部分电子探针仪是作为附件安装在扫描电子显微镜或透射电子显微镜的镜筒上,以满足微区组织形貌、晶体结构及化学成分三位一体同位分析的需要。

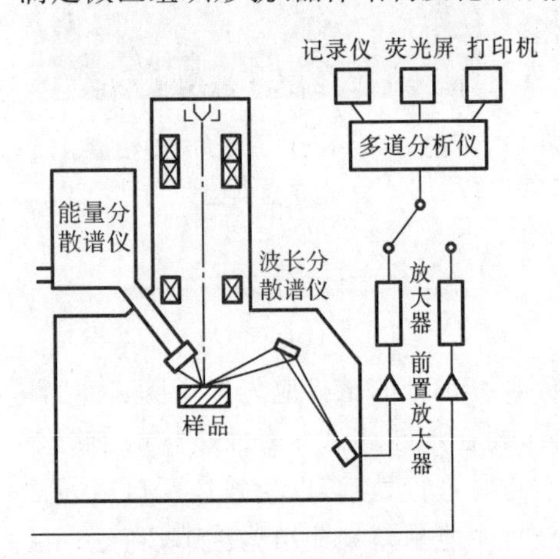

图 12-8 电子探针仪的结构示意图

图 12-8 为电子探针仪的结构示意图。由图可知,电子探针的镜筒及样品室和扫描电子显微镜并无本质上的差别。因此,把扫描电子显微镜和电子探针组合在一起,就能使一台仪器兼有形貌分析和成分分析两个方面的功能。电子探针的信号检测系统是 X 射线谱仪,用来测定特征波长的谱仪称为波长分散谱仪(波谱仪,wave dispersive spectroscopy,WDS)。用来测定 X 射线特征能量的谱仪称为能量分散谱仪(能谱仪,energy dispersive spectroscopy,EDS)。

(1) 波长分散谱仪(WDS)。在电子探针中,X 射线是由样品表面以下一个微米乃至纳米数量级的作用体积内激发出来的,如果这个体积中含有多种元素,则可以激发出各个相应元素的特征波长 X 射线。若在样品上方水平放置一块具有适当晶面间距 d 的晶体,当入射 X 射线的波长、入射角和晶面间距三者符合布拉格方程 $2d\sin\theta=\lambda$ 时,这个特征波长的 X 射线就会发生强烈衍射。因为在作用体积中发出的 X 射线具有多种特征波长,且它们都以点光源的形式向四周发射,因此对一个特征波长的 X 射线来说只有从某些特定的入射方向进入晶体时,才能得到较强的衍射束。图 12-9 所示为不同波长的 X 射线以不同的入射方向入射时产生各自衍射束的情况。若面向衍射束安置一个接收器,便可记录下不同波长的 X 射线。图中右方的平面晶体称为分光晶体,它可以使样品作用体积内不同波长的 X 射线分散并展示出来。

(2) 能量分散谱仪(EDS)。各种元素具有其特征 X 射线波长,特征波长的大小取决于能级跃迁过程中释放出的特征能量。能量分散谱仪就是利用不同元素 X 射线光子特征能量不同这一特点来进行样品的成分分析。图 12-10 为采用锂漂移硅检测器能量分散谱仪的方框示意图。X 射线光子由锂漂移硅检测器收集,当光子进入检测器后,在 Si(Li)晶体内激发出一定数目的电子-空穴对。入射 X 射线光子的能量越高,所产生的电子-空穴对的数目就越大。利用加在晶体两端的偏压收集电子-空穴对。经前置放大器转换成电流脉冲,电流脉冲的高度取决于电子-空穴对的数目,电流脉冲经主放大器转换成电压脉冲进入多道脉冲高度分析器。脉冲

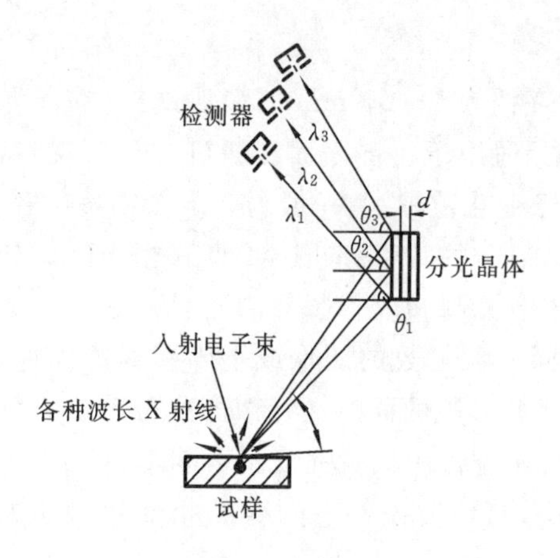

图 12-9　分光晶体

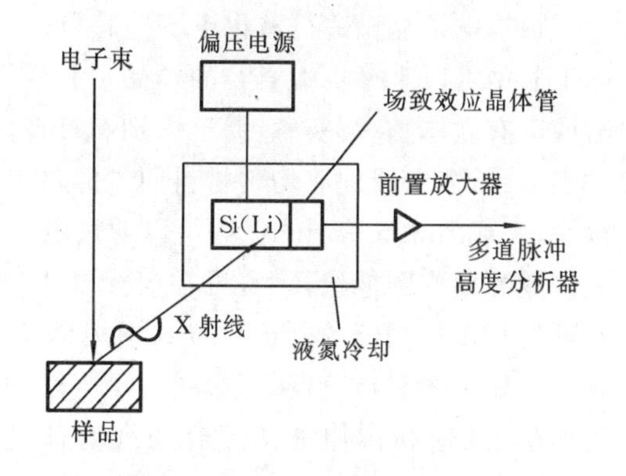

图 12-10　采用锂漂移硅检测器能量分散谱仪的方框示意图

高度分析器按高度把脉冲分类并进行计数，这样就可以得到按能量大小分布的特征 X 射线图谱。

图 12-11(a)为用能量分散谱仪测出的某种样品的谱线图，横坐标以能量表示，纵坐标是强度计数。可以看出，图中各特征 X 射线峰和图 12-11(b)中波长分散谱仪给出的特征峰的位置相对应，只不过前者峰的形状比较平坦。

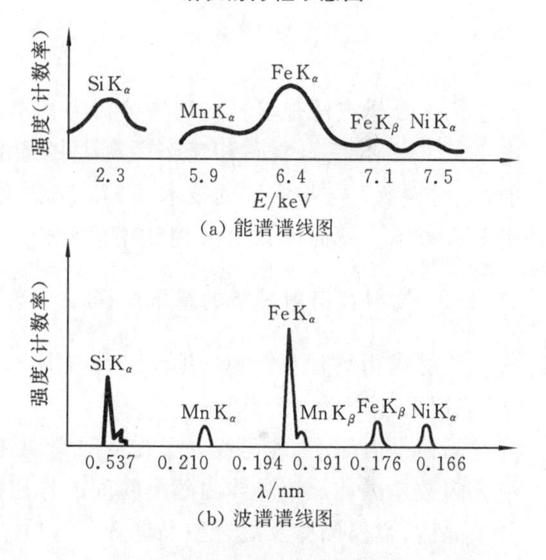

图 12-11　某样品的能谱谱线图和波谱谱线图比较

和波长分散谱仪相比，能量分散谱仪具有如下几个方面的优点。①能量分散谱仪探测 X 射线的效率高。因为 Si(Li)探头可以安放在比较接近样品的位置，因此它对 X 射线源的立体角很大，X 射线信号直接由探头收集，不必通过分光晶体衍射。Si(Li)探头对 X 射线的检测率极高，因此能量分散谱仪的灵敏度比波长分散谱仪高一个数量级以上。②能量分散谱仪可在同一时间内对分析点内所有元素 X 射线光子的能量进行测定和计数，在几分钟内可得到定性分析结果，而波长分散谱仪只能逐个测量每种元素的特征波长。③能量分散谱仪的结构比波长分散谱仪简单，稳定性和重复性都较好。④能量分散谱仪不必聚焦，因此对样品表面没有特殊要求，适合于粗糙表面的分析工作。

(3) 电子探针仪的定性分析方法及应用。主要体现在三个方面。第一，定点分析。将电子束固定在需要分析的样品微区上，用波长分散谱仪分析时可改变分光晶体和探测器的位置，即可得到样品分析点的 X 射线谱线。若用能量分散谱仪分析，几分钟内即可直接得到微区内全部元素的谱线。第二，线分析。将波长分散谱仪或能量分散谱仪固定在所要测量的某一元素特征 X 射线信号(波长或能量)的位置上，使电子束沿着指定的路径作直线轨迹扫描，便可得到这一元素沿该直线的含量分布曲线。改变谱仪的位置，便可得到另一元素的含量分布曲线。第三，面分析。电子束在样品表面作光栅扫描时，把 X 射线谱仪(波长分散谱仪或能量分散谱仪)固定在接收某一元素特征 X 射线信号的位置上，此时在荧光屏上便可得到该元素的面分布图像。图像中的亮区表示该种元素的含量较高。若把谱仪的位置固定在另一位置，则可获得另一种元素的含量分布图像。

5. 扫描电子显微镜的特点

扫描电子显微镜具有以下一些特点。①可以观察直径为 0～30 mm 的大块试样(在半导体工业中可以观察更大直径的样品),制样方法简单。②适用于粗糙表面和断口的分析观察,图像富有立体感、真实感、易于识别和解释。③放大倍数变化范围大,一般为 15～200 000 倍,对于多相、多组成的非均匀材料便于低倍下的普查和高倍下的观察分析。④具有相当高的分辨率,一般为 3.5～6 nm。⑤可以通过电子学方法有效地控制和改善图像的质量。采用双放大倍数装置或图像选择器,可在荧光屏上同时观察不同放大倍数的图像或不同形式的图像。⑥可进行多种功能的分析。与 X 射线谱仪配接,可在观察形貌的同时进行微区成分分析。配有光学显微镜和单色器等附件时,可观察阴极荧光图像和进行阴极荧光光谱分析等。⑦可使用加热、冷却和拉伸等样品台进行动态实验,观察在不同环境条件下的样品相变及形态变化等。

12.2 X 射线衍射分析

衍射分析方法是以材料结构分析为基本目的的材料现代分析测试方法。电磁辐射或运动电子束、中子束等与材料相互作用产生相干散射(弹性散射),相干散射相长干涉的结果即衍射,是材料衍射分析方法的技术基础。衍射分析包括 X 射线衍射分析、电子衍射分析及中子衍射分析等。下面仅介绍 X 射线衍射分析。

12.2.1 X 射线衍射分析的基本原理

思考题

X 射线衍射法(X-ray diffraction,XRD)是目前测定晶体结构的重要手段,应用极其广泛。

晶体是由原子、离子或分子在空间周期性排列而构成的固态物质。自然界中的固态物质,绝大多数是晶体。按晶体内部微粒间的作用力区分,晶体的基本类型有离子晶体、原子晶体、分子晶体、金属晶体及混合型晶体等。

X 射线照射晶体时,电子受迫振动产生相干散射。同一原子内各电子散射波相互干涉形成原子散射波。由于晶体内各原子呈周期性排列,因而各原子散射波间也存在固定的位相关系而产生干涉作用,在某些方向上发生相长干涉,即形成了衍射波。由此可知,衍射的本质是晶体中各原子相干散射波叠加(合成)的结果。

衍射波有两个基本特征,即衍射线(束)在空间分布的方位(衍射方向)和强度,与晶体内原子分布规律(晶体结构)密切相关。

1. X 射线衍射方向

1912 年德国物理学家劳埃采用 X 射线照射五水硫酸铜获得世界上第一张 X 射线衍射照片,并由光的干涉条件导出描述衍射线空间方位与晶体结构关系的公式(劳埃方程)。随后,英国物理学家布拉格父子类比可见光镜面反射实验,用 X 射线照射氯化钠晶体,并依据实验结果导出布拉格方程。

布拉格实验装置如图 12-12 所示。X 射线照射到安装在样品台的样品上,在满足反射定律的方向设置反射线接收记录装置。设入射线与反射面的夹角为 θ(掠射角或布拉格角),则按照反射定律,反射线与反射面的夹角也应为 θ。X 射线照射过程中,记录装置与样品台以 2∶1的角速度同步转动,以保证记录装置始终处于接收反射线的位置上。

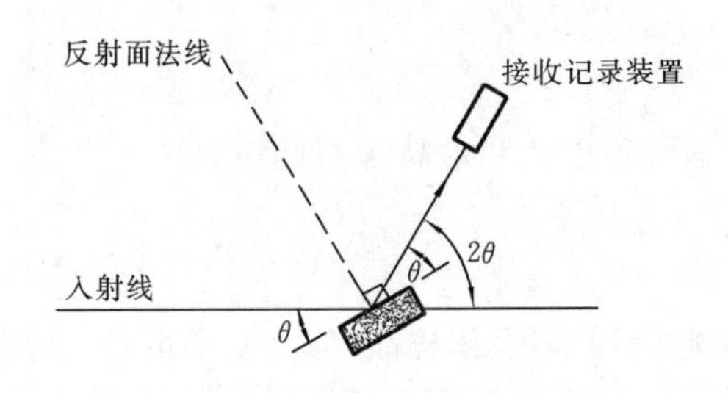

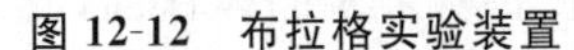
图 12-12 布拉格实验装置

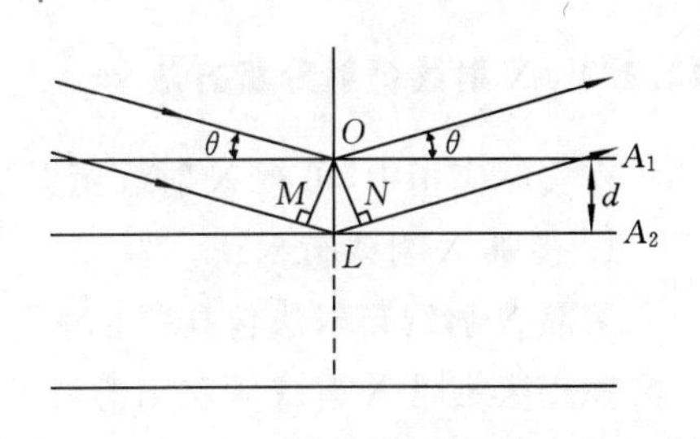

图 12-13 布拉格方程的导出

如图 12-13 所示，设一束平行的 X 射线(波长 λ)以 θ 角照射到晶体中晶面指数为(hkl)的各原子面上，各原子面产生反射。任选两相邻面 A_1 与 A_2，反射线光程差 $\delta=ML+LN=2d\sin\theta$。干涉一致加强的条件为 $\delta=n\lambda$，即

$$2d\sin\theta=n\lambda \tag{12-1}$$

式中：n 为任意整数，称为反射级数；d 为(hkl)晶面面间距，即 d_{hkl}。式(12-1)称为布拉格方程。

布拉格方程描述了“选择反射”的规律。产生“选择反射”的方向是各原子面反射线干涉一致加强的方向，即满足布拉格方程的方向。布拉格方程表达了反射线空间方位 θ 与反射晶面面间距 d 及入射线方位 θ 和波长 λ 的相互关系。入射线照射各原子面产生的反射线实质是各原子面产生的反射方向上的相干散射线。而被接收记录的样品反射线实质是各原子面反射方向上散射线干涉一致加强的结果，即衍射线。

2. X 射线衍射强度

在进行晶体结构分析时，主要应把握两类信息。第一类是衍射方向，即 θ 角，它在 λ 一定的情况下取决于晶面面间距 d。衍射方向反映了晶胞的大小以及形状因素，可以利用布拉格方程来描述。但造成结晶物质种类千差万别的原因不仅是晶格常数不同，更重要的是组成晶体的原子种类以及原子在晶胞中的位置有所不同。这种原子种类及其在晶胞中位置的不同反映到衍射结果上，表现为反射线的有无或强度的大小，这就是必须把握的第二类信息，即衍射强度。布拉格方程是无法描述衍射强度问题的。在进行合金的定性分析、定量分析，以及固溶体点阵有序化及点阵畸变分析时，所需的许多信息从 X 射线衍射强度中获得。

X 射线衍射强度在衍射仪上反映的是衍射峰的高低或积分强度，在照相底片上则反映为黑度。严格地说，就是单位时间内通过与衍射方向相垂直的单位面积上的 X 射线光子数目。它的绝对值的测量既困难又无实际意义，所以，衍射强度往往用同一衍射图中各衍射线积分强度或峰高的对比值即相对强度来表示。

可以发现，晶体中原子的排列方式改变后可能使原来的衍射线束消失。一般来说，晶胞内原子位置发生变化，将使衍射强度减小甚至消失，这说明布拉格方程是反射的必要条件，而不是充分条件。事实上，若将晶体中 A 原子换为另一种类的 B 原子，由于 A、B 原子种类不同，对 X 射线的散射波振幅也不同。所以，干涉后强度也会减小，在某些情况下甚至衍射强度为零，衍射线消失。将因原子在晶体中位置不同或原子种类不同而引起的某些方向上的衍射线消失的现象称为系统消光。根据系统消光的结果以及通过测定衍射线强度的变化可以推断出原子在晶体中的位置。定量表征原子排布以及原子种类对衍射强度影响规律的参数称为结构因子，即晶体结构对衍射强度的影响因子。对结构因子本质上的理解可以从三个层次逐步展开进行分析：X 射线在一个电子上的散射强度；X 射线在一个原子上的散射强度；X 射线在一个晶胞上的散射强度。

12.2.2　X 射线衍射分析方法

在实际应用中,可将 X 射线衍射法分为多晶 X 射线衍射法和单晶 X 射线衍射法。

1. 多晶 X 射线衍射法

多晶 X 射线衍射法包括照相法与衍射仪法。

照相法是以 X 射线管发出的特征 X 射线(单色光)照射多晶体样品,使之发生衍射,并用照相底片记录衍射花样的方法。照相法中常用黏结成圆柱形的粉末多晶体样品,故又称为粉末照相法或粉末法。照相法也可用非粉末块、板或丝状样品。根据样品与底片的相对位置,照相法可分为德拜法(德拜-谢乐法)、聚焦法和针孔法,其中德拜法应用最为普遍。

多晶 X 射线衍射仪是以特征 X 射线照射多晶体样品,并以辐射探测器记录衍射信息的衍射实验装置,如图 12-14 所示。X 射线衍射仪由 X 射线发生器、X 射线测角仪、辐射探测器和辐射探测电路四个基本部分组成。现代 X 射线衍射仪还包括控制操作和运行软件的计算机系统。

图 12-14　DX-2000 型 X 射线衍射仪

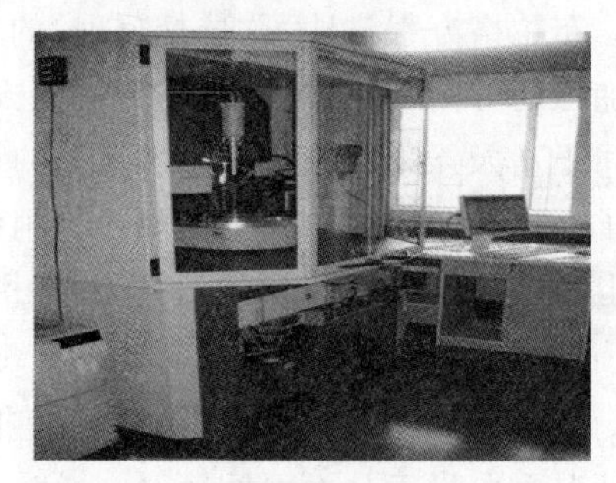

图 12-15　SMART APEX-Ⅱ CCD X 射线单晶衍射仪

2. 单晶 X 射线衍射法

单晶 X 射线衍射分析的基本方法有劳埃法与周转晶体法。

劳埃法以光源发出的复合光即连续 X 射线照射置于样品台上不动的单晶体样品,用平板底片记录产生的衍射线。底片置于样品前方者称为透射劳埃法,底片处于光源与样品之间者称为背射劳埃法。劳埃法照相装置称为劳埃相机。

周转晶体法以光源发出的单色 X 射线照射转动的单晶体样品,用以样品转动轴为轴线的圆柱形底片记录产生的衍射线。周转晶体法可用于对称性较低的晶体(如正交、单斜等晶系晶体)的结构分析。

四圆衍射仪是近年来在衍射仪法与周转晶体法基础上发展起来的单晶体衍射法,已成为单晶体结构分析的最有效方法。四圆衍射仪由光源、样品台、检测器等部件构成,其特点是可实现在空间 3 个方向上样品的圆运动(转动)以及检测器的圆运动(转动)。前 3 个圆运动共同调节晶体样品的取向,后者保证衍射线进入检测器。图 12-15 所示为 SMART APEX-Ⅱ CCD X 射线单晶衍射仪。

12.2.3　X 射线衍射分析的应用

X 射线衍射法在材料分析与研究工作中具有广泛的用途。此处仅简单介绍其在物相分析、点阵常数精确测定、宏观应力分析及单晶定向等方面的应用。

1. 物相分析

相是材料中由各元素作用形成的具有同一聚集状态、同一结构和性质的均匀组成部分，可分为化合物和固溶体两类。同种元素原子则形成单质相。物相分析指确定材料由哪些相组成，即物相定性分析或物相鉴定，以及确定各组成相的含量，即物相定量分析，常以体积分数或质量分数表示。物相是决定或影响材料性能的重要因素。相同成分的材料，相组成不同则性能不同。因而，物相分析在材料、冶金、机械、化工、地质、纺织、食品等行业中得到广泛应用。

组成物质的各种相都具有各自特定的晶体结构(点阵类型、晶胞形状与大小及各自的结构基元等)，因而具有各自的X射线衍射花样特征(衍射线位置与强度)。对于多相物质，其衍射花样则由其各组成相的衍射花样简单叠加而成。由此可知，物质的X射线衍射花样特征就是分析物质相组成的"指纹脚印"。制备各种标准单相物质的衍射花样并使之规范化，可得到"粉末衍射卡片组"(powder diffraction file)，即PDF卡片。将待分析样品物质的衍射花样与之对照，从而确定物质的组成相，即为物相定性分析的基本原理与方法。

物相定量分析的任务是确定样品中物质各组成相的相对含量。对于物相定量分析而言，由于需要准确测定衍射线强度，因而定量分析一般采用衍射仪法。物相定量分析方法主要有内标法以及直接对比法等。内标法包括内标曲线法、K值法和任意内标法，这几种方法均需向待分析样品内加入标准物质，适用于粉末状样品，而不适用于整体样品。直接对比法不需向样品中加入任何物质而直接利用样品中各相的衍射强度比值来实现物相定量分析。

物相定量分析方法自20世纪70年代以来得到重视与发展，现有的各种方法均有各自的优缺点与应用范围。扩大应用范围和提高测量精度与灵敏度是物相定量分析技术的重要发展方向。

2. 点阵常数精确测定

点阵常数是晶体物质的基本结构参数，它随化学成分和外界条件(温度和压力等)的变化而变化。点阵常数的测定在研究固态相变(如过饱和固溶体的分解)、确定固溶体类型、测定热膨胀系数等方面都得到应用。由于点阵常数随各种条件而变化的数量级很小(约为10^{-5} nm)，因而对点阵常数应进行精确测定。

点阵常数是通过X射线衍射线的位置(θ)的测定而获得的。考虑到测量误差，测量时应采用高角度衍射仪。

3. 宏观应力分析

产生应力的各种外部因素(外力、温度变化、加工处理过程等)去除后，在物体内部依然存在的应力称为残余应力。残余应力可分为三类：第一类应力即宏观应力，是指在物体中较大范围内存在并保持平衡的应力；第二类应力即微观应力，是指在物体中一个或若干个晶粒范围内存在并保持平衡的应力；第三类应力即超微观应力，是指在物体中若干个原子范围内存在并保持平衡的应力，一般在位错、晶界及相界等附近。残余应力直接影响工件(零件或构件)的疲劳强度、应力腐蚀、断裂和尺寸稳定性等。因而，应力的测定在寻求工件处理最佳工艺条件、检查强化效果、预测工件寿命和工件失效分析等工作中具有重要的应用意义。

宏观应力在物体中较大范围内均匀分布产生的均匀应变表现为该范围内方位相同的各晶粒中同名晶面面间距变化相同，并导致衍射线向某方向位移(2θ的变化)，这就是X射线测量宏观应力的基础。

X射线测定应力具有非破坏性(无损检测)，可测小范围局部应力(取决于入射X射线束直径)，可测表层应力，可区别应力类型等优点。但X射线测定应力精确度受组织结构的影响较大,X 射线也难以测定动态瞬时应力。

4. 单晶体取向的测定

单晶体取向的测定又称为单晶定向,是指测定晶体样品中晶体学取向(晶面或晶向方位)与样品外观坐标系的位向关系。可以采用劳埃法和衍射仪法进行单晶定向。

透射劳埃法只适于厚度很小且吸收系数较小的样品,背射劳埃法却无须特别制备样品,样品厚度大小等不受限制,因而多采用背射劳埃法单晶定向。衍射仪法测定单晶体取向时,因衍射仪采用单色 X 射线照射样品,故其单晶定向原理及方法等与劳埃法不同。衍射仪法单晶定向比较迅速,适于测定大量晶体的取向。劳埃法单晶定向全面、形象,且有底片作永久性记录,适于实验研究中少量样品的取向测定。

12.3 电子能谱分析

用于材料表面分析与研究的方法中,最有效的方法之一就是电子能谱分析。相比较而言,光谱分析方法主要研究光和物质相互作用后产生的光信息,而电子能谱分析法采用单色光源(如 X 射线、紫外光)或电子束去照射样品,使样品中内层电子或价电子受到激发而发射出来,然后测量这些电子的产额(强度)对其能量的分布,从中获得有关信息。由于该方法具有非破坏性和高表面灵敏度等特点,电子能谱分析在化学研究,尤其是在结构分析和固体表面分析方面得到广泛的应用。目前,在材料科学、电子学、环境科学、催化化学以及其他一些基础理论和应用研究领域中,电子能谱分析日益发挥着越来越重要的作用。

12.3.1 电子能谱的基本原理

光电子发射过程由光电子的产生(入射光子与物质相互作用,光致电离产生光电子)、输运(光电子自产生之处输运至物质表面)和逸出(克服表面势垒而发射至物质外,物质外环境为真空)三步组成。光电子发射过程的能量关系称为光电子发射方程,一般可表示为

$$h\nu = E_b + \Phi_s + E_k + A \tag{12-2}$$

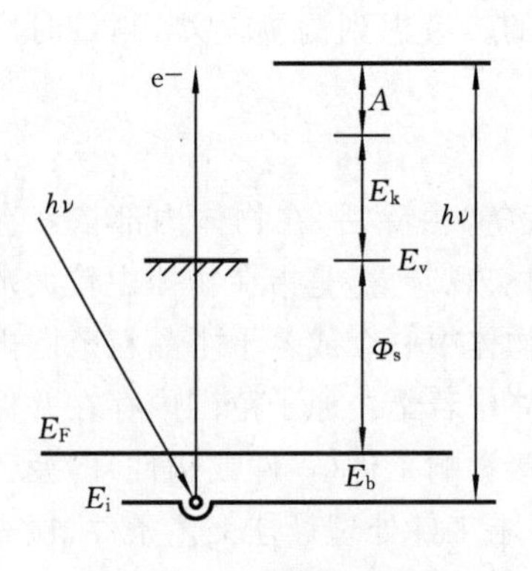

图 12-16　固体的光电子发射能量关系

式中:$h\nu$ 为入射光子能量;E_b 为电子结合能或解离能,即物质产生光电离所需能量;Φ_s 为电子逸出功(功函数),即固体样品中光电子逸出表面所需能量;E_k 为光电子动能;A 为光电子转移过程中因非弹性碰撞而损失的能量。各能量间关系如图 12-16 所示。

对于自由原子发射光电子的情况,式(12-2)中 $\Phi_s=0$,$A=0$,则光电子发射方程为

$$h\nu = E_b + E_k \tag{12-3}$$

对于自由分子发射光电子的情况,$\Phi_s=0$,$A=0$。不过,入射光子能量除用于分子电离(激发光电子并使分子成为分子离子)外,还使分子离子振动能级、转动能级跃迁至激发态,故光电子发射方程为

$$h\nu = E_b + E_k + E_v + E_r \tag{12-4}$$

式中:E_v 和 E_r 分别为分子的振动能和转动能。

对于辐射光子能量使固体样品的原子内层电子激发变为光电子的情况，式(12-2)中电子结合能 E_b 指的是电子由原来所处能级 E_i 跃迁至费米(Fermi)能级 E_F(电子所能填充的最高能级)所需的能量，即 $E_b=E_F-E_i$。在对固体样品进行光电子能谱分析时，将样品置于能量分散谱仪的样品架上，与能量分散谱仪相连，两者具有良好电接触，费米能级相等。能量分散谱仪样品架材料的功函数 Φ_{sp} 与样品的功函数 Φ_{sa} 不同，使得能量分散谱仪测量的光电子动能 E'_k 与样品发射的光电子动能 E_k 不一样，其关系为

$$\Phi_{sp}+E'_k=\Phi_{sa}+E_k \tag{12-5}$$

将式(12-5)代入式(12-2)，并设 $A=0$，则有

$$h\nu=E_b+\Phi_{sp}+E'_k \tag{12-6}$$

或

$$E_b=h\nu-\Phi_{sp}-E'_k \tag{12-7}$$

可以看出，若已知能量分散谱仪的功函数 Φ_{sp} 和入射光电子能量 $h\nu$，在由能量分散谱仪测得光电子动能 E'_k 后即可求得样品中待测元素的电子结合能 E_b。

基于以上原理，可以通过能量分散谱仪得到样品的光电子能谱图，即光电子产额(光电子强度)对光电子动能或电子结合能的分布图。光电子产额通常由检测器计数或计数率(单位时间的平均计数)表示。图 12-17 是以 Mg K_α 线为激发源时 Ag 片的 X 射线光电子能谱图。K_α 线为 L 层电子向 K 层跃迁而产生，K_β 线为 M 层电子向 K 层跃迁而产生，K_α 线和 K_β 线统称为 K 系射线。同理，价电子向 L 层跃迁产生 L 系射线。

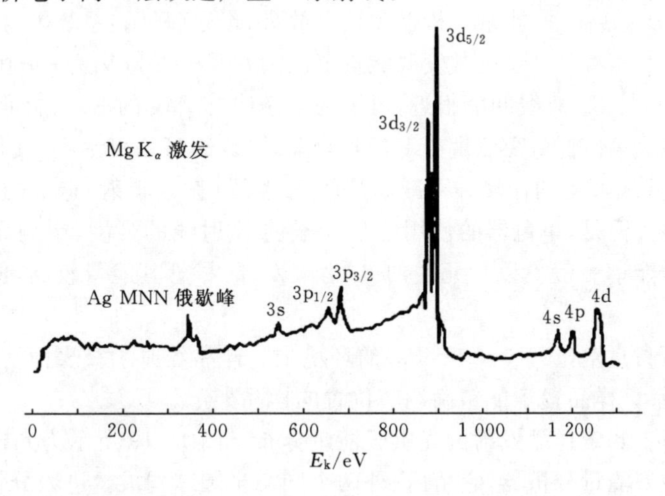

图 12-17　Ag 片的 X 射线光电子能谱图(激发源为 Mg K_α)

按激发光源的不同，光电子能谱可分为 X 射线光电子能谱和紫外光电子能谱。此外，还有一种情况，就是用 X 射线或电子束激发固体中原子内层电子使原子电离，原子在发射光电子的同时内层出现空位，原子(实际是离子)处于激发态，此时将发生较价电子向空位跃迁以降低原子能量的过程，此过程称为退激发或去激发过程。退激发过程有两种互相竞争的方式，即发射出元素的特征 X 射线或者发射出俄歇电子。如果原子的退激发过程不以发射 X 射线的方式进行而以发射俄歇电子的方式进行，此过程称为俄歇过程或俄歇效应。显然，俄歇效应是一个无辐射跃迁过程。基于此过程可建立起俄歇电子能谱法。

本节简要介绍 X 射线光电子能谱法、俄歇电子能谱法及紫外光电子能谱法。

12.3.2　X射线光电子能谱法

X射线光电子能谱法(X-ray photoelectron spectroscopy,XPS),因最初主要应用于化学领域,故又称为化学分析用电子能谱法(electron spectroscopy for chemical analysis,ESCA)。

1. 化学位移

能谱中表征样品芯层电子结合能的一系列光电子谱峰称为元素的特征峰(如图12-17所示)。样品中原子所处化学环境会有所不同,将使得原子芯层电子结合能发生变化,则X射线光电子能谱峰位置发生移动,称为谱峰的化学位移。图12-18所示为带有氧化物钝化层的金属铝的2p电子能谱的化学位移。由图可知,原子价态的变化导致铝的2p能谱峰的位移。

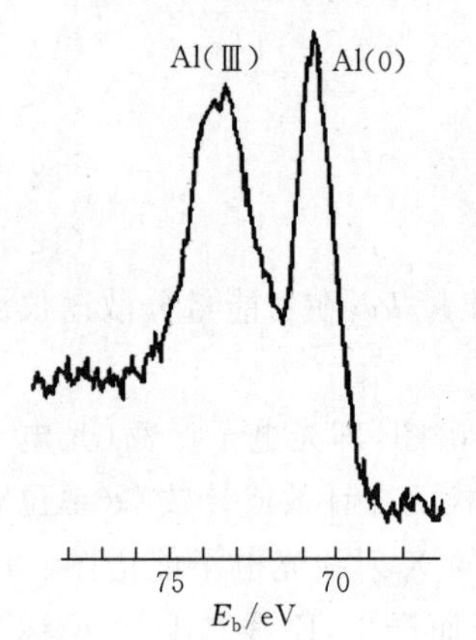

图12-18　金属铝的2p电子能谱的化学位移

除化学位移外,固体的热效应以及表面荷电效应等物理因素也可能引起电子结合能改变,从而导致光电子能谱峰的位移,称为物理位移。在应用X射线光电子能谱进行化学分析时,应尽量避免或消除物理位移。

2. X射线光电子能谱仪

X射线光电子能谱仪由X射线光源(激发源)、样品室、电子能量分析器和信息放大、记录(显示)系统等组成。

激发源能量范围为0.1～10 keV。一般用Mg或Al的K_{α_1}与K_{α_2}的复合线(K_{α_1}与K_{α_2}双线间隔很近,可视为一条线)。Mg的K_α线能量为1 253.6 eV,线半宽度约为0.7 eV。Al的K_α线能量为1 486.6 eV,线宽约为0.85 eV。使用单色器可使线宽变窄,去除X射线伴线产生的伴峰并可减弱连续X射线(韧致辐射)造成的连续本底,从而提高信噪比和分辨率。但是,单色器的使用会显著减弱X射线的强度,影响光电子的检出灵敏度。X射线光电子能谱一般不以重元素的K_α为激发源,尽管其能量较高,但激发线的半宽度较大。

样品室处于超高真空(10^{-9}～10^{-7} Pa)的环境中。样品经原子级表面清洁处理(如氩离子清洗)后送入样品室。样品置于能精确调节位置的样品架上。

能量分析器用于测定样品发射的光电子能量分布。图12-19所示为光电子能谱仪常用的半球形静电式偏转型能量分析器,它由内、外两个同心半圆球构成。进入分析器各入口的电子在电场作用下发生偏转,沿圆形轨道运动。在控制扫描电压为一定值的情况下,电子的运动轨道半径取决于电子的能量。具有某种能量的多个电子以相同半径运动并在出口处探测器上聚焦,而具有其余能量的电子则不能聚焦在探测器上。如此连续改变扫描电压,则可以依次使不同能量的电子在探测器上聚焦,从而得到光电子能量分布。

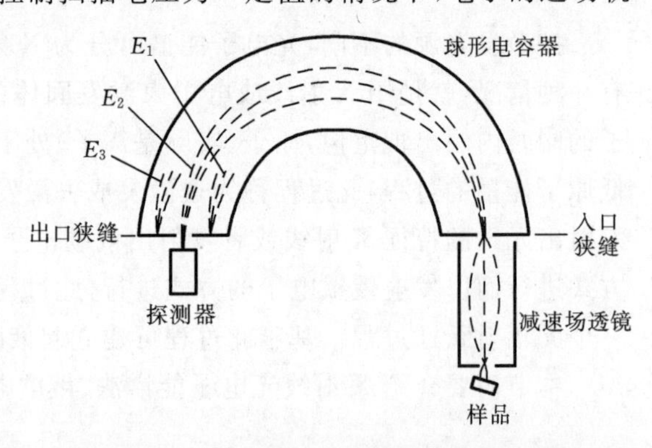

图12-19　半球形静电式偏转型能量分析器

3. X射线光电子能谱分析及应用

(1) 元素及其化学状态的定性分析。元素及其化学状态的定性分析即以实测光电子谱图与标准谱图相对照,根据元素特征峰的位置及其化学位移来确定样品表面中存在哪些元素以及这些元素存在于何种化合物中。标准谱图载于相关的手册、资料中。常用的 Perkin-Elmer 公司的《X 射线光电子谱手册》收集了从 Li 开始的各种元素的标准谱图(以 Mg K_α 以及 Al K_α 为激发源),谱图中有光电子谱峰与俄歇谱峰位置并附有化学位移数据。图 12-20 所示为 Fe 及 Fe_2O_3 的标准谱图示例。

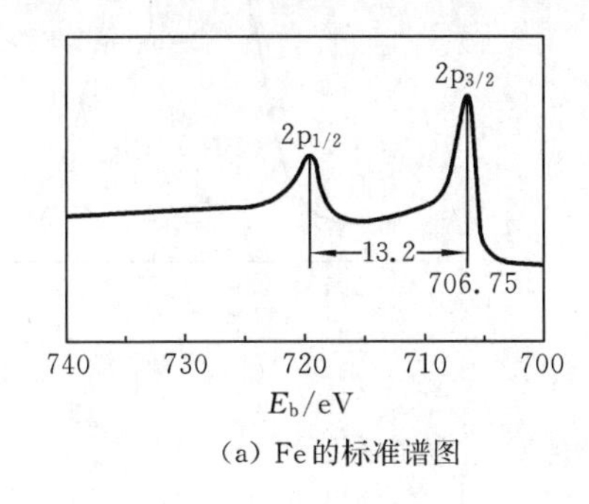

(a) Fe的标准谱图

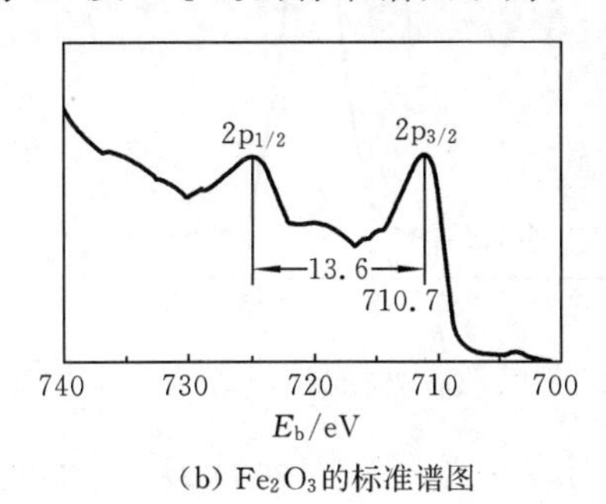

(b) Fe_2O_3的标准谱图

图 12-20　Fe 及 Fe_2O_3 的标准谱图示例

定性分析原则上可以鉴定除氢、氦以外的所有元素。分析时首先在整个光电子能量范围内通过对样品进行全扫描,以确定样品中存在的元素,然后对所选择的谱峰进行窄扫描,以确定化学状态。

(2) 定量分析。X 射线光电子能谱用于元素定量分析的方法主要有理论模型法、标样法、元素灵敏度因子法等。

已有多种定量分析理论模型,但由于实际问题的复杂性(如样品表面的污染、谱仪结构、操作条件的不同等),目前理论模型法的实际应用及其准确性还受到较大的限制。由于在一定条件下谱峰强度与样品表面元素含量成正比,因而可以采用标样法(即与标准样品谱峰相比较)进行定量分析,精确度可达 1%～2%。但由于标样制备困难、费时,且应用具有一定的局限性,故标样法尚未得到广泛采用。

目前应用最广泛的是元素灵敏度因子法。设在样品"表面区域"内各元素密度均匀,X 射线强度保持不变,则某元素光电子峰强度 I 与其灵敏度因子 S 的关系为

$$I = nS \tag{12-8}$$

式中:n 为原子密度,即单位体积原子数;S 为灵敏度因子。

对于样品中任意两元素 i 与 j,有

$$\frac{n_i}{n_j} = \frac{I_i}{I_j}\frac{S_j}{S_i} \tag{12-9}$$

元素 i 的原子分数为 n_i 占所有元素原子总数的百分数。通常设 F 1s 的灵敏度因子为 1,其他元素的灵敏度因子为与 F 1s 灵敏度因子相比较的相对值。部分元素灵敏度因子值可从有关文献中查到。一般来说,X 射线光电子能谱仪生产厂家均针对各具体仪器给出了元素的灵敏度因子值。

X 射线光电子能谱采用元素灵敏度因子法定量结果的准确性比俄歇能谱相对灵敏度因子法要好些,一般误差不超过 20%。

(3) 化学结构分析。通过谱峰化学位移的分析不仅可以确定元素原子存在于何种化合物中,还可以研究样品的化学结构。图 12-21 所示为聚乙烯和聚氟乙烯两种聚合物的 C 1s 电子谱图。可以看出,与聚乙烯相比,聚氟乙烯 C 1s 谱图出现两部分分开且等面积的峰,分别对应于不同的基团,即—CFH—与—CH_2—。

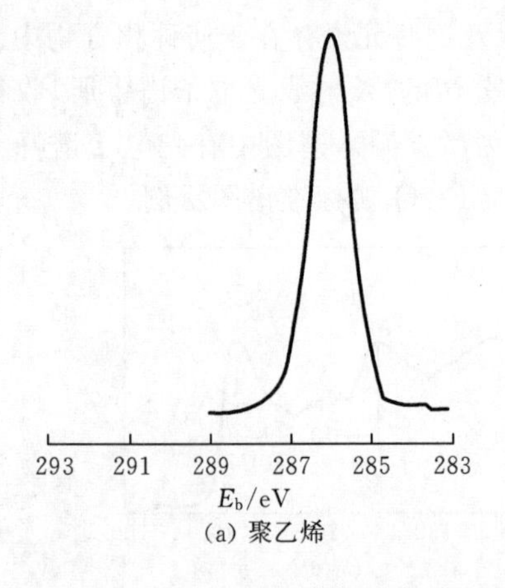

(a) 聚乙烯

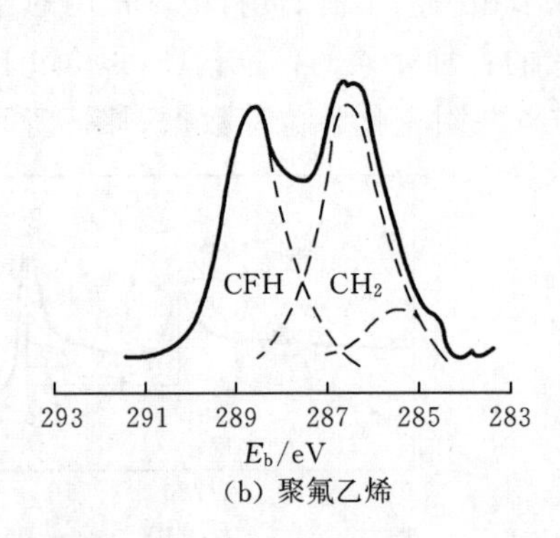

(b) 聚氟乙烯

图 12-21 两种聚合物的 C 1s 电子谱图

对于固体样品,X 射线光电子平均自由程一般为 0.5～2.5 nm(对于金属及其氧化物)或 4～10 nm(对于有机物和聚合材料),因而 X 射线光电子能谱法是一种表面分析方法。以表面元素定性分析、定量分析、表面化学结构分析等基本应用为基础,X 射线光电子能谱法广泛应用于表面科学与工程等领域的分析研究工作中,如表面氧化、表面涂层、表面催化机理、表面能带结构以及高聚物的摩擦带电现象等。

X 射线光电子能谱法具有以下特点:①是一种无损分析方法,样品不被 X 射线分解;②是一种超微量分析技术,分析时所需样品量少;③是一种痕量分析方法,绝对灵敏度高。但 X 射线光电子能谱分析相对灵敏度不高,一般只能检出样品中质量分数在 0.1%以上的组分。X 射线光电子能谱仪价格高,不便于普及。

12.3.3 俄歇电子能谱法

俄歇电子能谱法(Auger electron spectroscopy,AES)利用具有一定能量的电子束或 X 射线激发样品产生俄歇效应,通过检测俄歇电子的能量和强度,从而获得有关表面层化学成分和结构信息。俄歇电子峰的能量具有元素特征性,可以用于定性分析。俄歇电流近似地正比于被激发的原子数目,据此可以进行定量分析。俄歇电子能谱法是一种快速、灵敏的表面分析方法。

1. 俄歇电子跃迁过程

如图 12-22 所示,原子的内层能级有一个电子被高能电子束或 X 射线逐出后发射出俄歇电子,即内层空穴被较外层的电子填入,多余的能量以无辐射弛豫传给另一个电子,并使之发射。由电子引发的俄歇能谱简写为 EAES,由 X 射线引发的俄歇能谱简写为 XAES。俄歇电子常用 X 射线能级来表示。例如:$KL_{I}L_{II}$ 俄歇电子表示最初 K 能级电子被逐出,L_{I} 能级上电子填入 K 能级的空穴,多余能量传给 L_{II} 能级上的一个电子并使之发射出来。俄歇跃迁通常有三个能级参加,至少也有两个能级,所以第一周期的元素不能产生俄歇电子。由于俄歇过程受被电离壳层中的空穴与它周围的电子云的相互作用所产生的静电力控制,

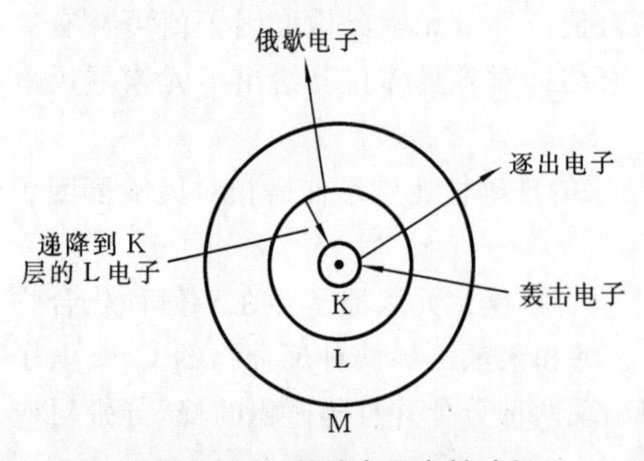

图 12-22 俄歇电子发射过程

所以没有严格的选择定则。

俄歇电子与 X 射线荧光是两个相互关联和竞争的过程。X 射线荧光产额和俄歇电子产额均随原子序数而变化。原子序数在 11 以下的轻元素发射俄歇电子的概率在 90%以上。随着原子序数的增加,X 射线荧光产额增加,俄歇电子产额下降,这说明俄歇电子能谱法非常适用于轻元素($Z<32$)的分析。

对于原子序数为 3～14 的元素,最显著的俄歇电子峰是由 KLL 跃迁形成的;对于原子序数为 15～40 的元素,则是 LMM 跃迁形成的,以此类推。图 12-23 是用 1 keV 的入射电子束激发银靶得到的俄歇电子能谱图。通常采取俄歇谱的微分(即 $\mathrm{d}N(E)/\mathrm{d}E$)谱的负峰能量作为俄歇动能。

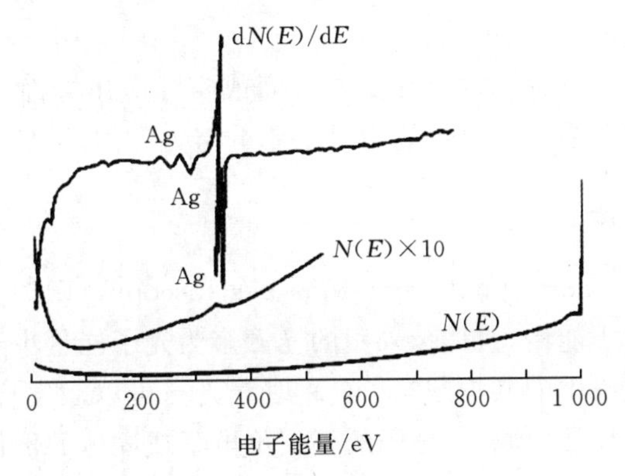

图 12-23　银原子的俄歇电子能谱图

2. 化学环境的影响

原子化学环境的改变可引起俄歇电子能谱的结构变化,主要有如下三种。①电荷转移。原子发生价态变化等电荷转移的情况时引起内壳层能级变化,使俄歇电子峰产生化学位移。实验中测得的俄歇电子峰化学位移可以从不到 1 eV 一直到 20 eV 以上。②价电子谱。价电子谱直接反映了价电子的变化,它不仅产生了能量的位移,而且由于新的化学键或能带结构形成时的电子重排,造成了谱图形状的改变。③等离子激发。不同的化学环境造成不同的等离子激发。例如:纯镁的俄歇电子能谱在低能端出现一个小峰,而氧化镁的谱图没有这种小峰。因此,根据化学环境所提供的信息,可以对表面物质的状态进行分析。

作为一种表面分析方法,俄歇电子能谱的信息深度取决于俄歇电子的逸出深度,即电子平均自由程。对于能量为 50～2 000 eV 范围内的俄歇电子,平均自由程一般是 0.4～2 nm,与俄歇电子的能量以及试样材料有关。

3. 应用

(1) 定性分析。定性分析的任务是根据实测的俄歇电子谱峰或微分谱上的负峰的位置识别元素。方法是与标准谱图进行对比。主要的俄歇电子能量图和各种元素的标准谱图可在《俄歇电子谱手册》等资料中查到。

(2) 定量分析。由于影响俄歇信号强弱的因素很多,俄歇电子能谱的定量分析过程比较复杂。因此,俄歇电子能谱分析精度较低,基本上是半定量的水平。常规情况下,相对精度为 30%左右。如果能对俄歇电子的有效深度估计比较正确,并充分考虑了样品表面以下基底材料的背散射对俄歇电子产额的影响,则精度可能提高到与电子探针相近(约 5%)。相对灵敏度因子法是常用的定量分析方法,其准确性较低,但不需标样,因而应用较广。

俄歇电子能谱法是材料科学研究和材料分析的有力工具。它具有如下一些特点:①作为固体表面分析法,其信息深度取决于俄歇电子逸出深度;②可分析除 H、He 以外的各种元素;③对于轻元素 C、O、N、S、P 等有较高的分析灵敏度;④可进行成分的深度剖析及界面分析。俄歇电子能谱的应用范围有:材料表面杂质分析、晶界元素分析,金属、半导体、复合材料等界面研究,薄膜、多层膜生长机理研究,表面力学性质研究,表面化学过程研究,固体表面吸附、清洁度、污染物鉴定等。

俄歇电子能谱有广泛的应用性,但也存在一些局限性:①不能分析氢和氦元素;②定量分析的准确度不高;③对多数元素的探测灵敏度为 0.1%～1.0%(原子摩尔分数);④电子束轰击损伤和电荷积累问题限制其在有机材料、生物样品和某些陶瓷材料中的应用;⑤对样品要求高,表面需要清洁处理等。

俄歇电子能谱分析方法不论在理论和技术方面或实际应用方面都还在不断发展。目前,提高定量分析的准确性和增强横向分辨能力是主要的努力方向。

12.3.4 紫外光电子能谱法

紫外光电子能谱(ultraviolet photo electron spectroscopy,UPS)是以紫外光为激发源使样品光电离而获得的光电子能谱。目前,采用的光源多为光子能量小于 100 eV 的真空紫外光源(常用 He、Ne 等气体放电中的共振线)。与 X 射线光子可以激发样品芯层电子不同,这个能量范围的光子只能激发样品中原子、分子的外层价电子或固体的价带电子。因此,紫外光电子能谱与 X 射线光电子能谱相比具有其自身的应用特点。

对于气体样品,紫外光电子发射方程可由式(12-4)表达,即

$$h\nu = E_b + E_k + E_v + E_r$$

在紫外光电子能谱的能量分辨率下,分子转动能 E_r 太小,可以不予考虑。而分子振动能 E_v 可达数百毫电子伏,为 0.05～0.5 eV。且分子振动周期为 10～13 s,而光电离过程发生在 10～16 s 的时间内,故分子的高分辨紫外光电子能谱可以显示出分子振动状态的精细结构。图 12-24 为 CO 分子的紫外光电子能谱图,在 14 eV、17 eV 和 20 eV 处出现了 3 个振动谱带,其中 17 eV 处的谱带清楚地显示了分子的振动精细结构。

由于紫外光电子能谱可提供分子振动能级结构的特征信息,因而与红外吸收光谱相似,具有分子"指纹"性质。紫外光电子能谱可用于一些化合物的结构定性分析。通常采用未知样品的谱图与已知化合物谱图进行比较的方法鉴定未知物。紫外光电子谱图还可用于鉴定某些同分异构体,确定取代作用和配位作用的性质,检测混合物中的各种组分等。

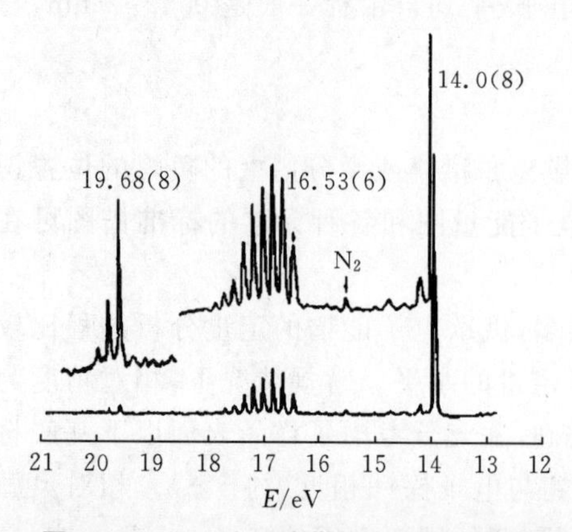

图 12-24 CO 分子的紫外光电子能谱图

紫外光电子能谱峰的位置和形状与分子轨道结构及成键情况密切相关。紫外光电子能谱法能精确测量物质的电离电位。对于气体样品,电离电位近似对应于分子轨道能量。

由上述可知,依据紫外光电子能谱可以进行有关分子轨道和化学键性质的分析工作,如测定分子轨道能级顺序,区分成键轨道、反键轨道与非键轨道等,因而为分析和解释分子结构、验证分子轨道理论的结果等工作提供了依据。

在固体样品中,紫外光电子有最小逸出深度,因而紫外光电子能谱特别适于固体表面状态分析。可应用于表面能带结构分析(如聚合物价带结构分析)、表面原子排列与电子结构分析及表面化学研究(如表面吸附性质、表面催化机理研究)等方面。

显然,紫外光电子能谱法不适于进行元素定性分析工作。此外,由于谱峰强度的影响因素太多,因而紫外光电子能谱法尚难以准确进行元素定量分析工作。

12.4　扫描探针显微镜分析

12.4.1　扫描探针显微镜的发展

近年来,半导体制造技术不断进步,使得组件尺寸已缩小到次微米级甚至纳米等级。与此同时,纳米尺度的测量工具也日趋重要且多样化。其中,扫描探针显微镜(scanning probe microscopy,SPM)的测量范围可从原子级到数百微米,可测量的物理量包罗万象,并且拥有操控与改变表面状态的能力,使得人们在探讨原子尺度方面向前跨出了一大步,对于材料表面现象的研究也更加深入,因此成为诸多工具中发展最为迅速且应用广泛的方法之一。

扫描探针显微镜的种类繁多,常见的是扫描隧道显微镜(scanning tunneling microscopy,STM)与扫描力显微镜(scanning force microscopy,SFM)两大类。此外还有延伸型工具,例如:扫描式近场光学显微镜(scanning near-field optical microscopy,SNOM)、扫描电容显微镜(scanning capacitance microscopy,SCM)等。

扫描探针显微镜中出现最早的扫描隧道显微镜由 Binning 与 Rohrer 在 1982 年共同发明,它是借导电探针与样品间的隧道电流来探测表面特性的,其优点是具有极佳的空间分辨率,能够清楚测量到表面单一原子及其电子能态,因此对表面科学研究相当重要。在这之前,能直接看到原子结构的仪器只有场离子显微镜(field ion microscopy,FIM)与电子显微镜(electron microscopy,EM)。但碍于试样制作及操作环境的限制,对于原子结构的研究极为有限,而扫描隧道显微镜的发明克服了这些问题。不过扫描隧道显微镜对样品与操作环境的要求较为严格,仅能测量具有相当导电性的表面(导体或半导体),且一般得在超高真空下操作以保持样品表面的洁净,因此其在应用上较受限制。

1985 年,IBM 公司的 Binnig 与 Stanford 大学的 Quate 开发了原子力显微镜(atomic force microscopy,AFM),它利用探针针尖和待测试样间范德华力的强弱,从而得知样品表面的高低起伏和几何形状。原子力显微镜测量系统如图 12-25 所示,该系统主要由三部分组成:检测系统(包括探针)、扫描系统、反馈控制系统。样品可为导体或非导体,解决了扫描隧道显微镜在材料上的限制。原子力显微镜除了拥有其他仪器无法达到的原子级分辨率的能力外,其测量环境包括真空、大气、液相系统等,因此其应用范围更加广泛了。

由于探针和样品表面之间的作用力并不局限于原子间作用力,所以原子力显微镜的发明引起了更多的扫描探针显微镜的发展,如静电力显微镜(electrostatic force microscopy,EFM)、磁力显微镜(magnetic force microscopy,MFM)、侧向力显微镜(lateral force microscopy,LFM)、压电反应力显微镜(piezoelectric force microscopy,PFM)、Kelvin 探针力显微镜(Kelvin probe force microscopy,KPFM)等,它们都是利用探针方式来取得样品表面的信息,再借影像的方式来把样品的表面特性给呈现出来。原子力显微镜和这些基于探针和样品表面之间的作用力而建立起来的扫描探针显微镜统称为扫描力显微镜。总的来说,扫描力

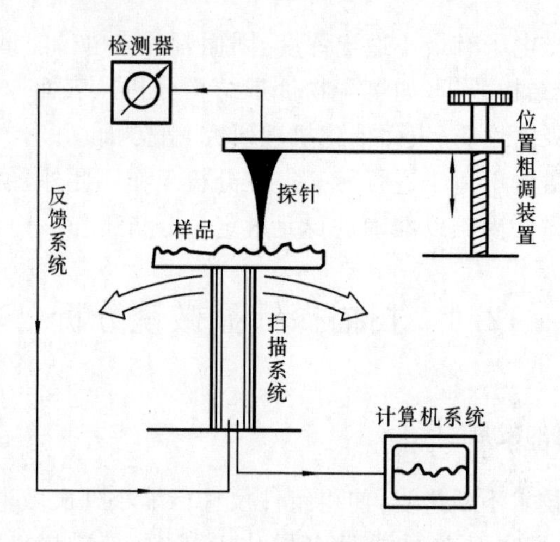

图 12-25　原子力显微镜测量系统

显微镜利用探针与表面间的作用力来测量表面特性,因此样品可不导电,对操作环境的要求也较少,可在一般大气环境下甚至在液体中操作。此外,使用适当的探针或方法,可测量出各种不同的作用力形式,并获得表面诸多特性。虽然所测量的作用力都不相同,但都架构在原子力显微镜的基础上,因此很容易整合在一起,成为分析纳米物性的利器。这些优点使得扫描力显微镜在发展上比扫描隧道显微镜更为容易且应用范围甚广。但从另一方面讲,由于扫描力显微镜的作用力范围常常远大于原子尺度,因此在空间分辨率上比扫描隧道显微镜差。

下面仅就扫描隧道显微镜和原子力显微镜作一简单介绍。

12.4.2　扫描隧道显微分析

1. 工作原理

量子力学中的电子隧道效应是扫描隧道显微分析的理论基础。对于经典物理学来说,当一个粒子的动能 E 低于前方势垒的高度 V_0 时,它不可能越过此势垒,即透射系数 T 等于零,粒子将完全被弹回。而按照量子力学的计算,在一般情况下,其透射系数 T 不等于零,也就是说,粒子可以穿过比它能量更高的势垒。这个现象称为隧道效应。

隧道效应是由于粒子的波动性而引起的,只有在一定的条件下,隧道效应才会显著。经计算,透射系数 T 与势垒宽度 a,能量差(V_0-E)以及粒子的质量 m 有着很敏感的关系。随着势垒宽度 a 的增加,T 将呈指数衰减,因此在一般的宏观实验中,很难观察到粒子隧穿势垒的现象。在扫描隧道显微镜中,将原子线度的极细探针和被研究物质的表面作为两个电极,当样品与针尖的距离非常接近(通常小于 1 nm)时,在外加电场的作用下,电子会穿过两个电极之间的势垒流向另一电极。隧道探针一般采用直径小于 1 mm 的细金属丝(如钨丝、铂-铱丝等),被观测样品应具有一定的导电性才可以产生隧道电流。

由计算可知,隧道电流对针尖和样品之间的距离有着指数依赖关系,当距离减小 0.1 nm,隧道电流即增加约一个数量级。因此,根据隧道电流的变化,可以得到样品表面微小的高低起伏变化的信息,如果同时对 x-y 方向进行扫描,就可以直接得到三维的样品表面形貌图,这就是扫描隧道显微镜的工作原理。

扫描隧道显微镜主要有两种工作模式:恒电流模式和恒高度模式。

图 12-26 所示为扫描隧道显微镜的恒电流模式。x-y 方向进行扫描,在 z 方向加上电子反

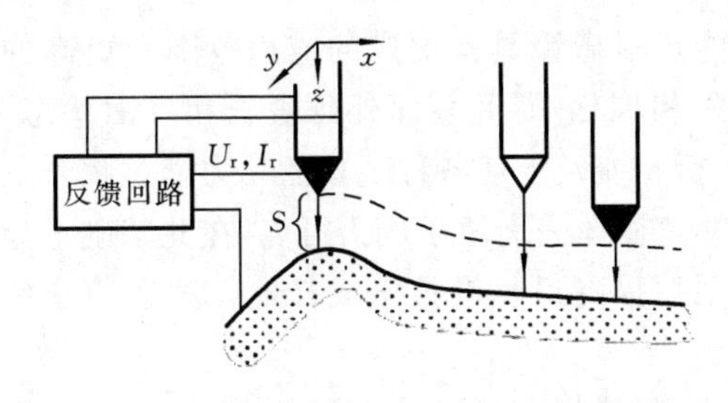

图 12-26　扫描隧道显微镜的恒电流模式

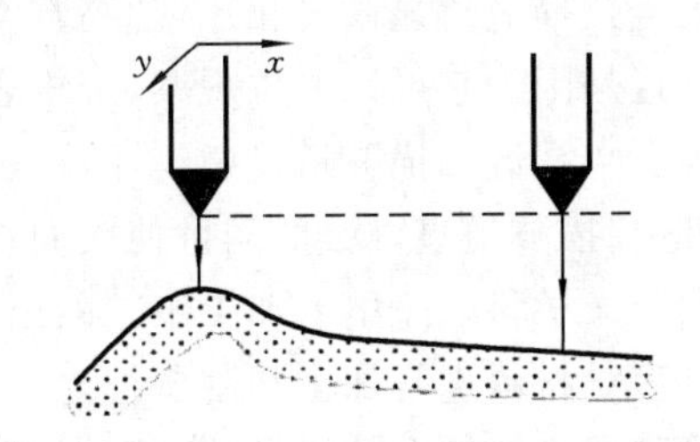

图 12-27　扫描隧道显微镜的恒高度模式

馈系统，初始隧道电流为一恒定值。S 为探针针尖到样品表面的距离。当样品表面凸起时，针尖就向后退；反之，样品表面凹进时，反馈系统就使针尖向前移动，以控制隧道电流的恒定。将针尖在样品表面扫描时的运动轨迹在记录纸或荧光屏上显示出来，就得到样品表面的态密度的分布或原子排列的图像。此模式可用来观察表面形貌起伏较大的样品，而且可以通过加在 z 方向上驱动的电压值推算表面起伏高度的数值。

图 12-27 所示为扫描隧道显微镜的恒高度模式。在扫描过程中保持针尖的高度不变，通过记录隧道电流的变化来得到样品的表面形貌信息。这种模式通常用来测量表面形貌起伏不大的样品。

2. *扫描隧道显微分析的特点及应用*

与其他表面分析技术相比，扫描隧道显微分析具有以下的一些特点。①具有原子级的高分辨率。扫描隧道显微镜在平行和垂直于样品表面的方向的分辨率可达到 0.1 nm 和小于 0.01 nm，可以分辨出单个原子。②可实时得到样品表面三维结构图像。③可在真空、大气、常温、高温等不同环境下工作，甚至可将样品浸在水或其他溶液中。相对于透射电子显微镜，扫描隧道显微镜结构简单、成本低廉。

扫描隧道显微镜与其他一些显微镜的各项性能指标比较列于表 12-1。

扫描隧道显微镜最初主要用于观测半导体表面的结构缺陷与杂质。目前，已在材料科学、物理、化学、生命科学及微电子等领域得到广泛的应用。扫描隧道显微镜主要用于金属、半导体和超导体等的表面几何结构、电子结构及表面形貌分析。扫描隧道显微镜可直接观测样品具有周期性和不具有周期性特征的表面结构、表面重构和结构缺陷等。

表 12-1　扫描隧道显微镜与其他一些显微镜的各项性能指标比较

项　目	分　辨　率	工作环境	样品环境温度	对样品破坏程度	检 测 深 度
扫描隧道显微镜	原子级 (垂直 0.1 nm) (横向 0.1 nm)	大气、溶液、真空、超高真空	室温、低温或高温	无	100 μm 级
透射电子显微镜	点分辨(0.3～0.5 nm) 晶格分辨(0.1～0.2 nm)	高真空	室温	小	接近扫描电子显微镜，但实际上为样品厚度所限，一般小于 100 nm
扫描电子显微镜	6～10 nm	高真空	室温	小	10 mm(10 倍时) 1 μm(10 000 倍时)
场离子显微镜	原子级	超高真空	30～80 K	有	原子厚度

与大气扫描隧道显微镜相比,超高真空扫描隧道显微镜具有更广的应用范围和更高的使用价值。这是因为它可以原位观察、分析表面吸附和催化,研究表面外延生长和界面状态等。使用超高真空高温扫描隧道显微镜还可以观察分析相变及上述各种现象的动力学过程。

此外,扫描隧道显微镜的问世使人们观察和移植固体表面原子成为可能,在此基础上导致一个新的交叉学科——纳米加工工艺的出现,即用扫描隧道显微技术或其他方法在原子尺度(纳米尺度)对材料进行加工和制备。

扫描隧道显微镜有其自身的局限性,主要包括:不能探测样品的深层信息,无法直接观测绝缘体,探针扫描范围小,探针质量依赖于操作者的经验等。

12.4.3　原子力显微分析

原子力显微分析的基本原理是:将一个对微弱力极敏感的微悬臂一端固定,另一端有一微小的针尖,针尖与样品表面轻轻接触,由于针尖尖端原子与样品表面原子间存在极微弱的排斥力,通过在扫描时控制这种力为恒定值,带有针尖的微悬臂将对应于针尖与样品表面原子间作用力的等位面而在垂直于样品的表面方向起伏运动。利用光学检测法或隧道电流检测法,可测得微悬臂对应于扫描各点的位置变化,从而可以获得样品表面形貌的信息。

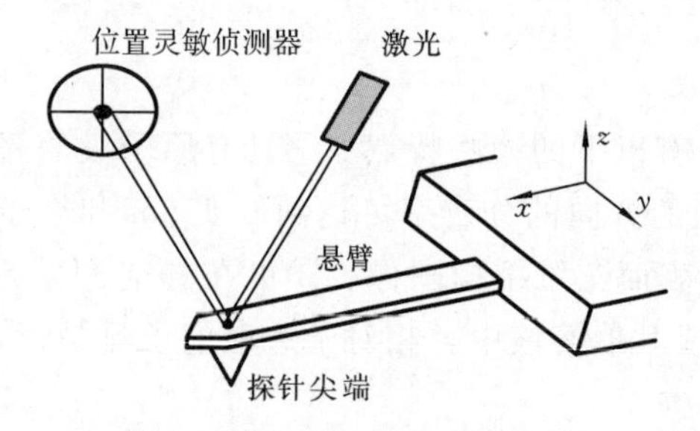

图 12-28　原子力显微镜的探针结构示意图

图 12-28 为原子力显微镜的探针结构示意图。可以看出,探针的主要结构可分为悬臂与尖端两部分。当探针尖端与表面产生作用力时,悬臂会生些微的弯曲,使打在悬臂背面的激光束反射到光侦测器上的位置改变。一般所使用的位置灵敏侦测器(position sensitive photo detector,PSPD)具有四个象限,可测量激光点的横向与高低位置变化,并分别对应针尖在侧向与 z 方向的受力。

当原子力显微镜探针在样品表面扫描时,一般会有两种常用的操作模式:接触模式与非接触模式。接触模式下探针直接接触到样品表面并使悬臂略微弯曲,弯曲量 s 可由位置灵敏侦测器测得,并可换算成表面与探针间的作用力 $F=\kappa s$,通常此作用力的数量级为 10^{-9},单位为纳牛顿。由反馈控制器(feedback controller)控制扫描仪(scanner)的 z 轴变化量 h,使探针在样品上扫描时保持弯曲量 s 为定值,即可由 h 与扫描位置的关系得到表面的高低起伏。事实上,这正是原子力显微镜的测量机制。此外,像侧向力显微镜、压电反应力显微镜、扫描电容显微镜等也多是在接触模式下稍加变化而获得的。在非接触模式中,探针通常由一振荡器(oscillator)驱动,并以一接近 ω_0 的频率 ω_d 振荡。当探针靠近样品表面时,彼此间的作用力 F 使得悬臂的有效力常数 κ' 改变成 $\kappa'=\kappa+\partial F/\partial z$,所以探针的共振频率、振幅或相位相应产生变化,如图 12-29 所示。图中探针因受表面吸力使得有效力常数 κ' 与共振频率减小。若此探针以稍大于自然共振频率 ω_0 的频率 ω_d 振荡,则此时的振幅将比自由振荡时小些。测量与控制这些变化量,可使在扫描过程中探针与样品间的作用力 F 保持在吸力或斥力范围。如图 12-30 所示,探针由一振荡器所驱动,经由位置灵敏侦测器测得的探针悬臂运动信号则由一锁相放大器(lock-in amplifier)测得振荡振幅,并将此振幅信号送至反馈控制器,使探针在扫描过程中保持固定振幅。而控制扫描仪 z 轴伸缩量的电压信号则反映出表面的形貌。由于此模式相当灵敏且可避免低频的噪声干扰,因此也常用于磁力显微镜、静电力显微镜和 Kelvin 探针力显微镜等的测量上。

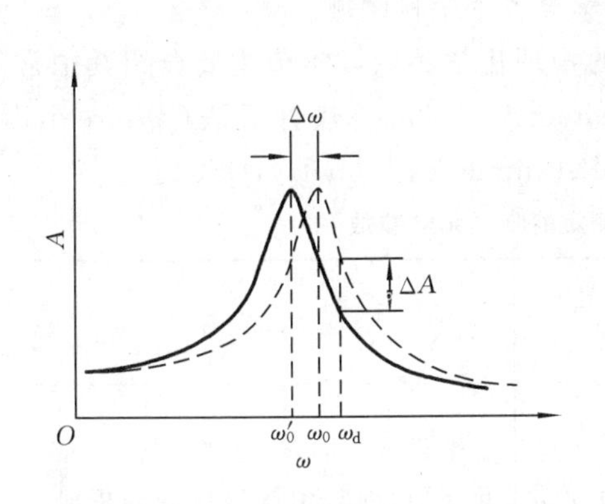

图 12-29　探针振荡振幅 A 与振荡频率 ω 间的频率响应关系

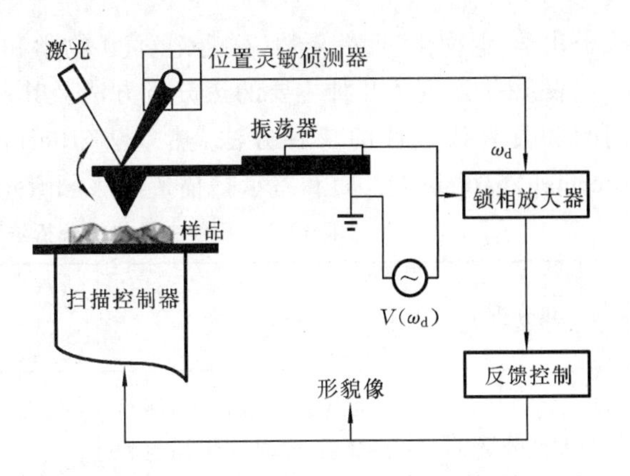

图 12-30　原子力显微镜的非接触模式示意图

用原子力显微镜不仅可以获得绝缘体表面以及半导体和导体表面的原子级分辨率图像，还可以测量、分析样品表面纳米级力学性质，如表面原子间力，表面的弹性、塑性、硬度、黏着力、摩擦力等。图 12-31 为在含 18 mmol/L 六水氯铂酸的 1-丁基-3-甲基咪唑六氟磷酸盐($BMIMPF_6$)室温离子液体中于玻炭电极上电沉积铂纳米颗粒膜的原子力显微镜图，沉积电位为－1.5 V(vs. Ag-AgCl 参比电极)。

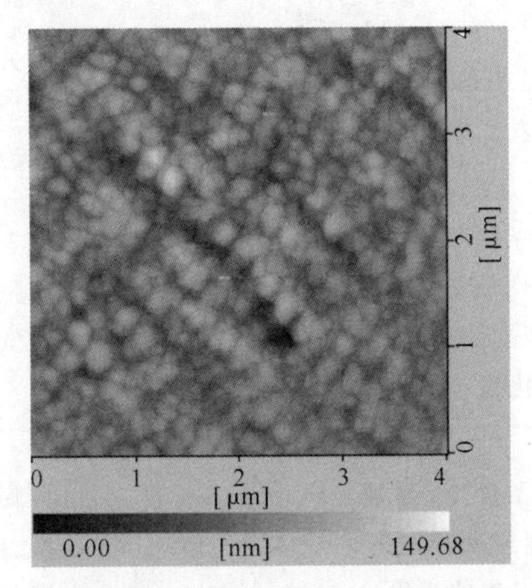

图 12-31　在含 18 mmoL/L 六水氯铂酸的 1-丁基-3-甲基咪唑六氟磷酸盐室温离子液体中于玻炭电极上电沉积铂纳米颗粒膜的原子力显微镜图

12.5　热分析法

热分析法(thermal analysis，TA)是指在程序控制温度条件下，研究样品中物质在受热或冷却过程中其性质和状态的变化，并将这种变化作为温度或时间的函数来研究其规律的一种技术。物质在加热或冷却的过程中，随着其物理状态或化学状态的变化，通常伴有相应的热力学性质(如热焓、比热、导热系数等)或其他性质(如质量、力学性质、电阻等)的变化，因而通过对某些性质或参数的测定可以分析研究物质的物理变化或化学变化过程。热分析法是一种动态跟踪测量技术，所以与静态法相比有连续、快速、简单等优点。目前从热分析技术对研究物质的物理和化学变化所提供的信息来看，热分析技术已广泛地应用于无机化学、有机化学、高分子化学、生物化学、冶金学、石油化学、矿物学和地质学等各个学科领域。

表12-2所列为几种主要的热分析方法及其测定的物理化学参数。本节主要介绍其中常用的和具有代表性的三种方法：热重法(thermogravimetry，TG)、差热分析法(differential thermal analysis，DTA)和差示扫描量热法(differential scanning calorimetry，DSC)。

表12-2　几种主要的热分析法及其测定的物理化学参数

热分析法	定　义	测量参数	温度范围/℃	应用范围
差热分析法(DTA)	程序控温条件下，测量在升温、降温或恒温过程中样品和参比物之间的温差	温度	20～1 600	熔化及结晶转变、二级转变、氧化还原反应、裂解反应等分析研究，主要用于定性分析
差示扫描量热法(DSC)	程序控温条件下，直接测量样品在升温、降温或恒温过程中所吸收或释放出的能量	热量	－170～725	分析研究范围与DTA大致相同，但能定量测定多种热力学和动力学参数，如比热、反应热、转变热、反应速率和高聚物结晶度等
热重法(TG)	程序控温条件下，测量在升温、降温或恒温过程中样品质量发生的变化	质量	20～1 000	熔点、沸点测定，热分解反应过程分析，脱水量测定；生成挥发性物质的固相反应分析，固体与气体反应分析等
动态热机械法(DMTA)	程序控温条件下，测量材料的力学性质随温度、时间、频率或应力等改变而发生的变化量	力学性质	－170～600	阻尼特性、固化、胶化、玻璃化等转变分析，模量、黏度测定等
热机械分析法(TMA)	程序控温条件下，测量在升温、降温或恒温过程中样品尺寸发生的变化	尺寸或体积	－150～600	膨胀系数、体积变化、相转变温度、应力应变关系测定，重结晶效应分析等

12.5.1　热重法

热重法是在程序控温条件下，测量物质的质量与温度关系的热分析方法。热重法记录的热重曲线以质量为纵坐标，以温度或时间为横坐标，即m-T(或t)曲线。

用于热重法的仪器是热天平，又称为热重分析仪。热天平由天平、加热炉、程序控温系统与记录仪等几部分组成。热天平测定样品质量变化的方法有变位法和零位法。变位法利用质量变化与天平梁的倾斜程度成正比的关系，用直接差动变压器控制检测。零位法是靠电磁作用力使因质量变化而倾斜的天平梁恢复到原来的平衡位置(即零位)，施加的电磁力与质量变化成正比，而电磁力的大小与方向可通过调节转换机构中线圈的电流实现，因此检测此电流值即可知样品质量变化。通过热天平连续记录质量与温度的关系，即可获得热重曲线。图12-32

为带光敏元件的自动记录热天平示意图。天平梁的倾斜(即平衡状态被破坏)由光电元件检出,经电子放大后反馈到安装在天平梁上的感应线圈,使天平梁又返回到平衡状态。

凡物质受热时发生质量变化的物理或化学变化过程,均可用热重法分析、研究。图 12-33 所示为聚酰亚胺在不同气氛下的热重曲线,图中所标注的百分数为样品损失质量占总质量的比例。该图不仅提供了聚酰亚胺热分解温度的信息,而且还表达了不同气氛对聚酰亚胺热分解的影响。

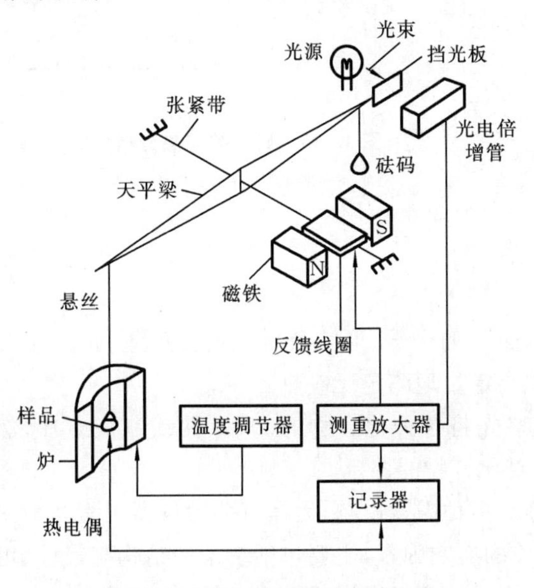

图 12-32　带光敏元件的自动记录热天平示意图

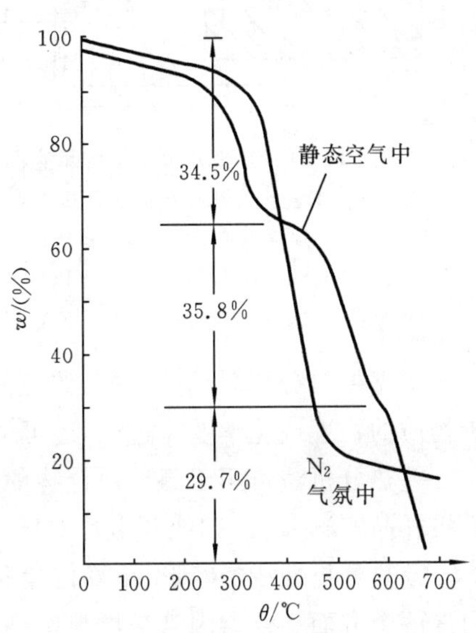

图 12-33　聚酰亚胺在不同气氛中的热重曲线

热重曲线中质量(m)对时间(t)进行一次微商可得到 $\mathrm{d}m/\mathrm{d}t$-T(或 t)曲线,称为微商热重(DTG)曲线,它表示质量随时间的变化率(失重速率)与温度(或时间)的关系。相应地,称以微商热重曲线表示结果的热重法为微商热重法。目前,新型的热天平都有质量微商单元电路,可直接记录和显示微商热重曲线。微商热重曲线与热重曲线的对应关系是:微商曲线上的峰顶点与热重曲线的拐点相对应,微商热重曲线上的峰数与热重曲线的台阶数相等,微商热重曲线峰面积则与样品失重成正比。

12.5.2　差热分析法

差热分析法是在程序控温条件下,测量样品与参比物(又称为基准物,即在测量温度范围内不发生任何热效应的物质,如 α-Al_2O_3、MgO 等)之间的温差与温度关系的一种热分析方法。在实验过程中,将样品与参比物的温差作为温度或时间的函数连续记录下来,即为差热分析曲线。

差热分析装置如图 12-34 所示。具体地讲,将试样和参比物放在相同的加热或者冷却条件下,采用差示热电偶记录两者随温度变化所产生的温差(ΔT)。差示热电偶的两个工作端分别插入试样和参比物中。在加热或者冷却过程中,当试样无变化时,两者温度相等,无温差信号。当试样有变化时,两者温度不等,有温差信号输出。差热分析曲线是差热定性、定量分析的主要依据。图 12-35 所示为一典型的差热分析曲线。其中基线相当于 $\Delta T=0$,样品无热效应发生,向上和向下的峰分别反映了样品的放热、吸热过程。

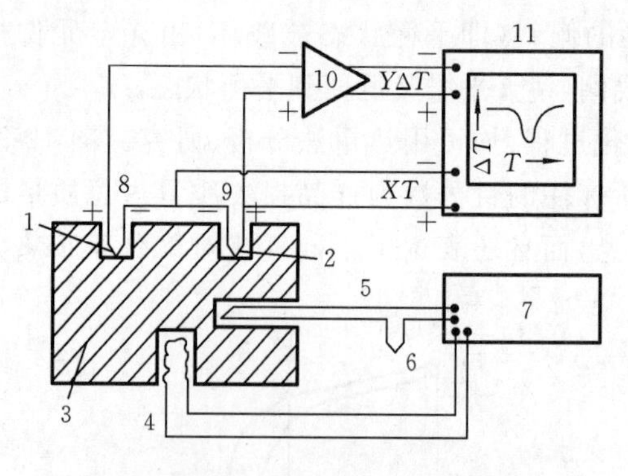

图 12-34　差热分析仪结构示意图

1—参比物；2—样品；3—加热块；
4—加热器；5—加热块热电偶；
6—冰冷联结；7—温度程控；8—参比热电偶；
9—样品热电偶；10—放大器；11—X-Y 记录仪

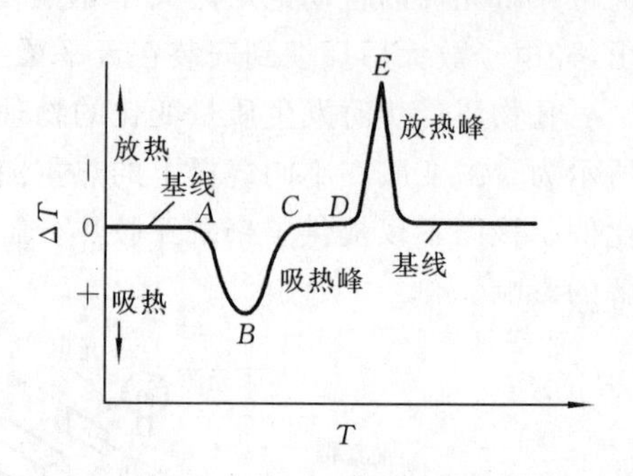

图 12-35　典型的差热分析曲线

依据差热分析曲线的特征，如各种吸热与放热峰的个数、形状及相应的温度等，可定性分析物质的物理或化学变化过程，还可依据峰面积半定量地测定反应热。

差热分析法可用于部分化合物的鉴定。可事先将各种化合物的 DTA 曲线制成卡片，然后将样品实测 DTA 曲线与卡片对照，从而实现对化合物的鉴定。

差热分析曲线的峰形、出峰位置和峰面积等受多种因素影响，大体可分为仪器因素和操作因素两个方面。仪器因素是指与差热分析仪有关的影响因素，主要包括炉子的结构与尺寸、坩埚材料与形状、热电偶性能等。操作因素是指操作者对样品与仪器操作条件选取不同而对分析结果产生的影响，主要有以下几个方面：①样品粒度(影响峰形和峰位，尤其是有气相参与的反应)；②参比物与样品的对称性(包括用量、密度、粒度、比热及导热系数等，两者都应尽可能一致，否则可能出现基线偏移、弯曲，甚至造成缓慢变化的假峰)；③气氛的使用；④升温速率(影响峰形与峰位)；⑤样品用量(过多会影响热效应温度的准确测量，妨碍两相邻热效应峰的分离)等。

总之，DTA 的影响因素是多方面的、复杂的，有的因素也是较难控制的。因此，要用 DTA 进行定量分析比较困难，一般误差很大。如果只作定性分析(主要依据是峰形和要求不很严格的温差 ΔT)，则很多影响因素可以忽略。这种情况下，样品量和升温速率便成了主要的影响因素。

12.5.3　差示扫描量热法

差示扫描量热法是在程序控温条件下，测量输给样品与参比物的功率差与温度关系的一种热分析方法。由于上述差热分析法是以温差 ΔT 的变化来间接表示物质物理或化学变化过程中热量的变化(吸热和放热)，且差热分析曲线影响因素很多，难以定量分析，便发展了差示扫描量热法。目前主要有两种差示扫描量热法，即功率补偿式差示扫描量热法和热流式差示扫描量热法。下面以功率补偿式差示扫描量热法为例作一简要介绍。

图 12-36 所示为功率补偿式差示扫描量热仪示意图。与差热分析仪比较，差示扫描量热仪有功率补偿加热器。样品池与参比池中装有各自的热敏元件和补偿加热器。在热分析过程中，当样品发生吸热或放热时，通过电能供给对样品或参比物的热量进行补偿，从而维持样品

与参比物的温度相等($\Delta T=0$)。补偿的能量大小即相当于样品吸收或放出的能量大小。

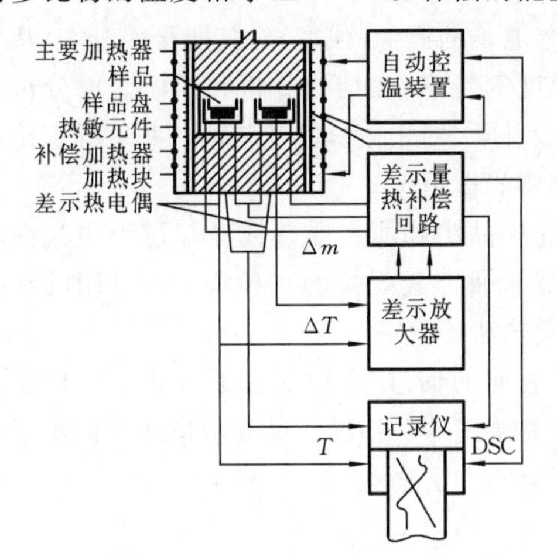

图 12-36　功率补偿式差示扫描量热仪示意图

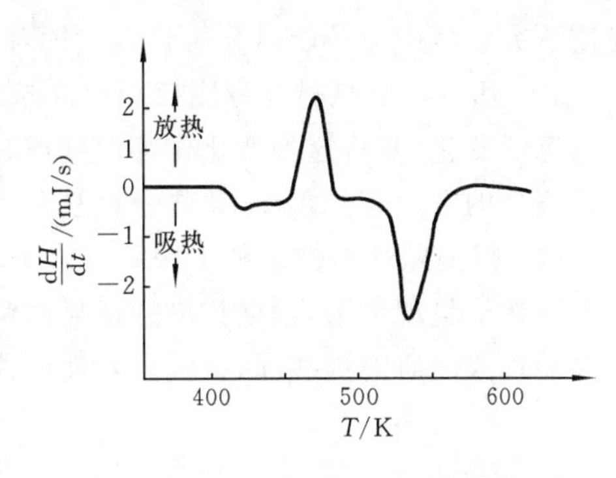

图 12-37　典型的差示扫描量热曲线

典型的差示扫描量热曲线以热流率(dH/dt)为纵坐标、以时间 t 或温度 T 为横坐标，即 dH/dt-$t(T)$曲线，如图 12-37 所示。图中曲线离开基线的位移大小代表样品吸热或放热的速率(mJ/s)，而曲线中峰或谷包围的面积代表热量的变化。因而差示扫描量热法可以直接测量样品在发生物理或化学变化时的热效应。

差示扫描量热法与差热分析法的应用功能有较多相同之处，但由于差示扫描量热法克服了差热分析法以 ΔT 来间接表达物质热效应的缺陷，具有分辨率高、灵敏度高等优点，因而能定量测定多种热力学和动力学参数，且可进行晶体微细结构分析等工作。

学习小结

思考题

1. 本章基本要求

(1) 了解电磁辐射以及电子束与材料相互作用可能产生的一些现象。

(2) 了解材料现代分析测试技术中常用的表征方法，以及这些方法所涉及的基本原理、有关测试仪器的结构、应用等。

2. 重要内容回顾

(1) 电子束与材料相互作用可激发出多种信号，如背散射电子、二次电子、俄歇电子、X 射线荧光和其他能量的光子等。

(2) 透射电子显微镜可对样品进行内部组织形貌观察、原位电子衍射分析等。扫描电子显微镜采用聚焦电子束在试样表面逐点扫描成像，成像信号可以是二次电子、背散射电子或吸收电子，其中二次电子是最主要的表面形貌成像信号。配上电子探针后，透射电子显微镜和扫描电子显微镜可对样品进行原位成分分析。

(3) 衍射分析方法是以材料结构分析为基本目的的材料现代分析测试方法。电磁辐射或运动电子束等与材料相互作用产生相干散射(弹性散射)，相干散射相长干涉的结果即衍射，是材料衍射分析方法的技术基础。衍射分析包括 X 射线衍射分析、电子衍射分析及中子衍射分析等。X 射线衍射法在材料分析与研究工作中具有广泛的用途，如物相分析、点阵常数精确测定、宏观应力分析及单晶定向等方面。

(4) 电子能谱分析法采用单色光源(如 X 射线、紫外光)或电子束去照射样品,使样品中内层电子或价电子受到激发而发射出来,然后测量这些电子的产额(强度)对其能量的分布,从中获得有关信息。该方法具有非破坏性和高表面灵敏度等特点,在结构分析和固体表面分析方面得到广泛的应用。目前,在材料科学、电子学、环境科学、催化化学以及其他一些基础理论和应用研究领域中电子能谱分析日益发挥着越来越重要的作用。

(5) 热分析法是指在程序控制温度条件下,研究样品中物质在受热或冷却过程中其性质和状态的变化,并将这种变化作为温度或时间的函数来研究其规律的一种技术。常用的和具有代表性的方法有热重法、差热分析法和差示扫描量热法等。

(6) 扫描探针显微镜利用探针方式来取得样品表面的信息,再由影像的方式来把样品的表面特性给呈现出来,包括扫描隧道显微镜、原子力显微镜等。扫描探针显微镜使人们对于材料表面现象的研究更加深入,成为发展迅速、应用广泛的方法之一。

习 题

1. 电子束与固体物质相互作用会激发哪些信号?它们有哪些特点和用途?目前建立了哪些分析方法?
2. 什么是电子显微分析?简述透镜电子显微镜、扫描电子显微镜、电子探针、俄歇电子能谱分析方法各自的特点及用途。
3. 比较波长分散谱仪和能量分散谱仪在进行微区化学成分分析时的优缺点。
4. 利用光学的衍射原理导出布拉格方程,并简述其含义。
5. X 射线衍射分析方法中所涉及的衍射波的两个基本特征是什么?它们有什么含义?举例说明 X 射线衍射法的应用。
6. 作为固体材料表面分析的重要方法,试比较 X 射线光电子能谱、俄歇电子能谱与紫外光电子能谱分析方法的应用范围及特点。
7. 为什么俄歇电子能谱不适合分析 H 与 He 元素?X 射线光电子能谱呢?
8. 简述差热分析法的原理及应用范围。
9. 差示扫描量热法与差热分析法比较有何特点?简述两者各自的应用。
10. 简述扫描隧道显微镜与原子力显微镜的工作原理。
11. 何谓隧道效应?简述扫描隧道显微镜恒电流模式与恒高度模式的工作原理。
12. 列举可用于固体表面分析的方法,列表比较各种方法的技术基础与应用特点,并列举其典型应用实例。

参考文献

[1] 章晓中. 电子显微分析[M]. 北京:清华大学出版社,2006.
[2] 武汉大学. 分析化学:下册[M]. 6 版. 北京:高等教育出版社,2018.
[3] 左演声,陈文哲,梁伟. 材料现代分析方法[M]. 北京:北京工业大学出版社,2000.
[4] 陆维敏,陈芳. 谱学基础与结构分析[M]. 北京:高等教育出版社,2005.
[5] 常铁军,刘喜军. 材料近代分析测试方法[M]. 5 版. 哈尔滨:哈尔滨工业大学出版社,2018.
[6] Watts J F, Wolstenholme J. 表面分析(XPS 和 AES)引论[M]. 吴正龙,译. 上海:华东理工大学出版社,2008.
[7] 陈小明,蔡继文. 单晶结构分析原理与实践[M]. 2 版. 北京:科学出版社,2007.
[8] 姚琲. 扫描隧道与扫描力显微镜分析原理[M]. 天津:天津大学出版社,2009.